化学图文设计与分子模拟计算

HUAXUE TUWEN SHEJI YU FENZI MONI JISUAN

刘江燕　武书彬　编著

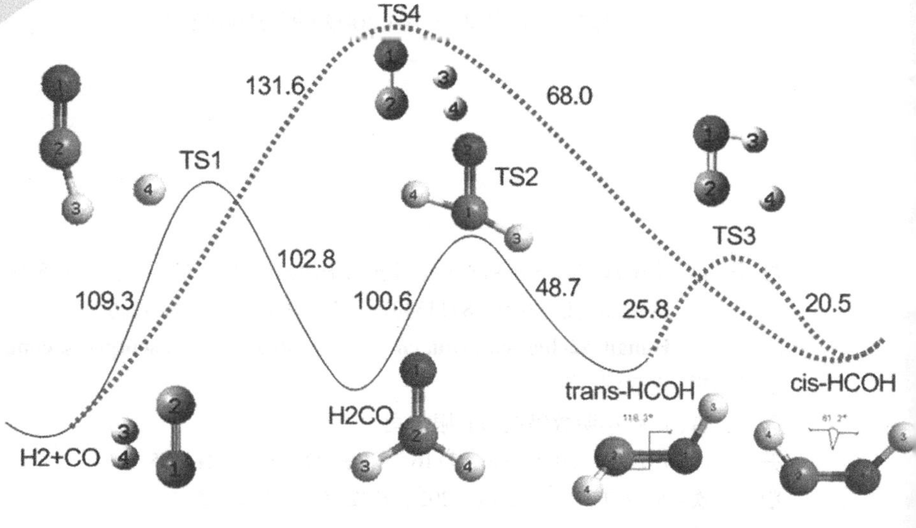

华南理工大学出版社
·广州·

内 容 简 介

本书以著名的桌面化学办公系统软件 ChemBioOffice2008 和广泛使用的量化计算软件 Gaussian03 的使用为例,采用图形界面与文字叙述相对照的方式,详细介绍了化学图文设计和分子模拟计算的方法。内容包括:计算机化学及化学模拟的概念与方法;ChemSketch 化学图文绘制技巧;ChemBioDraw 化学生物绘图工具的使用方法、结构查询、结构与性质计算;ChemBio3D 结构模型构建、修改、显示与输出的方法和技巧;ChemBio3D 中量子化学接口软件(MOPAC、Gaussian、Jaguar 等)在分子模拟计算中的应用;Gaussian03 输入文件的编制、计算作业的运行、计算结果的观察等方法;利用 GaussView4.1 创建、设置、运行与观察 Gaussian 输入/输出文件的方法。书中采用众多计算实例,介绍了单点能计算、几何优化计算、频率计算、高精度计算、化学反应路径计算、激发态的计算和溶液中的模拟等计算方法和计算结果的查看。

本书可作为化学及相关专业高年级本科生、研究生的教材和化学专业教师及有关研究人员的参考书,也可作为相关软件的使用参考书。

图书在版编目(CIP)数据

化学图文设计与分子模拟计算/刘江燕,武书彬编著. —广州:华南理工大学出版社,2009.3(2022.12重印)

ISBN 978-7-5623-2854-4

Ⅰ.化… Ⅱ.①刘…②武… Ⅲ.①化学-应用软件②分子-计算机模拟-计算机辅助计算-应用软件 Ⅳ.O6-39

中国版本图书馆 CIP 数据核字(2009)第 016482 号

总 发 行: 华南理工大学出版社(广州五山华南理工大学 17 号楼,邮编 510640)
营销部电话:020-87113487 87110964 87111048(传真)
E-mail:z2cb@scut.edu.cn **http://www.scutpress.com.cn**
责任编辑: 王建洲 张 颖
印 刷 者: 广州小明数码快印有限公司
开 本: 787 mm×1092 mm 1/16 **印张:** 22.25 **字数:** 555 千
版 次: 2009 年 3 月第 1 版 2022 年 12 月第 6 次印刷
定 价: 38.00 元

前　言

近十年来，计算机技术在化学化工领域得到了广泛的应用，计算(机)化学的发展呈现出蓬勃发展的喜人前景。近年来出版了不少计算机化学方面的教材和参考书，但大多侧重于与数学密切相关的数值计算方法的介绍。计算机图形接口技术的广泛应用，使得化学结构与图文处理变得如此方便，尤其是大型桌面化学办公系统软件 ChemOffice 版本的不断更新与升级，量化模拟计算软件功能的不断完善，使得我们可以在计算机上轻松地完成许多以往在实验室才能完成或要通过大量编程才能完成的工作。化学及相关专业学生的计算机应用能力的培养是多方面的，熟悉并掌握一些常用化学软件的使用，是其计算机应用能力的一个重要方面，是进行毕业设计与撰写毕业论文的重要基础。此外，计算机化学模拟是近年来化学、生物及材料研究中十分活跃的领域，未来的化学研究很大程度上需要理论计算的辅助支撑，熟悉并掌握化学模拟计算的一般方法，对于化学工作者来说，也是一种十分必要的知识储备。

本书是为理工科院校化学化工及其相关专业高年级本科生和研究生编写的，旨在通过本课程的学习，使学生初步掌握化学及相关领域常用软件的使用技巧，具备从事科学研究的化学图文设计能力和初步的分子模拟计算能力。本书以最新版桌面化学办公系统软件 ChemBioOffice2008 及量化计算软件包 Gaussian03 为载体，以化学结构为基础，以结构—性质—模拟计算为主线，通过大量实例和上机操作练习，详细介绍了化学图文设计与分子模拟计算的一般方法，使读者对计算(机)化学及分子模拟计算有一个初步了解，为进一步的深入学习打下基础。本书既可作为系统学习的教材，也可作为相关软件的使用手册备查，是化学工作者的重要参考书。

全书由既相互关联又相对独立的三个部分共六章内容组成。第一章对计算(机)化学与模拟计算作概括性介绍，第二、第三章以化学图文设计为主，第四至第六章以分子模拟与量化计算为主。在内容的编排上，采取先易后难、循序渐进的方式，选择了目前在化学及相关领域应用广泛、具有代表性的图文设计软件和分子模拟软件，叙述上尽量保持软件使用的完整性。所选素材大多取材于软件使用手册和在线帮助；化学模拟与量化计算部分参考并收入了 James B. Foresman 的《Exploring Chemistry with Electronic Structure Methods》(Second Edition)一书的部分计算实例；部分内容参考了各类期刊文献；部分内容取材于互联网相关论坛的讨论。因涉及范围较广，故不一一列出出处，编者对原作者表示谢意。所用软件均已注明下载网址和购买地址，读者可根据实际情况购买或下载。

本书由刘江燕(Liu.jy@126.com)、武书彬编著，参与人员有湖北师范学院吕银华、韩德艳、汪敦佳、胡艳军、张小菊，茂名学院张庆等老师。本书的出版得到了国家重点基础研究发展计划项目(973 项目，2007CB210201)、国家自然科学基金项目(20576043、30371138)和湖北师范学院国家化学特色专业建设项目的大力支持，在此一并表示感谢。

作　者

2008 年 12 月

目　　录

第1章 计算机与化学

计算机及网络技术的应用现已深入到化学研究的各个领域，使传统化学研究的手段和方法发生了深刻的变化。如今的化学研究已由纯实验科学，演变为先实验再计算、边实验边计算，直至成为先理论计算再实验验证、实验研究与理论计算相结合的全新科学研究模式，逐步形成了专门研究计算机技术在化学及其相关领域中应用的分支学科——计算机化学与化学模拟。

1.1 计算机与化学

自20世纪80年代DOS操作系统问世以来，尤其是90年代中期Windows操作系统的诞生，加上计算机硬件技术的飞速发展，整个计算机系统得到了空前的完善，人类社会的生活方式也发生了革命性变化，互联网把整个世界连成一体，计算机不再是少数高级专门研究人员的特殊工具，已成为普通人群必不可少的工作平台。目前，化学研究人员可以在计算机上方便地开展研究工作，从而诞生了与计算机相关的众多化学分支学科，促进了研究手段、研究方法的不断更新和完善，并逐步产生了一些新的名词和术语，如计算机化学、计算化学、化学信息学、化学数据库等。

1.1.1 计算机化学

广义上讲，计算机化学(Computer Chemistry)是应用计算机技术进行化学研究的科学。目前还很难对其给出一个准确完整的定义，因为其涵盖面太广，大多数人的理解是泛指计算机在化学各研究领域中的具体应用，因而是一个十分宽泛的概念。近年来，在出版的教材、专著或发表的有关文章中都常用一个字头："计算机在×××中的应用"，也有人对此提出了不同意见，认为应该给"计算机化学"正名，这也从一个侧面反映了给计算机化学一个完整定义的难度。笔者认为，只要是运用了计算机技术，包括各种多媒体技术和网络技术，解决的是化学问题或者与化学相关的问题，都可以归入计算机化学的研究范围。图1-1所示为计算机化学涉及的研究领域。

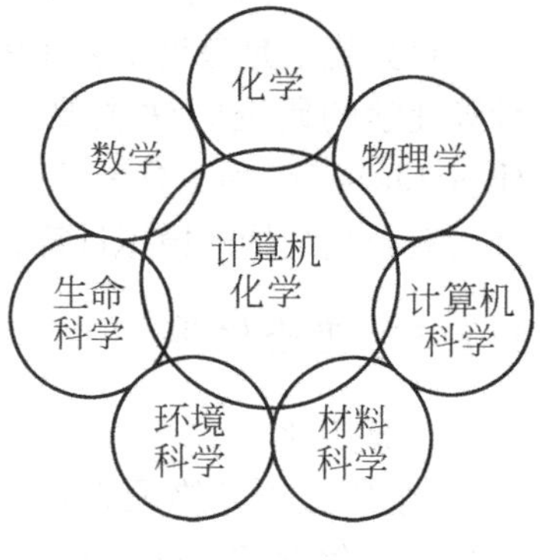

图1-1 计算机化学涉及的研究领域

计算机化学的核心应是"化学信息"，而"化学信息"的核心是化学结构、结构与物性的关系。计算机化学则是从化学的基本概念、方法入手,将结构模型构建、化学信号测量、化学图谱解析、分子结构表征、化学数据与图文处理、化学数据挖掘、化学数据库建立、化学文献检索等一系列看似零散却有着内在联系的内容,通过“结构”这条主线串联起来,构成了计算机化学的主要内容,即在合成表征、信号分析、结构解析、数据与图文处理、分子设计与分子模拟、化学信息学与化学数据库等诸多方面的应用。图 1-2 所示为计算机化学的主要内容。

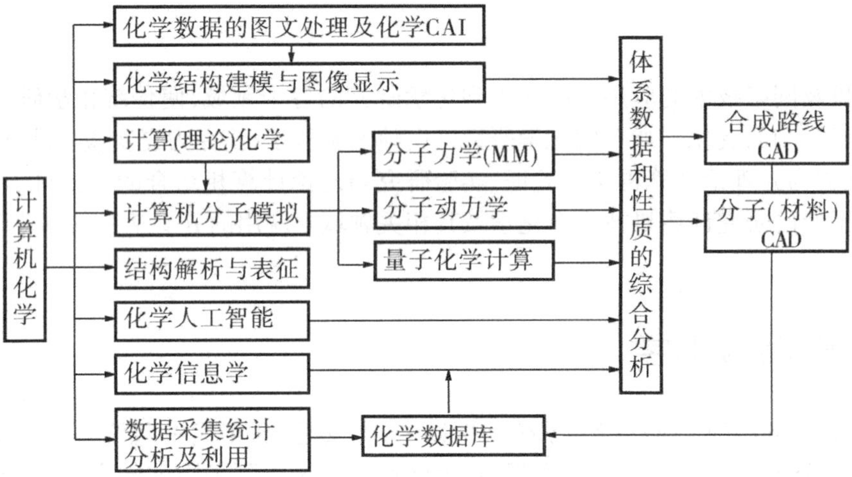

图 1-2 计算机化学的主要内容

1.1.2 计算化学

严格意义上讲,计算化学(Computational Chemistry)与计算机化学(Computer Chemistry)是两个不同的概念,前者涵盖范围相对要狭窄一些。计算化学的核心是化学结构,因为结构决定性质,结构是一切计算的基础。但从某种意义上讲,也可将计算化学纳入到计算机化学的体系中,因为计算化学要进行大量的计算,而以当今的研究手段,计算化学无法离开计算机系统,故计算化学应是计算机化学的一部分。

计算化学是最近十多年中发展最快的化学研究领域之一,通常认为属于理论化学的范畴。计算化学的研究方法主要采用量子化学的计算方法,以量子化学计算软件(如 Gaussian、HyperChem 等)为工具来模拟分子或体系的物理、化学及生物学行为,其切入点为理论化学,表现为对微观结构的模拟计算,又称化学模拟或模型化学(Model Chemistry)。

1.1.3 理论化学

计算机化学必须与计算机相联系,在没有广泛使用计算机之前的化学,除了实验研究外,化学研究也始终没离开过理论研究和数学计算,将其上升到一定的理论高度就是现在所说的理论化学(Theoretical Chemistry)。

理论化学是运用非实验的推算来解释或预测化合物的各种现象和性质。由于其目前在各种化学研究中广泛的应用,我们并不容易给它一个很明确的定义。简单来说,理论化学是根据基本的物理化学理论(通常是量子化学),以大量的数值运算方式来探讨化学系统的性质。例如:①以量子化学计算来解释实验上各种化学现象,帮助我们以较具体的概念来了解、分析观察到的结果;②对于未知或不易观测的化学系统,理论化学还常扮演着预测的角色,提供进一步研究的方向;③通过计算来验证、测试、修正或发展较高层次的化学理论;④通过计算开发,提出更为准确或有效率的计算方法。

由此可见,理论化学的主要内容就是量子化学,即应用量子力学的基本原理来解决化学问题。理论化学可以粗略地分为电子结构、动力学和统计力学等几个方面。在解决预测化合物的反应活性的问题时,这几个方面都可能不同程度地涉及。理论化学其他的研究领域,包括对处于各种物态的大块物质化学的数学表征(理论化学的这一方面有时被称为数学化学),其很大一部分可以被归类为计算化学,理论化学家应用统计力学为化学研究建起了联系量子世界的微观现象和体系大块物质的宏观性质的桥梁。

在理论上解决化学问题的方式可以追溯到化学发展的早期,在奥地利物理学家薛定谔导出薛定谔方程之前,可用的理论工具相当粗糙,并有很大猜测性质。而现在,基于量子力学的复杂得多的方法已经被普遍应用。

理论化学一个重要的分支学科就是量子化学,它是应用量子力学的基本原理和方法,研究化学问题的一门基础科学。理论化学的主要分支归纳如下:

(1)量子化学。量子力学在化学中的应用,其发展历史可追溯到1927年海特勒(W. Heitler)和伦敦(F. London)用量子力学基本原理讨论氢分子结构问题。

(2)计算化学。计算机代码在化学中的应用,通常指的是理论化学的具体应用,设计一些近似处理方法,如HF方法、半经验方法、各种力场方法和泛函理论。

(3)分子模拟。包括一些分子结构模型化的方法(图1-3),这些方法并不局限于量子力学理论的范畴,如分子对接、蛋白质对接、药物设计和组合化学等。

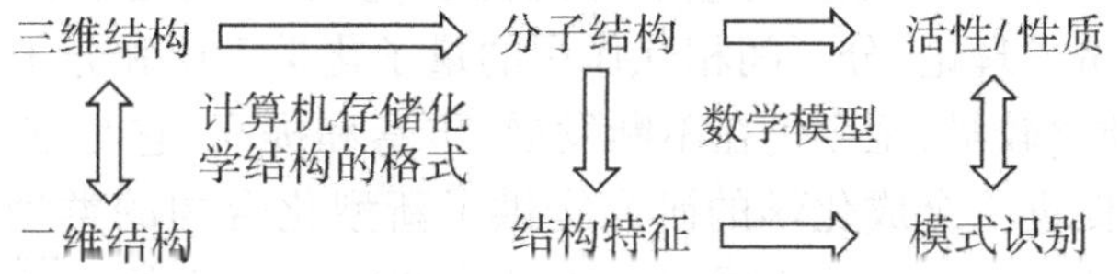

图1-3 分子模拟方法

(4)分子动力学。应用经典力学来模拟体系(原子和分子的集合)各原子核的运动。

(5)分子力学。以各种相互作用力的加和来模拟分子内及分子间相互作用的势能面。

(6)数学化学。使用各种数学方法(而不必借助量子力学)来讨论及预测分子结构。

1.1.4 量子化学

1927年海特勒和伦敦用量子力学基本原理讨论氢分子结构问题,说明了两个氢原子能够结合成稳定的氢分子的原因,并且利用相当近似的计算方法,计算出其结合能。由此,人们认识到可以用量子力学原理讨论分子结构问题,从而逐渐形成了量子化学这一分支学科。

1. 量子化学的两个发展阶段

量子化学的发展历史可分为如下两个阶段。

第一个阶段是1927年到20世纪50年代末,为创建时期。其主要标志是化学键理论(价键理论、分子轨道理论、配位场理论)的建立和发展,以及分子间相互作用的量子化学研究。在几种化学键理论中，价键理论是由鲍林在海特勒和伦敦研究氢分子结构的基础上发展而成，其图像与经典原子价理论接近，为化学家所普遍接受。分子轨道理论由马利肯等在1928年首先提出，1931年休克尔提出的简单分子轨道理论，对早期处理共轭分子体系起到重要作用。分子轨道理论计算较简便，又得到光电子能谱实验的支持，使它在化学键理论中占主导地位。配位场理论由贝特等在1929年提出，最先用于讨论过渡金属离子在晶体场中的能级分裂，后来又与分子轨道理论结合，发展成为现代的配位场理论。

第二个阶段是20世纪60年代以后。主要标志是量子化学计算方法的研究，其中严格计算的从头算方法、半经验计算的全略微分重叠和间略微分重叠等方法的出现，扩大了量子化学的应用范围，提高了计算精度。其中，1928～1930年，许莱拉斯计算氦原子，1933年詹姆斯和库利奇计算氢分子，得到了接近实验值的结果，70年代又对它们进行更精确的计算，得到了与实验值几乎完全相同的结果。计算量子化学的发展，使定量的计算扩大到原子数较多的分子，并加速了量子化学向其他学科的渗透。

2. 量子化学的研究内容

量子化学的研究范围包括稳定和不稳定分子的结构、性能及其结构与性能之间的关系，分子与分子之间的相互作用、相互碰撞和相互反应等问题。

量子化学可分为基础研究和应用研究两大类。基础研究主要是寻求量子化学中的自身规律，建立量子化学的多体方法和计算方法等。多体方法包括化学键理论、密度矩阵理论和传播子理论，以及多级微扰理论、群论和图论在量子化学中的应用等。应用研究主要是利用量子化学方法处理化学问题，用量子化学的结果解释化学现象。

量子化学的研究结果在其他化学分支学科的直接应用，形成了量子化学对这些学科的渗透，并建立了一些边缘学科，主要有量子有机化学、量子无机化学、量子生物和药物化学、表面吸附，催化中的量子理论、分子间相互作用的量子化学理论和分子反应动力学的量子理论等。化学键理论建立较早，至今仍在不断发展、丰富和提高，它与结构化学和合成化学的发展紧密相连、互相促进。合成化学的研究提供了新型化合物的类型，丰富了化学键理论的内容；同时，化学键理论也指导和预言一些可能的新化合物的合成；结构化学的测定则是联系理论和实验的桥梁。其他化学分支学科也已使用量子化学的概念、方法和结论。例如，分子轨道的概念已得到普遍应用；反应速率理论和分子轨道对称守恒原理都是量子化学应用到化学反应动力学所取得的成就。今后，量子化学在其他化学分支学科的研究方面将发挥更大的作用，如催化与表面化学、原子簇化学、分子动态学、生物与药物大分子化学等方面。

1.2 计算机化学的发展

计算机化学的发展与计算技术的进步有着密切联系。自20世纪20年代量子力学理论建立以来，计算化学就是一门具有相当理论深度的学科，许多科学家曾尝试以各种数值计算方法来深入了解原子与原子聚集体的各种性质。然而在计算机广泛使用之前，此类计算由于其复杂性而只能应用在简单的系统与高度简化的理论模型之中。在计算机还没有广泛普及的时代，计算化学仍是一门须具有高度量子力学与数值分析素养的人所从事的研究，而且由于其庞大的计算量，绝大部分计算工作需依靠昂贵的大型计算机主机或高阶工作站来完成。

直到20世纪90年代中期,由于计算机中央处理器以及内外存储设备(内存及硬盘)的不断升级,个人计算机的运算速度及存储容量已经赶上甚至超过一些传统的工作站;再加上操作系统的不断完善以及图形接口的发展与使用,个人计算机系统已无需负担传统多人多任务系统中复杂的作业,使得个人计算机逐渐开始成为从事量子化学计算的一种经济而有效的工具。近十年来陆续出现了许多可在Windows操作系统下运行的计算化学软件,方便的图形用户界面使其功能不断增强,大大简化了输入/输出的操作,使得稍具计算化学知识的人都能够轻易地设计复杂的理论计算,并且能够以简单直观的视觉效果来分析计算所得的结果。

然而计算化学要取得突破性的发展,除了软硬件技术的进步外,还需要在高效率、高精度计算方法的开发上有所突破。目前对原子体系而言,采用从头算法,其能量计算误差可以控制在1~2 kcal/mol* 以内,而对于大分子体系的计算,限于理论的复杂性,只能使用分子力学或半经验法,在计算精度和计算速度方面需要进一步提高。1998年的诺贝尔化学奖颁给对计算化学有卓越贡献的Walter Kohn及John Pople,这本身就是对计算化学领域研究的最大肯定,也显示了计算化学及化学模拟计算在当今化学研究中的重要性。

1.3 我国计算(机)化学的发展

1. 起步较晚,发展较快

和国外相比,我国开展计算化学研究起步较晚,只有几十年的历史。著名理论化学家唐敖庆教授(1915—2008)被誉为我国的量子化学之父,他在分子内旋转、高分子化学反应统计理论、配位场理论、分子轨道图形理论及分子轨道对称守恒原理等方面取得了一系列重要研究成果,为我国培养了一大批理论化学界的精英。他的弟子中,有8人先后当选中国科学院院士,为我国建立理论化学学科,形成具有自己特色、享誉国际的中国理论化学学派作出了贡献。

自1977年在上海召开我国第一届理论化学与量子化学会议以来,到2008年已成功举办了十届全国性的量子化学会议。理论化学与量子化学会议已成为我国量子化学研究领域进行学术交流和研讨的重要平台。

1984年,中国化学会组织召开了第一次全国性的计算机化学会议。同年,我国第一本专门发表计算机在化学中的应用方面论文的学术刊物——《计算机与应用化学》创刊。正如张懋森教授在发刊词中总结我国1984年以前的计算机化学研究十大方面的成果时所说的,《计算机与应用化学》的创刊,"标志着我国化学界正式跨入了计算机时代"。

2007年8月在成都召开了第九届全国计算(机)化学学术会议。历次会议充分展示了我国在化学计量学、化学与生物信息学、化学数据库、计算机辅助结构解析和谱图模拟、计算机辅助药物分子设计、分子模拟与设计、数据挖掘技术等方面的研究成果。

上世纪80年代末,随着我国计算机化学的发展,中国科学院上海有机化学研究所组织成立了国内第一个专业实验室——计算机化学开放实验室,由此开创了我国计算机化学发展的新时期。开放实验室联合国内有关科研院所和大学,开展了一系列研究工作,取得了许

---

* 1 cal = 4.184 J, cal为非法定单位。

多研究成果，研究工作整体上已接近国际先进水平，部分研究工作与所取得的成果已居于国际先进水平。

虽然我国在这方面的起步较晚，但发展势头良好，我国计算机化学研究的领域不断扩大，越来越多的青年加入到计算化学与计算机化学的研究队伍中来，促进了我国计算机化学的发展，许多研究成果已经位于或接近世界计算机化学研究的发展前沿。

在计算机化学教学方面，1993 年在南京大学召开了第一届全国计算机化学教学研讨会，会议提出了在我国高校开设计算机化学课程的必要性和紧迫性。此后许多高校在本科生和硕士研究生的课程中普遍开设了相关课程，从不同视角介绍了计算机在化学及相关领域的应用，使得利用计算机技术研究化学问题变得越来越普遍。近年来相继出版了一批与计算机化学相关的教材和专著，内容涉及各个方面，有介绍和引进国外优秀化学软件使用的，也有侧重于化学中的数值计算和结构解析的，有介绍 Internet 上的化学化工资源的，也有开展分子模拟、药物设计及其他应用研究的。这些教材和专著的出版对普及我国计算机化学起到了极大的促进作用。

2. 努力赶超世界先进水平

近年来，基于 Web 技术的化学应用软件已经出现，并且随着软硬件技术的飞速发展，已经具备分布式并行计算的条件。近十年来我国相继在中国科学院北京分院、上海交通大学、西安交通大学、中国科技大学、华中科技大学、厦门大学、南京大学、中山大学、山东大学、云南大学和贵州大学等建立了基于多核处理器平台的高性能集群系统的数十个高性能计算中心的城市节点。其中，贵州大学高性能计算化学实验室（http://www. ghpcc. gzu. cn）建立了基于 Web 的远程开放量子力学以头计算系统，可为国内用户免费提供 Gaussian 计算服务。上海超级计算中心（http://www. ssc. net. cn/index. asp）自 2000 年投入运行以来，为上海各行业包括药物设计、生命科学、新材料、物理、化学等领域的用户提供了大量高性能计算应用服务。目前该中心可为用户提供包括量子化学计算（Gaussian、MolPro、Gamess、QChem、NWChem）、分子动力学模拟（VASP、ESPRESSO、SMEAGO、CPMD、Abinit、Siesta、Wien2k、NAMD、EGO、GROMACS、DOCK）等的计算服务。

2007 年 10 月南京大学理论与计算化学研究所万亿次高性能计算平台初步建成。这套浪潮天梭高性能计算集群峰值计算能力高达 2. 7 万亿次/秒（Tflop/s）。

2008 年 6 月，中国高性能计算机“曙光超百万亿次超级计算机”签约上海超级计算机中心，曙光 5000 拥有 230 万亿次的浮点运算能力，这个速度再次刷新国内高性能计算的纪录（上次纪录是拥有 11 万亿次的曙光 4000 创造的），在世界的通用超级计算机领域也是名列前茅。计算机技术的每一步发展，都会使化学研究的手段和方式发生革命性变化。展望未来，药物设计、合成路线设计、分子设计、计算机辅助结构解析与大分子模拟等方面，将会更加高效快速，对提高我国的计算机化学研究水平起到关键性的作用。

2008 年 11 月 17 日，在我国广州举行了第四届国际分子模拟与信息技术应用学术会议。会议以分子模拟与信息技术应用于化学、材料、生命科学领域的创新研究为主题，与会人员在药物设计与生命科学、材料科学与工程研究等领域进行了广泛的交流，充分展示了我国在分子模拟研究领域的水平和实力。

如今，计算机化学模拟研究已成为化学研究领域中最为活跃的领域之一。我国在计算机软硬件建设方面正在搭建先进的研究平台，越来越多的学者加入到这一研究领域，必将促进我国计算机化学研究水平的不断提高，相信在不久的将来赶超世界先进水平的梦想一定会成为现实。

1.4 分子模拟与量化计算简介

什么是计算机分子模拟(Molecular Modelling)? 简言之，就是采用计算机软件方式，模拟化学体系的微观结构和运动，采用数值运算、分析统计等方法对系统的平衡热力学、动力学等性质进行理论预测。或者说，分子模拟是以计算机技术为依托，以量子化学、统计力学为理论基础的一门新兴学科。它主要包括计算量子化学(计算分子性质)和分子模拟(模拟分子聚集体的行为，从而得出分子系统的宏观性质)。由于在理论、方法和计算技术方面的进步，分子模拟已取得了引人注目的进展，成为化学、生物、材料研究中的有力工具，是除实验与理论研究之外，人们了解和认识微观世界的第三种手段。

1.4.1 分子模拟的意义

为何要进行计算机分子模拟? 我们知道，宏观化学现象是 $10^{23} \sim 10^{24}$ 个分子(原子)的集体行为，其运动行为具有统计属性。一方面，分子模拟方法是将原子、分子按粒子处理，通过模拟，可提供其微观结构及运动过程与宏观性质间的相互关系并获得直观图像。另一方面，某些过程由于实验条件的限制不能在实验中完成，但可通过化学模拟的形式对其进行研究，以获得理论上的指导，所以分子模拟研究具有十分重要的理论意义。

1.4.2 分子模拟的一般过程

分子模拟研究一般包括以下四个过程:

(1)构建分子模型。采用适当方法给出体系或分子的初始构型。

(2)选择适当的模拟方法。用于描述体系中分子内和分子间相互作用，根据体系的不同和计算精度的要求，可采用量子力学计算、分子力学模拟和分子动力学模拟方法。

(3)执行计算。如能量最小化、分子动力学或 Monte Carlo 模拟、构象搜索等，通过计算得到体系中各种原子、分子排布的能量，系统总能量随原子、分子位置改变的相应变化。

(4)分析结果。计算结果的分析，不仅分析所得到的性质，而且要判断其合理性。

1.4.3 分子模型的构建

1. 分子结构的编码

由于历史的原因，化学结构存储的编码方式众多。分子结构的编码是实现计算机化学文件存储和检索的基础，是一种特殊的语言体系。根据编码原则和方法的不同，现行的编码方法可分为系统命名码、碎片码、线性码、拓扑码、连接表等，这些编码都具有不同的特点。在分子模拟的实际应用中，常见的存储格式主要有线性码和连接表两种，其中线性码主要为 smile 和 sln(Sybyl Line Notation)格式，而出于计算机处理的需要，目前几乎所有的化学软件都采用连接表的方式来存储化学结构。

在众多的分子结构的存储文件格式中目前比较公认的有 Tripos 公司的 mol2、蛋白质结构数据库的 pdb、MDL 公司的 mol 和 sdf 等，其他如 Mopac Input File(mop)、Alehemy File (alc)、化学结构协会(Chemical Structure Association)的smd格式、Cabridge Crystal Data Bank File(ccd)、Pcmodel的pcm、Chem3D的c3d和Gaussian的GJF等格式,在分子模拟中也比较常用。

分子模拟所支持的存储格式大多是以文本形式存储的,通常在软件的帮助中会对该软件可读写的格式有较详细的说明。尽管文件格式繁多,但许多分子模拟软件为了使用其他软件的结果,都提供了格式转换功能,如Chem3D软件支持多达43种文件格式,具体使用某一软件时应首先了解其文件存储格式,以尽量减少文件转换时化学信息的丢失。

2. 结构模型的构建

结构模型的构建就是要确定体系或分子中各原子的初始空间排布。这是用计算机处理分子模拟作业的起点。在计算机没有普遍使用的年代,这项工作是非常复杂而繁琐的,如今化学结构模型的构建采用综合的计算机化学软件包,可以在几分钟内完成一个相当复杂的分子模型的构建。可采用二维或三维建模,得到目标分子的二维或三维分子图形,同时还可方便地得到各类结构参数。

分子结构数据可通过以下三种方式获得:①晶体数据转化为输入文件;②标准键长、键角、二面角等数据;③直接通过分子图形软件绘制。模型分子坐标可采用笛卡儿坐标或Z-矩阵(分子内坐标)。本书所介绍的软件中,长度单位默认为Å*,角度单位默认为度(°)。

1.4.4　分子模拟的方法

根据体系和计算精度要求的不同,可选择如图1-4所示的计算方法。

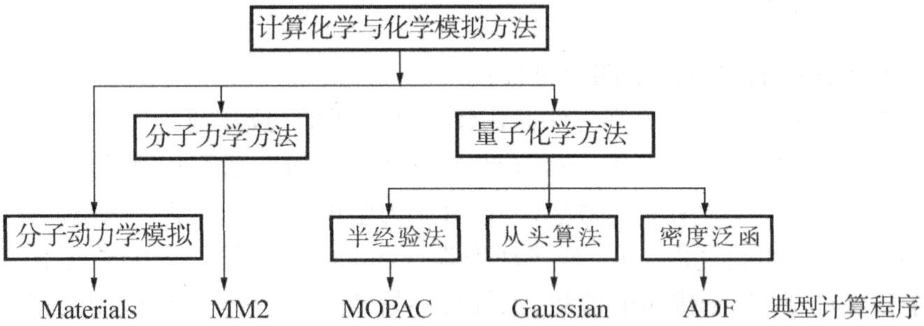

图1-4　化学模拟计算方法

1. 分子力学方法

(1)分子力学(Molecular Mechanics, MM)。分子力学模拟方法忽略电子的运动,采用经典牛顿力学的原理,运用经验力场的方式,不是使用波函数或电子密度,而是将能量表达成原子核坐标的解析形式,如Chem3D中提供的MM2方法。在选择适当的经验参数时,采用经验力场计算的

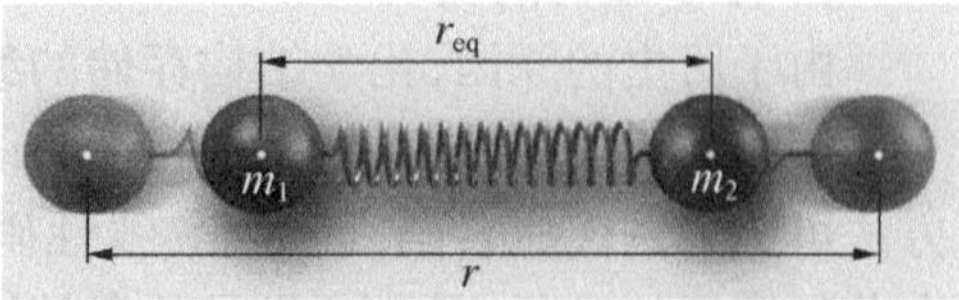

图1-5　用硬球和弹簧表示分子结合体

* 1Å=0.1 nm=1×10^{-10} m。

结果，有时可得到与最高理论级别的量子化学计算结果同样的精度，且所耗机时不多。在分子力学中，分子被看成是由原子硬球通过类似弹簧的化学键组合起来的结合体（图1－5），通过计算该结合体的相对能量，从而得到其最稳定的结构。

在进行分子力学计算前，首先要根据物理模型，采用适当的能量表达式——力场。在表达式中有很多经验参数，它们必须从实验或从头算法等量子化学计算推导和拟合出来，找到一组对大多数体系都适用的参数，然后用这组参数去预测其他体系的稳定性。

一方面，因为分子力学方法的对象仅仅是原子及其化学键，不涉及电子运动，因此计算成本低，可以计算非常大的体系。但是由于分子力学方法依赖于力场模型，同时又有很多经验参数，因此其得到的几何结构是相当粗略的。另一方面，因为分子力学方法的对象不包括电子，或者说它忽略了电子运动，不考虑电子相互作用，因而其计算结果不能提供分子中基于电子分布的相关信息，无法对分子性质和反应性能做出计算，也不能研究成键和断键的反应。

（2）分子动力学模拟（Molecular Dynamics Simulation，MD）。用来模拟分子体系与时间、温度有关的性质，仍然是基于牛顿运动定律，可通过对牛顿方程积分来抽样检测由原子坐标和速度所严格定义的相空间，可以基于当前分子的位置和速度计算出其未来的位置和速度。与量子化学单点能和构型优化不同，分子动力学模拟计算要考虑热运动，分子可包含足够的热能来穿越势垒。根据各个粒子运动的统计分析，可推知体系的各种性质，如可能的构象、热力学性质、分子的动力学性质、溶液中的行为、各种平衡态性质等。

分子动力学模拟的一般步骤：①给定条件参数（温度、粒子数、时间等）；②体系初始化（初始位置和速度）；③计算作用于所有粒子上的力；④解牛顿运动方程，计算短时间内（Time Step）粒子的新位置；⑤计算粒子新的速度和加速度；⑥重复③～⑤步直至体系达到平衡，体系平衡后，等间隔保存原子的坐标（这些信息称为Trajectory）；⑦继续计算直到取得足够的数据，分析轨线数据，得到体系的统计性质。

（3）蒙特卡罗模拟（Monte Carlo Simulation）。Monte Carlo 模拟基于给定温度下的Boltzmann分布所得到的随机数值来抽样检测相空间，以概率统计理论为基础，以随机抽样为主要手段。首先建立一个概率（或随机过程）模型，使它的参数等于问题的解。然后通过对模型（或过程）抽样试验来获得有关参数的统计特征解的近似值及精度。

2. 半经验方法

半经验方法（Semi-Empirical）中，对价电子进行的近似是通过解简化的薛定谔方程而得到的。其中的很多积分用含参数的经验式来近似，可以半定量地描述电子分布、分子结构与性质和相对能量，比从头算电子结构方法计算快，但是没有从头算方法准确。半经验方法对预测有机分子的几何构型和能量可得到满意的结果，也可以用来预测振动模式和过渡态结构，但比从头算法要差得多。半经验方法对弱相互作用（如VDW和分子间色散力）很难得到好的结果。

半经验方法的对象是原子核和价电子，它是通过简化的方法来解薛定谔方程的，其中的简化主要是把很多的双电子积分用含参数的经验式代替，因而其计算速度较快，但也因此丧失了一定的准确性。用半经验方法可以半定量地描写电子分布、分子的结构和性质，在计算机技术不太发达的时期，它起过非常主要的作用，目前在研究制药和生物分子等大体系时，它依然有重要的作用。

3. 从头算方法

从头算方法(*ab initio*)不需要使用任何经验参数,只需要像光速、电子电荷、电子质量、原子核质量和普朗克常数等几个最基本的常量。从头算方法是进行分子模拟与量化计算最准确的方法。它使用的是完全的薛定谔方程,对原子核及其电子体系进行最准确的计算,可得到相当合理的分子结构及其电子分布,通常可以达到要求的精度(键长 ±0.02Å,键角 ±2°,键能 ±2kcal/mol)。

4. 密度泛函理论

密度泛函理论(DFT)采用泛函(以函数为变量的函数)对薛定谔方程进行求解,由于密度泛函包含了电子相关,它的计算结果要比 HF 方法好,计算速度也较快,可以用于描述化学体系的结构、性质、能量及反应性能。因为其计算成本比较低,又可以计算比较大的体系,因而密度泛函理论(DFT)已经成为当今最为常用的量子化学方法之一。

将以上几种方法作一比较,可以看出不同方法适用不同的体系。首先,分子力学可以用于较大的体系,但只能得到结构信息,无法获取与电子相关的其他信息,不过通常情况下,结构—性质—功能关系是最重要的,对于不需要考虑电子相互作用的场合仍然是非常有效的方法。其次,采用半经验方法可以得到化学体系的电子结构,可用于研究中等体系的性质,虽然其电子结构信息比较粗略,但要比分子力学的结果可靠得多。再次,采用从头算理论进行计算可以得到具有相当准确度的结果,但从头算计算工作量大,大多数情况下只适合计算比较小的分子体系。最后,密度泛函理论近年来发展了许多非常好的泛函,可适用于对几十个原子的体系和过渡金属的计算,由于其计算成本不高,又具有相当的准确度,在量化计算和分子模拟领域得到了广泛使用。

1.5 常用化学软件简介

本节介绍一些近年来在化学领域使用普遍且功能强大的分子结构绘制、化学模型构建、量化计算与分子模拟方面的常用软件,帮助读者在学习和研究中作出有效、快速的选择。要了解某软件更详细的功能和使用方法,可访问相关网站。

1.5.1 化学图文设计软件

1. 化学结构式

有关化学结构式编辑的软件市面上非常之多,其功能主要是绘制化合物的结构式、化学反应方程式、化工流程图、简单的实验装置图等化学常用的平面图形。使用比较广泛的主要有以下几种。

(1)ChemSketch。该软件是 ACD 公司开发的功能强大、安装简便、小巧灵活的化学绘图软件,最新版本为 11.0(其免费版本可在该公司网站上 http://www.acdlabs.com 下载,只是部分功能受限)。该软件主要功能和特点如下:绘制平面(2D)和立体(3D)化学结构式、反应式和化学图形;其绘图功能十分强大,具有丰富的化学图形绘制工具和各种化学符号;内置包括各种原子、有机物官能团等基本结构的模板工具栏,使得绘制复杂庞大的有机物结构式变得非常便捷,并且可以把绘制好的平面化学结构图直接转换为立体图形;也能够预测分子结构的一些基本参数,如相对分子质量、摩尔体积、极性、密度、介电常数等;可对所绘制的分子结构自动命名(英文),可提供有机物的同分异构体,等等。本书在第 2 章将对其使用作详细介绍。

(2)ISIS/Draw。ISIS/Draw 由 MDL Information Systems Inc. 公司开发,以其强大的功能及与 Office 套件极佳的兼容性而在国内化学界广泛流行。该软件为自由软件,无需注册,无使用期限,最新版本为 2.5 版(http://www.mdli.com)。主要用于绘制各种化学分子结构式、化学反应方程式以及工艺流程图等化学专业图形。ISIS/Draw 2.5 遵循以户为主导的设计思想,具有友好的操作界面、丰富完备的模板及画图工具,大大提高了绘制化学专业图形的效率和质量。

(3)ChemWindow。ChemWindow(http://www.sadtlersuite.com)可用于绘制化学图形、化学实验装置图、化工工艺流程图等,是化学工作者在教学和科研中的有力助手。其主要用途如下:① 编辑化学方程式;②制作反应过程关系图;③绘制化学实验装置图;④绘制化工流程图。ChemWindow 6.0 提供各类化工设备的图形模板库 chemwinlibraries-CESymbol.cwl,利用该模板库可以完成化工工艺流程图绘制。相对较为复杂的 AutoCAD 而言,该库可与化工工艺流程课程结合使用。例如,绘制一个物料流程图,图中的设备以示意的图形或符号按工艺流程顺序从左至右绘出,并在图形或符号上标明设备名称、编号、特性数据以及流程线。此外,ChemWindow 的一个突出的特点是与光谱的结合,它的 6.5 Spectroscopy 版本包括了一个约 5 万张 ^{13}C-NMR 的数据库(达 250 兆字节),因而其预测更加精确;除了根据化合物的结构预测 ^{13}C-NMR 化学位移外,还能预测红外图谱、质谱等,还可以读入标准格式的 NMR、IR、Raman、UV 及色谱图。

(4)ChemDraw。这是大型桌面化学办公系统软件 ChemOffice 中的一个组件,其功能更为强大,有丰富的绘图元件,能够绘制和编辑高质量的化学结构图,识别和显示立体结构,具有化学结构式与化学名称相互转换的功能;由于内建有 NMR 数据库,能够与 Excel 数据兼容,能够进行网络数据库信息检索等。此外,ChemDraw 还可以预测分子的常见物理、化学性质,如熔点、生成热等;对结构按 IUPAC 原则命名;预测质子及 ^{13}C 化学位移等。本书将在第 3 章作专门介绍。

上述各种软件功能大同小异,但也有各自的特色,如 ChemSketch 中的 Instant Template(即时模板)功能,ChemWindow 中的 Group(组合)功能等,如能配合使用效果更好。前三种软件小巧灵活,最后一种软件功能强大。除 ChemDraw 外,这些软件都可画出精确的二维化学结构,但要表现三维化学结构有一定困难,必须依赖于一些专门的 3D 软件或分子模拟软件来实现。

2. 三维结构图

比较有名的化学三维结构显示与描绘软件有 Chem3D、WebLab Viewer Pro、RasWin、ChemBuilder 3D、ChemSite 等,它们都能够以线状(Wire Frame)、球棍(Ball and Stick)及带状(Ribbon)等模式显示化合物的三维结构。其中,RasWin 和 WebLab Viewer 的 Lite 版本只能显示而无法编辑三维分子模型,为免费软件,RasWin 可以在几乎所有的化学软件站点找到,WebLab Viewer 的下载地址为 http://www.msi.com。WebLab Viewer 的 Pro 版本表现生物分子和晶体结构的能力比较强。

Chem3D 同 ChemDraw 一样,是 ChemOffice 的组成部分,它能很好地同 ChemDraw 一起协同工作,ChemDraw 上画出的二维结构式可以正确地自动转换为三维结构。ChemDraw 和

Chem3D 加入了更多的生物绘图元素,分别变为了 ChemBioDraw 和 ChemBio3D。其中,ChemBio3D 还附带多种量子化学计算接口,如 MOPAC、Gamess、Jaguar,也能与著名的从头计算程序 Gaussian03 连接,作为 Gaussian 的输入/输出界面;能够以三维的方式显示量子化学计算结果,如分子轨道、电荷密度分布、各类表面图、势能面图和 IR、NMR 光谱图等。本书将在第 4 章中对 ChemBio3D 作专门介绍。

此外,以下介绍的分子模拟软件都能很好地用于创建和显示分子的三维结构图。

1.5.2 计算化学与分子模拟软件

随着计算机软件的发展,目前在世界各国使用的计算化学与分子模拟软件有数百种之多, 也有很多计算化学程序包,可适用于各种操作系统,并且大部分具有图形界面, 可以很容易地构建模型和查看结果,比如 Gaussian、Gamess、NWChem、Dolton、MOLCAS、ADF 等。因此,计算化学中的计算已经变得较为容易。

Gaussian03 是分子力学计算、半经验计算和从头计算中使用最广泛、最流行的量化软件之一,可用来预测气相和液相条件下分子和化学反应的许多性质,包括分子的能量和结构、过渡态的能量和结构、振动频率、红外和拉曼光谱、热化学性质、成键和化学反应能量、化学反应路径、分子轨道、原子电荷、电多极矩、NMR 屏蔽和磁化系数、自旋-自旋耦合常数、振动圆二色性强度、电子圆二色性强度、旋光性、振动-转动耦合、非谐性的振动分析和振动-转动耦合、电子亲和能和电离势、极化和超极化率、各向异性超精细耦合常数、静电势和电子密度等。

Gaussian03 是目前最成熟的量化软件之一, 而且有着广泛的应用范围和适应性。目前的最新版本为 E. 01,有 Windows、Linux 以及 Unix 版本。在 Linux 和 Unix 版本上可以方便地进行并行计算。Gaussian 公司开发了其图形界面 GaussView(最新版本为 4. 1),用于搭建模型,生成 Gaussian03 的输入文件,设置各种高级选项,也可以图形方式查看各种计算结果,因此用户比较容易掌握。

量化软件在原理上都是相同的,会使用 Gaussian 后可以很容易地学会其他软件的使用,故本书将以 Gaussian03 为主线,介绍量化计算与分子化学模拟的基本方法。Gaussian03 是一款商业软件,演示版下载地址为 http://www. gaussian. com。国内代理这类软件的公司主要有中国科学软件网(http://www. sciencesoftware. com. cn)和北京宏剑公司(http://www. hongcam. com. cn)。除 Gaussian03 外,现选择几款普遍使用并有较广泛影响的软件简介如下。

1. HyperChem 8. 0. 5

HyperChem 是一款具有强大图形编辑功能的量化程序包,包括常用的几乎所有分子力学及半经验分子轨道方法及多种基集的从头计算等,可进行单点能、几何优化、分子轨道分析、蒙特卡罗和分子力学计算,预测可见紫外光谱,所得结果可用三维图形表示出来。其最新版本是 HyperChem 8. 0. 5,测试版下载网址为 http://www. hyper. com/support/download/default. htm。

2. ADF 2008

ADF(Amsterdam Density Functional)是基于密度泛函理论(DFT)的通用量化计算软件,在学术界和企业界都有着众多的用户。ADF 软件应用于分析气相、液相和蛋白质体系、单点计算、几何优化、过渡态(Climbing NEB)、频率和热动力学特性、跟踪反应路径、理论预测化学催化过程、任意电子组态计算、激发能和(超)极化率、使用含时密度泛函(TDDFT)理论、NMR化学位移等。

ADF附带独立程序BAND,用于处理周期性体系,如晶体、聚合物以及固体表面。广泛应用于许多研究领域,如催化作用、光谱性质、(生物)无机化学、重元素化学、表面性质、纳米技术和材料科学等。ADF是专门用作密度泛函计算的软件,采用图形用户界面,目前的最新版本为ADF 2008。其试用版具有ADF的全部功能,但有一个月的时间限制,可以试用ADF的图形界面以及ADF的BAND程序,下载地址为http://www.scm.com/Trial.html。

3. Molpro 2008

Molpro是一套完整而全面的量子化学计算软件,包括各种进行分子体系电子结构的从头算方法。与其他常用的量化软件有所不同,Molpro注重电子结构的高精度计算,所使用的方法包括多参考态的组态相互作用方法(MRCI)、耦合簇方法(CC)以及其他相关方法。借助于最新发展的密度拟合技术(Density Fitting),再结合局域相关方法(Local Correlation Methods),Molpro可以明显改善计算量,显著地降低随着分子尺度的增大而增加的计算量,因而能够对更大的分子体系进行精确的量子化学从头计算。此外,利用最近发展的直接相关MP2和直接相关耦合簇方法,Molpro可以得到非常接近基组极限(Basis Set Limit)的结果(http://www.molpro.net/supported/? portal = visitor&choice = Supported + machines)。

4. MOPAC 7.0

MOPAC是世界上广泛使用的半经验量化程序(AM1、PM3、MINDO、MNDO/3等),可用于研究气体、溶液和固体的化学特性,包括Gibbs自由能、活化能、反应路径、偶极矩、非线性光学特性以及红外光谱等。它还可以用做结构-特性(或活性)定量的基础,预测生物学及其他特性,包括致癌性、蒸汽压、水溶解性和反应率等。MOPAC中获取专利的MOZYME算法可以使那些在超级计算机上需要几天或者几周的计算,在PC机上仅需要几分钟。对于包含上千个原子的体系,诸如蛋白质、聚合物、半导体和晶体,它们的电子特性计算仅仅需要几分钟或几小时。MOPAC还包含用于光谱计算的半经验分子轨道程序MOS-F模块(目前版本是5.0)。MOPAC和MOS-F本身并不包含图形用户界面,但可以和CAChe、LinMOPAC、WinMOPAC, HyperChem或CS Chem3D等图形用户界面的程序结合使用。MOPAC早先作为免费软件发布,最高版本为MOPAC 7.0。此后成为商业软件,目前的版本是MOPAC 2006,下载地址为http://www.fqs.pl/chemistry/mopac_2002。

5. VASP 4.6

VASP是基于第一原理的分子动力学计算软件包。VASP的主要功能有:计算材料的光学性质;计算材料的磁学性质;计算材料的晶格动力学性质(声子谱等);表面体系的模拟(重构、表面态和STM模拟);从头分子动力学模拟;计算材料的激发态(GW准粒子修正)。目前最新版本是VASP 4.6,下载地址为http://cms.mpi.univie.ac.atvasp。

6. Materials Studio 4.4

Materials Studio是Accelrys公司专为材料科学领域开发的新一代材料计算软件,主要特点有:模型三维可视化,有很多显示样式、参数和测量工具;可草绘和编辑分子模型,包括金属有机化合物;构造晶体、高聚物、表面、层、真空板状结构;提供分子和周期系统的对称性寻找及编辑工具;图形、图表和电子表格形式显示数据;可使用Materials Studio工程进行数据处理。其中,Amorphous Cell用于非晶态材料的建模和性质预测,尤其适用于高聚物。该软件的最新版本为4.4版,可用于化学及材料领域的模拟,下载地址为 http://accelrys.com/downloads。

1.5.3 化学数据库

用于化学物质查询的软件主要有 ChemFinder 和 ChemHandBook,它们都是数据库管理系统,是化学工作者查询和管理化学物性的工具,也可方便地用于建立数据库。此外,还有以下一些以软件形式或网站形式提供的免费数据库可用于查询各类化学基础数据。

1. NIST 数据库

美国国家标准和技术研究院 NIST(National Institute of Standards and Technology)提供的免费检索化学数据库。例如,NIST 网络版化学手册(NIST Chemistry Web Book)(http://webbook.nist.gov/chemistry),可免费检索到16 000多种化合物的红外光谱(IR)、15 000多种化合物的质谱(MS)、1 600多种化合物的紫外光谱(LV/Vis)、4 500多种化合物的电子和振动光谱。可检索到7 000多种有机和无机化合物的热化学数据、8 000多种化学反应的反应热化学数据和16 000多种化合物的离子能量分布数据等。搜索的条目可以是化学分子式、化学名称、CAS 号等。其他的免费检索 NIST 数据库还有 NIST 原子光谱数据库(Atomic Spectra Database)和 NIST 反应动力学数据库(Kinetics Database)等。

2. SRC 数据库

美国 Syracuse 公司是一家非盈利组织,40 多年来在为公众提供技术服务方面具有较高的声誉。物理性质数据库 PHYSPROP (The Physical Properties Database)是该公司的免费检索数据库之一,该数据库(http://www.syrres.com/esc/physdemo.htm)含有25 250多种化合物的化学结构式、名称和物理性质,所包括的实验数据有熔点(10 120个)、沸点(6 629个)、水溶解度(6 340个)、辛烷/水分配系数(13 250个)、蒸汽压(2 837个),Pka(1 652个)、亨利定律系数(1 713个)等。

3. ICSCs 数据库

国际劳工组织(International Labour Organization)网站(http://www.ilo.org)建有 6 个职业安全与健康方面的免费数据库。其中,ICSCs(国际化学品安全卡片)数据库汇集有1 364种化学品有关职业健康和安全方面的基本信息,包括火灾、爆炸危险,吸入、咽下、皮肤或眼睛接触的健康后果,重要的物理性质和空气中的极限含量等。

4. ChemFinder 数据库

美国剑桥软件公司(Cambridgesoft Co.)下属网站(http://chemfinder.cambridgesoft.com)的化学药品数据库 ChemFinder,可检索到化学药品的 2D 结构式、3D 模型和一些物理性质等。化学药品数据库(ChemACX Net)汇集了 30 多类 50 多万种化学药品的价格、规格和供应商,可供检索。有机合成数据库(Organic Syntheses)汇集了 John Wiley and Son 公司出版的 77 册有机合成年刊,通过结构检索、文献搜索、化合作用和浏览库内有机合成反应指南,可找到所需的有机合成方法。

5. ChemWeb 化学数据库

位于美国加州的 ChemWeb.Com(http://www.chemweb.com)建立于 1997 年 4 月,它是当今世界最大的在线化学团体,并提供大量的化学信息资源。ChemWeb.com 网站的 Beilstein 文摘库,包含摘自 140 多种一流的有机化学和相关化学杂志自 1980 年至今的 75 万多篇文章的题名、摘要和引文,用户可免费浏览其文献摘要。

6. 质谱谱图库

对于质谱谱图库,可以追溯到20世纪40年代美国石油研究院(API)的工作,当时他们已经进行了谱图的收集和出版。近30年来,世界上许多实验室开展了谱图的收集工作,涌现出许多质谱检索系统,如MIT/KB系统、MSSS系统、PBM系统、Masslib系统等。不过,当今在国际上影响最大的是NIH/ EPA/ NBS和Wiley Ms Data两个系统。在国内,中国科学院大连化学物理研究所也开展了这方面的工作,他们的系统为ASES/ MS。

7. ^{13}C-NMR 谱图库

^{13}C-NMR 波谱是有机化合物结构解析中三大谱图手段之一。该手段问世于20世纪70年代初,但发展很快。随着这种技术的发展,国际上先后涌现出许多C213谱图库信息系统,主要的有德国BASF公司的C213谱图库信息系统、美国的NIH/EPA系统、法国的DARC系统等。在国内,中国科学院长春应用化学研究所于20世纪80年代初已经开展了此方面课题的研究,所建立的CIAC2C213谱图库系统于1985年投入正式运转,目前拥有谱图20 000张。其中的谱图不仅涉及一般的化合物,同时包括中草药及天然化合物类。该系统的主要特色是具有较强的相似检索功能,即未知谱图不在库中,其检索可以给出与之相似的化合物,在实际应用中收到良好的效果。

8. 红外谱图库

从20世纪50年代初到70年代中期,美国ASTM(The American Society of Testing and Materials)编辑了150 000张机读红外光谱,这是世界上最早的、同时也是最大的红外谱图数据库。另外,美国Sadtler光谱实验室(现属Bio2Tad公司)在20世纪80年代中期已收录94 000张IR谱图。目前国际上主要检索系统有SPIR、IRGO、IRIS、COSMOSS等。在国内,中国科学院上海有机化学研究所于20世纪80年代初开始组建IR谱图库CISOC2IR系统,目前该系统拥有谱图约100 000张。

9. 中国化学信息门户网 ChIN

中国科学院过程工程所自1997年开始建立和维护的Internet化学化工资源导航系统ChIN,目前作为国家科学数字图书馆——化学学科信息门户运行,它是一个集Internet化学资源的发现、收集、分类、描述、门户网站导航系统的生成和向Web发布、用户集成交流环境等功能于一体的较为完善的化学化工门户系统。ChIN已经在Internet上连续不间断地运行超过10年。目前与国际上知名的同类系统如ChemDex、Links for Chemist等相比,无论索引的资源总量、内容质量,还是系统的整体性能,ChIN都毫不逊色。该网站地址为http://chin. csdl. ac. cn。

1.5.4　图谱解析软件

解析有机化合物的红外、核磁及质谱有时是一件非常困难的工作,特别是复杂化合物的图谱解析更是这样。核磁图谱的解析可以先利用ChemNMR、C13 Module for ChemWindow、gNMR等软件对目标化合物的化学位移进行估算或作出模拟谱,用于协助对该化合物图谱的指认。ChemNMR为ChemDraw Ultra版本的一个插件,可以用来估算大多数有机物的^{1}H、^{13}C化学位移及用线图表示的相应图谱。C13 Module for ChemWindow是ChemWindow的一个插件,可以用来估算大多数有机物的^{13}C化学位移;gNMR则可用来估算任何NMR活性核的化学位移,并能画出非常逼真的图谱,该软件包所带的几个工具(gSPG, gCVT)也可用来处理一维核磁图谱数据,并能与模拟谱进行比较,有关该程序的信息及演示版可以查阅 http://www.cherwell.com。二维核磁的解析可以使用 Sparky 程序,特别是对复杂 2D NMR 的解析非常有用。IR Mentor Pro 及 IR Search Master 为专门用来辅助红外图谱解析的工具,它们能对给定的红外图谱数据自动分析与处理,或对给定的振动谱带给出可能存在的功能团,有关的演示版可以在 ftp://ftp.softshell.com/pub 下载。MassSpectra Simulator 为质谱模拟程序,其有关信息可以查阅 http://members.aol.com/gjlinker。此外,在 ChemWindow 6.0 Spectroscopy 版本中也有丰富的质谱分析辅助工具。

1.5.5 数据处理软件

化学中的数据处理多种多样,对不同的数据处理要求采用不同的软件完成。通用型的软件如 Origin, SigmaPlot 等,可以根据需要对实验数据进行统计分析、傅立叶变换、*t* 试验、线性及非线性拟合;绘制二维及三维图形,如散点图、条形图、折线图、饼图、面积图、曲面图、等高线图等。Origin 的最新版本为 8.0,其演示版可以从 http://www.originlab.com 下载; SigmaPlot 的最新版本为 11.0, 其评估版可以从 http://www.spss.com 下载。

核磁数据处理软件有 NUTS、MestRe-C、Gifa 等。其中,NUTS 可以处理一维及二维核磁数据,其功能包括傅立叶变换、相位校正、差谱、模拟谱、匀场练习等几乎所有核磁仪器操作软件的功能,安装程序不大(3MB),价格不低(1 000美元),其演示版下载地址为 http://www.acornnmr.com。MestRe-C 为处理一维核磁数据的免费软件,功能完善,其最新版本为 4.3,有兴趣的读者可以在 http://qobrue.usc.es/jsgroup/MestRe-C/MestRe-C.html 查看有关信息或下载。Gifa 可以处理一至三维核磁数据,为运行在 Linux 操作系统中 X-Window 上的免费软件,有关信息可查看 http://www.cbs.univ‑montp1.fr/GIFA。由 NUTS 生成的一维及二维 NMR 图谱、色谱及红外、Raman 等实验数据可使用 GRAMS/32 进行处理, 有关信息可查阅 http://www.galactic.com, 亦可索取免费的 Trial CDROM。

1.5.6 文献管理软件

在查阅文献的过程中,研究者常常为众多文献的归类整理所累。收集参考文献的过程中,文献管理软件可以帮助用户整理、排列所收集的内容;撰写研究论文的过程中,这类软件允许你直接在文字处理过程中插入参考文献,并按要求自动生成规定格式的参考文献列表。这类软件中有代表性的有 EndNote 4, Reference Manager 和 ProCite 等,它们都能对文献进行整理,能在文字处理程序中直接插入参考文献,并生成一定杂志规定格式的参考文献列表。有关软件的演示版或测试版可以在 http://www.niles.com(EndNote)和 http://www.risinc.com(Reference Manager 9.5, ProCite 5.0)找到。

1.6 计算化学应用

当前,计算机技术的快速发展和量子化学软件包的成熟,为计算化学的发展提供了很好的条件。目前,Intel 的四核 2.4G 处理器已经面世。实际上,几千元中等配置的计算机就足以开展计算化学的研究,几万元就可以组建一个相当规模的计算集群。在这种情况下,越来越多的研究人员开始从事计算化学的研究。但进行计算化学研究仅有化学知识和量子化学理论基础是不够的,还应有一定的研究模式来把化学问题和计算问题相联系,重要的是寻找其结合点。以下两个计算问题在一定程度上能说明计算化学在处理具体问题时可能遇到的困惑。

1. 氢键键能

在进行实际分子模拟计算中,往往会出现我们无法理解的结论,需要研究者从多方面进行分析判断。例如,三氯甲烷和水以氢键相连接的二聚体,计算其氢键键能。这里我们采用DFT的三参数密度泛函B3LYP方法,选用6-311++G(d,p)基组,在"B3LYP/6-311++G(d,p)"水平上分别计算二聚体、三氯甲烷和水能量,然后计算氢键键能。

氢键键能 = 二聚体能量 - 三氯甲烷能量 - 水的能量

= (-1495.726 694 85) - (-1 419.285 522 77) - (-76.434 123 469 3)

= -0.007 048 610 7(Hartree)(1Hartree = 627.509 5kcal/mol, 1cal = 4.184J)*

但在此水平上若采用NBO程序(Nature Bond Orbital,自然键轨道)计算,结果表明三氯甲烷上C—H反键轨道和H_2O上O的孤对电子成键轨道的相互作用所产生的稳定能为7.79 kcal/mol。

```
34. LP(2)O   7          /120. BD*(1)C   1   -H   2          7.79
```

该值却大于上述计算的氢键键能,该如何解释?氢键对整个体系的稳定效应可以分为静电相互作用引起的和轨道相互作用引起的。用NBO方法分析得到的是体系中两个分子中成键轨道和反键轨道相互作用所产生的稳定能,这个值应该小于氢键的能量才对,可为什么用NBO计算的结果显示轨道相互作用的能量比氢键的能量要大呢?

首先,NBO并不完美。如果将各种超共轭的能量加起来,往往会发现其和大于直接求出的总的超共轭值。这是由于NBO对两个以上的超共轭电子授体/受体之间的相互作用描述不够准确。其次,氢键能可以粗分为引力和斥力,引力对氢键能起正贡献,斥力则起负贡献。电子授体与受体之间的相互作用是一种引力,如果是引力的主要组成部分的话,显然其值大于总的氢键能是很有可能的。因此,想用NBO得到完全合理的定量结果是不大可能的,在得出结论之前,最好系统地比较各种可能的相互作用,利用相对值来做定性的结论或许更为可靠。

2. CO的电荷分布与偶极矩问题

在许多教材中对CO的偶极矩的描述都认为C带部分负电荷,O带部分正电荷,但采用Gaussian03中的所有方法和基组计算CO分子中的电荷分布,都会发现结果刚好相反,C带部分正电荷,O带部分负电荷。这个结果是不是与教材中的表述矛盾呢?我们如何去理解CO分子中电荷分布的这一计算结果呢?事实上,从另一个角度是完全可以理解的,因为电荷并不是物理量的本征值,经典的原子电荷概念本身不是一个能精确定义和计算的物理量,只是一个为了和经典点电荷概念对应而在量子化学中使用的一个概念。因此从本质上讲,没有一个方法计算出来的电荷能够满足满脑子经典概念的人们的要求,CO只是其中的一个突出的例子。网络上关于此问题的讨论是相当丰富的。实际上,更恰当的比较方法是比较

---

* Hartree, kcal为本书所介绍软件采用的默认单位。

实验的偶极矩和理论计算的偶极矩,因为偶极矩具有本征值,它反映了分子极性的大小和方向(按经典的概念,电荷分离越远,原子上的电荷越多,偶极矩越大)。

1.7 计算机化学的学习方法

学习计算(机)化学,需要具备量子化学的基础知识,对结构化学有一定的了解,粗略知道薛定谔方程、电子组态知识,通过练习就会逐步理解其中的概念和理论的含义。

一般认为,量子化学是高深莫测的,需要相当的数学功底,普通人因而望而生畏,不敢涉足。如今,量子化学对分子结构与性质的解释与预测逐渐成为化学研究中一个必不可少的工具。对大部分化学工作者来说,不可能、也没有必要去弄清楚量子化学计算的每一个细节,我们关心的只是其结果。

实际上,以量子化学为主要内容的计算化学发展到今天,已经不再是少数理论化学家的专门领域了,普通化学工作者只要了解一些量子化学的基本概念,是完全有可能进入这一研究领域的。因为化学模拟计算软件只是我们开展工作的工具,我们关注的是解决化学问题。就像有人研究移动通信技术,有人进行系统整合生产各类手机一样,我们不必知道更多的技术细节,只要知道怎么接听电话,如何使用更省钱,如何使用其照相功能和导航功能等足矣了,不是手机制造专家却可以成为超级玩家和使用高手。

现今计算机技术在化学及其相关领域的研究成果已经达到这一阶段,开发了不少以应用为目的的各类应用软件,使得普通化学工作者,在友好的人机界面下,很容易地绘制出丰富多彩的化学图文,创建自己的化学结构模型,进而顺利地开展本领域的模拟研究,一旦入了门,进一步提高也就不难了。相信通过本书入门知识的学习,你也可成为化学图文设计高手和化学模拟计算的行家。

1.8 相关网站及参考书

推荐访问以下网站,对了解信息、提高计算机化学水平会有极大的帮助。

(1)量子化学网与量子化学论坛,http://new. quantumchemistry. net/Index. html。

(2)厦门大学理论化学研究中心,http://59. 77. 33. 35/cgi-bin/leobbs. cgi。

(3)分子模拟论坛,http://www. mdbbs. org。

(4)大话西游 紫霞 BBS,http://bbs. zixia. net/board. php? name = Gaussian。

(5)化学吧华人学术之家,http://chem8. org/bbs/index. php。

(6)晶体之星,http://www. crystalstar. org。

(7)北京宏剑讯科软件技术有限公司,http://www. hongcam. com. cn。

(8)中国科学软件网,http://www. sciencesoftware. com. cn/index. asp。

以下推荐几本化学软件使用技巧方面和化学模拟与量化计算的参考书。

[1]李梦龙. 化学软件及其应用. 北京:化学工业出版社,2004.

[2]乔园园,张明涛. 计算机化学简明教程. 天津:南开大学出版社,2005.

[3]马江权. 计算机在化学化工中的应用. 北京:高等教育出版社,2005.

[4]James B Foresman, Frisch A. Exploring chemistry with electronic structure methods.

2nd ed. Gaussian Inc. ,Pittsburgh,PA. 1996.

[5]Frenkel,Smit. 分子模拟(从算法到应用). 汪文川,译. 北京:化学工业出版社,2002.

[6] Lewars E. Introduction to the theory and applications of molecular and guantum mechanics. Kluwer, 2004.

[7]Eleen Frisch, Michael J Frisch, Gary W Trucks. Gaussian03 用户使用手册(中文).

[8]胡立江. 精通 ChemDraw. 北京:清华大学出版社,2002.

第 2 章

ChemSketch的使用

2.1 ChemSketch 概述

2.1.1 主要功能

ACD/ChemSketch(以下简称 ChemSketch)是 ACD 公司(Advanced Chemistry Development Inc.)设计的用于化学绘图的软件包。该软件包既可单独使用,也可与其他软件共同使用,用于绘制化学结构、反应和图形,也可用于设计与化学相关的报告和演讲材料,还可以作为绘图软件包单独使用,或作为其他 ACD 软件的终端使用。目前该软件包的最新版本是 ChemSketch 11.0,ACD 公司网站(http://www.acdlabs.com)有免费版本供下载。

1. 软件的主要功能

(1)结构模式。用于绘制化学结构,并可根据结构估算分子的性质。这些性质包括相对分子质量、质量分数、摩尔折射率、摩尔体积、等张比容、折射率、表面张力、密度、介电常数、极性、单一同位素质量、标称分子质量、平均分子质量等。

(2)绘图模式。用于处理除具有化学意义的结构以外的其他图文信息,主要包括文本信息和图像信息,如实验装置图、原子轨道图、文本注释等图文信息。

2. 软件的启动

ChemSketch 可通过双击其安装目录下的主程序 CHEMSK.EXE 启动,其附加软件可通过单击其界面上相应的功能键启动,这些附加软件也是相对独立的软件。ChemSketch 免费下载版是一款绿色软件,安装后直接双击主程序 CHEMSK.EXE 即可运行。其启动界面如图 2-1 所示,界面中心会变换显示该公司的一些主要专业软件购买信息,包括 ChemSketch、HNMR、CNMR、NNMR、PNMR、NMR Expert、Name、MS Manage 、UV-IR Manage、Boiling Point、GC Simulator 等 20 多个专门软件。

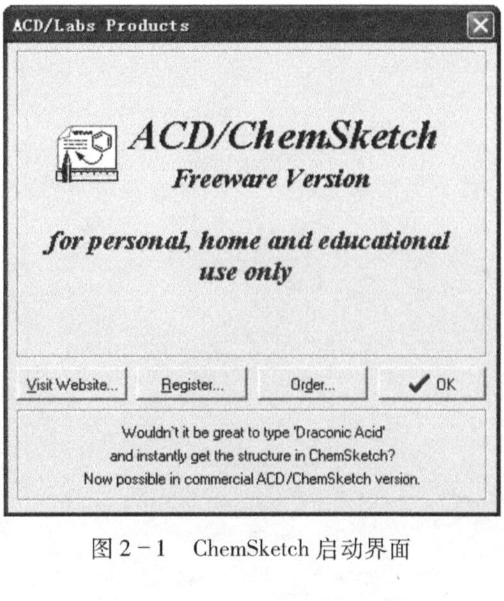

图 2-1 ChemSketch 启动界面

2.1.2　软件界面

1. 结构模式界面图

图 2－2 所示为 ChemSketch 结构模式界面图。

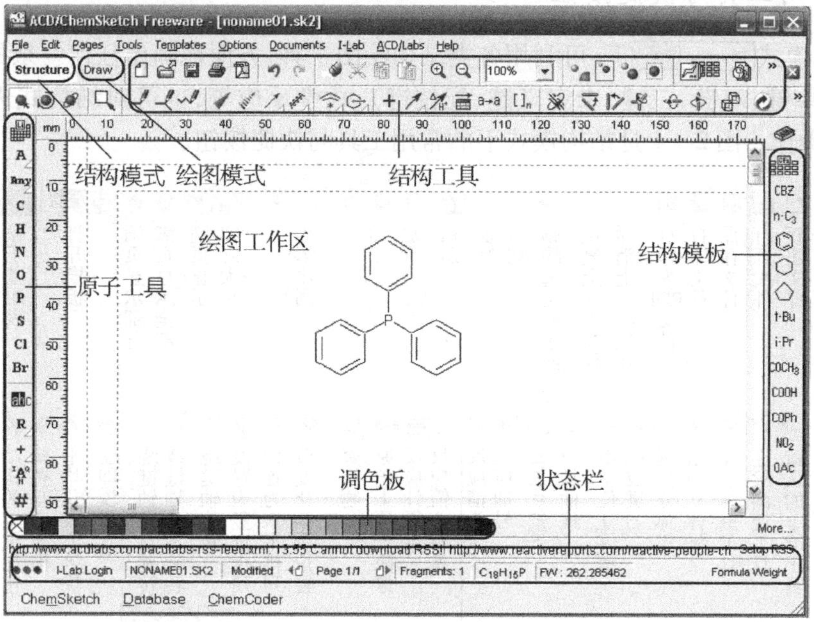

图 2－2　ChemSketch 结构模式界面图

2. 绘图模式界面图

图 2－3 是 ChemSketch 绘图模式界面图。

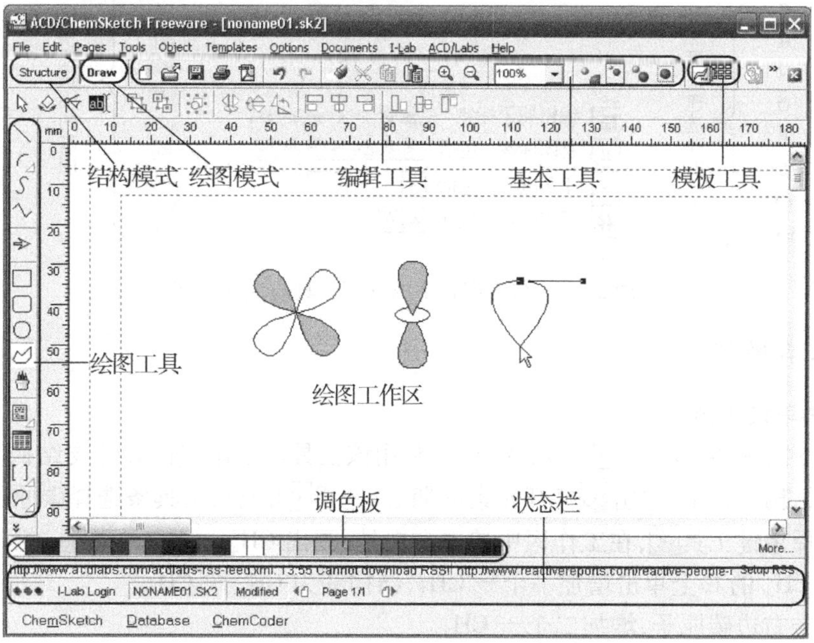

图 2－3　ChemSketch 绘图模式界面图

2.2 结构模式

2.2.1 常用工具与快捷按钮

在结构模式Structure Draw下，可利用各类结构绘图工具，方便地画出任何复杂的化学结构，如化学键（单键、双键、三键、未定义键、配位键）、化学反应等，也可对结构式进行翻转、旋转、缩放等操作。图2-4是结构模式下的常用工具与快捷按钮。

图2-4 结构模式下的常用工具与快捷按钮

2.2.2 基本操作

1. 使用单键工具

结构模式下的单键工具是默认工具，利用该工具可画出直链和分支结构。

(1)在结构模式下，单击打开元素周期表，选择C，或从工具条选择碳原子C。

(2)选择单键工具，在工作区中单击空白处，画出 CH_4。

(3)在 CH_4 的C上单击增加一个— CH_3，结构变为 CH_3 — CH_3。

(4)双击右边碳原子，增加二个— CH_3。

(5)选择翻转工具，单击结构中的水平单键，使其变为竖直键。

(6)选择单键工具，单击最右边的碳原子。

(7)重复第(6)步，可进一步画出如图 2－5 所示的结构。

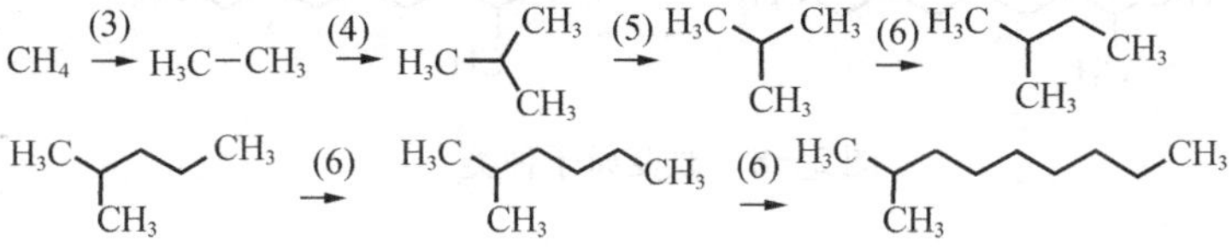

图 2－5　画键工具的使用

2. 双键和三键的画法

(1)选择单键工具，将指针指向上面练习所得结构的最后一个单键，单击后单键变为双键，再次在双键上单击则双键变为三键，如图 2－6 所示。

(2)再次在三键上点击将重新得到单键。

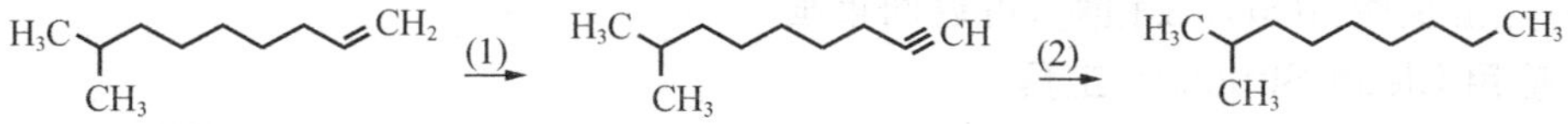

图 2－6　双键和三键的画法

3. 使用连续画链工具

使用连续画链工具，通过点击或拖动鼠标，可以方便地画出任意长的链。

(1)选择 C 原子，点击结构工具栏中连续画链工具。

(2)按下鼠标左键，拖动鼠标，指针旁的碳原子数(C#)随着碳原子的增减而变化。当松开鼠标左键时，自动生成碳链，得到。

(3)在原子工具栏中选择 O 原子，点击连续画链工具，按下鼠标左键，拖动鼠标，指针旁的氧原子数(O#)随着氧原子的增减而变化。当松开鼠标左键时，自动生成过氧链，得到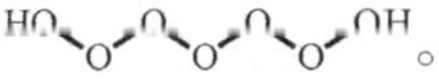。

4. 改变结构中的原子种类

(1)单击左边工具栏上的元素周期表按钮，打开元素周期表(图 2－7)。

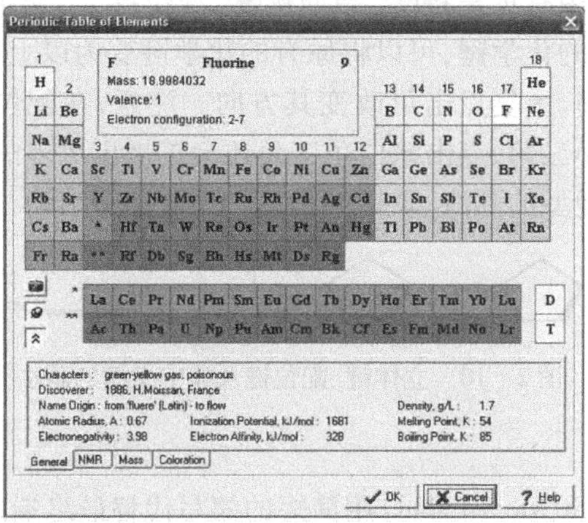

图 2－7　元素周期表

(2)单击周期表中的 F ,再单击最左边的 C 原子,则 F 原子替代了 CH_3(图 2-8)。

图 2-8　改变原子种类

当选择了周期表中的某个元素后,该元素的按钮将自动添加到左边的元素工具条中。删除工具条中元素按钮的方法是:右键单击原子工具条,在弹出菜单中点击去掉对该元素的选择。

5. 删除与恢复按钮

(1)点击删除(Delete)按钮,在分子结构上单击可逐一去除原子。

(2)点击恢复(Undo)按钮,可撤销上一次操作,最多可撤销 50 次。

(3)点击重做(Redo)按钮,可返回重画。

6. 使用 Clean Structure 工具

选择所画结构后,点击结构工具栏中整理结构(Clean Structure)工具,结构中所有键长与角度将平均化,如图 2-9 所示。Clean Structure 工具不仅使键长和角度平均化,还能使结构符合化学结构的要求。例如,它将 sp^2 轨道上的碳原子的键按 120°分布,将 sp 轨道上的碳原子的键按 180°分布。在画平面和立体异构体时,Clean Structure 工具也使键长和角度平均化。

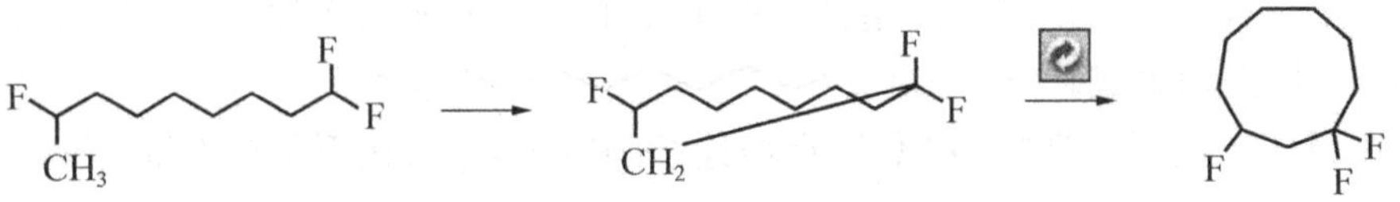

图 2-9　使用 Clean Structure 工具

7. 使用立体键与配位键工具

除了常用线段表示化学单键、双键等键型的化学键工具外,还有以下各种化学键常用于结构绘图中,如立体结构中有远离键、指向键、配位键、非定义键。选择这些键型按钮后,点击结构中已有的化学键,可以将原有的化学键变为以上各种化学键型。对于有方向取向的立体键和配位键,重复点击可改变其方向。注意,在配位键和非定义键按钮图标的右下角有一白色小三角,点击该白色三角还会扩展出更多的键型,用户可根据需要选用。读者可以验证以上键型的画法,画出如图 2-10 所示的结构。

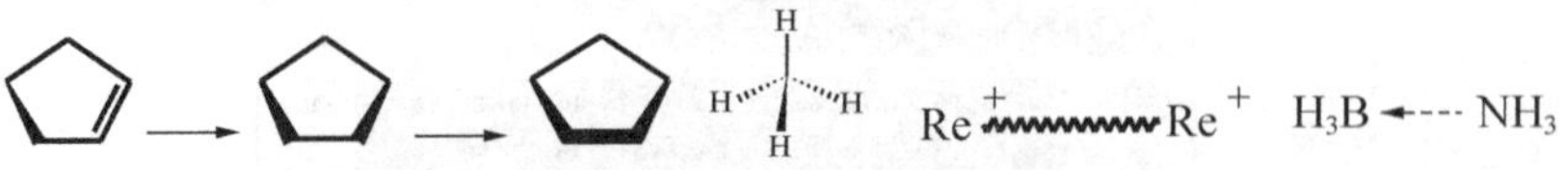

图 2-10　立体键、配位键及非定义键的画法

8. 编辑原子标签

原子标签工具(Edit Atom Label)用简短的缩写代替最终端的原子或原子团。

(1)画出苯基丙酮(图 2-11a),点击原子标签工具后点击甲基,出现标签对话框。

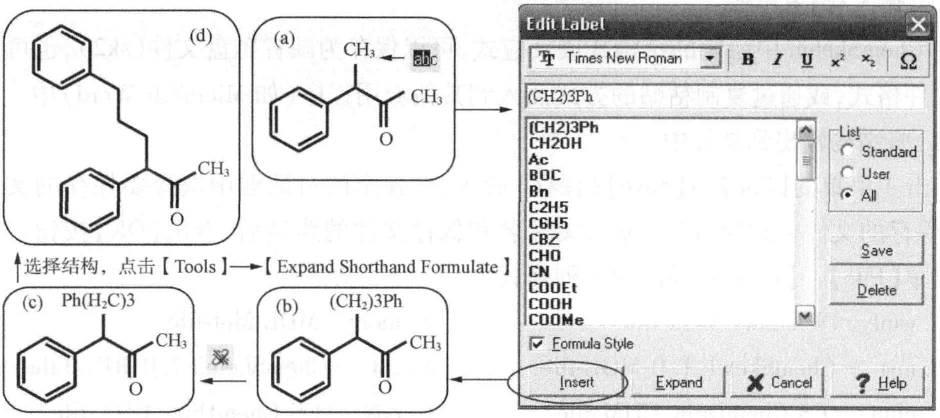

图 2－11　编辑原子标签与使用 Expand 命令

（2）在标签对话框中，键入"（CH2）3Ph"（缩写"Ph"不可写成"ph"或"pH"，否则系统不能识别），点击【Insert】按钮，甲基将被$(CH_2)_3Ph$取代，得到如图 2－11b 所示的结构。

（3）选择改变位置工具，点击图 2－11b 中的原子标签"（CH2）3Ph"，可交换 Ph 和(CH_2)的相对位置，得到如图 2－11c 所示的结构。按住【Shift】键，用多次单击原子标签"（CH2）3Ph"，每单击一次将改变一个键合位置。

（4）选择原子标签工具，点击图 2－11c 中已取代后的原子标签"（CH2）3Ph"，标签编辑对话框再次打开，点击【Expand】按钮（或点击主菜单【Tools】→【Expand Shorthand Formulate】），该原子标签将展开为如图 2－11d 所示的结构。

9. 指定分子结构的取向

使用前述方法画出咖啡因结构（图 2－12），在工具栏上点击选择工具，再用该工具点击图中圈住的双键，整个分子结构将按点击的键以水平取向进行翻转。

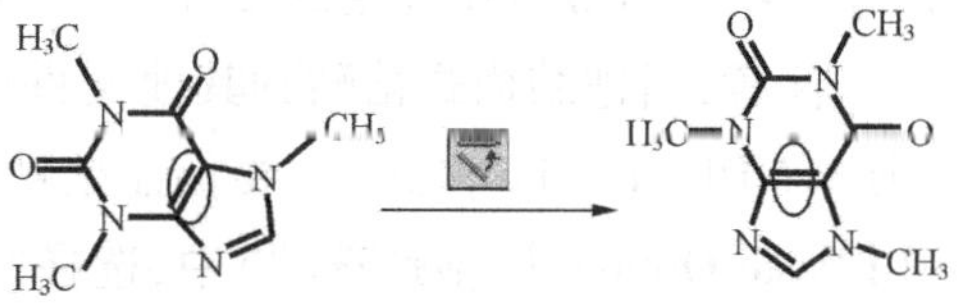

图 2－12　按选定键水平取向翻转整个结构

使用翻转工具时，可能会改变分子的立体结构，为避免出现这种情况，可点击菜单【Options】→【Preferences】，在弹出的 Preferences（参数设置）对话窗口中，选择其中的【Structure】选项卡，在该选项卡最底端的选项 Keep Stereo Configuration on: Clean Flips 中，勾选"Flips"。这样设置后，尽管位置改变了，但仍可保持分子 3D 结构不变，即分子立体结构将和翻转前的一样（图 2－13a）。否则，分子将变成原来分子的对映体（图2－13b）。

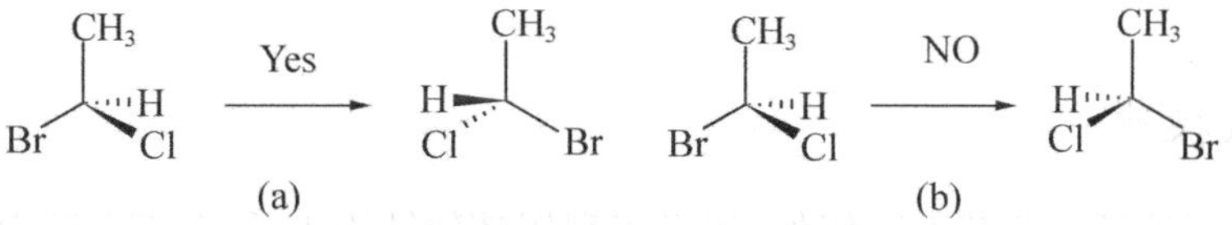

图 2－13　勾选 Flips 后的翻转效果

10. 输入/输出操作

在 ChemSketch 中绘制的结构式或反应式，可以保存为缺省磁盘文件（sk2），也可导出为其他文件格式，或通过复制粘贴的方式插入到其他应用程序（如 Microsoft Word）中。

（1）将结构输出到文件中

点击主菜单的【File】→【Save】（保存）命令，在弹出的对话框中选择要保存的文件类型（缺省保存的文件格式为 sk2），输入文件名和保存文件的路径后，点击【OK】按钮。也可通过主菜单【File】→【Export】导出为下列格式。

*. wmf — Windows Meta-file
*. mst — ChemSketch 1.0 MOL-file
*. chm — CS ChemDraw CHM-file
*. rxn — REACCS RXN-file
*. mol — MDL Mol-file
*. rpt — ChemSketch 1.0 RPT-File
*. cdx — CS ChemDraw CDX-file
*. skc — ISIS/ Sketch BIN-file

程序缺省打开文件格式为 sk2，也可通过主菜单【File】→【Import】导入下列格式的文件。

*. bmp — Windows Bitmap
*. pcx — Paintbrush
*. gif — GIF Bitmap
*. skc — ISIS/Sketch BIN-file
*. rxn — REACCS RXN-file
*. wmf — Windows Meta-file
*. tif — TIFF Bitmap
*. mol — MDL Mol-file
*. chm — CS ChemDraw CHM-file
*. pdf — Adobe Acrobat

（2）将结构式插入其他文件中

通过复制、粘贴的方法可将结构式插入其他类型的文件（如 Word、Excel 等）中。首先选择所需的结构式，再单击复制按钮，或点击菜单的【Edit】→【Copy】复制命令（或按【Ctrl】+【C】组合键），最后在选定的文件中，点击【Paste】（粘贴）按钮（或按【Ctrl】+【V】组合键）。

注意，当把结构式粘贴到其他文件（如 Word、Excel）中时，结构式可能会变成数字或者图形（MDL Mol-file 格式）。要保证粘贴得到结构式，可以选择“Paste Special”（特殊粘贴），在【Paste Options】（粘贴选项）中，选择“ACD ChemSketch 2.0 Object”。

（3）将文件转换成 Adobe PDF 文件

若没有安装 Adobe Acrobat，也可以将 ChemSketch 文件存为 PDF 格式，但是如果要打开 PDF 文件，一定要有 Adobe Acrobat 或 Acrobat Reader。在 ACD/Labs 提供的免费安装文件夹中，可以找到免费的 Adobe Acrobat Reader。

点击【File】→【Export】（文件输出），然后在文件输出对话框中选择文件类型为 PDF，并选择 PDF 文件的位置和名称，将文件转换为 PDF 文件。转换结束后，在 Acrobat Reader 中打开文件。但通过 OLE 服务器（【Edit】→【Insert Object】）插入的一些对象则不能转换为 PDF 格式。

2.2.3 高级操作

结构模式下除了以上基本操作外，还可以利用其他结构工具，包括化学基团表、环结构、原子电荷及原子属性等，绘制更为复杂的化学结构式或反应式。

1. 化学基团表

化学基团表(Table of Radicals)中不仅包括预先定义好的链、环、氨基酸及其保护基的结构,还包括核甘酸及其他常用的复杂化学基团(有些是它们的缩写)。结构模式下,在主窗口右边工具栏上方点击基团表按钮,弹出如图 2-14 所示基团表窗口。

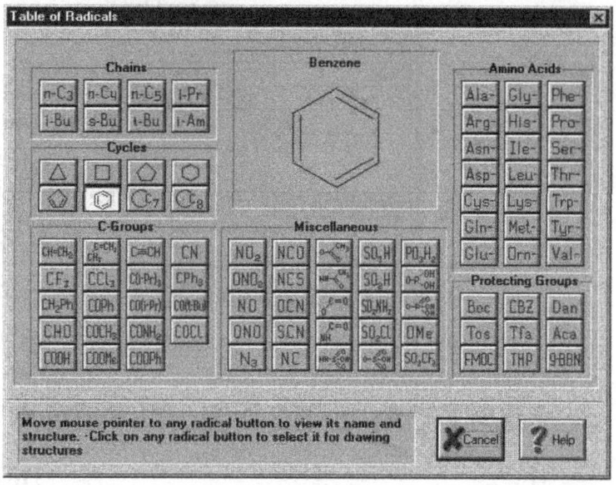

图 2-14　化学基团表

在表中点击环己烷键(Cyclohexane),环己烷按钮被选定,同时选中的结构会自动添加到主窗口右边的结构模板中。如再点击环戊烷键,则屏幕右边的结构模板中将自动添加该按钮。在基团表中(或在屏幕右边的结构模板中)选择某基团后,在工作区中点击,将在点击处显示出该基团结构。

2. 使用基团表画复杂结构

(1)点击按钮,在基团表中选定环戊烷,在绘图区任意处点击放置环戊烷。

(2)选择,指针移动到环戊烷箭头所指处,点击创建结构。

(3)重复以上步骤,创建如图 2-15a 所示的结构。

(4)选用工具,点击图 2-15a 中箭头所指的键,结构变为如图 2-15b 所示的取向。

(5)点击化学基团表按钮,在基团表中点击按钮 COOH,选择羧基 O=⁄OH。

(6)点击图 2-16a 箭头所指的原子,可以衍生出带羧基的结构图(图 2-16b)

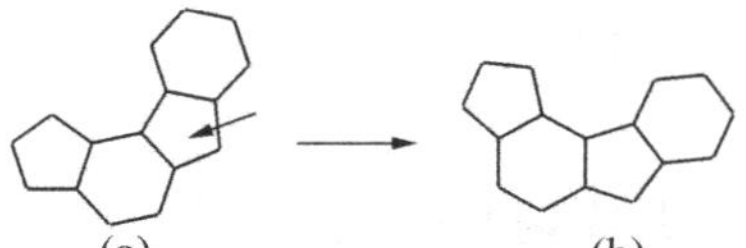

(a)　(b)

图 2-15　指定键的取向

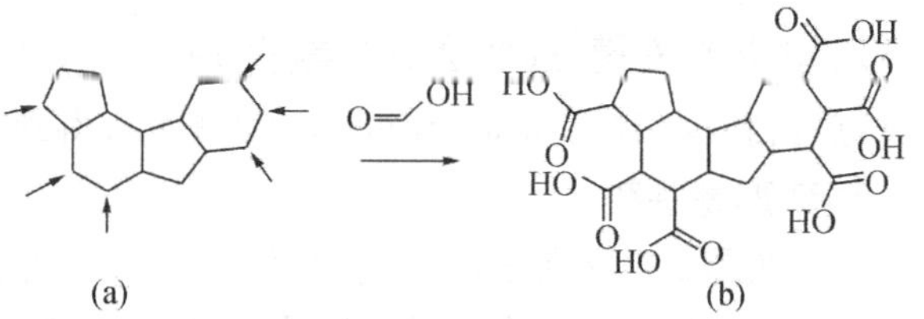

(a)　(b)

图 2-16　使用环结构创建分子

3. 修改原子标签属性

在 ChemSketch 中,原子符号、原子的化合价、同位素质量、原子电荷等原子标签属性都有其缺省设置,但在某些时候需要对这些缺省设置进行修改,方法如下:

(1)点击选择工具按钮,双击某一原子,出现属性对话框,如图 2-17 所示。

(2)选择按钮 C H n q V I N 中所需修改原子属性进行设置。

(3)设置好这些数据,点击应用按钮【Apply】,将立刻在分子上显示出设定结果。

4. 添加电荷形成正负离子

利用电荷工具,可给所画结构中的原子添加电荷或电子,成为各类正负离子或自由基。

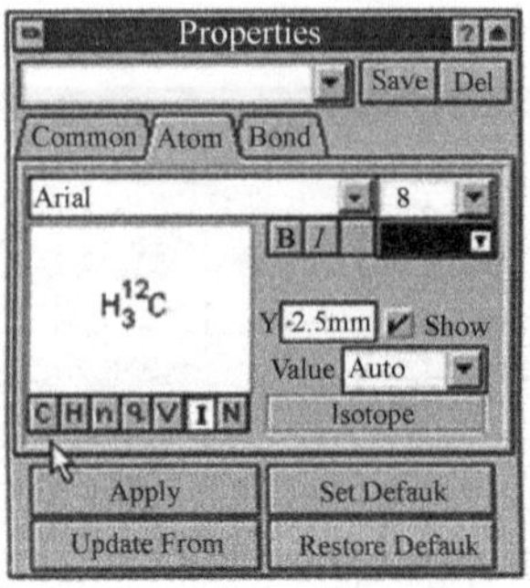

C—原子符号(Atom Symbol)
H—相连的氢原子(Attendant Hydrogens)
n—相连的氢原子数
q—电荷(Charge)
V—化合价(Valence)
I—同位素质量(Isotopic Mass)
N—分子中的原子编号(Numbering of Atom)

图 2-17 修改原子标签属性

【练习】 请在绘图区中画出以下正负离子或自由基的结构。

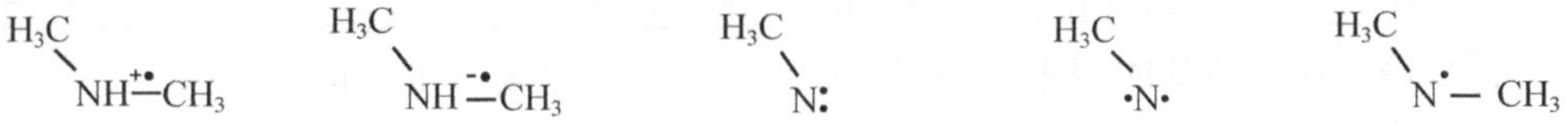

正离子自由基 负离子自由基 单双自由基 三双自由基 自由基

2.2.4 二维优化

整理结构(Clean Structure)可以理解为二维优化。使用该功能,重新绘制和调整大小,以使所有键长和键角符合标准,从而轻松地画出各种完美的结构。

1. 创建环烷烃结构

(1)选择结构模式,按下【Ctrl】+【A】和【Del】键删除以前的所有结构。

(2)选择连续画链工具,在工作区画出 9 个碳的链。注意游标显示链中碳原子数。

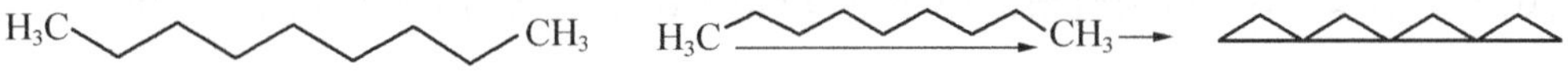

(3)点击鼠标右键,选择绘图工具,由一个原子拉到另一个原子,以建立连接。

(4)点击整理结构(Clean Structure)工具,得到环壬烷的结构。

2. 画环形氨基酸

画一个如图 2-19 所示的结构,我们会再次发现整理结构工具十分方便有效。

(1)结构模式下,按下【Ctrl】+【A】和【Del】键删除工作区内原有的结构。

(2)在模板窗口(Template Windows)选择氨基酸 Amino Acids 。

(3)在氨基酸系列中,选择酪氨酸(Tyrosine),点击工作区复制结构。

(4)在化学基团表中,选择酪氨酸(Tyrosine) Tyr- 、丙氨酸(Alanine) Ala- 和色氨酸(Trptophan) Trp- ,点击指定的原子,连接上相应的功能团(图 2-18)。

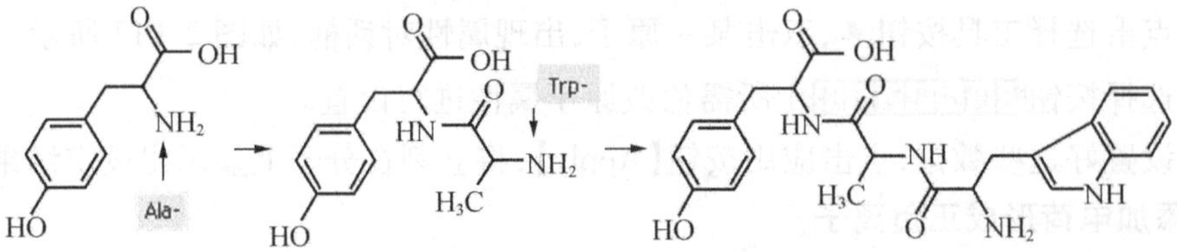

Tyr- Tyr-Ala- Tyr-Ala-Trp

图 2-18 由氨基酸残基形成肽链

(5)点击选择工具，从 Trp 上的 NH_2 拖至 Tyr 上的 OH，点击，得到如图 2－19 所示的结构。

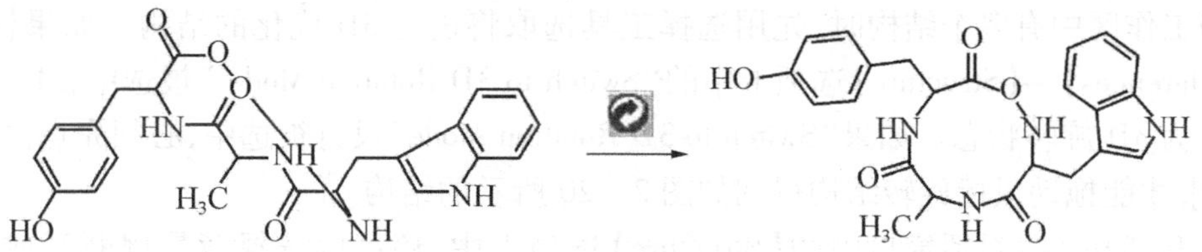

图 2－19　使用整理结构

【练习】　按上述方法画出如下结构：

Pro ←Phe ←Leu ←Orn ←Val
↓　　　　　　　　　　　↑
Val ←Orn ←Leu ←Phe ←Pro

2.2.5　三维优化

利用 3D 优化工具可以轻松地创建一个含有非标准角度和键长的结构。ChemSketch 的 3D 优化算法是基于 CHARMM 变量方法，考虑了力场的分子机理。优化过程中增加了一些包括计算速度和稳定性的方法。但应注意，3D 优化并不是分子全方位的优化，只是从 2D 结构出发建立稳定可重复的三维结构。

3D 优化时，可能会产生与期望不一样的 3D 结构，这并不奇怪。因为分子可能拥有很多结构，优化只能产生一个，也许不是所期望的。如期望环己烷的结构是椅式的，但实际优化的结果可能是船式的。在这种情况下，可以修改结构，如手工移动原子，再进行 3D 优化，也可以用特定的分子机理或量子化学几何优化包对分子进行实际的结构分析。ChemSketch 的 3D 优化结构，可用作某些量子化学几何优化时的输入数据。

这种方法只适用于含有标准原子和化学键状态的 C(Ⅳ)，H(Ⅰ)，F(Ⅰ)，Cl(Ⅰ)，Br(Ⅰ)，I(Ⅰ)，N(Ⅲ，Ⅳ)，O(Ⅱ)，S(Ⅱ，Ⅳ，Ⅵ)原子。如果结构是带电荷的粒子，则不能适用于 3D 优化。下面是一些 3D 优化实例。

1. 创建双[2,2,2]环己烷结构

(1)在结构模式下，点击菜单【Options】→【Preferences】，选择【Structure】选项卡。

(2)在 3D-Optimization 中，去掉 Add Hydrogens 前面的勾，点击【OK】(图2－20)。

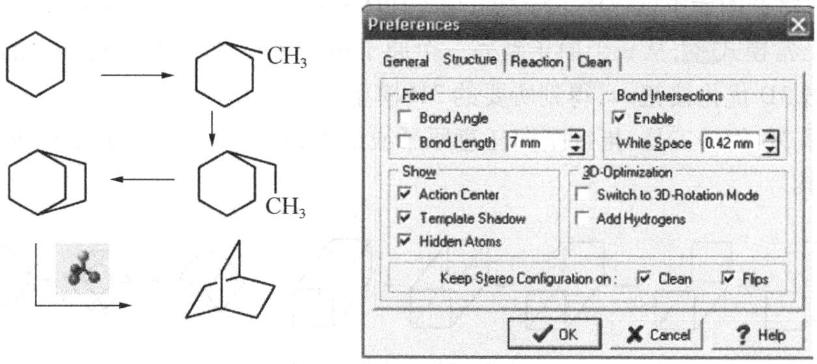

图 2－20　[2,2,2]环己烷结构的 3D 优化

(3)在化学基团表中选取环己烷结构，点击工作区，得到环己烷结构。

(4)点击，通过拖动画出碳环。点击3D优化按钮，得到优化后的3D模型。

当工作区中有多个结构时，先用选择工具选取将进行3D优化的结构。如果【Options】→【Preferences】→【Structure】选项卡中的“Switch to 3D Rotation Mode ”被选中，3D优化后将自动转为3D旋转状态。如果“Switch to 3D Rotation Mode”没有被选中，必须先点击3D旋转按钮，才能拖动鼠标旋转结构得到如图2-20所示的结构。

在Preferences对话窗口中的【Structure】选项卡中，还可以选择背景键断开或者连接。如果在Bonds Intersections中的“Enable”被选中，则背景键断开；否则，背景键连接。改变交叉键位置的具体做法是，点击【Tools】→【Bring Bond to Front】(或按【Ctrl】+【F】键)和【Tools】→【Send Bond to Back】(或按【Ctrl】+【K】键)。也可以通过激活Change Position按钮，单击将改变位置的化学键，同时按住【Shift】键将后面的键移到前面来。

2. 创建更复杂的三维结构

(1)选择结构模式，按下【Ctrl】+【A】和【Del】键删除工作区内原有的结构。

(2)使用中相应模型 Bicyclics ，画出双[2,2,2]环已烷(图2-21)。

(3)在化学基团表中选择苯环，分别在箭头所指处点击，连接上苯环。

(4)选择所得结构，点击3D优化按钮。

(5)进行3D优化后，得到如图2-21c所示的结构。点击菜单【Tool】→【Show Aromatic】命令，可显示芳香性环(图2-21d)。

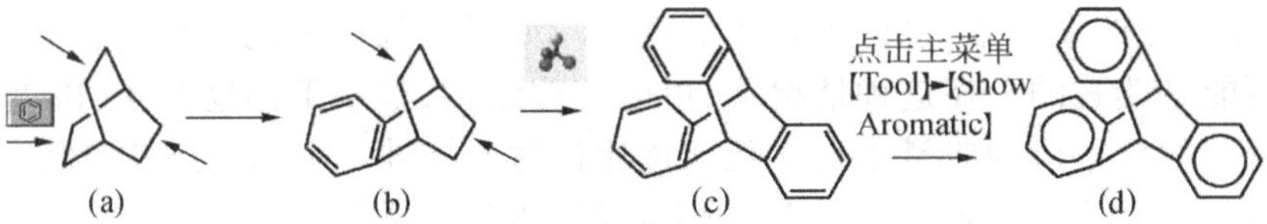

图2-21　创建更复杂的三维结构并显示出芳香性

如果选定了【Options】→【Preferences】→【Structure】的3D旋转模式(3D Rotation Mode)，当3D优化后，将自动进行3D旋转。选择3D旋转(3D Rotation)工具，将指针指向任意原子或键上，在工作区拖动鼠标旋转结构，直到它成为需要的结构。

3. 创建一个立方烷结构

(1)在化学基团表中选择环丁烷，在工作区点击两次，得上下两个正方形(图2-22)。

(2)选正常模式，从一个原子到另一个原子拖动鼠标，连接环丁烷分子的角。

(3)点击3D优化按钮，得到所要的3D模型。

(4)选择3D旋转工具，指针指向任意原子或键上，在工作区拖动鼠标旋转结构，直到成为需要的结构。

图2-22　创建立方烷

4. 创建一个十二面体结构

(1)选择结构模式,按下【Ctrl】+【A】和【Del】键删除工作区内原有的结构。

(2)选择,点击放置该结构。在环的每个边点击,形成另外五个五圆环。

(3)单击鼠标右键,选定选择/移动工具。

(4)通过拖动鼠标将原子移动,形成如图 2-23 所示的结构。

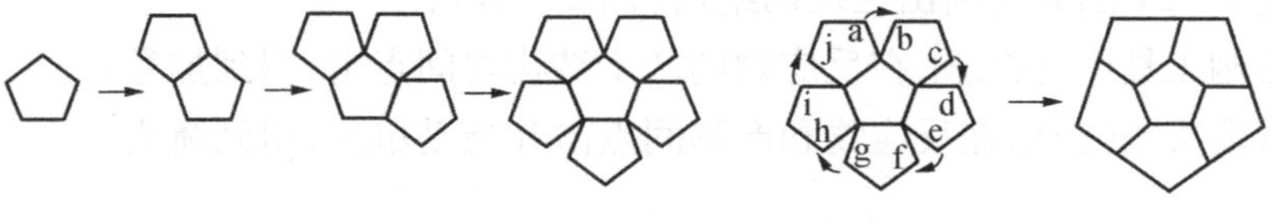

图 2-23　创建一个十二面体结构

(5)在原子工具栏中选取碳原子,点击箭头所指的点,连接五个甲基,然后再用画键工具将五个甲基连接起来。最后,点击 3D 优化按钮,得到所要的 3D 模型(图 2-24)。

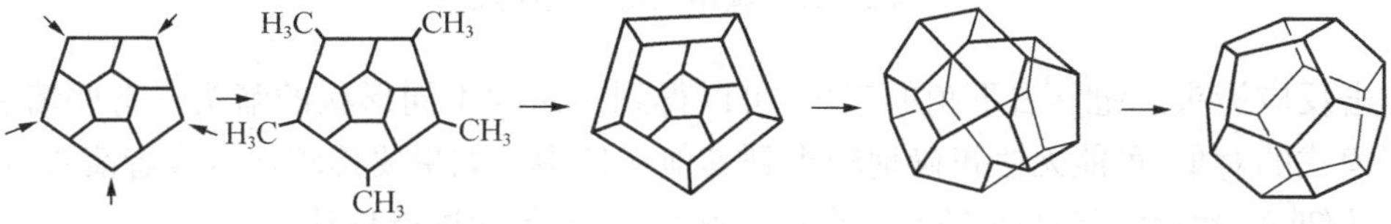

图 2-24　对十二面体结构进行 3D 优化

(6)选定 3D 旋转工具,将指针指向在任意原子或键上,在工作区拖动鼠标旋转结构,直到它成为所期望的结构。

如果优化后的结构不是正十二面体结构(Fullerene),说明优化的结果可能有多种。在这种情况下,可以点击重做(Redo)按钮,回到优化以前的结构,然后点击整理结构(Clean Structure)按钮,或者点击选择按钮,移动一些原子,重新进行优化(图 2-25)。

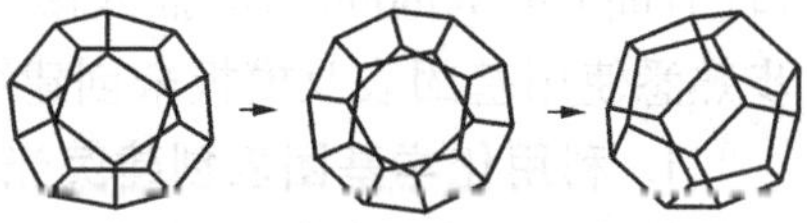

图 2-25　重新进行 3D 优化

【练习】　试画出如图 2-26 所示的结构。

[4,6]Fullerene-C_{24} 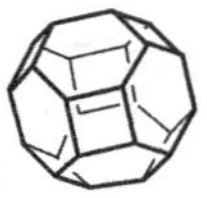　[5,6]Fullerene-C_{24} 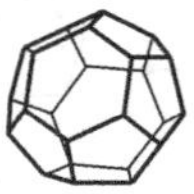

图 2-26　画结构

5. 复杂结构的反应式的画法

本练习画出如图 2-27 所示的反应式。步骤如下:

(1)从化学基团表中选择苯环;

(2)在空白区点击,得到苯环,然后将指针指在即将连接的键上点击(图 2-28);

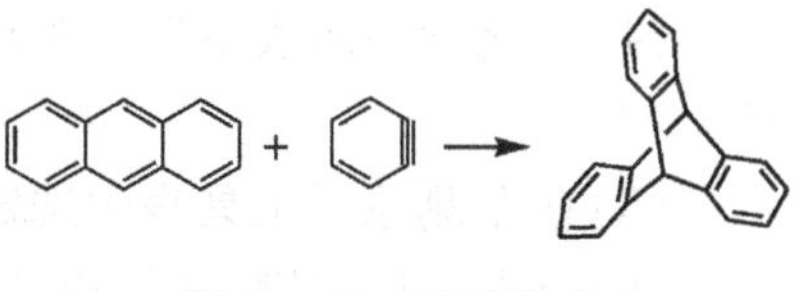

图 2-27　画反应式

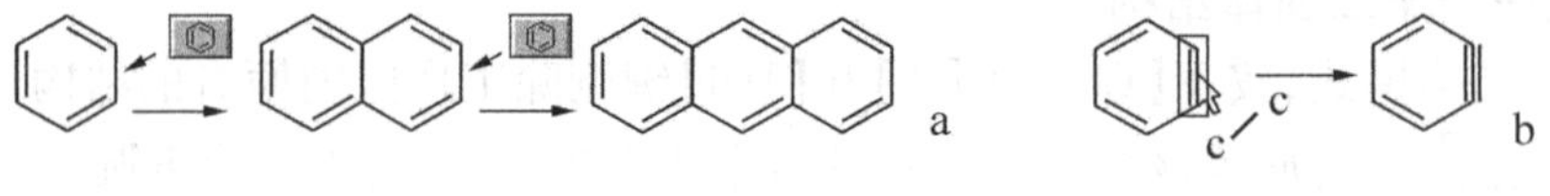

图 2-28　画出两个反应物

(3)点击，再在一个独立的苯环的双键上点击，得到三键；

(4)按图 2-21 的方法画出三蝶烯结构(图 2-29)；

(5)从结构工具中选择，在反应物的两个结构之间点击，得到加号；

(6)点击箭头按钮，在反应物和产物间点击并拖动鼠标，得到箭头。

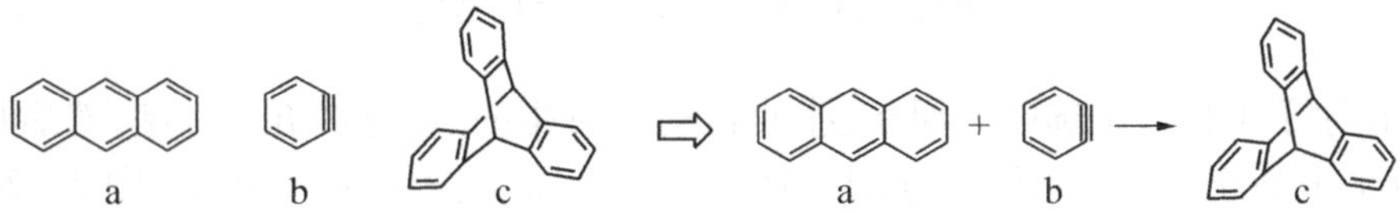

图 2-29　画出三蝶烯反应式

点击反应箭头按钮右下角的三角，可以得到一系列不同形状的箭头。有些箭头被视为图形模式的对象，可能无法正确地输出到其他文件中。如果要移动加号或者箭头，可以点击选择按钮，然后将指针指在要移动的对象上，拖动鼠标进行移动。

2.2.6　模板的应用

ACD/ChemSketch 包括 3 种结构模型来源：①化学基团表(Table of Radicals)；②模板窗口(Template Window)；③插入模板工具(Instant Template Tool)。以下将通过几个实例进一步熟悉使用基团表及模板来创建结构。

1. 利用化学基团表创建荧光胺的结构

按以下步骤，利用化学基团表画出荧光胺结构。

(1)点击 Structure，按下【Ctrl】+【A】和【Del】键删除原有结构。

(2)在化学基团表中选择环戊烷，在空白处点击，得到环戊烷结构(图2-30)。

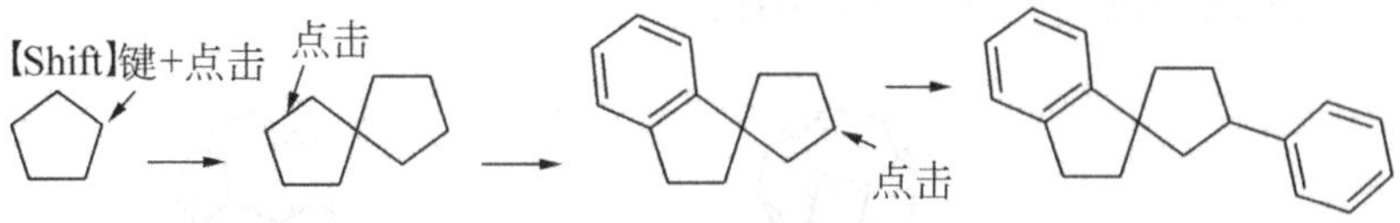

图 2-30　画出荧光胺分子的结构骨架

(3)按下【Shift】键，点击指定原子以螺环方式连接第二个环戊烷。

(4)在化学基团表中选择苯环，点击指定的键连接苯环，再点击指定的原子，连接苯环。

(5)在左侧原子工具表中选定氧键，点击指定的原子，用氧取代(图 2-31)。

(6)点击鼠标右键，选择连续绘图工具，双击指定的原子，连接 OH 基团。

(7)点击指定的单键,使之变为双键。

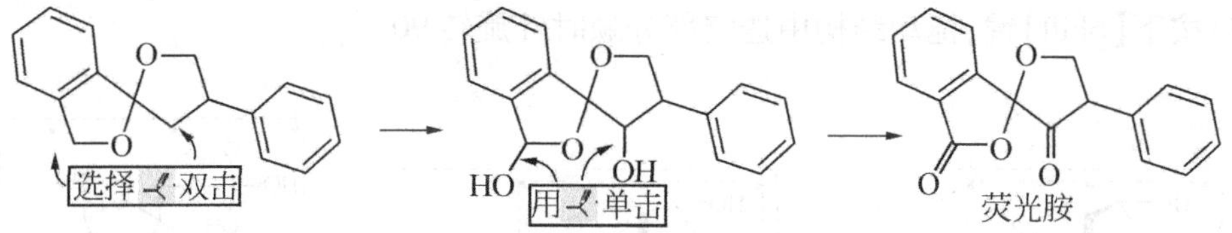

图 2-31　完成荧光胺分子的创建

2. 使用快速模板工具创建环形结构

使用快速模板工具,可以节省时间,更快地画出某些更复杂的结构(图 2-32)。

(1)从化学基团表中选苯环,在工作区单击放置苯结构。

(2)选择化学基团表中,点击图中箭头所指原子连接到苯环。

(3)点击快速模板工具,点击图中箭头所指结构,将所点击的结构作为快速模板。

(4)用快速模板连续点击炔基末端 C,得到图 2-32 中的最后一个结构。

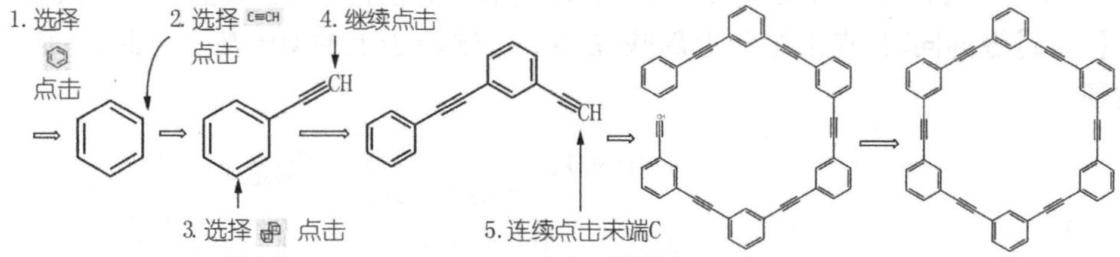

图 2-32　用快速模板创建大环结构

(5)完成后,单击右键将模型影子隐藏。

(6)选择单键工具,点击拖动画出最后一个未完成的键,完成大环的创建。

3. 利用模板窗口中模型创建 DNA 分子图像

(1)选择结构模式,按下【Ctrl】+【A】和【Del】键删除以上所有结构。

(2)打开模型窗口,在 **DNA/RNA Kit** 表中查找"2-Deoxyribose-5-phosphate"(2-脱氧核糖-5-磷酸盐),找到后点击模板分子中下面呋喃环 3 位上的 OH(该 OH 基将作为连接下一个模板分子的连接点连接到上一个模板分子的磷原子上),选择该模板。

(3)在工作区点击,画出第一个脱氧核糖-5-磷酸盐分子(图 2-33)。

(4)按下【Shift】键,移动指针到指定原子,点击连接下一个脱氧核糖-5-磷酸盐。

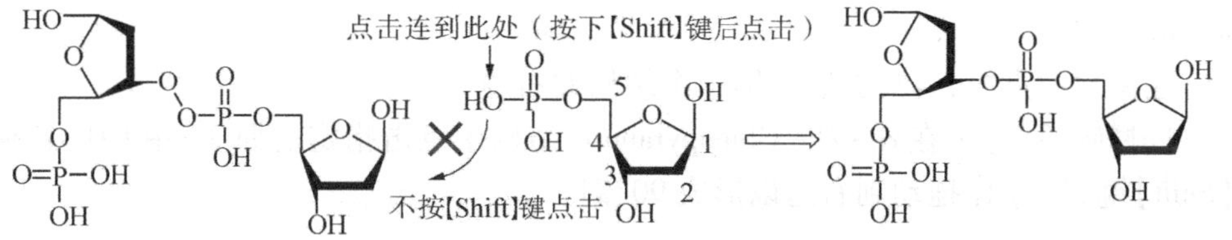

图 2-33　由两个脱氧核糖-磷酸盐分子形成链

(5)点击旋转工具。

(6)拖动矩形选择框选定结构中指定部分,将旋转中心⊕拖到指定的氧原子上(图2-34)。

(7)按下【Shift】键,拖动结构中选定部分顺时针旋转90°。

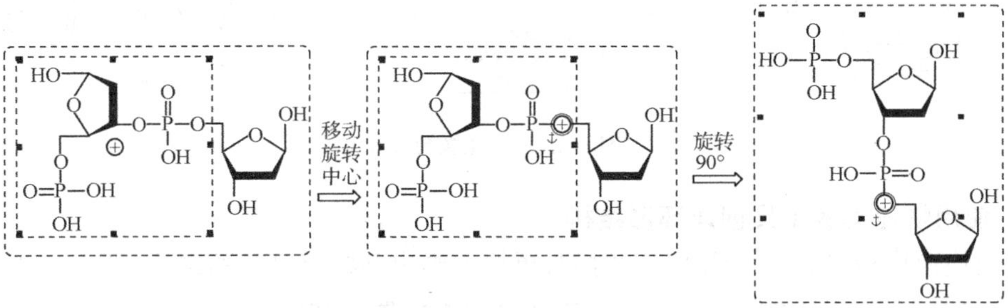

图2-34 调整脱氧核糖-磷酸盐分子链的位置

(8)打开模型窗口,在 DNA/RNA Kit 模型表中,选择第一个碱基(尿嘧啶,Uracil),按下【Shift】键的同时,点击结构下部呋喃环1位碳原子上的OH基(图2-35)。

(9)打开模型窗口,在 DNA/RNA Kit 模型表中,选择第二个碱基(腺嘌呤,Adenine),在按下【Shift】键的同时,点击结构上部呋喃环1位碳原子上的OH基。至此,完成DNA分子的构建。

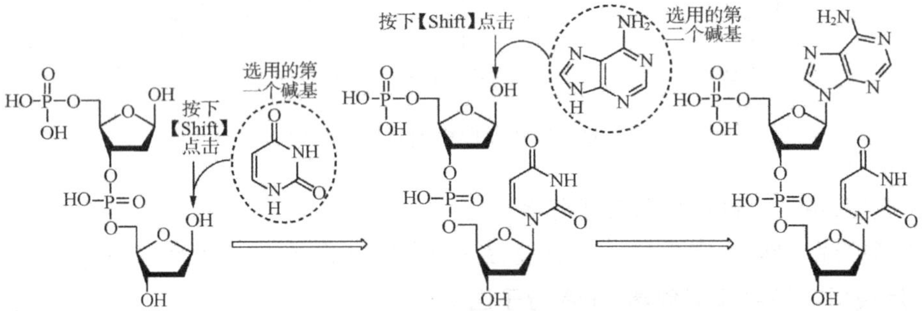

图2-35 添加碱基完成DNA分子的创建

4. 利用模板创建β-麦芽糖酶结构

(1)选择结构模式,点击打开模型窗口,选择 Sugars: alfa-D-Pyr 表。

(2)查找 1(4) Haworth Formulae ,如果不是,点击右边箭头直至找到为止。

(3)点击α-D-Glucopyranose 糖,在工作区点击得到结构。

(4)重复步骤(1)~(3),选择D-糖表(D-Pyranose) Sugars: alfa-D-Pyr ,选择β-D-Glucopyranose。

(5)在窗口中点击,将其放置在第一个结构的右边。

(6)选择碳原子 c ,在α-D-Glucopyranose 结构中点击指定的原子,用 CH_3 替换OH,按下【Shift】键,将 CH_3 拖动到右边以形成90°键。

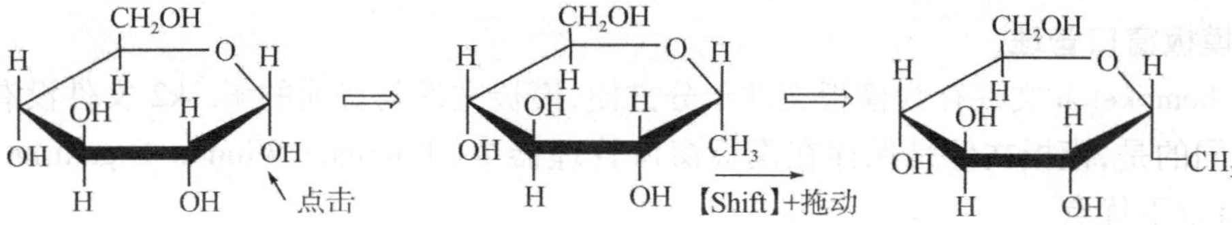

(7)对 $\beta-D-$Glucopyranose 结构重复步骤(3),得到如下结构:

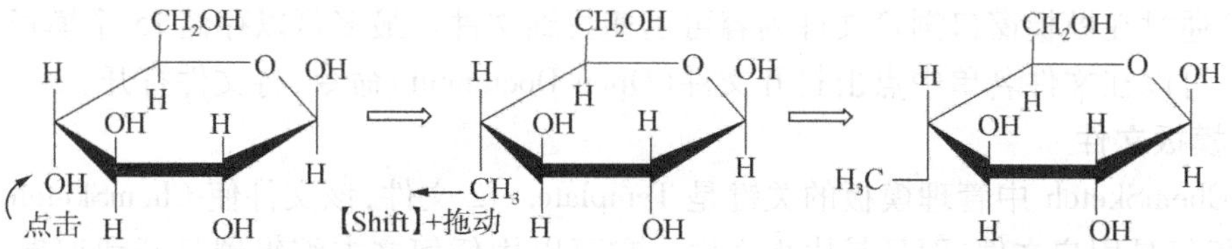

(8)选择[o],点击 $\beta-D-$Glucopyranose 中箭头所指的 CH_3,用 OH 替换 CH_3。

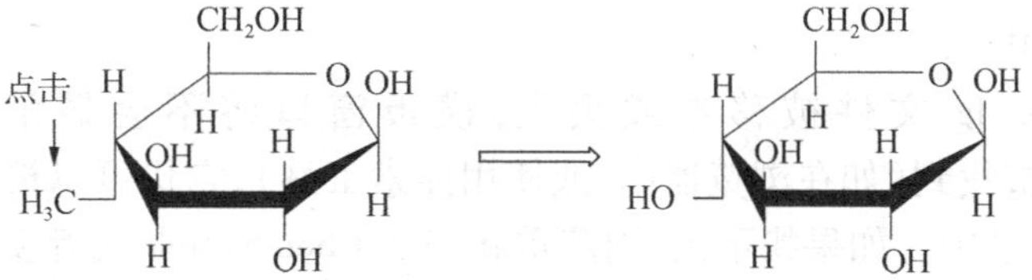

(9)选择[选择工具],选定结构。将鼠标放在结构的任意原子或键上,向左拖动直到 OH 和 CH_3 连接成键。

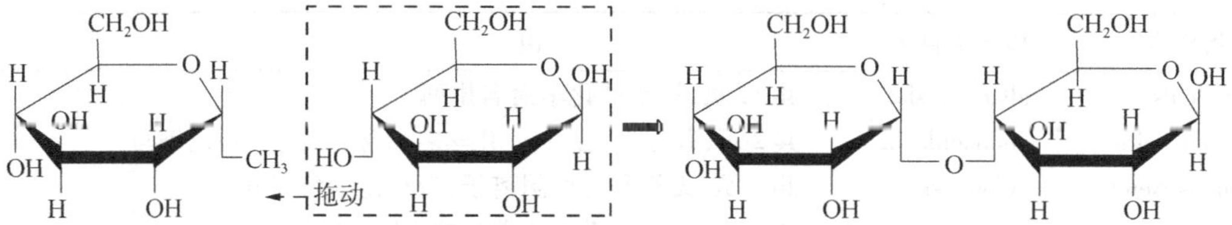

(10)点击主菜单【Tool】→【Remove Explicit Hydrogens】,隐藏氢原子。

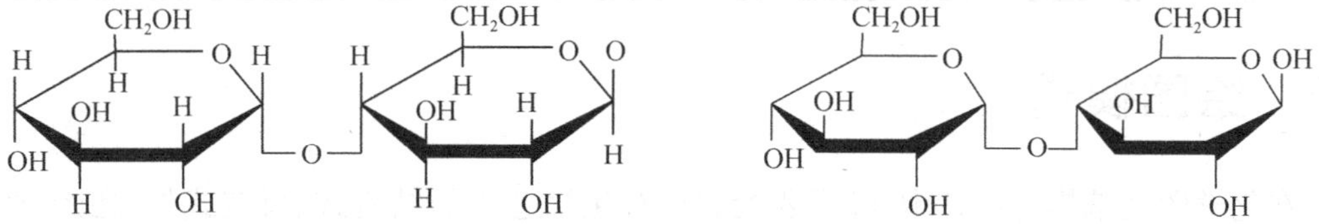

2.2.7　模板的管理

在 ChemSketch 中,可将任意一个 ChemSketch 文件保存为模板文件,但必须将其保存在模板文件夹中。将当前文件保存为 sk2 形式,或在 ChemSketch 中打开 sk2 文件,由模板菜单中选择保存用户模板命令,在对话框中键入模板的名称。打开模板管理器对话框(模板菜单中),点击【New】键,找到需要的文件,为其指定名称也可。一旦文件被保存为用户模板,它的名字就被自动加到模板管理器中和模板窗口的模板清单中。

1. 模板窗口管理

将 ChemSketch 文件存为模板文件十分方便,模板文件与普通的 *. sk2 文件没有多大区别,所不同的是,模板文件是保存在模板窗口管理器中(Template Window Organizer)的。这种处理有以下优点:

(1)将分散在各处的 *. sk2 文件集中存在同一个地方,便于查找。

(2)模板名可以是一个比文件名更具体、更能反映文件内容的名字。

(3)通过在模板窗口浏览文件内容可迅速找到文件。最多可以存储 15 个模板文件。

(4)可以在文件名单中点击打开文件(Open Document)命令,将文件打开。

2. 模板文件

在 ChemSketch 中管理模板的关键是 Template. cfg 文件,该文件使 ChemSketch 知道 sk2 文件不仅仅是用户文件,而且是模板文件。它可以用任何文本编辑器打开和编辑。模板窗口处理 Template. cfg 文件时知道哪些文件是模板文件。当打开一个正常的 ChemSketch 文件并将其保存为用户模板文件时,如果该文件没有在模板窗口中出现,可将其加入到 Template. cfg 文件中。

如果 Template. cfg 文件被移走或丢失,模板窗口将不会显示任何文件。如果 Template. cfg 文件被找到(如在浏览器中,或使用搜索工具),它仍可以被恢复到默认的目录中或用户指定的目录中。如果找不到,则需重新安装 ChemSketch 或者按照以上步骤重新安装所有模板。

3. 软件已提供的模板(表 2-1)

表 2-1 ChemSketch 已提供的模板

模板内容	模板文件名	说明
Alkaloids	alkaloid. sk2	共 11 页,按普通化学命名排列
Amino Acids	aminacid. sk2	共 2 页,有分子、自由基、化学名和含有三个字母的缩写
Anions New!	anions. sk2	共 2 页,无机和有机阴离子,带有化学名和分子式
Aromatics	aromatic. sk2	共 1 页,主要是带有化学名的六圆环结构
Arrows	arrows. sk2	共 2 页,大的、弯曲的、带颜色的和其他复杂的箭头
Bicyclics	bicycles. sk2	共 1 页,含有两个或者更多环状结构,多数带有化学名

2.3 绘图模式

在化学图文编排与设计中,除了要绘制具有化学意义的结构式、反应式外,还经常需要绘制一些反应装置图或原子轨道图等图形。ChemSketch 的绘图模式,可以很好地满足这方面的要求。本节介绍绘图模式下的基本操作。

2.3.1 常用工具与快捷按钮

图 2-36 所示为绘图模式 Draw 下的常用工具与快捷按钮。

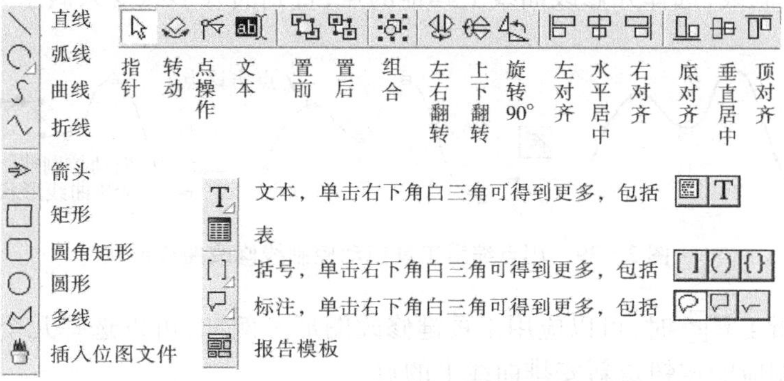

图 2－36　绘图模式下的常用工具与快捷按钮

2.3.2　反应能量图

在绘图模式下，利用多线工具、箭头工具和文本工具，可画出反应能量曲线图（图 2－37）。

1. 画一条曲线

（1）绘图模式下选择多线工具（Polyline）。

（2）在起点按下鼠标左键不放向右水平拖出控制线，释放鼠标后向上移至曲线最高点（图2－38a）。

（3）按下左键向右水平拖出控制线，释放鼠标后向下移动至曲线半高点（图2－38b）。

（4）按下左键向右水平拖出控制线，释放鼠标后向上移至曲线次高点（图 2－38c）。

（5）按下左键向右水平拖出控制线，释放鼠标后向下移动至曲线次低点（图2－38d）。

（6）点击左键确定结束点，单击右键完成曲线的绘制。

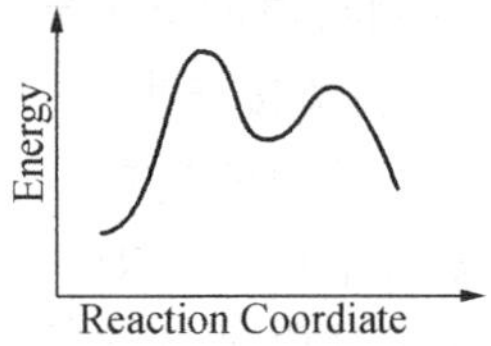

图 2－37　反应能量曲线图

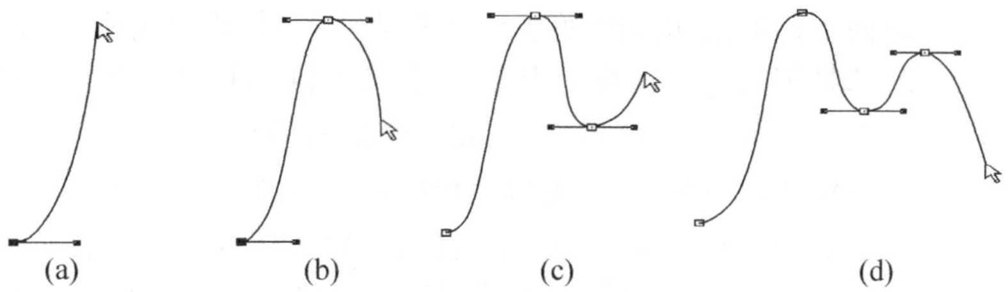

图 2－38　曲线的画法

注意，当应用多线工具（Polyline）时，点击将产生一个点或者一个尖锐角度，只有拖动鼠标才产生曲线。

2. 修改曲线

可用点编辑工具修改曲线形状（图 2－39）。

（1）点击选择工具，然后点击要修改的曲线。

（2）选用点编辑工具点击曲线，将显示所有曲线上所有能够被修改的点。

（3）点击第三个点，会看到相应点被选中，并且显示相应的控制线。

(4)移动控制线,选择并修改曲线上其他的点,直到曲线形状令人满意为止。

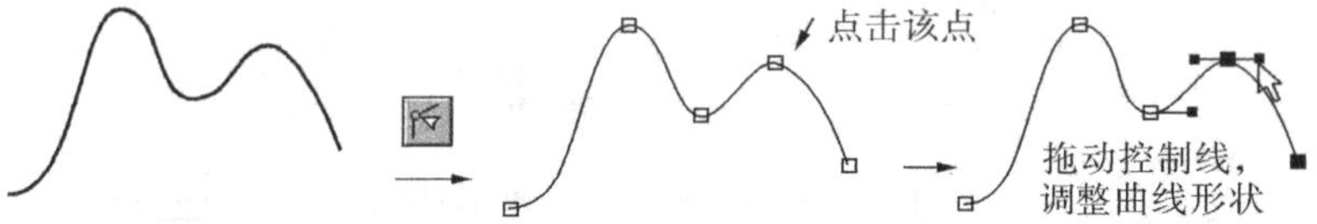

图 2-39 用点编辑工具拖动控制线修改曲线形状

应用点编辑工具时,可以应用工具键修改图形。例如,可以选择几个不同的点,然后在工具栏点击相应的按钮重新安排曲线上的点。

3. 添加 *X* 轴、*Y* 轴和坐标轴文字说明

(1)绘图模式下选择多线工具(Polyline)。

(2)选择画箭头(Draw Arrow)按钮。从箭头种类(Arrow Type)的下拉菜单中选择双向箭头。

(3)单击 *Y* 轴的终点,竖直向下移动鼠标至原点位置再次单击,得到 *Y* 轴和原点。

(4)点击原点向右水平拖动至 *X* 轴终点处单击鼠标,然后单击鼠标右键完成画 *X* 和 *Y* 轴工作。如果先点击【Option】→【Snap on Grid】和【Show Grid】命令,则可直接得到画轴所需的直角。

(5)点击文本工具输入 *X* 轴和 *Y* 轴的文字,并设定字体、字号,其中 *Y* 轴文字可利用 Text 和旋转 90°(Rotate 90°)工具进行处理。最后,将曲线与坐标轴组合在一起,就得到了如图 2-37 所示的反应能量曲线图。

2.3.3 原子轨道图

1. 画 p 轨道(图 2-40)

(1)选定多角(Polygon)模式。按住鼠标左键向右平移画出控制线,释放鼠标。

(2)向下移动鼠标画出轨道上半部,点击左键,再点击右键结束画轨道。

(3)选择工具。选择上半部轨道,按下【Ctrl】键的同时向下拖动复制轨道的下半部。

(4)选择轨道下半部,点击,将复制的轨道翻转,再移动轨道将两个轨道接起来。

(5)选定轨道下半部,点击调色板中灰色,在轨道下半部点击左键将轨道颜色改变。

(6)点击组合(Group)按钮,将两个轨道变成一个整体。组合按钮是将多个对象通过组合,使其成为一个对象。选择所有的对象,点击组合按钮,可以对此对象进行修改而不会丢失任何部分。如果要将对象拆为不同的对象,则可选择整个对象,重新点击组合按钮。

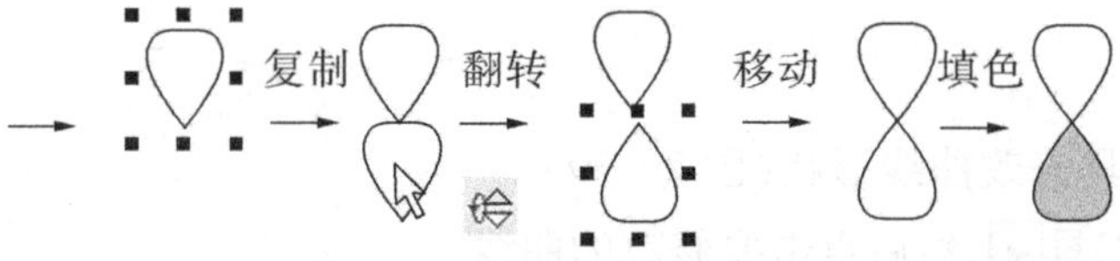

图 2-40 画 p 轨道

2. 画 d 轨(图 2-41)

(1)选择多角(Polygon)工具。

(2)由起点水平向右拖动至适当位置,释放鼠标,向下移动鼠标至适当位置。

(3)单击左键后再单击右键,得到。

(4)选择得到的,按下【Ctrl】键并向下拖动,得到另一个。

(5)选择刚复制的,点击,使其翻转为。小心移动使与的尖头对齐。再选定两者后点击,将其组合为一个整体(即 p 轨道)。

(6)选定 p 轨道,按下【Ctrl】键的同时拖动,复制 p 轨道。

(7)选择旋转 90°(Rotate 90)按钮,将复制的轨道进行旋转。

(8)选中复制的轨道,点击鼠标左键改变轨道颜色。

(9)点击组合(Group)按钮,可以将以上所有轨道变成一个对象。

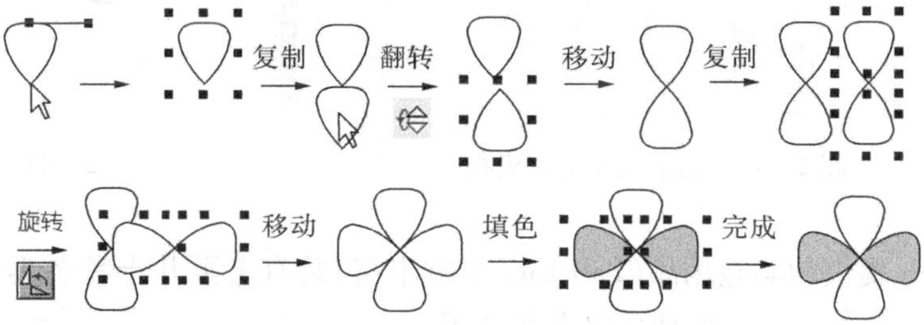

图 2-41　画 d 轨道

3. 画 π 轨道(图 2-42)

(1)选择椭圆(Ellipse)工具,在工作区画出一个椭圆。

(2)选择主菜单【Objects】→【Convert to Polyline】(转换为多线)命令。

(3)选择点编辑(Edit Nodes)工具,点击椭圆,出现编辑点。

(4)将最低点向上拖,点击鼠标左键选定工具。

(5)点击图形的外形选中它,按下【Ctrl】+【C】键将其复制并粘贴。

(6)选择上下翻转(Flip Top to Bottom)键,将下面的图形翻转。

(7)在调色板中选择灰色(Gray)按钮,点击鼠标左键将轨道颜色改变。

(8)点击组合(Group)按钮,所有轨道将成为一个整体,就像一个轨道一样。

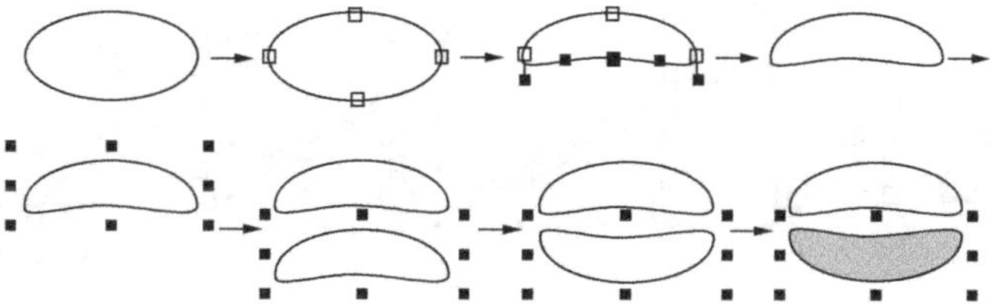

图 2-42　画 π 轨道

2.3.4　实验装置图

1. 画减压蒸馏装置

绘制实验装置图最好的方法是使用工具栏中模板窗口中的模板图形，点击，打开模板窗口(图2-43)。

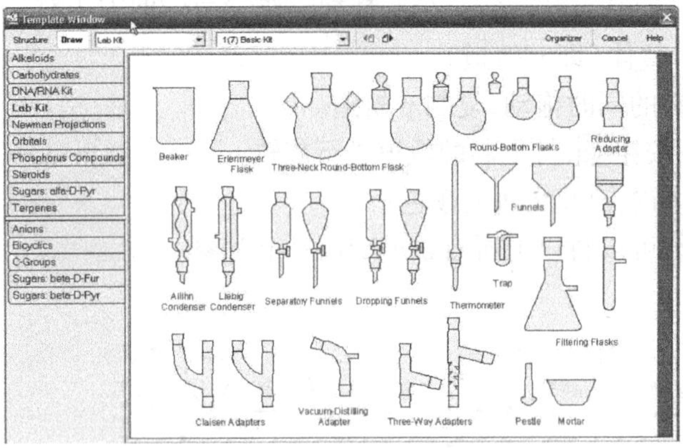

图2-43　化学仪器工具模板

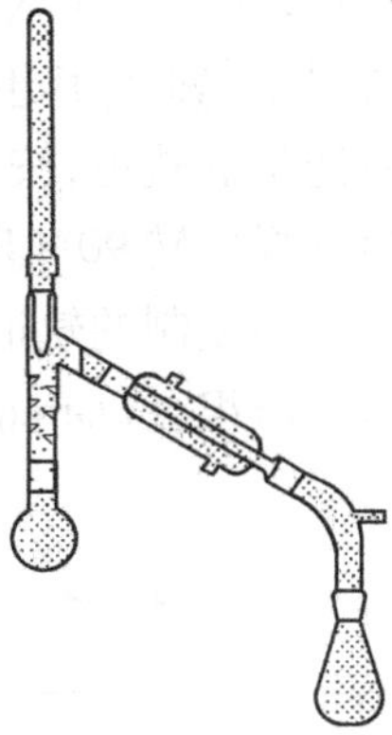

2-44　蒸馏装置

ChemSketch提供的实验用品(Lab Kit)非常丰富，共有七页几十种各类常用化学器皿，可点击 1(7) Basic Kit 翻页查看和选用。

绘制如图2-44所示蒸馏装置图的步骤如下(图2-45)：

(1)选择绘图模式。为便于观察，将显示比例调整为50%。

(2)打开模板窗口(Template Window)，选定实验室用品(Lab Kit)。

(3)选定圆底烧瓶(Round-Bottom Flask)，在工作区点击得到圆底烧瓶。

(4)打开模板窗口，选定带连接器的格氏蒸馏管，将其连接到烧瓶上。

(5)打开模板窗口，选定温度计(Thermometer)，如图2-45所示连接。

(6)打开模板窗口，选定冷凝管(Distillation Column)，在工作区点击得到冷凝管。

(7)点击在蒸馏瓶柱周围的黑色正方形，拖动任意一个蒸馏瓶旋转手柄，将选定的对象顺时针旋转73°，移动冷凝柱使其接近装置，在模型窗口中选择真空接液器(Adapter)连接到装置，连接接收瓶(Receiving Flask)。

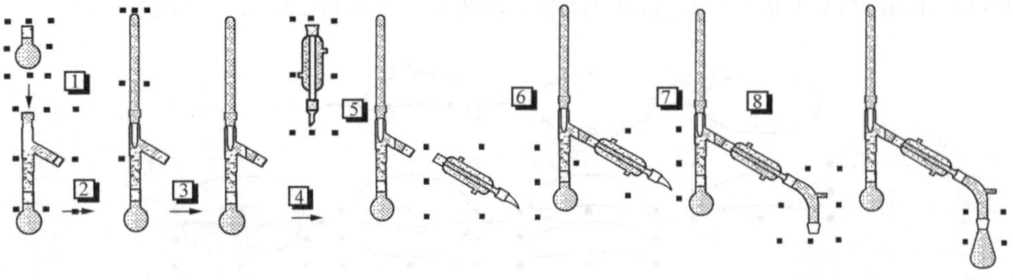

图2-45　画蒸馏装置

2. 在图形上添加注释

画出实验装置后，常常需要对其加以注释以使图形意义更为明确。其方法如下：

（1）点击主菜单【Tools】→【Font】（字体）和【Tools】→【Paragraph】（段落）面板，在其中设置字体和段落参数，如图 2－46 所示。

（2）选择文本工具，并在温度计的左边点击，出现文本框，在其中输入“Thermometer. Sign out from instructor”，如图 2－47 所示。若想将文字框变小，可拖动右边的边线。

（3）点击文本框以外的区域，完成文字输入。

重复步骤（2）～（3），可完成对其他注释的输入。必要时，还可以移动文本框将注释重新在图形周围进行排列。如在没有完成文字输入时点击了文字框的外面，可重新选择编辑文字按钮，选定的文字将被重新放进文字框中，若文字还没有被选定，只要在选定编辑文字按钮后，点击文字即可。

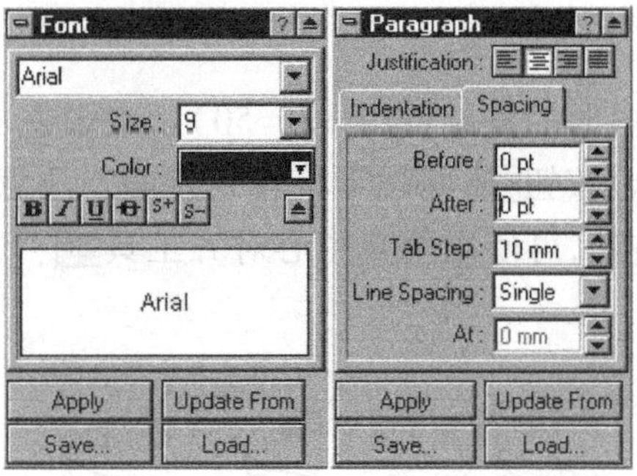

图 2－46　文字图片格式对话框

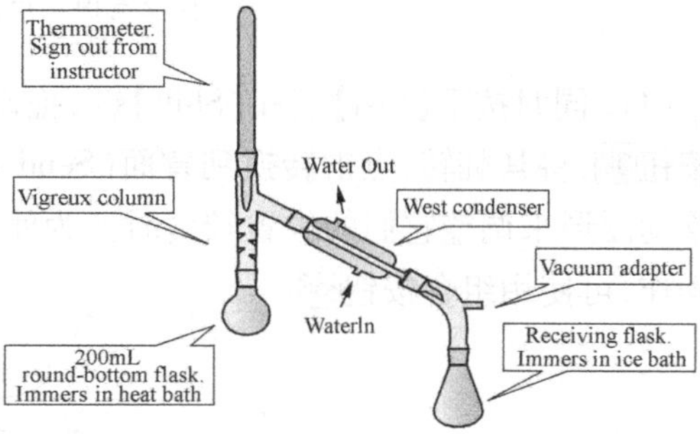

图 2－47　在图形上加文字注释

插入注释框的方法很简单，在绘图工具栏中点击按钮右下角的小三角形，可得到更多的注释框的形状。注释框总是在对象周围，并用箭头指向对象。点击对象得到注释框，再点击文本工具，在注释框中输入文本即可。

修改注释框的方法如下：

（1）在注释框上点击得到注释框上的点，选择点编辑按钮，拖动注释框最低处的点，将注释框箭头指向对象。拖动注释框四角上的点，可改变注释框的大小。

（2）修改了所有的注释框后，右击鼠标，结束修改。

3. 画一个双链 DNA 螺旋结构

画如图 2－48 右边所示的 DNA 双螺旋结构，方法如下：

（1）切换到绘图模式，选定多线（Polyline）工具。

（2）由曲线起点向下垂直移动画出控制线，释放鼠标，再向右移动鼠标画出曲线。

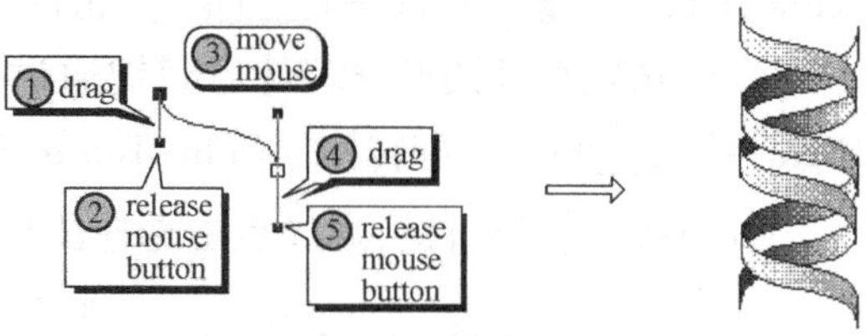

图 2－48　画 DNA 双螺旋结构

（3）垂直向下移动画出控制线，调整控制线的长度，修改曲线的形状。

（4）释放鼠标并单击鼠标右键结束工作，点击。

（5）将指针指向曲线，同时按下【Ctrl】键和【Shift】键向下拉（拖动鼠标时，按下【Ctrl】键留下一个拷贝，按下【Shift】键可使对象水平或垂直移动）。

(6)点击曲线周围选择矩形或分别点击两条曲线选定两条曲线，再选择【Object】菜单下的连接线(Connect)，将曲线的右端连接。

(7)由编辑工具栏(Edit Toolbar)中选择点编辑(Edit Nodes)工具。

(8)点击端点连接(Connect Vertices)工具，连接线段的两端。

(9)拖动右边两点的矩形选定右边两点，再点击 Convert to Line（转换成线）。

(10)点击鼠标右键转换为选择/移动/调整大小(Select/Move/Re-size)工具。

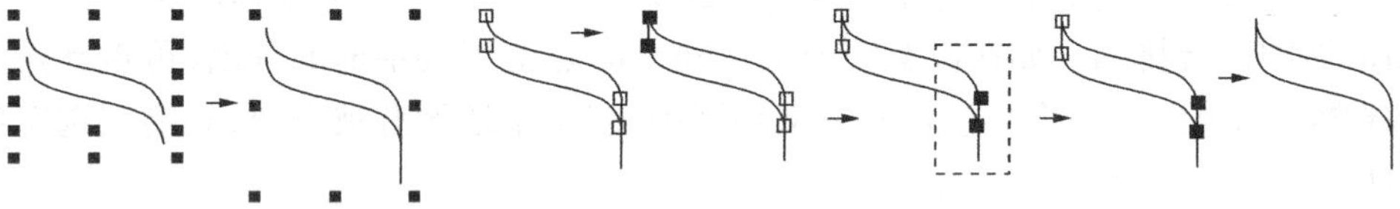

图 2-49 点编辑工具的使用

(11)同时按下【Ctrl】键和【Shift】键，拖动得到图形的复制件（图 2-50）。点击左右翻转按钮，将其翻转，点击转换到背面(Send to Back)按钮，将图形旋转到背面。注意：通过移动图形来调整它们的位置较费时。为使它们整齐，可使用垂直中心对齐工具。为简化操作，可使用组合按钮。

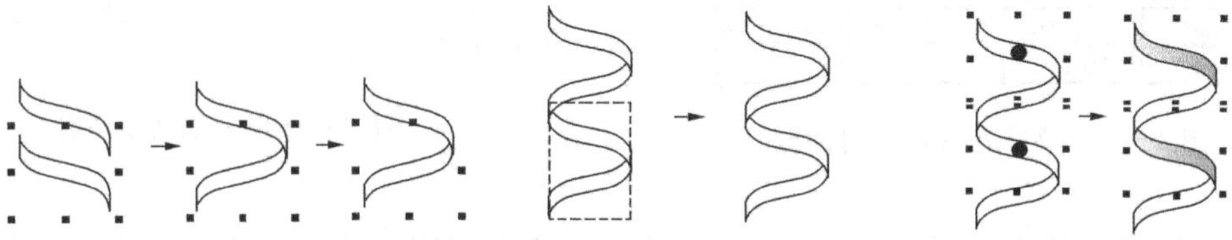

图 2-50 使用组合工具

(12)拖动选择或按下【Shift】键点击选定两个图形，调整位置（图 2-51）。

(13)按下【Shift】键，通过点击选择图形，双击其任何部分，打开对象(Objects)选项，在 Fill 下拉菜单中选择如下设定：Style—Shade；Color—White；Pattern—；Shade—30%。点击应用按钮【Apply】。

(14)选择其他两个图形（它们用十字标记），选定如下设置：Style—Shade；Color—White；Pattern—；Shade—95%。点击应用按钮【Apply】。

(15)选定全部图形，按下【Ctrl】键通过拖动对其进行复制。点击向右翻转(Flip Left to Right)按钮和上下翻转按钮(Flip Top to Bottom)。

(16)按下【Shift】键，通过点击选择图形，点击发送到背景(Send to Back)按钮。

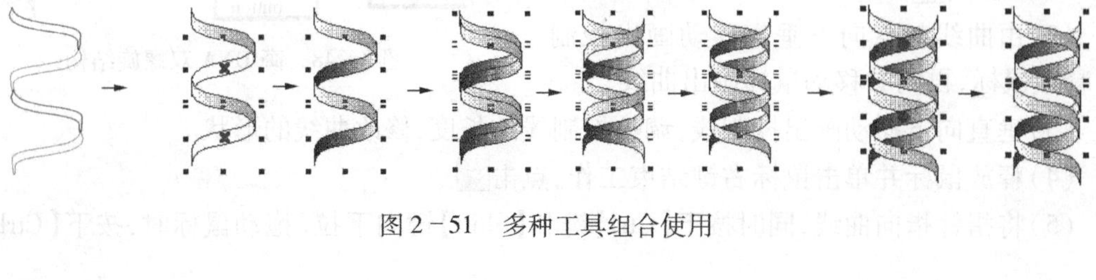

图 2-51 多种工具组合使用

4. 画脂肪

(1)在绘图模式下，选定椭圆工具，按下【Shift】键在工作区画出圆。

(2)点击在状态栏中颜色选项中的黑色，将圆涂色，。

(3)选定多线工具，分别在圆附近点击鼠标画出碳链，点击右键结束。

(4)选定 Edit Nodes 按钮，按下右键拖动选定所有的点，注意选定的点变为黑色。

(5)点击转换曲线按钮，再点击曲线按钮右边的平滑按钮(Smooth)。

(6)点击选择工具，按下【Ctrl】键，将鼠标放在曲线上拖动复制曲线。

(7)利用组合按钮选定所有对象，将它们组合为一个对象。

(8)再使用复制(【Ctrl】+拖动)、组合(Group)、旋转 90°(Rotate 90)、选择/移动/旋转等命令，包括合并(Aligning)和翻转工具(Flipping)，画出如图 2-52 所示的图形。

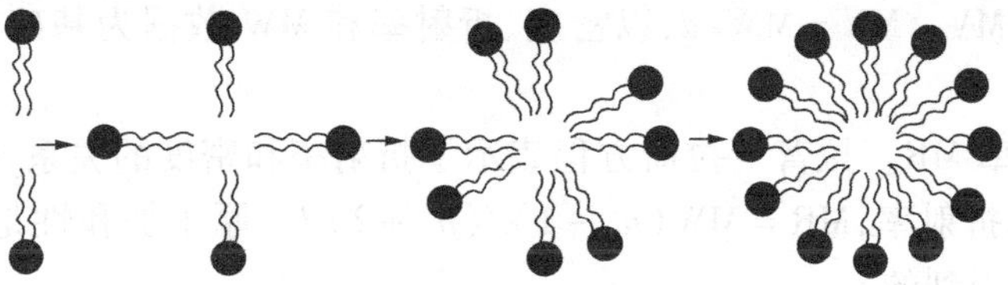

图 2-52　脂肪的画法

2.4　分子性质的预测

1. 计算宏观性质

在结构模式下画出一个结构后，可按以下步骤计算分子性质：

(1)选择要计算性质的结构，点击主菜单中的【Tools】→【Calculate】；

(2)选择所有性质或者某一个性质，对其进行计算；结果将显示在 Calculation Result 对话框中；

(3)点击【Copy to Editor】按钮，将文本内容粘贴到 ChemSketch 的屏幕上。

也可直接在状态栏中观察宏观性质，通过点击最右边的状态对话框，并选择相应的性质即可。在状态栏自动显示，默认值是相对分子质量。

例如，选择联苯分子，点击【Tools】→【Calculate】→【Select Properties to Calculate】，选择相应性质，点击【OK】，得到如图 2-53 所示的结果。

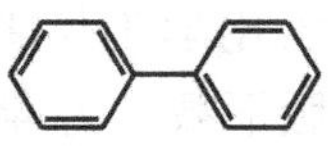

Molecular Formula=$C_{12}H_{10}$
Formula Weight = 154.2078
Composition =C(93.46%)H(6.54%)
Monoisotopic Mass = 154.07825 Da
Nominal Mass = 154 Da
Average Mass = 154.2078 Da

图 2-53　分子性质计算结果

2. 计算宏观性质的算法

在 ChemSketch 中的所有算法，假定各种性质是随着原子或原子团的增加而变化的。除了相对分子质量的算法十分简单外，其他的算法分为以下三类：

(1)基本宏观性质。摩尔体积、摩尔折射率和等张比容。

(2)衍生的宏观性质。密度、折射率和表面张力。

(3)介电常数。

ChemSketch 首先对基本宏观性质,如摩尔体积、摩尔折射率和等张比容进行计算,增加原子对其影响是由该原子与周围原子之间的键(单键、双键,芳香键等)决定的。

对于密度、摩尔体积、摩尔折射率和等张比容的计算是基于众所周知的物理化学中的计算公式。这些数值是 MV、MR 的函数,一旦由原子性质相加得出以上数据,它们很容易被预测出来。MV、MR 和 P 的原子相加性,是利用结构与性质的大量数据总结出来的。介电常数的预测与沸点的预测很相似,已经发现介电常数像其他宏观性质如 MV 一样,具有加和性。使用结构与介电常数之间的大量数据可得到原子加和性的公式。使用这个公式和预测的 MV,对于输入的结构的介电常数就很容易预测出来。

(1)摩尔体积 MV。$MV = MW/d$,以密度、折射率和 MW 数据为基础通过原子的加和性得到。

(2)摩尔折射率 MR。拉普－拉斯方程表示了折射率和密度的关系,ChemSketch 通过原子加和性计算摩尔折射率,$MR = MW(n^2-1)/(n^2+2)d$。原子加和性是由密度、折射率和 MW 的数据为基础得到的。

(3)等张比容 P_r。$P_r = (MW/d)\ \gamma^{1/4}$,由原子的加和性(以密度、折射率和 MW 的数据为基础)计算。

(4)密度 d。$d = MW/MV$,由 MW 和摩尔体积 MV 来计算密度。

(5)折射率 n。$n = ((2MR + MV)/(MV - MR))^{1/2}$,通过摩尔体积和摩尔折射率来计算折射率。

(6)表面张力 γ。$\gamma = (P_r/MV)^4$,通过 MV 和 P 计算表面张力。

(7)介电常数 ε。通过一个经验公式计算介电常数,$F(\varepsilon) = f$(MV, Additive Function)。

(8)偶极性。偶极是通过摩尔折射率 MR 进行计算的。

(9)单一同位素质量 M_{mi}、标称质量和平均质量 M_{av}。单一同位素质量是自然界中含量最多的、稳定的同位素的确切质量。平均质量是在组成分子的元素的原子重量的基础上计算出来的质量。

本章仅选择 ChemSketch 免费版的主要功能对该软件的基本操作进行了初步介绍。ChemSketch 自发布以来,以其灵活方便的易用性,得到了大多数使用者的认可。该软件提供的结构模式和绘图模式能基本满足普通使用者的需要,尤其是该软件小巧、绿色和免费的三大特点(http://www.acdlabs.com/提供下载),深受广大化学工作者喜爱。目前,该软件的最新版本为 ChemSketch 11.0,国内某些网站有其汉化版下载。为准确把握该软件所涉及的专业术语,建议读者还是使用英文原版为好。另外,免费版本的功能并不是十分强大,如要用到更专业性的功能,建议使用其相应的专业版。

第3章 ChemBioDraw的使用

ChemOffice 系列软件是美国剑桥公司(www. cambridgesoft. com)开发的桌面化学软件。ChemOffice2008 是 ChemOffice 系列软件的最新升级版,它包括了 ChemBioDraw(化学结构绘图)、ChemBio3D(分子模型及仿真)和 ChemFinder(化学信息搜寻整合系统)等一系列重要组件。现将这些组件功能简述如下。

(1)ChemBioDraw。是目前世界上最受欢迎的化学结构绘图软件之一,它提供了各类化学结构式的绘制解决方案,已成为各类化学论文期刊指定的标准格式。

(2)ChemBio3D。提供了 3D 分子轮廓图及分子轨道特性分析,并和数种量子化学软件结合,提供完整的输入/输出界面,已成为分子模拟仿真分析最佳的前端工作环境。

(3)ChemFinder。化学信息搜寻整合系统,可以建立化学数据库、储存及搜索,或与 ChemBioDraw、ChemBio3D 联合使用,也可以使用现成的化学数据库。ChemFinder 是一个智能型的快速化学搜寻引擎,所提供的 ChemInfo 信息系统是目前世界上最丰富的数据库之一,包含 ChemACX、ChemINDEX、ChemRXN、ChemMSDX,并不断有新的数据库加入。ChemFinder 可以从本机或网络上搜寻 Word、Excel、PowerPoint、ChemDraw 和 ISIS 格式的分子结构文件,还可以与微软的 Excel 结合,可连接的关联式数据库包括 Oracle 及 Access,输入的格式包括 ChemDraw、MDL ISIS SD 及 RD 文件。

本书选择最常用的 ChemBioDraw 和 ChemBio3D 这两款组件分为两章分别介绍。本章重点介绍 ChemBioDraw,在第 4 章专门介绍 ChemBio3D。限于篇幅,ChemFinder(化学信息搜寻整合系统)未收入本书中,安装了 ChemOffice2008 的读者,可使用在线帮助体验其功能。

3.1 ChemBioDraw 概述

ChemBioDraw 是一款功能强大的绘制化学与生物结构图的应用软件,可使用程序自带的丰富模板库来绘图。完成绘图后可直接将其输出到桌面出版程序中,或通过复制粘贴的方式粘贴到 Word 文档或网页上,也可保存到自己创建的数据库中,或存为其他格式文件,便于其他程序使用。

3.1.1 版本介绍

ChemBioDraw 11.0 可以帮助我们绘制化学反应与结构图、进行交互式设计，使用方便灵活，并且所绘图文能满足最苛刻的出版标准。ChemBioDraw 11.0 系列包括 ChemBioDraw Ultra 11.0、ChemBioDraw Pro 11.0 及 ChemBioDraw Std 11.0。ChemBioDraw Std 11.0 是为只绘制结构的用户设计的。如果要构建更高级的化学结构并进行分析等，就需要考虑使用 ChemBioDraw Pro 11.0 或 ChemBioDraw Ultra 11.0。若还需要绘制生物结构和途径，则需要 ChemBioDraw 11.0 系列和 BioDraw 系列。

作为对 ChemBioDraw 11.0 系列的补充，针对生物学及生物化学的特殊用户有更为专业的 BioDraw 系列。BioDraw 系列包括 BioDraw Pro 11.0 、BioDraw Ultra 11.0 和 ChemBioDraw Ultra 11.0（也是 ChemBioDraw 11.0 系列的一部分，除含有全部标准的化学绘图工具外，还包括生物途径和生物结构的专业工具，如描述酶的抑制作用、说明 tRNA 结构或绘制其他生物图文等）。

3.1.2 运行系统要求

（1）Windows® 操作系统：Windows 2000、Windows XP、Windows Vista（32-bit only），同时应安装 Microsoft. Net Framework 2.0 以上版本。

（2）浏览器：Microsoft Internet Explorer 7. x 及更高版本（含 7.0）。

（3）Microsoft Office：Office 2000、Office XP、Office 2003、Office 2007。

（4）显示器分辨率：Chem & Bio 3D 支持 PC 800 × 600 或更高。

3.1.3 新特性

目前应用的 ChemBioDraw 与较早期版本的相比，在软件功能和易用性方面有了根本性的改变和提高，增加了旧版本不曾有过的新功能和新特性，主要有以下几个方面的改变。

1. 可定制的工具栏

用户可根据自己的工作方式修改工具栏。能增加、删除、替换或重新安排工具栏图标，甚至能删除或创建自己的工具栏。

2. 化学绘图功能得到了增强

（1）增强的箭头种类。在 11.0 版本，箭头的种类比以前的版本更多、更通用。可给任何箭头添加曲线，并可使用着色、遮蔽或者填充颜色来改善其外观。这些增强的箭头形式对说明复杂的化学机理和生物化学途径非常有用。

（2）曲线工具分为绘制曲线（Draw Curve）和编辑曲线（Edit Curve）两个工具。绘制曲线工具允许徒手画曲线和直线，然后使用编辑曲线工具编辑曲线。绘制曲线工具可与填充和褪色功能（Filled and Faded）组合使用，更能与箭头工具实现互换，在绘图中创建丰富多彩的图形。

3. 增加了对结构与性质关系的支持

(1)Struct = Name(结构 = 命名)。系统对有确切化学意义的结构,用 IUPAC 规则为结构命名;给出一个化合物名称,系统可将其展开为化学结构,使绘制结构图更轻松。

(2)ChemNMR 是 ChemBioDraw 中又一非常实用的功能,可用于估算或显示分子中的质子^{1}H 和^{13}C 的化学位移。

(3)可从分析(Analysis)窗口或化学性质(Chemical Properties)窗口粘贴结构性质数据。

4. 增加了对新的生物绘图工具的支持

(1)在 BioDraw 工具栏中新增 tRNA 工具和核糖核酸工具。可将 tRNA 插入图中,按需要对其旋转、改变其大小或颜色,也可在图中添加 A、B 亚基或其他图形以说明其生物学过程。

(2)在 BioDraw 工具栏中还新增加了质粒图工具。不仅可把质粒插入到绘图中,指定碱基对的数量,而且可使用新的箭头增强特性,来观察想要观察的区域。循环反应特征有助于说明复杂的机理和途径,可迅速识别反应的不同部分。移动指针越过反应箭头上方时,反应物、产物及其他反应性质都以颜色区分对象。

(3)序列工具。使用这些工具,可快速利用别名库绘制氨基酸和核酸链,画完链后,可对每一个残基分别处理,包括收缩、展开,并可同时对全部或单个残基进行着色。可单独选择在 DNA 和蛋白质结构上的 α 螺旋,改变其外观,包括颜色、阴影填充等属性。

5. 增加了对文件系统的支持

(1)对 SD 文件支持。ChemBioDraw 可打开 SD(Structure-Date)文件。SD 文件是一种和许多化学软件都通用的格式文件,可在一个文件中包括许多结构。

(2)对数据库连接的支持。可及时与 Internet 连接并不断更新化学数据。绘制一个结构,然后激活该连接,浏览器窗口就会打开并显示结构。

(3)对 Office 2007 的支持。支持 Microsoft Office 2007,使用新软件可将结构图插入到 Word 文档、Excel 表单、PowerPoint 演示文稿或 FrontPage 网页中。

3.2 ChemBioDraw 工具栏与文档

ChemBioDraw 图形用户界面(GUI)和大多数应用软件一样,除包括【File】(文件)、【Edit】(编辑)、【View】(视图)、【Window】(窗口)等菜单外,还包括有【Object】(对象)、【Structure】(结构)、【Text】(文本)、【Curves】(曲线)、【Color】(颜色)等 ChemBioDraw 特有的菜单命令。同时,还有主工具栏、常用工具栏、对象工具栏、格式工具栏甚至生物工具栏等各类工具栏的快捷按钮,其中某些快捷按钮与菜单命令具有相同的效果,用户可以根据自己的喜好选用。图 3-1 是 ChemBioDraw 图形用户界面图。

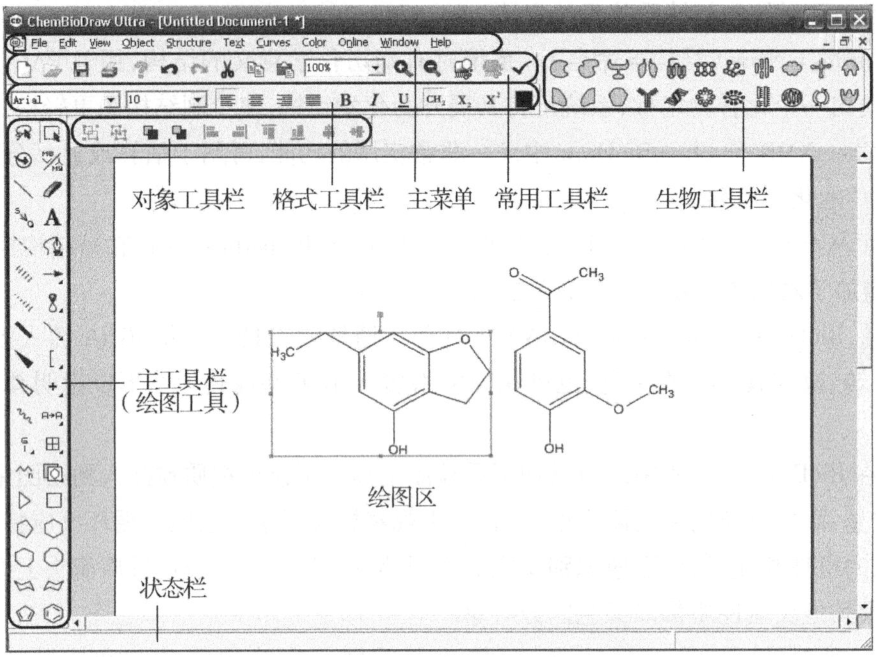

图 3-1 ChemBioDraw 图形用户界面图

3.2.1 工具栏与窗口显示

1. 工具栏的定制

ChemBioDraw 界面上的所有工具栏都可以根据用户的喜好进行定制:可以将其固定在窗口上端,也可以将其置于窗口的任何边缘;可以将其作为浮动工具置于屏幕的任何位置,也可以随时将其隐藏起来。

(1)工具栏的显示或隐藏。要显示或者隐藏一个工具栏,可从视图【View】菜单中,在紧挨着工具栏名称前面的检查框,加上或去掉其中的钩。工具栏名称前有☑,说明该工具栏已显示在界面上。

(2)工具栏的归位和浮动。工具栏的归位就是将工具栏置于主窗口的边缘。当工具栏处于浮动状态时,在工具栏内单击右键,再在弹出菜单上选择【Dock ToolBar】,则该工具栏将出现在最靠近主窗口的边缘上。若在工具栏按钮间按下左键拖动(或右键点击工具栏,并在弹出菜单上选择【Float Toolbar】),可将该工具栏拖动到屏幕的任何位置使其处于浮动状态。

(3)拉出工具栏。在主工具栏中的某些工具中,同一位置上可能有多种同类型的工具,如 Symbols 工具中包括了多种工具,它们可从该工具中扩展出来。在选择这类工具时,可在工具图标的右下角找到三角图标 +.(图 3-2),点击该三角图标可拉出更多的工具。它们也是一组工具栏,点击其上部标题栏并拖动,可将其浮于屏幕上任何位置。

对拉出来的工具栏可有以下三种处理方式:

①工具用过后不会再用,可直接点击 ☒ 关闭该工具栏,将其隐藏起来;

②工具可能以后还会用到,可点击 ▬ 将其收起,需要时再点击 ▬ 将其展开;

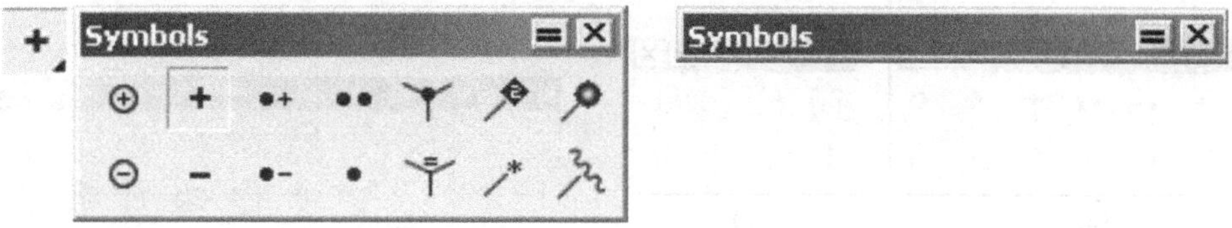

图3-2　拉出工具栏

③工具长期要用,可在工具栏内点击右键,选择【Dock ToolBar】使其靠边。

2. 主工具栏(化学绘图工具)

主工具栏位于窗口左边竖直排列,除了两个选择工具和外,还包括众多方便实用的化学绘图工具。其中,有些工具还可进一步扩展出更多的工具,点击这类工具右下角的三角箭头展开后选择使用。这些工具主要包括以下36种(在ChemBioDraw所有版本中都有)(图3-3)。

图3-3　常用的36种绘图工具

(1)选择工具。方框和套环工具用于选择对象。点击选择套环(Lasso)并围绕对象画出一个环,在环内的任何对象将被选择。点击选择方框(Marquee)并围绕对象画出一个方框,在框内的任何对象将被选择。

(2)化学单键工具。用于画出一个化学单键并设置键属性。

(3)多重键工具。用于画多重键、配位键等,并设置键属性,如图3-4所示。

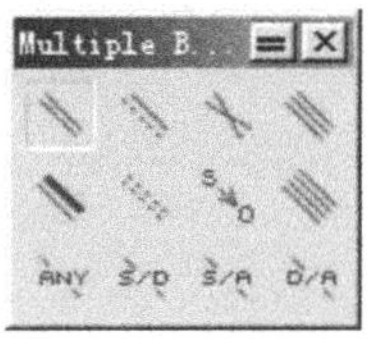

图3-4　键工具

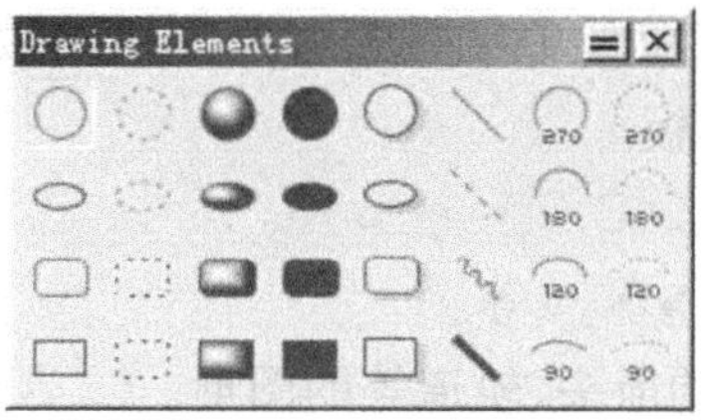

图3-5　基本绘图工具

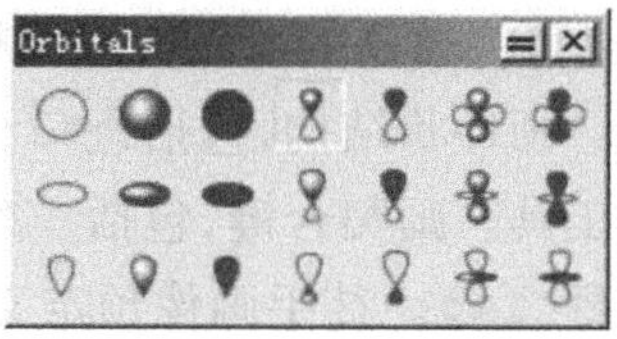

图3-6　轨道工具

图3-7　查询工具

(4)基本绘图工具。包括一些没有化学意义的注解、方框或线,如图3-5所示。

(5)轨道工具。用于画原子轨道,可从中选择不同类型的原子轨道,如图3-6所示。

(6)查询工具。包括六种工具,用于画立体标记、进行原子反应映射、在查询结构中指明自由位点、指定原子间相互关系等,如图3-7所示。

(7)化学符号工具。画具有化学意义的符号(电荷、自由基及电子对)。化学符号(Chemical Symbols)工具中的符号如图3-8a所示。

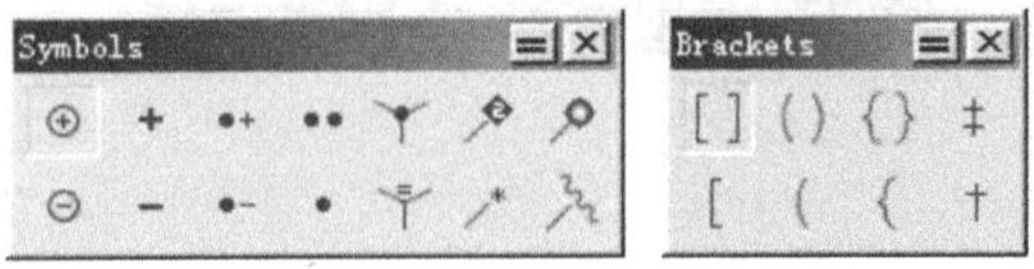

(a) (b)

图 3－8 化学符号工具和括号工具

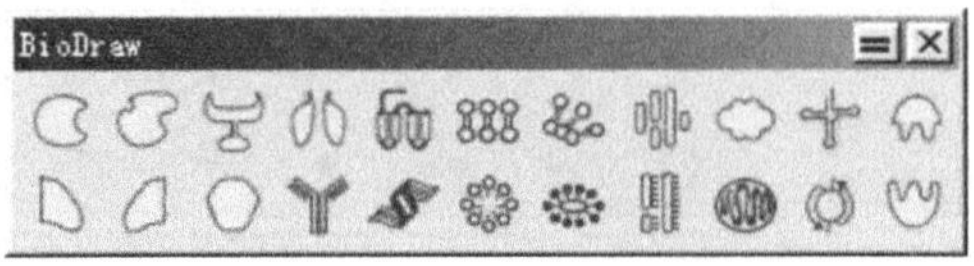

图 3－9 生物绘图工具

(8)括号工具[]。用于画括号、圆括号、方括号等各类括号，如图 3－8b 所示。

(9)生物绘图工具。BioDraw 工具可在绘图中增加生物和生物化学的基本元素。生物绘图工具(BioDraw Toolbar)包括了像酶、受体等专业绘图工具，如图 3－9 所示。循环、椭圆等标准形状也能从绘图元素工具中增加。

(10)箭头工具。用于画箭头，如图 3－10 所示。用户也可以用曲线工具定制箭头。

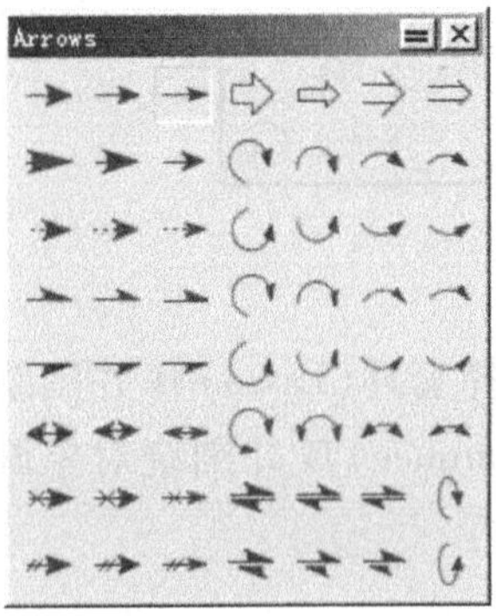

图 3－10 箭头工具

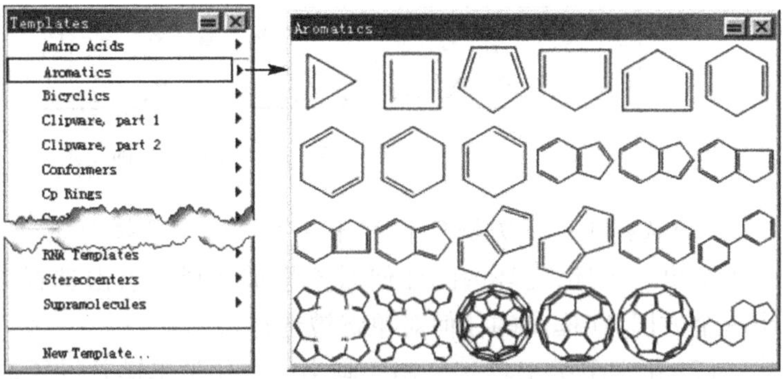

图 3－11 模板工具

(11)模板工具。用于从模板中选择模型绘制结构。程序提供了数十种模板，如图 3－11 所示。用户也可将自己的绘图保存为模板。

(12)环工具。画环状结构，包括。

(13)契合键工具。画契合键，包括等。

(14)曲线工具。徒手画像预定义的箭头、轨道等的图形。

(15)文本工具 **A**。创建原子标注或标题说明。

(16)碎片工具栏。碎片工具栏包括三种工具：① 碎片工具。用于破坏指定化学键，使分子成为两部分。② 离解工具。用于破坏化学键画出一个离解反应。③ 合成工具。用于破坏化学键画一个逆向合成的反应。

(17)擦除工具。用于删除对象。拖动时删除多个对象；点击多重键，将减小其键级；双击结构的任何部分，将删除整个结构。

(18)脂肪链工具。用于画任何长度的碳链。

(19)序列工具。有四类工具可供选择，以创建蛋白质、DNA、RNA 序列。

(20)制表工具。用于多重网格制表。其中，薄层色谱板(TLC)可以画出有多条道的 TLC 图,可方便地调整溶剂的前沿、斑点的位置和颜色。

3. 对象工具

—将对象结合成组合对象　　—将组合对象拆散为单个对象

—将选定对象置于其他对象上层　　—将选定对象置于其他对象下层

—将对象按上对齐　　—将对象按下对齐

—将对象按左对齐　　—将对象按右对齐

—将对象按左右居中对齐　　—将对象按上下居中对齐

4. 各类面板窗口

(1)化学性质(Chemical Properties)窗口(图 3－12)。化学性质窗口用于显示选定结构的化学性质。若没有选定结构,将只显示其中一个结构的性质。点击【Paste】按钮可将选定项粘入文档中,点击可将窗口收缩为标题条。在主菜单上点击【View】→【Show Chemical Properties】可显示化学性质窗口。

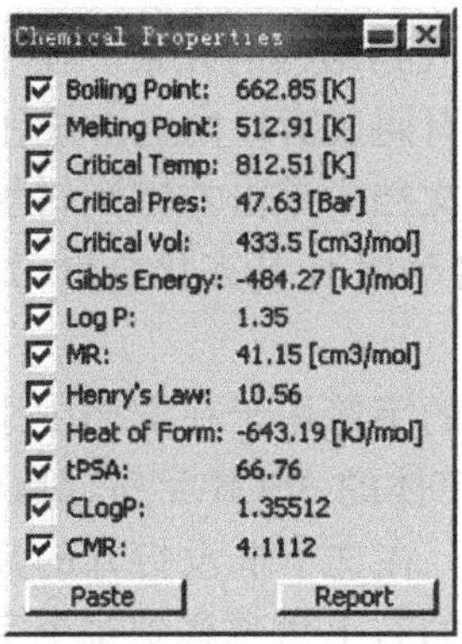

图 3－12　化学性质窗口

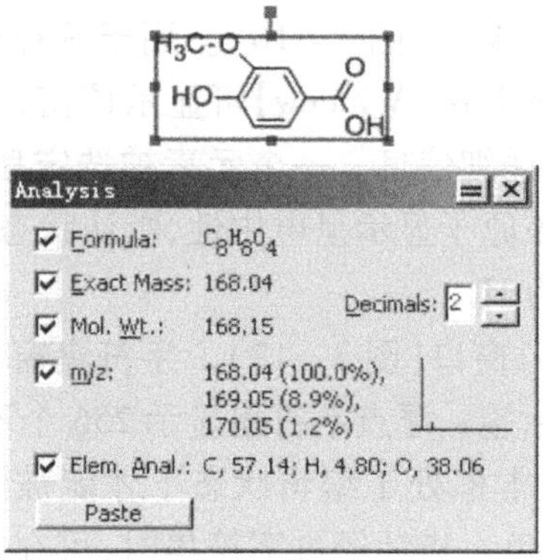

图 3－13　分析窗口

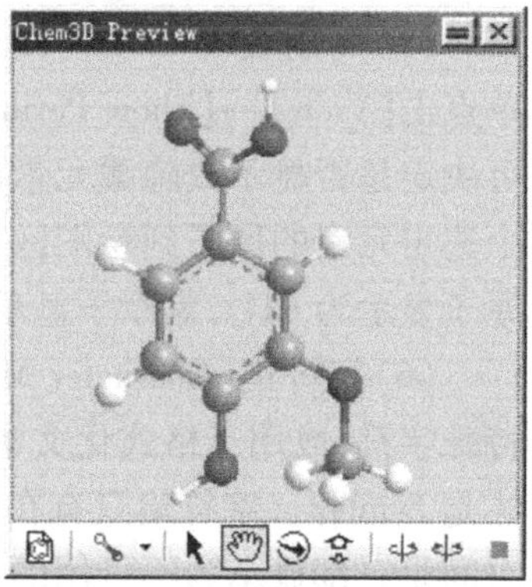

图 3－14　3D 预览窗口

(2)分析(Analysis)窗口(图 3－13)。分析窗口用于显示选定结构的化学分析结果,包括化学式、准确质量、相对分子质量、质荷比和元素分析结果等。如果没有选择任何对象则显示文档内所有结构的值。点击【Paste】按钮可将选定项粘入文档中,点击可将窗口收缩为标题条。在主菜单上点击【View】→【Show Analysis Window】可显示分析窗口。

(3)3D 预览窗口(图 3－14)。这是 ChemBioDraw 新增功能,在该窗口中可观察到所画结构的三维模型图,甚至可在 Chem3D(或 Bio3D)中直接打开结构并继续构建模型。该窗口中的结构透视(Structure Perspective)工具,可用于在三维空间中旋转所选的对象。在主菜单点击【View】→【Show Chem3D Preview Window】可显示该预览窗口。

(4)信息(Info)窗口(图 3－15)。信息窗口显示指针所在的位置和任何选定对象的大小等信息。

①Pointer:*X*、*Y* 表示指针的位置;d*X*、d*Y* 表示对象坐标的变化值。

②Selection:*X*、*Y* 表示选定区域的位置;*W*、*H* 分别表示选定区域的宽和高。

③Other :Angle 表示键角或选定对象的旋转角度;Dist 表示键长或对象的移动距离,或在改变对象大小时,表示当前是原来大小的百分之几。在主菜单点击【View】→【Show Info

Window】可显示信息窗口。

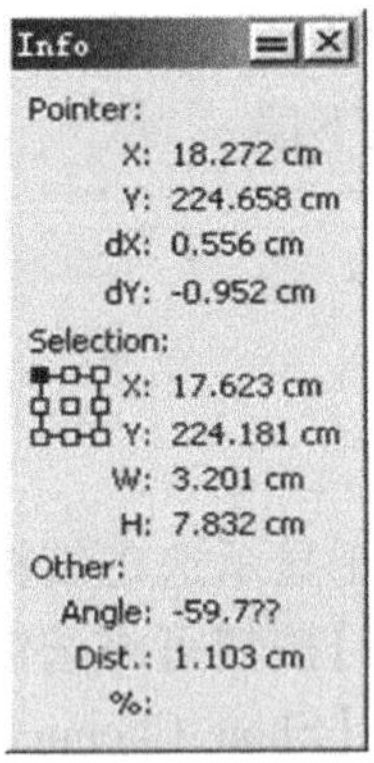

3 - 15 信息窗口

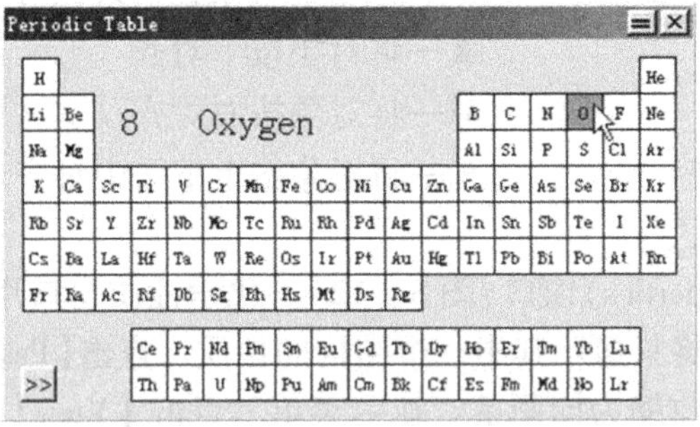

图 3 - 16 周期表窗口

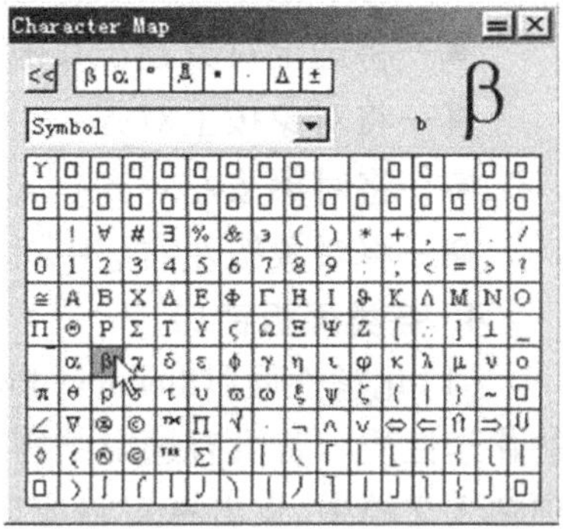

图 3 - 17 字符集窗口

(5)周期表(Periodic Table)窗口(图 3 - 16)。用于选择要插入到结构的元素。在主菜单点击【View】→【Show Periodic Table Window】可显示该窗口,在周期表窗口内点击按钮>>可决定是否显示或隐藏元素的详细信息。一个元素被选定后,在文档中单击左键则增加一个选定元素的原子到绘图区,该原子显示呈电中性,默认状态会自动用 H 补齐化合价,如碳原子显示为 CH_4,氢原子显示为 H_2。

(6)字符集(Character Map)窗口(图 3 - 17)。字符集窗口中的字符用于在文档中添加特殊字符,或用于格式化文本标签。浮点字符集显示 256 个不同字体的 ASCII 字符,默认字体是 Symbol。字符集只有在文本框处于编辑状态下才能被激活。在文本框没打开的其他时间里它都显示为不可用的灰色。指针经过字符集时,可在窗口的右上角观察到每个字符的放大形式。单击任何一个字符,该字符将进入到文本框中。只有选定的字体(显示在字符集窗口中的)才会应用到该字符上。

以上各类工具栏和窗口的显示与隐藏均可通过点击主菜单【View】下的各级子菜单来实现,这些工具的面板都可根据用户的喜好定制。

3.2.2 文档操作

文档是编辑、绘制化学图文的工作空间。在 ChemBioDraw 中有关文档的操作主要有创建文档、打开文档、编辑文档和保存文档等,以下分别予以介绍。

1. 创建文档

在 ChemBioDraw 中创建文档有多种方法,既可使用默认设置创建一个新文档,也可使用一个定制的样式表单创建新文档。程序启动时,会自动为用户创建一个名为“Untitled Document-1”的新文档。直接点击创建文档按钮(或点击【File】→【New Document】)也可创建一个新文档,其名称自动设置为“Untitled Document-*n*”(*n* 为自动编号)。

在 ChemBioDraw 中,还可使用特定的样式表单创建新文档,创建的新文档带有保存在样式表单中的设置,如某些化学刊物规定的样式。创建这种文档的方法是:点击菜单【File】→【Open Special】,从列表中选择不同样式表单(Style Sheet)。ChemBioDraw 11.0 建立了一个包括许多著名科学出版物化学文献的样式库。例如，某些刊物可能要求提交的文章有特殊的格式要求，如页边距、字体、字号、页面大小等，如果准备向这些刊物投稿，可在 ChemBioDraw 11.0 中打开该刊物的样式表进行编辑。ChemBioDraw 在文件夹"C:\Documents and Settings\All Users\Application Data\CambridgeSoft\ChemOffice2008\ChemDraw\ChemDraw Items"中预定义了多种刊物的样式表单。例如，"the ACS Document 1996"样式（文件名为"ACS Document 1996. cds"），用这种样式表单创建的文档，保留了美国化学会志的全部格式，包括键长、键宽、间隔、字体、双栏等信息。

当然，用户也可创建自己的样式表，方法是：①创建一个新文档，在 Page Setup（页面设置）、Drawing（绘图设置）、Text Settings（文本设置）及 Color（颜色设置）等对话窗口中修改有关设置。②点击【File】→【Save As】，在 Save As 对话框中，选择"Style Sheet File Format（*. cds）"（样式表文件格式）。③点击"ChemBioDraw Items"文件夹，作为保存模板文件的位置。④为文档输入文件名，点击【OK】。完成后就成功地创建了自己的样式表单。

值得指出的是，使用预定义的样式表单可能会出现不可预测的情况，可能限制选择或使用某些操作的权利，如【Save As】将不可用，因此，建议采用默认设置"New Document"。

2. 打开文档

打开文档的方式有以下几种：

（1）点击【File】→【Open】。在打开文件对话框中，选择文档所在的位置和文档名称，点击【Open】按钮或点击【OK】按钮。

（2）在【File】菜单最底部选择一个预先打开的文档列表中的一个文档，通常在这里列出最近打开的 6 个文档。

3. 编辑文档

在编辑文档过程中经常会碰到这样的情况，编辑一段时间后发现输入错误，需要返回到原来的编辑状态，甚至回到最后一次保存时的状态，此时可采用以下方法来处理。

（1）撤销、再做和重复（Undo、Redo 和 Repeat）。ChemBioDraw 保留了用户操作中的所有操作过程。使用【Edit】菜单中的相应的命令【Undo】、【Redo】和【Repeat】，可撤销、再做、重复最后的操作。撤销操作次数只受计算机内存（RAM 及虚拟内存）的限制。注意，这些选项只针对最近一次保存文档以后的操作而言。

（2）放弃改变（Discarding Changes）。要找回最后一次保存时的文件版本，可点击【File】→【Revert】，则最后一次保存后的所有改变都被放弃，并显示最后一次保存时的文件。

4. 保存文档

ChemBioDraw 使用 CDX 文件作为默认格式来保存具有准确化学结构信息的图形。保存文件的方式如下：

（1）点击【File】→【Save】，出现保存文件对话框，选择要保存的文件夹；

（2）在文本框中输入要保存的文件名，选择文件格式，点击【Save】按钮。

值得注意的是，其他文件格式也能保存所画的图形，但可能丢失有关化学结构的信息，如以 TIF、GIF、BMP 等格式保存的文件将只有结构的图片，不包括具有化学意义的原子与键的连接信息。在选择某些文件格式时，选项按钮被激活，点击它可打开这些格式的设置对话框。

5. Window 菜单

ChemBioDraw 可同时打开多个文档,但只有一个是活动文档。主菜单中的【Window】菜单中列出了全部打开的文档和模板文件,从【Windows】菜单中选择文档可使被选择的文档成为活动文档,点击【File】→【Close】可关闭当前活动文档。

3.2.3 页面设置

文档的外观质量是受化学结构及页面内其他对象影响的,页面中包括结构与其他对象的对齐、页面大小、页面的取向等。页面工具包括页面的设置及标尺、表、层、对齐方式、分布方式等命令。在 ChemBioDraw 中可以创建页面文档和海报文档两种类型的文档。

1. 页面文档(Pages)设置

创建一个带有多页的文档的方法:点击【File】→【Document Settings】,出现文档设置对话框(图 3-18)。在【Layout】选项卡上,选定 Pages(页面),在 Document Size 中输入页面数,修改页面边缘(Margin)的设置(边缘的单位是在预设置对话框中设置,纸张大小减去边缘大小后即为绘图区域大小),按【Page Setup】(页面设置)创建 Header(页眉)和 Footer(页脚)。

2. 海报文档(Posters)设置

海报文档是通过创建单个大的绘图区来完成创建的,绘图区将被打印到多个分离的页面上。当设置了页面大小和每页重叠多少后,程序会计算所需页面数及边缘大小。可以设定一个标记用于确定每页重叠部分的位置,用于指导用分离页面组装一个海报。

设置海报文档的方法是:点击【File】→【Document Settings】,出现文档设置对话框(图 3-18)。在【Layout】选项卡上,选定"Poster"(海报),输入海报的高、宽及页面重叠大小(页面数和边界大小被重新计算),勾选"Print Registration Marks"(打印标记),按【Page Setup】创建 Headers(页眉)和 Footers(页脚),最后点击【OK】。

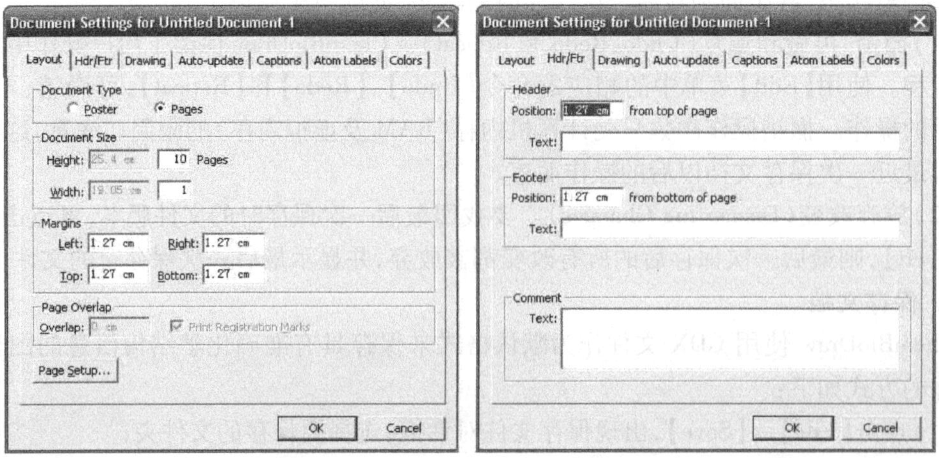

图 3-18 Document Settings 对话框

3. 页眉和页脚

在 Document Settings 对话框的【Hdr/Ftr】选项卡中创建页眉和页脚(图 3-18)。注意,整个海报文档中,只有一个页眉和页脚。设置页眉和页脚的方法是:点击【File】→【Document

Settings】,点击【Hdr/Ftr】选项卡,输入页眉和页脚到页边的距离,输入要在页眉和页脚中显示的文本,按格式在文本框中输入其他设置(文件名:&f,页数:&p,打印日期:&d,打印时间:&t),按格式确定文本对齐方式(居中:&c,右对齐:&r,左对齐（默认值):&l)。

3.3 ChemBioDraw 操作实例

本节通过几个实例,简单说明在 ChemBioDraw 中的基本绘图技巧。每个实例中都会介绍一些新的技巧或前面学到的一些技巧的变化,建议读者按顺序一步步地做。本节编入这些操作实例只是想让读者对 ChemBioDraw 有个初步体验,要想进一步深入了解 ChemBioDraw,成为化学绘图高手,可继续阅读后续章节中的其他内容。

3.3.1 画丙酮分子

首先分别点击勾选【Object】→【Fixed Lengths】(固定键长)和【Object】→【Fixed Angles】(固定键角)命令,应用固定键长与键角可使创建的结构有一致的键长和键角。

1. 创建分子骨架

(1)点击【File】→【New Document】,创建一个空文档。

(2)点击【File】→【Save As】,在文本对话框中输入“test1. cdx”,点击【OK】。

(3)选择主工具栏上单键工具╲,指针指向文档窗口的任何位置并单击。

(4)屏幕上出现一条直线代表化学键,在刚画出的那个键的右边末端单击,得到第二个键,再单击原处得到第三个键,三个键之间的键角均为 120°。在其中竖起的单键上单击将该单键变为双键。

2. 添加原子标注及说明文字

(1)选择文本工具 **A**,单击竖直双键的末端(图 3-19),在键的末端出现一个文本框,在文本框中输入大写字母“O”。也可直接将指针移到竖直双键的末端,在出现蓝色方块时输入小写字母“o”。两种方法都可使 C 原子变为 O 原子。显然,后一种方法更为简便,详情可见 3. 4. 7 节文本说明与原子标注,完成后按【Esc】键或选择其他工具关闭文本框。

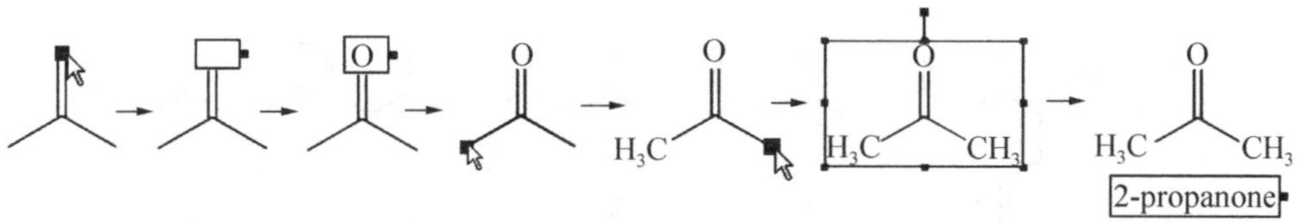

图 3-19　丙酮分子添加原子标注

注意,这样得到的丙酮结构中,每个键的端头应为 C 原子,此处没有显示出来。若要其显示出来,可先用选择工具选定丙酮分子,再点击【Object】→【Object Settings】,在弹出的对话窗口中,选择【Atom Labels】选项卡,在左下角勾选“Show Labels On Terminal Carbons”,点击【OK】,则可显示下面两端的甲基。也可将指针悬停在末端 C 上,由键盘输入“c”,注意,不能输入大写的“C”,否则将变成 Cl 原子。

(2)选择文本工具 **A**,在结构下面单击,再在文本框中输入“2-propanone”。也可先选择结构，再右键单击选定的结构，在弹出菜单中选择【Analysis】→【Name】，程序将自动为该结构命名，这样得到的命名是由系统自动给出的，其名称为“propan-2-one”而不是我们输入的形式。最后，点击【File】→【Save】，点击【File】→【Close】。

3.3.2 使用环工具

本例使用环工具创建环结构，再利用擦除工具得到结构骨架，利用键工具改变键型和双键对齐方式，最后用热键方式添加原子标签，目的是得到如图 3－20 所示的结构。

1. 用多个环创建骨架

(1)点击【File】→【New Document】和【File】→【Save As】，文件保存为“test2. cdx”。

(2)点击[环工具图标]，按图 3－21 中 abcde 顺序逐个点击连接苯环。

(3)点击擦除(Eraser)工具[擦除工具图标]，指针指向图 3－21d 中箭头所指原子或键，依次单击删除原子或键，得到如图 3－21e 所示的骨架结构。

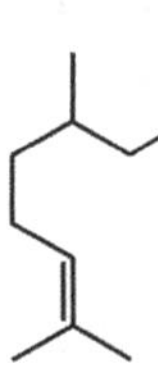

图 3－20　要创建的结构

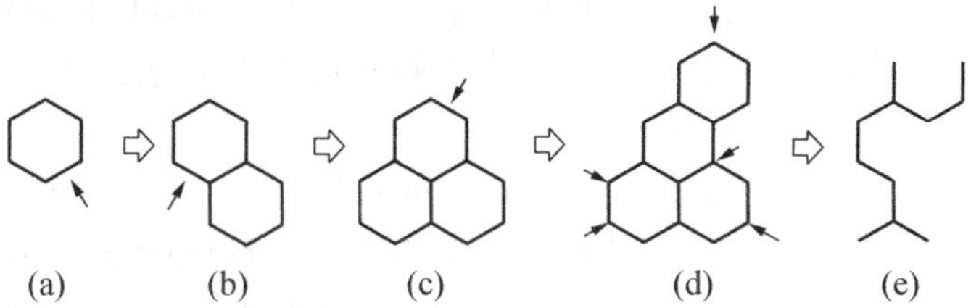

图 3－21　利用环工具创建结构骨架

2. 将单键改为双键

将单键改为双键的方法有以下几种。

(1)在单键上单击，可将单键变为双键。

(2)选用单键工具[单键工具图标]，在箭头所指的单键上拖动将单键变为双键。

(3)选用双键工具[双键工具图标]，点击将单键变为双键。

(4)使用选择工具[选择工具图标]，指向图 3－22a 箭头所指单键，同时键入数字 2 可将单键变为双键(此时数字 2 为热键)，得到如图 3－22b 所示的结构。

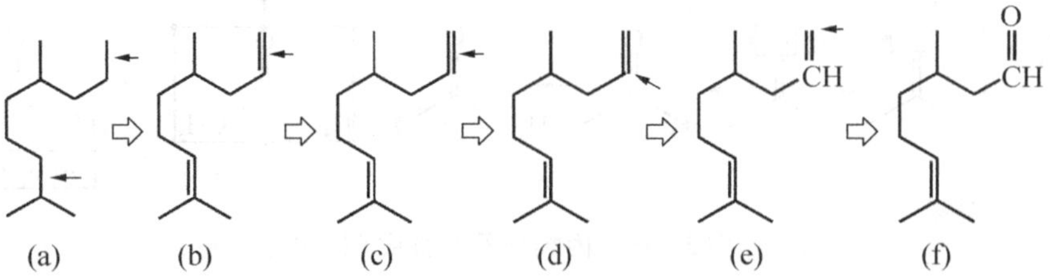

图 3－22　添加双键、双键对齐与添加原子标注

3. 改变双键对齐方式

指针指向图 3－22b 箭头所指双键的中心，单击右键，在弹出菜单的【Bond position】(键位置)上选择 Right(居右)，得到图 3－22c。若选 Centered(居中)，则得到图 3－22d。更简单地改变双键对齐方式的办法是直接在双键上单击，每单击一次就会改变一种对齐方式。

4. 添加碳原子和氧原子标注

(1)指针指向图3-22d中箭头所指的双键下端,由键盘输入"c",则该处显示为CH。

注意,对C原子标注指定的热键是小写字母c,输入大写字母C将创建Cl(氯)原子标注。程序将自动用氢原子数目调整碳原子周围的键合情况,该处C原子显示为CH。

(2)指针指向图3-22e箭头所指双键的上端,按下键盘上的【O】键得图3-22f的最终结构。注意,按默认,O的大写和小写热键均指定为氧原子标注。关于热键的详细说明见3.4.7节。

5. 保存并关闭文档

(1)点击【File】→【Save】。

(2)点击【File】→【Close】。

3.3.3 画反应式

本例画一个如图3-23所示的带反应条件的反应式,并自动标注反应物和产物名称。

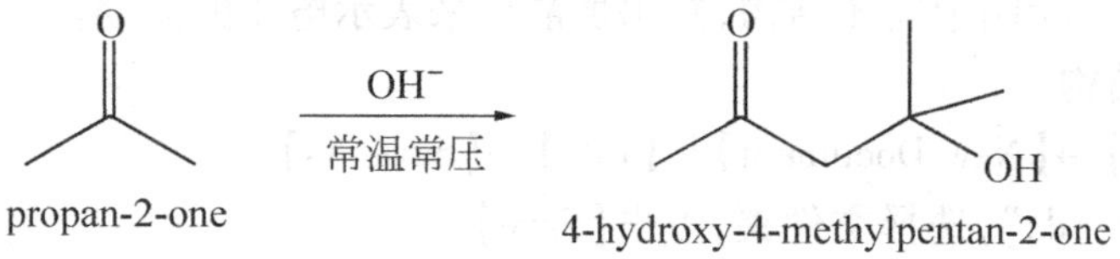

图3-23 画反应式

1. 画反应物与箭头

点击【File】→【New Document】,点击【File】→【Save As】,将文档保存为"test3. cdx"。用3.3.1节所述方法画出一个丙酮分子。在主工具栏上点击箭头工具,在丙酮结构的右边,从左向右水平拖出一个箭头。注意,箭头工具图标右下角的三角符号表示该图标下还包含其他箭头工具。按下鼠标左键,向右移动到箭头工具板上,释放鼠标左键。箭头工具面板成为浮动工具栏,可将其拖动到窗口的任何地方,点击第一排从左往右数的第三个箭头。

2. 添加反应条件或反应介质

(1)选择文本工具**A**,在箭头上方点击,在文本框输入"OH",完成后按【Esc】键。

(2)在箭头下方点击,在文本框输入"常温常压",完成后按【Esc】键。

3. 为OH添加电荷符号

(1)在主工具栏上点击符号工具图标右下角的三角。

(2)选择负电荷符号 **-**,指向OH的右上角。

(3)在H原子周围拖动电荷符号到一定位置。

给OH添加负电荷后,原来显示的红色化学价键警告消失。

4. 画产物分子

先复制一个丙酮结构,然后对复制的结构进行修改(图3-24)。

(1)点击选择工具,选择丙酮结构,按下【Crtl】键,点击结构向右拖动,释放鼠标左键。

(2)若要使复制的结构与原结构对齐,在拖动的同时按下【Shift】键。

(3)选择单键工具,单击复制的结构右边末端的碳原子,得到一个键。

(4)指向新键末端碳原子,点击碳原子直到出现第三个键。

(5)指针指向右下末端碳原子,输入字母“o”,使其变为 OH 标签。

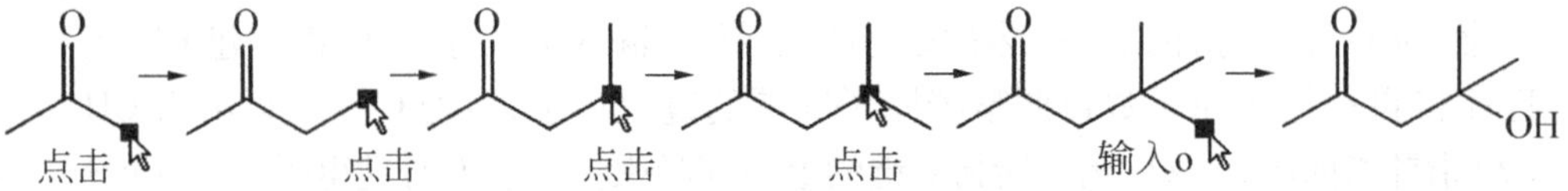

图 3-24 修改产物结构的步骤

5. 给结构命名

分别选定反应物和产物,点击【Structure】→【Convert Structure to Name】,或右键点击结构,在弹出菜单选择【Analysis】→【Name】,系统将自动将结构的英文名称添加到结构的下方。

3.3.4 画中间体

本例用曲线箭头绘制中间体结构,并添加箭头来表示电子的流动。

1. 画中间体结构

(1)点击【File】→【New Document】和【File】→【Save As】。

(2)输入“test4. cdx”,选择文件夹,点击【Save】。

(3)用单键工具画出如图 3-25a 所示结构。

(4)指针指向图 3-25a 中箭头所指原子,输入小写字母“o -”(即“o” + 减号),OH 标签变为“O⁻”,图 3-25a 直接变为图 3-25c。

(5)指针指向图 3-25c 中箭头所指原子,输入小写字母“o”,变为图 3-25d 的结构。

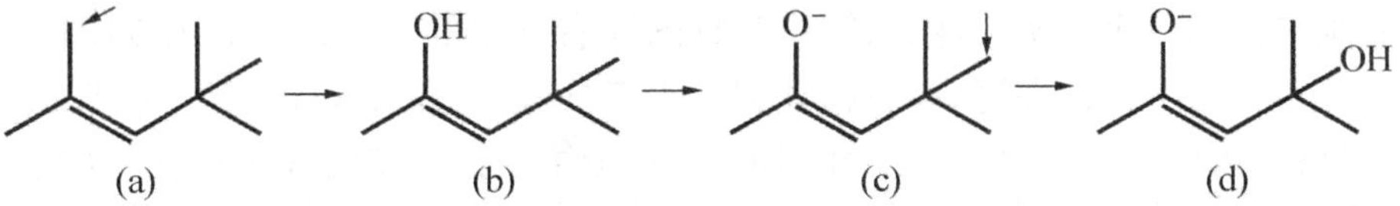

图 3-25 画中间体骨架结构

2. 用箭头表示双键电子的流动

接下来添加箭头表示电子流动,使用箭头工具添加第一个箭头,如图 3-26 所示。

(1)选用弯曲线箭头,指针指向电子流动的起始双键附近。

(2)拖动箭头(不要急于确定箭头的大小,只要调整到差不多就行了)。

(3)指针指向箭头,调整末端和中部手柄。

(4)向上拖动中间手柄减小箭头弧度,也可以拖动末端调整箭头长度或宽度。

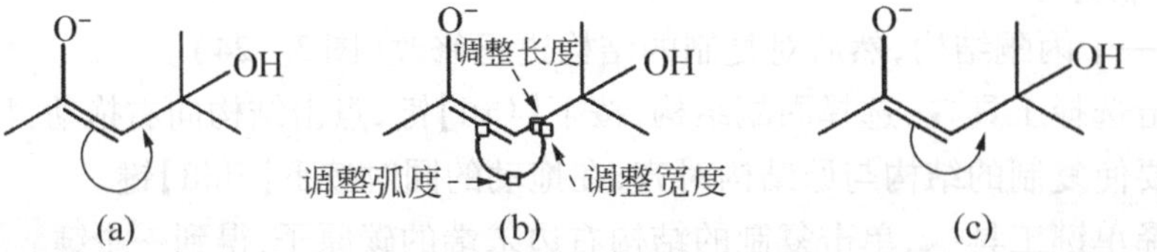

图 3-26 使用箭头工具添加第一个箭头

3. 使用曲线工具画箭头

(1)选择曲线工具，从 O^- 原子标签右边开始，向右上方拖动，然后释放按钮。

(2)点击所画曲线，出现，指针变为带“+”形的手形指针，表明处于曲线工具的编辑模式。用手形指针点击中间的一个小方块随意拖动，可拖出一条控制线，如图 3-27a 所示。

(3)指针指向曲线下部末端手柄，继续拖动控制线，使曲线变为如图 3-27b 所示。

(4)指针指向图 3-27a 曲线下端，点击主菜单【Curves】→【Full Arrow at End】，曲线变为单箭头，调整控制线得到所要的箭头形状，完成第二个箭头，得到图 3-27c。

(5)以同样方式，完成第三个箭头绘制，得到图 3-27d 所示的最后结构。

利用主菜单【Curves】下的命令可选更多的选项，如添加箭头颜色和线型。如对曲线不满意，可以用工具点击曲线，重新编辑。

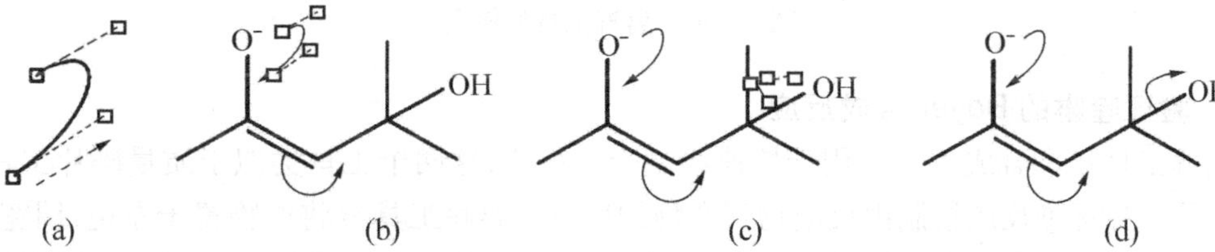

图 3-27　曲线箭头表示电子流动方向

3.3.5　使用碎片工具

本例使用碎片工具断开结构中一个或多个键，使分子按指定化学键分裂成两部分。它模拟质谱仪中的分子碎片，但不会预测任何质量，使用时必须指定要断开的键。

1. 碎片工具

(1)点击【File】→【New Document】和【File】→【Save As】，将文档保存为“test5. cdx”。

(2)创建如图 3-28 所示的分子。选择碎片工具，按下鼠标左键拖动跨越化学键时，会观察到不同断裂的情况，断裂位置用虚线显示。释放鼠标后，虚线消失，分子结构分裂成两部分，并以自由基的形式显示。同时，在分子碎片的上、下分别显示碎片的化学式(Chemical Formula)和准确质量(Exact Mass)。

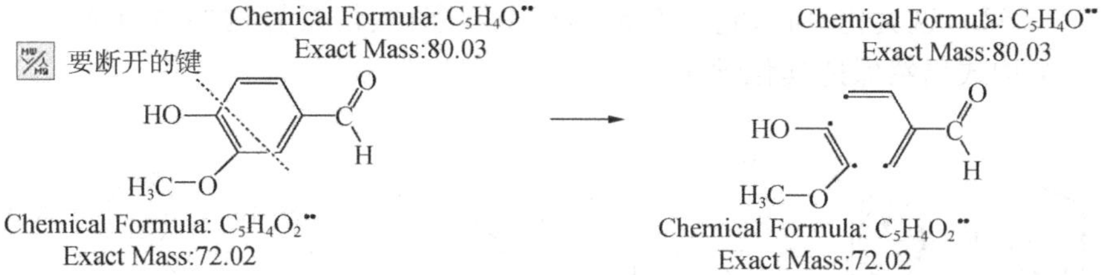

图 3-28　碎片工具的使用

2. 合成工具

选用合成工具，点击跨键拖动，将打破化学键并画出逆向合成反应(图3-29)。

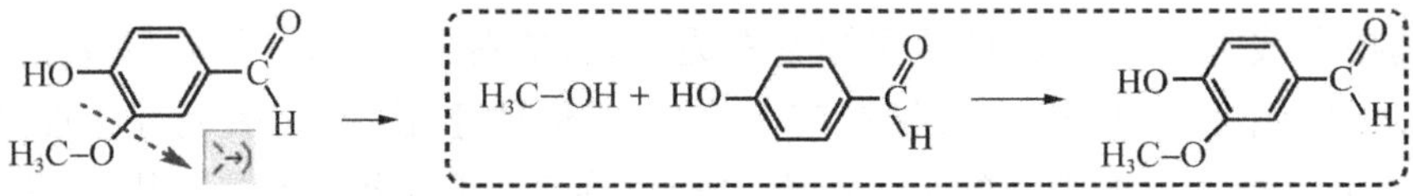

图 3－29 合成工具的使用

3. 离解工具

选用离解工具，点击跨键拖动时，将破坏一个化学键，并画出其离解反应(图3－30)。

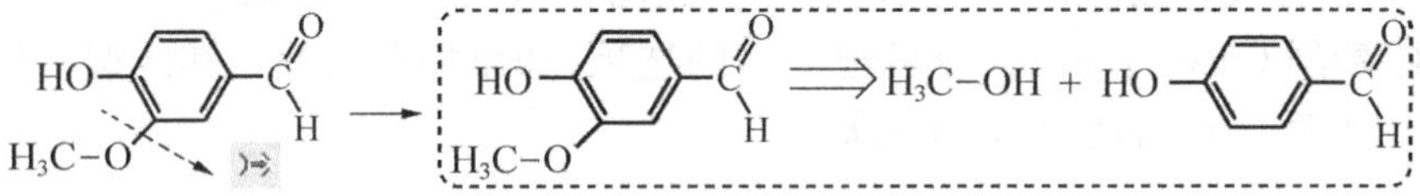

图 3－30 离解工具的使用

4. 验证喹啉的 Beyer 合成反应

离解工具和合成工具用于快速绘制合成反应，这两个工具类似于质量碎片工具。合成工具按标准反应绘制由反应物到产物的反应。离解工具将产物置于左边，用宽箭头指向反应物绘制一个反应，通常用于反向合成分析，在大多数情况下必须通过添加或删除原子或化学键来重新整理反应。图 3－31 表示了如何使用该工具验证喹啉的 Beyer 合成反应。

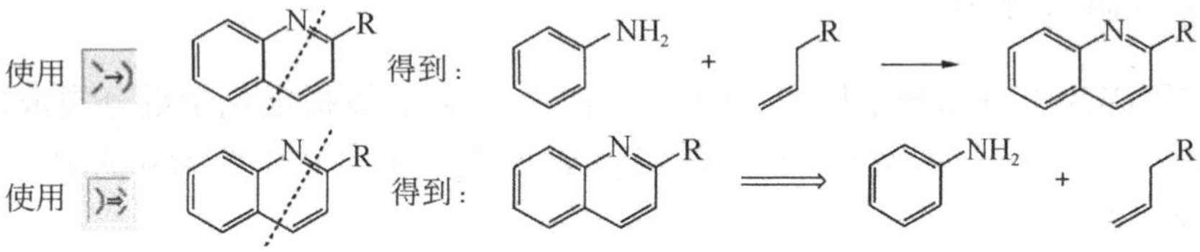

图 3－31 用离解与合成工具验证喹啉的 Beyer 合成反应

3.3.6 画多点配位结构

本例介绍如何为具有多中心连接点的结构创建多中心连接点(这类结构主要是一些具有离域性质的有机分子，如苯、环戊二烯等)，进而画出像二茂铁($(C_5H_5)_2Fe$(图 3－32a)及二溴苯(图 3－32b)这类化合物，它们都是具有不同配位、位置异构的多点或可变点的配位结构。这类结构式仍然保持其化学意义。

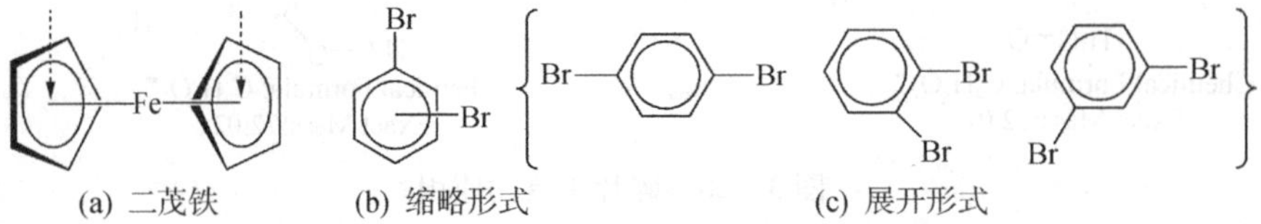

图 3－32 具有多中心连接点的结构

1. 创建一个多中心连接点

(1)点击【File】→【Create New】和【File】→【Save As】,将文档保存为"test6. cdx"。

(2)创建一个具有多点配位的结构(如环戊二烯),并选定该结构,如图 3-33a 所示。

(3)点击【Structure】→【Add MultiCenter Attachment】,将在多中心节点上显示一个星号(图 3-33b),星号表示了多中心连接点的位置。多中心节点中的星号可与键相连,星号连接到一个键后,星号即不可见(图 3-33c),但仍可通过键工具或选择工具观察该连接点。也可以点击【Structure】→【Add Variable Attachment】,得到可变连接点,其效果基本一致。

2. 从多中心连接点向外画键

(1)点击【Object】→【Fixed Lengths】(取消固定键长),以便从环内延长键至环外,也可以在拖动时按下【Alt】键(取消固定键长)。

(2)选择键工具,移动指针指向星号,按下【Alt】键(键长将不受固定键长设置的影响),点击并从星号处往外拖动,创建一个新键,如图 3-33c 所示。

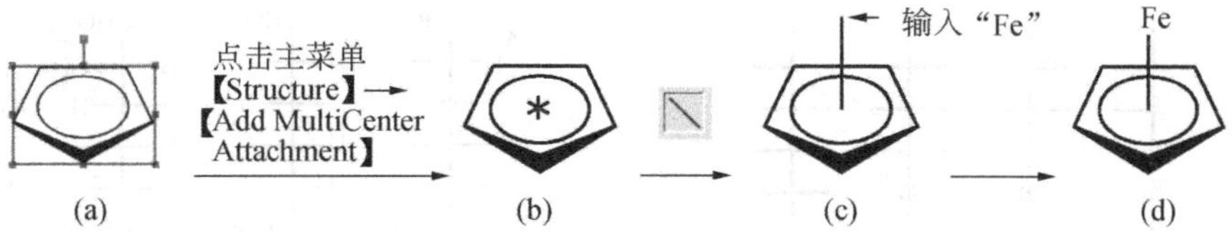

图 3-33 多点配位连接与可变连接

3. 观察连接点

从可变连接点或多中心连接点画键后,星号将消失,但可用键工具或选择工具证明节点是存在的。查验连接点的方法是:①选择工具查验。点击选择工具,将指针置于连接点上方,连接点将反衬显示(图 3-34a)。②画键工具查验。选择画键工具,将指针置于连接点上方,连接点及其他所代表的所有原子将反衬显示(图 3-34b)。

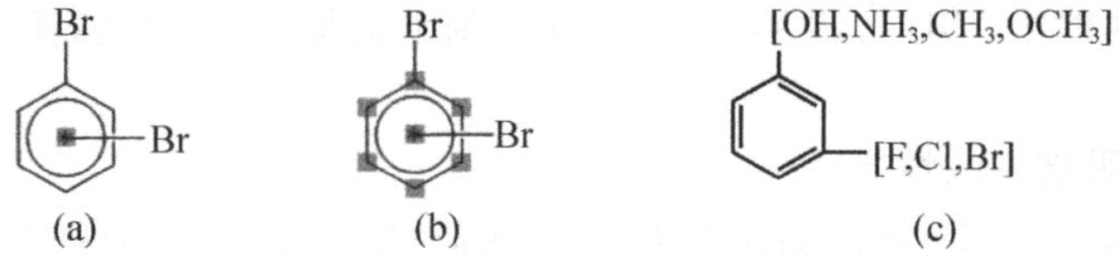

图 3-34 观察连接点与列表查询结构

4. 练习画列表查询结构

在窗口中画出如图 3-34c 所示的结构,完成后选择该结构,点击【Structure 】→【Expand Generic Structure】,看看会得到什么结果,详细内容可参考 3.6.4 节列表元素。

3.3.7 费歇尔投影式

本例介绍标准样式表单的使用,并用样式表单创建葡萄糖的费歇尔投影式。Special Documents 是一种样式表单,本例使用的 ACS 模板是 ACS 出版的期刊中所要求的化学绘图格式,使用该样式后,所有设置均按该样式进行设置,包括页面设置中单栏编排(One-column

Layout)，制图设置中键长固定为 0.2 英寸，文本设置中原子标注为 10 点大小的 Arial 或 Helvetica 字体等。

1. 创建 ACS 样式文档

(1)点击【File】→【Open Special】，选择"ACS Document 1996"。

(2)点击【File】→【Save As】，输入"test7. cdx"，点击【Save】。

2. 画结构主干

(1)点击单键工具，在窗口中按下左键，向下垂直拖动画出第一个键。

(2)指针指向下面的原子再次按下左键，向下拖动画出第二个键。因显示了化学警告，故会出现红色波浪框，暂不管它。重复此步直到画出五个键的结构主干。

(3)指针指向结构中最上面的有化学警告的 C 原子(图 3-35a)，并点击它向右拉出一个键，当添加一个键后红色波浪框立即消失，在反方向上再次点击添加水平键。

(4)重复第(3)步，直到所有红色化学警告框全部消失为止(图 3-35e)。

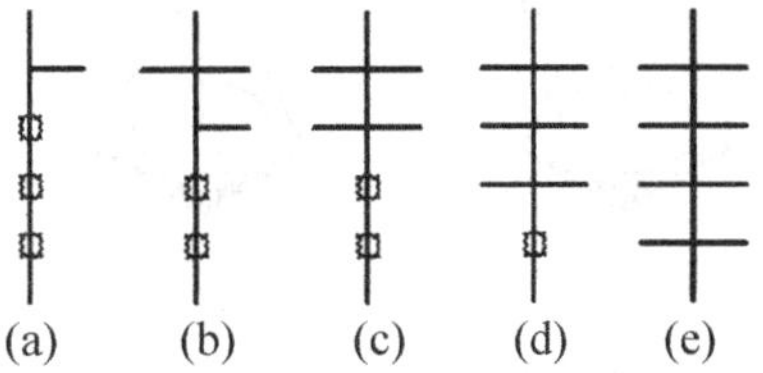

图 3-35　费歇尔投影式的结构主干

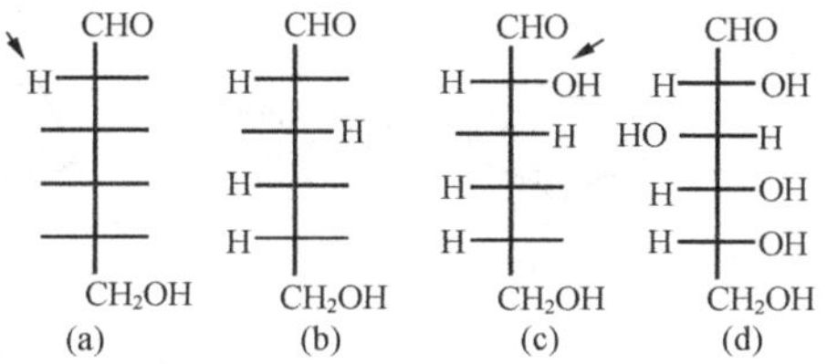

图 3-36　重复添加 H 和 OH

3. 添加原子标注

(1)选用文本工具 A，点击最上面的 C 原子，在文本框中输入"CHO"。

(2)点击最下面的 C 原子，在文本框中输入"CH_2OH"(图 3-36a)。

(3)用 A 单击图 3-36a 箭头所指原子，输入"H"，再用 A 分别双击图 3-36b 中需要添加 H 的 C 原子，为其添加 H 原子标注(用 A 工具双击将重复最后一次标签)。单击余下原子中的某一个，并输入"OH"，再用 A 工具双击剩下的原子，重复加注 OH 标签，得到图 3-36d。

4. 观察并粘贴结构的性质

(1)选择工具，程序会自动选择最后一次画的结构，若双击则选定该结构。点击【View】→【Show Analysis Window】，出现 Analysis 窗口，可拖动该窗口到任何位置。

(2)在 Analysis 窗口中点击【Paste】，选定的信息将粘贴到结构图下面。

5. 查看样式表单的文档设置

点击【File】→【Document Settings】，打开文档设置对话窗口，比较本例所用样式的【Layout】、【Drawing】、【Captions】、【Atom Labels】等选项卡中的相关设置与采用点击【File】→【New Document】创建的文件，在文档设置方面有什么差异。

3.3.8　画透视图

本例采用环工具、单键工具、契合键工具、热键添加原子标签及【Alt】+拖动画键等技巧，介绍创建葡萄糖结构透视图的方法。

1. 画一个环

(1)点击【File】→【Open Special】→【New Document】。若按顺序做下来，程序会记住上次使用 ACS 样式表单，并将其作为默认文档打开，故应在第(1)步中重新设置 New Document 为默认文档。点击【File】→【Save As】，输入文件名“test7. cdx”，点击【Save】。

(2)选用工具，在空白处单击，点击【Edit】→【Select All】(或按【Ctrl】+【A】键)。

(3)拖动旋转把手向右转动约 30°，转动角的大小显示在信息窗口中。

(4)在空白处单击取消选定，指针指向箭头所指原子(图 3－37a)，输入小写字母“o”。

2. 添加竖直键

(1)选用单键工具，指向图 3－37c 所示的原子，并向上拖动得图 3－37d。

(2)指向同一个原子，并向下拖动创建另一个键，得图 3－37e。

(3)按照上述步骤，添加另外三对竖直键，得图 3－37f。

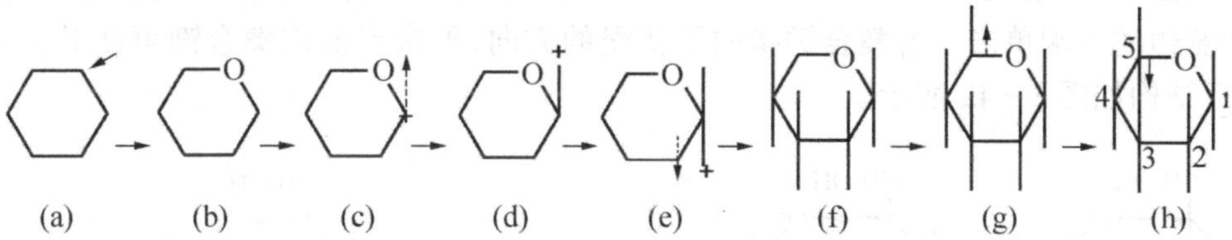

图 3－37 画目标结构的主干

3. 最后一对竖直键的画法

(1)如图 3－37g 所示，从 5 位 C 原子向上拖动画出一个键。

(2)对于最后一个向下的键，必须将“Fixed Lengths”(固定键长)关闭，否则这个键将会和 C3 原子向上的键连接到一起(图 3－37h)。

(3)指针指向 5 位 C 原子，按住鼠标左键，再按下【Alt】键向下拖动至得到所需长度。

4. 扭曲结构改变其纵横比例

用选择工具选择所有结构，向上拖动结构下部中间改变对象大小的手柄，直到将结构扭曲成原来大小的 50%，即使在前面画键时已考虑到其中的一个键比另一个键短，仍然会在扭曲之后遇到两键连接的麻烦。此时，可在画键时按住【Alt】键取消固定键长(图 3－38)。

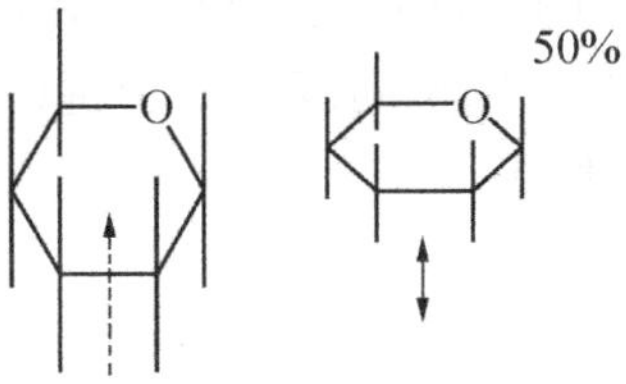

图 3－38 扭曲结构

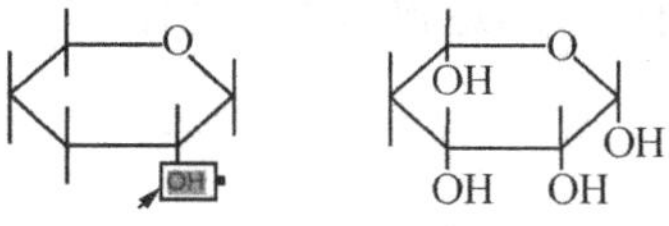

图 3－39 添加 OH 原子标签

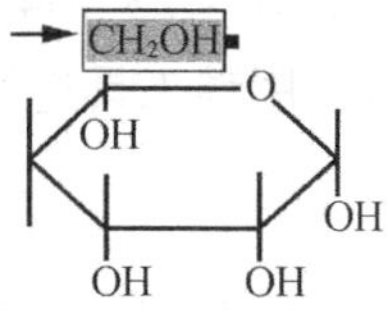

图 3－40 添加 CH_2OH 标签

5. 创建与添加 OH 原子标签

要创建与添加 OH 原子标签，可使用前面介绍的技巧，或使用热键。使用热键的方法只需将指针指向原子后按小写字母 o，文本工具的重复方法在这里稍微有点变化(图

3－39）。

（1）选择键工具，指向图3－39所示的原子，双击打开文本框。

（2）输入“OH”，移动指针指向下一个原子，三连击重复该原子标注。如果图太小放不下标签，可从【View】菜单中选择放大【Magnify】。从右数第四个OH是在C5原子向下展开的，而不是从C3原子向上展开的。

6. 添加CH_2OH标签

三击C5原子上部单键上端的C原子，回车，在文本框输入“CH_2OH”（图3－40）。当键工具处于激活状态时，从键盘输入CH_2OH原子标注的热键“6”。

7. 改变前面键的类型

（1）选用粗单键（Bold Bond）工具，指向图3－41所示的键的中心位置。

（2）点击该键，将键型改变为粗键型。指向创建的新键型时，指针变为粗箭头。

（3）选用粗契合键（Bold Wedge Bond）工具，单击环上的两个与粗键相连的键，指向稍微靠宽边的一端单击。若契合键指向了错误的方向，再次点击该契合键可使其方向反过来，最后结构如图3－42所示。

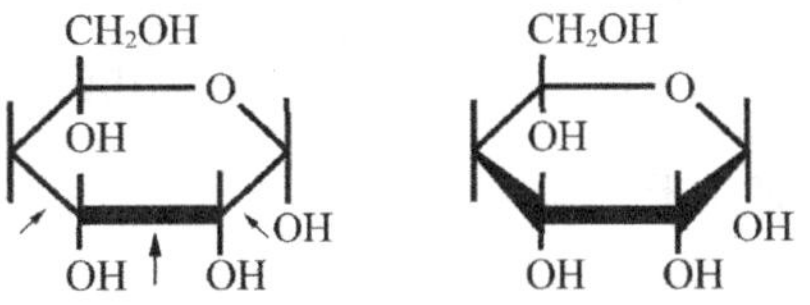

图3－41 霍沃斯投影

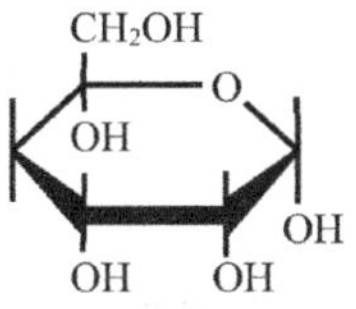

图3－42 葡萄糖透视图

3.3.9 画纽曼投影式

本例使用复制、旋转、拖动等技巧画一个乙烷的纽曼投影式。

1. 创建第一个结构

点击【File】→【New Document】和【File】→【Save As】，将文档保存为“test9.cdx”。选用，点击并向下拖动创建第一个键。指向键下面的原子，点击增加第二个键，继续点击相同的原子，增加第三个键（图3－43）。

2. 复制结构

点击选择工具，最近画的结构自动被选定，按下【Ctrl】键的同时，向右上方拖动结构，复制该结构（图3－44）。选用单键工具，在两个碎片上的中心C原子间画出一个键（图3－45）。用键工具连接已有原子时，固定键长和键角的设定不起作用。

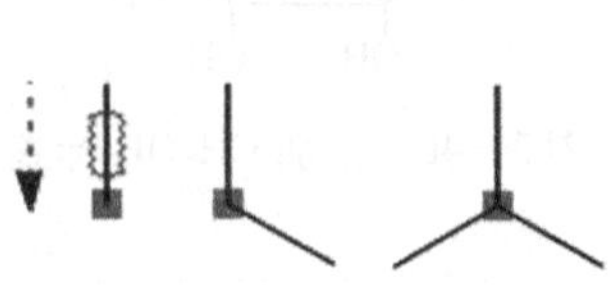
图3－43 创建第一个结构

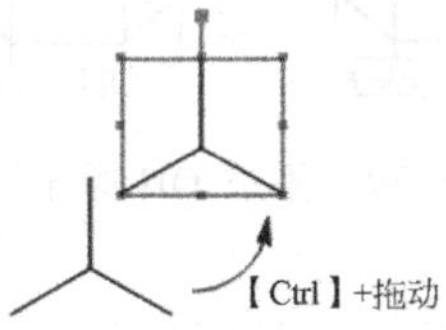

图3－44 复制结构

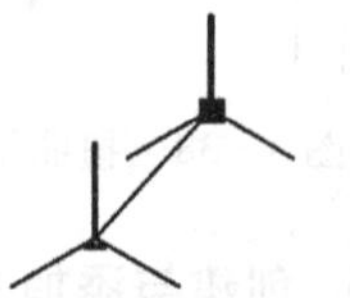
图3－45 结构间添加一个键

3. 画一个圆

点击轨道工具，将指针指向下部的中心碳原子并向外拖动(图 3-46)。

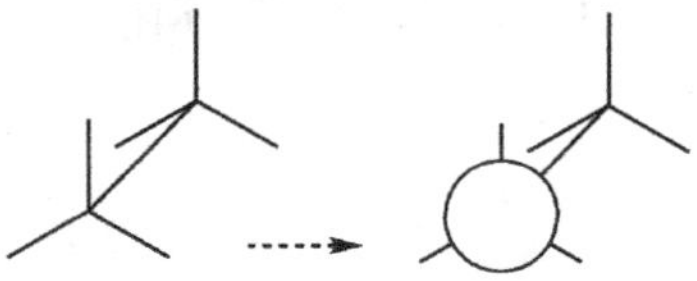

图 3-46 画纽曼投影式

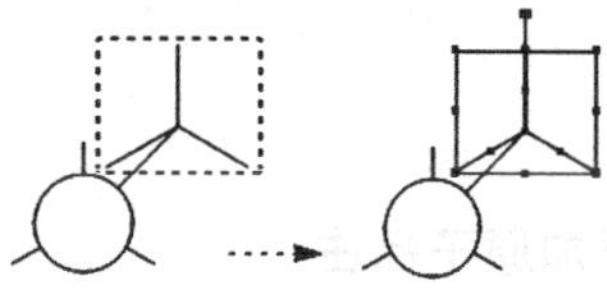

图 3-47 选定上面的分子碎片

4. 选定上面碎片中的三个键

(1)点击方框(或套绳)选择工具。若已选择了轨道，在工作区域点击释放选择。

(2)指针指向结构上方，并环绕上部的碎片拖动选中三个键。连接两个碎片之间的键不选择(也可按下【Shift】键，同时在每个键上分别点击来选定三个键)(图 3-47)。

5. 旋转选定的对象

双击图 3-47 选择框上的旋转手柄打开旋转对话框，在文本框中输入 180°，选择 CW，并点击【Rotate】按钮。旋转过程中，选择框不会消失(图 3-48)。旋转完成后点击【Object】→【Bring to Front】，使选定结构置前。

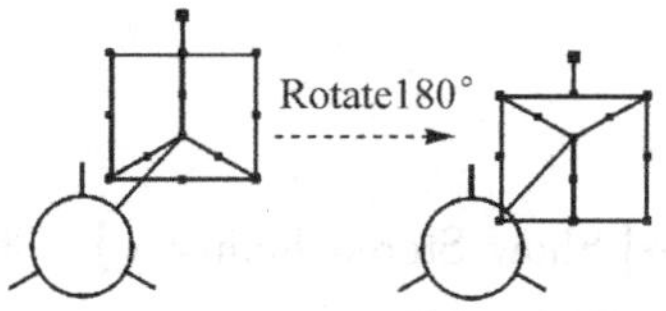

图 3-48 旋转选定对象

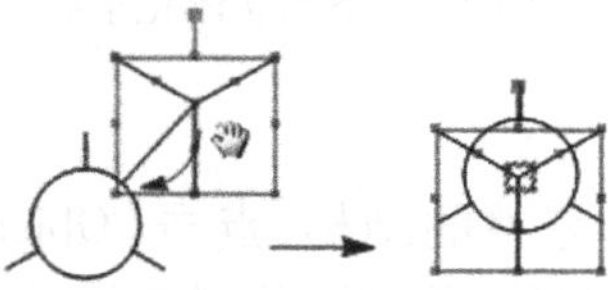

图 3-49 移动结构至重合

图 3-50 纽曼投影式

6. 移动选定对象与另一碎片重合

(1)指针指向选择框内直到指针变为手形(图 3-49)。

(2)拖动选定部分直至其中心碳原子处于轨道正中央，释放鼠标，完成纽曼投影式的绘制(图 3-50)。注意，若启用了化学警告，会看到在两个碎片结构重叠时，结构中央会出现红色警告，因为中心的两个碳原子相互重叠在一起了。为了不影响观察，可点击【View】→【Show Chemical Warnings】关闭自动警告。

3.3.10 使用立体化学标记

本例介绍使用立体化学标记(Stereochemistry Markers)和翻转(Flip)命令的使用。

1. 画骨架结构

(1)点击【File】→【New Document】和【File】→【Save As】，输入“test10. cdx ”，点击【Save】。

(2)选择＼工具，点击并向下拖动创建第一个键(图 3-51)。

(3)指针指向下面的原子点击增加第二个键，继续指向相同原子，点击增加第三个键。

(4)指向图 3-51 所示 A 处，输入“9”(热键 9 产生两个键)，再指向下一端点输入“9”。

(5)转到右上方的单键上，用前面学到的方法将单键改为双键。

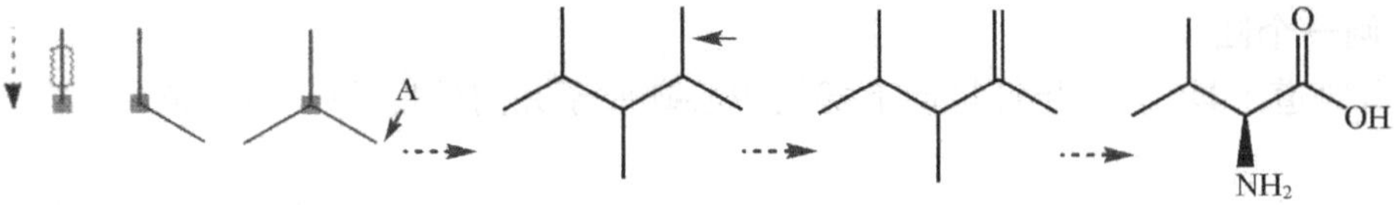

图 3－51 画骨架结构

2. 添加原子标注

(1) 单击中间下部的碳原子，输入“NH_2”，完成后按下【Esc】键。

(2) 用文本框方式或热键方式添加“O”和“OH”。

3. 添加立体契合键

添加立体契合键，可先将 C—N 键变为单契合键(用契合键工具，也可使用热键)。其方法是选择契合键工具并单击 C—N 键(或指向结构并输入字母“w”，这里“w”为契合键的热键)，如图 3－52a 所示。

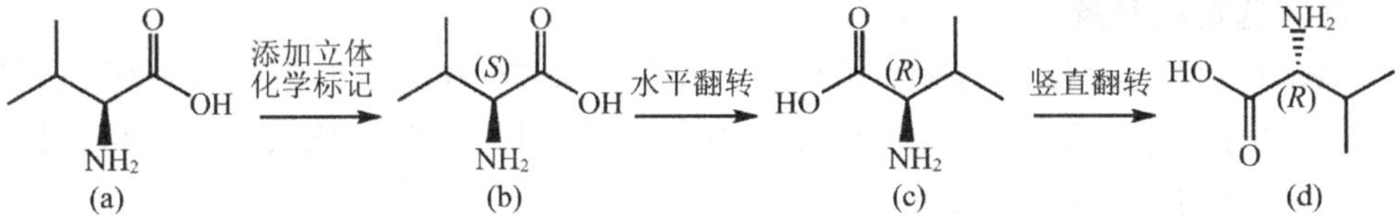

图 3－52 添加立体化学标记

4. 添加一个立体化学标记

(1) 点击选择框选定上面完整的结构，点击【Object】→【Show Stereochemistry】。此时，在立构中心的碳原子处出现字母 *S*，表明该化合物是 *S* 构型(图 3－52b)。

(2) 选定结构，单击【Object】→【Flip Horizontal】(水平翻转)。此时，在立构中心的碳原子处出现字母 *R*，表明该化合物是 *R* 构型 (图 3－52c)。

(3) 选定上述结构，点击【Object】→【Flip Vertical】(竖直翻转，相当于水平旋转 180°)。此时，契合键变为虚线，立体化学构型仍为 *R* 构型。注意，在立体异构中心的 C 原子上隐含有 H 原子，只是没显示出来(图 3－52d)。

3.3.11 使用模板

使用模板是提高绘制效率的最好办法。本例介绍使用模板库中的模板，快速绘制结构图形的方法。这里使用菲(Phenanthrene)模板来创建一个过氧化二苯。首先添加一个模板到图中，再修改模板成为想要的外观(图 3－53)。

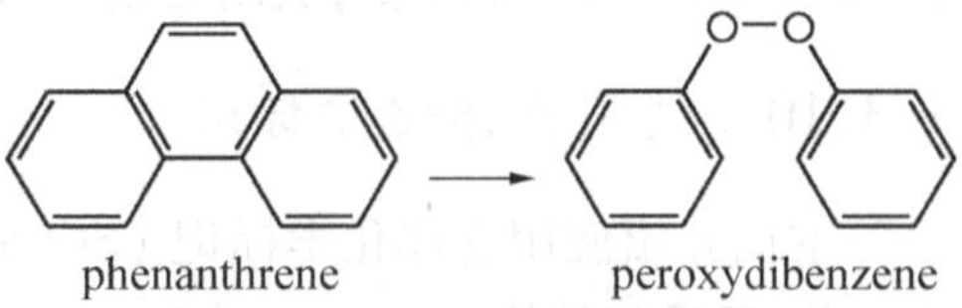

图 3－53 使用模板修改结构

1. 从模板添加菲的结构

(1) 点击【File】→【Open Special】→【New Document】。

(2) 在主工具栏上选择模板工具，显示模板列表。

(3) 在芳香模板中，选择菲模板(处于第四行第三列)。

(4) 在文档窗口点击，显示菲的结构。

(5) 从菲结构的中间环上删去两个键，并添加二个氧原子。

2. 修改非的模板

(1)在主工具栏上选择擦除(Eraser)工具，单击中间环底部的单键。

(2)单击该环顶部的双键，双键立即变为单键。

(3)在主工具栏上选择文本工具**A**，点击烃链(中间环上的)上的一个C原子。

(4)输入“o”将其变为O原子，再选择另一个C原子将其变为O原子。

3.4　结构式的基本画法

绘制化学结构图是ChemBioDraw全部功能中最精华的部分。ChemBioDraw提供的两个最常用的选择工具必须了解：一是方框选择工具，用于选择大面积相邻对象；二是套环选择工具，用于选择无固定形状的对象。此外，ChemBioDraw还提供了绘制化学结构及生物结构图的各类工具。本节将介绍这些工具的详细使用方法和使用技巧。

3.4.1　选择对象

1. 选择对象

当选择一个结构或对象时，选择部分显示为反衬颜色的虚线框(蓝色反衬白色背景，白色反衬蓝色背景)，并且在每一个角和边均带有可改变大小的手柄。使用方框选择工具选择的是一个矩形对象或结构。拖动时，所选择的区域将会显示为矩形虚线框，只有处于矩形框内的键或其他对象才能被完整地选择(图3-54)。使用套环选择工具选择不规则区域时，采用徒手选择，按下左键围绕化学结构或其他对象的一部分拖动可将所围的对象选中。注意，拖动时，出现一条定义选择区域的线，只有在区域内的键、结构或其他对象才能被选择。当释放鼠标按键时，套环的结束点将自动与初始点连接形成环。

(1)选择完整结构。使用选择工具双击某个分子结构内的任何键或原子时，可完整地选择整个化学结构。若化学结构或其他对象是某个组合的一部分，则整个组合将被选择(图3-54a)。例如，用双击苯环左边的键，则整个苯环分子被选择。

(2)通过点击选择对象。点击选择工具，指向一个对象，则在指向的对象上会出现一个反衬框；指向一个键，则反衬框出现在键上方。若再点击对象，则选择对象出现在选择矩形框内，指针变为手型(图3-54b)。

(3)选择多个对象。当选择多个对象时，为便于准确地观察到所选择的对象，每个被选对象都会显示在选择框内，被选择的原子和键都被反衬框标记。如图3-54c所示，用选择工具只选择了下面苯环中的一部分。选择更多的对象时可先按下【Shift】键，再选择其他对象。通过单击、双击或使用选择工具可添加选择对象。选择文档中的所有对象，可点击【Edit】→【Select All】。

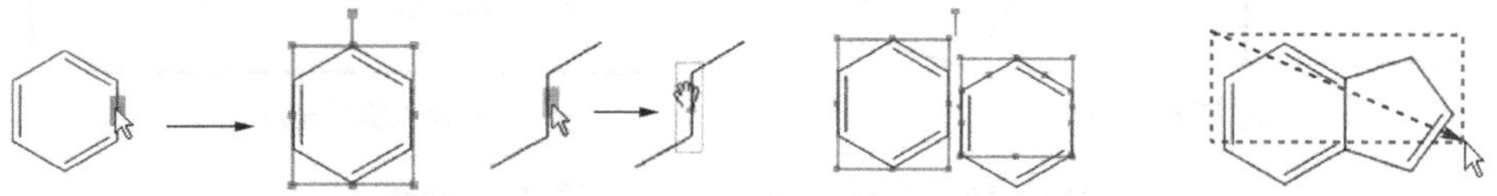

(a) 双击该键选择整个结构　(b)点击选择单个键　(c)拖动选择多个结构　(d)拖动选择部分结构

图3-54　结构的几种选择方式

2. 取消选择对象

取消所选择的对象有如下几种方法：①在被选择的矩形框外的任意空白处点击；②按【Esc】键；③选择不同的工具；④按下【Shift】键，选择另一个对象。只取消其中的一个对象，可在按下【Shift】键的同时点击对象。如图3－55所示，没被选择的对象也可显示在选择矩形框内，但不带有选择标志。

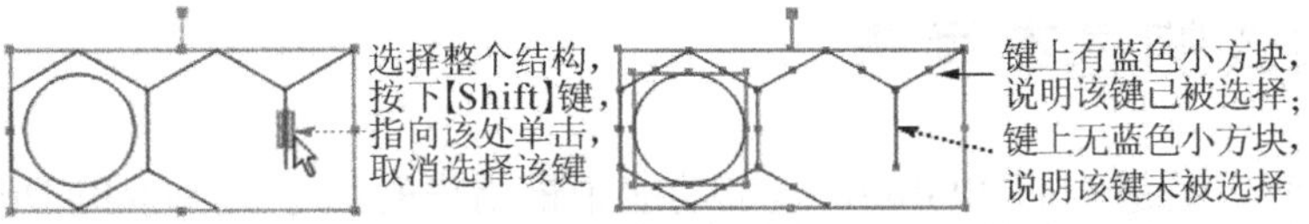

图3－55　取消选择对象

3. 对象排列方式

（1）对象页面居中。选定对象，点击【Object】→【Center on Page】。

（2）对象页面对齐。选定对象，点击【Object】→【Align】。

（3）等距分散对象。选择对象，点击【Object】→【Distribute】（Vertically 或 Horizontally）。

（4）选定对象置前。选择对象，点击【Object】→【Bring to Front】。

（5）选定对象置后。选择对象，点击【Object】→【Send to Back】。

4. 改变对象的大小

（1）通过拖动任意一个角可改变对象的大小比例。

（2）通过拖动任意一条边可使对象在 X 轴或 Y 轴方向上扭曲。

（3）按下【Shift】键的同时拖动，可随意改变大小（沿 X 和 Y 轴扭曲）。

（4）右键点击选定对象，选【Scale】，在 Scale Objects 对话窗口中输入百分比。

5. 旋转对象

用选择工具选择要旋转的对象，旋转手柄位于矩形框顶部，拖动旋转手柄顺时针或逆时针旋转。默认情况下，原子标签不会随所选结构一起旋转（图3－56a）。按下【Ctrl】键可使两者一起旋转。旋转时若结构中有一个没被选择的原子，则整个结构将围绕未选择的原子旋转。指定旋转角度旋转选定对象时，可以点击【Object】→【Rotate】（或双击旋转手柄），出现旋转对话框（图3－56b）。输入旋转角度，顺时针旋转选 CW，逆时针旋转选 CCW。若想旋转原子的文本标签，则需勾选“Rotate Atom Labels”检查框，然后单击【Rotate】按钮，对象将绕选择矩形框中心旋转。

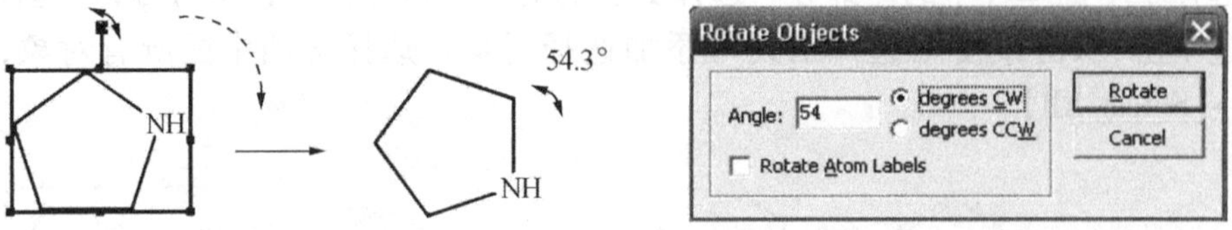

(a) 手动旋转　　(b) 输入旋转角度旋转

图3－56　手动旋转和输入准确数据的旋转

6. 移动对象

用工具选择对象，然后点击并拖动对象到新的地方。若要强制对象水平移动或竖直移动，可拖动选定对象的同时按下【Shift】键。对于要细微移动对象使之对齐时，可在选择对象后按下方向箭头键；要作较大微调，可同时按下【Alt】键。

还可使用选择工具移动化学结构中单个原子，方法是：使用选择工具指向要移动的原子，拖动原子，与原子相连的键将随之被拉伸，如图 3－57a 所示。要移动多个原子，只需选择移动与原子相连的键，与选择的键相连的未被选择的键会随之被拉伸变形。

拖动一个原子到另一个相邻原子上可改变环的类型。如将六元环变为五元环，先画一个环己烷，选择一个键工具，指向一个原子，按下【Shift】键并拖动该原子到相邻的另一个原子上，松开鼠标，原来两原子之间的键消失了，六元环变为五元环（图 3－57b）。也可使用选择工具直接拖动一个原子到另一个相邻原子上，此方法可改变环的大小。

7. 复制对象

使用选择工具选择要复制的对象后，在按下【Ctrl】键的同时拖动对象到要复制的位置。这是最为便捷的复制方式。在按下【Ctrl】键后，会在手形指针中心处出现“＋”，表明处于复制状态。要强制使复制对象与原对象对齐时，可在拖动的同时按下【Ctrl】＋【Shift】键拖动对象（图 3－58）。

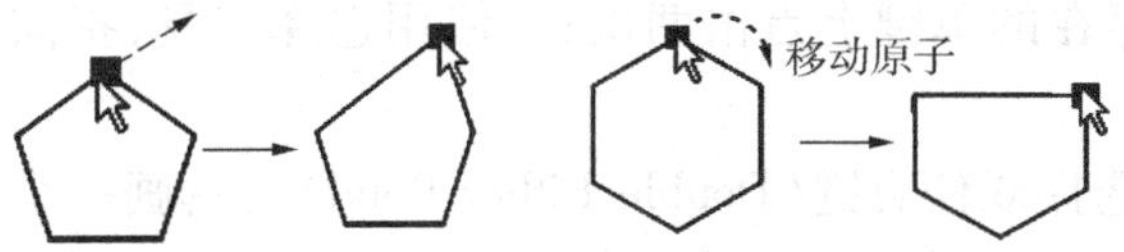

(a) 移动原子变形　(b) 六元环变五元环

图 3－57　移动对象

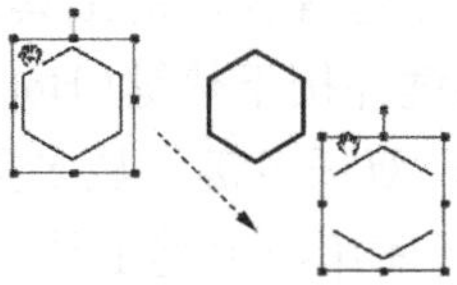

图 3－58　复制对象

3.4.2　化学键

主工具栏提供了单键和多重键等常用化学键工具，也提供了某些特殊类型的化学键工具，如任意键（Any）工具等非特定键型。系统提供的画键工具如下：

—单键（Solid Bond）

—双键（Double Bond）

—虚双键（Dashed Double Bond）

—双任意键（Double Either Bond）

—三键（Triple Bond）

—粗双键（Bold Double Bond）

—双虚双键（Double Dashed Double）

—配位键（Dative Bond）

—四重键（Quadruple Bond）

—任意键（Any Bond）

—单键或双键（Single or Double Bond）

—单键或任意键（Single or Any Bond）

—双键或芳香键（该画键工具用于表示两个原子间的键级和立体构型）

1. 化学键的属性

画键时按下【Alt】键可取消固定键长或固定键角，即按下【Alt】键后想画多长就有多长。注意，这里的键长意义只是绘图中线段的长短，并非化学意义上的键长。

（1）固定键长。画一个强制为固定键长的键，方法如下：

①点击【Object】→【Fixed Lengths】，在 Fixed Lengths 命令前边显示一检查标记；

②使用单键工具画一个结构，结构中的键长为标准键长。

(2)固定键角。用强制键角画键，该键角相对 X 轴是 15°的倍数，方法如下：

①点击【Object】→【Fixed Angles】，在 Fixed Angles 命令前边显示一检查标记；

②选定一个键工具，画一个结构，结构中的键角为标准的 120°。

(3)化学键属性的设置。改变化学键默认属性设置的方法是：

①点击【File】→【Document Settings】，点击【Drawing】选项卡；

②在 Fixed Length 框中输入一个值，使用 in、cm、pt 等为单位（默认 0. 416 7 in）；

③ 在 Chain Angle 框中输入一个值（碳链中夹角默认为 120°），点击【OK】。

2. 画化学键

(1)单键。

①点击画键。选择单键工具，单击绘图区中已有的原子，一个新的键即连接到点击的原子上。用这种方法画出的键，其键长和键角总是采用在 Document Settings（文档设置）对话框【Drawing】（绘图选项卡）中指定的固定键长和固定键角。

②拖动画键。点击单键工具，指向一个原子。在原子上出现反衬罩表明该原子将连接到一个键上。再从选定的一个原子拖向键要延伸的方向，则产生一个新键。当拖动画键时，可使用信息窗口显示键长和键角。

(2)双键。画一个双键(Double Bond)可有三种方式：①使用双键工具；②使用单键、虚线键或粗键等任何键工具，在一个已存在的单键上点击两次；③使用选择工具，指向一个已存在的键并按下热键(Hot Key)"2"。

(3)双任意键。从多重键工具中选择双任意键(Double Either Bond)工具画一个双任意键，或者使用波浪键工具(Wavy Bond)画一个键，指向键的中心，点击变为双键，再次点击变为双任意键。

(4)三重键。可在一个双键上再画一个单键变为三重键(Triple Bond)，在三重键中的所有键都是实键。画一个三重键，可从多重键工具中选择三重键工具，也可以点击任意键(Any Bond)工具，从已存在的双键的一端拖到另一端。

(5)四重键。画一个四重键(Quadruple Bond)，可从多重键工具中选择四重键工具，也可以点击任意键(Any Bond)工具，从已存在的三重键的一端拖到另一端，三重键变为四重键。从已存在的四重键的一端拖到另一端，则四重键又变为单键。还可以通过右键点击一个键，从快捷菜单中，利用键属性对话框选择键型，或使用热键，或选择擦除工具(Eraser)均可降低一个键的键级。

(6)配位键和契合键。

①点击配位键(Dative Bond)工具，从配位键的正端拖向负端，可画出配位键。

②点击契合键(Wedged Bond)工具，从契合键的窄端拖向宽端，可画出契合键。

③使用契合键工具单击键的中心位置可改变契合键的取向；使用配位键工具单击配位键的中心位置可改变配位键的取向。注意，ChemBioDraw 11. 0 处理虚契合键时是将窄的一端指向屏幕的前面，宽的一端指向屏幕的后面。

3. 修改化学键

可通过以下方式修改化学键的外观，包括改变键型、改变键的对齐方式和取向、移动原子和键的前后关系。

(1)改变键型。选择一种键工具,单击一个已存在的键的中心(或者单击右键或按【Ctrl】+单击,从弹出菜单中选择一种新的键型),可改变单键键型。选择Bold(粗键)、Dashed(虚键)或Solid(实键)工具,点击一个双键,可改变双键键型。

(2)改变双键对齐方式。在双键中的键相对其他化学键而言,有以下几种对齐方式(图3-59):

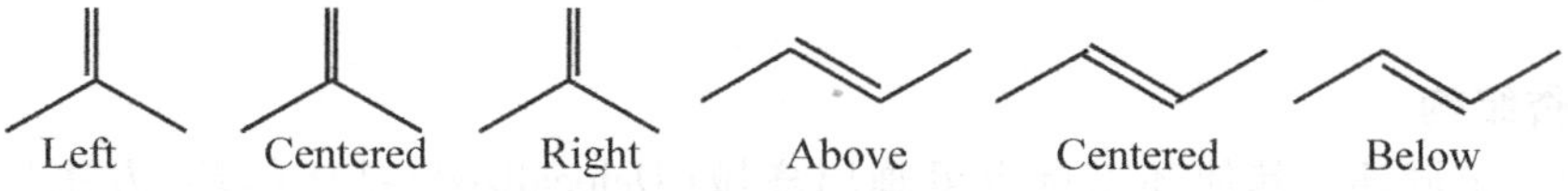

图3-59 双键的几种对齐方式

①点击一个创建该键的键工具,点击已存在的双键;

②单击双键中心,改变一种对齐方式,再次点击双键中心变为下一种对齐方式;

③右键单击,在弹出菜单【Bond Position】中选择需要的对齐方式。

(3)改变键的交叉方式。一个键横跨另一个键时,白色空白表示该键在另一个键背面。改变键的前后位置的方法是:点击任何一个键工具,双击一个在背面的键可将其置于前面。也可使用【Object】菜单中的【Bring to Front】和【Send to Back】命令改变键的前后位置。

(4)化学警告。ChemBioDraw会自动检查化学结构格式,如果发现在结构中有不合适的化学价问题,则有问题的对象将以红色波浪框显示。红色波浪框只显示在屏幕上,不会打印出来。显示化学警告是默认设置,要关闭化学警告可按下列两种情况:

①关闭自动警告选项。可点击【View】→【Show Chemical Warnings】,取消对其的勾选。该设置将应用到所有打开的文档中。

②对特定对象取消警告。要对特定对象取消自动错误检查可右键单击对象,在弹出菜单中取消对【Display Warnings】的选择。当取消了对象的显示警告后,有问题的对象将不再出现红色警告。可利用"Check Structure"命令报告出现的问题(点击【Structure】→【Check Structure】)。

要查看对警告问题的描述,可将指针指向警告处,右键单击,选择【Explain This Warning】(或选定结构,点击【Structure】→【Check Structure】)。

要改变化学警告类型,可点击【File】→【Preferences】,在弹出的Preferences对话窗口中,选择【Chemical Warnings】选项卡,勾选要显示的化学警告类型。

3.4.3 环

主工具栏中提供的几种画环工具分别用于不同需要,使用时应选择正确的环工具。

1. 螺环和生长环

使用苯环工具在窗口内点击得到一个苯分子,在苯环上某个原子上直接点击,将产生一个螺环(Spiro)连接(图3-60a)。可将这种默认设置改为在点击原子后生长出一个键连接到新环上(图3-60b)。修改方法是:点击【File】→【Preferences】,打开【Building/Display】选项卡,勾选"Sprout Rings Instead of Spiro When Clicking"。

2. 环己烷椅式环

在竖直方向和水平方向画出环己烷的椅式环(Chair Rings)。用点击方式画图,椅式结构为水平方向;要画其他方向的椅式环,使用环工具以拖动方式画图。

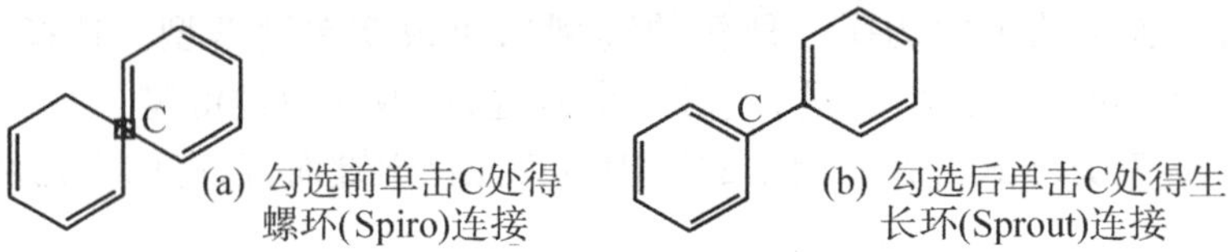

图 3-60 螺环与生长环

3. 芳香结构

(1)画不定域环。其他环工具也可画出离域(Delocalized)结构的环,方法是:点击环工具(▷,□,⬠,⬡),按下【Ctrl】键的同时拖动工具点击画环(图 3-61)。

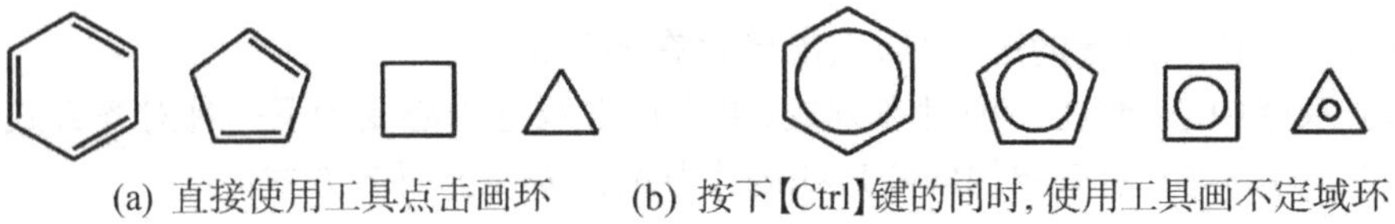

图 3-61 画不定域环

(2)画共振结构。画环戊二烯或苯环这类具有共振结构(Resonance Structures)的环时,可以有竖直和水平两种环取向。用环戊二烯或苯环工具画环时,沿拖动方向首先显示的是双键,按下【Shift】键可使画出的环首先显示的为单键(图 3-62)。

图 3-62 改变共振结构中双键的方向

3.4.4 脂肪链

使用脂肪链工具画脂肪长链。该工具的使用受固定键长和固定键角选项的限制。要画一个脂肪链,可以先选择脂肪链工具,再在文档窗口中点击,并向一定方向拖动增长碳链。所得链 7中,链末端的数字表示链上的碳原子数。

若选择了固定键长,可以用脂肪链工具拖动指针生成相对 X 轴的任意角度。在键长不变时,第一个键的位置及随后增加的原子数目依赖于所选择的拖动方向和长度。在释放鼠标按键前,可反方向拖动改变位置。若选择了固定键角,脂肪链的链角相对 X 轴的增值为 15°。要向结构中添加脂肪链,可将指针指向原子,按下鼠标左键,向要延长碳链的方向拖动画链。

1. 指定链长

在画链前可准确指定链长,其方法是:点击脂肪链工具,点击一个存在的原子或在文档的空白处点击,会出现一个增加碳链对话框,输入链的原子数,最后点击【Add】按钮。按下【Alt】键单击,可在文档的另一个地方添加相同长度的链。

2. 改变画链方向

在画链的过程中同时按下【Ctrl】键,可改变链的走向,但应在释放【Ctrl】按键前松开鼠标左键。若没使用固定键长,则需使用组合键【Ctrl】+【Alt】。

3.4.5 画DNA、RNA序列

主工具栏还包括一些特殊的工具,使用这些工具可以很快画出蛋白质和RNA的结构。使用系统指定的核酸和氨基酸标签,先画出一个序列,再通过展开、收缩或删除序列中的标签可得到需要的结构。在ChemBioDraw中包括下列这些序列工具:

—单字母氨基酸序列工具。使用代表氨基酸的单字母标签可以创建一个蛋白质链。

—三字母氨基酸工具。使用三字母氨基酸标签创建一个蛋白质链。

—DNA工具(DNA Tool)。使用代表核酸的标签创建一个DNA链。

—RNA工具(RNA Tool)。使用核酸标签创建一个RNA链。

1. 画DNA序列

(1)在主工具栏上,点击选择序列工具图标,再选择上述序列工具中的某种工具。

(2)在绘图窗口中点击,出现一个文本对话框。

(3)在文本对话框中,为氨基酸残基链输入代表氨基酸的单字母或三字母标签。

(4)在每一个残基上重复第(3)步,完成链的输入。

IUPAC(国际纯化学与应用化学联合会)对核苷酸碱基和氨基酸指定的标签列于表3-1。

表3-1 核苷酸碱基和氨基酸代码表

核苷酸代码 IUPAC Code	碱基代码 Base	氨基酸代码 IUPAC Code	三字母代码	氨基酸
A,Adenine	腺嘌呤	A,Alanine	Ala	丙氨酸
C,Cytosine	胞嘧啶	C,Cysteine	Cys	半胱氨酸
G,Guanine	鸟嘌呤	D,Aspartic Acid	Asp	天冬氨酸
T,Thymine	胸腺嘧啶	E,Glutamic Acid	Glu	谷氨酸
(U,Uracil)	尿嘧啶	F,Phenylalanine	Phe	苯丙氨酸
R	A或G	G,Glycine	Gly	甘氨酸
Y	C或T	H,Histidine	His	组氨酸
S	G或C	I,Isoleucine	Ile	异亮氨酸
W	A或T	K,Lysine	Lys	赖氨酸
K	G或T	L,Leucine	Leu	亮氨酸
M	A或C	M,Methionine	Met	蛋氨酸
B	C或G或T	N,Asparagine	Asn	天冬酰胺
D	A或G或T	P,Proline	Pro	脯氨酸
H	A或C或T	Q,Glutamine	Gln	谷氨酰胺
V	A或C或G	R,Arginine	Arg	精氨酸
N	任意碱基	S,Serine	Ser	丝氨酸
		T,Threonine	Thr	苏氨酸
		V,Valine	Val	缬氨酸
		W,Tryptophan	Trp	色氨酸
		Y,Tyrosine	Tyr	酪氨酸

2. 展开序列

创建序列后,可将其展开为结构形式。如果不想展开全部序列,可以只选择要展开的代码标签。使用方框选择或套环工具选定标签(按下【Shift】键可选择多个标签),点击【Structure】→【Expand Label】,选择的标签将展开为结构。

3. 折叠标签

当标签被展开为结构后,标签仍保留在结构的下方,双击可展开结构的标签。选择标签所代表的结构,点击【Structure】→【Contract Label】,可将结构折叠为标签的形式。

4. 删除与替换残基

删除某一残基时,邻近的标签会同时被删除,并保持原有序列不变。若标签被展开,将其结构收缩为标签形式,双击该标签,按【Delete】键。鼠标移动到要替换的残基上,输入所需残基的热键,原来的残基变为新的残基。

5. 增加标签

选择合适的序列工具,再选择要连接的已存在的标签,输入新的标签,则新标签将连接到原标签的右边。可选择氨基(蛋白质序列)或 3′基(DNA/RNA 序列)作为序列最左端的标签。

3.4.6 展开标签与压缩标签

标签用于代表原子,也可用来定义一个别名用于绘制结构,如使用标签“Ph”表示苯基而不必画出苯的结构。在快速绘制结构或要强调结构中的特定部分时,标签是非常有用的。

1. 展开标签

若结构中包含已定义别名的原子标签,可将结构恢复为展开形式(图3-63)。

图 3-63 展开标签

展开一个包含二个别名的标签时,可选择全部标签展开(图 3-64a),也可只选择特定标签展开(图 3-64b)。

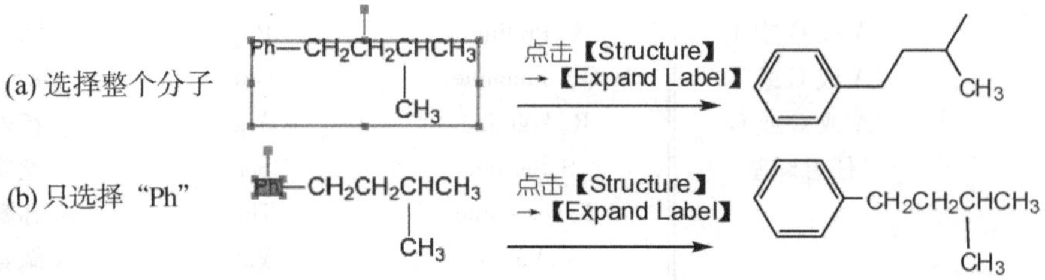

图 3-64 展开包含二个别名的标签

2. 压缩标签

可以用压缩标签(Contract)命令将结构压缩为文本标签,使结构更为简明。压缩标签与别名很相似,但压缩标签只能一次性在当前文档中使用。创建压缩标签的方法是:

(1)选择要压缩的结构区(图3-65);

(2)点击【Structure】→【Contract Label】,出现压缩标签对话框;

(3)输入压缩结构的标签名,如Guaiacol;

(4)点击【OK】,结构中被选择部分已被标签替换。

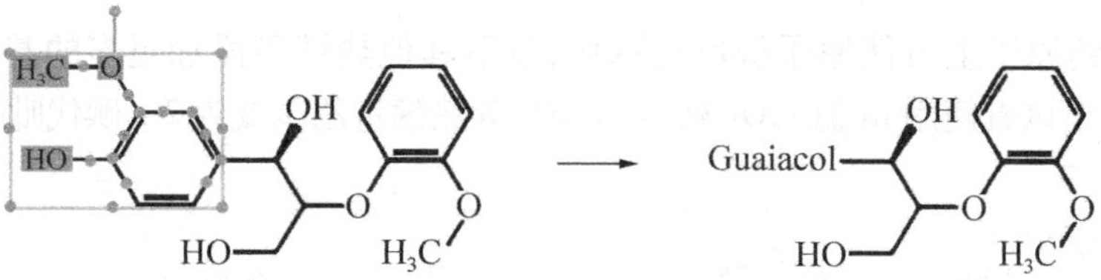

图3-65 压缩结构为文本标签

如果要压缩的结构区含有错误,将显示错误对话框,点击【Ignore】可查看其他错误,点击【Ignore All】可忽略全部错误或停止压缩为标签。

3.4.7 说明文本与原子标注

ChemBioDraw使用文本工具来添加或修改说明文字(Caption),其中的文字都是一些普通的文本。而原子标注(Atom Label)则是在结构中具有一定化学意义的文字符号,包括元素符号及其他各类缩写。这些符号也可用文本工具来添加、修改和编辑。

1. 标注原子

使用文本、键或环工具,以相同的文本标注多个原子。方法是:点击文本工具**A**,单击某个原子,在出现的文本框中输入元素符号(或其他符号),紧接着双击另一个原子,可使前一次输入的元素符号出现在当前点击的原子上面,不需重新输入,从而加快编辑速度(图3-66)。

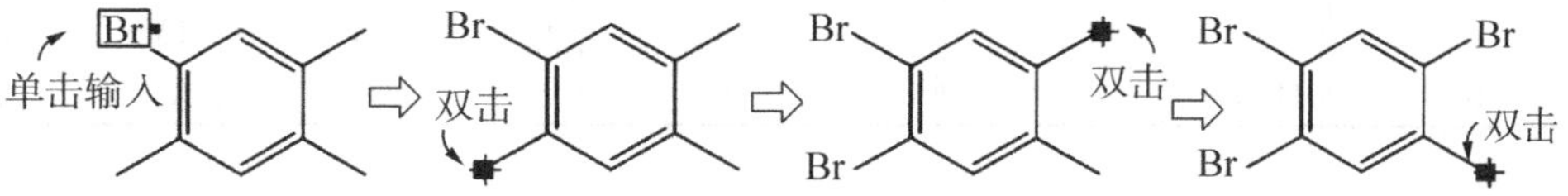

图3-66 以相同的文本标注多个原子

2. 使用热键

在文本框中输入原子符号进行标注的方法适用于创建小分子。对于更复杂的结构,加快结构创建的更好方法,是使用热键或别名进行标注。

热键可由键盘上的按键直接将基团添加到结构上,如将叔丁基添加到一个烃链上,可按如下步骤操作。

(1)画出图3-67a的结构,指针悬在需要添加基团的原子上方。

(2)按下键盘上的"3"(叔丁基的热键),则 t－Bu(叔丁基)添加到结构(图 3－67b)。

(3)指向 t－Bu(叔丁基),点击【Structure】→【Expand Label】(图 3－67c)。

图 3－67 使用基团热键添加叔丁基标签(t－Bu)并展开

将指针移到原子上方使原子被反衬罩住,按下其他热键可添加更多的基团到结构中。

【练习】 请试着使用 n(氮),O(氧)和 I(碘)等热键将乙苯变为 2－碘代吡啶(图 3－68)。

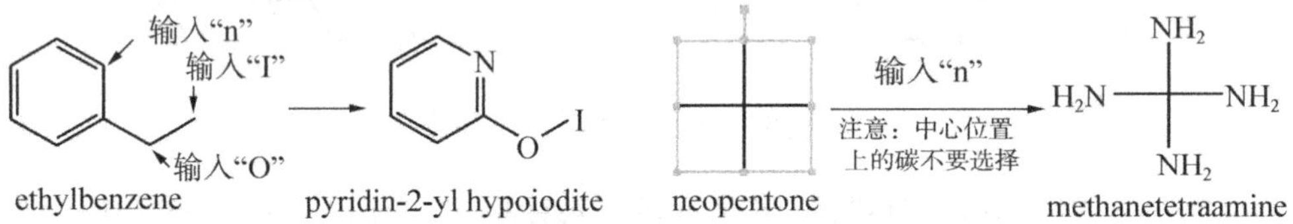

图 3－68 使用原子热键快速标注原子

也可使用热键同时标注几个原子。例如,将戊烷变成 4－氨基戊烷:①创建一个正戊烷结构;②使用【Shift】键＋点击,选择所有的末端碳原子,并按下键盘上的"n"字母键。要添加一个子结构也可按热键,要改变增加到子结构上的氢原子数,可再次选择热键。这里只试用了少数几个热键,常用热键见表 3－2 和表 3－3(热键区分大小写)。

表 3－2 常用原子或原子团的功能热键

原子	热键	原子	热键	原子	热键	原子	热键	原子	热键
A	a	Cl	C 或 l	I	i	O	o	S	s
Ac	A 或 5	$COOCH_3$	E	K	k	OTs	T	s－Bu	2
B	B	D	d	Me	m	P	p	Si	S
Br	b	Et	e	N	n	Ph	P 或 4	t－Bu	3
C	c	F	f	Na	N	Q *	q	TMS	t
CH_2OH	6	H	h	n－Bu	1	R	r	X	x

表 3－3 常用键的功能热键

功能	热键	功能	热键	功能	热键	功能	热键
改为单键	1	改为波浪键	y	改为四重键	4	双键置右	r
改为虚线键	d	改为三键	3	双键居中	c	改为契合键	w
改为双键	2	双键置左	l	改为粗键	b	键置前	f

3. 使用别名

可将别名(Nickname)当作原子标签或标签的一部分来使用,或可认为是基团的一个缩写名。当一个原子用别名标注后,其结构展开后仍然保留其化学意义。像 Me、Et 及 Ph 这类通常使用的别名,都保存在 ChemBioDraw 项目文件夹中,可以编辑这个列表。

同样可给别名指定热键。例如,在系统的别名和热键中,热键"4" 标注为代表苯基的"Ph"。当画一个查询结构时,可使用普通的别名。别名具有化学意义,可从别名对话框中选择,也可用热键来选择别名,方法是:

(1)指向一个原子,按下热键" = "(等于符号),在对话框中选择"Nickname";

(2)从列表中选择"Nickname"(别名),点击【OK】按钮。

在别名列表中通过按下别名的首写字母,也可以跳到大概正确的位置选择别名。

输入一个别名作为原子标签,方法是:

(1)用键工具双击一个原子(或用文本工具点击),显示一个原子的文本框;

(2)输入像"Et"或"Tos"这样的别名。

注意,在使用自动校正功能时,当结构翻转后,被标注的别名并不会翻转方向。例如,翻转结构时,标签"OTHP"应显示为"PHTO",但由于别名"THP"是被定义过的,故标签显示为"THPO"。

4. 展开别名

别名就是输入的一个标签,当一个别名展开为结构图时,别名本身消失,如三氟丙酮的别名为 TFA,展开前后的情况如图 3-69b 所示,其别名本身消失了。但若别名代表的是一个氨基酸或一个核酸,则展开时原来的别名将显示在展开结构的下方(图 3-69d)。如对含有三个氨基酸残基的肽链 Gly-Ile-Leu(甘氨酸-异亮氨酸-亮氨酸)选择全部别名,展开后得到图 3-69d 的结构,其别名不会消失而是显示在各自结构的下方。若双击其中任一别名,则该别名所代表的结构将被选择,点击【Structure】→【Contract Label】,又可将其压缩为别名形式。选择一个氨基酸,还可使用【Color】菜单为其改变颜色。

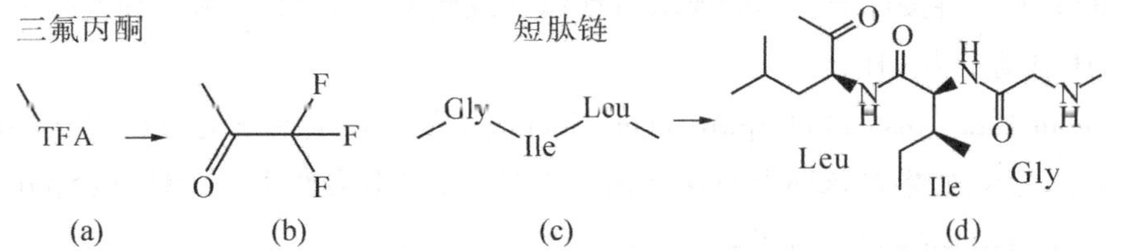

图 3-69　氨基酸别名展开后的结构

5. 选定标题和标签的格式化

对选择的对象或文本进行格式处理,可通过点击【Object】→【Object Settings】,打开 Object Settings 对话窗口,点击【Captions】和【Atom Labelsb】选项卡,分别设置相关选项。

(1)格式化标题或标签。用选择工具选择文本对象,点击【Object】→【Object Settings】,打开对象设置对话框(图 3-70),点击【Captions】或【Atom Labels】选项卡,选择或修改设置,点击【OK】。这样所做的改变只影响到所选择的对象。

(2)字体。ChemBioDraw 11.0 本身并不安装自己的字体,如果打开一个系统本身没有的字体文档时,丢失的字体将会用系统可用的字体代替。

(3)文本颜色。在输入文本前后均可对文本设置颜色,选择部分或全部文本改变其颜色。方法是:选择文本工具,在要改变处点击修改标题或原子标签,从菜单中选择想要的颜色。

(4)标题宽度。用文本框设置一个标题,在标题文本框的右边出现一个可改变大小的手柄,拖动手柄可改变标题的宽度。

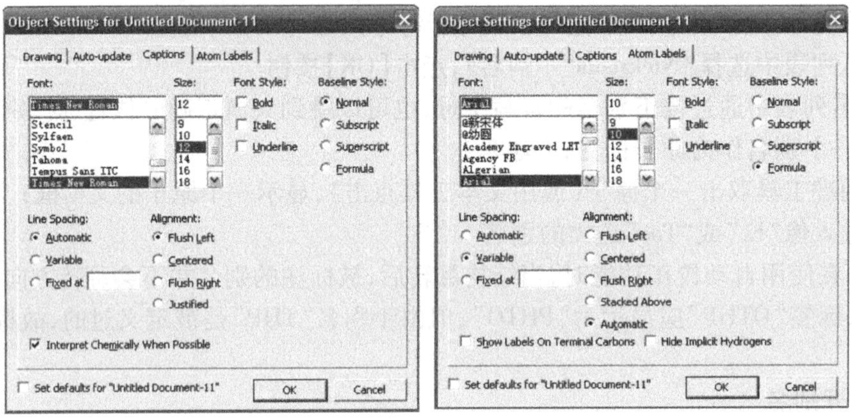

图 3-70 Object Settings 对话框中的【Captions】与【Atom Labels】选项卡

6. 参数设置

设置预置参数的方法是点击【File】→【Preferences】→【Building/Display】选项卡。

(1)Automatic Atom Label Alignment(自动对齐原子标签)。选择该选项后,原子标签将按照键的键合位置进行调整。例如,位于水平键左端的 CH_3 原子标签将自动反转为 H_3C。

(2)Automatically Rectify Hydrogens(自动校正原子标签中的氢原子)。选择该项后,原子标签中的氢原子将按标准价键的要求自动添加或删除。例如,如果增加键级使乙烷变成乙烯,则 CH 自动变为 CH_2。

(3)Sprout Rings Instead of Spiro When Clicking(单击环上原子时形成生长环而不是螺环)。选择本项后,如果在苯环上直接点击一个原子,将不会产生一个螺环(Spiro)连接,而是生长出一个键再连接到新的环上。

3.5 结构式的高级技法

3.5.1 连接对象

使用【Object】菜单中的【Join】(连接)命令融合两个结构。注意,不能融合两个并不接近的原子,当连接两个不同颜色的键或原子标签时,位于上层的对象颜色成为连接后对象的颜色。当连接两个标记了的原子时,处于上层的原子标签为连接后的原子标签。

1. 连接两个化学结构共享一个化学键

选择第一个结构中的一个化学键,按下【Shift】键,在第二个结构中选定键,点击【Object】→【Join】,两个结构被连到一起(图 3-71a)。

2. 连接两个化学结构共享一个原子

选定要共享的两个原子，点击【Object】→【Join】，使两个结构共享选定的原子（图 3-71b）。

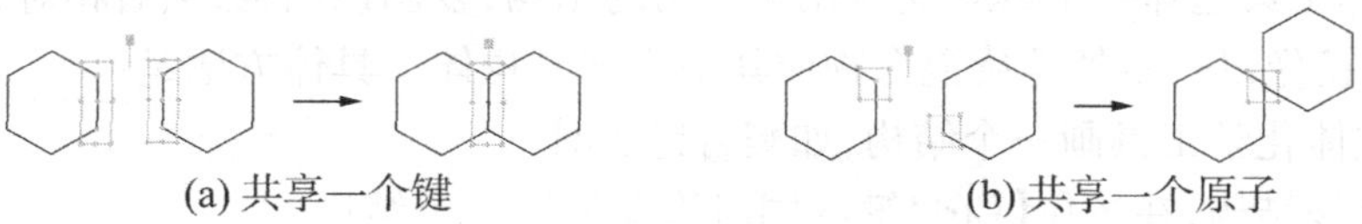

图 3-71　连接结构共享键或原子

3.5.2　组合对象

一个组合对象就是多个对象的集合，其行为就像单个对象一样。可用选择工具双击选择全部组合对象。组合对象分为普通组合和整体整合。普通组合内的对象能够分别选择和单独操作，同时仍保留作为组合的一部分。而整体组合内的任何对象不可分别选择和单独操作，当在整体组合内选择任何对象时，则组合对象将全部被选择。

1. 组合对象

组合多个对象成为一个组合对象，组合时不能锁定对象的位置和方向，组合后的对象在页面居中、改变对齐方式时仍保持原来的相对位置不变。由原子和键组成的单个化学结构永远是一个组合。如果结构的一部分与其他对象组合，结果将包含整个结构。若想添加原子或键到组合中，则新的原子和键将成为组合的一部分。

组合几个对象成为一个组合的方法是：选定要组合的对象，点击【Object】→【Group】（或者选择对象后直接点击对象栏上的组合按钮）（图 3-72b）。若要使其成为一个整体组合，则可右键单击普通组合，在弹出菜单中选择【Group】→【Integral】（图 3-72c）。

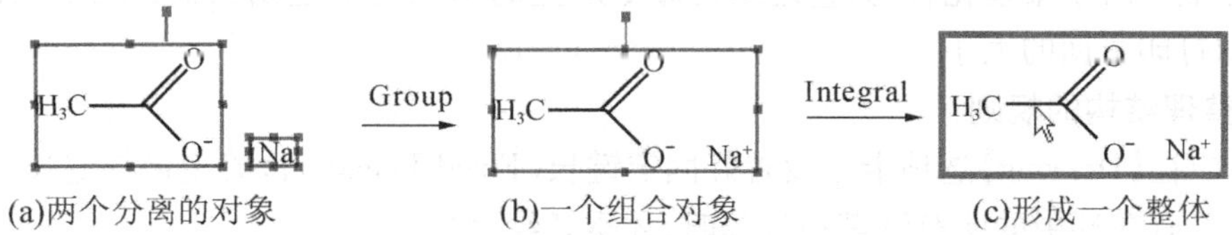

图 3-72　组合对象

2. 取消组合对象

选择组合对象，点击【Object】→【Ungroup】（或右键单击组合对象，在弹出的菜单中选择【Group】→【Ungroup】，或点击对象栏上的取消组合按钮），则原来所有被组合了的对象分离为单个对象。

3. 创建整体组合

创建整体组合后，组合中的所有对象成为一个整体，不能单独被操作。创建整体组合的方法是：选定要组合的对象，点击【Object】→【Group】，右键单击组合对象，在弹出菜单中选择【Group】→【Integral】。

4. 恢复整体组合成为普通组合

右键单击整体组合，在弹出菜单中选择【Group】→【Integral】，去掉 ✔ Integral 中的钩，则对象恢复为普通组合。

3.5.3 反映结构

使用选择工具选择一个具有立体化学异构的结构，复制该结构，然后相对某一平面反映结构，创建其镜像以表示外消旋混合物或其他立体异构体。具体方法是：

（1）用立体化学工具画一个结构，如契合键工具。

（2）选择该结构，在按住【Ctrl】键的同时拖动复制一个结构。

（3）选定复制的结构，点击【Object】→【Flip Horizontal】或【Object】→【Flip Vertical】，结果如图3-73所示。

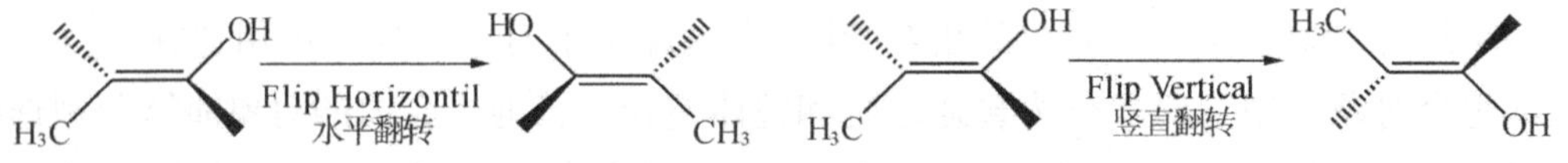

图3-73 水平翻转和竖直翻转

翻转对象时，可点击【Object】→【Rotate 180° 】命令，以保持其绝对立体构型不变。

3.5.4 整理结构

画结构时，有时很难知道原子的正确位置，就不能确保结构具有正确的立体构型。利用整理结构（Clean up Structure）命令可按固定键长，将结构中的原子安排在合理的空间位置上。注意，整理结构（Clean up Structure）不会考虑结构与其他分子对象的相对位置，这样就有可能出现与其他分子对象重叠的现象。

要整理一个结构，首先必须选择结构，如果只选择了结构的一部分，则未选择的原子或键不受影响。对于某些化合物，整理结构命令产生的结构可能超出页面，要观察整个结构，必须增加打印页面的大小。

1. 整理结构的规则

（1）应在【Drawing】选项卡中设置好固定键长（Fixed Length）以确定最佳键长。

（2）只有在环中的所有键都被选择时，才重新绘制环。

（3）多点连接原子及可变连接点的标签不参与结构整理，多中心键不被整理。

（4）结构被转动以使更多的键在15°的倍数方向伸展。

（5）整理结构会保持立体构型不变，但不一定与原来的契合键或虚线键完全一致。

2. 使用结构整理

（1）选择要整理的结构或结构的一部分。

（2）点击【Structure】→【Clean up Structure】 或按下【Shift】+【Ctrl】+【K】键（图3-74）。

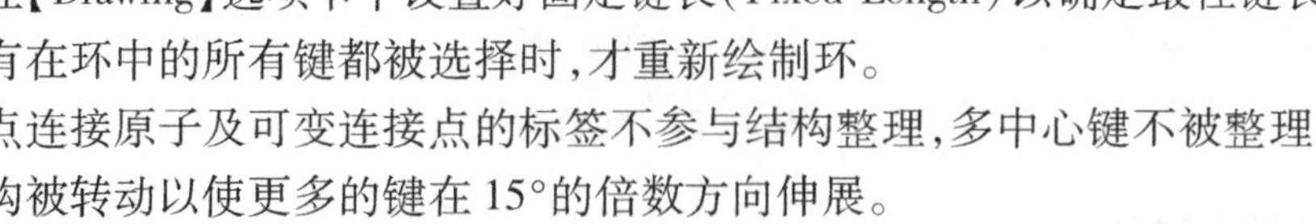

图3-74 结构整理（Clean up Structure）

3.5.5　原子编号

原子编号用于给结构中的原子添加显示原子的连续编号，以便识别分子结构内部的情况，以下是可用的连续编号类型：

(1)数字（1、2、3 等）。默认设置为数字。

(2)文本末尾带一个数字（Atom1）。

(3)字体中的希腊字母（α、β、γ、δ，选用字体 Symbol）。

(4)字母（a、b、c 等）。

使用文本而不是数字时，可先给一个原子编号然后再编辑该数字。

1. 显示原子编号

显示单个原子或整个结构中的原子编号的方法是：选择原子或结构，指向原子或结构，单击右键，在弹出菜单中点击【Atom】→【Show Atom Number】命令（或按下热键“'”（单引号））。

隐藏单个原子或结构中的原子编号的方法是：选择原子或结构，指向原子或结构，单击右键，在弹出菜单中点击【Atom】→【Show Atom Number】，取消对它的选择。

删除原子编号标签的方法是：用擦除工具点击原子编号标签，或用方框或套环工具指向原子编号标签，按下空格键或删除键【Delete】。

2. 编辑原子编号

可选用文本工具，也可选择原子编号标签并输入改变值来编辑原子编号标签的文本。在输入新的原子编号时，可为编号重新设置计数样式，然后用新样式对原子重新编号。例如，在文本框中输入 α，然后指向另一个原子，再使用上下文菜单或热键“'”（单引号），原子将被标记为 β，切换到另一结构又可重新设置其样式和计数。

如图 3－75 所示，先对苯环上的原子用数字编号（选择苯环后单击右键，在弹出菜单中点击【Atom】→【Show Atom Number】），再对支链上的原子用希腊字母编号。

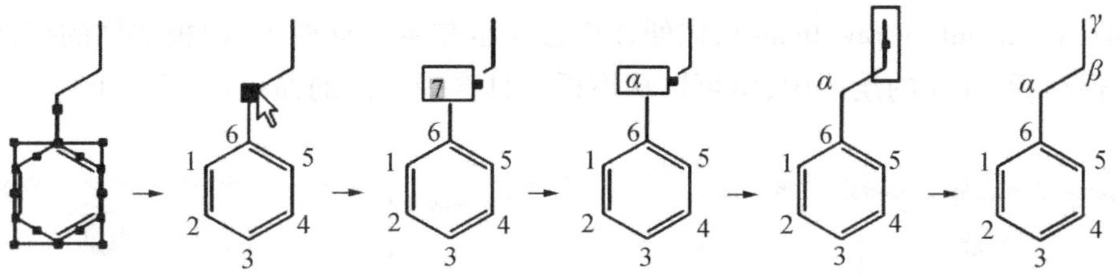

图 3－75　原子编号

3. 定位原子编号

原子编号标签自动生成，在修改结构时其位置会作适当的移动，此时可通过拖动或使用位置小字符对话框（Position Indicators Dialog Box）对其重新定位。其方法是：单击右键拖动或单击右键后选【Position】，出现 Position 对话框，直接输入需要的位置坐标值。

3.5.6　使用模板

1. 用模板绘制结构图

ChemBioDraw 含有预先画好的模板库用于快速绘制结构和反应。用户可将其作为起始点绘制新的结构图,也可将其加入到文档已有的结构中。模板包含有像标题、颜色、方框、弧圈、轨道、箭头、反应机理符号和曲线等对象。也可从其他应用程序中粘贴对象到模板中。

用模板绘制结构图的方法是:在主工具栏中选择模板工具,然后在文档窗口中,点击并按需要的取向拖动鼠标,或在窗口中单击。在绘制过程中通过按下【Alt】键可改变模板的大小。除绘制结构图外,还可以将模板添加到一个已有的结构上。通过选择一个需要的模板工具,然后在原有结构的键上点击即可添加一个模板结构。

2. 模板的管理

(1)创建模板。经常使用 ChemBioDraw 的用户,可通过修改任何模板面板来定制属于自己的模板库,或创建属于自己的模板面板,这会对以后的工作带来极大的方便。在文档窗口中会出现一组空的模板面板,绘制的图形会显示在该面板上,在保存为模板后,它将包含用户绘制的模板,以后可直接从模板工具中选择自己创建的模板。

创建自己专用模板的方法是:点击【File】→【Open Special】→【New Templates】,在模板面板中单击选定一个格子,在文档窗口中绘制一个结构,该结构将成为新的面板中的一个模板。再点击另一个模板面板上的格子,又在文档窗口中绘制一个结构。常用操作如下:

①点击【Edit】→【Add Row Before】,在面板的当前行前增加一行;

②点击【Edit】→【Add Row After】,在面板的当前行后增加一行;

③点击【Edit】→【Add Column Before】,在面板的当前列前增加一列;

④点击【Edit】→【Add Column After】,在面板的当前列后增加一列;

⑤点击【Edit】→【Delete Row】,在面板中删除当前行;

⑥点击【Edit】→【Delete Column】,在面板中删除当前列。

在面板中完成所有的结构绘制之后,点击【File】→【Save to】,给定模板名(如本例中为“2008 Templates”),保存为模板。一定要确保模板文件保存在相应文件夹中(通常为“C:\ Documents and Settings \ All Users \ Application Data \ CambridgeSoft \ ChemOffice2008 \ ChemBioDraw\ChemBioDraw Items),以便该模板显示在主工具栏中,模板文件的扩展名总是 *.ctp。保存后,在新的绘图中,就可以从模板工具选择自己的面板(图 3-76)。

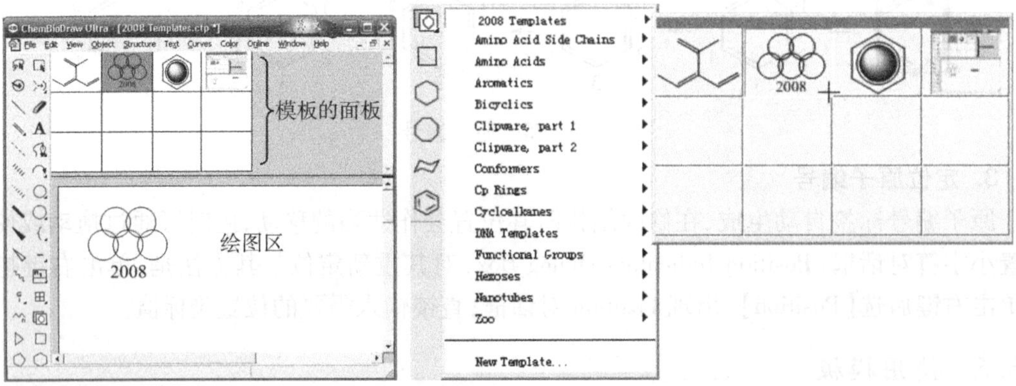

图 3-76 创建模板与使用自建模板

(2)修改模板及模板面板。

①点击【File】→【Open Special】,从列表中选择模板面板;

②点击模板面板,在文档窗口中修改。

拖动模板面板右下角可改变模板面板的大小,必要时可单击并拖动改变大小的手柄。

(3)增加/删除一个模板。增加一个模板,可在模板面板的空白处单击,再在文档窗口中绘制结构,完成后点击【File】→【Save】以保存改变。删除一个模板的方法是:在模板中选择要删除的模板面板,再在文档窗口中选择全部对象,点击【Edit】→【Clear】,点击【File】→【Save】。

3.5.7 定义别名

用户自定义别名是另一个高级功能,一个别名就是用一组缩写字母代表结构的一部分。此功能在快速绘制结构中非常有用,尤其是经常重复绘制相似单元的较大结构时。ChemBioDraw 11.0 提供了各类常用基团和单体的别名库。例如,要绘制一个典型的蛋白质结构,可以考虑在结构图中使用氨基酸别名而不需自行逐个画出氨基酸的结构。

1. 连接点

一个别名与主结构间可以有一个或多个连接点,但连接点必须是单键。对于有两个连接点的别名,连接点的序列编号决定了与其他结构的连接顺序。例如,展开 H—Leu—OH 时,H 是连接到亮氨酸的第一个连接点,而 OH 是连接到第二个连接点的。

2. 定义连接顺序

在定义用户自己的别名时,首先要画出基团结构,然后指定连接点。对于有两个连接点的别名,连接点的编号顺序是由绘制结构的第一个键决定的。例如,在创建亮氨酸别名时,氨基连接点的键先画,所以它首先编号。如果想定义连接顺序但又不知道哪个连接点先画,可选择想要标记为 1 的连接点,点击【Object】→【Bring to Front】,然后再定义别名。

定义一个新别名的方法是:先创建一个含有官能团的结构,再选择官能团,点击【Structure】→【Define Nickname】。注意,必须选择没有键的碎片来指定连接点。最后输入简短的别名,点击【OK】按钮完成别名的定义。

若使用的别名和某元素名称相同,会出现提示信息指出该元素将被别名所替换。如乙酰基 Ac 将替换元素锕,检查结构命令"Check Structure"将 Ac 解释为乙酰基而不是锕元素。别名列表中有这种冲突的还有:Acetyl(Ac,Actinium)、Amyl(Am,Americium)、Nitrophenyl(Np,Neptunium)、Propyl(Pr,Praeseodymium)。可点击【File】→【List Nicknames】,在弹出的别名列表中删除重复的别名。

3. 使用别名

假定系统中有一别名为"HGlyAlaOH",则可在绘图区中输入该字符串,右键点击该字符串,在弹出菜单中选择【Expand Label】命令后,该别名将展开。

4. 调试别名

如果定义别名命令无效,可能有以下三方面的原因:①连接点可能不存在(图3-77a);②连接点可能不是单键(图 3-77b);③可能定义了两个以上的连接点(图 3-77c)。

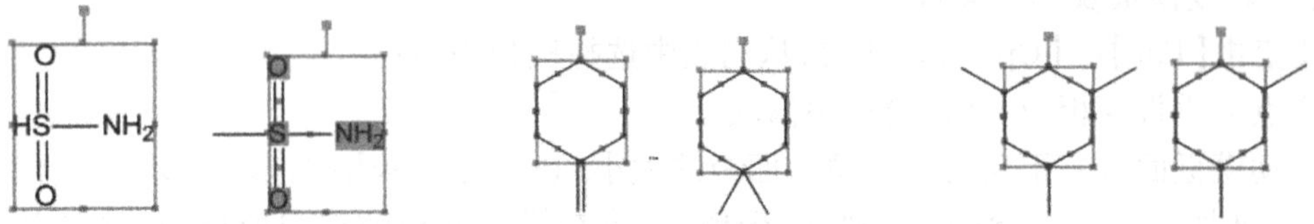

不正确 正确
(a)不存在连接点

不正确 正确
(b)连接点不是单键

不正确 正确
(c)有两个以上的连接点

图 3－77 别名定义无效的几种原因

3.5.8 三维预览

在创建一个结构图后，可能会好奇地想看看它的三维结构。ChemBioDraw 11.0 的 3D 预览功能正好满足这一要求。3D 预览功能有助于理解分子的立体化学性质和其他性质。

完成结构绘制后，点击【View】→【Show 3D View of Chemical Structures】，将打开 3D 窗口并显示三维结构。如有几个结构，可使用方框或套环工具选择其中想观察的一个，然后打开 3D 预览窗口。3D 预览功能只适用于化学结构，不支持生物结构。

在文档窗口中，即使预览窗口打开，仍可改变浏览方式，还可改变结构、转动结构或增加新的结构，预览窗口将会自动更新所做改变。在 Chem3D 预览窗口提供了用户需要浏览结构的各种选项，如果之前曾经使用过 Chem3D，这些选项将会是十分熟悉的。

—启动 Chem3D。启动 Chem3D，绘图将作为可编辑的模型显示。

—显示模式。有线框、棍状、球棍、圆柱键和空间填充等几种可选模式。

—选择。用它可以选择结构或结构的一部分。

—移动。移动结构到屏幕的其他地方。

—旋转。在三维空间中旋转结构。

—缩放。增大或减小结构的显示尺寸。

—绕轴旋转。向一个方向水平旋转结构。

—绕轴摇动。前后水平旋转结构。

3.6 查询结构

查询结构是一种为 ChemFinder、DARC 等化学数据库提供高效查询方式的结构，因此在查询结构中必须为原子或键指定查询属性，以便进行广泛或准确的查询。由于 ChemBioDraw 并不是化学数据库应用程序，故并非所有的数据库都支持这类查询。如果查询结构中包含有数据库不可解释的属性，查询时将会出现错误提示或忽略不支持的属性。

在查询结构中指定了与结构有冲突或没有化学意义的属性时，如要求“苯环上的原子不是任何环的一部分”这样的无理要求，ChemBioOffice2008 不会阻止或提出警告。此外，查询结果还取决于所使用的查询系统。查询结构中指定的查询属性主要包括原子属性和键属性。

3.6.1　原子属性

原子属性包括原子类型、化合价、荷电性、不饱和性、反应性、立体异构性等众多原子性质。在窗口中选择一个或多个原子后，有三种方式打开原子属性对话框。

(1)右键单击选定对象，在弹出菜单上选择【Atom Properties】(原子属性)。

(2)点击主菜单【Structure】→【Atom Properties】(原子属性)。

(3)使用热键“/”。

在原子属性对话框中选择与原子有关的性质，点击【OK】按钮后，将指针指向原来选定过的对象(一个或多个原子)时，在选定对象附近将弹出查询小字符。查询小字符是用来显示指定原子和键查询属性的小字符，通常显示在查询原子或键的附近，其内容取决于指定的查询属性，如图 3－78 所示。这些字符的意义如下：

*—取代基(自由位点，后跟自由位点编号)　U—Up to(后跟最大取代基编号)

X—取代基(准确的，后跟取代基编号)　H—显示隐含的氢原子

R—环键数　S—不饱和　C—反应变化　T—反应立体异构

L—变换　I—同位素丰度　(none)—非正常价态

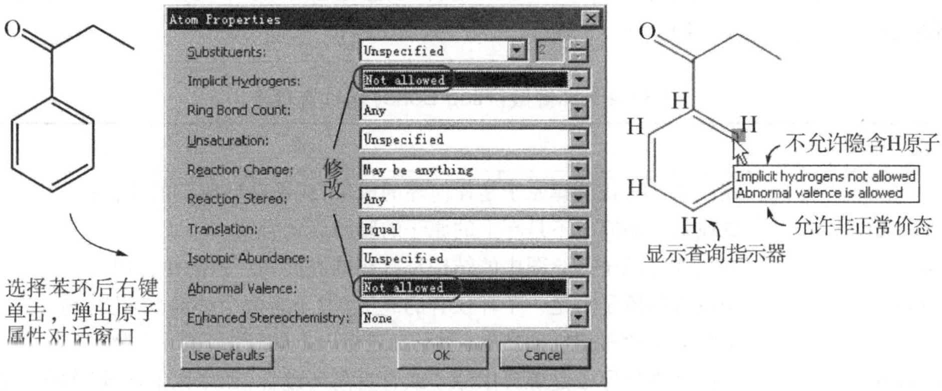

图 3－78　原子属性对话框和查询小字符

1. 观察原子属性的值

上述显示的字符表明应用了选定的原子属性，但这还不是原子属性的值。要查看原子属性的设置值，可以先选择原子，再单击右键，指向【Atom】项下面要查看的属性，或者点击【Structure】→【Properties】，在原子属性窗口中观察原子属性的值。

2. 删除原子属性

可以删除指定原子的所有原子属性，方法是：先选择原子，点击【Structure】→【Atom Properties】，在原子属性窗口中点击【Use Defaults】，则设置的原子属性被删除，查询字符不再出现。也可以只删除某个原子上的原子属性，方法是：右键单击原子，在弹出菜单中选择【Atom Properties】，在弹出的原子属性窗口中，选择一个或多个要删除的原子属性，或者点击【Structure】→【Atom Properties】，在弹出的原子属性窗口中，选择要删除的原子属性。如果不想删除原子属性，但又想将查询小字符隐藏起来，可以在选定原子后，单击右键，在弹出菜单中选择【Show Query Indicator】，或右键直接点击查询小字符，在弹出菜单中选择【Hide

Indicator】。

3. 原子属性选项

原子属性选项众多,原子类型是重要的属性之一。原子类型又与取代基密切相关,取代基被定义为通过任意键级连接的非氢原子或基团。有三种取代基性质规定了键合到选定原子的取代基数,如图 3-79 所示,由箭头指向的羧基碳有两个取代基:α 碳和醛基氧。而醛基氧只有一个取代基,氢不计入取代基。原子取代基计数属性用于指定连接到目标结构的原子数目。

(1)隐含氢原子属性。不管是否添加了隐含氢原子(Implicit Hydrogens)属性,隐含氢原子都有可能连接到选择的原子上。若允许隐含氢原子,则所有原子价都必须用非氢原子的键填补。如果不允许隐含氢原子,则所有原子价都须用非氢原子的键填补。无论是否添加隐含氢原子属性,隐含氢原子都可能连接到选定原子上。隐含氢原子属性有两个选项:

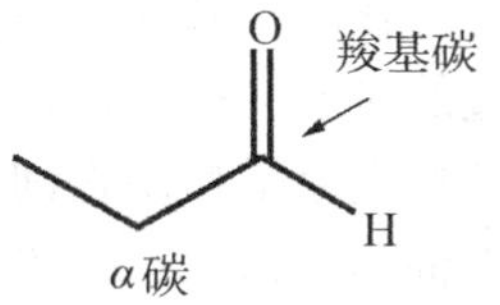

图 3-79　α 碳与羧基碳

①Allowed。默认值,查找的化合物与氢原子是否键合到被选原子无关。

②Not Allowed。查找氢原子没有键合到被选原子的化合物。

(2)环键数属性。环键数(Ring Bond)指键合到选定原子的环的数目,或指属于选定原子的环的最大数目(表 3-4)。

表 3-4　环键数(Ring Bond)属性选项表

选　　项	说　　明
Any	默认值。查找选择原子是任何环的成员,或不是环成员的化合物
No ring bonds	查找选定的原子不是环上的原子的脂肪族化合物
As drawn	查找选定原子与绘图中的结构具有相同类型和环数的化合物
Simple ring	查找选择原子只是一个环仅有的成员(原子有两个环键)的化合物
Fusion	查找被选原子熔合到环上(原子有三个以上的环键)的化合物
Spiro or higher	查找被选择原子是螺环中原子或有更高环键合(四个以上环键)的化合物

(3)不饱和属性。不饱和(Unsaturation)属性指是否有一个多重键连接到被选原子上(表 3-5)。

表 3-5　不饱和(Unsaturation)属性选项表

选　　项	说　　明
Unspecified	默认值。查找与被选定原子匹配的化合物,不管其是否与多重键键合无关
Must be absent	查找与选定原子没有多重键键合的化合物
Must be present	查找至少有一个多重键(双键、三键)与选定原子键合的化合物

(4)反应变化属性。反应变化(Reaction Change)属性指反应前后选定原子是否发生了改变。只在搜索的数据库中含有化学反应数据时才有意义(图 3-80)。

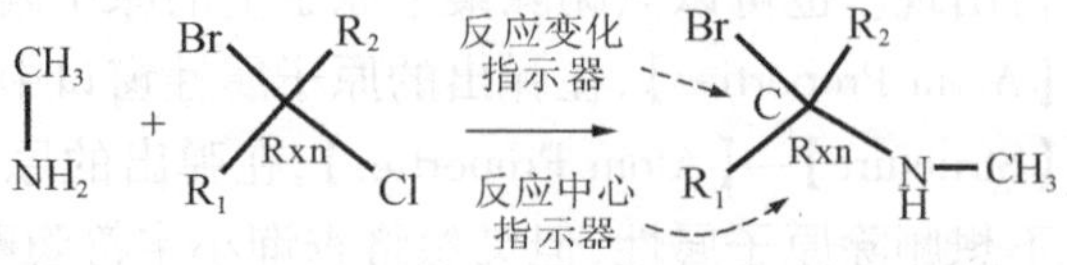

图 3-80　反应变化属性

(5)反应立构性。反应立构性(Reaction Stereo)指选定原子在反应中是否为立构中心(表3-6)。

表3-6 反应立构性(Reaction Stereo)选项表

选项	说明
Any	默认值,查找在选定原子上与立体化学无关的化合物
Inversion	查找所选择的原子在反应前后立构性发生变化的化合物
Retention	查找所选择的原子在反应前后立构性未发生变化的化合物

(6)变换属性。变换(Translation)属性指在结构查询中要求匹配的是什么(表3-7)。

表3-7 变换(Translation)属性选项表

选项	说明
Equal	默认值。符合特殊到特殊或一般到一般的条目
Broad	变换指定查询原子到数据库中相应的超原子(Super Atom)
Narrow	变换查询超原子到数据库中相应指定的原子或基团
Any	变换一般或特殊的项目到任意项目

(7)同位素丰度属性。同位素丰度(Isotopic Abundance)让用户区分不同同位素化合物,如通过指定在任意位置上的核来区别单一的六氘代苯(表3-8)。

表3-8 同位素丰度(Isotopic Abundance)属性选项表

选项	说明
Unspecified	默认值
Any	默认值与 ChemFinder 相同的
Natural	表示一个同位素不变的核素
Enriched	表示一个同位素取代的混合物,以及未变同位素的核素
Deficient	表示一个废弃的标签,即核素少于其自然比率
Nonnatural	表示取代核素的同位素,化合物中所有分子都只用核素表示

(8)非正常原子价属性。非正常原子价(Abnormal Valence)属性指选择的原子是否有不同于"正常"原子价的化合价(表3-9)。该原子价是在 ChemBioDraw 文件夹中的同位素表文件中为每个元素定义的。非正常原子价属性不提供可视化的小字符。

如果允许非正常原子价,任何非法价态信息都会被 Check Structure 命令自动忽略。

表3-9 非正常原子价(Abnormal Valence)属性选项表

选项	说明
Not Allowed	默认值。只查找具有正常原子价的化合物。如需要,在转换到化学数据库之前,会自动添加或删除氢原子。在检查结构设置处于开启状态时,则会出现非正常原子价的出错警告信息
Allowed	用指定的原子价寻找化合物

3.6.2 键属性

键属性可从三个方面去理解：一是键型，二是拓扑结构，三是反应中心。定义或查看选定键键属性的方法是：使用选择工具选择一个键（或按下【Shift】键 + 点击选择多重键），然后采用以下方式弹出键属性窗口。

（1）单击右键，指向【Bond】项下与选定原子有关的键属性。

（2）点击【Structure】→【Properties】，弹出键属性对话框。

（3）指向一个键，按下热键“/”，弹出键属性对话框。

（4）在键属性对话框中选择与选定原子有关的键属性，点击【OK】。

在 Bond Properties 对话窗口中，从下拉列表中选择与键有关的属性，点击【OK】，弹出键属性对话框。例如选择环己烷上的一个键，单击右键，选择【Bond Properties】后弹出如图 3－81 所示的键属性对话框，选择 Bond Type 项为“S/D”（单/双键），点击【OK】，得到该键的键属性如图 3－82a 所示，其中选定的键指定为单/双键。用同样方法，可以分别指定环己烷中其他键的键型、拓扑结构或反应中心情况等，得到如图 3－82b 所示结果。

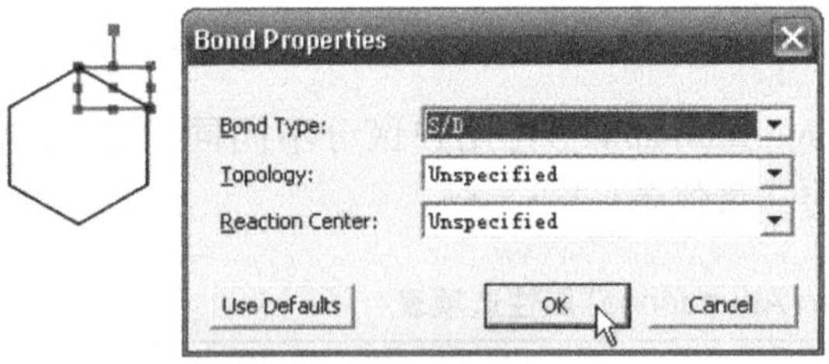

图 3－81 键属性对话框

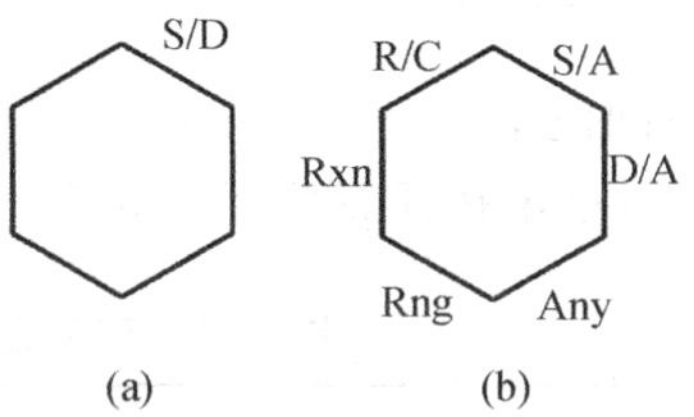

图 3－82 键属性查询结果

结构式中键旁边的字符是与键属性相关的，显示什么字符取决于指定的查询属性，如果指定多个属性，则会在键附近显示更多的描述字符。这些字符可以理解为查询小字符，其意义说明见表 3－10。

表 3－10 小字符的键查询属性

小字符	键查询属性	小字符	键查询属性
Any	键型：任意键，Any	Rng	拓扑：环形，Ring
S/D	键型：单键/双键，Single/Double	Chn	拓扑：链形，Chain
D/A	键型：双键/芳香键，Double/Aromatic	R/C	拓扑：环或链形，Ring or Chain
S/A	键型：单键/芳香键，Single/Aromatic	Rxn	反应中心

1. 查看键属性的值

显示查询属性的描述字符表明键属性设置已被应用，要查看键属性的设置值，可以选择一个键，右键单击，指向【Bond】，选择要查看的属性。或者点击【Structure】→【Bond Properties】，从下拉列表框中观察键属性的设置值。

2. 删除键属性

从选定键中删除所有的键属性，可先选择键，然后点击【Structure】→【Bond Properties】，在键属性窗口中点击【Use Defaults】。键属性被删除后，描述字符不再与键相联系。

删除指定键的某个属性时，可右键单击该键，指向【Bond】，在键属性窗口中选择要删除的键属性。或者点击【Structure】→【Properties】，在键属性窗口中选择要删除的键属性。当不删除键属性，但想将查询小字符隐藏起来，可以在选定键后，右键单击，在弹出菜单上选择【Show Query Indicator】，或右键直接点击查询小字符，在弹出菜单选择【Hide Indicator】。

3. 键属性选项

以下是一些与键相联系的键属性选项，供读者在需要了解或使用键属性时参考。

(1)键型。该属性指选择原子的化学键类型，默认键型为通常的单键、双键等(表 3-11)。并非所有文件格式都支持全部键型，当不支持的键型被保存到一个给定格式的文件时，键型将转化为最接近的被支持的键型。

表 3-11　化学键属性选项

选　　项	说　　明
Single (all) and Dative	查找选定的化学键类型的化合物
Double or Double Bold	查找含有双键的化合物
Double Either	查找含双键且有顺反异构的化合物
Aromatic	查找含有芳香键的化合物
Tautomeric	查找含有互变异构键的化合物
Triple	查找含有三键的化合物
Quadruple	查找含有四键的化合物
Any	查找与键型选择无关的化合物
S/D	查找含有单键或双键的化合物
D/A	查找含有双键或芳香键的化合物
S/A	查找含有单键或芳香键的化合物

(2)拓扑性质。拓扑性质指环结构中选定键的周边环境(表 3-12)。

表 3-12　拓扑性质选项

选　　项	说　　明
Unspecified	默认值，寻找与环境无关的化合物
Ring	查找选定键是环结构的一部分的化合物
Chain	查找选定键是链结构的一部分且不是环结构的一部分的化合物
Ring or Chain	查找选定键既不是链结构，也不是环结构的一部分的化合物

(3)反应中心。反应中心属性只在搜索数据库中有化学反应时才有意义(表3-13)。

表 3-13　反应中心属性选项

选　　项	说　　明
Unspecified	默认值。查找的化合物与选定的化学键是否受反应影响无关
Center	查找化学键受反应影响但变化类型没指定的化合物
Make/Break	查找在反应中有旧键断裂或新键生成的化合物

续表 3-13

选　项	说　明
Change	查找在反应中键级发生变化的化合物
Make & Change	查找反应中有新键生成、旧键断裂或键级发生变化的化合物
Not Center	查找键不是反应中心一部分的化合物
Not Modified	查找键级没有变化,但可能不是反应中心一部分的化合物
Unmapped	查找所有的化合物

(4)3D 查询属性。3D 查询是一种查找特定 3D 关系十分有用的查询方法。要创建一个 3D 查询,可添加几何元素(线、面等),并对查询结构加以限制(指定范围)。例如,可以指定两个原子必须间隔 4 ～ 5 Å,或两个平面夹角必须有 80°～ 100°。给一个结构指定 3D 性质,可选择结构,在【Structure】→【Add 3D Property】命令中,选择所需选项。由于某些 3D 属性指定有顺序,需要使用【Shift】+点击按适当顺序选择,而不是使用方框工具或套环工具选择。在表 3-14 中,点可以是原子、质量中心或点,线可以是直线或垂线。

表 3-14　3D 查询属性选项

选　项	说　明
Angle	定义一个角度,限定三个点(按序),表示一个范围
Dihedral	定义一个二面角,限定四个点、两条线或面,表示一个范围
Distance	定义一个距离,限定两个点、点到线或点到面,表示范围,单位为 Å
Line	为选择的点定义最适合的线
Plane	为选择的点或点线定义最适合的平面
Normal	从一个已定义的平面沿法线方向通过一个点定义垂线
Point	从第一点沿第二点的方向或垂线方向,按指定的距离定义一个点
Centroid	定义一个点,使该点到其他选定点的距离相等

4. 查询工具面板

查询工具用来画一个查询结构。显示查询工具的方法是:点击【View】→【Other Toolbars】→【Show Query Tools】,或点击查询工具栏上的图标。查询工具面板如图 3-83 所示。

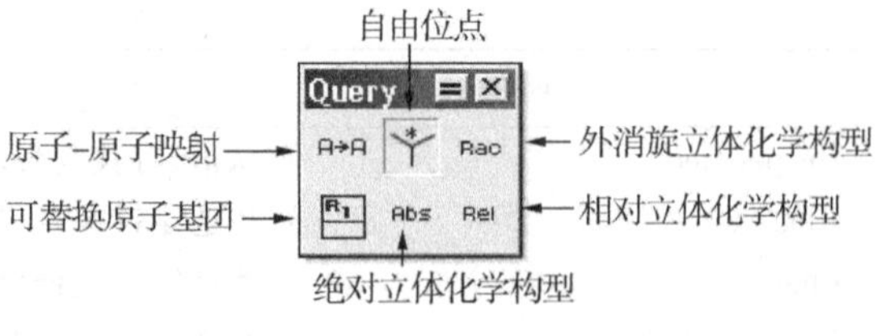

图 3-83　查询工具面板

(1)查询小字符。查询小字符(Query Indicators)是用来显示指定原子和化学键的查询属性的。

①观看查询小字符。要显示结构的查询小字符,可先选择结构,单击右键,在弹出菜单中指向结构,点击【Show Query Indicator】。要显示单个原子或键的查询小字符,也是先选原子或键,单击右键,在弹出菜单中选择【Show Query Indicator】命令。

②隐藏查询小字符。选择查询小字符,单击右键,选择【Hide Indicator】。

③删除查询小字符。点击查询小字符,用擦除工具点击查询小字符。

④定位查询小字符。查询小字符通常是自动定位,如果修改了结构,可利用拖动或小字符位置对话框重新放置小字符。

(2)画立体化学符号。表示立构化学的标识有三种:外消旋体、绝对立构和相对立构。立构标识的字体字号由原子标签的默认值决定。画一个立体异构标识的方法是:在查询工具面板上点击要使用的标识工具,指针指向下一个要指定标识的结构,点击放置符号。

(3)画自由位点。自由位点(Free Sites)工具用于增加或减少在结构中自由位点的数目。若要增加自由位点的数目,可在查询工具面板上点击自由位点工具,指针置于要增加自由位点的原子上方,点击【Add the Symbol】。继续点击增加自由位点的数目,按下【Alt】键减小自由位点的数目。也可使用原子属性对话框或快捷菜单来改变自由位点的数目。

3.6.3 通用别名

通用别名代表一类元素或结构,被认为具有化学意义的通用别名有:

A—用于代表任何结构　　M—用于代表金属元素　　X—用于代表卤素原子

Q—用于代表非氢杂原子　R—用于未定义的结构

若使用一个可识别通用别名的查询系统,则可以在查询系统中使用这些别名。使用通用别名标记一个原子的位置,可在原子上双击打开一个文本框,输入别名。或右键点击原子,在弹出菜单上指向【Insert Generic Label】,再在子菜单上单击要插入的标签。

可为通用别名指定热键,但不能定义通用别名的意义,因为通用别名代表多种取代基,只在使用的查询系统中具有意义。具有化学意义的通用别名列表于 ChemBioDraw 项目文件夹的通用别名文件中。可在文本编辑器中打开通用别名文件进行编辑。

由于结构中包括可变的取代基,在用通用别名对结构进行结构检查时,将会显示一条出错信息。如果不理睬该信息,通用别名将被忽略,并且在报告化学式、质量等数据时,就好像含有通用别名的原子标签没被选择一样。部分通用别名见表 3-15。

表 3-15 部分通用别名

Ac	c-Hx	Et	Met	PMBM	TBDPS
Ala	CoA	Gln	Me	PNB	TBMPS
Asp	Cy	Glu	Ms	*s*-Bu	TBS
Benzoyl	Cys	Gly	*n*-Bu	*s*-Butyl	TFA
Benzyl	DMPS	His	Ph	Ser	THF
Bt	DNP	*i*-Bu	Phe	*t*-Bu	THP
Bu	Dnp	MDIPS	Phenyl	*t*-Butyl	TIPDS

3.6.4 列表元素

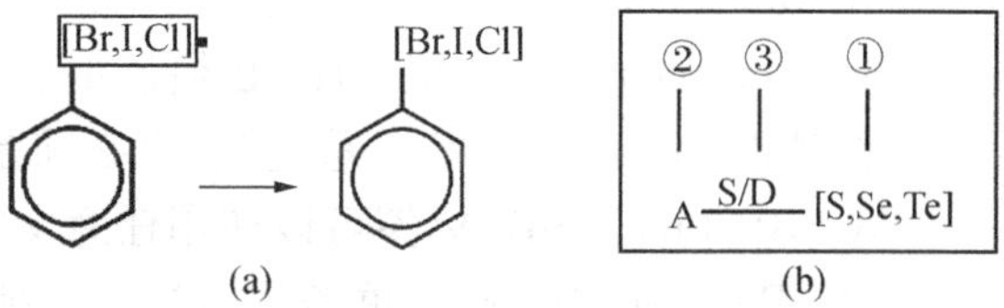

图 3-84 列表元素

列表元素用于定义一个更简明的搜索查询。通过标记原子的位置来指定列表元素。列表元素中的元素用逗号分隔,每个逗号和括号后的空格数可以是随意的,如:-[S,Se,Te]。列表元素中可以包括 D

(氘)和T(氚)等符号。

创建一个列表元素的方法是:打开一个原子标签文本框,键入左方括号"[" 及用逗号分离的元素符号"Cl,Br,I",再键入右方括号"]",关闭文本框(图3-84a)。

图3-84b是在一个查询结构中的元素列表,用于查找符合下列条件的化合物:

①[S,Se,Te]表示目标结构中键合到另一个原子的元素应是非氧原子的硫族原子;

② 这里标签"A"表示一个除氢外的任何符合要求的原子,A不一定是碳原子,而是一个通用别名,用于代表任何结构;

③ 化学键附近的记号S/D表示该键具有特殊性质,它表示硫族化物与其他原子间的键型可以是单键或双键(Single/Double)。

非列表元素指正在搜索的结构中,一定不与列表元素不相匹配的元素。非列表元素间必须用逗号分隔,每个逗号及括号之后的空格数可以是随意的。单词NOT必须全部大写,且NOT之后必须紧跟空格,单词NOT也可以用减号代替,如NOT [F,Br]、[NOT F,Br]、[-F,Br]。

3.6.5 聚合物表示法

聚合物的化学式通常是用方括号、圆括号或大括号,将重复一定次数的结构或结构碎片括起来进行表示的。括号属性可以指定重复单元的结构和取向。

用括号将结构括起来表示聚合物的方法是:点击括号工具,选择其中的双括号工具,点击拖动跨越结构画出括号,最后点击右键,从弹出菜单中选择适合的括号属性。

1. 设置括号属性

打开括号属性对话窗口,可设置或改变括号属性,方法是:先用选择工具选择右括号,再点击【Structure】→【Bracket Properties】,出现括号属性对话窗口(图3-85)。

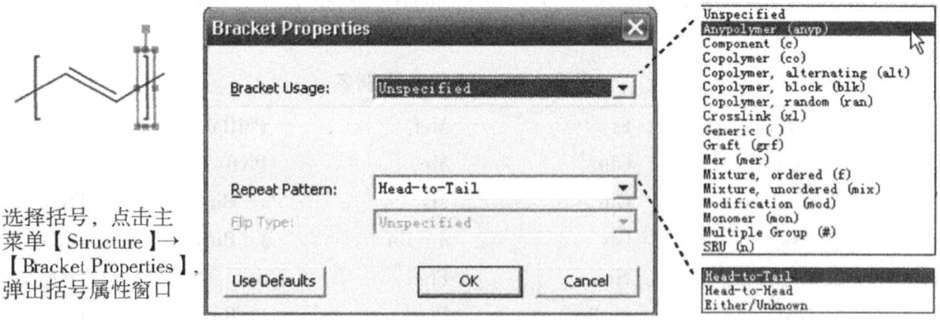

图3-85 Bracket Properties(括号属性)对话窗口

在括号属性对话窗口中,有三个可用下拉列表选择框,可根据不同需要进行选择。

(1)Bracket Usage。括号格式,有10余种括号格式可供选用。其中:

① Component (c)。组分序,必须是正整数,即字母"c"后跟一整数。

② Multiple Group (#)。重复数,也必须是正整数。

③ SRU (n)。SRU标签可以使用任意文本。

(2) Reapeat Pattern。重复样式有三种选择:Head-to-Tail、Head-to-Head 和 Either/Unknown。

(3) Flip Type。该选项用于梯形聚合物中显示翻转类型。对于梯形聚合物(在同一边有两个连接键的聚合物),其连接顺序是不明确的,可以通过指定 Flip Type 属性来解决。该属性只准确适用于带有两个交叉键的括号。由于它是普遍存在的,因此,Flip Type 不接受任何特定的注释。图3-86所示为梯形聚合物中的翻转类型。

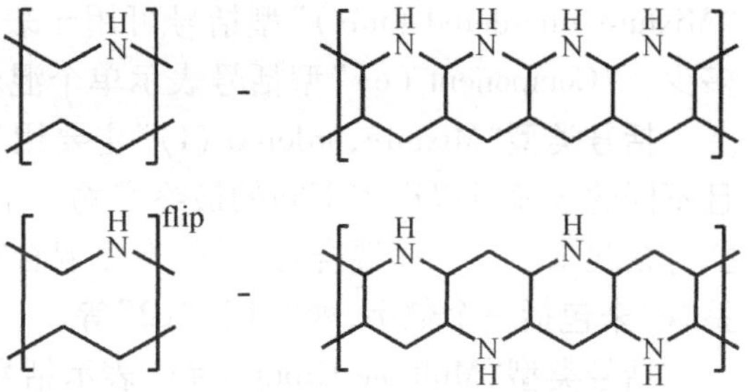

图 3-86　梯形聚合物中的翻转类型

聚合物表示法有结构基或源基两种,括号的类型取决于所需要的表示形式。

2. 基于结构的聚合物表示法

基于结构的聚合物表示法(Structure-based Polymer)中,只将结构的一部分包括在括号内。一个或多个键横穿括号,"成对"横穿键可使聚合物结构更简明直观。使用 SRU(n)型的括号将结构的一部分括起来,可创建一个基于结构的表示形式。其中,下标 n 是由 IUPAC 推荐的未知大小的表示法,可以直接使用文本工具编辑这些括号类型右下方的文本。聚氯乙烯基于结构的表示法如图 3-87a所示。

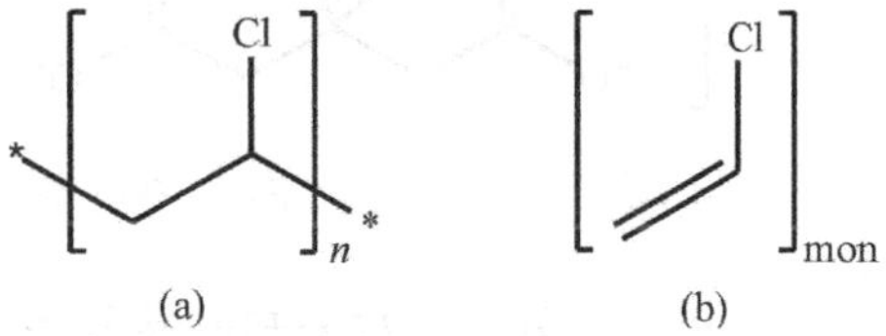

图 3-87　聚氯乙烯结构表示法

在基于结构表示法中也可以使用 Crosslink (xl)、Graft (grf) 及 Modification (mod) 等括号类型来表示特定类型的重复单元。

3. 基于来源的聚合物表示法

源基聚合物表示法(Source-based Polymer)是将一个完整的、不连续的化学物种包括在括号中,聚合模式可以从上下文中得知,也可以完全不知。在描述一个已知起始物,但不知产物准确结构的反应过程时,源基表示法是非常有用的。

源基表示法使用 Monomer (mon)型括号封装一个结构。聚氯乙烯的源基结构表示法如图 3-87b 所示。对于那些个别组分已知、自身又不重复,或者与其他组分交替出现的共聚物,可以使用 Mer (mer)型括号,如图 3-88 和图 3-89 所示

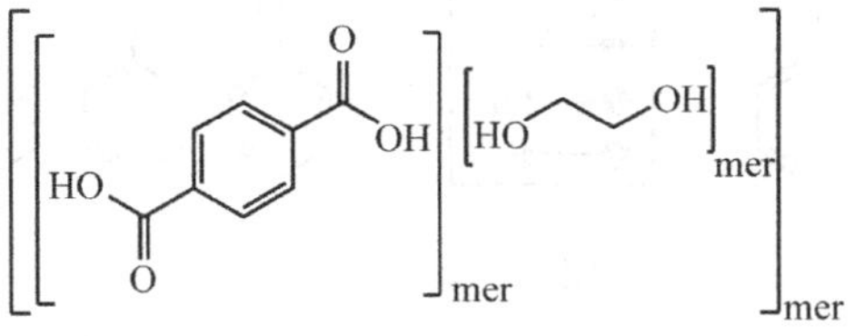

图 3-88　交替共聚的聚合物

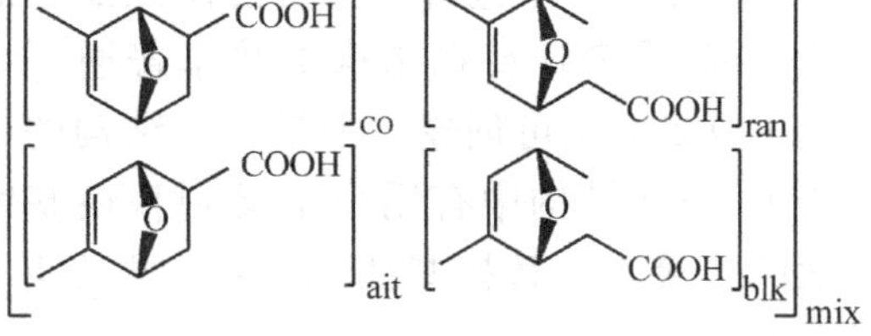

图 3-89　混合共聚聚合物

一般情况下,用一个以上的重复单元表示共聚物,可使用"Component (co)"型括号。在源基表示法中,也可使用交替共聚的"Copolymer, alternating (alt)"、随机共聚的"Copolymer, random (ran)"及部件共聚的"Copolymer, block (blk)"表示特定的不同类型的共聚物。

"Mixture, unordered (mix)"型括号可用于表示全部存在的物质总和，且不必知道其数量的多少。"Component (c)"型括号表示单个混合物元素。

括号类型"Mixture, ordered (f)"主要用于表示反应过程。组分序列是过程的重要部分，且不同的顺序可以产生不同的最终产物。个别有序混合物应该用"Component (c)"类型的括号括起来。与无序混合物不同，有序混合物的组分必须指明其排序，可用文本工具编辑标签"c"来包括一个数字，如"c1"、"c2"等。

括号类型"Multiple Group (#)"表示括号内的项目是按指定的次数重复的，可用文本工具编辑重复数，该类型括号可以封装完整的结构（图 3-90），也可以只封装结构的一部分。

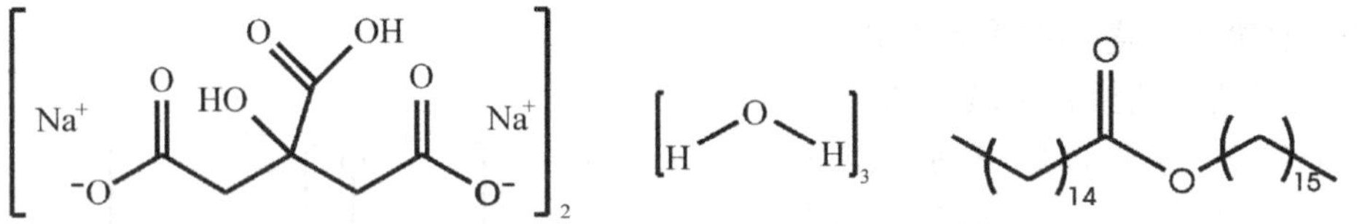

图 3-90　多重基团括号可以封装完整的结构

与其他重复单元数未知的括号类型不同，多重基团括号已明确指定一个重复单元数，有可能准确计算出其结构的相对分子质量及相关数据。这些数据可显示在 Analysis 窗口中。

如图 3-91 所示，对简单的线性聚合物，重复单元可以头—尾相连或头—头相连，它们的重复花样（Repeat Pattern）可以是混合物或未知物，也可以给括号指定这些属性。由于头—尾相连具有普遍性，故它被指定为默认式样。

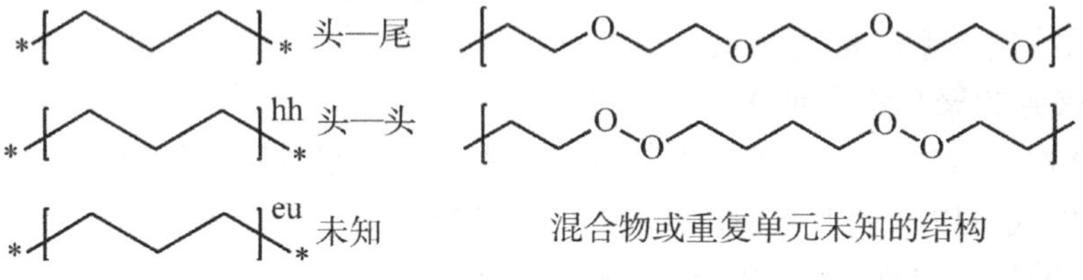

图 3-91　重复式样

3.6.6　替换基团

可以创建一个包含可变官能团或亚基的搜索查询，用来代替在结构上共享普通子结构的多重查询。可创建一个带有父结构的单个查询，该父结构中有用户定义到替换基团列表的连接点。替换基团，有些时候又叫 R 基（图 3-92）。

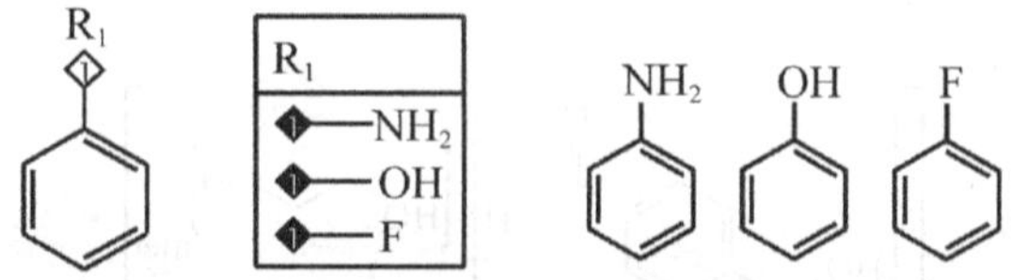

图 3-92　替换基团

1. 定义一组替换基团

可定义一组子结构作为替换基团（R，G 等）。定义一个替换基团的步骤如下：

(1) 点击【View】→【Other Toolbars】→【Query Toolbars】，打开一个查询工具。

(2) 点击替换基团查询工具，并用工具拖动创建一个足够绘制替换基团的区域。

(3)在标题框中输入标题,如 R_1,再在替换基团框中画出子结构分子片。

(4)定义连接点来指定键合到父结构的替换基团标签上的分子片。方法是:在 Chemical Symbols(化学符号)面板上选择菱形连接点工具,点击要放置连接点的子结构碎片,或指向要放置连接点的子结构碎片,按下热键“.”(点号),出现连接点符号,对所有分子片重复上述操作(图 3-93)。

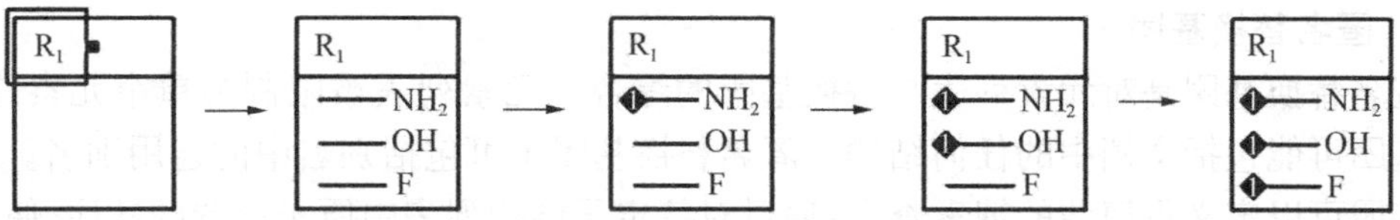

图 3-93　定义替换基团

当创建的父结构含有一个已定义替换基团时,连接点符号会出现在其标签前,连接点编号与父结构中已定义中的编号是一致的。在连接点符号上显示的编号是按连接顺序排列的。

2. 多重连接点

如果结构碎片中有明确的多重连接点(Multiple Attachment Points),则可以进行特定物质的搜索。这种类型的搜索对于构象相似的结构十分有用。可以通过指定连接点顺序,排除不想要的化合物,方法是:首先画出图 3-94a 所示的父结构,并创建一个替换基团标签“R_1”。再画出结构碎片(图 3-94b),并用连接点工具对其进行标记。所有替换基团定义完毕后,连接点符号会出现在父结构中。

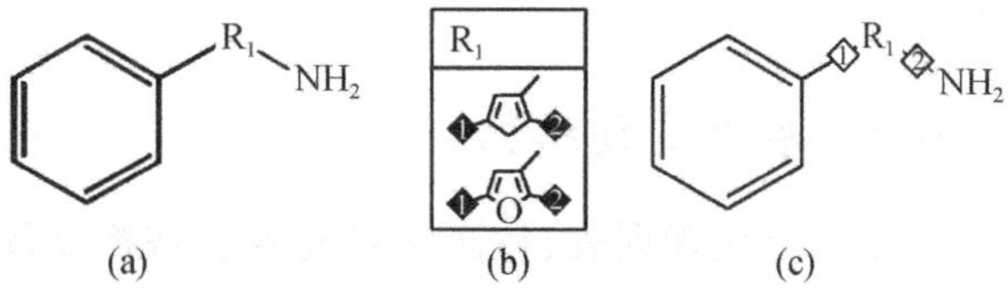

图 3-94　多重连接点示例

由图 3-94c 中的连接点编号可以看出,五元环上的甲基一定是与氨基相邻,从而排除了不相干的构型。在图 3-95a 中,两个化合物是满足上述条件的,而图 3-95 中,因为连接点不对,它不是要关注的对象。

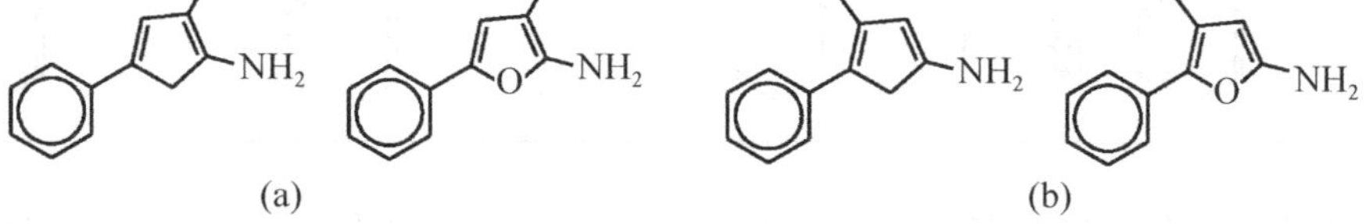

图 3-95　多重连接点

3. 连接点编号

对连接点进行编号可准确指定结构碎片是如何连接到父结构中的。可使用连接点工具设置连接点顺序,点击要对其进行编号的键的末端。连接点的编号与连接点前后顺序有关,最后点击的编号最大。用选择工具选择连接点后,可通过点击【Object】→【Bring to Front】(或 Send To Back)改变连接点顺序,越在前面的对象,其连接点编号越高。

4. 连接点顺序小字符

如果需要,可以隐藏连接点顺序小字符。在某些高质量的绘图中,连接点顺序小字符的显示就是多余的了,这时需要隐藏连接点顺序。隐藏连接点顺序小字符,并且把编号从结构中删除的方法是:点击【File】→【Preferences】,在 Preferences 对话框中,点击【Building/Display】选项卡,取消对"Show Attachment Rank Indicators"的选择。值得注意的是,这一改变将影响到文档中的所有结构。

5. 匿名替换基团

匿名替换基团是对元素列表与替换基团的综合。元素列表被限制为单个元素,而匿名替换基团可能包括文档中的任何结构。匿名替换基团中可包括别名中的通用别名。用匿名替换基团可以定义更简洁的搜索查询:通过对特定子结构列表中原子位置的标注,使子结构必须与要搜索的结构匹配。在匿名替换基团中,用逗号将各项分隔,每个逗号或括号后的空格是随意的。

创建匿名替换基团的方法是:打开一个原子标签文本框,键入"[",紧跟元素列表、碎片、别名或通用别名,并用半角逗号分隔,再键入"]"。例如:

—— [OMe,OPh]　——[M,B,C]　—— [OCH_3,OH]　——[X,S,Se]

3.6.7 展开查询结构

用以上元素列表、替换基团或匿名替换基团等方式创建的查询结构,可以使用 Expand Generic Structure 命令进行展开,从而由这些缩写组合结构产生符合查询条件的更多结构。该命令是为扩充"小"结构而设计的,最多可生成 500 个结构式。如果要展开更大的查询结构,则需要使用 CambridgeSoft's CombiChem for Excel 软件。

在 ChemBioDraw 中可以展开如表 3-16 所示的四种查询结构为若干完整的分子。

表 3-16 可以展开的四种查询结构

定　义	替换基团和 R 表	匿名替换基团	元素列表	可变连接点
例　子	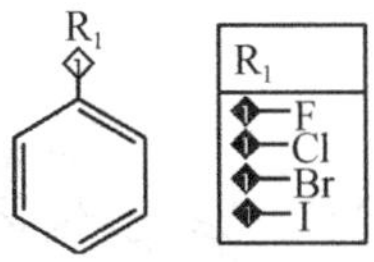	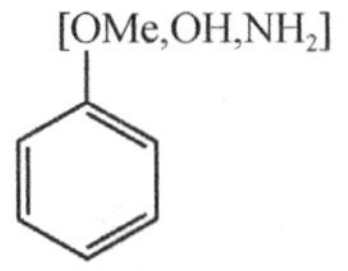	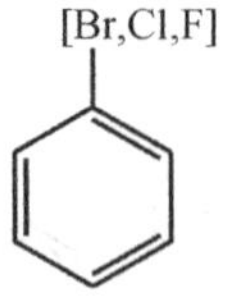	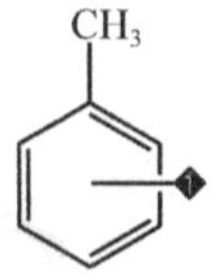

如果在选择的分子中存在一个以上的位点,展开的结构将包括所有子结构取代的结构,展开时将在一个新的文档窗口中生成所有展开的结构。具体方法是:

(1) 选择一个或更多要展开的组合查询结构(包括替换基团/R 表)。

(2) 点击【Structure】→【Expand Generic Structure】(展开组合查询结构),展开结果如图 3-96 所示。

展开前,必须选择所有替换基团标签和表(包括替换基团/R 表),如果只选择替换基团标签而没有选择 R 表,则替换基团标签不会被展开命令所修改,在所有生成的结构中也只作为标签显示。

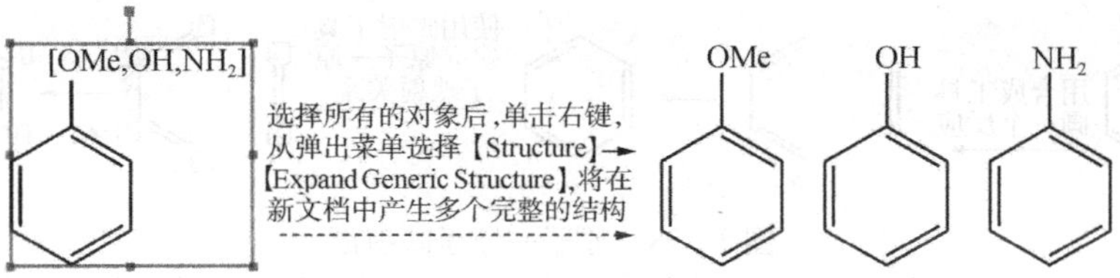

图 3－96　展开缩写的查询结构

有了组合查询结构和与之相应的一组 R 基团后，即可执行结构的数据库查询，这种查询叫做 R－逻辑查询（R-Logic Query）。在运行 R－逻辑查询时，可搜索所有组合查询结构和 R 基团的组合结构，组合查询结构是基于布尔型表达式的。

准备一个 R－逻辑查询，可单击【Structure】→【R-Logic Query】，打开逻辑查询对话框。

建立一个查询时，可在结构中选择一个或更多的 R 基团，并指明显示多少次。也可指明，如果满足第一个 R 基团，另一个 R 基团也一定可以被找到。例如，查询图 3－97a 所示的结构，查询结果表明，R_1 位点可以是 F 或 Cl 原子，R_2 位点可以是 Br 或 I 原子。假定想要在数据库中查找在 R_1 位置是 F 或 Cl 原子，而在 R_2 位置是 Br 或 I 原子的结构，可以点击【Structure】→【R-Logic Query】，弹出 R-Logic Query 对话框（图3－97b）。

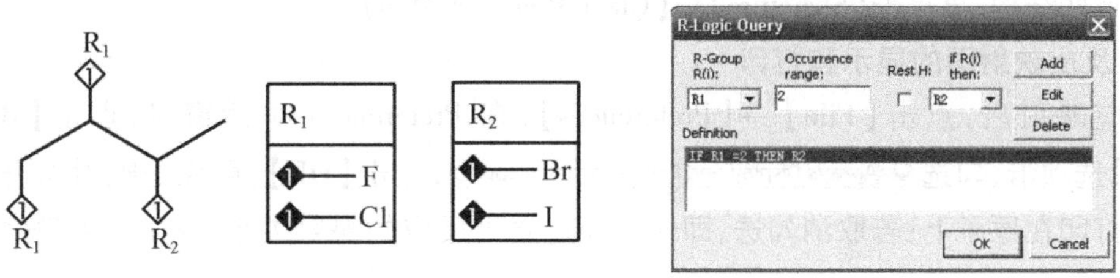

(a)　(b)

图 3－97　R－逻辑查询

在 R-Group R（i）下拉列表框中，选择“R1”，在 Occurrence range 设定值中选“2”，这表示“R1”基团的两个实例必须出现在返回的结构中。再在 If R（i） then 项中选“R2”，这表示“R2”必须是 Br 或 I，点击【Add】，最后点击【OK】按钮。若勾选了“Rest H”，则表示如果有两种可能的 R－基团位置，只可能有一个被填入，另一个一定会被 H 原子占据。

3.6.8　反应映射图

反应映射图用于在一个反应中，在反应物和产物间建立原子—原子间的通信联系。在研究复杂反应时十分方便。为了验证映射关系，可在绘图区先画一个苯分子，再利用合成工具画出合成苯的反应，然后点击查询工具栏上的原子—原子映射工具A→A（或点击【Structure】→【Map Reaction Atoms】），即得到该反应的映射图（图 3－98）。

映射时程序确定映射算法，并为反应物和产物指定反应中心。建立反应映射后，用映射工具A→A指向反应物结构中的任何原子，则在产物一边的另一个结构中被映射的原子会反衬显示。如图 3－98 所示，指针指向反应物中的 C3，则产物中的 C3 也会反衬显示。

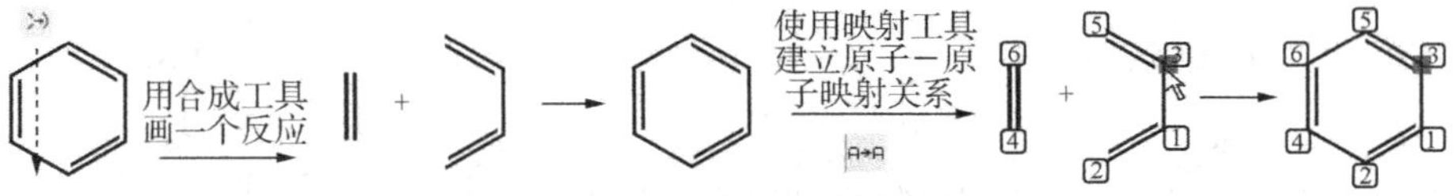

图 3－98 原子—原子映射图

1. 自动映射

画出一个要映射的反应，并选定反应物和产物（双击箭头可选择整个反应），点击【Structure】→【Map Reaction Atoms】，映射自动建立。显示在反应物和产物的化学键旁边的符号“Rxn”是由反应确定的键属性。

2. 手动映射

在自动映射被用于复杂反应的映射时可能给出错误结果，此时需要手动映射。在要求手动映射原子时，可使用原子—原子映射工具A→A。在手动调整反应中的映射原子时，使用映射工具A→A对初始映射进行修正。完成手动映射后，可以禁止自动映射功能，方法是：点击【File】→【Preferences】，出现 Preferences 对话窗口，选择【General】选项卡，点击去掉 Automatic Reaction Mapping 前的钩，点击【OK】。要清除所有反应映射，可以先选择要删除映射的那些结构，再点击【Structure】→【Clear Reaction Map】。

3. 反应映射图的显示和打印

反应映射后，点击【File】→【Preferences】，在 Preferences 对话窗口，点击【Building/Display】选项卡，勾选 ☑ Always Display and Print Reaction Mapping，点击【OK】，可保证映射符号总能被显示和打印在原子上；若取消勾选，即使已经建立了反应的映射关系，原子映射符号也不会被打印。

反应映射和反应中心的信息是储存在本地格式文件（＊.cdx）中的，用于传递到像 ChemFinder 等应用程序中读取映射原子信息。也可以使用粘贴板复制映射反应到同类应用程序中。

3.7 结构与性质

结构决定性质，有什么样的结构就有什么样的性质。ChemBioDraw 中将化学结构与分子性质相联系，通过结构来预测分子的部分性质，其中结构是起决定作用的。本节首先介绍对结构的检查，然后讨论其化学性质和立体化学特性、结构与命名的关系、化学反应的计量，最后介绍核磁共振的预测。

3.7.1 检查结构

绘制的结构是不是合理，是不是按照化学结构的有关规则绘制的，是否符合特定的化学意义，在 ChemBioDraw 中都可以通过检查结构（Check Structure）命令来确定。Check Structure 命令可识别结构在原子价、标签或别名等方面的错误。

检查结构时，首先应使用选择工具选定整个结构（或结构的一部分或标签），然后点击【Structure】→【Check Structure】，结构图中的每个结构和标签都会依次检查。若有标签存在错误，将会出现一个提示信息对话窗口。该信息窗口提示用户根据情况采取对策。如点击【Ignore】，则忽略当前错误；点击【Ignore All】，则忽略随后在结构中出现的所有错误信息；点击【Stop】，则停止检查结构。

3.7.2　分析窗口

分析（Analysis）窗口可显示整个文档窗口、单个结构、结构的一部分或化学格式标题说明中的化学式、准确质量、相对分子质量、质荷比 m/z、元素分析结果等信息。要查看这些分析结果，可点击【View】→【Show Analysis Window】，在分析窗口内将显示文档中被选对象的相应性质值。如果没有选择任何结构，将显示窗口内所有对象的值。在绘图过程中可保持始终打开该窗口，以便随时显示所画结构的值。

（1）化学式（Formula）。显示分子中每个元素的原子数、电荷及同位素类型等。

（2）准确质量（Exact Mass）。准确质量是基于元素最普通的同位素而言的。

（3）相对分子质量（Molecular Weight）。平均分子质量，是基于全部同位素自然丰度而言。显示的分子量，是综合考虑了存在一种以上自然丰度的同位素的每个原子的值。可计算多个分子的分子量，但低丰度物种没有计入。

（4）质荷比（m/z，Mass/Charge）。质量/电荷比，同时显示同位素丰度的图解表示。

（5）元素分析结果（Elemental Analysis）。结构中每种元素的重量百分比。

以上所有这些信息均显示在分析窗口，如图 3－99 所示。

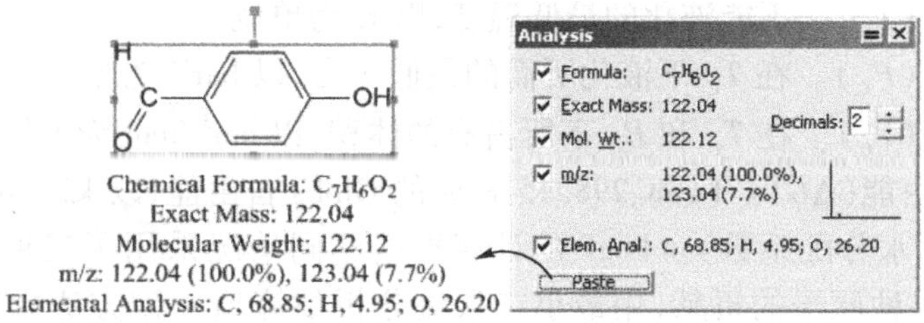

图 3－99　分析（Analysis）窗口

分析窗口中还有个【Paste】按钮，点击该按钮可将当前窗口中勾选了的项目内容粘贴到当前文档中。该分析结果将作为多行文本显示在结构的下面，可以利用文本工具对其进行编辑。当结构发生改变后，该标签中的内容可随之自动更新。

剑桥软件公司维护着一个巨大的化学物质及其性质的数据库，ChemBioDraw 11.0 提供了动态的网络数据库连接，通过与该数据库的连接，可以找到各种有用的信息。使用快速热连接（Database HotLink）时，首先应保证能连接到网络，然后选定窗口内的相关结构，再点击【View】→【Show Database HotLink Window】，程序会搜索到与结构相关的信息源。这些热连接信息及数据本身都是在不断更新的。这些数据资源主要包括以下几方面：

（1）可连接到剑桥化学索引（CambridgeSoft ChemIndex）。

(2)可找到相对分子质量和化学式这类基本性质。

(3)可找到有关命名及同义词方面的信息。

(4)可找到 CAS 登记号及 ChemACX 号标识符等信息。

3.7.3　估算化学性质

ChemBioDraw 11.0 本身内嵌的 ChemProp 也能够计算并预测许多理化性质,目前可预测 100 个原子以上结构的物理和热力学性质。先选择要计算的结构,然后点击【View】→【Show Chemical Properties Window】(显示化学性质窗口),出现 Chemical Properties(化学性质)窗口(图 3-100)。

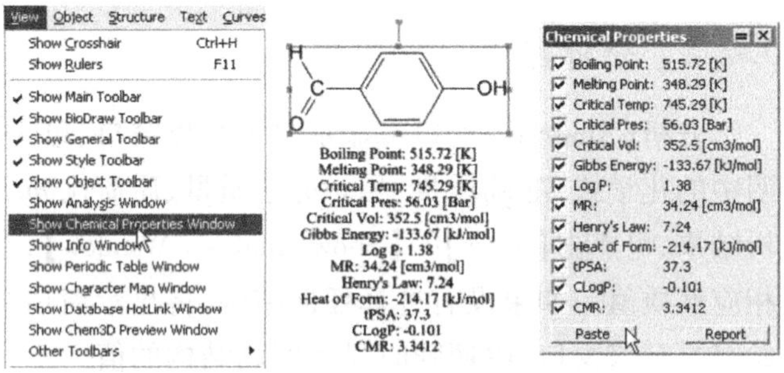

图 3-100　显示化学性质窗口

程序对给定结构进行的性质计算使用了最可靠的方法。LogP(正辛醇/水中的分配系数)和 MR(摩尔折射率)值的计算基于文献值,ChemProp 给出以下基本的化学性质:

(1)沸点(Boiling Point)。物质的沸点,1atm* 下,以 K 为单位。

(2)熔点(Melting Point)。物质的熔点,1atm 下,以 K 为单位。

正常沸点和熔点使用两种方法估算:一是 Joback 碎片法,二是由 Stein 修正的 Joback 碎片法。所有沸点的估算都是在 1atm 下的值。其他各种性质,如生成热、理想气体热容、凝固点、临界温度、临界压力、临界体积,都是使用 Joback 碎片法估算的。

(3)临界温度(T_c)。不能液化的最低温度,以 K 为单位。

(4)临界压力(P_c)。在 T_c 下液化所需的最低压力,以 bar** 为单位。

(5)临界体积(V_c)。在 T_c 和 P_c 下所占有的体积,以 cm^3/mol 为单位。

(6)Gibbs 自由能(ΔG)。1 atm、298.15 K 时的 Gibbs 自由能,以 kJ/mol 为单位。

(7)LogP(油/水分配系数)。LogP 的计算根据不同情况采用了三种方法:方法一,利用 830 个分子、94 种原子的贡献,用最小二乘法分析估算值。该方法标准偏差采用 0.47 LogP 单位,能处理含有氢、氧、氮、硫和卤素的分子。方法二,对方法一的改进,采用了 893 个分子的 120 种原子的贡献值,用最小二乘法分析估算值。除方法一所含原子之外,它还能处理含磷、硒等的分子,该方法标准偏差采用 0.50 LogP 单位。方法三,利用1868 个分子的 222 种原子的贡献,用最小二乘法分析估算值。该方法允许采用 0.43 LogP 单位的标准偏差进行计算,能处理含有氢、氧、氮、硫、磷和卤素原子。如果用于带有分子内氢键的分子,标准偏差采用 0.83 LogP 单位。

(8)摩尔折射率(Molar Refractivity,MR)。采用了两种碎片法估算摩尔折射率的大小:第一种方法是通过来自 93 种原子、504 种分子的数据,使用约束的最小二乘法进行估算。该法计算的标准偏差为 1.27 cm^3/mol,能处理包含氢、氧、氮、硫、卤素等分子。第二种方法

* 1atm = 1.013×10^5 Pa。

** 1 bar = 100 kPa。

是对第一种方法的扩展，包括了来自 120 种原子的贡献值和 538 种分子的数据，使用约束的最小二乘法进行估算。该法计算的标准偏差约为 0.77 cm^3/mol，还能处理含有磷、硒原子的分子。

(9) 亨利常数(Henry's Law)。亨利常数——空气对水的分配系数，被表示为蒸汽压对水溶性的比率。作为无单位分配系数，能够计算在空气中的浓度与在水中的浓度的比率。亨利常数的负对数(-log(H))没有单位。用于预测亨利常数主要有两种方法：第一种方法，亨利常数的计算是基于化学键贡献的逼近法。该方法使用 59 种键贡献值和 15 个校正因子。该贡献值使用 345 种化学品的数据，采用最小二乘法分析计算。估算的平均误差约为 0.30 单位，标准偏差约为 0.45 单位。能处理包含碳、氢、氧、氮、硫、磷和卤素等分子。第二种方法，采用线性回归方程来进行估算。该法没考虑多官能团化合物的情况，也不能用于存在远程极性作用的化合物。

(10) 生成热(ΔH_f)。在 1 atm、298.15 K 时物质的生成热，以 kJ/mol 为单位。

(11) 拓扑极化面(Topological Polar Surface Area, tPSA)。基于结构碎片贡献的极化面的计算。分子的极化表面是一种重要的性质，能用于预测药物在体内的传输性质。这种性质以前是用耗时的 3D 技术来进行计算的。ChemBioDraw 11.0 采用了一种快捷而准确的预测方法，其结果会显示在化学性质窗口中。

(12) CLogP 和 CMR。分别代表采用医药生物方法改进的碎片法计算得到的油水分配系数和摩尔折射率。

3.7.4　立体化学性质

在 ChemBioDraw 中，是按 CIP(Cahn-Ingold-Prelog)优先规则显示绝对立体化学构型的，只对非外消旋的立体化学进行解释，且只支持四面体和双键立体化学，不显示芳香键的立构类型。立体化学异构标识按以下方式显示：

(*R*,*S*)——四面体立体化学构型　　　(*E*,*Z*)——双键的立体化学构型

首先画出结构(图 3-101a)，该结构中一定要保证画出两个楔合键，以表示出原子间的立体几何位置，否则在后面将有可能不会显示出其立体异构标识。然后选定该结构，点击【Object】→【Show Stereochemistry】，结构马上变为图 3-101b 所示，在原子或化学键周围，显示出表示立体化学异构方式的指示器(如 *R*、*S*、*E*、*Z*)。这些小字符在 ChemBioDraw 中叫做立体化学指示器(Stereochemistry Indicators)。

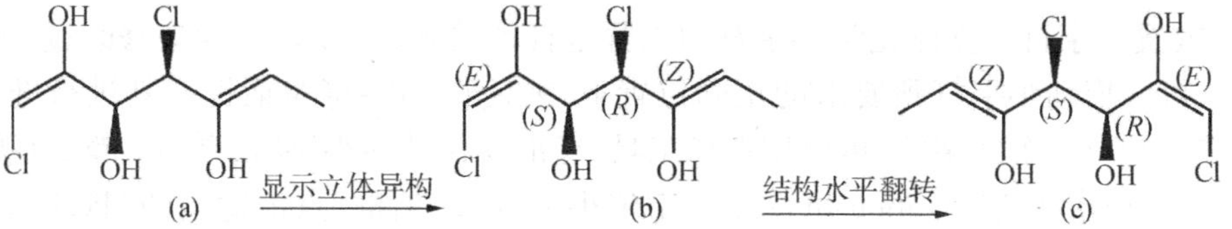

图 3-101　立体化学小字符

在图 3-101b 中有两类手性原子的结构中所显示的立体化学小字符，包括了以标准四面体立体化学构型(*R*,*S*)表示的异构和以标准双键的立体化学构型(*E*,*Z*)表示的异构。若将该结构水平翻转，可得到图 3-101c 的结构。观察发现，经过水平翻转后，分子的标准四

面体立体化学构型发生了变化，原来的 S 构型变成了 R 构型，而原来的 R 构型变成了 S 构型，但分子的标准双键的立体化学构型没有发生变化。

为结构添加立体化学异构注释时，可先选择原子，然后再点击【Structure】→【Enhanced Stereochemistry】。表示基团的立体化学异构时，可以在按住【Shift】键的同时点击选择基团里的所有原子，再点击【Structure】→【Enhanced Stereochemistry】，从中选择一种立体化学标记方式(absolute、and 和 or)，见图 3－102a ～图 3－102c。在 ChemBioDraw 中可以指定分子内立构中心基团间的相对位置，这种表示法有助于说明单个立构中心而不是整个分子的立体化学性质。

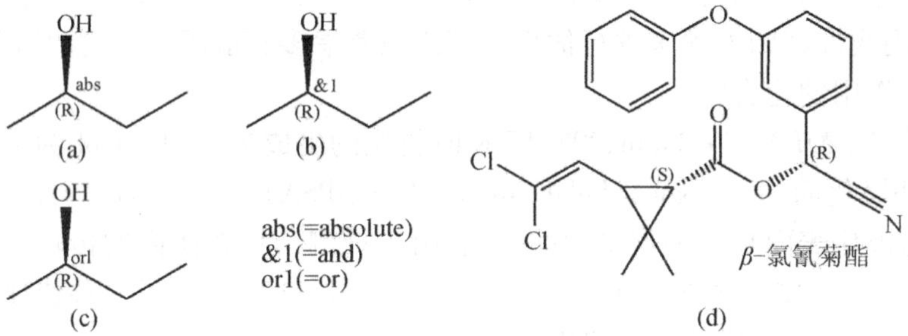

图 3－102　分子内的立构中心

当画一个复杂的对映体时，该注释可以使其异构情况更为清楚。如 β－氯氰菊酯实际上是一个包含两对对映体的四种截然不同的立体异构混合物，但用上述方法可把它们画到一个结构中(图 3－102d)。

可以保存增强的立体化学异构注释文件格式的有 CDX、CDXML、MOL V3000、RXN V3000、SKC、TGF 等。当保存为 SKC 或 TGF 格式时，小字符被转化为相应的 SGroups 数据，当打开包含有 SGroups 数据的 SKC 或 TGF 文件时，它们可以转化为真正的增强立体化学异构体。

显示立体化学小字符的方法是：选择一个完整的结构，点击右键，在弹出菜单中选择【Object Settings】，在 Object Settings 设置对话框中的【Drawing】选项卡的“Atom Indicators”和“Bond Indicators”项目下，勾选“Show Stereochemistry”。在画结构的过程中结构发生变化后将会影响到结构的立体化学构型。

(1)隐藏单个小字符。选择要隐藏的小字符，单击右键，选择【Hide Indicator】。

(2)删除单个小字符。单击小字符，使用擦除(Eraser)工具，点击小字符。

(3)放置小字符。立体化学小字符的位置是自动放置的，如果结构被修改过，可作适当的移动。可以拖动小字符到要求的正确位置上，或使用小字符对话框对其进行准确定位。要重新准确定位一个小字符，可以用选择工具，点击要移动的小字符，单击右键，在弹出菜单中选择【Position】，出现 Position Indicator(定位小字符)对话框，点击适当的“Position option”(位置选项)，按要求输入一个确定的值，点击【OK】，完成定位。

3.7.5　化学计量网格

使用化学计量网格可计算反应的化学计量数据。在修改反应式中的结构后，或改变反应物的质量、纯度、体积、密度后，网格中其他数据将由程序自动填充。创建一个化学计量网格的方法是:画出一个反应或打开一个含有反应的文件,选择整个反应,点击【Structure】→【Analyze Stoichiometry】,化学计量网格出现在反应的下面,如图 3 - 103 和图3 - 104所示。表3 - 17 所示为化学计量网格中的单位。

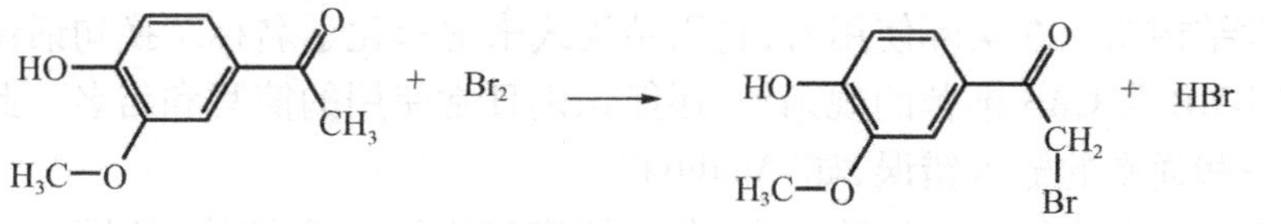

图 3 - 103　乙酰香兰酮的溴化反应

Reactants

Formula		
MW		
Limiting?	***Yes***	No
Equivalents		
Sample Mass	***16.62g***	
%Weight	***99.00%***	***99.00%***
Molarity	***100.00mM***	***100.00mM***
Density		***3.12g/mL***
Volume	***250.00mL***	250.00mL
Reactant Moles	25.00mmol	25.00mmol
Reactant Mass	16.45g	

Products

Formula	**$C_9H_9BrO_3$**	**BrH**
MW	245.07	80.91
Equivalents		
%Completion		
Expected Mass	6.13g	2.02g
Expected Moles	25.00mmol	25.00mmol
Measured Mass		
Purity		
Product Mass		
Product Moles		
%Yield		

图 3 - 104　乙酰香兰酮溴化反应的化学计量网格

表 3 - 17　化学计量网格中的单位

值	说　明
Sample Mass	反应物的质量,默认单位为 g
Weight	反应物的纯度,默认值为 100%
Volume	默认单位 mL,要求输入的值是物质的量的浓度或密度值
Molarity	默认单位为 g
Density	默认单位为 g/mL

如果在反应中有一个化学标签在箭头上方,如催化剂或反应条件,在创建网格之前,右键点击该标签,在弹出菜单中取消对【Interpret Chemically】的选择即可。

在网格中输入数据时,可以先选择文本工具,点击要输入数据的栏,设置限制化合物。如果默认设置不正确,点击右键,从弹出菜单中选择【Set Limiting】,为全部反应物输入数据,如果使用默认单位之外的其他单位,则要在输入值的同时输入单位。

输入反应信息要求的最少值后,网格中的值将重新计算。如果继续输入信息,或编辑了输入框,该输入值也将被重新计算。注意,输入的值为粗体,计算的值为正常字体。可以使用上下文菜单为反应图编辑网格,还可改变文本的颜色。

3.7.6　从结构到命名

Struct = Name 是剑桥软件公司 Structure-to-Name 和 Name-to-Structure 的软件包,它包含

在 ChemBioDraw Ultra 11.0 中,使用户可以很方便地根据结构进行命名,并根据命名绘制结构。

Struct = Name 依据 Cahn-Ingold-Prelog 规则为立体化学结构生成系统命名。使用该选项,可对绘制的结构进行命名。Struct = Name 是一套综合运算法则,可由物质的英文化学名称转化为化学结构图。在实际使用时,它用结构式来解释化学名称。换句话说,它除了能识别 IUPAC、IUBMB 及 CAS 推荐的规则外,还能识别日常使用的简写和俗名。此外,其扩展算法还可识别一些通常的输入错误,如"Methtyl"。

Struct = Name 可解释多种化学结构,在文档窗口中画一个结构,使用 Structure to Name 命令,Struct = Name 会为结构给出一个命名。结构被修改后,其命名也会随之刷新。

1. 不支持的结构

Struct = Name 可解释众多化合物的立体化学异构,但在解释某些结构时仍有一些限制,如砜类和硫族的同系物、桥连多环结构、聚合物、同位素修饰的化合物、自由基及自由基离子等。

2. 使用 Struct = Name

Struct = Name 是用 CIP(Cahn-Ingold-Prelog)立体化学规则生成命名。理论上可命名的结构在大小上没有限制。要为所画结构插入一个结构命名,先选择要命名的结构,再点击【Structure】→【Convert Structure to Name】,结构的名称以标签的形式显示在结构的下方(图 3 - 105)。

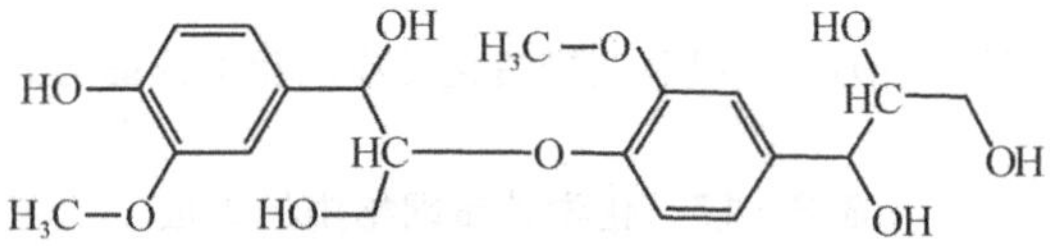

1-(4-(1,3-dihydroxy-1-(4-hydroxy-3-methoxyphenyl)propan-2-yloxy)-3-methoxyphenyl)propane-1,2,3-triol

图 3 - 105 Struct = Name 示例

3. 自动替换(Auto Update)

化学性质,包括化学名称及分析结果,可以包括在标题说明中,当修改结构后它们将自动更新。要启用自动更新功能,可在标题标签上单击右键,选择【Auto-update】。检查该命令旁的标记,反复点击可开启或关闭此功能。当自动更新处于开启状态(默认值)时,每次修改结构后标签就会自动更新一次。但对较大的复杂结构而言,更新标签需要一定的时间,这取决于处理器的速度。在继续修改结构之前,不需要等待标签更新。

3.7.7 从命名到结构

Name = Struct 可以自动从提供的化学名称来创建结构图。Name = Struct 识别大多数有机化合物命名法,也识别无机化合物,尤其是规则非常匹配的那些有机化合物。然而,有少数几种类型是不支持的。例如:①配合物(Coordination Complexes);②多聚硼烷(Polyboranes);③聚合物(Polymers);④某些高度桥连的环系,包括富勒烯及卟啉/卟吩;⑤某些立体化学指示符(+、-、+/-、+ -、D、l、dl、endo、exo、syn、anti、r、t、c);⑥虽然支持某些商品名称,但 Name = Struct 并不解释商品名或常用名(像 Chemfinder. com 这类数据库更适合从商品名或常用名获取结构)。因德语与英语十分相似,故 Name = Struct 能够解释许多德文名称。

1. 从命名到结构的转换

以结构形式插入一个命名到文档中有两种方式:Insert Structure 和 Paste Special。

2. 插入结构

(1)插入结构命令可将化学名称转化为它的结构,如插入“2-bromobenzoic acid”。

(2)点击【Structure】→【Convert Name to Structure】,出现插入结构对话框,如图 3 - 106 所示。在文本框中输入“2-bromobenzoic acid”,也可复制到剪贴板上,再粘到文本输入框中。

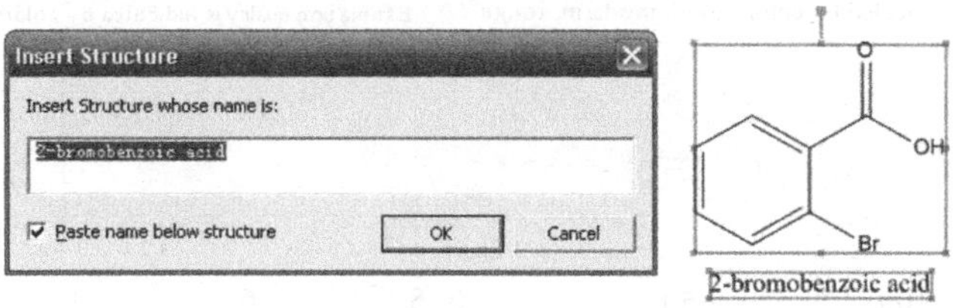

图 3 - 106　Insert Structure 命令示例

要在结构下方显示名称,需勾选 Paste name below structure,否则名称不会包括在文档中。

(3)点击【OK】。如果名称输入有错误,Insert Structure 会试图修正该错误,给出建议的拼写方式,点击【OK】接受拼写建议,或点击取消【Cancel】重新进行手工修改。

3. 选择性粘贴

使用选择性粘贴(Paste Special)命令,可粘贴从别的应用程序复制到剪贴板上的物质名称,并以结构图的形式显示在文档窗口中。粘贴名称成为结构图时,可以先在文档窗口中单击,再点击【Edit】→【Paste Special】→【Name as Structure】,则结构图显示在文档窗口中。

4. 将标题说明转换为结构图

如果在结构绘图区已经存在一个化合物的标签名(或自己输入一个化合物标签),可以在选择标签后,点击【Structure】→【Convert Name to Structure】,系统将由物质名称绘制其分子结构图,显示在绘图区内,如图 3 - 107 所示。

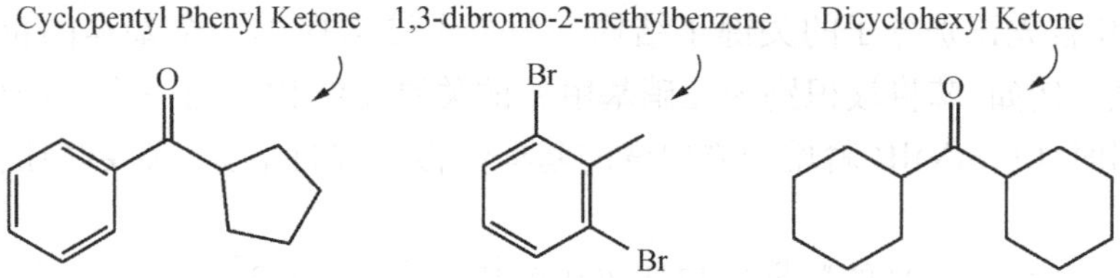

图 3 - 107　标题说明转换为结构图

3.7.8　估算 NMR 的化学位移

ChemBioDraw Ultra 11.0 中的可选插件 ChemNMR,可估算并显示选定分子的^{1}H-NMR 和^{13}C-NMR 化学位移值。要观察^{1}H-NMR 或^{13}C-NMR 的有关信息,可以先选定结构,再点击

【Structure】→【1H-NMR Shifts】或【Structure】→【13C-NMR Shifts】。

在估算化学位移并显示信息的同时，ChemNMR 将在新的窗口中重画分子，并显示线状谱图，如图 3－108 所示。

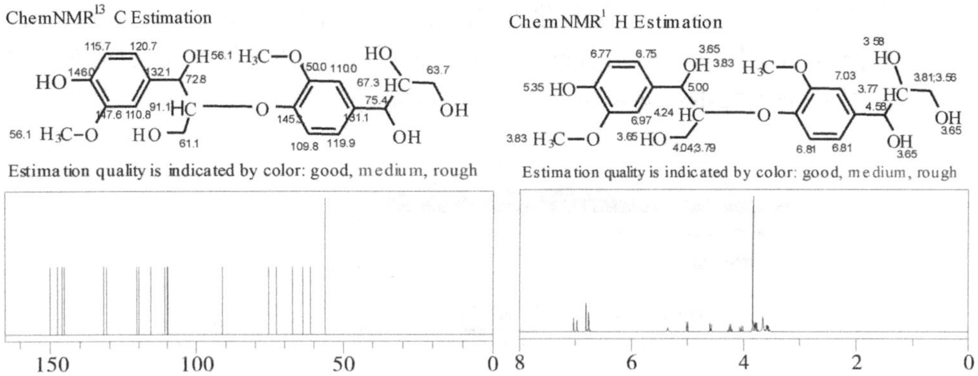

图 3－108　预测[1]H-NMR 和[13]C-NMR 光谱

1. 指认光谱

ChemBioDraw Ultra 11.0 可对结构进行光谱指认。将指针指向谱线可将特定质谱线与显示的结构相联系。要对结构进行光谱指认，可先打开一个光谱文件，画出结构或要指认光谱的结构，选定结构中特定的原子或化学键，按下【Shift】键并点击要进行结构指认的谱线，选择矩形框围绕被选择的对象，点击【Structure】→【Make Spectrum Structure Assignment】，结构中被选原子和化学键将与谱线相联系。

2. 观察光谱指认

点击方框或套环工具，将指针置于某个峰上，指认的原子或化学键成为高亮反衬显示。

3. 删除光谱指认

点击方框或套环工具，选择要删除光谱指认的对象，点击【Structure】→【Clear Spectrum Structure】。

4. ChemNMR 估算的方法

ChemNMR 首先识别分子的关键子结构。一个子结构提供一个基本的位移值，用于估算化学位移值。例如，苯将被识别为三硝基甲苯的关键子结构。当一个子结构没有可利用的环体系数据时，ChemNMR 就用预先内嵌的基本位移值进行估算，必要时还会将环分解为非环子结构。

当前 H-NMR 位移工具的数据集包括 700 个基本值和大约2 000个增加值，而 C-NMR 位移工具的数据集则基于4 000个基本参数。对 H-NMR，它所估算的一 CH 的 90% 的化学位移值与标准值偏离 0. 2 ～0. 3，极性溶剂的使用可能会大些。但不能用于估算键合到杂原子上的 H，因为它们可能因溶剂、浓度、纯度及空间位阻等效应的影响而使偏离放大。

对 C-NMR，它所估算的 95% 的化学位移值平均偏离 0. 29，与标准值偏离 2. 8。当然，在 ChemBioDraw 中进行的 NMR 预测只是粗略的结果，更准确的结果需采用专门的 NMR 量化计算工具进行计算，或与文献值及实验结果进行比较。

3.8　绘图工具的使用

ChemBioDraw 11.0 中的以下绘图工具和绘图面板，用于在文档中添加化学符号和各类形状（工具图标右下角的表示该工具下有其他面板工具）。本节将对这些工具的使用方法及应该注意的问题作进一步介绍。

—Orbital Tools Palette（轨道工具面板）。画轨道。

—Chemical Symbol Tools Palette（化学符号工具）。画电荷、自由基及其他符号。

—Arrow Tools Palette（箭头工具面板）。为反应或其他图形画曲线箭头或直线箭头。

—Drawing Tools Palette（绘图工具面板）。画方框、圆、线和弧。

—Bracket Tools Palette（括号工具面板）。画方括号、圆括号、大括号和脚注符号。

—Draw Curve Tools（曲线工具面板）。画或编辑自由曲线。

—TLC Tool（TLC 工具）。重新生成 TLC 实验结果，该工具可在主工具面板中找到。

在展开主工具面板后，可使用这些工具面板，或者拉出这些工具面板置于屏幕的任何地方。除了脚注符号和某些符号外，大多数对象都可以缩放和旋转。

面板上凹下去的图标为当前选用的工具。用鼠标点击所需的面板图标切换工具。将鼠标移至面板标题栏上拖动，可拉出整个面板，以方便使用。某些工具内有一些包含不同版本的工具面板，要选用时可直接点击图标。

3.8.1　轨道工具

使用轨道工具为化学结构图添加轨道。在画出轨道后，可改变轨道的颜色、阴影，并可使用【Color】菜单为线条着色。可在信息窗口中观察显示轨道的大小及相对于 X 轴的角度。通过选择【Object】菜单中的【Fixed Lengths and Fixed Angles】，可以限制轨道的大小和角度。

轨道不是分子结构的一部分。当用选择工具或双击一个化学键或原子时，它们不会被选择。选择多个轨道对象和结构后，点击主菜单【Object】→【Group】，可以将轨道与结构组合到一起。轨道面板上主要有以下几类轨道：

（1）s 轨道（）。在轨道工具上按下鼠标左键，并从面板上选择 s 轨道，点击结构中的一个原子，轨道居中显示。

（2）σ 轨道（）。在轨道工具上按下鼠标左键，并从面板上选择 σ 轨道，点击结构中的一个原子，轨道居中显示。

（3）单瓣轨道（）。单瓣轨道（sp 瓣）通常用于表示孤对电子。画一个单瓣轨道的方法是：在轨道工具上按下鼠标左键，并从面板上选择单瓣轨道，点击原子，用轨道的窄端与原子相连接。

（4）p 轨道（）。在轨道工具上按下鼠标左键，并从面板上选择 p 轨道，点击原子，轨道的中心节点与原子相连。

（5）杂化轨道（、）。画一个杂化轨道（sp^3）的方法是：在轨道工具上按下鼠标左键，并从面板上选择杂化轨道工具，点击原子，轨道的中心节点与原子相连。

(6)d 轨道（、、）。画一个 d 轨道（d_{xy}）的方法是：在轨道工具上按下鼠标左键，并从面板上选择 d 轨道工具，点击原子，轨道的中心节点与原子相连。画一个 d_z 轨道的方法是：在轨道工具上按下鼠标左键，并从面板上选择 d 轨道工具。点击原子，轨道的中心节点与原子相连。

利用这些轨道可以画出更为复杂的化学结构示意图（图 3－109）。

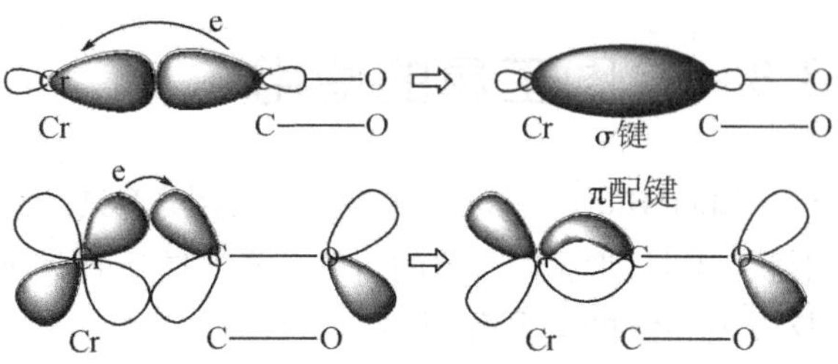

图 3－109　Cr 的 CO 配合物中的两种配键形式

3.8.2　化学符号工具

使用化学符号工具为结构添加某些特殊化学符号。添加的符号与连接原子间可产生化学意义上的联系。如果拖动符号，则应保持符号在原子周围的适当距离内。使用一个没有连接到原子的化学符号，不会与结构产生化学意义上的联系，可将其放置、移动到任何地方，并任意改变其大小。

1. 电荷符号（Charge Symbols）

电荷符号、、、用于表示结构上原子的电荷。添加电荷的方法是：在化学符号工具面板上选择电荷符号，在结构中的原子上点击。添加的电荷一旦与结构中的原子相联系，结构中的原子会通过加减氢原子的方式来平衡电荷，且添加的电荷在位置上保持在原子附近，远离原子后就对原子不起作用（图 3－110）。

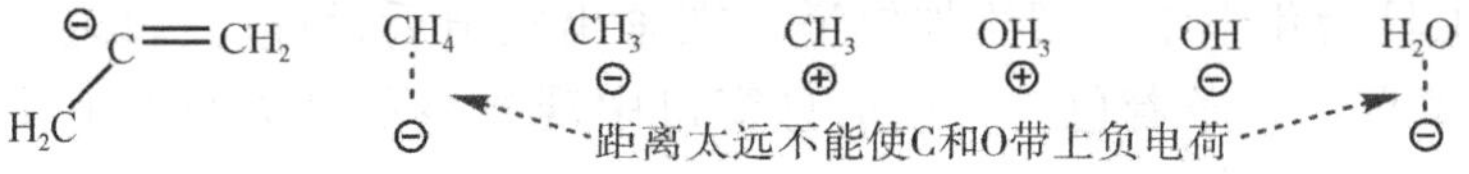

图 3－110　为结构中的原子添加电荷

2. 孤对电子

使用孤对电子符号表示路易斯结构式中的孤对电子。在结构中为原子添加孤对电子的方法是：在化学符号工具面板上选择孤对电子工具，点击要放置孤对电子的原子。同电荷情况一样，必须保持孤对电子在原子附近，如图 3－111 所示。

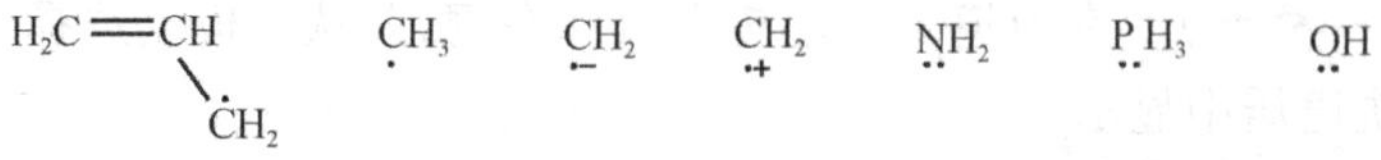

图 3－111　添加孤对电子及自由基

3. 自由基

使用自由基符号表示单个非键合电子。在结构中为原子添加自由基符号的方法是：在化学符号工具面板上选择工具，点击要放置的原子。同样要求必须保持自由基符号在原子附近。

4. 自由基正离子和自由基负离子

使用电荷自由基符号 和 表示自由基是带电荷的。使用方法与注意事项同自由基符号。

5. 旋转电荷符号

将电荷与结构一起选择后，通过拖动选择框的旋转手柄，可以旋转电荷、自由基阴离子、自由基阳离子及孤对电子符号。所有的符号都绕着对象中心旋转，自由基阴离子符号相对于电荷旋转和缩放，信息窗口显示旋转角度和缩放比例，如图 3－112 所示。

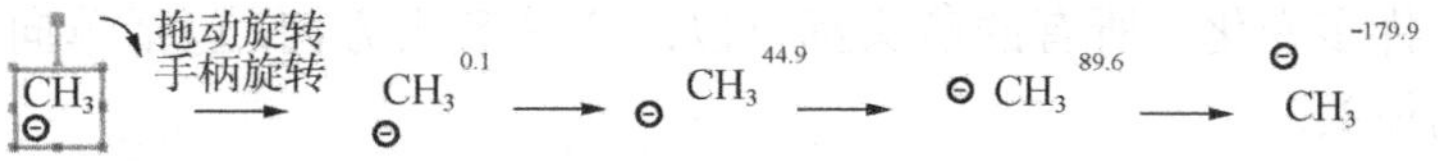

图 3－112　旋转符号

6. H 原子立体化学工具

H 原子立体化学工具 、 用于表示单个 H 原子的立体异构情况。这两个符号常常用于稠合物中表示 H 原子的位置取向， (H-Dot) 表示 H 原子指向纸面上方（面向读者）， (H-Dash) 表示 H 原子指向纸面下方（背向读者）。使用时，只需选择该工具后点击需标 H 原子位置取向的 C 原子即可，如图 3－113 所示。

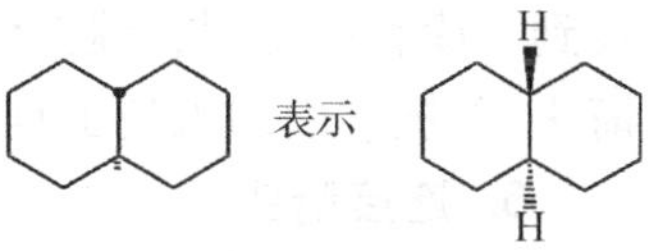

图 3－113　H-Dot 与 H-Dash 工具的使用

7. 连接点工具

在聚合物的表示、蛋白质化学及其他某些情况下，指明连接点是非常有用的。在化学符号工具面板中包括四种标准连接点绘图工具 、 、 、 ，用于结构在保持其化学意义的同时，指明连接点及连接点类型（图 3－114）。

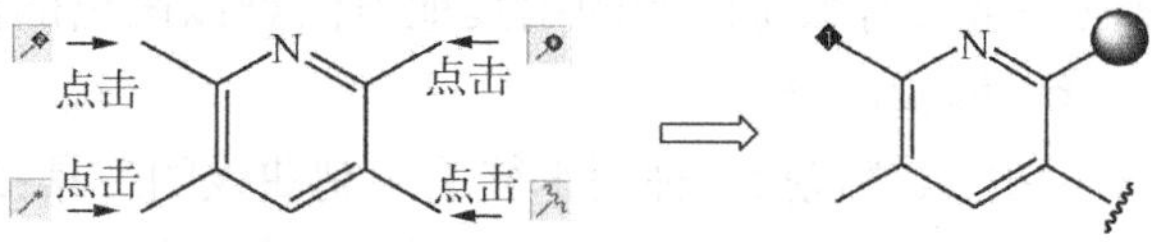

图 3－114　标准连接点绘图工具

3.8.3　箭头与曲线工具

在 ChemBioDraw 中，不仅可以定制箭头的长度、角度、宽度和形状，还可以拖动箭头中部创建任意长度和弧度的箭头。拖动调整手柄可改变箭头的长度、角度和形状。调整过程中会出现两种指针：↘表示箭头弧度和形状，✥表示箭身、箭头的长度和宽度。在改变箭头角度时，可点击【Object】→【Fixed Angles】（固定角度），设置限制旋转角度增量为 15°，或在改变箭头角度的同时按下【Alt】键。

1. 箭头类型

有多种类型的箭头，用于增强对反应式、机理图及其他图形标注的表现形式。ChemBioDram 新增四种箭头类型：两种交叉箭头、非等长度平衡箭头和圆弧箭头。此外，用户还可以创建新的弧形箭头类型。对平衡箭头，改变长度时两个反向的箭头成比例地改变，改变形状时两个箭头同时改变形状。如果只改变一个箭头的长度，可按下【Alt】键。

2. 箭头形状

箭头有三种基本的形状——Solid(实线)、Hollow(空心)和 Angled(弧形)。改变箭头形状的方法是:选定箭头,点击右键,在弹出菜单中选择一个新的箭头形状。

3. 弧形箭头

拖动箭头中部的调整手柄可以增大弧度,创建更多的弧形箭头。在选定半径之后,还可以在1°~359°的范围内调整弧度(在360°时,线变为点)。为了方便使用,在箭头面板上预置了常用的箭头,用户还可以定制其他类型的箭头。

所有的箭头都可以变为弧形箭头,这意味着虚线箭头、粗线箭头、双向箭头及其他类型的箭头都可以有许多变化。所有的箭头都可以改变其箭头方向(包括单向、双向),甚至曲线也可以改变为箭头。

4. 空心箭头

通过旋转空心箭头可改变它们的长度和宽度,在改变箭头宽度的同时也会改变线段的宽度。可用右键弹出菜单修改箭头,这些右键弹出菜单命令也可在曲线主菜单【Curves】中找到。读者可使用右键弹出菜单命令创建一些工具面板中没有的箭头,如粗虚线或双向单箭头,并把它们加入到工具面板中。

5. 连接箭头

可以连接一个新箭头到原有箭头的中部或尾部。例如,画一个箭头,起始点是原有箭头的中部,其方法是:从箭头面板中选择一个新的箭头类型,指针置于原有箭头的中部,按下【Shift】键,同时画一个新箭头,起始点是原有箭头的中部。也可以拖动原已存在的箭头,并连接到另一个原有箭头上。箭头也能够用结构透视工具对其进行旋转。组合这些方法,可以画一组没有数量限制的用其他方法难以画出的箭头。

6. 编辑曲线

主工具栏包括两种用于徒手绘制曲线的工具:绘制曲线工具和编辑曲线工具。要绘制曲线,首先选择绘制曲线工具,然后在绘图窗口中点击并拖动以获得需要的曲线。

在绘制一个曲线之后,常常要使用编辑曲线工具对其形状进行修改。选择编辑曲线工具并点击曲线,沿曲线会显示可使用的修改曲线的手柄,在对象周围移动手柄直到获得理想的形状为止,如图3-115所示。编辑曲线时,可点击并拖动手柄,也可以选择一条曲线,改变其大小、颜色以改善其外观,甚至将曲线变成箭头,如图3-116所示。

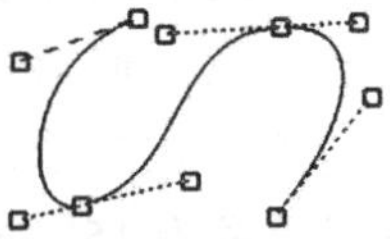

3-115 编辑曲线

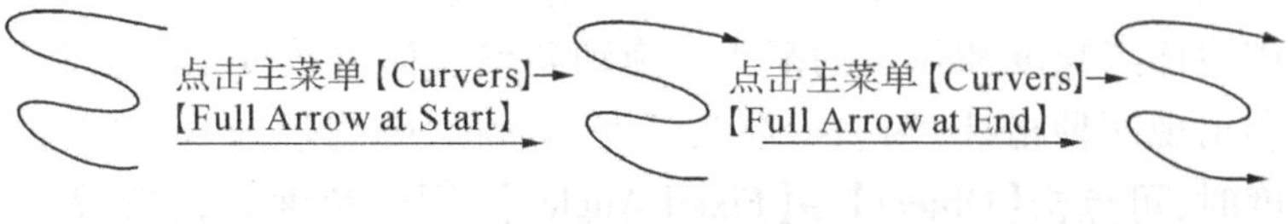

图3-116 曲线变箭头

7. 徒手绘制图形

曲线工具是创建任意形状的有力工具,可在曲线上应用包括颜色等方面的属性。例如,要创建一个任意形状,可先画一条曲线,点击【Curves】→【Closed】,再选择

(a) 封闭曲线填充效果 (b) 褪色及阴影效果

图3-117 曲线的填充、颜色属性

【Curves】菜单上的【Filled】(填充)、【Faded】(褪色)或【Shaded】(阴影)等命令为曲线添加更多的属性,如图3-117所示。

3.8.4　基本绘图工具

绘图工具提供了绘制图形的多种工具。绘图元件不是结构的一部分,如果在一个化学键、原子或原子标签上双击,绘图元件也不会被选择。要将绘图元件与结构组合,可使用对象菜单上的【Object】→【Group】(对象组合)命令。

某些绘图元件带可用的填充花样:Hollow(空心,没有填充花样)、Gray(灰度)及Black(黑色)。使用【Curves】菜单可改变方框、环、椭圆的类型。在使用任何类型的绘图元件时,信息窗口会显示元件相对于 *X* 轴的长度和角度。

(1)矩形方框。画一个矩形方框,可以选择一个方框工具,指针指向要放置矩形方框的位置,点击并拖动方框至需要的大小和形状。

(2)圆形和椭圆。画一个圆形或椭圆,可以选择一个圆形或椭圆工具,指针指向圆环中心的位置,从中心向外拖动画圆或椭圆。

(3)缩放与旋转。可以像修改箭头那样修改矩形、圆形或椭圆,其方法是:用绘图工具或选择工具指向图形中显示的调整手柄,点击并拖动手柄修改其形状。注意,圆环只有半径可以调整,而椭圆和矩形可以修改其长度和宽度。矩形还可用四个角上的手柄调整其长宽比例。

(4)3D视图。用结构视图工具可以在三维视图中旋转矩形、圆形或椭圆。当某个对象被旋转操作扭曲后,可在保存视图前,拖动调整点来修改其形状。

(5)画线。画线工具与画键工具有两个重要的不同点:一是画线工具画出的直线不具有任何化学意义;二是画线工具画出的线段可以交叉,而画键工具不可。在绘图元件工具栏上选择画线工具,指针指向线段的起始点,点击并拖动可画一条线段。

(6)画弧。弧线工具用于画一条不同角度的实弧线或虚弧线。画一条弧线的方法是:在主工具栏中选择绘图工具,在工具面板内移动到选定的角度;或选择绘图元件工具,在工具面板内移动到选定的角度。从左至右拖动创建一个凸起的弧,从右至左拖动创建一个凹下的弧。在画图的过程中,信息窗口显示两端的长度、角度(顺时针旋转)。

(7)编辑弧。使用画弧工具可改变弧的大小或旋转其角度,其方法是:选择一个画弧工具,指向要编辑的弧线上方,会显示三个拖动点——两个端点和一个中点,拖动弧的端点以改变其长度,拖动弧的中心点以改变其弧度。使用选择工具也可以改变弧的大小或旋转一定角度。

3.8.5　括号工具

括号是化学绘图中经常用到的一种符号,通常包括大括号"｛ ｝"、方括号"[ ]"和圆括号"( )"。主要括号类型如图3-118所示。

ChemBioDraw也提供了单括号。选择一个单括号工具,指向要画单括号的起始点,拖动从一端画到另一端可向任意方向画出单括号。

(1)画括号对。成对括号只能采取竖直取向,用一个矩形框定义它们的位置。画一个成对括号的步骤是:选择一成对括号工具,指向要画成对括号的矩形框的左上角,从矩形框的左上角拖动到矩形框的右下角。程序提供了大量的括号类型和各种变化,用于各种实际用途。

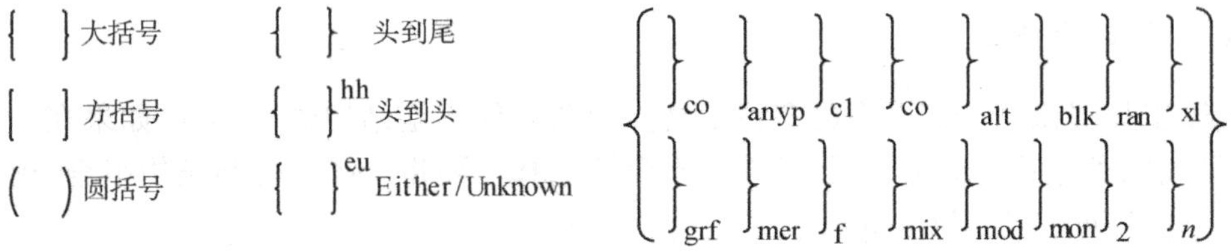

(a) 三类基本类型　(b) 三种重复样式　(c) 16种基本用法

图 3－118　括号的类型、样式与用法

(2)画脚注符号。脚注符号的大小与文本设置对话框中指定的标签字体成比例。画脚注符号的方法是:选择脚注符号工具,指向要画脚注的位置,点击放置脚注符号。

(3)框架对象。矩形框、大括号、方括号和圆括号可用来封装或组合结构。要封装绘制的对象,可以先选择一个封装工具,点击【Object】→【Add Frame】。

3.8.6　TLC 工具

薄层色谱(TLC)是有机化学中经常使用的一种实验手段,使用 TLC 工具▦,可方便地根据实验结果,在文档中绘制薄层色谱板。该工具创建一个带原点线的矩形板,溶剂在前方,有一条或更多的跑道,跑道上能够用不同形状、颜色、大小斑点表示不同的 R_f 值。创建 TLC 板的方法是:从主工具面板上选择 TLC 工具▦,从原点向任意方向拖出需要的道数(道数越多,TLC 图越宽),然后对其添加斑点、修改斑点、标注迁移率等,如图 3－119 所示。

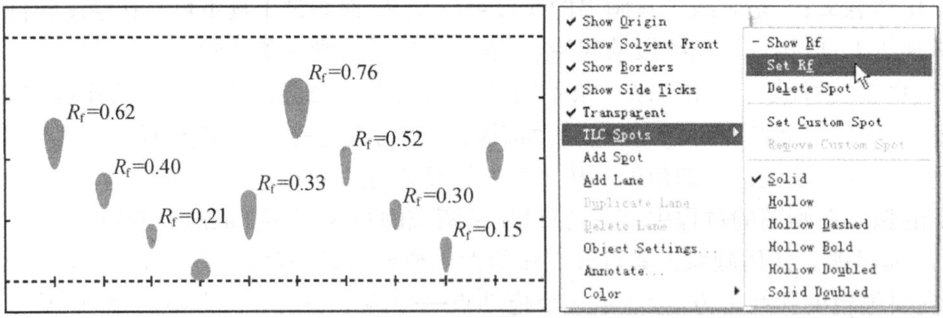

图 3－119　TLC 工具及其相关设置选项

可以按表 3－18 所示的方式对板内的各部分进行操作。

表 3－18　TLC 工具的操作说明

操作目的	操作过程
改变板的高度和宽度	拖动边或角
移动始点或溶剂前沿	点击并拖动原点或溶剂前沿的线
显示或隐藏原点、溶剂前沿、边框或两边刻度	单击右键,选择适当的操作。如果想在扫描板上覆盖 TLC 板,可使用透明选项

续表 3 - 18

操作目的	操作过程
改变跑道的边框	拖动起始点记号到新的位置
添加、删除或复制跑道	指针置于要删除或复制的跑道上(或要添加的两条跑道间),单击右键,选择适当的操作。也可使用擦除工具删除跑道
移动一个斑点	拖动斑点,拖动的过程中会显示 R_f 值
复制一个斑点	按下【Ctrl】键的同时拖动
删除一个斑点	用擦除工具点击斑点,若删除所有斑点则该跑道也被删除
显示或设置斑点 R_f 值	单击右键,指向 TLC 斑点,进行适当操作。要显示所有斑点的 R_f 值,单击右键
改变斑点样式和颜色	单击右键,选择适当的样式和颜色
放大或涂抹斑点	按下【Shift】键并拖动斑点。指针置于斑点上按下【Shift】键时,指针可能有三种显示状态,这取决于指针所处的位置: (1)交叉箭头。用于放大斑点 (2)水平箭头。用于加宽斑点 (3)竖直箭头。用于拉长斑点或画弯月形斑点

1. 显示 R_f 值

点击选择显示 R_f 值时,在斑点附近将出现一个显示斑点保留值的文本标签,默认状态下,该标签将显示到小数点后两位。可按下述方式改变该标签:①用套环或方框工具选择标签,拖动标签到新的位置;②用文本工具选择标签,再编辑 R_f 值。如果改变 R_f 值,斑点将移动到 R_f 指示的新位置。如果编辑 R_f 有不同的精度,则精度将会保留。

2. 改变斑点形状、大小和颜色

在指针指向斑点边缘时,可按下【Shift】键改变斑点的形状、大小。按下【Shift】键后指针位于斑点上时有三种类型的指针( )用于左右上下涂抹斑点。拖动斑点的左边或右边只能调整斑点的宽度,从顶部拖动只能调整其高度,从其他四个角拖动斑点则按比例改变三个值的大小。通过使用这些拖动的组合,可重新产生需要的任何(包括有拖尾的)斑点。

3.8.7 生物绘图工具

ChemBioDraw 提供了多种工具用于创建与生物相关的图。在本例中,用户会进一步熟悉 ChemBioDraw11.0 绘图工具的一般性能,以及各类箭头及绘图元素的使用,因为在生物路径图的绘制中可能会经常要使用这些工具。

生物绘图(BioDraw)工具栏包括绘制代谢路径、酶与底物等工具,默认时不会显示生物工具栏。要显示生物绘图工具栏,可点击【View】→【Show BioDraw Toolbar】。

1. 定制生物对象

某些 BioDraw 对象创建后可定制。要定制 BioDraw 对象,必须使用创建工具(表 3 - 19)。

表3-19 生物工具的使用

工　具	定制选项
1-Substrate Enzyme(1-底物酶)	酶"嘴"的大小
Receptor(受体)	宽
G-protein G-蛋白(伽玛亚基)	形状
Helix Protein(螺旋蛋白质)	绞合、圆柱及间隔的高和宽
DNA	螺旋高、宽,第二螺旋及间隔的偏移量
Membrane Line(膜(线))	亚基的大小(亚基的数目与其大小成反比)
Membrane Arc(膜(弧))	亚基的长度、弧度和大小
Membrane (Ellipse)(膜(椭))	亚基的大小
Micelle(胶束)	亚基的大小
Plasmid Map(质粒图)	增加/调整标记和区域
Ribosome(核糖体)	改变大小和颜色

下列工具不能定制:

2-Substrate Enzyme(2-底物酶)
G-protein, Alpha Subunit(G-蛋白、α-亚基)
Ion Channel(离子通道)
G-protein, Beta Subunit(G-蛋白、β-亚基)
Immunoglobulin(免疫球蛋白)
Golgi Body(高尔基体)
Endoplasmic Reticulum(内质网)
Mitochondrion(线粒体)
Cloud(暗影)
Resize, Color(调整大小、颜色)

一些标准形状,如圆、椭圆、箭头等,可以从绘图元件工具面板或箭头工具面板上添加。也可以用曲线工具创建定制形状。和绘图元件一样,可以用【Color】菜单改变对象的颜色,用【Curves】菜单改变线型及填充属性,也能选择对象后旋转、缩放对象。

生物对象也可通过点击或拖动等方式创建。点击给出默认形状和大小;拖动不仅改变对象大小,而且通过在 X 轴或 Y 轴方向上的拖动扭曲对象。线型对象则在拖动的方向上被拉长。膜工具和蛋白质工具(DNA 及螺旋)可按照拖动和显示的亚单位数添加更多的亚单位。

2. 线膜(Membrane Line)

选择线膜工具,在工作区内拖动或简单点击可画膜,大小为默认值。在确定膜的取向时,如果固定角选项(在【Object】菜单上)被选择,可限制其增量为15°,按下【Alt】键后则不受限制。线膜有调节手柄,当指针置于手柄上时,手柄成为双向箭头,向右拖动可增大膜的每个亚基的大小,向左拖动可减小膜的每个亚基的大小。当改变亚基的大小时,膜的长度仍保持不变。要改变膜的长度,可选择膜,拖动选择框的左(右)调节手柄,再次调整亚基的大小。

3. 弧膜(Membrane Arc)

弧膜工具类似于线膜工具,先沿直线拖动,再沿曲线拖动。弧膜工具有三个调节手柄:①起始点的手柄控制长度;②中点的手柄控制亚基的大小;③前沿手柄控制其弧度。

4. 螺旋蛋白质(Helix Protein)

创建螺旋蛋白质的步骤是:选择螺旋蛋白质工具,在工作区内拖动或简单点击可画默认大小的双螺旋。在确定蛋白质的取向时，如果参数设置中固定键角选项被启用，会限制其增量为 15°，操作时按下【Alt】键后则不受限制。螺旋蛋白质工具有四个调节手柄，分别用于调节螺旋的高、宽，柱面及间隔的宽，如图 3－120 所示。

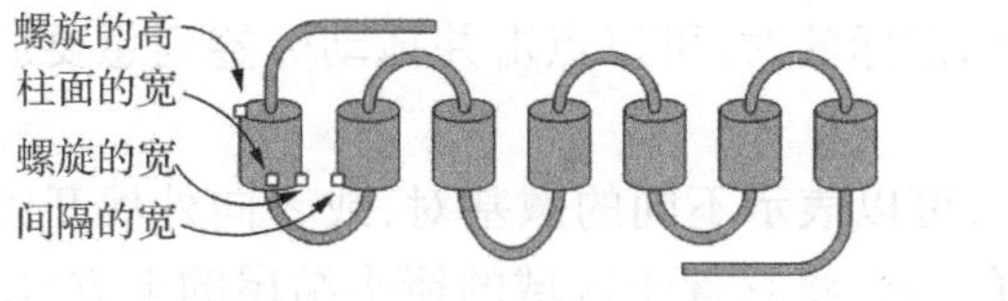

图 3－120　螺旋蛋白质

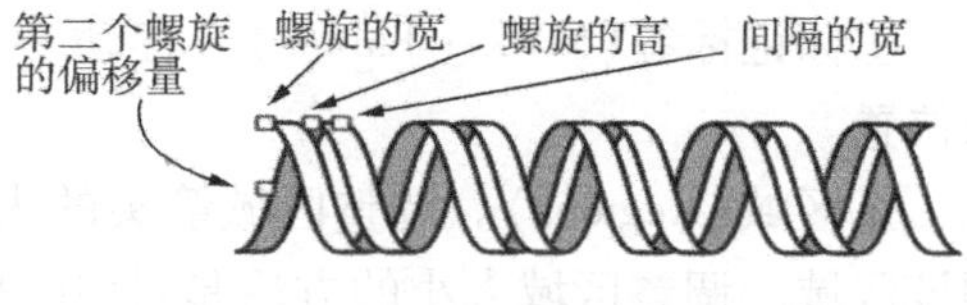

图 3－121　蛋白质 DNA 工具

5. DNA 分子

创建一个 DNA 分子时，首先选择蛋白质工具，在工作区内拖动或简单点击，可画默认大小的双螺旋。在确定蛋白质的取向时，如果参数设置中固定键角选项被启用，会限制其增量为 15°，操作时按下【Alt】键后则不受限制。DNA 也有四个调节手柄，分别用于调节螺旋的高、宽，第二个螺旋的偏移量和间隔，如图 3－121 所示。

可选择蛋白质或 DNA 螺旋中的单个残基，并用阴影、褪色、填充等颜色选项为其着色：①使用方框或套环工具，选择要着色的残基；②从【Color】菜单中选择要求的颜色；③在【Curves】菜单上，选择【Shaded】（阴影）、【Faded】（褪色）或【Filled】（填充）等。

6. tRNA

创建一个 tRNA 分子的步骤是：选择 tRNA 工具，点击并拖动直到 tRNA 对象大小合适为止。如果已画有一个 tRNA 分子，还可以按要求修改。

7. 核糖体 A 和 B

在 BioDraw 工具栏中有两种不同的核糖体工具和。在生物绘图（BioDraw）工具栏上，选择核糖体工具 A 或核糖体工具 B，再在文档窗口中点击并拖动，直到核糖体对象大小合适为止。也可以按要求修改已有的核糖体对象。

8. 质粒图（Plasmid Maps）

BioDraw 工具栏上包括唯一一个用于画质粒图的工具。使用时，首先输入碱基对数目，然后按要求添区域和标记。以下是画质粒图的基本步骤：

（1）创建质粒图。在生物绘图（BioDraw）工具栏上选择质粒图（Plasmid Map）工具，在绘图窗口的任何位置上单击，打开插入质粒图（Insert Plasmid Map）对话框，在对话框中输入质粒图的碱基对数目，点击【OK】，即可画出质粒图。

（2）增加区域。区域表示质粒中的碎片，可以添加许多区域（或完全不添加）到质粒图中。添加区域的步骤是：右键单击质粒图，在弹出菜单上选择【Regions】，出现区域（Region）对话框，在区域（Region）对话框中的文本框为碎片输入开始和结束的碱基对数目。例如，如果碎片包括从 1 到10 000的所有碱基对，在文本框中输入 1 和10 000。如果想在图中显示碎片开始和结束的碱基对数目，需勾选“Add Markers At Region Ends”，点击【Add】。要添加更多的区域，可重复以上步骤，完成后点击【OK】。

（3）添加标记。标记可以对质粒图中的碱基对进行注释。例如，若想标注一个特定的碱基对或碎片，可以对其添加标记。添加标记的步骤是：右键点击质粒图，在弹出菜单上选择【Markers】,出现 Markers(标记)对话框,在 Markers 对话框中的 Position(位置)文本框中输入要添加标记的碱基对编号,再在标签文本框中输入识别该标记的文本,点击【Add】,完成后点击【OK】。

(4)调整标记和区域。在绘制质粒图时,可以移动标记或调整区域的大小。

①标记标签(Marker Labels)。移动一个标记标签时,可以点击并拖动标签到想要放置的位置。

②区域(Regions)。调整区域箭头的大小,可以表示不同的碱基对,或者向外展开以强调该区域。调整区域大小的方法是:使用选择工具,将它置于区域的箭头结尾的上方,显示箭头调整手柄,指针变为双向箭头(↘),点击并拖动调整手柄以调整箭头的大小。要展开一个箭头时,可以在图中移动指针使其变为✥时,点击并拖动中间的手柄工具。

(5)增强的绘图。质粒图和创建其他图一样,也可以通过添加颜色、阴影、改变线度或者修改其文本以增强其外观的可视性。可以选择整个图或图中的一部分进行调整。

第 4 章

ChemBio3D的使用

ChemBio3D 是 ChemOffice2008 的重要组件之一，主要用于进行分子的模拟分析，用它可创建各种化学与生物模型。有了模型，就可以对模型分子进行结构优化，进而进行有关模拟计算，预测分子的各类性质，如静电势、键能、各类光谱等。还可满足用户在生物学及生物化学领域中的特殊需求。利用直观的菜单和方便的脚本界面接口，组合为强大的模型构建、性质分析和结构计算工具。ChemBio3D 提供了许多量化计算接口及独立的量化计算程序，其中包括著名的 MOPAC、Gaussian 等，这些量化程序将在本章稍后介绍。

4.1 ChemBio3D 简介

4.1.1 版本介绍

Chem & Bio 3D 11.0 家族产品目前包括三种版本：Chem3D Pro 11.0、Bio3D Ultra 11.0 和 ChemBio3D Ultra 11.0。这几款强大而通用的程序都有着独特的设计，适用于要求十分严格的化学和生物模型的创建与分子模拟计算。无论是研究蛋白质的三级结构，还是研究新聚合物的热力学性质，总有一款适合于用户的研究需要。

(1) Chem3D Pro 11.0。Chem3D Pro 11.0 中加入了大量早期版本中不曾有的新特性，可用于研究小分子的结构及其性质，如量子力学、反应性、热力学特性等。

(2) Bio3D Ultra 11.0。剑桥软件公司将 Bio3D Ultra 11.0 引入到 Chem & Bio Office 2008 中，以满足用户在生物学及生物化学领域的特殊需求。例如，使用 Bio3D 验证蛋白质的结合位点、分析 RNA 碎片，或观察任何实际的复杂生物模型。

(3) ChemBio3D Ultra 11.0。包含 Bio3D Ultra 11.0 和 Chem3D Pro 11.0 中的所有功能，本章将以该版本为主进行介绍。剑桥软件公司在这个版本中加入了著名的 Gamess、Gaussian、Jaguar 和 MOPAC 等高级量子力学计算程序或程序接口。

4.1.2 量化程序接口

(1) CS_MOPAC。MOPAC 是 Fujitsu 公司开发的，目前使用最广泛的半经验量化程序之一，可用于研究气体、溶液和固体的化学特性，包括 Gibbs 自由能、活化能、反应路径、偶极矩、非线性光学特性以及红外光谱等。MOPAC 的早期版本是作为免费软件发布的，2004 年后，MOPAC 原作者 J. J. P. Stewart 将其变成为商业软件并继续维护，目前最高版本为 MOPAC 2007。ChemBio3D 图形接口目前支持 MOPAC 2002。MOPAC 2002 又有两种主要版本:MOPAC Ultra 和 MOPAC Pro。在 ChemBio3D 的模型窗口中可直接运行 MOPAC Pro 程序,并通过模型结构的外观变化反映出计算结果。MOPAC Pro 可执行一些高级的能量最小化计算,对过渡态进行优化并计算各类性质。MOPAC Ultra 提供了对某些早期功能的支持,如 MOZYME 和 PM5 方法,但需作为插件单独购买。

(2)Gaussian。Gaussian 程序包是目前使用最为广泛的半经验计算和从头算程序之一。在 ChemBio3D 中提供了 Gaussian 程序接口,但 Gaussian 需单独购买安装。如果安装了 Gaussian,ChemBio3D 就可与它产生联系(没有安装 Gaussian,则在 ChemBio3D 中的【Gaussian】菜单是不可用的灰色)。ChemBio3D 可作为进行 Gaussian 计算的输入与输出的图形界面。利用 ChemBio3D 可创建 Gaussian 的输入文件,进行 Gaussian 计算,完成后,它又可用图形方式显示 Gaussian 计算结果。目前 ChemBio3D 11.0 与 Gaussian03 的 Windows 32 位版本是完全兼容的。

(3)Jaguar。Jaguar 是一种图形界面的快速进行从头算的高性能软件包。Jaguar 的速度和能力使它在一个合理的时间周期内可以研究比以往更大的体系,主要用于气相和液相模拟,特别适于处理含有金属的体系,是一种用于解决实际问题的量子力学工具。Jaguar 新的 ChemBio3D 界面只适用于 Windows GUI 平台。

4.1.3 新特性

ChemBio3D 11.0 作为一款功能强大的模型创建与模拟计算软件,在继承了其早期版本友好易用性的基础上,做了许多增强和改进,主要有以下几个方面的改进和提高。

(1)原子属性。新的原子属性表中增加了许多有关模型的新属性,不仅可在模型计算中使用,还能保存于模型中。在早期版本中,仅有少数属性可以使用;在新版本中,可选择基于计算结果的任何属性,包括 Chem3D 文件、用于薛定谔方程计算的 Maestro 文件格式,或自定义的其他属性。

(2)添加/删除孤对电子。在早期版本中只能显示或隐藏模型中的孤对电子,即使隐藏了它们,它们仍然是模型中的一部分;在 ChemBio3D 11.0 中,除了可显示或隐藏孤对电子外,还可以添加或删除孤对电子。

(3)定域与不定域电荷。ChemBio3D 11.0 在 ChemDraw 面板中可显示定域电荷,使用 MM2 力场计算后,将指针置于原子上方还可以显示每个荷电原子的离域电荷。此外,还实现了在开库勒式和离域结构间的芳香模型的转换。

(4)可调整键的大小。在 ChemBio3D 的早期版本中,在模型设置(Model Settings)对话框中所设置的键的大小可应用到整个模型中。在 11.0 版本中,新增了对单个键大小的设定,以帮助创建和调整模型结构。

(5)结构浏览器窗口。利用结构浏览器窗口可以快速浏览列表中的小分子及其属性,并在屏幕上观察模型。从结构列表中可选择需要的任何结构,并将它们拖到模型(Model)浏览器窗口中。同时,还支持在结构浏览器中打开 SDF 文件。

(6)模型浏览器的改进。ChemBio3D 11.0 模型浏览器提供了几种增强特性,可以利用简单的拖动将结构或碎片从一个位置移动到另一个位置。

(7)MMFF94 力场方法。除 MM2 外,在 ChemBio3D 11.0 中还包括了 MMFF94 力场的计算。MMFF94 更适合于对蛋白质及其他生物结构的能量计算。

(8)构建类型。ChemBio3D 11.0 提出了构建类型(Building Types)的概念,用于定义模型结构。每个原子都有指定的构建类型,用于定义其对结构的贡献。构建类型定义了几何结构、键角和键长。在早期版本中,MM2 原子类型用于定义模型结构,也用于预测分子性质。在这个版本中,MM2 (包括 MMFF94)仅用于执行能量计算,在构建模型时并不定义模型结构。

(9)ChemDraw 同步选项。这是一种连接预览的新功能,可以在 Chem3D 面板中选择模型碎片,以便在 ChemDraw 面板中只显示选择的碎片,在浏览聚合物及其他大分子的序列时十分有用。使用该功能的最好方法是:打开一个大分子,选择 Model Explorer 中的各类碎片,在显示模型碎片的 Chem3D 面板的同时,在 ChemDraw 嵌入面板中显示其结构。

(10)存储计算输出。ChemBio3D 11.0 允许复制输出窗口中的计算过程与计算结果到注释窗口,这样就可以保存模型的所有信息。此外,还支持 Microsoft Office 2007 及其组件。

4.2　ChemBio3D 基础

4.2.1　ChemBio3D 主界面

ChemBio3D 主界面(图 4-1)由模型窗口(工作区)、ChemDraw 面板、输出(注释)窗口、主菜单、各类工具栏等组成,还包括模型浏览器、结构浏览器、测量表等可收缩的对话框以及底部的状态栏。状态栏用于显示模型计算过程中的有关信息。

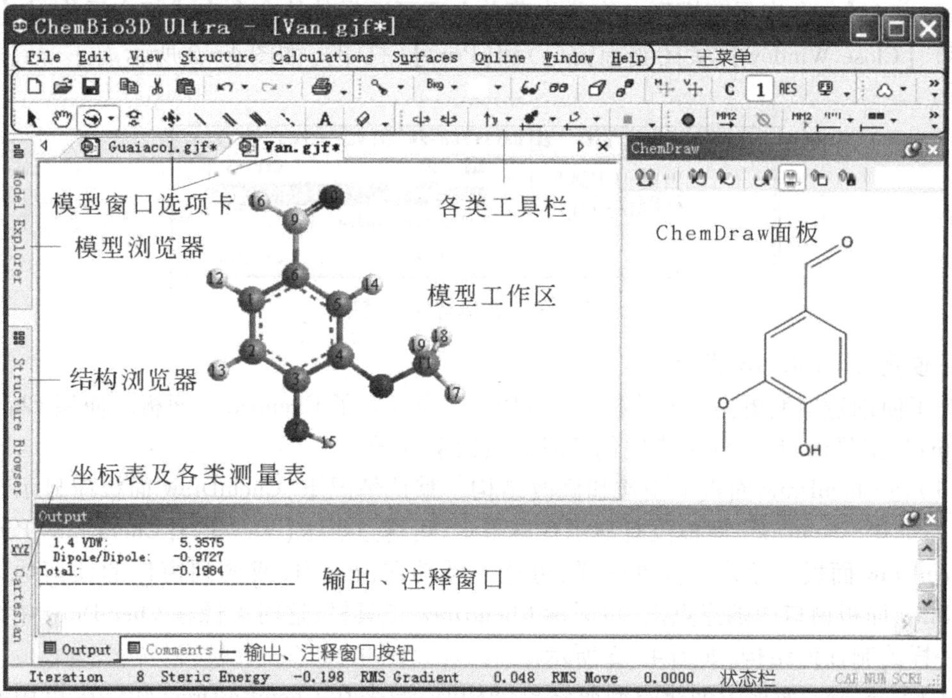

图 4-1　ChemBio3D 的主界面

1. 模型窗口

模型窗口是构建模型的工作区,可使用各类构建工具在该区域创建模型分子。模型窗口内可以构建多个模型分子,分别保存为不同的文件名,通过点击活动模型窗口选项卡可自由切换任何一个模型窗口为活动窗口。模型的计算结果等文本信息则显示在输出(Output)窗口或状态栏中。表4-1是对模型窗口中有关对象的说明。

表4-1 模型窗口中有关对象的说明

对 象	说 明
模型分子工作区 (Model Area)	观察、构建、修改和分析模型分子的工作区域,坐标原点(0,0,0)总处于窗口的中心,与模型的移动与缩放无关
模型分子活动窗口 (Active Window)	ChemBio3D 中可同时打开多个模型窗口,但只有一个是活动窗口,点击模型窗口选项卡可在多个模型窗口间切换

2. 创建模型

点击【File】→【New】(或按下【Ctrl】+【N】键,或点击工具栏上的新建图标),将在当前模型窗口的右边新建一个自动命名(文件名为"Untitled-*n*",*n* 为正整数)的空白模型窗口,接下来可使用各类模型创建工具,在新的模型窗口内创建模型分子。

3. 保存模型

新建文件名一般为"Untitled-*n*",为使以后使用时清楚明了,建议在新建文件后立即重新命名文件,方法是:在模型窗口顶部,右键单击模型窗口选项卡上的模型名,在弹出菜单上选择【Save As】命令来保存模型。在弹出菜单上还可选择其他命令完成相应操作,如【Save】(保存)、【Close Window】(关闭当前窗口)和【Print】(打印),如图4-2所示。

图4-2 新建与保存模型

4. 使用 ChemDraw 面板

为了使创建模型更为方便快捷,ChemBio3D 中嵌入了 ChemDraw 面板。使用 ChemDraw 的 ActiveX 工具面板,可以快速地创建或修改模型分子。

(1)在 ChemDraw 面板中创建和修改结构。默认情况下,ChemDraw 面板应显示在屏幕的右边,如果 ChemDraw 面板没有显示在屏幕上,可通过点击【View】→【ChemDraw Panel】激活 ChemDraw 面板。像其他工具一样,可让它浮动在窗口内,或放到窗口的任何地方。在 ChemDraw 面板窗口内随意点击,可激活 ChemDraw 工具栏,这时可像在 ChemDraw 中绘制结构图一样绘制任何结构,如图4-3所示。

在 ChemDraw 面板中创建模型或修改结构时,原来在 ChemBioDraw 软件中可用的所有操作在这里都可以使用。例如,可以通过输入化合物的名称、SMILES 字符串或利用 Name = Struct 功能创建模型。

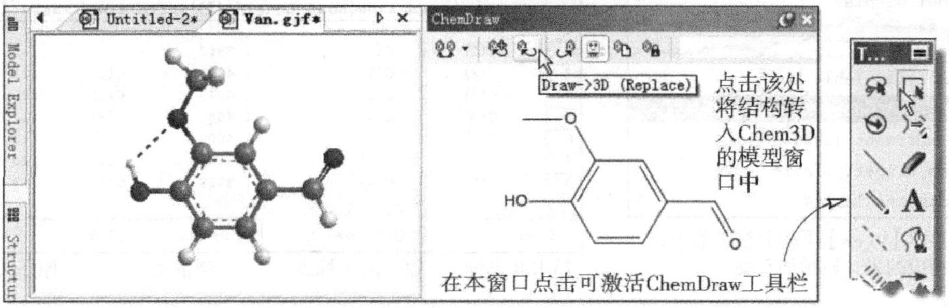

图 4 - 3　连接并激活 ChemDraw 面板

(2) Draw 转 3D 与 3D 转 Draw。绘制完毕后，点击图标按钮(Draw to 3D Add)或图标按钮(Draw to 3D Replace)，可将刚绘制的结构添加或替换到模型窗口中(图 4 - 3)。也可以利用(3D to Draw)将模型窗口中已有的模型转入到 ChemDraw 面板中进行修改。

(3) 连接窗口。ChemDraw 面板与 ChemBio3D 模型窗口的连接，可通过点击右边的下拉箭头进行选择设定，包括下列三种模式。

① Dual Link 模式(Dual Link)。ChemDraw 面板与模型窗口间的双向连接。在这种模式下，在一个窗口中修改的结构可自动在另一个窗口中更新。

② Preview Link 模式(Preview Link)。在模型窗口中选择了一个结构或结构的一部分时，选择部分也会出现在 ChemDraw 面板中。

③ Unlink 模式(Unlink)。ChemDraw 面板与模型窗口间没有连接。在检查多个大分子同步模式的特别有用。读者可试着打开一个包括许多碎片的模型文件，在 ChemDraw 面板与模型窗口同步时，通过模型浏览器变换选择各种碎片，ChemDraw 面板中显示的结构碎片在模型窗口中都被加以高亮显示。

当连接模式为 Unlink 时，使用 ChemDraw 面板顶部的(Draw to 3D Add)和(Draw to 3D Replace)这两个按钮，可以将 ChemDraw 面板中的结构添加或替换到模型窗口中的结构对象；使用(3D to Draw)按钮可将模型窗口中的结构显示在 ChemDraw 面板中，而在 ChemDraw 面板中任何结构都会被替换。

5. 模型信息参数表

模型信息表内含有关于模型详细信息的一组数据表，它们与模型结构有着密切的联系，这些表可从【View】菜单命令中调出(图 4 - 4)。

(1) Cartesian Table(笛卡儿坐标表)。用于描述原子的 X、Y、Z 坐标位置。

(2) Internal Coordinates Table(原子内坐标表，或 Z - 矩阵表)。内坐标是对模型分子进行计算时经常采用的一种坐标系。

(3) Atom Property Table (原子属性表)。显示模型中每个原子的计算属性。

(4) Measurement Table(测量表)。用于显示键长、键角、二面角等结构数据。

(5) Parameter Tables(各类参数表)。其中包括各类内部和外部参数表。

在模型窗口中选择原子和键时，其键长、键角或二面角的数据都会显示在测量表中，原子内坐标及笛卡儿坐标分别显示在原子内坐标表及笛卡儿坐标表中。这几个表处于同一显

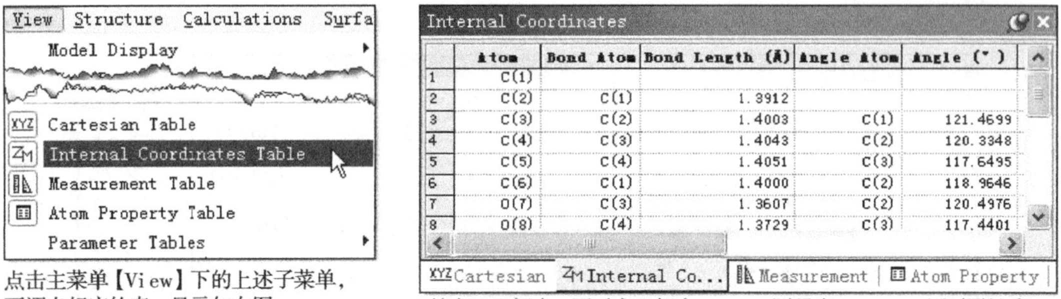

点击主菜单【View】下的上述子菜单，可调出相应的表，显示如右图

笛卡儿坐标表　原子内坐标表　测量表　原子属性表

图 4－4　模型的各类信息表

示区域，因而不可能同时显示，始终只有一个表处于激活状态，可通过点击下部的表标签来切换。表中选中的项目（包括键长、键角或二面角等）在模型窗口中都会以高亮显示，反之模型窗口中选择的原子或键对应的键长、键角等数据也会在表中反衬显示。

可以编辑修改这些表，或从其他文本文档（如文本文件或 Excel 表单）中将数据粘贴到这里，编辑修改后的结果将立即在模型窗口的结构显示中反映出来。根据需要，所有的表都可通过单击表标签，在弹出菜单中选择【Auto Hide】自动隐藏选定的表。

必须注意的是，其中有许多的内部或外部参数表，非专业用户一般不要修改，因为这些参数大多是根据实验结果拟合得来的，比如“MM2 Atom Types”表、“MM2 Constants”表等分子力学计算需要使用的参数表。

6. 输出窗口与注释窗口

在模型窗口下方是输出窗口（Output）与注释窗口（Comments），输出窗口中显示模型迭代计算过程中产生的数据或结果，注释窗口用于帮助用户保存关于模型的任何注释信息。当保存并关闭文件时，注释窗口的内容会随模型数据一起保存，但输出窗口的内容则不会保存。如果需要保存输出窗口的内容，可在输出窗口内单击右键，在弹出菜单中选择【Select All】，再单击右键，从弹出菜单中选择【Copy to Comments】，即可将其复制到注释窗口内，如图 4－5 所示。

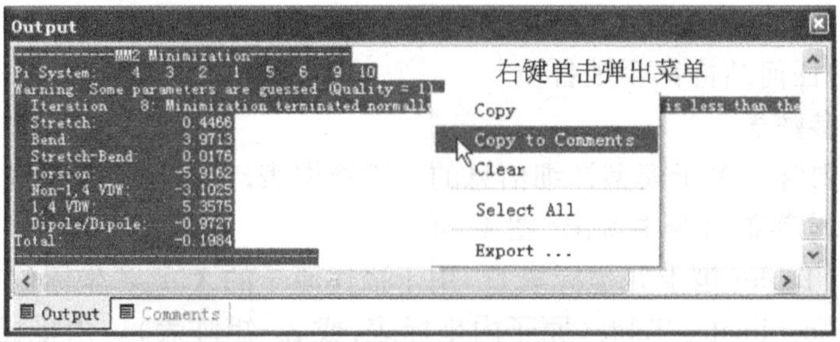

图 4－5　输出窗口与注释窗口

7. 模型浏览器与结构浏览器

模型浏览器采用树形形式分级显示模型结构，在处理像蛋白质这类复杂分子时十分有用。这种分级树状控制结构，非常便于以展开或收缩的方式观察用户关注的内容。在链和碎片的层次上，能准确控制原子和键的显示模式和颜色，方便读取和改变原子和键的属性。在任何层

次上都可以使用其显示/隐藏/高光等特性,并用颜色加以标记,以便随时跟踪模型的修改。

如图 4－6 所示,采用模型浏览器(Model Explorer)和结构浏览器(Structure Explorer)观察模型窗口中的三个分子(Acetovanillone Bromide、Vanillin 和 Acetovanillone)的结构。对多分子模型而言,利用模型浏览器还可方便地选择单个分子。

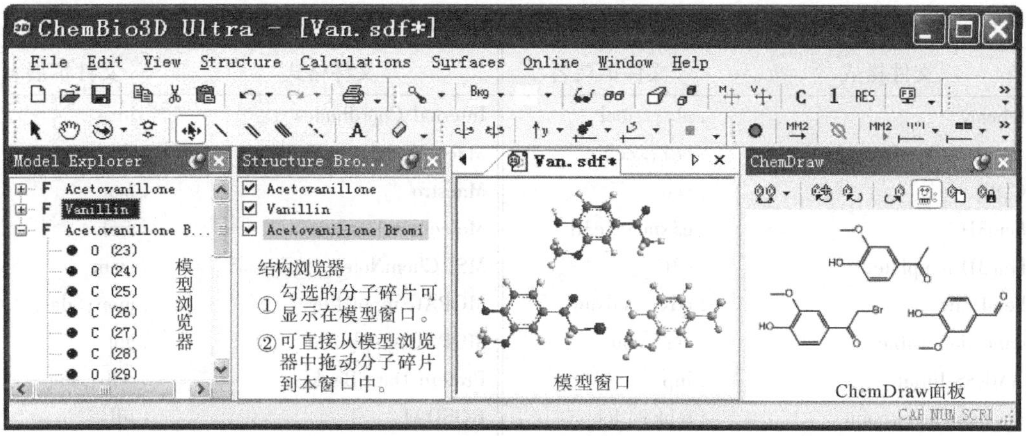

图 4－6　模型浏览器与结构浏览器

4.2.2　菜单命令

ChemBio3D 中的菜单命令大多都能从工具栏中找到,工具栏提供了菜单上绝大多数常用功能的快捷按钮。初学者一般习惯从菜单上寻找命令,这里对菜单命令作一简单介绍。

1. 文件菜单

文件菜单【File】主要包括与文件的创建、保存、导入、导出、打印等操作有关的命令(图 4－7a)。文件菜单中的大多菜单命令与 Windows 程序一致。

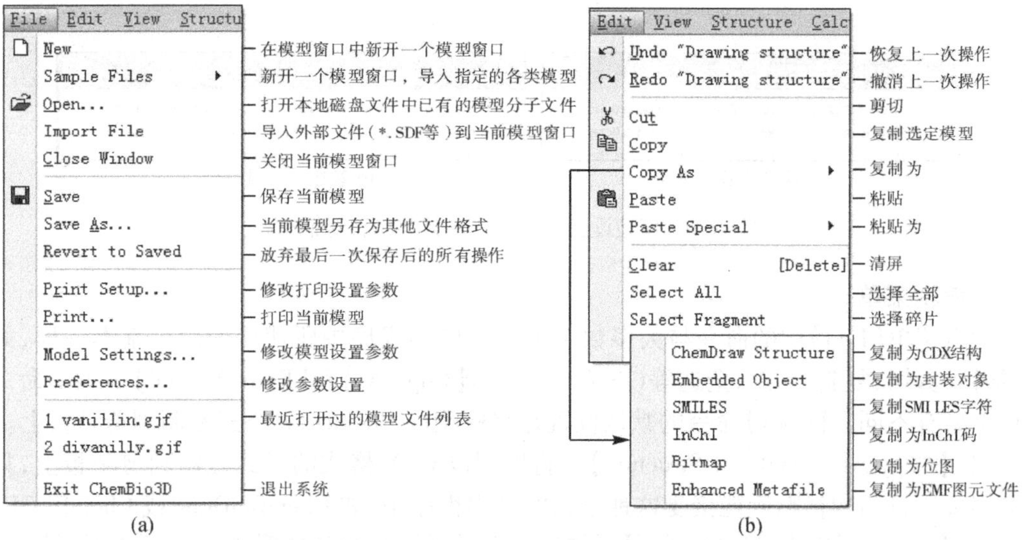

图 4－7　文件菜单与编辑菜单

(1)【Sample Files】(示例文件)。用于打开一个模型窗口,导入有代表性的各类模型,包括 Bio(生物的)、Drug(药物的)、Inorganic(无机的)、Nano(纳米的)等各类简单或复杂的模型分子。

(2)【Open】(打开)。用于打开已有的模型分子文件,可以打开的文件类型见表 4-2。

表 4-2 ChemBio3D 支持的格式文件

文件格式	文件扩展名	文件格式	文件扩展名
Alchemy	. alc; . mol	Internal Coordinates	. int
Cartesian Coordinate	. cc1;. cc2	MacroModel	. dat;. out
CCDB	. ccd	Maestro	. mae
Chem3D	. c3xml; . c3d	Molecular Design	. mol
Chem3D template	. c3t	MSI ChemNote	. msm
ChemDraw	. cdx; . cdxml	MOPAC input file	. mop;. dat;
Connection Table	. ct; . con	MOPAC graph file	. gpt
GAMESS Input	. inp	Protein Data Bank	. pdb;. ent
Gaussian Checkpoint	. fchk; . fch	ROSDAL	. rdl
Gaussian Cube	. cub	Standard Molecular Data	. smd
Gaussian Input	. gjc; . gjf	SYBYL MOL	. sml;. sm2

(3)【Model Settings】(模型设置)。单击【File】→【Model Settings】,弹出 Model Settings 对话框窗口,用户可在其中修改如图 4-8a 所示各选项卡的默认设置。

(4)【Preferences】(参数选择)。单击【File】→【Preferences】,弹出参数设置对话框窗口,该窗口中包括了如图 4-8b 所示的各类参数设置选项卡,如【General】(一般设置)、【GUI】(图形界面设置)、【Popup Info】(弹出信息设置)、【ChemDraw】(面板设置)、【File】(文件设置)及【Dihedral Driver】(二面角驱动器设置)等。这些参数的设置将直接影响 ChemBio3D 中的许多操作,在后续章节中涉及时再作详细介绍。

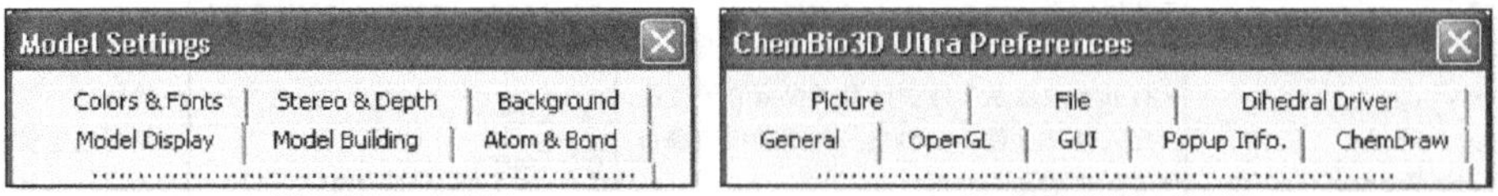

(a) 模型设置对话框 (b) 参数设置对话框

图 4-8 模型设置对话窗口与参数设置对话窗口

2. 编辑菜单

编辑菜单【Edit】中的命令与大多数 Windows 应用程序中所使用的命令基本一样,如恢复、撤销、剪切、复制、粘贴、全选等(图 4-7b),但【Copy As】和【Paste Special】等菜单命令在使用上略有不同。【Copy】命令的默认设置是将模型以 ChemDraw 格式复制到剪贴板上。

(1)【Copy As ChemDraw Structure】。将模型以 CDX 格式的形式复制到剪贴板上,只能从剪贴板上将结构粘贴到能接受这种格式的应用程序中,如 ChemBioDraw 或 ChemBio3D。

(2)【Copy As Embedded Object】。将模型以一个封装对象的形式复制到剪贴板上,从剪贴板上可以将封装对象粘贴到能接受封装对象的应用程序文档中,如可将 ChemBio3D 模型作为封装对象粘贴到 Word 文档中。在 Word 文档中使用该对象就像在 ChemBio3D 中使用一样。

(3)【Copy As SMILES】。将模型以 SMILES 字符串格式的形式复制到剪贴板上,只能从剪贴板上将结构粘贴到能接受这种格式的应用程序中。SMILES 字符串是一种表示分子结构的文本字符串,如苯的 SMILES 字符为“C1 = CC = CC = C1”。

(4)【Copy As InChI】。InChI(International Chemical Identifier)是 IUPAC 制定的一种化学结构的唯一识别码。将模型以 InChI 码的形式复制到剪贴板上,再从剪贴板上将 InChI 码粘贴到能接受 InChI 码的应用程序中,若粘贴到其他文本文件中则只能得到 InChI 码,如 Microsoft Word 文档中粘贴苯的 InChI 码后,得到的只是一长串字符“InChI = 1/C6H6/c1 - 2 - 4 - 6 - 5 - 3 - 1/h1 - 6H/i1 - 12,2 - 12,3 - 12,4 - 12,5 - 12,6 - 12”。

(5)【Copy As Bitmap】。将模型以位图格式的形式复制到剪贴板上,只能从剪贴板上将结构粘贴到能识别位图格式的应用程序中。例如,不能将 ChemDraw 结构粘贴到 Microsoft Word 文档中,只能粘贴其位图。

(6)【Copy As Enhanced Metafile】。Enhanced Metafile(EMF)是微软公司为了弥补使用 WMF 的不足而开发的一种 Windows 32 位扩展图元文件格式,也属于矢量文件格式,其目的是使图元文件更加容易接受。

(7)【Paste Special】。当从一个文档粘贴 ChemBio3D 模型到另一个文档时,利用这种粘贴可保持其在模型窗口中的坐标不变。

(8)【Select Fragment】。如果已经选择了一个原子,则该原子所属碎片也被选择。

3. 视图菜单

视图菜单【View】(图 4 - 9)上的命令用于控制各类工具面板、图表、模型窗口的显示与隐藏。

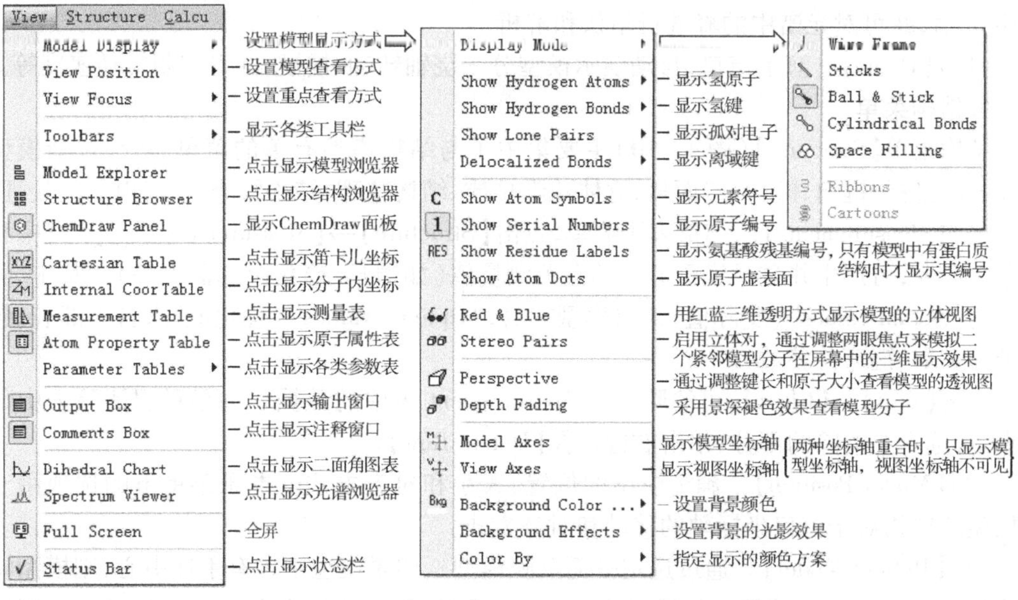

图 4 - 9　视图菜单及其模型显示子菜单

(1)【Model Display】。模型显示菜单,提供了各种模型显示的选项。

(2)【View Position】。视图定位子菜单,提供居中、分散与轴对齐的可选项。

(3)【View Focus】。定义了一组原子,用于保持对正在处理部分的跟踪观察。

(4)【Toolbars】。决定是否显示指定的工具栏,包括标准工具栏、构建工具栏、模型显示工具栏、表面显示工具栏、计算工具栏和状态栏等。点击【View】→【Toolbars】,可激活需要使用的工具栏。可通过拖动方式将工具栏拖到窗口的任何一边。对浮动工具栏,也可通过拖动它的任一边缘来改变其外观。根据需要,可以把工具栏从屏幕顶部分离并拖动到任何地方。分离工具栏的方法是点击并拖动模型窗口最左边的边框,再点击并拖动其标题栏移动到屏幕的任何位置。大多工具栏命令在菜单中也能找到,很少使用的命令,可直接从菜单命令中选择。

(5)【Model Explorer】。点击显示模型浏览器。

(6)【Structure Browser】。点击显示结构浏览器。

(7)【ChemDraw Panel】。点击显示 ChemDraw 面板。

(8)【Cartesian Table】。点击显示笛卡儿坐标表。

(9)【Internal Coor Table】。点击显示分子内坐标表。

(10)【Measurement Table】。点击显示测量表。

(11)【Atom Property Table】。点击显示原子属性表。

(12)【Parameter Tables】。点击显示各类参数表。

(13)【Output Box】。点击显示输出窗口。

(14)【Comments Box】。点击显示注释窗口。

(15)【Dihedral Chart】。点击打开二面角图表和二面角驱动器窗口,显示二面角驱动器中的 MM2 计算结果,可直观查看二面角的改变对体系能量的影响。

(16)【Spectrum Viewer】。点击打开光谱浏览器窗口,可显示计算得到的 IR、UV 和 NMR 光谱,并可对光谱中的峰进行指认和解析。

(17)【Demo】。演示窗口,自动演示模型分子绕轴转动、摇摆,并可控制转动速度等。

4. 结构菜单

结构菜单【Structure】(图 4-10)主要集中了与结构模型有关的菜单命令,包括模型中的原子内坐标,键角、键长、二面角,立体化学性质,结构整理,结构检查,孤对电子的处理等。

(1)【Measurements】。测量表子菜单,点击【Structure】→【Measurements】→【…】中相应子菜单命令,可产生并显示模型分子的有关测量值(如键长、键角及二面角等)。其中,测量表中的“Actual values”(实际值)来自模型本身,“Optimal values”(优化值)来自外部表(包括键伸缩参数、键弯曲参数)。

点击【Edit】→【Clear】,可清除整个 Measurement 表中的数据。如果只想清除表中部分数据,可选定要清除的部分,单击右键选择【Delete Row】。

(2)【Model Position】。确定模型的位置、大小和对齐方式。本子菜单下的选项用于调整模型结构相对于窗口坐标轴的移动和对齐方式。

(3)【Reflect Model】。通过选定平面反映模型。如果模型中含有手性中心,则模型将转变为其对映体。ProR 位置上的原子变为 ProS,而 ProS 位置上的原子变为 ProR。分别通过 XY、XZ、YZ 面反映模型。

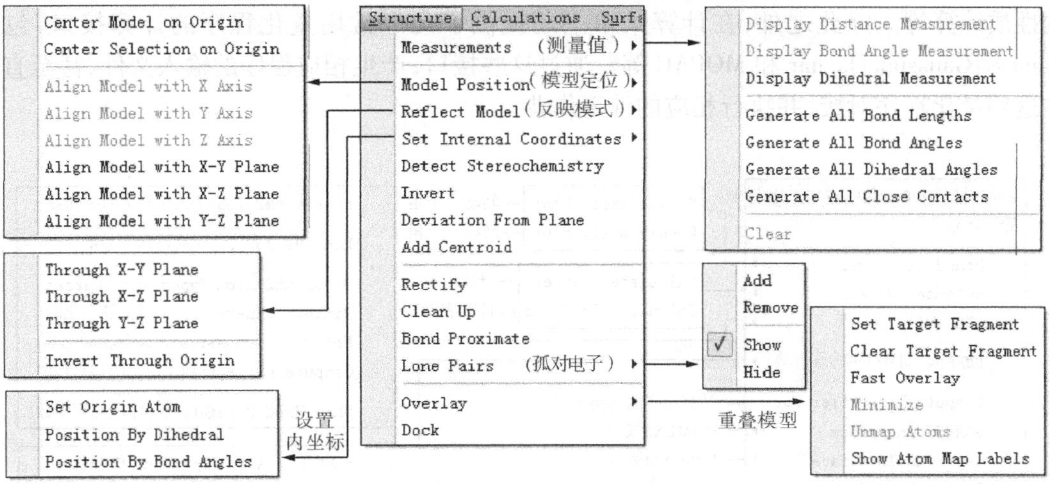

图 4－10　结构菜单及其子菜单

(4)【Set Internal Coordinates】。设置内坐标子菜单。①【Set Origin Atom】。设置选定原子作为内坐标的原点,其他原子以该原子位置定位。②【Position By Dihedral】。利用二面角来定位原子。③【Position By Bond Angles】。利用键角来定位原子。

(5)【Detect Stereochemistry】。检查立体化学性,在输出窗口中给出立构中心。

(6)【Invert】。转换异构形式,从 *cis-* 转为 *tran-*。可选择立构中心使用 Invert 命令。

(7)【Deviation From Plane】。偏离平面,当选择了 4 个或 4 个以上的原子时,该选项将在输出窗口中输出偏离平面的大小(详见 4. 6. 10 节)。

(8)【Add Centroid】。添加矩心到选定的模型或模型碎片中,至少应选定两个原子。矩心和“键”合到的选定原子都将被显示,且能够观察到“键”长。要删除矩心,可选定后按下【Delete】或退格键。注意,不可添加矩心到选定原子多于 12 个原子的模型中。

(9)【Rectify】。校正,常用氢原子为一个原子填补未饱和的化学价。该命令只在模型设置(Model Settings)对话框中,默认设置“Automatic Rectification”处于关闭时有用。

(10)【Clean Up】。在构建具有张力的环体系时,用该命令修正不合理的键长和键角。

(11)【Bond Proximate】。最近的成键距离。如果两个原子靠近到足够键合的程度时,该选项将在两个原子间产生一个共价键。点击【File】→【Model Settings】→【Model Building】,移动滑块指定两个原子间成键的最大距离。

(12)【Lone Pairs】。添加或删除孤对电子,也可在添加后隐藏或显示孤对电子。

(13)【Overlay】。重叠命令,用于通过添加第一个碎片到第二个碎片上来比较模型窗口中的碎片。有两种可能的重叠方式:快速重叠和最小化重叠。

(14)【Dock】。使用该命令可将一个碎片放置到和第二个碎片要求有一定取向和距离的地方。每个碎片在接近时都保持其刚性。

5. 计算菜单

计算菜单【Calculations】(图 4－11)用于执行各类结构计算,包括选定结构中的单个和两个二面角执行二面驱动器运算,对结构进行构象分析,利用扩展休克尔理论进行电荷计算和表面计算。使用 MM2 对分子做能量最小化计算、几何构型的优化、分子动力学分析和结构性质计算等。除此之外，在计算菜单上还提供了几个常用量化程序的计算接口，包括 Gamess、Gaussian、Jaguar 和 MOPAC 等。通过这些接口，产生相应程序的输入文件，甚至直接与这些量化程序对接，并执行相应的计算作业。

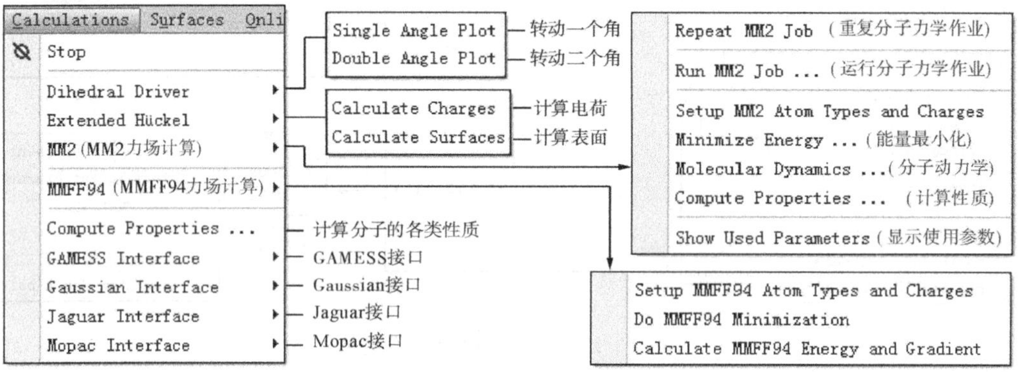

图 4－11 计算菜单及其子菜单

6. 表面菜单

表面菜单【Surfaces】(图 4－12)用于显示计算得到的各类表面视图，如总电荷密度表面图、分子轨道表面图等各类表面。点击【Surfaces】→【Choose Surface】→【Total Charge Density】，可查看总电荷密度图；点击【Surfaces】→【Display Mode】，再选择不同的显示模式可得到不同显示效果的总电荷密度图。

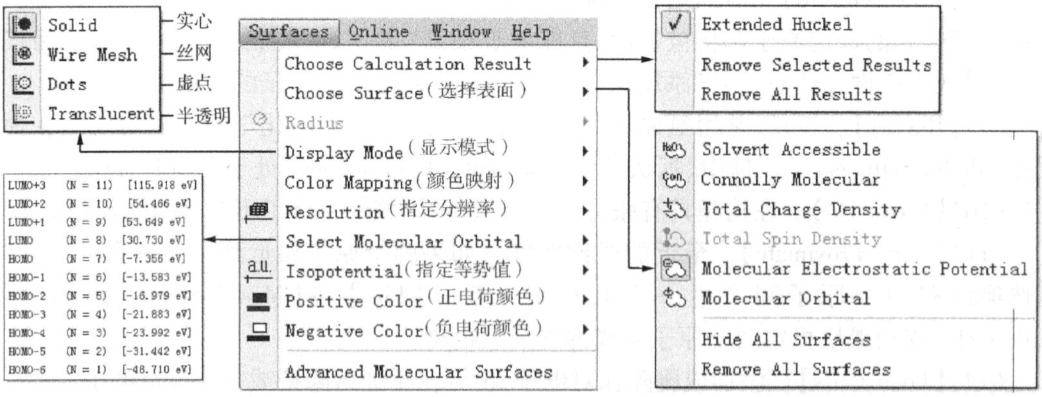

图 4－12 表面菜单及其子菜单

4.2.3 工具栏

ChemBio3D 有六类工具栏(图 4－13)，它们是菜单命令另一种更方便的使用形式。前面介绍的菜单上的大多数命令都可以直接点击这些工具栏上的按钮得以执行。

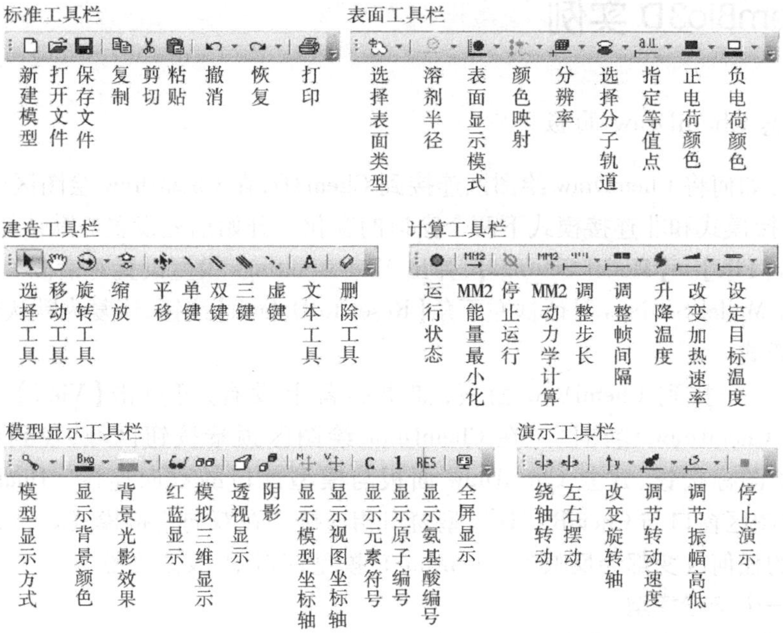

图 4-13 各类工具栏上的按钮

(1)标准工具栏。标准工具栏的按钮对应于【File】和【Edit】菜单的相应菜单命令。

(2)建造工具栏。建造工具栏的这些工具不包含在任何菜单中。其中,有关模型操作的工具是用户必须首先熟悉的重要工具。旋转工具栏提供方便的旋转方式,要旋转一个模型,可按下述方式操作:①选择跟踪工具来激活旋转模式。②点击并拖动旋转工具棒到模型窗口的任何位置。右边的旋转棒是相对于键的旋转,只有在键或二面角被选择时才能被激活。在主窗口中拖动可自由旋转图像,处于手动旋转模式时,指针变为手形。

(3)模型显示工具栏。模型显示工具栏上的这些工具在【View】菜单中均可找到。

(4)表面工具栏。表面【Surfaces】工具栏包括计算和显示模型表面的工具,分子表面可提供整个分子的信息,如通过结构显示提供原子和键信息一样。表面显示类型有总电荷密度、分子轨道等。显示模式有实心、丝网、虚点和半透明。此外,还有调整表面颜色、选择分子轨道、调整分辨率、调整等电荷面等工具。

(5)计算工具栏。计算【Calculations】工具栏上有两类:执行 MM2 计算作业的按钮和指示计算状态的按钮。执行 MM2 能量最小化计算的工具包括 MM2 能量最小化计算、中止计算、MM2 动力学计算、调整步长、调整帧间隔、升降温度、改变加热速率、设定目标温度等。

(6)演示工具栏。利用演示【Demo】工具栏,可以在三维空间内以转动或摆动的方式动态观察模型。可用于改变旋转轴、调整速度大小、调整振幅高低。

4.3 ChemBio3D 实例

4.3.1 熟悉 ChemDraw 面板

本例练习如何将 ChemDraw 绘图区连接到 Chem3D，在 ChemDraw 绘图区中绘制苯酚结构，观察在连接模式和非连接模式下两个窗口的变化。开始前先设置好默认值：

（1）点击【File】→【Model Settings】，弹出 Model Settings 模型设置对话框。

（2）点击 Model Settings 对话框左下角【Reset to Default】按钮，恢复为默认值。

1. 连接模式

画结构前，先找到 ChemDraw 面板，如果屏幕上没有，可点击【View】→【ChemDraw Panel】，打开 ChemDraw 绘图区。在 ChemDraw 绘图区顶端按钮区域，找到图标（Dual Link），点击该图标按钮，建立 ChemDraw 面板与模型窗口的双向连接。Dual 的意思是将 ChemDraw 绘图区窗口与 ChemBio3D 模型窗口相连接。在双向连接模式下，ChemDraw 绘图区窗口中的任何改变都会反映到 ChemBio3D 模型窗口中，反之亦然。

2. 创建一个苯酚模型

（1）点击【File】→【New】，打开一个新模型窗口。

（2）点击【View】→【ChemDraw Panel】打开 ChemDraw 绘图区。

（3）在 ChemDraw 绘图区内随意点击，出现 ChemDraw 工具面板，如图 4－14 所示。

（4）选择工具面板上的苯环工具，在 ChemDraw 绘图区上点击放置苯环。

（5）选择工具面板上的单键工具，从苯环某个 C 上画出一个单键。

（6）指向单键的末端，键盘输入小写字母“o”，将甲基变为羟基，即得苯酚分子。

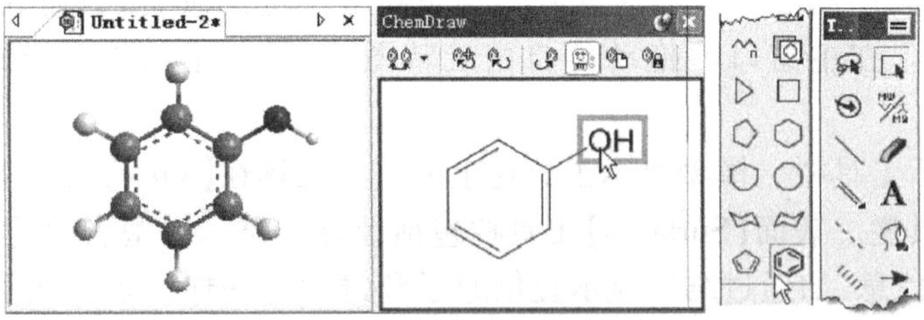

图 4－14 在 ChemDraw 面板绘制苯酚结构并在模型窗口中显示

3. 非连接模式

在连接模式 Dual Link 下，ChemDraw 结构会自动在 ChemBio3D 模型窗口中转化为 3D 形式。读者可试验点击 Preview Link 和 Unlink，比较两个模式下窗口中的变化情况。若处于 Unlink 模式下，可通过点击（Draw to 3D Add，添加）或（Draw to 3D Replace，替换），以及（3D to Draw）按钮在两个窗口间复制模型，可用按钮整理结构或反应，用按钮清除所有结构，用按钮锁定结构（锁定后不能再进行编辑）。

4.3.2 使用画键工具和旋转工具

本例练习使用画键工具创建乙烷模型、乙烯模型及环己烷模型,使用旋转工具旋转模型,利用选择工具查看键的属性。此外,还练习添加或隐藏氢原子,显示、修改原子编号等操作。

1.创建乙烷模型

点击单键工具╲,在模型窗口内点击向右拖动释放鼠标,在模型窗口内将出现乙烷的模型分子。若使用的是默认设置,则氢原子会自动添加并显示出来,如图4-15所示。

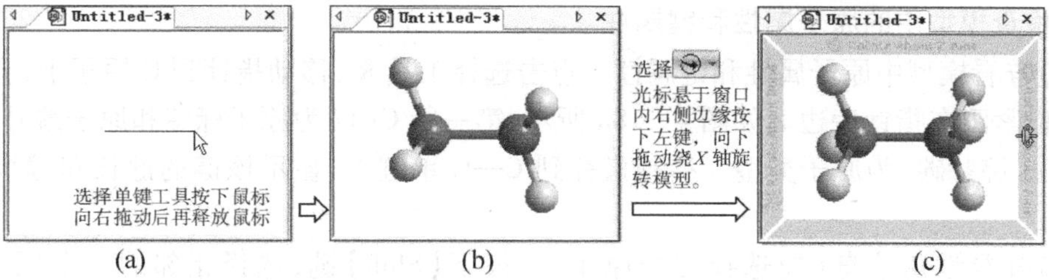

图4-15 使用单键工具创建乙烷模型并绕X轴旋转乙烷模型

2.旋转模型分子

使用跟踪工具对模型进行旋转,查看模型分子的三维外观。旋转有三种方式:自由旋转、绕$X(Y,Z)$轴旋转和绕键轴旋转。

(1)自由旋转。点击跟踪工具,鼠标指向模型窗口内,按下鼠标左键向任意方向拖动指针旋转模型分子。注意,跟踪工具只旋转观察的角度,不会改变原子的笛卡儿坐标。

(2)绕坐标轴旋转。当指针移动到模型窗口内侧边缘时出现旋转工具(图4-16)。拖动旋转工具使模型分子绕坐标轴(如X轴)转动,如图4-15c所示。旋转过程中为便于观察,可点击按钮1显示原子编号。注意,这些旋转工具只有在使用跟踪工具时才可用。

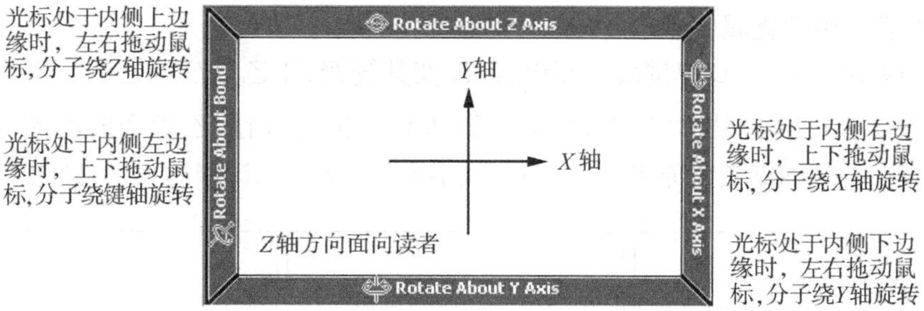

图4-16 旋转模型时的坐标轴

(3)绕键轴旋转。用选择工具选择模型分子中需要旋转的键,再选定跟踪工具,在模型窗口内侧左边缘的旋转工具条上点击并拖动,模型分子将按选定的键轴旋转(图4-17)。

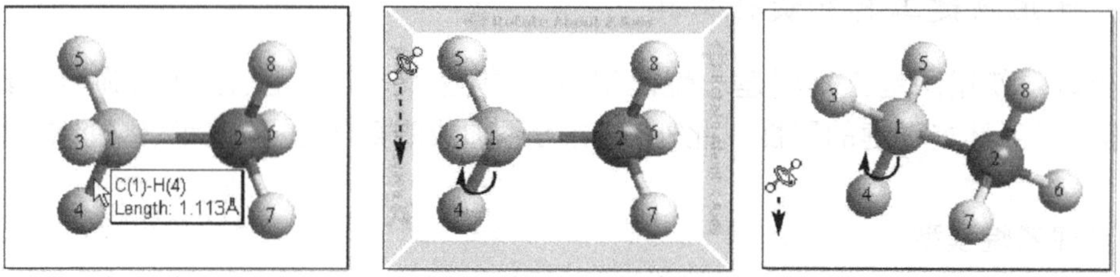

(a) 选择一个键 (b) 光标置于内侧左边边缘向下拖动，整个模型绕键轴旋转

图 4－17 绕乙烷模型中的 C1—H4 键轴旋转

3. 检查模型中的原子属性和键属性

（1）查看模型中原子属性和键属性。点击选择工具，移动指针到 C 原子上，会有一个信息窗口紧跟在指针旁边。如图 4－18a 所示，第一行 C(1)为原子标签和原子编号，第二行 C Alkane（烷基碳）为原子类型。移动指针到 C—C 单键上，显示该键的键长和键级（图 4－18b）。

（2）查看键角信息（应选择三个原子）。按下【Shift】键，选择相邻的三个原子（C2—C1—H3），指向选择的任何一个原子或键，将显示选择的键角（图 4－18c）。

（3）显示二面角信息（应选择四个原子）。按下【Shift】键，选择相邻的四个原子（H3—C1—C2—H8），指向所选择的任意部分，将显示由四个原子组成的二面角（图 4－18d）。

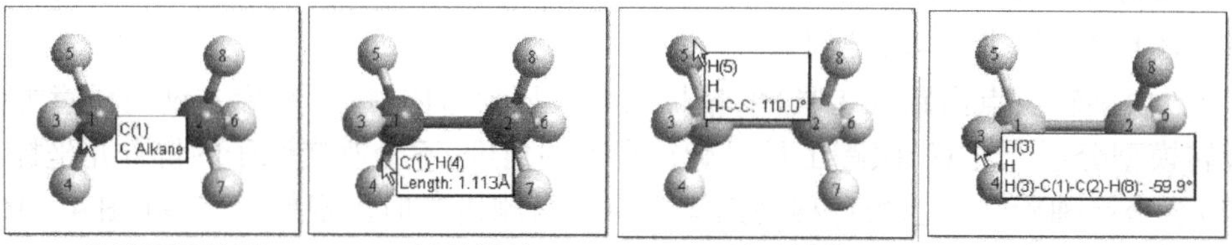

(a)显示原子类型 (b)显示键长 (c)显示键角 (d)显示二面角

图 4－18 显示原子属性和键属性

4. 修改模型中的键属性

将乙烷模型中的 C—C 单键改为双键，即改变其键级，则乙烷变为乙烯。方法是：点击双键工具，按下鼠标左键从 C(1)拖动到 C(2)再释放鼠标按钮，乙烷变成乙烯，指针指向 C(1)—C(2)键，发现该键长由原来的 1.523Å 减小为 1.338Å，即键级增大了，如图 4－19 所示。

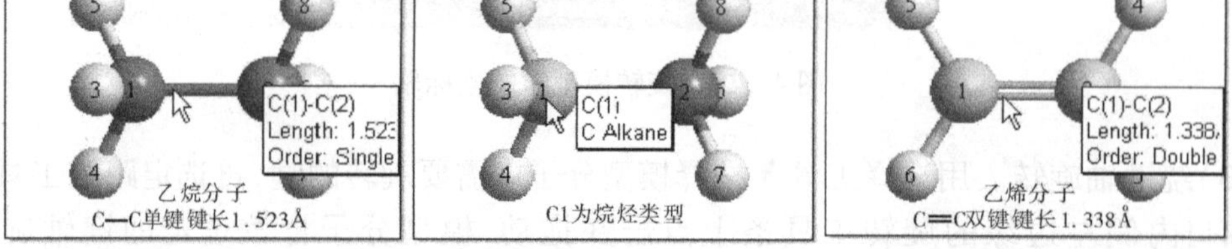

(a)光标置于单键上显示弹出信息 (b)选择双键工具点击C1拖动到C2 (c)释放鼠标生成乙烯分子

图 4－19 单键改为双键

5. 构建环状化合物

在乙烷模型的基础上继续构建环己烷分子模型。为了使显示简洁，可先隐藏氢原子，模型中隐藏的氢原子只是不显示，实际上氢原子仍存在，且具有化学活性。隐藏氢原子的方法是点击【View】→【Model Display】→【Show Hydrogen Atoms】→【Hide】。

点击单键工具，如图 4－20 所示，从右边的 C 开始拖动，会出现另一个 C—C 键，继续增加键直到有六个 C 原子为止，从链的一个端 C 拖到到另一个端 C，释放鼠标闭合成环。

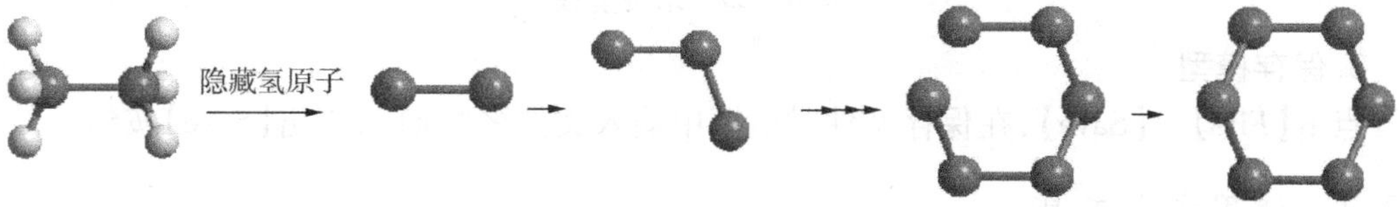

图 4－20 隐藏氢原子后构建环状结构

6. 查看原子标签和修改原子序号

相同类型的原子看上去是相同的，但某些时候需要加以区别，这时添加原子序号和原子标签就十分有用。点击【View】→【Model Display】→【Show Serial Numbers】，或单击原子编号图标 1（Serial Number）可显示原子编号，如图 4－21 所示。点击【View】→【Model Display】→【Show Atom Symbols】，或单击原子符号图标 C（Atom Symbol）可显示原子符号标签。

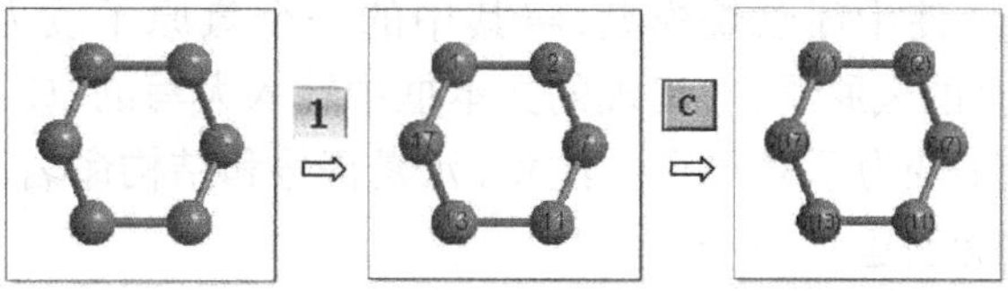

图 4－21 添加原子编号和原子标签

原子编号是系统根据先后顺序自动编排的，某些时候需要对原子重新编号。方法是：选择文本工具 A，单击第一个原子，在文本框里输入指定编号（例如 1），按下回车键，这个原子被重新编号为 1，然后双击要重新编号的其他原子，并给它们重新编号，结果如图 4－22 所示。

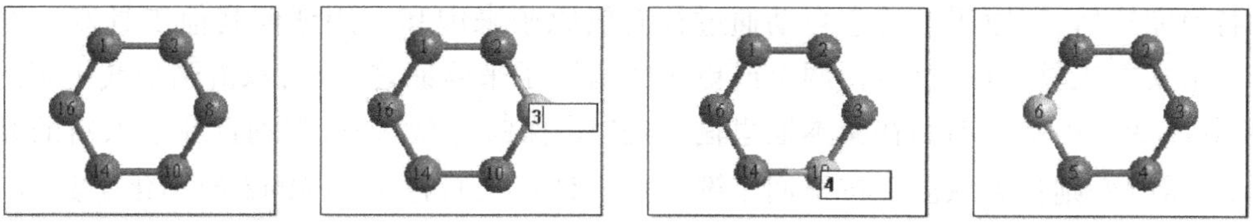

图 4－22 重新对原子编号

7. 结构整理

在建立一个模型后，有时不小心弄歪了键角或键长，此时可以使用结构整理命令对结构进行优化。方法是：点击【Edit】→【Select All】，再点击【Structure】→【Clean Up】。注意，有时结构整理得到的结构并不是最合理的，如环己烷整理时可能得到船式构象，此时可用平移工具适当调整原子位置，再重新点击【Structure】→【Clean Up】。点击【View】→【Model Display】→【Show Hydrogen Atoms】→【Show All】，可显示结构中包括氢原子在内的所有原子，如图 4－23 所示。原子太多时可使用跟踪工具旋转改变观察角度。

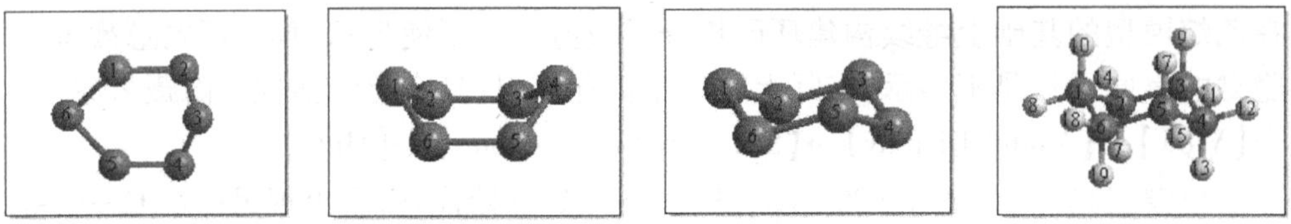

(a) 键变形了需要整理　(b) 船式结构　(c) 椅式结构　(d) 显示所有原子

图 4－23　结构整理

8. 保存模型

点击【File】→【Save】，在保存文件对话框中输入文件名“tut1”，点击【Save】按钮。

4.3.3　使用文本工具

本例练习用文本工具 **A** 构建模型分子，假定之前已经构建了一个环己烷分子模型。

1. 使用文本工具替换原子

使用环己烷模型，将其中的一个氢原子改为碳原子：点击文本工具 **A**，单击连接到 C(1)的氢原子，在出现的文本框中输入大写的“C”并按回车键(图 4－24)，连接到 C(1)的氢原子变为了 C 原子。注意，元素符号和结构命名对大小写是敏感的，此处必须输入大写“C”才能创建 C 原子。

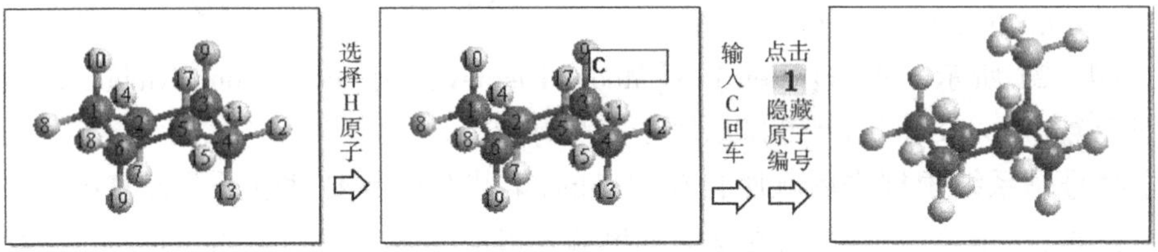

图 4－24　替换 H 原子为 C 原子

替换完毕后，碳原子的价态自动通过补充氢原子来饱和。用任何其他工具双击原子等效于单击文本工具，可通过替换两个或更多的氢原子来验证这一点：双击两个或更多的氢原子，将其改变为甲基。前面在文本框里输入的“C”保留为默认值，直到重新输入新的原子为止，如不需改变则只需双击并按下回车键。点击计算工具栏上的 MM2 最小化工具，考虑到增加的甲基对结构的影响，可以把结构优化成一个能量最小的结构。最后点击【File】→【Save As】，输入文件名“tut2a”，选择要保存文件的文件夹，点击【Save】按钮。

2. 使用文本工具创建模型

通过在文本框中输入原子标签(元素符号和数字)也可创建模型分子。

(1)在文本框中输入链式结构创建模型。本例创建一个“4-methyl-2-pentanol”分子，具体步骤是：点击【File】→【New】，单击文本工具 **A**，在模型窗口中单击，出现文本框，在文本框中输入“CH3CH(CH3)CH2CH(OH)CH3”(系统将挑选最长的碳链作为骨架，其他为取代基，取代基用括号括起来，它将连接到其前面的 C 原子上)，按下回车键完成模型的创建(图 4－25)。文本创建框也可接受用 SMILES 字符，不用键入只需从其他资料中复制后粘贴即可。

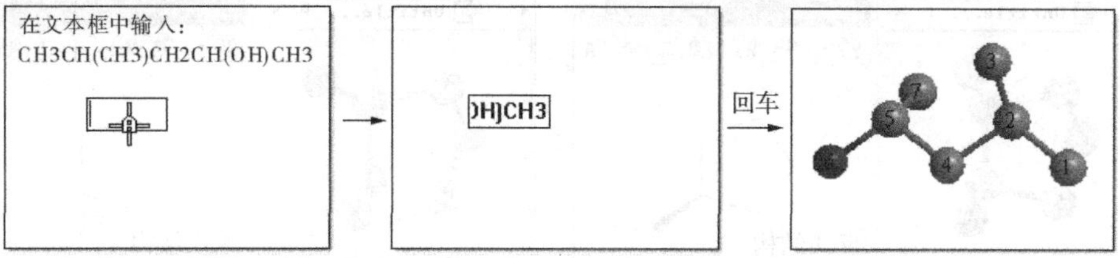

图 4－25　使用文本工具创建模型

（2）另一种更简单的建模方式是使用“Name = Struct”功能。在 ChemDraw 面板的绘图区中先建立二维结构。首先要保证 ChemDraw 绘图区上端双向模式按钮被选择，这样在 ChemDraw 绘图区的结构才会自动出现在 Chem3D 模型窗口中。可分为两步：

① 在 ChemDraw 面板中画出戊烷分子。用文本工具点击，在文本框中输入“Pentane”（戊烷），然后回车。或者在 ChemDraw 面板内单击右键，在弹出菜单中选择【Structure】→【Convert Name to Structure】，在插入结构对话框（Insert Structure Dialog Box）中输入“Pentane”，点击【OK】，则戊烷结构出现在 ChemDraw 绘图区内（图 4－26）。该结构也会显示在模型窗口中。

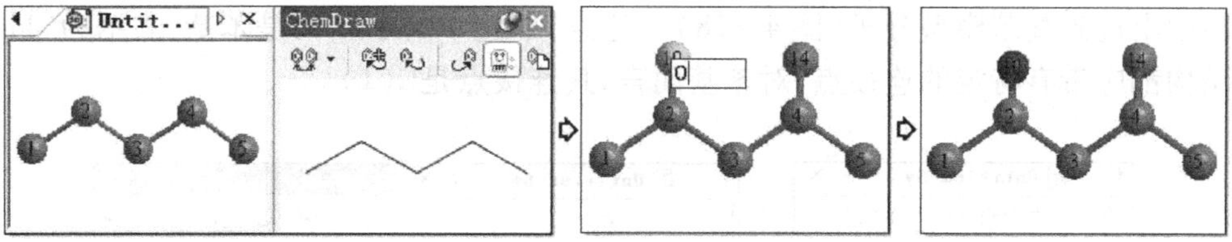

图 4－26　利用 Convert Name to Structure 命令创建模型

② 在 Chem3D 中修改结构。单击单键工具，分别从戊烷链第二个碳和第四个碳上画出两个键，再用文本工具 **A**，点击从 C(2) 上延伸出来的 C(10)，把它变为 O（必须输入大写字母 O），再点击【Edit】→【Select All】，最后点击【Structure】→【Clean Up】。

要得到更准确的低能量构象，可点击【Calculations】→【MM2】→【Minimize Energy】，或点击工具栏上能量最小化按钮，对模型进行几何优化。注意，并非每次都必须点击选择工具，在使用任何创建工具时，按下字母键 S，都可临时激活选择工具。

3. 查看立体化学构型

用标签创建模型时，不能指定其立体化学构型。例如 1,2－二甲基环戊烷，在默认状况下为反式构象，但可在创建后修改为顺式异构体结构。

（1）建立一个默认结构。点击【File】→【New】，点击文本工具 **A**，在 ChemBio3D 模型窗口中单击出现文本框，在文本框中输入“CH(CH3)CH(CH3)CH2CH2CH2”，按下回车键，出现其反式异构体，点击【Edit】→【Select All】，再点击【Structure】→【Clean Up】。

（2）反式异构转为顺式异构。点击选择工具，选择 C(1)，点击【Structure】→【Invert】，出现顺式异构体（图 4－27）。通过旋转模型分子可查看在转换前后异构体分子的不同构型。

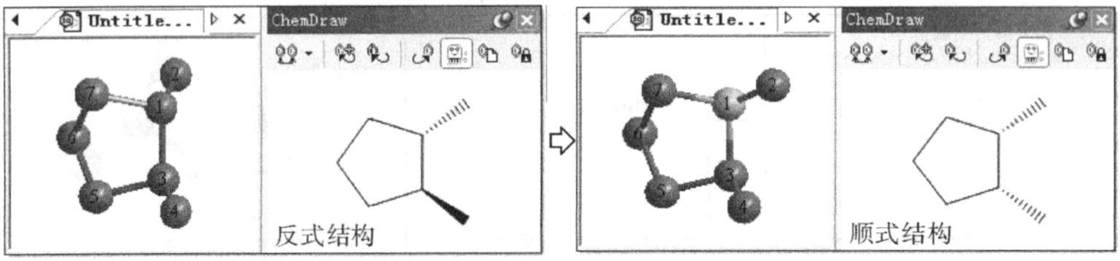

图 4－27　使用【Structure】→【Invert】实现构型转换

4. 使用子结构

创建简单结构时使用标签非常方便，对于更大的复杂结构，还有更方便的创建方法，即使用标签的组合和预定义子结构来创建。在 ChemBio3D 中有 200 多种预定义的子结构，其中包括在有机结构中最常见的结构。预定义的子结构列于文件“substructures. xml”中，要查看该列表，可点击【View】→【Parameter Tables】→【Substructures】。在文本框中输入的文本要区分大小写（必须按子结构表中的形式准确输入）。

（1）使用“Ph”子结构创建硝基苯模型分子。方法是：点击【File】→【New】，选择文本工具 A，在 ChemBio3D 模型窗口中单击出现文本框，在文本框中输入“Ph(NO2)”，回车后在模型窗口中出现硝基苯模型分子（图 4－28）。注意，本例中的子结构是苯基，表示为“Ph”，任何子结构都应带有特定的连接点，对苯基而言，其连接点是C(1)。

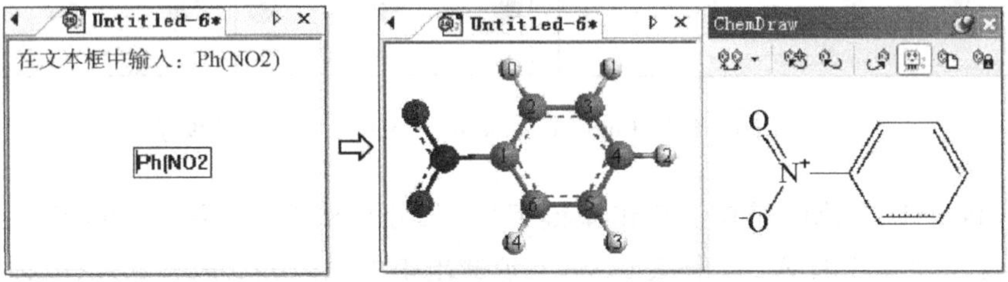

图 4－28　利用子结构创建 Ph(NO2)模型

（2）使用氨基酸子结构创建肽模型分子。方法是：点击【File】→【New】，选择文本工具 A，在 ChemBio3D 模型窗口中单击出现文本框，在文本框中键入“H(Ala)12OH”，按下回车键，得到如图 4－29 所示的由 12 个丙氨酸（Ala）组成的肽链。注意，所有氨基酸都有两个连接点（分别是氨基和羧基），故在文本框中输入时，肽链两端的氨基和羧基分别用 H 和 OH 连接。

（3）用不同显示模式和跟踪工具旋转结构，观察肽链的 α 螺旋结构。首先单击显示工具栏上的模型显示模式按钮右边的箭头，改变一种模型显示类型（选择其中的任何一种显示模式，也可单击显示模式图标，连续单击可在所有显示类型选项间循环），选择跟踪工具，拖动旋转模型分子，以便能观察到螺旋体的中心。最后选用 Ribbons 显示模式观察，可看到常见蛋白质的普通结构。氢键是保证蛋白质结构稳定的重要因素，为了观察肽链中的氢键，可点击【View】→【Model Display】→【Show Hydrogen Bonds】，保证结构中的所有氢键都能显示出来，如图 4－29 所示。

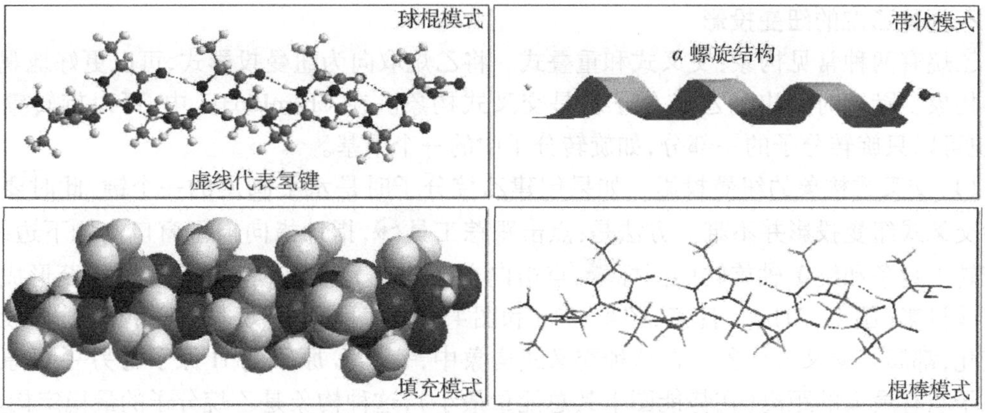

图 4－29　利用子结构创建肽链模型

4.3.4　分析乙烷的构象

练习并比较乙烷的重叠式和交叉式这两种构象的空间能量值。

1. 创建乙烷模型并观察键的属性

选用单键工具，在 ChemBio3D 模型窗口中拖动画键，释放鼠标得到乙烷分子模型。单击【Structure】→【Measurements】→【Generate All Bond Lengths】，测量窗口显示分子中所有键长。单击【Structure】→【Measurements】→【Generate All Bond Angles】，测量窗口显示分子中所有键角。

测量表(Measurement 表)是沿模型浏览器(Model Explorer)的旁边显示的，可通过锁定打开的模型浏览(Model Explorer)窗口使其堆叠起来，并将测量表置于它的顶上。乙烷的键长和键角数据显示在 Measurement 表中(图 4－30)。表的栏头解释如下：

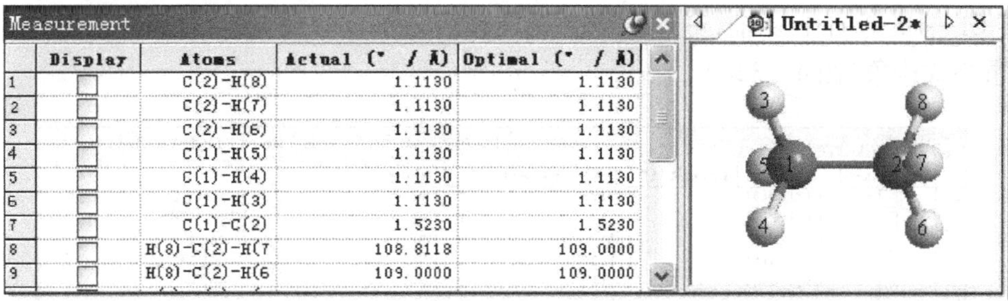

	Display	Atoms	Actual (° / Å)	Optimal (° / Å)
1	□	C(2)-H(8)	1.1130	1.1130
2	□	C(2)-H(7)	1.1130	1.1130
3	□	C(2)-H(6)	1.1130	1.1130
4	□	C(1)-H(5)	1.1130	1.1130
5	□	C(1)-H(4)	1.1130	1.1130
6	□	C(1)-H(3)	1.1130	1.1130
7	□	C(1)-C(2)	1.5230	1.5230
8	□	H(8)-C(2)-H(7	108.8118	109.0000
9	□	H(8)-C(2)-H(6	109.0000	109.0000

图 4－30　乙烷分子模型及测量表数据

(1)Display。选定或取消选定的检查框，决定是否在模型分子中显示测量值。

(2)Atoms。本栏表示每一个要测量的键长、键角或二面角。

(3)Actual。显示在激活窗口中的模型分子的实际值。如果模型分子扭曲或部分扭曲，则在该栏自动显示其改变值。

(4)Optimal。显示模型分子的优化值(键长和键角，它们来源于 MM2 外部参数表)，如果使用了“Clean Up”，ChemBio3D 将修改模型以尽可能地使实际测量值与标准优化值一致。

2. 创建乙烷的纽曼投影

乙烷有两种常见构象：交叉式和重叠式。将乙烷取向为纽曼投影式，可以更好地观察这两种构象。默认时画出的乙烷分子就是交叉式构象。在 ChemBio3D 中，可以旋转整个分子，也可以只旋转分子的一部分，如旋转分子中的一个甲基。

（1）交叉式构象的纽曼投影。如果创建乙烷分子时是水平画出的一个键，此时要使其变为交叉式纽曼投影并不难。方法是：点击跟踪工具，指针指向模型窗口内侧下边缘，出现旋转工具条和绕 Y 轴旋转的图标，点击向右拖动绕 Y 轴旋转整个模型分子至形成交叉式纽曼投影（图 4－31b）。注意，图 4－31a 和图 4－31b 两者只是观察角度不同，构型没有任何变化，都属于交叉式构象。在这种交叉式构象中，一个 C 原子的 H 原子与另一 C 原子的 H 原子间有最大的距离（在势能图上其总能量最小），这种构象是乙烷分子的最稳定构象。

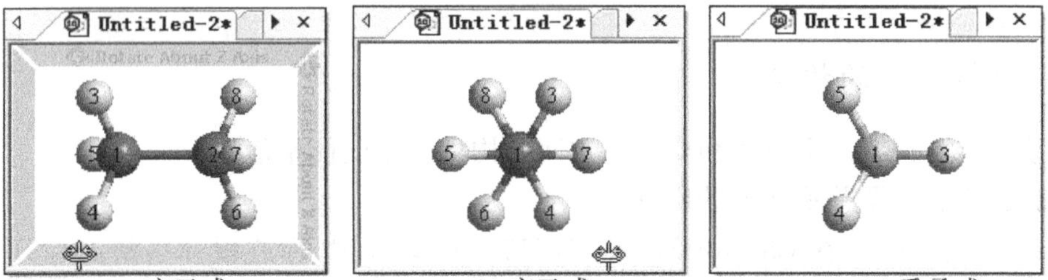

(a) 交叉式　(b) 交叉式　(c) 重叠式

图 4－31　乙烷的交叉式与重叠式

（2）重叠式构象的纽曼投影。将交叉式构象变为重叠式构象时，原子间的相对位置要发生变化。先点击图 4－32a 中左边测量表中的第 7 行，选中“C1—C2”键，则图 4－32a 右边中心的 C1 和 C2（被 C1 挡住了）原子被选中。再点击图标旁的小三角拉出旋转刻度盘，点击绕键轴旋转二面角图标（图 4－32b），在旋转文本框输入“60”后回车（图 4－32c）。为了将 C1—H5 垂直于 X 轴，可点击绕 Z 轴旋转图标，在旋转文本框里输入“－30”后回车，得重叠式构象（图 4－32d）。

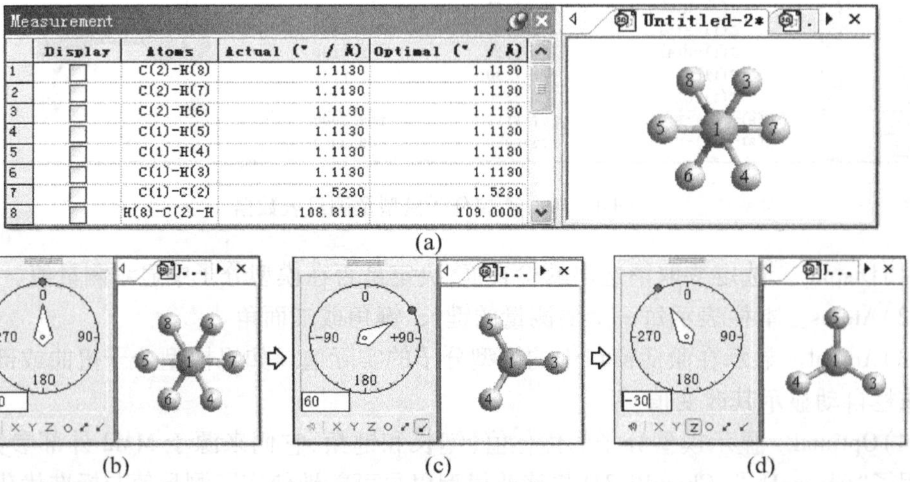

图 4－32　交叉式变为重叠式

3. 计算两种构象的势能

分别计算两种构象势能的方法是：点击【Calculations】→【MM2】→【Compute Properties】，在弹出的计算性质对话框中，默认显示π键键级和空间位能总和，其他项目不用修改，点击【Run】按钮。计算结果显示在输出窗口中，随计算机的不同结果略有不同，最后一项为总能量（交叉式为 0.817 8 kcal/mol，重叠式为 3.551 8 kcal/mol），如图 4 - 33 所示。

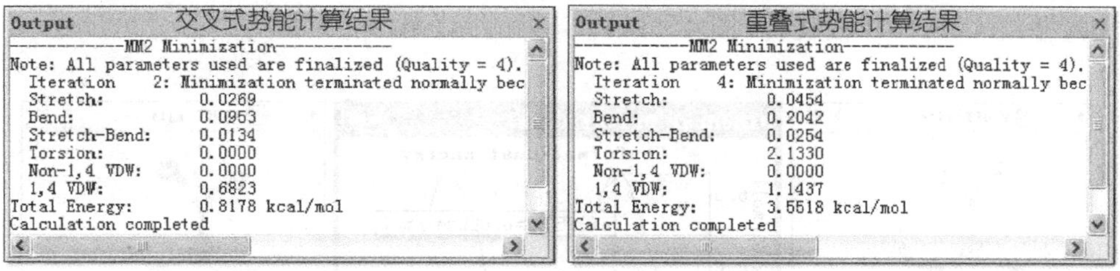

图 4 - 33　两种构象的总能量计算结果

4.3.5　使用二面角驱动器

4 个原子可以组成两个面，两个面间的夹角称为二面角。在乙烷分子上使用二面角驱动器，通过二面角驱动器改变一个或两个二面角可绘制模型分子的空间构象图。对每个二面角，使用 MM2 力场对模型分子的能量进行最小化，计算模型分子的空间势能，并绘制成图。计算完成之后，可以查看具有最低空间势能的模型分子的相关数据。

1. 使用二面角驱动器

创建一个乙烷分子模型，选择模型分子中的 C—C 键，点击【Calculations】→【Dihedral Driver】→【Single Angle Plot】，当计算完成后弹出 Dihedral Driver Chart（二面角驱动器图表），图表显示绕 C—C 键转动不同角度时的能量值（kcal/mol）。

2. 观察在任意点时的构象

（1）在 Dihedral Driver Chart（二面角驱动器图表）中，指针指向特定点（一定的角度或能量）时出现一个虚线框，当移动鼠标时该虚线框也移动定位于图形上的特定点（图 4 - 34）。

（2）在二面角驱动器图中点击关注的点，则在模型窗口中，构象中选定的二面角发生相应的变化。

（3）在一个范围内旋转键角来观察构象的能量，在观察模型的同时点击并交叉拖动图表。

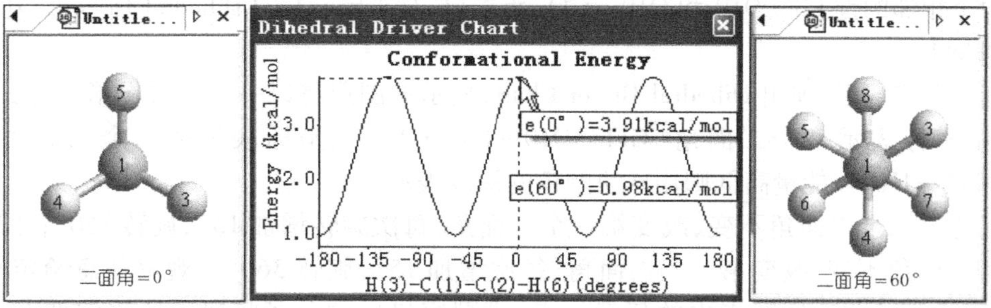

图 4 - 34　乙烷交叉式和重叠式结构的二面角与势能关系图

注意,二面角可旋转 360°,步长 5°,在图形中共产生 72 种构象图。在输出窗口中每个点都能够观察到其能量值。要旋转其他的二面角(键的另一端),可在二面角驱动器窗口单击右键,并选择【Rotate Other End】(旋转另一端)。

又如,画一个香兰素(4-羟基-3-甲氧基-苯甲醛)的结构(图 4-35),选择“C3—C2—O10—H11”四个原子,点击【Calculations】→【Dihedral Driver】→【Single Angle Plot】,弹出 Dihedral Driver Chart(二面角驱动器图表),指针置于图中曲线上移动时,可观察到模型窗口分子中羟基绕 C2—O10 轴旋转(图 4-36)。

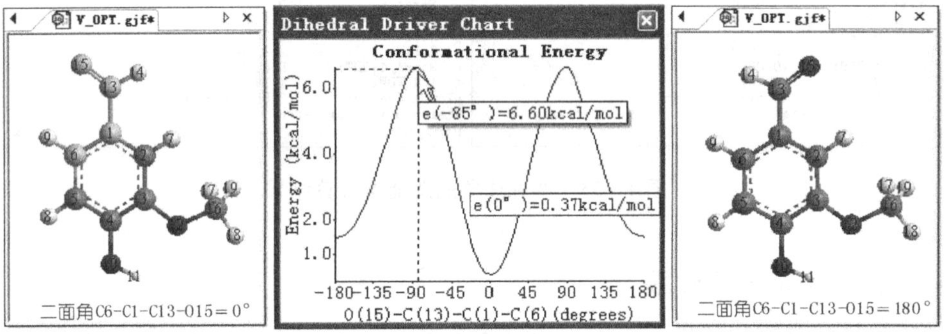

图 4-35 香兰素分子中醛基绕 C1—C13 键旋转时的能量变化

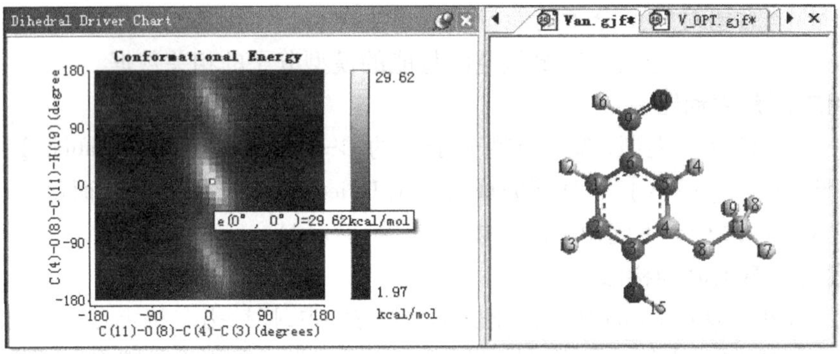

图 4-36 能量与两个二面角的关系

3. 旋转两个二面角

还是以 4-羟基-3-甲氧基-苯甲醛为例,要旋转两个二面角,可使用【Shift】键+单击选择两个相邻的键 C3—O10 和 O10—C11,点击【Calculations】→【Dihedral Driver】→【Double Angle Plot】。

当计算完成后,弹出 Dihedral Driver Chart,显示的图形将以一个三维图形的方式表示。其中,横坐标表示一个二面角(C11—O10—C3—C2),纵坐标表示另一个二面角(C3—O10—C11—H19),能量高低则用区块颜色的深浅表示。

保持第二个二面角不变,改变第一个二面角,每次旋转增加 15°,旋转 360°;然后保持第一个二面角不变,改变第二个二面角,每次增加 15°,旋转 360°。观察任意给定点的构象,点击二面角驱动器图表中的任意一点,模型窗口中的分子将显示所选定两个二面角的构象。

进一步提取两个二面角与能量间的关系数据，经 Origin 或 Plot 等软件处理得到图 4 - 37 所示的三维势能面图。

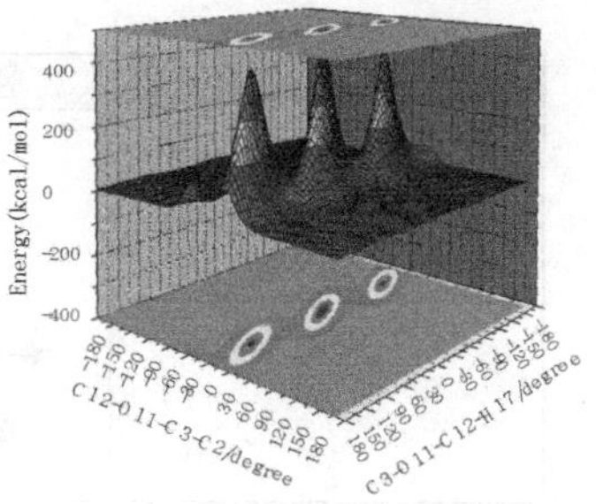

图 4 - 37　两个二面角与势能的关系图

4. 定制图表

在 Dihedral Driver Chart（二面角驱动器图表）中单击右键，在弹出菜单中为构象设定旋转步长，也能够为图表选择颜色、背景、坐标及标签。也可使用弹出菜单来复制图表或数据到其他应用程序中。

4.3.6　重叠模型

重叠模型就是通过重叠的方法，比较两个分子的模型结构或构象间的相似程度，ChemBio3D 提供了两种重叠技术：一种是最小化方法，另一种是快速重叠算法。前者更准确，但后者更实用。本例重点介绍快速重叠方法，把一个脱氧麻黄碱的分子重叠在一个肾上腺素的分子上，以证明它们结构上的相似性。

1. 创建两个分子片

点击【File】→【New】，新建一个模型窗口，点击【View】→【Model Explorer】（显示模型浏览器，以便在多分子片的模型窗口中选择结构），在模型窗口中单击文本工具 A，在文本对话框中输入“Epinephrine”（第一个字母“E”要大写），回车后模型窗口中出现肾上腺素分子。在模型窗口中再次单击文本工具 A，在文本对话框中输入“Methamphetamine”，回车后模型窗口内出现脱氧麻黄碱分子，如图 4 - 38 所示。

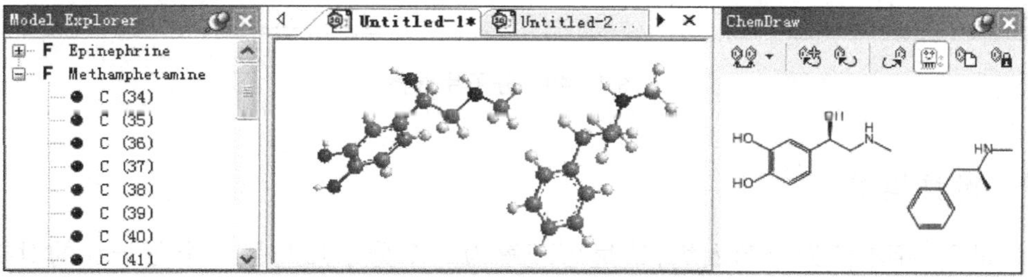

图 4 - 38　使用文本工具创建两个分子片

2. 调整分子片取向

两个分子片可能会混杂在一起，在进一步处理之前，需要将其分开。方法是：在模型浏览器（Model Explorer）窗口中，点击分子片名称选择一个分子片，再使用对象移动工具，按下【Shift】键拖动模型（移动前应先确定移动哪个分子片，移动到哪里），拖动部分显示为矩形框，结果如图 4 - 39 所示。使用旋转工具时应注意，在模型窗口中可只旋转选定分子片，但在要旋转的分子片中至少需选择一个原子，按下【Shift】键再使用旋转工具拖动旋转。

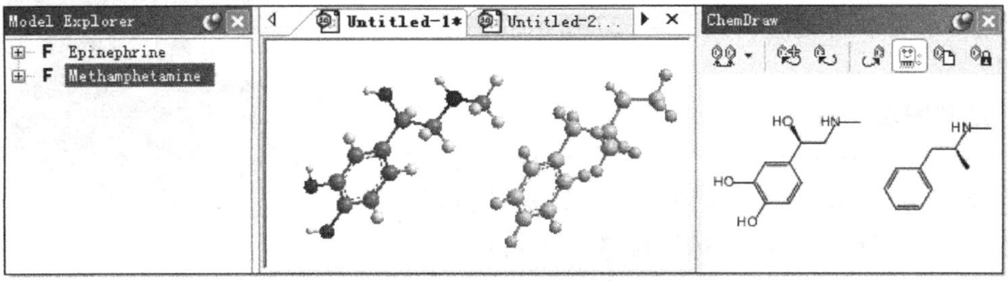

图 4-39　使两个分子片取向基本一致

3. 分子片重叠

分子片重叠操作可分两步进行：先确定目标分子，然后再执行重叠计算。方法是：在模型浏览器（Model Explorer）窗口，右键点击选择 Epinephrine（肾上腺素）分子片，在弹出菜单中选择【Overlay】→【Set Target Fragment】，则该分子片的图标变为目标图标田。再右键点击选择 Methamphetamine（脱氧麻黄碱）分子片，在弹出菜单中选择【Overlay】→【Fast Overlay】，模型窗口中两个分子片将重叠到一起，显示出高度的结构相似性（图4-40）。

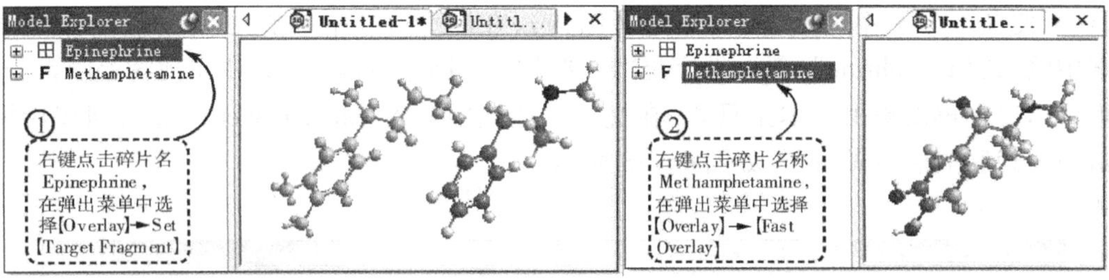

图 4-40　分子片重叠

4.3.7　对接模型

"Dock"一字本意为船舶入坞，这里可理解为一个分子片与另一个分子片的对接或靠近。该命令用于将某一分子片，按要求的取向和间隔与另一分子片接近，以确定该分子片的位置，每个分子片在对接计算期间都保持其刚性。另外，只有在一个分子片内的两个或两个以上原子与第二个分子片内的原子之间的距离被指定时，对接命令才可用，这些距离被记入测量表的 Optimal（优化）字段中。本例用两条聚合链演示 Dock 命令的用法，模拟在两条相似聚合链的亲脂性和亲水性区域间的缔合作用。

1. 构建第一个聚合链

打开一个新的模型窗口，在模型窗口内单击文本工具 **A**，在出现的文本对话框内输入"(AA-mon)3(C2F4)4(AA-mon)3H"，按下回车键，得到第一条聚合链（图 4-41）。

这是一个聚丙烯酸（Polyacrylic Acid）/聚四氟乙烯（Polytetrafluoroethylene）以模块化方式形成的共聚物。文本"(AA-mon)3"是由三个丙烯酸单元重复而成的聚合物片段，文本"(C2F4)4"是由四个四氟乙烯单元重复而成的聚合物片段。

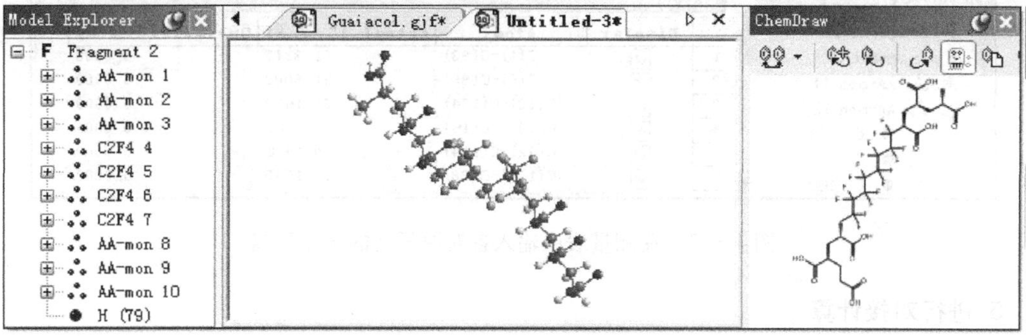

图 4 - 41　创建第一个聚合链

2. 复制一个聚合链

用文本工具在模型窗口中第一个聚合物模型的右上方点击，在文本对话框中输入“(AA-mon)3(C2F4)4(AA-mon)3H”后回车，得到第二个聚合物分子(图 4 - 42)。

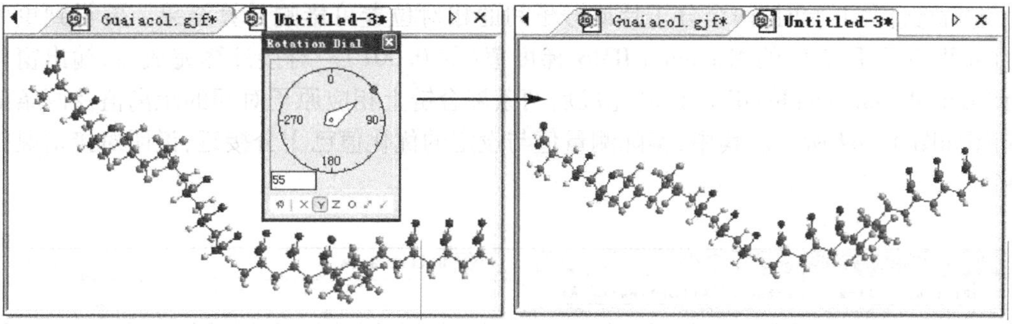

图 4 - 42　添加第二条聚合链后链重新取向

3. 调整两条链的取向

在模型窗口的空白处单击，取消对任何原子的选择。点击跟踪工具旁的箭头，打开旋转转盘，选择绕 *Y* 轴旋转Y，在旋转文本框中输入数字“55”(图 4 - 42)，完成后回车。

4. 设置优化距离

优化距离确定分子对接的接近程度，在本例中设置该距离为 5Å。

(1)在模型浏览器中，选择 Fragment 1 中 AA-mon 2 的 C(6)。

(2)找到 Fragment 2 中 AA-mon 12 的 C(98)原子，按下【Ctrl】键的同时点击选择该原子。

(3)点击【Structure】→【Measurements】→【Display Distance Measurement】，打开并激活测量表(Measurement)，显示出 C(6)—C(98)间的距离，单击 Optimal 单元格，输入“5”，指定 C(6)— C(98)间的优化距离为 5.000Å(图 4 - 43)后回车。

在测量表中，Actual 单元格中的数据是对接前两个分子片间相应原子间的实际距离。为了合理对接，应重复步骤(1)~(3)，在两个分子片中至少指定四对匹配的原子。

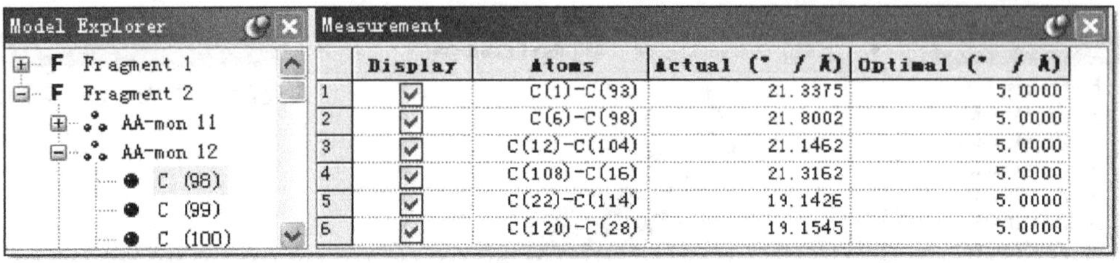

图 4-43　在测量表中输入各对原子间的优化距离

5. 进行对接计算

点击主菜单【Structure】→【Dock】，弹出 Dock 对话窗口，在“Minimum RMS Error”项输入“0.100”，在“Minimum RMS Gradient”项输入“0.010”。注意，当“RMS Error”小于“Minimum RMS Error”中的设定值，并且“RMS Gradient” 小于“Minimum RMS Gradient ”中的设定值时，将停止计算。点击“Click Display Each Iteration（显示每次迭代）”，可查看在每次对接迭代计算后，移动了多少分子片。最后点击【Start】按钮开始计算。计算过程中，一个分子保持不变，移动第二个分子。

在对接计算开始时，两个分子片或分子间的相对位置可影响计算结果。要得到更为准确的结果，可采用更低的 Minimum RMS 梯度值（如 0.001）。对接计算完成后，输出窗口内显示“Calculation completed”。计算完成后两条聚合链上相应原子对间的距离值及两条链的取向图如图 4-44 所示。其中，实际测量值与设定的优化值已十分接近，说明对接情况是相当好的。

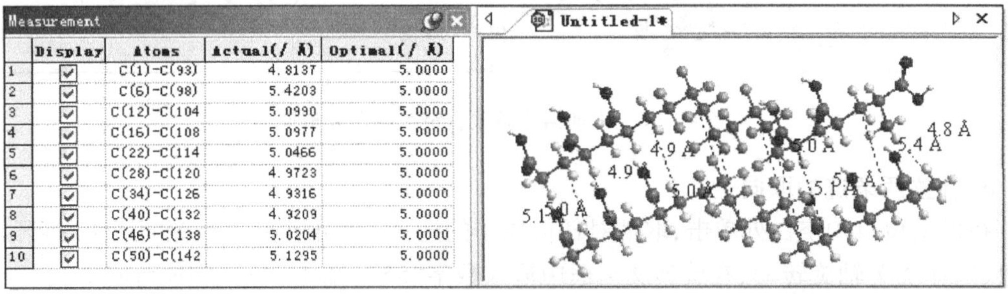

图 4-44　完成对接

在未达到 RMS 预设值之前要停止对接计算，可点击【Calculations】菜单中的【Stop】（或工具栏上的按钮），此时对接（Docking）和录制（Recording）都将中止，状态栏中显示为每次迭代的值。

4.3.8　观察 HOMO 和 LUMO 轨道

分子的最高占有轨道（HOMO）和最低空轨道（LUMO）是影响分子活性的最重要轨道。本例关注的是含有双键的乙烯分子的分子轨道。

（1）计算。在 ChemBio3D 中，点击【File】→【New】，新建一个模型文件，在模型窗口中，用双键工具点击画出乙烯分子，立即显示为乙烯分子。在观察分子轨道表面之前，点击

【Calculations】→【Extended Hückel】→【Calculate Surfaces】,开始计算。

(2)观察。点击【Surfaces】→【Choose Surface】→【Molecular Orbital】,点击【Surfaces】→【Select Molecular Orbital】,选择"HOMO ($N=6$)"观察最高占有轨道,此时出现π成键分子轨道表面图,并可对分子轨道表面图进行旋转。再点击【Surfaces】→【Select Molecular Orbital】,选择"LUMO ($N=7$)",观察最低空轨道,马上出现π反键轨道的轨道表面图,结果如图 4-45 所示。其中,还有其他轨道代表了各类 σ 轨道的相互作用。

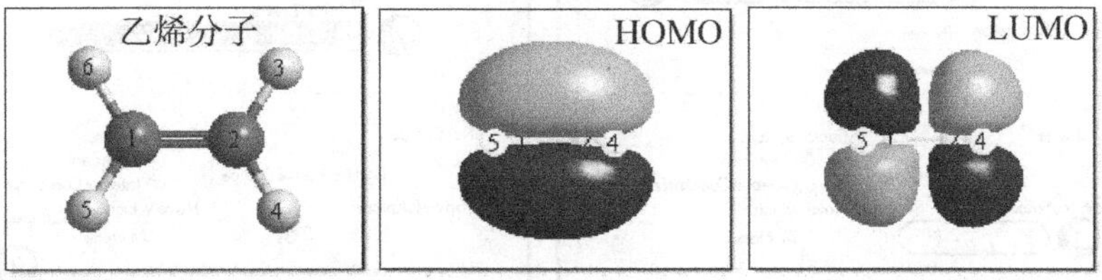

图 4-45　乙烯分子的 HOMO 和 LUMO 轨道

4.3.9　绘制表面图

观察自旋密度的最好方法是绘制总电荷密度表面,这样可以查看未成对电子或自由基对总电荷的贡献。本例重点介绍一个符合增强共振稳定性规律的例子——观察带有自旋密度表面的丙烯基自由基,同时介绍高斯最小化方法及如何根据计算值绘制分子表面视图。利用 CS_MOPAC 及扩展的休克尔计算也可进行相同的最小化计算。使用本例之前,需确认计算机系统中已安装 Gaussian03,否则不能使用 Gaussian 接口,只能使用扩展的休克尔方法。

1. 创建丙烯基自由基

点击【File】→【New】,右键点击 ChemDraw 绘图区,选择【Structure】→【Convert Name to Structure】,在文本框中输入"1-propene",点击【OK】按钮,得到丙烯分子。利用选择工具选定"H6",按下【Delete】键删除该原子(此时,会出现询问是否关闭自动矫正选项,因为 ChemBio3D 知道,在大多数情况下,碳原子应有四个取代基),点击【Turn off Automatic Rectification】(关闭自动矫正),则显示为丙烯基自由基(图 4-46)。

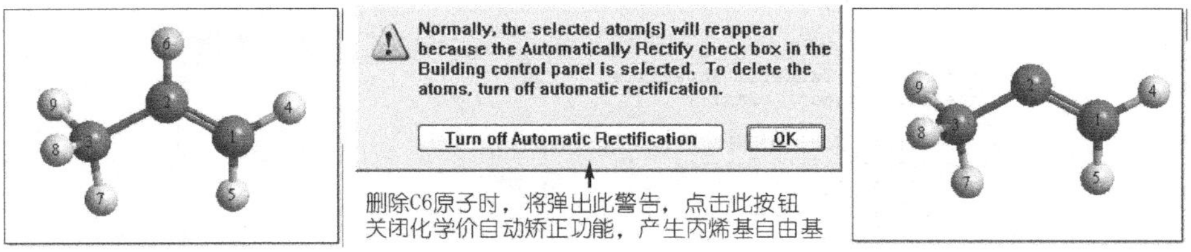

图 4-46　创建丙烯基自由基

2. 能量最小化计算

点击【Calculations】→【Gaussian Interface】→【Minimize (Energy/Geometry)】,弹出计算设置对话框(需要安装 Gaussian 软件,否则【Calculations】菜单中【Gaussian Interface】选项不可用),设置步骤见图 4-47。

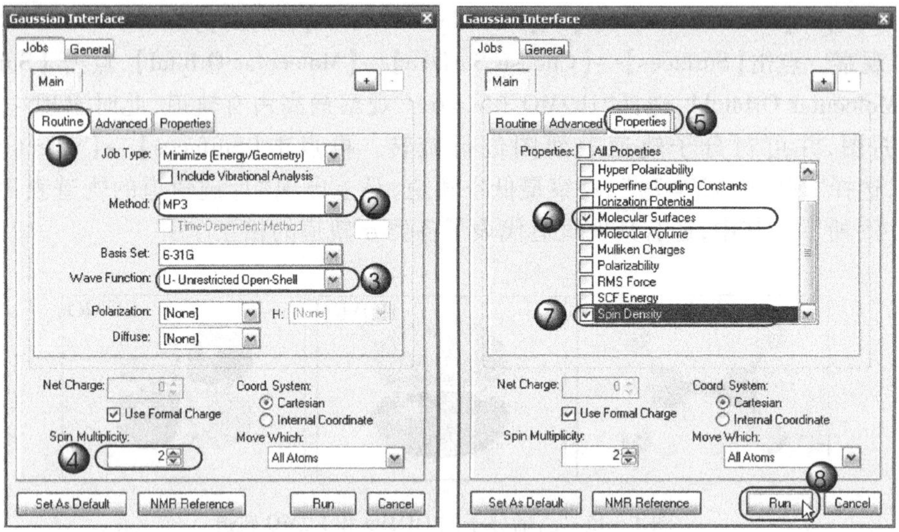

图 4－47　能量最小化与几何优化计算设置

(1)在【Routine】选项卡中,设置 Method(方法)为 MP3,Wave Function(波函数)为“U-Unrestricted Open-Shell”(无限制,开壳层),Spin Multiplicity(自旋多重度)为“2”(设置自旋多重度为 2 是为确保分子是一个自由基,有一个单电子($S=2s+1=2\times1/2+1=2$),若采用 CSMOPAC 计算,不会有自旋多重度的设置)。

(2)在【Properties】选项卡中,选择“Molecular Surfaces”(分子表面)、“Spin Density”(自旋密度),其他各项选默认设置。

(3)点击【Run】按钮,开始计算。在开始计算之前,可能会出现一个对话框,要求对原子重新编号,因为前面在创建自由基时删除了一个氢原子。直接点击【OK】按钮,计算正式开始。本计算作业需要 3～5min 时间。计算过程中,会在状态栏显示计算状态及其他相关信息。

计算完成后,在输出窗口内会出现如图 4－48 所示的输出信息。同时,还会产生一个完整的 Gaussian 输出文件,并以文本文件的形式打开,自动命名为“Untitled-1”。其中最后一句表示输出窗口的内容已全部复制到注释窗口中,只要保存该模型文件,计算的结果信息也就保存了,不用另外保存。

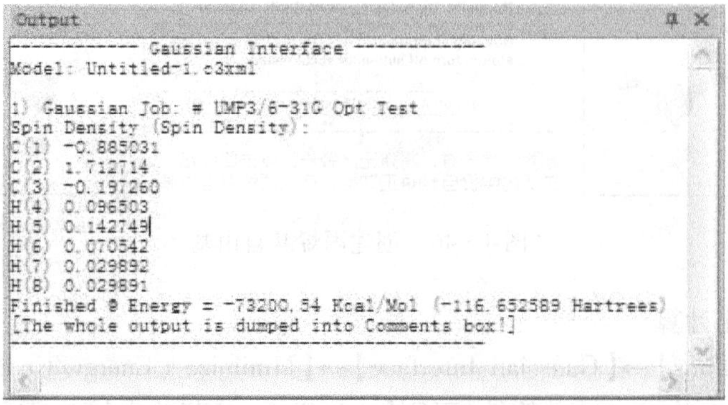

图 4－48　能量最小化计算结果

3. 观察带自旋密度的总电荷密度表面

计算完成后，选择跟踪工具，将模型分子前后旋转，会发现丙烯基自由基是一个完整的平面结构。但要观察其自旋密度表面，还需要设置显示参数（为方便起见，点击【View】→【Toolbars】→【Surfaces】，在屏幕上将会出现表面显示工具栏），步骤如下：

（1）指向（Surface），并选择 Total Charge Density（总电荷密度）。

（2）指向（Display Mode），并选择 Translucent（半透明）。

（3）指向（Color Mapping），并选择 Spin Density（自旋密度）。

（4）指向（Isocharge，等电荷），出现 Isocharge（等电荷）工具，设置等电荷（Isocharge）为 0.005 0（中间的数字是当前的设置）。等电荷常用于产生表面图，可通过调整该值来获得想要的显示形式。

(a) 总电荷密度(带自旋密度)　(b) 总自旋密度　(c) 总电荷密度(带分子轨道)

图 4－49　丙烯基自由基带自旋密度的表面图

表面大多数为灰色的，表明没有来自未成对电子的贡献，但在 C2 上的红色中心区域则代表了自由基的离去，即在这个碳原子上具有某些自由基性质，如图 4－49a 所示。

4. 总自旋密度图

本例只单独观察自旋密度，不把它映射到电荷密度表面上。在表面工具栏上，指向（Surface），选择 Total Spin Density（总自旋密度），点击【Surfaces】→【Display Mode】→【Wire Mesh】，设置 Isospin 为“0.001”，得到如图 4－49b 所示的总自旋密度图。由图可知，未成对电子的自旋密度在 C2 原子上很大，在 H 原子上却较小，虽然较小的自旋密度没有多大意义，甚至在图 4－49a 中都看不到，但计算表明事实上它确实是存在的。

4.3.10　局部电荷

模型分子中原子的局部电荷的计算可采用扩展的休克尔理论、Gaussian 理论或 MOPAC 等多种方法计算。本例使用扩展的休克尔理论计算苯酚的局部电荷。

1. 计算苯酚模型的电荷

要显示局部电荷，得先运行电荷计算。点击【File】→【New】，新建一个模型文件，在模型窗口里，单击文本工具，在出现的文本框中键入“PhOH”，回车，模型窗口里出现苯酚结构。点击【Calculations】→【Extended Hückel】→【Calculate Charges】，用扩展的休克尔理论计算电荷。点击【View】→【Atom Property Table】，打开原子属性表并查看该表。

2. 设置电荷颜色

使用不同梯度的颜色来图解模型分子中原子所带电荷。高正电荷原子用亮红色表示，高负电荷原子用蓝色表示，低正电荷和负电荷的原子也表现为深浅不同的颜色。点击【File】→【Model Settings】，选择【Colors & Fonts】(颜色与字体)选项卡。如图4－50所示，在Color by项下的Atom Properties(原子属性)下拉列表中选择“Charge(Hückel)”，选择两种颜色，第一条色带从蓝到红，第二条色带颜色范围更精细。在Min/Max文本框中，选择输入计算中需要的颜色范围，对模拟计算，点击【Scan Value Range】按钮选择全部范围。在对话框底部选定Preview检查框，并点击【Apply】，完成后点击【OK】。

3. 显示局部电荷

计算完成后，可观察设定选项下的模型分子，但必须保证表面工具栏是可用的。在表面工具栏中，表面类型中选择Total Charge Density(总电荷密度表面)，显示模式中选择Translucent(半透明)，颜色映射中选择Molecular Orbital(分子轨道)。

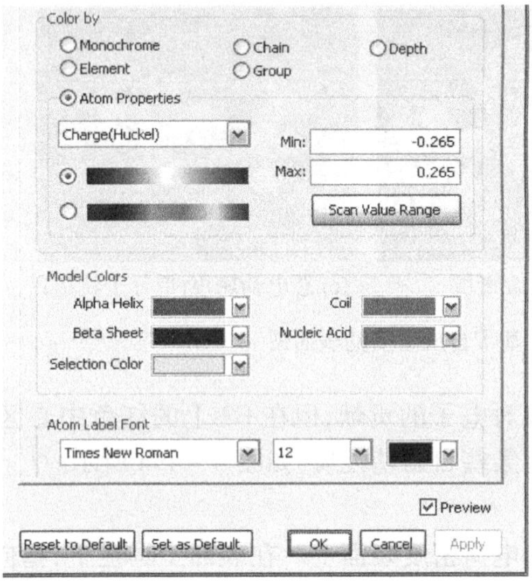

图4－50 Colors & Fonts选项卡

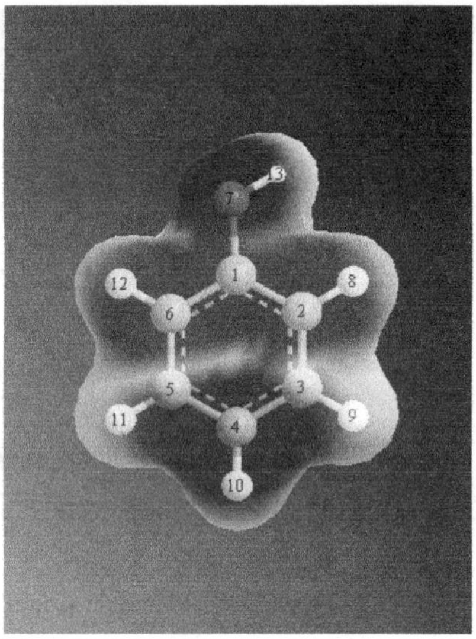

图4－51 苯酚分子的局部电荷

局部电荷显示结果如图4－51所示。原子所带局部电荷的多少用选定颜色的深浅表示，带有较大局部负电荷的原子为深蓝色，带有较大局部正电荷的原子为深红色，电荷的数量接近零时原子为白色。由图可见，对苯酚分子而言，最大的负电荷在氧原子上，最大的正电荷在相邻的两个碳原子上(紧邻第二个连接有氢原子)，羟基对位上的碳带有较高的局部负电荷。分子其余部分相对为白色的原子，它们的局部电荷接近于零。

4.4 模型的创建

在ChemBio3D中创建和修改模型有三种基本方法：

(1)使用ChemDraw面板建模。包括创建、插入、复制、修改模型。

(2)使用化学键工具建模。键工具创建烃类结构，可按需要修改原子和化学键。

(3)使用文本工具建模。使用原子标签和子结构创建和修改模型是最简便的方式。

这些方法常常组合使用，以产生更好的效果。例如，可以用ChemDraw面板或化学键工具创建碳骨架,然后使用文本工具将碳原子改为别的元素原子,或者只使用文本工具创建、修改模型,或者使用结构工具改变键长、键角和立体化学性质。

在创建模型时,智能模式可产生一种合理的 3D 模型,提供快速产生骨架结构的方式。比如使用【Structure】菜单中的【Rectify】和【Clean Up】工具,可以将其转换成为化学上合理的 3D 模型。在 Model Settings(模型设置)对话框中,其默认设置适合于大多数情况下的工作需要,但有时需要关闭一个或多个选项,或尽量少使用内建的化学智能来加快建模速度。

4.4.1　设置构建模型的选项

点击【File】→【Model Settings】,出现 Model Settings(模型设置)对话框(图 4-52),用于修改有关模型构建、显示等方面的参数设置。通过改变【Model Building】选项卡中的各种选项可以很好地控制建模方式。【Model Building】选项卡的设置如下。

1. 模型构建

(1)Correct Building Types(校正原子类型)。确定在创建模型时,是否为每个原子指定原子类型。指定像“C Alkane”这类原子类型的价态、键长、键角及原子的几何构型。

(2)Rectify(校正)。确定是否每个原子都用氢原子来饱和其价态。

(3)Apply Standard Measurements。确定是否使用与原子类型相关联的标准值。

(4)Fit Model to Window(模型适合到窗口)。确定模型建立后是否将其置于窗口中心并自动改变其大小以适应窗口。

(5)Bond Proximate Addition (%)。在原子间距离达到设定值时,在两个原子间添加一个键。

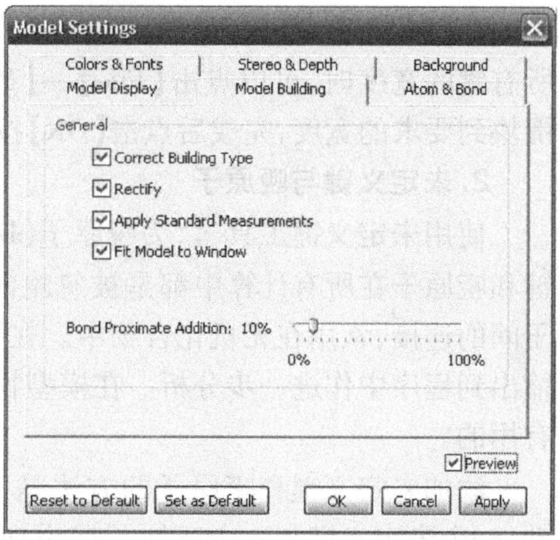

图 4-52　Model Settings 对话框

2. 原子类型

构建类型包括许多 ChemBio3D 用于构建模型的 3D 几何元素,如果构建类型指定给某一原子,就可以在指向该原子时在模型标签中显示其原子类型。如在烷烃结构中的碳原子,其原子类型就是“C Alkane”。原子类型定义了几何构型、键级、价键填充方式以及标准键长和键角等。构建模型最轻松的方式是使用动态指派构建类型,如将乙烷模型中的单键改为双键,则 C 原子的原子类型自动地由“C Alkane”改为“C Alkene”。在这个过程中,C 原子的几何构型和周围配置的 H 原子数也随之改变,没有指派原子类型的也可以构建模型。

构建类型保存在构建类型表中,查看构建类型表的方法是点击【View】→【Parameter Tables】→【Chem3D Building Atom Types】。

3. 键长与键角

可用标准度量值(键长和键角)自动构建模型。标准度量值是由原子类型来确定的,它们保存在外部表 Bond Stretching Parameters. xml 和 Angle Bending. xml 中。可点击【View】→【Parameter Tables】,选择相应的表查看。

4.4.2　使用键工具建模

使用键工具可创建模型的基本结构。在画好一个键后，可以按需要对其进行修改，如将碳原子或氢原子改为其他元素的原子，或隐藏氢原子以使屏幕更为简洁。用键工具创建模型的步骤是：选择一个键工具，如常用的 Single Bond Tool（　　　），在模型窗口中，点击并向一定方向拖动画键，释放鼠标按键完成画键。

从刚画的键的一端点击并向一定方向拖动，可再添加一个键到模型中。在基本结构建立后，可进一步将其中的碳原子改变为其他杂原子。如果在【Model Building】选项卡中（图 4－52）勾选了“Correct Atom Types”和“Rectify”，则原子类型将按使用的键工具设置（本例中碳原子的原子类型为 C Alkane）并自动添加适当的氢原子。

1. 调整键宽度

模型中所有化学键的形式看上去都是相同的，键的宽度一样，但如果需要特别强调某部分结构，还可以按要求调整其宽度。方法是：右键单击要修改键宽度的化学键，从弹出菜单中选择【Select Bond Size】，在 Bond Size Selection 对话框中拖动键宽滑块。若要调整模型中所有键的宽度时，可以点击【File】→【Model Settings】，选择【Atom & Bond】，拖动 Bond Size 滑块到要求的宽度，完成后点击【OK】按钮。

2. 未定义键与哑原子

使用未定义键工具　，为哑原子（Dummy Atom，标签为 Du）创建一个未定义键。未定义键和哑原子在所有计算中都是被忽略的。未定义键　可用于化学键类型不明确的两个原子间的连接，常用在无机化合物中。在原子内坐标中，哑原子还用于指定原子的位置，以便输出到程序中作进一步分析。在模型物变得十分大、连接方式难以指定时，这种处理是非常有用的。

添加未定义键和哑原子的方法是：选择键工具　，指向一个原子，并从该原子开始拖动，一个未定义键和一个哑原子被添加到模型中，该原子被标记为“Du”（哑原子的元素符号）。

3. 显示离域键

在芳香物和其他化合物中，单双键交互可用开库勒式或离域形式显示，图 4－53 所示是 HCO_2^- 和苯环两种典型的例子。建立模型后，可用以下三种方式中的任何一种方式变换为开库勒式和离域键形式：①按下原子团键（【Ctrl】＋【K】）；②点击【View】→【Model Display】→【Delocalized Bonds】选择一个选项；③点击【File】→【Model Settings】→【Model Display】，选择或取消对 Show Delocalized Bonds as Dashed Lines 的选择。

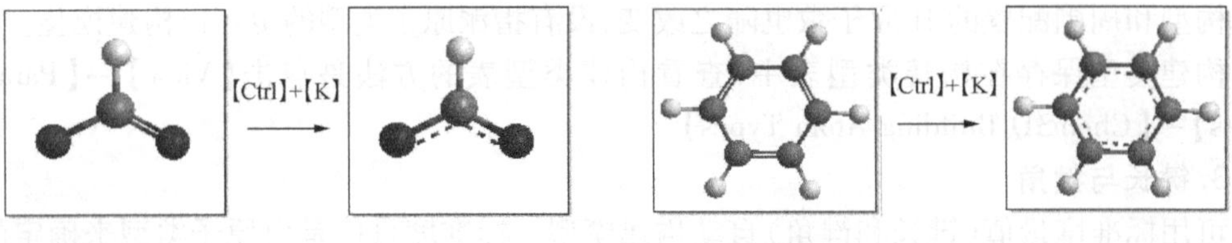

图 4－53　离域键和开库勒式

4. 删除键与原子

下述几种方式都可用于删除一个原子或化学键:①用擦除工具点击原子或化学键。②选择一个原子或化学键,从【Edit】菜单中选择【Clear】。③选择一个原子或化学键,按下【Delete】键。当用擦除工具删除化学键时,只删除点击的键;当用擦除工具点击一个要删除的原子时,该原子及与之相连的键都被删除。

4.4.3 使用 ChemDraw 面板

在 ChemDraw 面板中创建和修改模型,先要打开 ChemDraw 面板。方法是:点击【View】→【ChemDraw Panel】,默认时 ChemDraw 面板出现在模型窗口的右边(图4-54)。在面板内随意点击激活 ChemDraw 面板工具。如果没见 ChemDraw 面板工具,则在 ChemDraw 面板内单击右键,选择【View】→【Show Main Toolbar】。

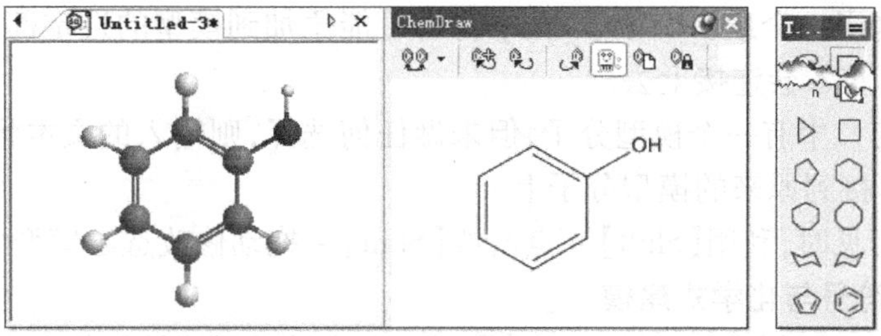

图4-54 ChemDraw 面板与模型窗口

1. Draw to 3D

ChemDraw 面板激活后就可在其中画结构了,有了结构就可在模型窗口中显示模型。

点击图标,用 ChemDraw 面板内的结构替换模型窗口中已有的模型。点击图标,则直接将 ChemDraw 面板内的结构添加到模型窗口。

2. 非连接模式

默认时 ChemDraw 面板处于连接模式,在这种模式下,模型同时出现在 ChemDraw 面板中和 ChemBio3D 模型窗口中,且模型的修改结果会自动显示在另一个窗口中。关闭连接模式的方法是在 ChemDraw 面板上部点击(Unlink Mode)按钮。即使连接模式关闭了,也可以用手动方式使模型窗口(Model)与 ChemDraw 面板两者同步。

3. Name = Struct(命名 = 结构)

在 ChemDraw 面板中,仍然可以使用"Name = Struct",还可输入化学名称或 SMILES 字符串创建模型。将其他 2D 软件创建的化学结构复制到 ChemBio3D 中,将自动转换为 ChemBio3D 模型。

4.4.4 使用文本工具建模

用文本工具建模,是在文本框中输入一个文本,该文本可以表示元素、原子类型(带指定的杂化)、子结构、形式电荷、原子编号等。输入的文本必须是在原子类型表、元素表和子结构表中已有的化学符号,要求准确匹配,包括大小写。这些表可以在【View】主菜单的参数列表【Parameter Tables】中找到。在以下的讨论中,假定在 Model Setting 对话窗口【Model

Building】选项卡里,勾选了所有的选项。

1. 文本工具的使用规则

(1)文本对大小写是敏感的。例如,氯原子指定的正确形式是“Cl”;苯基指定为“Ph”,若写为“PH”或“ph”都将不会被识别。输入文本后按下回车键,文本将转化为模型。

(2)在元素符号后直接输入形式电荷可为原子设置形式电荷。例如,输入“PhO -”将创建一个苯氧化物而不是苯酚的模型。

(3)如果双击一个原子,早先输入的文本会应用到该原子上。如果该原子是几个选定的原子之一,则早先文本框中的内容将应用到选定的所有原子上。

(4)如果选择了一个非文本工具,用其在模型窗口中双击,其效果等价于用文本工具单击,三击等价于用文本工具双击。

对文本框中的文本如何解释,取决于原子是否按以下方式被选择。

(1)如果模型窗口是空的,使用文本建立模型。

(2)如果选择了一个或多个原子,文本将有可能添加到模型的选定部分上;如果指定的原子是不合法的,将不会连接上去。

(3)如果在窗口中有一个模型分子,但未做任何选择,则输入的文本将转化为第二个分子碎片,但不会连接到原来的模型分子上。

(4)文本框可见时,利用【Shift】+点击或【Shift】+拖动修改选定模型中的原子。

2. 输入元素符号与化学式建模

(1)使用文本工具创建乙胺结构。可采用输入化学元素符号和化学式两种方式。

①选择文本工具,在模型窗口点击,出现文本对话框,如图4-55所示,在文本对话框中输入“C”,按下回车键,出现甲烷分子模型(原子类型自动为C Alkane,氢原子数也是自动添加的)。指针指向甲烷分子中的一个氢原子单击,出现早先的文本内容“C”,直接按下回车键,则原来的甲烷变为乙烷分子模型。指针再指向乙烷分子中的一个氢原子单击,文本框中又出现早先的文本内容“C”,将其改为“N”,按下回车键,则氮原子被添加上去形成乙胺(Ethylamine)分子模型。

②在文本框中一次性输入乙胺的化学式“CH3CH2NH”,然后按下回车键,也会出现乙胺(Ethylamine)分子模型。这种方法更为简单方便。

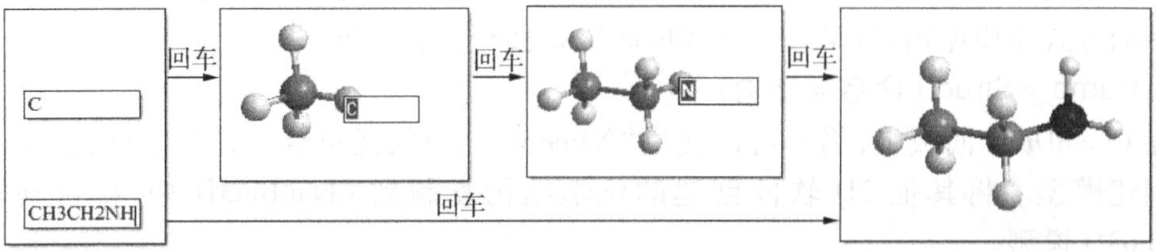

图4-55 文本工具创建模型的两种方法

(2)指定原子和键的构建类型。使用文本框指定键型和键属性,如将烷烃变为烯烃,指定某些原子的原子类型等。使用上面的例子,单击乙烷分子中的一个碳原子,出现文本框,按下【Shift】键的同时点击另外的碳原子,两个碳原子都被选定,在文本框中输入“C Alkene”(烷烃碳),按下回车键,键型和键级将发生改变。这将影响到乙胺模型,指向乙胺分子中的碳原子,将显示为"C Alkene"(烯烃碳),如图4-56所示。

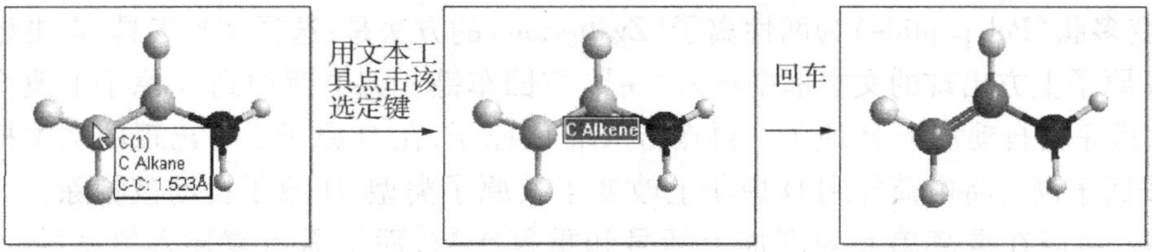

图4-56 指定键的构建类型

(3)在文本框中输入参数。点击【View】→【Parameter Tables】→【Chem3D Building Atom Types】,显示构建原子类型参数表。在表中选择需要使用的 Element Name 或 Building Type,单击右键,选择【Copy】。切换到模型窗口,在文本框中单击右键,选择【Paste】。

(4)在文本框中指定连接点顺序。使用文本工具时,可以用括号和数字指定其重复单元数和连接顺序。如输入"(CH3)3CNH2",按下回车键,出现叔丁基氨(*t*-Bu)。

3. 输入子结构建模

可以通过预定义子结构的功能团来建立模型。点击【View】→【Parameter Tables】→【Substructures】可观察到可用的子结构。使用子结构有如下好处:一是子结构是能量最低化结构,二是子结构有一个以上的连接原子(键合原子)可以连接。例如,苯基子结构"Ph —"有单个连接点,羧基子结构"— COO —"有羧基碳和负氧离子两个连接点。在模型分子内,它们提供这些原子团的插入位置。同样,所有氨基酸和其他聚合单元也定义了多键结合位点。用户可以定义自己的子结构,并把它们添加到子结构表中。使用子结构建模时,必须知道每一个子结构将要连接到主结构的什么连接点上。预定义子结构中有按标准化学规则定义的连接点。

使用子结构建立模型的方法是:在文本框中输入子结构的名称,或从子结构表中复制后粘贴到文本框中,按下回车键,子结构将出现在模型窗口中。

当用子结构替换一个原子或多个原子时,替换原子将键合到子结构的连接点上。

(1)使用子结构构建乙烷。在文本框中输入"Et"或"EtH",按下回车键,乙烷分子将出现在模型窗口中。注意:如果启用自动校正功能,乙基的自由价将由氢原子填补;如果关闭了自动校正功能,则需要在文本框中输入"EtH"才能得到相同的结果。对于带有一个以上不饱和原子的子结构,应给每个不饱和原子准确指定终端原子。

(2)使用子结构和元素符号建模。在文本框中输入"PrNH2",按下回车键,丙氨(Propylamine)分子将出现在模型窗口中,丙基(Pr)子结构中适当的键合位置用于连接"NH2"。这里"Pr"不是元素镨。

(3)使用子结构构建多肽。在文本框中输入"HAlaGlyPheOH",按下回车键,在模型窗口中,出现多肽的模型。在多肽的末端加上大写的"H"和"OH",如果末端不大写,自动校正功能启用时,ChemBio3D 将尽可能用闭合成环的方式填补未饱和的价键。在文本框中包括两个及两个以上的未饱和价时,将会出现环闭合键。以上由 Ala(Alanine,丙氨酸)、Gly(Glycine,甘氨酸)、Phe(Phenylalanine,苯基丙氨酸)组成的 α 多肽链是电中性的。

在氨基酸名前可以加一 β 前缀以获得其 β 构象,如"Hβ-Alaβ-Glyβ-PheOH"。输入 β 字

符的方法是按下【Alt】+0223。对每一个氨基酸都在子结构预设置中指定了适当的键角和二面角。观察 α 螺旋构象最好使用跟踪工具,重新调整模型取向 。

改变多肽(Polypeptide)为两性离子(Zwitterion)的方法是:选择文本工具,点击始端 N 原子,在 N 原子上方出现的文本框中输入"+",按回车键。将电荷加到 N 原子上改变了其原子类型,程序会自动加上 H 原子。再点击末端 O 原子,在 O 原子上方出现的文本框中输入"-",按回车键。将电荷加到 O 原子上改变了其原子类型,H 原子自动被删除。对于重复的氨基酸,可以在重复单元周围加上括号和重复次数,而不需重复输入氨基酸,如"HAla(Pro)10GlyOH"。

(4)使用子结构构建聚合物。在文本框中输入"OH(PET)4H"(PET:Polyethylene Terephthalate,聚对苯二甲酸乙二醇酯),按下回车键,H 和 OH 添加到聚合物的两端,如图 4-57所示。

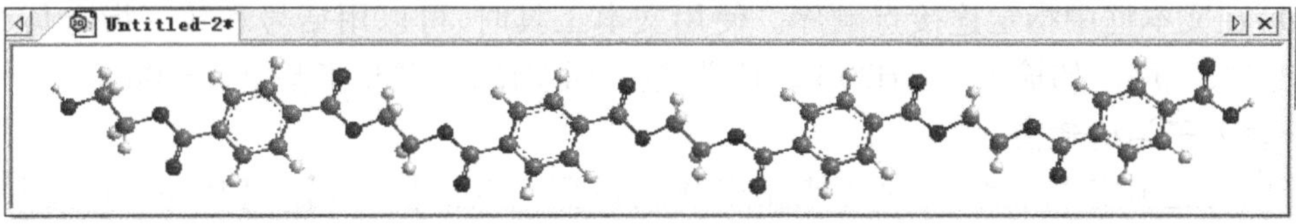

图 4-57　聚对苯二甲酸乙二醇酯

4. 替换原子建模

在替换原子时,使用的子结构必须有相同的连接点编号。例如,要用乙基子结构替换碳链中间的一个碳原子时,会出现一个错误提示,因为乙基中只有一个连接点,而链中间的碳有两个连接点。用子结构替换单个原子的方法是:用文本工具点击要替换的原子,在出现的文本框中输入子结构名称(注意,子结构对大小写是敏感的),按下回车键,选定原子被子结构替换。

例如,将苯变成联苯,用文本工具点击苯环上的 H 原子,出现一个文本框,在文本框中输入"Ph",按下回车键,出现联苯结构,如图 4-58 所示。

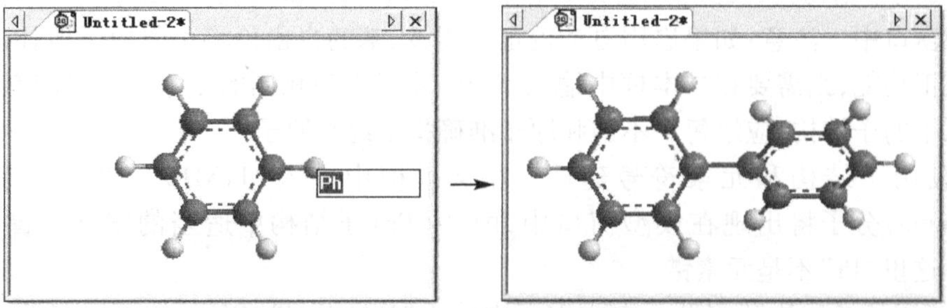

图 4-58　用苯基替换苯环上的 H 原子构建联苯

4.4.5　使用坐标表建模

笛卡儿坐标表有 5 栏(包括序号栏,图 4-59),必须按 *X*—*Y*—*Z* 顺序排列,栏序并不重要。而 Z-矩阵表必须有 8 栏(如图 4-60),栏序不能随意改变。笛卡儿坐标表和 Z-矩阵表可保存为文本文件或 Excel 表单。同样,来自文本文件或 Excel 中的数据也可粘贴到 ChemBio3D 的空表中,文本表中栏间应用空格或制表符隔开。

	A	B	C	D
1	C(1)	-1.0694	-0.1389	0
2	C(2)	0.4536	-0.1389	0
3	H(3)	-1.4501	0.907	0
4	H(4)	-1.4501	-0.6631	0.905
5	H(5)	-1.4501	-0.6631	-0.905
6	H(6)	0.8234	-1.1886	-0.001
7	H(7)	0.8234	0.3845	0.91
8	Br(8)	1.0988	0.7743	-1.577

(a) 保存在Excel中的溴乙烷笛卡儿坐标

Cartesian

	Atom	X (Å)	Y (Å)	Z (Å)
1	C(1)	-1.0694	-0.1389	0.0000
2	C(2)	0.4536	-0.1389	0.0000
3	H(3)	-1.4501	0.9070	-0.0000
4	H(4)	-1.4501	-0.6631	0.9050
5	H(5)	-1.4501	-0.6631	-0.9050
6	H(6)	0.8234	-1.1886	-0.0011
7	H(7)	0.8234	0.3845	0.9100
8	Br(8)	1.0988	0.7743	-1.5768

XYZCartesian　ZMInternal Coordinates

(b) 溴乙烷笛卡儿坐标表

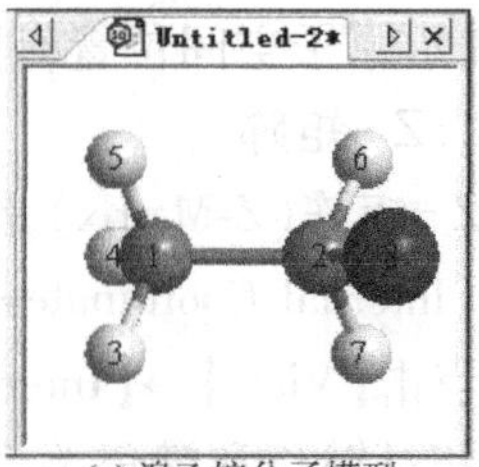

(c) 溴乙烷分子模型

图 4－59　使用坐标表建模

Internal Coordinates

	Atom	Bond Atom	Bond Length (Å)	Angle Atom	Angle (°)	2nd Angle Atom	2nd Angle (°)
1	C(1)						
2	C(2)	C(1)	1.5230				
3	Br(8)	C(2)	1.9330	C(1)	109.5000		
4	H(6)	C(2)	1.1130	C(1)	109.4100	Br(8)	109.5000
5	H(7)	C(2)	1.1130	C(1)	109.4100	Br(8)	109.5000
6	H(3)	C(1)	1.1130	C(2)	110.0000	Br(8)	-59.9224
7	H(4)	C(1)	1.1130	C(2)	110.0000	H(3)	109.0000
8	H(5)	C(1)	1.1130	C(2)	110.0000	H(3)	109.0000

图 4－60　分子内坐标表(Z－矩阵表)

例如,在 Excel 中有如图 4－59a 所示的溴乙烷分子的笛卡儿坐标数据,可以先在 Excel 中将该表复制到剪贴板上,然后在 ChemBio3D 中新创建一个模型文件,点击【View】→【Cartesian Table】将显示一个没有模型分子的空笛卡儿坐标表。在该表中单击右键,在弹出菜单中选择【Paste Cartesian】,则溴乙烷分子的笛卡儿坐标值被粘贴到该空表中,与此同时,在模型窗口会显示溴乙烷分子的分子模型,如图 4－61 所示。

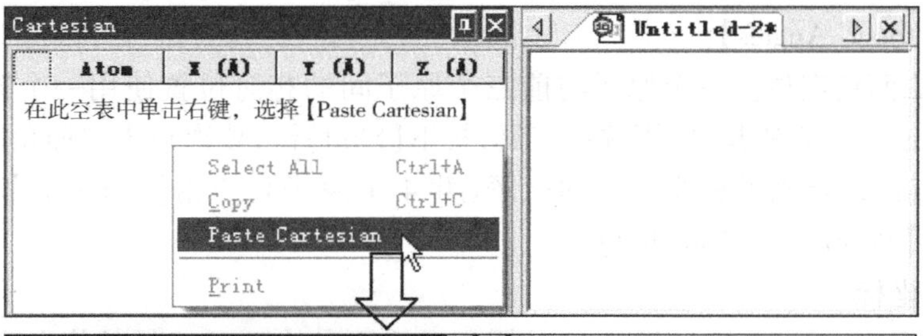

Cartesian

	Atom	X (Å)	Y (Å)	Z (Å)
1	C(1)	-1.0694	-0.1389	0.0000
2	C(2)	0.4536	-0.1389	0.0000
3	H(3)	-1.4501	0.9070	-0.0000
4	H(4)	-1.4501	-0.6631	0.9050
5	H(5)	-1.4501	-0.6631	-0.9050
6	H(6)	0.8234	-1.1886	-0.0011
7	H(7)	0.8234	0.3845	0.9100
8	Br(8)	1.0988	0.7743	-1.5768

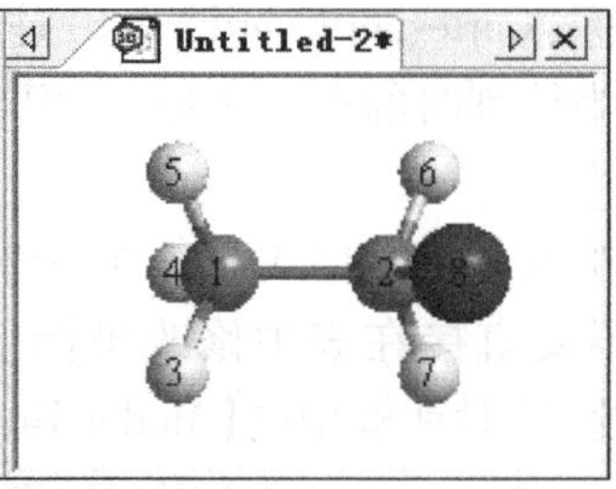

图 4－61　溴乙烷笛卡儿坐标表与分子内坐标表(Z－矩阵表)

4.4.6 模型坐标

ChemBio3D 是按构建的模型来建立坐标系。在模型中每个原子都占据了一个空间位置,表示原子空间位置有两种方式:内坐标和笛卡儿坐标。

1. Z-矩阵

Z-矩阵(Z-Matrix)是化学上专门用于表示分子内原子坐标的一种方法,故又叫分子内坐标(Internal Coordinates),是构建模型并进行计算的最通用坐标形式。

点击【View】→【Internal Coor Table】可显示 Z-矩阵表,通过编辑该表内的值指定两个原子的相对键长和键角关系。每个原子在模型中的相对位置是由一组 Z-矩阵的内坐标确定的。任何特定原子的内坐标是由该原子与其他原子间的一组数值(键长、键角和二面角)来确定的。模型结构中除了最初的前三个原子(在描述模型的 Z-矩阵中最前面的三个原子)外,其余的原子都是按前三个原子的位置来安排的:

①Origin Atom。Z-矩阵中第一个原子,其他原子位置都直接或间接由该原子确定。

②First Positioned Atom。其位置只与起始原子有关,通常与起始原子相键合(键长)。

③Second Positioned Atom。其位置依据 First Positioned Atom 的位置确定(键长和键角)。

其他原子的位置,则通过与前三个原子的相对位置来确定,通常有三个数据(键长、键角、二面角)是必需的。

(1)设置初始原子。指定 Z-矩阵中的起始原子的方法是:使用选择工具,点击 Z-矩阵中第一、第二或第三个原子,点击【Structure】→【Set Internal Coordinates】→【Set Origin Atom】,则第二个原子成为 Z-矩阵中的起始原子,其他原子相对于新的起始原子进行定位。因为当前测量表中保留有数据,在模型中不可能有可视变化发生。

(2)通过键角定位。一个原子与前三个原子间的相对位置使用一个键距和两个键角来定位。方法是:使用选择工具,按下【Shift】键,依次选择第二个成角原子、第一个成角原子、直接键合的原子和要定位的原子。选择完毕后点击【Structure】→【Set Internal Coordinates】→【Position By Bond Angles】。

(3)通过二面角定位。一个原子与前三个原子间的相对位置使用一个键距、一个键角和一个二面角定位。方法是:使用选择工具,按下【Shift】键,依次点击二面角成角原子、第一个成角原子、直接键合原子和要定位的原子(共 4 个原子),点击【Structure】→【Set Internal Coordinates】→【Position By Dihedral】。

2. 笛卡儿坐标

笛卡儿坐标(Cartesian Coordinates)是用相对于原点的 *X*、*Y*、*Z* 轴的值来确定原子的位置的。通常原点为绘制时的第一个原子,但也可使用结构菜单中的模型位置子菜单来设置原点。

可以使用笛卡儿坐标格式(cc1 或 cc2)来保存模型,然后用文本编辑器来编辑该文件。特别要注意,不要直接在表中修改坐标值,如果直接在表中修改值,一定要记住在 Model Settings(模型设置)对话框中的【Model Building】(模型构建)选项卡中,关闭 Rectify(校正)和 Apply Standard Measurements(应用标准度量值),使其他原子不会受影响。同样,可以通过单击右键弹出的上下文菜单命令来复制粘贴表内数据到其他文本文件或 Excel 表单中。

4.4.7　参数表与测量表

ChemBio3D 使用两类参数表:内部表和外部表。

1. 内部表

内部表含有指定模型使用的相关信息,包括 Measurement Table(测量表)和 Internal Coordinates Table(内坐标表,Z-矩阵表)。可从【View】(视图)菜单中选择查看相应的内部表。

2. 外部表

外部表含有所有模型通用的信息,外部表包括:①用于模型构建的元素、原子类型及取代基表。②在执行 MM2 计算时使用的扭曲角参数表。③在二面角驱动构象查找期间储存在一起的数据表。通过点击【View】→【Parameter Tables】,可查看选定的外部表(图 4-62)。

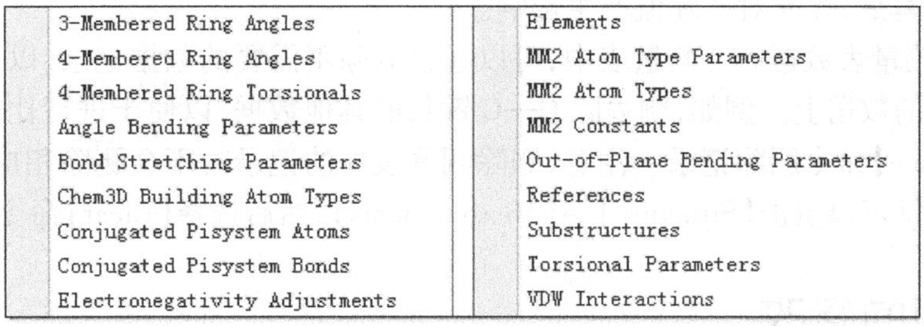

图 4-62　外部参数表

3. 测量表

测量表属于内部表,标准测量值是基于其原子类型的优化键长和键角,对每一个特定原子类型,该值实际上是来自具有同类型原子的许多化合物的平均值(如烷烃)。在不考虑原子间的相互作用时,标准参数可以构建具有近似合理几何结构的 3D 模型。

测量表中显示键长、键角、二面角及闭环方面的信息。第一次打开测量表时将会是空白的,点击【Structure】→【Measurements】,选择图 4-63 所示各选项,可生成测量表中的数据。

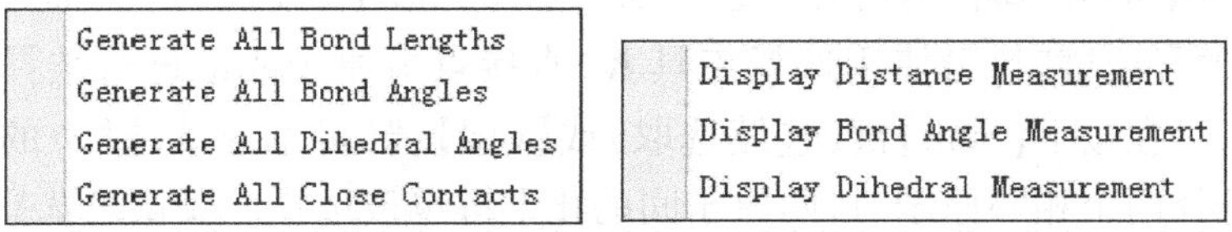

图 4-63　【Structure】→【Measurements】项下的各选项

在模型窗口创建一个过氧化氢分子,点击【View】→【Measurement Tables】,显示测量表,但测量表中没有任何数据。分别点击【Structure】→【Measurements】→【Generate All Bond Lengths】(产生所有键长数据),【Structure】→【Measurements】→【Generate All Bond Angles】(产生所有键角数据),【Structure】→【Measurements】→【Generate All Dihedral Angles】(产生所有二面角数据),测量表中就有数据了,如图 4-64 所示。

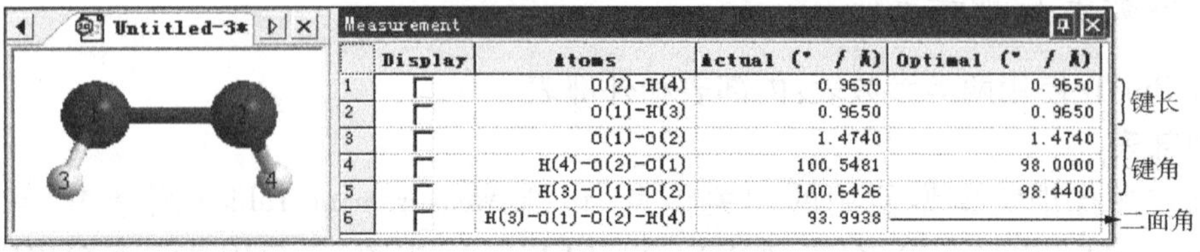

图 4 - 64　过氧化氢模型及测量表

(1)实际值(Actual)与优化值(Optimal)。优化值是模型的理想值,这些值是基于 ChemBio3D 的模型构建参数得来的;实际值则来自模型本身。当执行了结构整理后,ChemBio3D 则尽可能地让实际值来匹配优化值,从而对结构进行优化。

如果修改了实际值,则修改后的值会体现在模型结构中,原子的位置可能会改变。如果修改了优化值,则应用将受到限制,这些值只能在 Clean Up(整理结构)(在【Structure】菜单上)和 MM2 计算后,才能对实际值产生影响。

(2)删除测量表数据。在测量表中,可以通过删除不需要的数据记录,以便将主要精力集中到所关注的数据上。例如,删去除 C—C 键长的其他数据,以便于进行比较。通过单击右键选择【Delete】命令删除记录。注意,删除测量表中的记录时不会删除相应的原子,要清除整个表中数据可以点击【Structure】→【Measurements】,然后选择【Clear】命令。

4.5　模型的修改

4.5.1　选择对象

ChemBio3D 有多种工具可用于修改模型,如显示或隐藏原子。通常情况下,在修改模型前需要选择原子或化学键,选择的原子或化学键在模型窗口中将高亮显示。可以在 Model Settings(模型设置)对话框中改变颜色的默认设置。

1. 选择单个原子和键

在模型窗口或模型浏览器中,可以选择若干原子和化学键。如果模型浏览器没有激活,可点击【View】→【Model Explorer】打开它。在模型浏览器中选择原子,只需简单点击。在模型窗口中选择原子或键时,可使用选择工具 ,直接点击原子或键进行选择。若要选择一个以上的原子,可在按下【Shift】键(连续选取)或【Ctrl】键(可不连续选取)的同时点击所选原子。注意,选择两个相邻原子时,两原子间的化学键也被选择。要快速选择模型窗口中的所有原子和化学键,可点击【Edit】→【Select All】或使用【Ctrl】+【A】键。

2. 取消对原子和键的选择

如果取消了对原子的选择,则与该原子相连接的键也一并取消选择。当取消了对某键的选择,如果涉及该键的原子没连接到别的化学键,则该原子也一并取消选择。

在显示窗口中按下【Shift】键的同时点击原子或键,或在模型浏览器窗口中按下【Ctrl】键的同时点击原子,或在模型窗口中点击空白处,均可取消对原子或键的选择。

如果开启了自动校正功能,在取消对原子的选择时,与之相邻的原子及孤对电子也将取消。使用模型浏览器时,可对不同分子片或原子团使用不同亮度的颜色。改变模型浏览器中高亮度颜色的方法是在任意级别上单击右键,选择【Select Color】。

3. 定义原子团

如果定义了原子团(分子片或更大的模型),可使用模型浏览器选择整个原子团,也可使用矩形工具选择没有定义为原子团的一组原子。

(1)定义原子团。可定义模型的一部分为一个原子团,以便为模型的高亮显示(如激活蛋白质结合位点)提供方便的可视化显示方式。定义一个原子团的方法是:在模型浏览器或模型窗口中,选择要定义为原子团的原子和键,右键点击所选择的原子,在弹出菜单中选择【New Group】。如果模型中的原子团是子结构表(substructures. xml)中已定义的子结构,则可以给其指定标准颜色。方法是:点击【View】→【Parameter Tables】→【Substructures】,对于想要改变颜色的子结构,双击其 Color 栏中相应的单元格,出现 Color 对话框。在 Color 对话框中选择一种颜色,点击【OK】,关闭并保存子结构表(Substructures Table)。

在子结构表中重新为原子团指定颜色:点击【File】→【Model Settings】,选择【Colors & Fonts】选项卡,在 Color by 部分选择单选按钮选择原子团。模型中的每个原子都以原子团中的颜色显示在模型窗口中。注意,Color by 中"Group"只在 Ribbon 或 Cartoon 显示模式下可用。

(2)选择原子团或碎片。有多种方式选择原子团或分子片,最简单的是使用模型浏览器来选择分子片,也可以通过点击【Edit】→【Select Fragment】选择单个原子或化学键。如果要选择多个分子片,必须在模型浏览器窗口中进行。在选择了单个原子或键之后,每一次连续的双击都会选择下一个更深层次的原子团。利用距离或半径的大小来选择原子或原子团,这一功能在蛋白质结合位点的高亮显示时十分有用。通过距离选择原子或原子团的方法是:使用模型浏览器(Model Explorer)选择原子或分子片,右键点击被选对象,在弹出菜单(图 4-65)中选择适当选项。

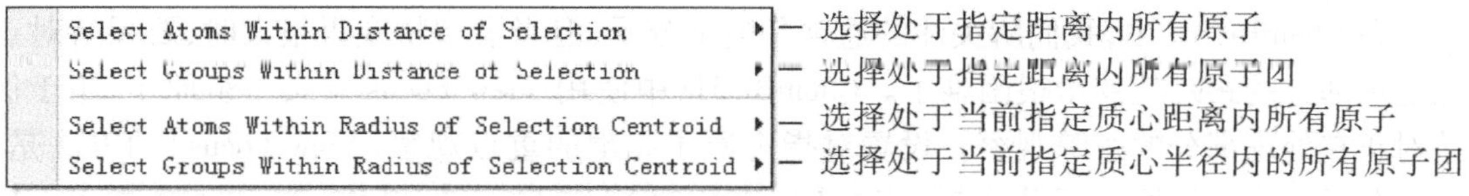

图 4-65　按不同方式选择原子或原子团

4.5.2　改变元素

由一种元素的原子变为另一种元素的原子的方法是:点击文本工具,点击要修改的原子,出现文本框,在文本框中输入要改为的元素符号(注意,对大小写敏感)后回车。只要文本工具被选定,双击另一个原子可做相同修改。例如,在苯环上点击要替换的氢原子,在文本框中输入"NH2"后回车,苯将变成苯胺。

4.5.3　改变键级

1. 改变键级的几种方式

(1)一次修改一个键的键级。选择一个与原键相同的键工具,从一个原子拖动到另一个原子,或者右键点击一个键,在弹出菜单中指向【Set Bond Order】,选择一个键级。

(2)一次修改几个键的键级。打开 ChemDraw 面板并激活面板工具,选择套环工具或方框工具,点击选择第一个要改变的键,然后按下【Shift】键,再点击选择其他键,在选择区域单击右键,在弹出菜单中选择【Bond Type】。

(3)通过改变原子类型来改变键级。点击文本工具,按下【Shift】键的同时点击与该键连接的所有要改变键级的原子,输入原子类型后回车,该键的键级变为指定的新键级。

2. 近程键合

近程键合是指在一定距离(近程键合距离)内的两原子会自动连接成键。ChemBio3D 确定两个原子是否近程键合取决于笛卡儿坐标和标准键长值。两个原子间距离小于标准键长的一定比例时,就要考虑为近程键合了。原子靠得很近,有较低的标准键长百分数时,一定为近程键合。标准键长保存在 Bond Stretching Parameters 表中。

设置标准键长百分数的方法是:点击【File】→【Model Settings】,出现 Model Settings 对话框,选择【Model Building】选项卡,拖动 Bond Proximate Addition 滑块进行调整,范围从 0 ~ 100%。假定该值为 0,只要距离小于标准键长时,两个原子就应该考虑为近程键合;假定该值为 50%,则小于 50% 标准键长的都应考虑为近程键合。在近程原子间创建化学键的方法是:选择要验证近程键的两个原子,点击【Structure】→【Bond Proximate】。如果它们是近程的,将会在两个原子间形成一个化学键。

4.5.4 添加分子碎片

一个模型可以由几个分子片组成,可以使用键工具从窗口的一角开始添加分子片,也可使用文本工具添加分子片。例如,在窗口中添加一个水分子,点击文本工具,在想添加水分子的位置点击,出现文本框,输入“H2O”后回车,出现添加的水分子,在另一不同位置双击可添加另一个水分子 。

在 ChemBio3D 中,我们所关注的通常是整个分子,但当模型物变得很大时,要保持对正在处理部分的跟踪就变得很困难了。ChemBio3D 中使用 View Focus 定义一组原子,用于保持对正在处理部分的跟踪观察。设置对指定原子和键的重点观察(View Focus)的方法是:选择分子片或一组原子或化学键,点击【View】→【View Focus】→【Set Focus to Selection】。如果设置了 View Focus,当用键工具创建时,ChemBio3D 将会重新改变其大小和位置,以便所有的原子在重点观察中都是可见的。如果有新的原子加入,它们将成为重点观察的一部分。在改变其大小时,旋转或缩放将以重点观察部分为中心。

4.5.5 使用测量表

测量表中所显示的数据与【Structure】→【Measurements】中的选择有关。当使用整理(Clean Up)命令(点击【Structure】→【Clean Up】)时,原有键长、键角值将不予考虑,将尽可能地用测量表中优化栏的值对结构加以调整。这些优化值是键伸缩与角弯曲参数表(Bond Stretching and Angle Bending Parameter Tables)中的标准测量值。在执行 Clean Up 或 MM2 计算后,所有其他实际测量值将会变为新的值。但若在测量表中修改 Actual 一栏中的数据,修改后会马上在模型窗口中体现出来。

(1)修改键长。先选择两个相连原子,点击【Structure】→【Measurements】→【Display

Bond Length Measurement】，出现 Measurement Table（测量表），显示两原子间的距离，在 Actual 栏中点击并编辑距离值，按下回车键，则键长被修改。

（2）修改键角。选择构成键角的三个邻近原子，点击【Structure】→【Measurements】→【Display Bond Angle Measurement】，出现测量表并显示键角，点击 Actual 栏中的键角值，编辑文本，按下回车键，则键角被修改。

（3）修改二面角。选择组成二面角的四个邻近原子，点击【Structure】→【Measurements】→【Display Dihedral Measurement】，出现测量表并显示键角，点击 Actual 栏中的键角值，编辑文本，按下回车键，则二面角被修改。注意，测量表中的角度可以是负值。

（4）修改两非键合原子间距离。选择两个非键合的原子，点击【Structure】→【Measurements】→【Display Distance Measurement】，出现测量表，并高亮显示 Actual 距离，编辑文本后按下回车键，则两个非键合原子间距离发生改变。若再移动原子，则 Measurement 表中的距离会自动刷新。

（5）设置强制值。可以通过设置强制条件来替代 ChemBio3D 用于确定原子位置的标准测量表。使用强制方式为特定键长、键角、二面角或非键距离设置优化（Optimal）值，在以后执行 Clean Up、Docking、Overlay 或 MM2 等计算时，将使用该强制设置值而不是标准测量值。在 Measurement Table（测量表）的 Optimal 字段中输入一个新值作为强制值，当模型物的其余部分因计算而改变时，强制值会使二面角和非键合距离仍保持测量表中的常数（或非常接近）。

4.5.6　设置电荷

根据原子类型及其化学键参数，可为原子指定形式电荷，在指针指向该原子时，显示其形式电荷。设置形式电荷的方法是：点击文本工具，选择要改变电荷的原子，输入元素符号，后跟形式荷电数，完成后按下回车键。

在创建模型时，也可在元素符号后添加电荷数，为分子片中的原子设置形式电荷。例如，用文本工具在模型窗口中点击，在文本框中输入“HCOO－”，回车，出现甲酸根离子。又如苯酚负离子，在文本框中输入“PhO－”，回车，出现苯酚负离子。

ChemBio3D 可识别并显示原子上的形式电荷与离域电荷。甲酸根的 O 原子上就是离域电荷（图 4－66a），而苯酚负离子的 O 原子上则是形式电荷（图4－66b）。

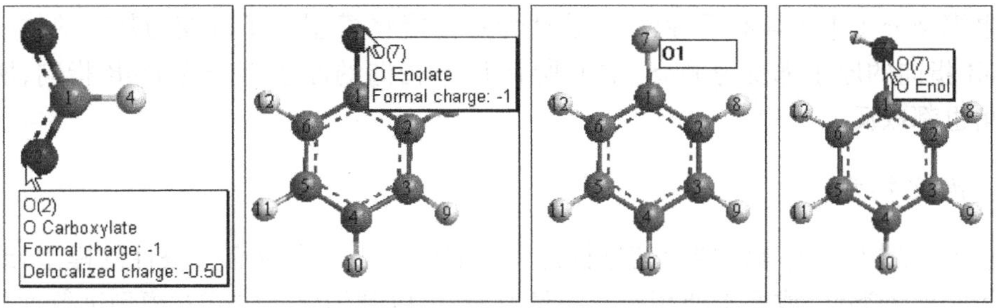

(a)　(b)　(c)　(d)

图 4－66　甲酸分子和苯酚负离子的离域电荷

若想从 O 原子上删除形式电荷，则需选用文本工具，点击 O 原子，在文本框中输入“O1”，回车，则苯酚负离子变为苯酚，其 O 原子的形式电荷由 -1 变为 0（图 4-66c）。

4.5.7 原子编号

创建模型时 ChemBio3D 会自动根据创建原子的先后顺序为每个原子指定一个编号。这个编号可采用以下方式进行显示或修改。

（1）显示原子编号。可以采用以下四种方式查看原子编号：

①对单个原子，使用选择工具指向原子时，原子编号会出现在弹出信息中。

②点击【View】→【Model Display】→【Serial Numbers】。

③点击【File】→【Model Settings】→【Model Display】→【Show Serial Numbers】。

④点击模型显示工具栏图标 1（Serial Number）。

（2）重新指定原子编号。初始原子编号是按创建模型的顺序指定的，该编号可以重新指定。方法是：用文本工具点击要改编号的原子，在出现的文本框中输入数字编号后回车。右键点击已改编号原子，在弹出菜单中选择【Atom Serial Numbers】→【Show Atom Serial Numbers】。如果新的原子编号与未选原子的编号有冲突，则未选定的原子将重新编号。要用新的编号给其他原子进行连续编号，可连续双击选定多个原子，按选定顺序重新编号。

4.5.8 改变立体化学构型

通过 Inversion（反转）或 Reflection（反映）可以改变模型的立体化学构型。

（1）反转。反转（Invert）命令用于对一个选定的手性原子进行反对称操作。例如，选定一个具有手性原子的分子，点击【Structure】→【Invert】，则该分子被反转。注意，反转命令只重新定位从某个原子延伸出来的侧链。反转命令用于环烃时，可同时反转几个二面角（如环上的所有二面角）。例如，选择要反转的环，点击【Structure】→【Invert】，则环上所有二面角被反转，即环上轴向指向的原子变为水平指向，水平指向的原子变为轴向指向。

（2）反映。反映（Reflect）命令，通过任何指定平面在模型上执行对 *X*、*Y*、*Z* 轴的反映操作。当使用 Reflect（反映）命令时，每一个原子的特定笛卡儿坐标将取反。当选择了“Through YZ Plane”时，所有的 *X* 坐标被取反；当选择了“Reflect Through XZ Plane”时，所有的 *Y* 坐标将取反；当选择“Reflect Through XY Plan”时，所有的 *Z* 坐标将取反；也能使用 Invert（反转）命令使模型起始状态的所有笛卡儿坐标取反。

如果模型分子中包含有手性中心，这些命令都能将模型分子改变为其对映体。结果是所有 ProR 指向的原子都变为 ProS 指向，所有 ProS 指向的原子都变为 ProR 指向，所有原子的二面角也都取反。

4.5.9 优化模型

建立 3D 结构后，通常需要对其进行优化。如要建立一个没有芳香性的模型，或要指定一个原子的原子类型，或要求使用标准测量值等，可以利用以下方式对模型进行优化。

（1）校正原子。点击【Structure】→【Rectify】，可校正模型中选定的原子。通过添加或删除 H 原子，使得每个选定原子的键合数符合原子类型指定的几何形状。该命令在修正前可指定原子类型，选定原子的原子类型将改变，以便与键合到邻近原子的原子类型相一致。

(2)整理模型。ChemBio3D 创建的结构通常是正确的,但也有可能创建的结构并不实际,尤其是创建具有张力的环状体系时。修正不实际的键长、键角可使用 Clean Up(整理)命令,点击【Structure】→【Clean Up】,则选定原子被重新安排以减少键长、键角方面的错误。平面上的 4 个原子间的二面角将被旋转 0°或 180°。

4.5.10　显示和隐藏原子

为了突出所关注模型的某些部分或方面,常常需要显示或隐藏某些对象。这些对象包括原子、原子团、孤对电子、哑原子、氢键、电荷、原子标签、原子编号等。这些对象的显示与隐藏,通常可在模型显示对话框中设置,但有时为观察模型的方便,也会使用模型浏览器,临时隐藏某些原子或原子团。

(1)隐藏原子和原子团。在要隐藏或显示的原子或原子团上单击右键,在弹出菜单中指向【Visibility】并选择【Hide】,可隐藏原子(或原子团),隐藏后的原子或原子团的编号显示在控制树中将被加上括号。默认情况下,同一层次内的所有级别都继承上一级别的设置,但用户可以重新设置,以便隐藏整个原子团的同时又显示其中的单个原子。

(2)显示原子。显示一个属于隐藏原子团的原子的方法是:在控制树中选定的原子上单击右键,在弹出菜单中指向【Visibility】并选择【Show】。

(3)显示氢原子和孤对电子。显示模型中所有 H 原子和孤对电子的方法是:点击【View】→【Model Display】,然后选择【Show Hydrogen Atoms】→【Show All】或者【Show Lone Pairs】→【Show All】。在菜单命令前有检查标记,表明该项已被选中。如果这些选项没有被选中,则 H 原子和孤对电子会自动隐藏起来。

(4)显示所有原子。如果处理一个很大的模型,可能很难保证对隐藏部分的跟踪观察,此时需要显示模型中所有被隐藏的原子或原子团。显示全部原子和原子团的方法是:在控制树中的隐藏原子或原子团上选择一个级别,按下【Shift】键并点击整个模型,单击右键,在弹出菜单中指向【Select】,选择【Select All Children】(选择全部子节点);再次单击右键,指向【Show】,然后选择【Inherit Setting】(继承设置)。

(5)显示氢键。ChemBio3D 能够检查并显示模型中的氢原子,也能够选择性地只显示模型中的极性氢原子(那些键合到氧原子或氮原子的氢原子)。还可识别氢的给予体(R—N—H 或 R—O—H)和氢的接受体(所有 O 原子、离域系中的 N 原子)间形成的氢键。

点击【View】→【Model Display】→【Show Hydrogen Bonds】→【Show Intermolecular】(或【Show All】),在模型窗口中,氢键是用虚线表示的。浅蓝色调显示键的强度,键的强度越小颜色越深。可以只显示极性氢原子,也可通过【View】菜单或 Model Settings(模型设置)对话框来操控对氢键和孤对电子的显示。

4.5.11　移动模型

(1)移动工具。使用移动对象(Move Objects)工具,可以移动原子或其他对象到不同的位置。移动的对象可以是原子、原子团、键或键的组合。使用移动对象工具进行的移动是在模型坐标内的移动。

(2)平移工具。使用平移工具,可在窗口内移动模型。当使用该工具时,平移的目的是为了观察,模型坐标与之一起移动,因此模型的位置不会相对原始位置发生改变。

4.5.12 旋转模型

在 ChemBio3D 中有多种旋转模型的方法，在选择了跟踪工具后，会在模型窗口四周显示 4 个弹出的旋转条。使用这些旋转条绕不同轴旋转，以便从不同角度观察模型。也可以打开 Rotate（旋转）对话框使用旋转拨盘或直接输入旋转角度来旋转模型对象。选择 Trackball（跟踪）工具，可显示旋转条。当鼠标移动到模型窗口的边缘时，旋转条会出现在模型窗口的内侧边缘（图 4－67）。

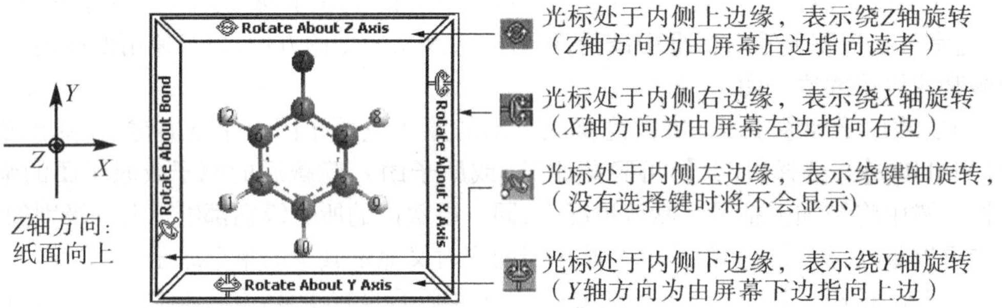

图 4－67　模型窗口内侧边缘的旋转条

1. 绕 X、Y 或 Z 轴旋转

选用跟踪工具，指针移至模型窗口内侧边缘上时，将激活旋转条，旋转的度数显示在状态栏中。没有选用跟踪工具时，它们是被隐藏起来的。

若在 Preferences 设置对话框中的【GUI】选项卡中选择了“Show Mouse Rotation Zones”，旋转条会自动弹出，这是其默认设置。绕 X、Y、Z 轴旋转模型的方法是：鼠标指向适当的旋转条，沿旋转条拖动指针。

2. 旋转分子片

跟踪工具可用于旋转窗口中的所有分子片，也可旋转窗口中的某一个分子片。旋转窗口内全部分子片可直接拖动旋转条旋转；若只旋转模型窗口中的某一个分子片，则需要在拖动旋转条的同时，按下【Shift】键，否则所有分子片都会一起旋转。

3. 内部旋转

这里的内部旋转是指在模型分子内通过改变某几个原子间的二面角，来建立模型的另一个构象。通常是使用 Rotation Dial（旋转拨盘）上的 Dihedral Rotators（二面角旋转器）旋转一个内部角。内部旋转图标只在模型中原子或键被选择时才可用。在模型中进行内部旋转，必须至少选择两个原子或一个键，然后使模型绕键轴旋转。

使用 Internal Rotation Bar（内部旋转条，工作区左边的旋转条）可使模型绕选定键的键轴旋转。这一点与早期 ChemBio3D 版本相比有所改变，原来的内部旋转条可用于旋转二面角；在新版中，内部二面角旋转是通过旋转拨盘来完成的，也可使模型绕末端旋转。分子片中键的一端旋转时，键的另一端是固定的，其中选择原子的顺序决定了分子片中的旋转顺序。

4. 使用旋转拨盘

通过 Rotation Dial（旋转拨盘）选择准确合理的角度，可快速旋转模型。打开旋转拨盘的方法是：点击跟踪工具旁的小三角，弹出旋转拨盘，在角度文本框中输入准确的旋转角度后回车，即按设定角度旋转。旋转拨盘上的图标命令如图 4－68 所示。

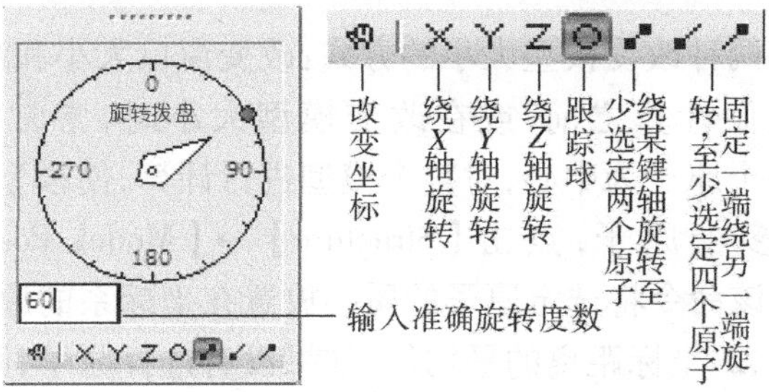

图 4－68　旋转拨盘上的图标命令

（1）绕键旋转。在模型窗口中选择一个化学键，在旋转拨盘上，点击绕键轴旋转图标按钮，拖动绿色小球旋转。

（2）绕特定轴旋转。可以使模型绕指定轴（*X*、*Y*、*Z*）旋转。旋转前必须选择两个原子或一个键，也可以增添哑原子（未定义键型和原子类型）作为分子片以指定旋转轴。旋转时，先在模型窗口中选择两个原子或一个键，在旋转拨盘上点击绕轴旋转图标按钮 X Y Z，拖动绿色小球旋转或在文本框中输入数字后回车。

（3）绕二面角旋转。选择绕指定的二面角旋转。先选择 4 个原子以确定一个二面角，在旋转拨盘上选择一个二面角旋转器或，拖动绿色小球旋转。旋转时，尽管模型转动了，模型沿指定轴的取向改变了，但模型的原点（0，0，0）不会变化，且总是处于模型窗口的中心。

利用旋转拨盘（Rotation Dial）快速调整模型二面角的例子如图 4－69 所示，香兰素（Vanillin）分子中，甲氧基绕 C3—O10 键轴旋转。具体方法是：在模型窗口中选择 C3—O10 两个原子，点击跟踪工具旁的小三角，选择旋转拨盘，在旋转拨盘底部选择前端不动、旋转末端的图标，拨动旋转盘到一定的角度，此时可观察到甲氧基绕 C3—O10 旋转的情况。每旋转一个角度就产生一个分子的构象，每个构象都可计算其能量。有关能量计算的方法和步骤见本书后续章节的相关内容。若已知准确的旋转角度，也可直接在文本框中输入旋转角度。

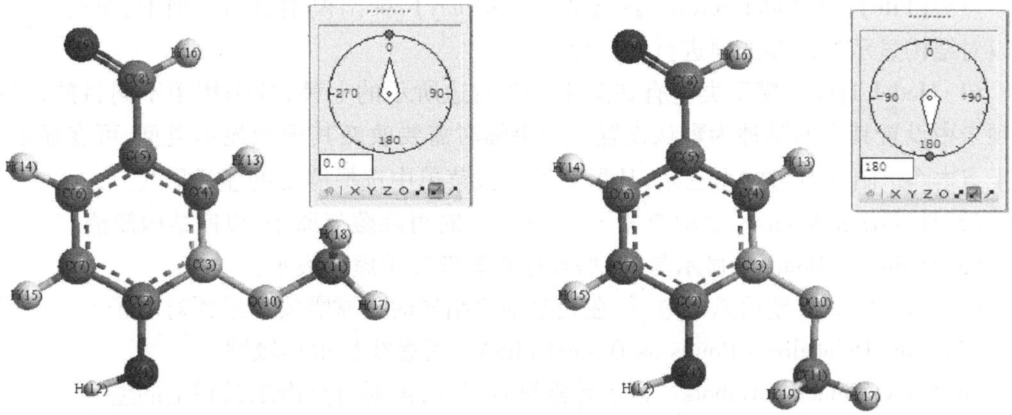

图 4－69　使用旋转拨盘旋转二面角

4.5.13 改变模型大小

ChemBio3D 提供了两种改变模型大小的方式:改变窗口大小和缩放模型比例。

(1)居中选择。在做计算之前,或在改变模型大小时,常常需要将模型置于居中。ChemBio3D 允许确定一个原子为中心,对整个模型进行计算,使模型被选择部分居中。方法是:随意选择一个或多个原子,点击【Structure】→【Model Position】→【Center Model (Selection) on Origin】,该命令将选定原子的质心放置在坐标系的原点上。ChemBio3D 计算被选原子的质心与 X、Y、Z 坐标距离的平均值;如果没有选择原子,则命令对整个模型操作。

(2)缩放工具。使用缩放工具来放大或缩小模型。在查看大的模型分子时,该工具十分有用。缩放操作不会对模型中的原子坐标产生影响。

(3)调整模型比例。点击【View】→【View Position】→【Fit to Window】可以调整模型比例以适应窗口。如果创建了一个模型的动画,还可以点击【View】→【View Position】→【Fit All Frames to Window】,调整单帧比例或整个动画的比例,并按比例缩放整个动画。注意,Fit 命令只影响模型的缩放,原子半径与原子间距离不会改变。Model to Window 命令只对动画中的活动帧操作,若要缩放更多的帧则必须用该命令重复每一帧。

4.6 模型的显示

在 ChemBio3D 中,模型显示可以有多种方式,这取决于所需了解的信息。模型的原子和键可以有不同的显示方式,根据分子类型,某些模型显示可以通过突出结构特点来提供更有用的信息。例如,带状模型可以显示蛋白质折叠构象,而不显示个别原子的结构细节。模型显示选项分为两种类型:结构显示和分子表面显示。

4.6.1 结构显示

结构显示是三维分子模型的图解表示。模型结构显示中最重要的是有关结构显示的参数和选项的设置及显示命令的使用。

1. 模型显示参数与选项的设置

点击【File】→【Model Settings】→【Model Display】,弹出模型显示选项卡,使用该选项卡可以对结构显示的许多选项进行默认设定。

(1)Model Type。模型类型有如图 4-70 右边所示的七种,分别用于不同目的,可在本选项卡中设置其中的某种为默认设置。如果临时需要改变其模型显示类型,可在显示工具栏上点击图标右边的小三角,从展开的下拉菜单中选择需要的显示形式。

(2)Hydrogen Atoms。显示氢原子,分子太大时可隐藏氢原子,以使结构简洁。

(3)Hydrogen Bonds。显示氢键,如果存在氢键时用虚线表示。

(4)Lone Pairs。显示孤对电子,在观察细微结构时常常需要显示孤对电子。

(5)Show Delocalized Bonds as Dashed Lines。用虚线显示离域键。

(6)Show Element Symbols。显示元素符号,临时需要可点击工具栏上的 C。

(7)Show Serial Numbers。显示原子编号,临时需要可点击工具栏上的 1。

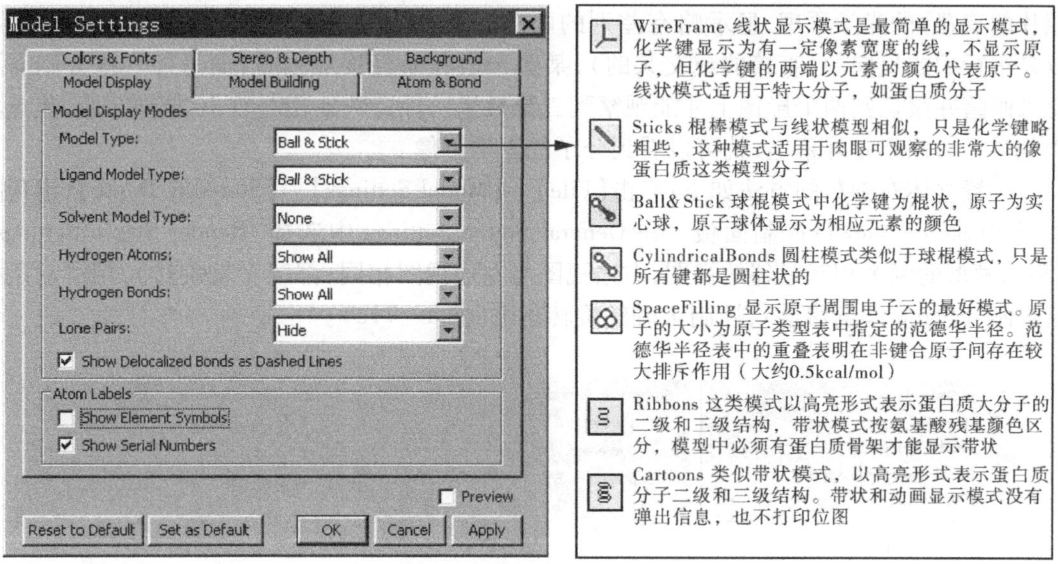

图 4－70　Model Setting 中的显示设置

2. 显示实心球与虚线面

在球棍模型、圆柱模型和空间填充模型中，可以用实心球来表示原子的大小。点击【File】→【Model Settings】→【Atom & Bond】选项卡，在 Atom Dot Surfaces 部分，勾选“Show by Default”检查框，点击【OK】，默认时所有原子将显示为实心球。范德华半径是由原子的原子类型指定的，Atom Size 滑动条表示元素表中每个原子被指定的共价半径。范围从 0～100% 变化，为 100% 时，采用原子半径的最大值，该值的设置将对球棍、圆柱模型显示产生影响，拖动半径滑动条可指定其大小。同样，拖动 Bond Size 滑动条可改变键的大小。

3. 显示颜色

点击【File】→【Colors & Fonts】→【Colors & Fonts】，在【Model Display】选项卡中改变默认颜色显示方式。此处选项有以下几种：Monochrome（单色）、Partial Charge（局部电荷）、Chain（链）、Element（元素）、Group（原子团）、Depth（深度）。Monochrome 和 Chain 只用于蛋白质带状模式和动画模式显示。临时需要改变时可点击【View】→【Model Display】→【Color By】，选择所需的选项。

（1）元素的颜色。元素原子的默认颜色保存在元素表中。改变元素表中指定的元素颜色的方法是：点击【View】→【Parameter Tables】→【Elements】，打开元素表，双击元素表中的 Color 字段，出现颜色对话框，选择要使用的颜色后点击【OK】，关闭并保存元素表。生效之前必须保存元素表，也可为原子团或子结构指定不同的颜色。

（2）红蓝立体显示效果。用红蓝立体工具可创建三维立体效果，方法是：点击【File】→【Model Settings】→【Stereo & Depth】选项卡，选择“Render Red/Blue Anaglyphs”，拖动 Eye Separation 滑动条调整效果。点击【View】→【Model Display】→【Red & Blue】可打开或关闭效果。直接点击模型工具栏上的图标按钮也可得到同样效果。

(3)使用立体对。立体对是一种显示增强技术,它是基于立体镜(一种观察三维空间中照片的装置)的光学原理,显示略有差别的两个影像就可创建一种三维效果。立体观察可以是平行的或反向的(直接的或交叉的),某些人很容易直接地去看,而另外一些人则需要交叉眼睛并聚焦到两个影像上才能观察到三维效果。保持映象相对较小,调整视距,焦点集中到屏幕后而不是屏幕上,就可以看到分子的三维影像。

设置立体对参数的方法如下:点击【File】→【Model Settings】→【Stereo & Depth】,出现立体视图(Stereo Views)控制面板。在 General Stereo Settings 中选择"Render Stereo Settings"(显示模型的两个相互紧邻的视图,右边视图与左边视图相同,都绕 Y 轴旋转),用滑动条指定眼睛分离(立体偏移量),控制 Y 轴的旋转角度(图 4-71a)。

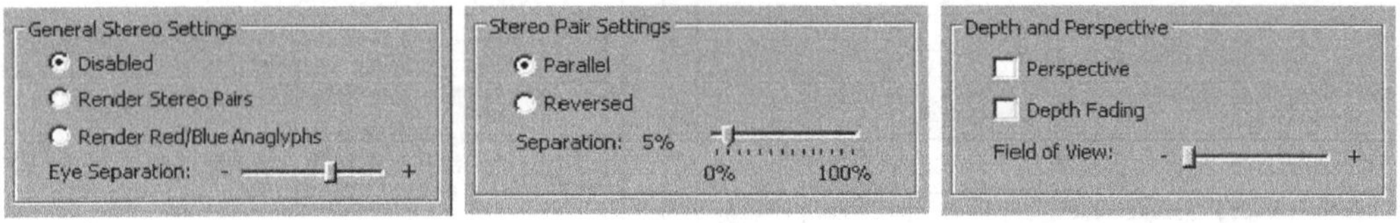

(a) (b) (c)

图 4-71 【Stereo & Depth】选项卡设置

在 Stereo Pair Setting 中选择"Parallel"或"Reversed",用滑动条指定分离的度数,用于立体观察的典型分离度数大约是宽度的 5%。选择 Reversed(交叉)观察,让左眼聚焦到右边模型,右眼聚焦到左边模型上,两个立体视图就能重合到一起。选择 Parallel(平行)观察,旋转右边视图到更右边视图上。

(4)三维增强纵深褪色效果。利用纵深褪色特性可创建逼真的纵深视图效果,方法是:点击模型工具栏上的图标按钮(【File】→【Model Settings】→【Stereo & Depth】),在 Depth and Perspective 中选择"Depth Fading"(图 4-71c)。

(5)透视图效果。ChemBio3D 支持真正的模型透视图。点击模型显示工具栏上的图标按钮,模型中键长和原子大小将根据观察者的视角按比例改变,使模型表现得更逼真。拖动 Field of View 滑动条可调整视图效果,滑动条向右移动增强其效果(图 4-71c)。

(6)局部电荷的颜色。局部电荷是由扩展休克尔、MOPAC 或 Gaussian 计算得到的。如果没有进行计算,每个原子的局部电荷显示为"0",模型则显示为棍棒模型。当局部电荷变化时,将使用电荷的绝对值,带"0.5"个正电荷的原子与带"-0.5"个负电荷的原子的半径相同。带高的负电荷的原子显示深蓝色,带高的正电荷的原子显示深红色。电荷接近"0"时原子为苍白色,电荷为"0"时原子为白色。电荷颜色也是用 Extended Hückel、MOPAC 或 Gaussian 等软件计算的结果;如果没有计算,则电荷为"0"。

(7)窗口背景颜色。选择窗口背景色,黑色和深蓝色特别适用于突出显示蛋白质的带状图,亮色背景更适用于打印。方法是:点击【File】→【Model Settings】→【Background】,选择背景颜色后点击【OK】按钮。要返回选用默认背景色可点击【Reset to Default】按钮。注意,打印时除使用了 Ribbons 显示外,背景色不会被打印。

(8)原子配色。使用模型浏览器(Model Explorer)中的选择颜色(Select Color)命令可对单个原子进行颜色标记。在模型浏览器中，右键点击选中的原子，在弹出菜单中选择【Select Color】，出现颜色对话框，选择颜色后点击【OK】，原子颜色变为新的颜色。从模型显示中删除定制的原子颜色的方法是：在模型浏览器窗口中，选择要改变颜色的原子，右键点击该原子，选择【Apply Atom Color】→【Inherit Atom Color】。

4. 孤对电子

在修改模型时，可以为像氨基酸、羧酸这类有孤对电子的分子添加或删除孤对电子。当添加孤对电子后，还可以显示或隐藏孤对电子，而模型不会发生化学上的改变。

(1)添加孤对电子。点击【Structure】→【Lone Pairs】→【Add】。

(2)删除孤对电子。点击【Structure】→【Lone Pairs】→【Remove】。

使用显示/隐藏选项指定是否显示孤对电子时，始终记住隐藏了的孤对电子仍然是结构的一部分。下列两种办法都可以显示或隐藏孤对电子：

①点击【Structure】→【Lone Pairs】→【Show/Hide】。

②点击【View】→【Model Display】→【Show Lone Pairs】→【Show/Hide】。

5. 显示原子标签

点击【File】→【Model Settings】→【Colors & Fonts】选项卡，可以控制元素符号和原子编号的字体、字号和颜色的显示，选择设置“Font”、“Point size”和“Color”等项后，点击【Set as Default】按钮，则当前模型窗口中的所有对象都采用该默认设置。临时显示元素符号和原子编号时，可分别点击【View】→【Model Display】→【Show Atom Symbols】和【View】→【Model Display】→【Show Serial Numbers】。或者在模型显示工具栏中，点击图标按钮c或1。

需要单个显示原子标签和原子编号时，可点击【View】→【Model Explorer】，右键点击选中的原子，在弹出菜单上进一步选择相关项。

6. 显示原子团标签

原子团是在模型中定义的原子的集合体。例如，可以把在一个链或其他结构中的所有原子集合在一起，然后给原子团一个名称。如果需要还可定义该原子团的所有原子为相同的颜色。对于像蛋白质这类大分子，可将在模型浏览器的列表原子组成一个原子团。更多的是利用模型浏览器(Model Explorer)中上下文菜单中的原子团标签(Group Labels)命令来控制。

设置原子团标签的方法是：点击【View】→【Model Explorer】(如果没有模型浏览器打开的话)，在模型浏览器列表的原子团中选择任何一个，单击右键，在上下文菜单中选择【Group Labels】，然后选择需要的选项。

4.6.2 分子表面显示

就像结构显示提供原子和化学键信息一样，分子表面显示可提供有关分子的完整信息，包括分子的物理和化学性质，能显示分子的外表面界面和电子分布方面的信息。

在分子表面显示之前，必须使用Extended Hückel方法或CS_MOPAC、Gaussian等软件进行计算，得到描述表面的数据。有一种情况除外，溶剂可及表面(Solvent Accessible Surfaces)是由储存在参数表中的参数自动计算的，因而不需另外计算。

1. 扩展休克尔

扩展休克尔(Extended Hückel)方法是一种对大多数分子模型都能快速产生分子表面的半经验方法。以下主要讨论扩展休克尔计算。

点击【Calculations】→【Extended Hückel】→【Calculate Surfaces】,使用扩展休克尔方法计算分子表面,完成后的结果会与模型一起保存。

点击【Calculations】→【Extended Hückel】→【Calculate Charges】将计算分子的局部电荷。若在【File】→【Preferences】→【Popup Information】选项卡中选择了"Partial Charge"(局部电荷),则局部电荷将在指针指向的原子上显示弹出信息。

2. 显示分子表面

首先应决定显示什么类型的分子表面,然后再使用 Extended Hückel 或 CS_MOPAC、Gaussian 进行包括分子表面性质的计算。注意,不同的计算类型可能得到不同的结果。如果采用了多种方法对模型进行计算,如采用了 Extended Hückel、AM1 等计算,必须确定选择用哪一种方法计算的数据来产生分子表面。步骤是:点击【Surfaces】→【Choose Calculation Result】,选择一种计算方法,再点击【Surfaces】→【Choose Surface】,选择一种表面类型,最后使用表面显示工具调整显示效果。

并非所有的计算都能显示表面。例如,分子的静电势能(Molecular Electrostatic Potential)表面只能在 Gaussian 或 MOPAC 计算之后显示,如果表面不可用,则命令子菜单是灰色的。从 Gaussian 或 MOPAC 的计算中产生表面,必须选择分子表面作为计算性质中的一种,由程序进行计算。自旋密度图(Spin Density Map)要求使用带开壳层的波函数(Open Shell Wave Function)进行计算。表 4-3 列出几种计算方法所支持的表面显示类型。

表 4-3 ChemBio3D 支持的几种表面显示类型

表面类型	H*	M	G
Solvent Accessible(溶剂可及表面)	—	—	—
Connolly Molecular(分子表面)	Yes	Yes	Yes
Total Charge Density(总电荷密度表面)	Yes	Yes	Yes
with Molecular Orbital Map(带分子轨道图表面)	Yes	Yes	Yes
with Spin Density Map(带自旋密度图表面)	—	Yes	Yes
with Partial Charges(带局部电荷表面)	Yes	Yes	Yes
with Molecular Electrostatic Potential Map(带分子静电势能图表面)	—	Yes	Yes
Total Spin Density(总自旋密度表面)	—	Yes	Yes
Molecular Electrostatic Potential(分子静电势能表面)	—	Yes	Yes
Molecular Orbitals(分子轨道表面)	Yes	Yes	Yes

* H—Extended Hückel;M—MOPAC;G—Gaussian

各类表面显示的相关设置介绍如下。

(1)设置分子表面显示模式。表 4-4 列出了 ChemBio3D 支持的四种表面显示模式。

表 4－4　ChemBio3D 支持的四种表面显示模式

表面模式	描　述
Solid	这种表面显示为不透明形式,当只对其表面的细节而不是对其内部原子或化学键感兴趣时,这是一个不错的选择
Wire Mesh	这种表面显示为网线连接形式,当只聚焦在表面特性而又想了解结构内的原子和化学键时,这种表面形式能满足要求
Dots	这种表面显示为由不连续的点组成的表面,如主要对其内部结构感兴趣,但同时又想了解一些表面形状时,选择这种形式比较好
Translucent	这种表面显示为半透明形式,既可显示内部的原子和化学键,同时又能够显示其表面性质,是表面显示的一种很好的折中方案

(2)设置分子表面等值面。气象图提供了最为普通的二维等值实例,ChemBio3D 通过连接空间中所有相同值的点来产生表面,它是将所有等温或等压的点连接起来产生的。在 ChemBio3D 中存在两种等值面形式,这取决于所选择的依据:对于总电荷密度表面,选择等电荷值;对于分子轨道表面,则设置等高线。

设置等值面的方法是:点击【Surfaces】→【Choose Surface】,选择表面类型,再点击【Surfaces】→【Isopotential】(或点击按钮),调节滑块到新的等值点上(新的等高值显示在等高工具底部的中间),调节滑块到适当大小(如 0.005)。

(3)设置表面分辨率。表面分辨率是表面平滑显示的一种度量。高的分辨率要使用更多的计算点,耗费更长的计算时间。默认设置为 30,是速度与平滑度间的一种折中。调节分辨率的方法是:点击【Surfaces】→【Resolution】(或点击图标按钮),显示分辨率滑块(调节滑块时,新的分辨率显示在分辨率工具底部的中间),调节滑块到适当大小(如 30)。

(4)设置分子表面颜色。如何设置表面颜色取决于所使用的表面类型。

对 Solvent Accessible、Connolly Molecular 或 Total Charge Density 等表面类型,按下述方法设置:点击【Surfaces】→【Color Mapping】→【Surface Color】,出现 Surface Color 对话框,选择所需的颜色。

对 Total Spin Density、Molecular Electrostatic Potential 和 Molecular Orbital Surface 等表面类型,必须指定两种颜色,在表面菜单中选择“Color A”和“Color B”。

(5)设置溶剂半径。使用滑块设置溶剂半径,默认值是 1.4Å(水)。设置溶液半径的方法是:点击【Surfaces】→【Radius】,出现半径滑块,调节滑块到要求的分辨率上,新的半径显示在半径工具底部的中间。其他溶剂的溶剂半径如表 4－5 所示。

表 4－5　常用溶剂的溶剂半径

Solvent	Radius/Å	Solvent	Radius /Å	Solvent	Radius /Å
Water	1.4	Acetonitrile	2.3	DMSO	2.5
Methanol	1.9	Acetone	2.4	Benzene	2.6
Ethanol	2.2	Ether	2.4	Chloroform	2.7

(6)设置表面映射图。在溶剂可及表面中,映射图属性提供了代表原子颜色、原子团颜色、疏水基团颜色、局部电荷颜色及静电势颜色的分级颜色代码。

①Surface Color。使用分子表面所选的颜色。

②Atom Color。使用原子的颜色(不一定是默认元素的颜色)。

③Element Color。使用基于元素表中的默认颜色。

④Group Color。使用创建原子团时在模型浏览器中指定的颜色。

⑤Hydrophobicity。使用约定俗成的氨基酸疏水性(Hydrophobic)颜色。疏水性高为红色,疏水性低为蓝色。

(7)局部表面。局部电荷(Partial Charges)和静电势(Electrostatic Potential)来自当前的计算值。如果用了多种方法计算,应点击【Surfaces】→【Choose Caculation Result】,指定使用的方法。例如,研究蛋白质与配体相互作用的用户,可能选择不含配体的蛋白质分子局部表面。

生成局部表面的方法是:点击【Surfaces】→【Advanced Molecular Surfaces】,在Advanced Molecular Surfaces(高级分子表面)对话框中,选择"Surface Type"(表面类型)。在Surface Generation项中,勾选"Include Hidden Atoms"和"Solvent Atoms"。溶剂原子不包括在其中,但可在检查框中设置为包括溶剂原子,隐藏原子(通常是氢原子)也可以包括或不包括在其中。在Surface Display Properties项中,可设置表面透明度(Rransparency)和反射度(Reflectivity),还可以设置各种对象(原子、元素、原子团、亲水性等)的表面颜色。

3.溶剂可及表面

溶剂可及表面表示溶剂分子能够到达的那部分表面。确定溶剂可及表面的方法是,采用一个小探针球模拟溶剂分子游移到分子表面(范德华表面)。溶剂可及表面被定义为探针球体中心的运动轨迹。

4.Connolly分子表面

Connolly表面也称为分子表面,它与溶剂可及表面相似,使用小探针球来模拟溶剂,定义为由溶剂球体中心构成的表面,被Connolly表面围起来的体积叫做溶剂排出体积。

5.总电荷密度表面

总电荷密度是在分子的核周围空间的电子密度,或在分子周围空间找到电子的可能性。默认设置为0.002原子单位(Atomic Units,a.u.)。该值接近分子范德华半径,表示分子占据整个三维空间的95%。总电荷密度表面是由电子分布方式确定的,是分子形状最好的可视化表示。总电荷密度表面由每个分子的从头计算得到,其准确性比空间填充显示的准确性要高。

对于总电荷密度表面,可用于映射的主要是分子轨道、自旋密度、电子势能和局部电荷等。电荷密度最高的用蓝色,最低的用白色。可以使用表面菜单中的分子轨道工具将轨道映射到表面上,轨道数出现在【HOMO/LUMO】子菜单的括号中。

6.总自旋密度表面

总自旋密度表面表示在任何给定的分子空间区域内正旋和反旋电子两者间的电子密度差,差值越大表明那个区域内未成对电子越多。当总自旋密度被映射到别的表面(总电荷表面)时,在总自旋密度表面的区域内,正旋或反旋电子的相对优势可通过颜色显示出来。总自旋密度为正值(正旋)的电子为红色,总自旋密度为负值(反旋)的电子为蓝色,成对的电子为白色。

用总自旋密度表面可以解释分子中未成对电子,有未成对电子才会存在表面。自旋密度(Spin Density)和分子表面(Molecular Surfaces)两者必须由MOPAC或Gaussian采用开壳层波函数计算,计算之后才能观察到总自旋密度表面。

7. 分子静电势能

分子静电势能表面(MEP)代表了分子和质子间的吸引和排斥作用。吸引作用表示为负值,排斥作用表示为正值。分子静电势能表面实验值可由X衍射或电子衍射实验得到,利用它可了解易受亲电试剂或亲核试剂攻击的分子区域。当MEP映射到别的表面(总电荷表面)时,通过颜色观察到相对MEP的值。MEP正值最大的为红色,负值最大的为蓝色,中性为白色。

8. 分子轨道表面

分子轨道表面在视图上表示各种分子轨道的电子分布。按照前线轨道理论,分子的最高占有轨道(HOMO)与最低空轨道(LUMO)的形状和对称性对预测物种的反应性、立体化学性质和反应产物都是十分重要的。

点击【Surfaces】→【Select Molecular Orbital】,出现模型分子的"HOMO/LUMO"列表,选择要观察的轨道。使用【Surfaces】菜单上的【Isopotential】工具,可为已计算的分子轨道(MO)表面指定等高值。默认表面等高值是最近一次计算的表面等高值,如果没有指定等高值,则默认指定为0.01。

9. 其他表面来源

利用其他文件来源也可显示分子表面,如打开Gaussian带格式的检查点文件(*.fchk或*.cub)显示相应的表面。在ChemBio3D中还可创建Gaussian立方文件(*.cube),并打开这类文件。

4.6.3 弹出信息

通过弹出信息或测量表也可以得到有关模型的信息。将指针指向原子或键,将弹出有关原子和键的信息。其中,包括的信息有:①Cartesian Coordinates(笛卡儿坐标);②Atom Type(原子类型);③Internal Coordinates(内坐标,Z-矩阵);④Measurements(测量值);⑤Bond Length(键长);⑥Bond Order(键级);⑦Partial Charge(局部电荷)。有关原子和键的信息总是与对象名联系在一起的,如一个原子用C(12)表示,一个键用O(5)—P(3)表示,其他信息的显示取决于所选参数。

想查看弹出信息所显示的内容,可点击【File】→【Preferences】→【Popup Info】选项卡设置(图4-72)。该选项卡内容说明如下:

(1)Cartesian Coordinates。显示原子在X、Y、Z方向的三个数值。

(2)Atom Type。显示对应于原子类型表中第一栏的原子类型。

(3)Internal Coordinates。列出模型中原子的相对位置和原子与起始原子间的夹角关系。

(4)Measurement。提供一些相对其他选择原子的信息,如2个原子间的距离、3个原子间形成的夹角或4个原子间形成的二面角。

(5)Bond Length。以Å(Angstroms,埃)为单位报告两个键合原子间的距离。

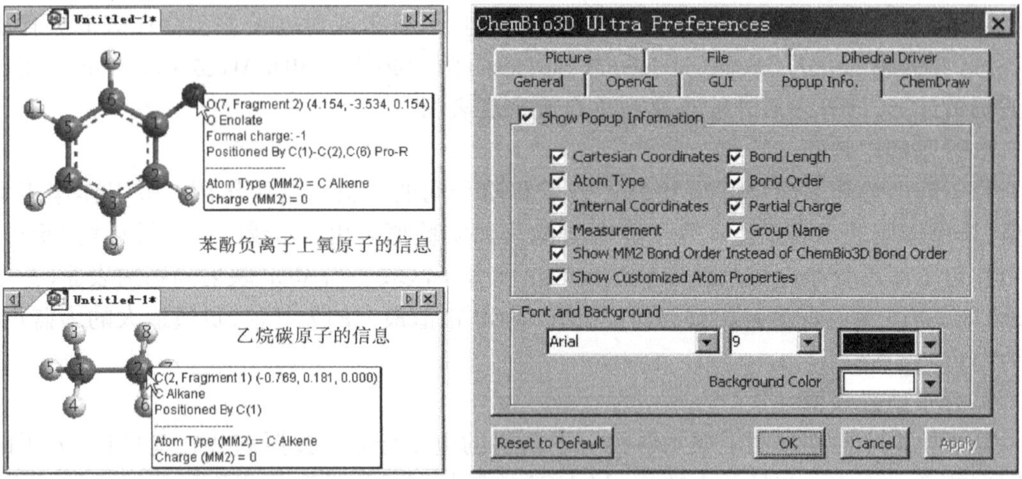

图 4－72　弹出信息及其选项设置

(6) Bond Order。通过 Minimize Energy(最低能量)、Steric Energy(势能)或 Molecular Dynamics(分子动力学)计算,报告键级的计算结果。键级常用 1.000, 1.500, 2.000 或 3.000 表示,这取决于键是单键、离域双键、双键还是三键。计算出的键级可以是分数或小数。注意,对离域π体系的精确键级需经 MM2 力场计算才能显示。

(7) Partial Charge。按当前的选择计算、显示局部电荷。

4.6.4　查看测量表

另一个了解模型信息的方式就是查看测量表(Measurement Table)。该表能以各种方式显示模型中原子间的内部测量值,可在表中按序显示一些内部测量值。

(1) 点击【View】→【Measurement Table】,在表格窗口出现一个空表。

(2) 点击【Structure】→【Measurements】→【Generate All Bond Lengths】,显示所有键长的测量值,并显示在测量表中。在选择了测量表中的测量值后,模型窗口中的相应原子也会被选择。若在模型窗口中选择了原子,则在测量表中的相应原子也被选择。

1. 编辑测量值

测量表中的测量值不仅用于观察,也可以对它进行修改。当修改了测量表 Actual 栏的值后,模型会自动更新。修改测量值的步骤是:在 Actual 栏中选择要修改的值,在其中输入一个新值后回车,模型马上反映出新值的结果。当原子被删除后,测量表中任何与该原子相关的测量值也一并删除。

2. 优化测量值

在对结构进行了"Clean Up"之类的操作后,将会使测量表 Actual 栏的值尽可能地接近 Optimal 栏中的值。优化测量值只用于测量表为可见时,否则,仍会采用从参数表中调出的标准测量值。为特定的测量值指定 Optimal 值,可在 Optimal 栏内编辑修改该值。ChemBio3D 在 Dock 命令中也会使用 Optimal 值,当从【Structure】菜单中选择了【Dock】(对接)命令后,ChemBio3D 通过准确移动一个分子片到另一个分子片的方式来调整两个分子片原子间的 Actual(实际距离)为 Optimal(优化距离)。点击【Structure】→【Measurements】→【Clear】,则从测量表中删除相关信息,这样不会影响到模型本身。

3. 非键合距离

选择非键合的原子或键,将指针置于被选原子或键上,将在弹出信息框中显示两个非键合原子间的距离或两个键间的夹角。选择非键合原子后,点击【Structure】→【Measurements】→【Display Distance Measurement】,被选定的非键合原子的测量值将添加到测量表中。

4.6.5　查看原子属性表

原子属性表(Atom Property Table)用于显示计算的运行结果。它们可以运算来自 Maestro 文件、Chem3D 文件或当前模型中的原子。例如,对安息香酸(Benzoic Acid)分子执行一个 Hückel 计算(点击【Calculations】→【Extended Hückel】→【Calculate Charges】),计算完毕,原子属性表将列出每一个原子的相对电荷。可通过点击【View】→【Atom Property Table】观察原子属性表。利用原子属性表可显示更多的结果信息,如可对栏名重新命名、可验证计算的原子属性的正确性。

1. 重命名栏

对模型分子运行了一个计算后,原子属性表将添加一个新的栏目,并显示计算结果。该栏标题由计算方法(如 Hückel)和结果类型(如 Charge)组成为 Hückel Charge,该栏名中的结果类型部分可由用户重新命名为更合适的名称,双击栏头后输入新的名称即可。注意,只能对计算结果名(如 Charge)重新命名,不能删除方法名(如 Hückel)。

2. 选择原子

在查看原子属性表时,有可能看不清楚所选择原子对应于模型中的哪个原子。此时,通过在模型中选定该原子,则在表中会以高亮方式显示选定的原子,反之亦然。

3. 保存结果

在保存模型的时候,原子属性表中的计算结果也会一并保存。注意,原子属性表中的结果与输出窗口中的列表是一致的,但只有原子属性表中已列出来的结果才会随模型一起保存。

4.6.6　查看分子内坐标表

分子内坐标表(Coordinate Table)又叫 Z-矩阵表(Z-Matrix Table),用于显示模型中每个原子相对于别的原子的坐标位置,Cartesian Table(笛卡儿表)显示的是每个原子相对于空间中固定点的 X、Y 和 Z 坐标位置,这是两者的最大不同。

在 Z-矩阵表中第一个原子被定义为起始原子,点击【Structure】→【Set Internal Coordinates】→【Set Origin Atom】可设置其他位置上的原子为起始原子。表中所列的其他原子的相应位置都是与起始原子的位置相关的。点击【View】→【Internal Coordinate Table】可显示 Z-矩阵表(注:帮助手册里为 Z-Matrix Table,实际应为 Internal Coordinate Table,这可能是因程序版本升级引起的)。如果在表中选择了一条记录,被选定的原子也会在模型中被选定,反之亦然。要编辑测量值,可直接在 Z-矩阵表中输入新的测量值(图4-73)。

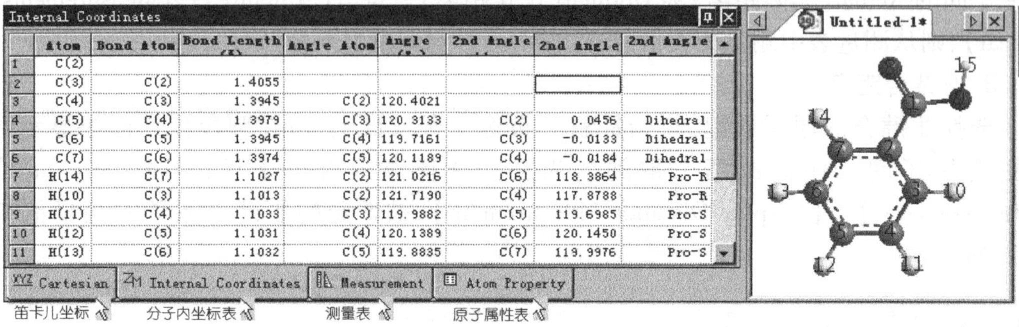

图 4-73 安息香酸的原子内坐标表

4.6.7 查看笛卡儿坐标表

点击【View】→【Cartesian Table】,可显示笛卡儿表。在笛卡儿表中的字段包含了每个原子的 X、Y 和 Z 坐标值。原子的顺序是由原子编号确定的。分子片中的所有原子连续记录在列表中,其中 H 原子、孤对电子及哑原子列在最后。像其他表一样,也可以编辑表中的值,模型会自动更新。

以上介绍的四种表,可通过点击表下部的表标签选项卡自由切换。

4.6.8 模型浏览器

模型浏览器用等级树的方式显示模型的组成结构,它提供了一种浏览任何模型结构,甚至浏览复杂大分子结构的简易方式,可在任意级别上改变模型的显示属性。

在模型浏览器中可以完成的工作:①定义对象;②添加对象;③对象改名;④删除对象。

在模型浏览器中可改变对象的下列属性:①显示模式;②显示或隐藏;③颜色。

在原子级别上能显示或隐藏:①球体原子;②虚点原子;③元素符号;④原子编号。

点击【View】→【Model Explorer】,可显示模型浏览器,如图 4-74 所示。

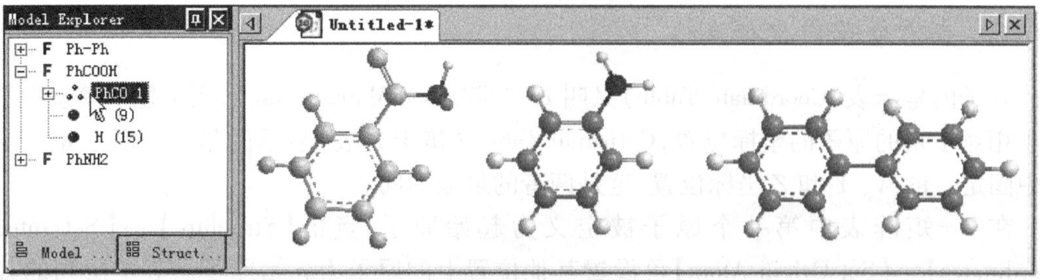

图 4-74 模型浏览器的树状结构

1. 模型浏览器中的对象

模型浏览器(Model Explorer)是按对象定义模型的,每个对象都有一组属性,包括定义其是否隶属于另一个对象("子"对象或更高级别的"父"对象)。默认设置为所有的属性都具有继承关系,即“父”对象决定“子”对象的属性,直到用户改变了其属性为止。通过改变低级别对象的属性可以很好地呈现所研究模型的局部性质。

模型浏览器中的对象可以是分子片、溶剂、链、骨架、原子团、原子、化学键,而且它们还具有不同层次和级别。

(1)分子片。分子片对象是模型中最高级别的部分(“父”对象)。分子片代表模型中可分离的部分,一个分子片中的原子不可能通过一系列的化学键连接到另一个分子片中,如果创建了这样两个原子间的化学键,则 ChemBio3D 只将其视为一个分子片。分子片对象主要由分子链和基团组成,但也可包含单个原子和化学键。

(2)链与基团。在 ChemBio3D 中,链与基团(Chains and Groups)的功能相同,链是在 PDB 文件中特定的基团。如果重命名一个基团为链,或重命名一个链为基团,其图标都会发生变化,这就是只将“Group”(基团)这个字用到菜单上的原因。所有的基团命令都可以用到链对象上。基团对象可以由其他基团、原子和化学键组成。ChemBio3D 不限制基团连接的原子和化学键数,虽然这只是逻辑上的定义。

(3)化学键。化学键(Bonds)对象默认情况下不出现在模型浏览器中。要显示化学键对象,可点击【File】→【Preferences】→【GUI】选项卡,选择“Show Bonds”即可。

(4)溶剂。溶剂(Solvent)对象是一类在模型分子中含有溶剂分子的特殊基团。在溶剂对象中,单个分子表现为溶剂对象的“子”基团。一个溶剂对象不可能是别的任何对象的“子”对象。当导入 PDB 模型时,有时溶剂显示为链。

(5)骨架。骨架(Backbone)对象是一种显示特性,用于显示蛋白质的 C—N 骨架结构。它在模型浏览器中作为分离对象显示,也没有其子对象。组成骨架的原子和键属于其他链和基团,但也是骨架对象的子对象。可为骨架选择显示属性,在等级上它高于链和基团的显示属性。

(6)原子。在模型浏览器中每一个原子对象代表着一个原子。原子不可能移出分子片外,如果从分子片上删除一个原子(或分子片上的一个基团),模型本身也会发生变化。

2. 管理对象

选择要浏览或改变的对象(分子片、基团或原子),单击右键,选择合适的子菜单可浏览或改变一个对象的属性。当改变一个对象的属性时,对象图标将变为绿色;当隐藏一个对象时,对象图标变为红色;默认情况下对象图标为蓝色。

(1)创建基团。PDB 蛋白质分子模型中的基团信息已整合到一个 PDB 文件中,对其他模型就需要定义基团。方法是:在模型浏览器中按下【Ctrl】键,选择要添加到基团上的原子(或按下【Shift】键,选择要添加到基团上的原子),右键点击选中的部分,在弹出菜单中选择【New Group】。如果需要,可通过输入新名对基团改名。

(2)添加基团。将低级别的对象添加到已存在的基团中,或组合基团为一个新的基团。添加基团的方法是:在模型浏览器中,使用【Shift】+ 双击 或【Ctrl】+ 单击,选择要添加的对象,右键点击选定部分,在弹出菜单中选择【New Group】。如果需要,也可通过输入新名对基团改名。注意,选择的顺序十分重要,要添加的基团和链应该是最后选择的对象。

(3)删除基团。删除基团时有二种操作:①选择“Delete Group”,删除基团的同时完整不动地保留其中的对象;②选择“Delete Group and Contents”,从模型中删除整个基团(包括其中的全部对象)。

(4)为基团着色。另一种观察模型的方式是为基团指定不同颜色。在模型浏览器中改变基团颜色时,可以使用元素表(Elements Table)或子结构表(Substructures Table)中设置的标准颜色。改变对象颜色的方法是:右键点击选择的基团或基团组,在弹出菜单中选择【Select Color】,出现 Color(颜色)对话框,选择一个颜色,点击【OK】按钮。

恢复默认设置的方法:选择一个基团或基团组,右键点击选择部分,在弹出菜单中选择【Apply Group Color】,并选择"Inherit Group Color"继承基团颜色。

3. 移动对象

在模型浏览器中,不仅可以将对象组合到一起,也可以将对象从组合中分离出来。在对模型的不同部分高亮显示或指派属性时,这一点非常有用。要移动一个对象,只需点击加拖动就可把一个对象拖到另一个对象中。在移动对象时必须注意:①不能通过点击加拖动将对象从一个分子片拖到另一个分子片中,就像不能将原子从一个分子拖到另一个分子中一样;②不能在基团内重新排列原子。

4.6.9 结构浏览器

使用结构浏览器可以在模型窗口中观察每个结构。ChemBio3D 可以导入像 SDF 这类含有多个结构的文件,SDF 文件可包含二个、三个甚至几十个结构(图4-75)。

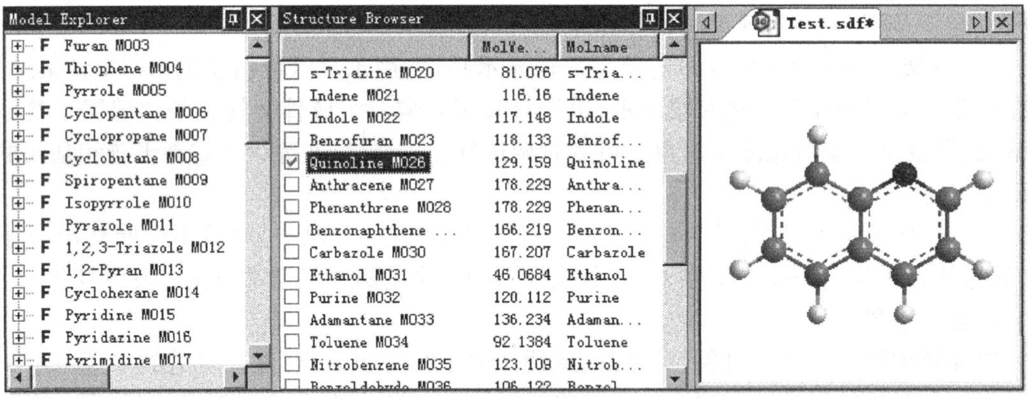

图 4-75 用结构浏览器观察每个结构

1. 查看结构

通过选择或取消结构浏览器中相应结构前的检查框,可查看或隐藏结构浏览器中的每个结构。在检查框中有检查标记,表明该结构在浏览中;检查框为空,表明该结构被隐藏;检查框中为灰色,表明结构已被选择。

利用结构浏览器可以快速浏览整个结构列表,分别观察单个结构。这在找寻特定模型,或者重叠一个模型到屏幕上已有的模型上时非常有用。可使用键盘上的【Up】/【Down】键,选择的每一个结构都会在模型窗口中出现。

如果需要,还可以显示结构列表中每个结构的基本属性,方法是:在结构浏览器内任意位置单击右键,从弹出菜单上选择【Select Properties to Display】,在 Property Selection for Display 对话框中,选择需要显示的一个或多个属性,并可使用键盘上的【Up】/【Down】键重新排列属性显示的先后顺序。

2. 模型浏览器中的拖放

模型浏览器中的任何分子片都可复制到结构浏览器中，方法是：点击分子片，从模型浏览器拖动到结构浏览器。如果在模型浏览器中删除了分子片，则结构浏览器中的分子片也会随之删除。

右键点击列表中的结构，选择【Remove Object】或【Remove all Objects】，可删除结构浏览器中一个或全部结构。通过点击栏头，可改变选定栏的列表排序。

虽然结构浏览器中的结构在模型窗口都能显示，但这些结构还不是模型文件中的一部分。通过点击拖动，将结构从结构浏览器拖到模型浏览器，就可以像处理其他分子片一样处理该结构了。

4.6.10　偏离平面

Deviation from Plane（偏离平面）命令用于计算 RMS 偏离值以适应模型中选定原子。

例如，观察青霉素（Penicillin ）分子中五个原子偏离平面的情况：创建一个青霉素分子，点击【Calculations】→【MM2】→【Minimize Energy】，点击【Run】，能量最小化计算完成后，点击选择青霉素分子中 S 原子及其所在的五元环的其他四个原子，再点击【Structure】→【Deviation From Plane】进行偏离平面的计算。计算完成后，在输出窗口中输出计算结果为"The RMS Deviation from the Plane is 0. 135Å"，表明青霉素分子中 S 原子所在的五元环上的原子并不完全共平面，而是稍微有点偏离平面（图 4－76）。

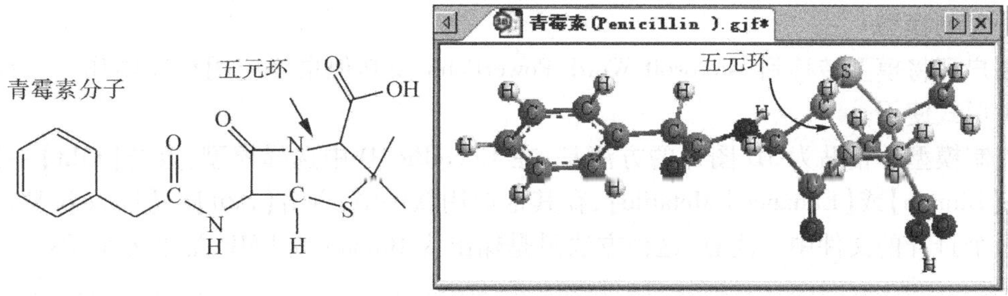

图 4－76　青霉素分子

4.7　模型的输出

4.7.1　打印与保存

1. 保存模型

ChemBio3D 中可保存文件为多种格式，每种格式文件都有其特定使用程序。

（1）设置默认值。ChemBio3D 使用默认设置保存文件位置和格式，但有时需要修改默认设置。修改默认设置的方法是：点击【File】→【Preferences】，出现 Preferences 对话框，在【File】选项卡的下拉列表框中指定默认文件类型和要保存文件的位置。

(2)保存文件。点击【File】→【Save As】,输入文件名并选择文件类型,点击【Save】。模型可以以图像或化学注释的形式输出到其他应用程序中,其中有两种图像格式(Bitmap 和 EMF)和三种注释格式(ChemDraw Structure、SMILES、InChI™)。注意,化学注释格式是最适合输出较小模型的,使用前应该了解其格式文件的有关限制。还可输出为封装对象,封装对象可使用 ChemBio3D ActiveX 控件来操控对象。

2. 设置打印选项

点击【File】→【Print Setup】,弹出打印设置对话框,可进行以下设置:①在打印机下拉列表中选择打印机;②在 Form 下拉列表框中选择使用的打印纸尺寸;③选择打印方向(Orientation);④选择是否使用双面打印(2-Sided Printing);⑤"Scale to Full Page"(模型将充满整张纸),"Scale to—— mm/Angstrom"(设置像素单位),"Always Print with White Background"(用白色背景替换屏幕显示时的有色背景),"High Resolution Printing"(选择高质量打印,取消快速打印),"Include a Footer"(页脚出现的打印页面底部)。

点击【File】→【Print】,弹出打印对话框,在打印对话框中,选择要打印的页面和打印的份数,完成后点击【OK】即可打印。

4.7.2 复制与封装

当复制一个模型到另一个应用程序中时,如 Microsoft Word 或 ChemDraw,原始模型是不会受影响的。可以多次修改该模型而原始 ChemBio3D 文件不会改变,但如果在别的应用程序中封装并替换了该文件,就只能用该应用程序打开了。若在 ChemBio3D 修改了模型,也会在 ChemDraw 文档中包含修改内容。

1. 复制模型

用户可将模型转移到 Microsoft Word、PowerPoint 及其他桌面应用程序中作为二维或三维图片形式使用。

复制模型并粘贴为 3D 图片的方法是:在 ChemBio3D 中选择模型,点击【Edit】→【Copy As】→【Bitmap】或【Enhanced Metafile】,在其他应用软件中,点击【Edit】→【Paste】,粘贴模型进入一个打开的文件中。注意,这种方法只是输出为 Bitmap 或 EMF 图像文件,不包含结构信息。

复制模型并粘贴为 2D 图片的方法是:在 ChemBio3D 中选择模型,点击【Edit】→【Copy As】→【ChemDraw Structure】,在其他应用软件中,按下【Ctrl】+【V】键,模型被粘进目标文档中。

2. 封装模型

在某种程度上,封装和复制是相似的,完成之后模型都可以在另外的应用程序中显示。封装后模型仍然保留为 ChemBio3D 文件格式,换句话说,可以在别的应用程序中选择模型、打开并编辑修改模型。而复制粘贴模型只是简单地变成为影像文件,不能够用 ChemBio3D 打开编辑。改进的 ChemBio3D ActiveX 控件可以封装动态模型到 PowerPoint、Word 或 HTML 文档中。

封装一个模型的方法是:在 ChemBio3D 中,使用【Ctrl】+【A】键选择模型中的所有对象,或用选择工具拖出一个矩形框选择模型,点击【Edit】→【Copy As】→【Embedded Object】,再打开别的应用程序,按【Ctrl】+【V】键,将封装对象粘贴到目标文档中。

注意,封装对象可被粘贴到 Word 2007 文档中。但如果粘贴到早期版本 Word 文档中,ChemBio3D 程序退出后该模型对象有可能不可用。当封装模型粘贴到 PowerPoint 中时,可以修改显示属性,从单击右键弹出的菜单中选择【Properties】,列表中是能够在封装对象中修改的属性。

4.8　分子模拟入门

在实验室研究中不合适、不实际或不可能的时候,常常使用计算机模拟技术来研究分子结构、解释分子性质,这种研究方法称为分子模拟,可归入计算化学的范畴。计算化学的研究领域包括:①分子模拟;②计算方法;③计算机辅助分子设计;④化学数据库;⑤有机合成设计。

分子模型方法是对二维或三维分子结构和性质的一种图解。结构和性质的计算需要计算方法作支撑,如在 ChemBio3D 这类模拟程序内,当由几何引擎和图形引擎给出模型后,计算方法就是计算引擎。目前,ChemBio3D 可支持大量的计算化学方法和众多的可视化选项。

4.8.1　计算方法概述

围绕多种数学方法,计算化学方法(表 4-6)大体上可分为分子力学方法和量子力学方法两类。

表 4-6　计算化学方法

计算化学方法	具体计算方法	计算软件
分子力学 (Molecular Mechanics)	MM2 MM3, MM3-protein AMBER, UFF, Dreiding	ChemBio3D, Tinker Tinker Gaussian
半经验(Semi-Empirical)	Extended Hückel AM1, MINDO/3, PM3	ChemBio3D, MOPAC, Gaussian MOPAC, Gaussian
从头算(*ab initio*)	RHF, UHF, MP2, etc.	Gaussian, Gamess
密度泛函(DFT)	BLYP, SVWN, VWN	Gaussian, MOPAC

(1)分子力学方法。不考虑电子结构,只应用经典物理学定律对分子中原子进行计算。

(2)量子力学方法。明确考虑电子结构对分子的影响,根据 Schrödinger 方程进行计算。

量子力学方法又可再分为以下几类:半经验法(Semi-Empirical)、从头算法(*ab initio*)以及密度泛函方法(DFT)。ChemBio3D 11.0 提供以下几种方法:

(1)分子力学方法。MM2 (直接)、MM3 和 MM3-蛋白质,通过 ChemBio3D 接口计算。

(2)扩展休克尔法。MINDO/3、MNDO、MNDO-d、AM1 及 PM3 等方法,通过 ChemBio3D 和 CS_MOPAC 或 Gaussian 接口进行计算。

(3)从头算方法。通过 Gaussian 或 Gamess 接口进行计算,最经典的是 Hartree-Fock(HF)方法。

(4)密度泛函方法(DFT)。与从头算方法类似,其长处在于包含了电子相关,采用泛函对薛定谔方程求解,因而 DFT 计算具有比 HF 方法更高的精度。

1. 使用计算方法

某些计算方法可用于计算分子的势能面(Potential Energy Surfaces ,PES)。PES 是分子中原子间相互作用力的具体体现,由分子势能面可推导出有关分子的结构及其他化学信息。当然,采用不同的计算方法会得到不同的势能面,由此导出的分子性质也会有所不同。这些方法主要进行以下三种基本计算:

(1)单点能计算(Single Point Energy Calculation)。在给定几何形状的模型中,原子的能量就是在势能面上的 PES 值。

(2)几何优化(Geometry Optimization)。对模型中的原子坐标进行修正,使得几何结构中每个原子的作用力为零。模型中原子在三维空间中的分布呈现为局部最低能量状态(不跨越构象能垒找到一种分子稳定的几何结构)。

(3)性质计算(Property Calculation)。预测某种物理或化学性质,如电荷、偶极矩和生成热。某些计算方法可执行一些更特殊的计算功能,如构象搜索和分子动力学模拟。

2. 选择最好的方法

并非所有方法都适用于所有类型的计算,没有一种方法能适用于所有的计算目的。对于任意给定的计算作业,每种方法都有其优点和不足。计算方法的选择取决于许多因素,其中包括:①分子的本性和大小;②可用的参数(某些计算方法有这个要求);③计算机资源;④需要的信息类型。这些因素中最主要的是前三种。

(1)模型的大小(Model Size)。对于特定的方法,模型的大小可能是一个重要的影响因素。由分子力学方法到从头算方法,分子中限定的原子数目以数量级的方式减少。分子力学方法可计算上千个原子的体系,而半经验方法被限制在数百个原子的范围内,而从头算方法(*ab initio*)只能计算数十个原子的体系。

(2)可用的参数(Parameter Availability)。某些方法要依靠实验确定的参数来进行计算。如果模型中含有无参数的原子,则用某方法计算得到的预测结果可能没有多大的实际意义。例如,分子力学计算是通过参数去定义一个力场,该力场只适用于被参数化了的分子。

(3)计算机资源(Computer Resources)。对于每一种方法,资源需求的增加与模型的大小相关。随着计算机计算速度的不断提高,这种限制在逐渐减弱,一般有如下规律:

①*ab initio* 法。所需计算时间约按 N^4(N 是模型中原子的个数)增加。

②Semiempirical 法。所需计算时间按 $N^2 \sim N^3$ 增加。

③MM2 法。所需计算时间约按 N^2 增加。

3. 各种方法的适用范围

通常分子力学方法比量子力学方法需要的计算时间更少,但得到的准确性可能前者不如后者高。各种方法都有属于自己的适用范围,用于各种特定需要。

(1)分子力学方法。在 ChemBio3D 中,分子力学可应用于以下体系中:①体系中含有数千个原子;②有机物、低聚核苷酸、肽及糖类;③仅气相(MM2)。

例如,MM2 方法可用于:①能量最小化计算以确定稳定构象;②单点能计算以比较分子的不同构象;③通过改变二面角寻找构象空间配置;④使用分子动力学方法(Molecular Dynamics)研究分子的运动。

(2)量子力学方法。在 ChemBio3D 中,使用量子力学方法可获取分子的以下信息:①分子轨道能量及系数;②生成热(用于估算构象能);③来自分子轨道系数的局部原子电荷;④静电势能;⑤偶极矩;⑥过渡态几何构型及能量;⑦键离解能。

半经验方法　ChemBio3D 与 CS_MOPAC 或 Gaussian 一起,可应用于以下体系中:①含有 120 个重原子和 300 个原子总数的体系;②有机物、有机金属化合物、小分子低聚合物(肽、核酸、糖类);③气相或溶剂环境;④基态、跃迁和激发态。

从头算方法　ChemBio3D 与 Gaussian(或 Jaguar)一起,可应用于以下体系:①含有多达 150 个原子的体系;②有机物、有机金属化合物及分子碎片(酶的催化组分);③气相或溶剂环境;④基态、跃迁和激发态的研究(某些方法)。密度泛函法计算作为从头计算法的一大类,也能够完成这些计算,由于它是一类参数化的计算,常常可以得到很好的计算结果,如在计算键离解能时的构型优化、过渡金属催化迁移反应等方面。

几种方法的比较见表 4-7。

表 4-7　几种计算方法的比较

	分子力学方法	半经验计算方法	从头算法(*ab initio*)
方法说明	(Gaussian) 使用经典物理学原理,依靠内嵌经验参数的力场	(MOPAC、Gaussian) 使用量子物理实验得到的经验参数及广泛近似法	(Gaussian、Gamess) 使用严格的数学方法进行计算,不使用经验参数
优点	适用于计算精度要求不高、计算机资源有限,速度较快,如酶大分子计算	对计算机的要求比从头算方法低,可以计算过渡态和激发态	具有广泛的应用范围,不依赖于实验数据,可以计算过渡态和激发态
不足	仅用于有限类分子特定力场,不能计算电性质,要求有实验数据的参数	要求有来自实验数据的参数,没有从头算方法那样严格	计算量大
适用范围	适用于有数千个原子的大体系,且体系或过程中没有键的断裂或键的形成	适用于数百个原子的中等规模体系,也包括有电子跃迁的体系	适用于由数十个原子组成的较小体系,不需实验参数,体系要求严格准确

4. 势能面(PES)

势能面(Potential Energy Surfaces,PES)用于说明原子组成恒定的分子或分子聚集体的空间构象(如乙烷)及构象的相对能量(如乙烷的重叠式和交叉式)。势能面(PES)可以区分出以下三类情况:①原子组成略有不同的分子,如乙烷和氯乙烷;②原子组成相同但键合方式不同的分子,如丙烯和环丙烷;③同一分子的激发态和基态。

分子几何构型的变化对能量有很大的影响,由于分子几何构型变化而产生的能量的变化称为势能面。势能面是连接几何构型和能量的数学关系。对于双原子分子,能量的变化与两原子间的距离相关,这样可得到其势能曲线。对于大的体系,势能面是多维的,其维数取决于分子的自由度,随原子坐标数增加的多维表面,因为每一个原子都有三个独立的坐标变量,人眼观察多原子模型表面是不可能的,但可将问题简化为只考虑任意两个独立的变量,如一个原子的 x、y 坐标。

在势能面上我们更关注的区域是势能面上的极值。

(1)全局最小值。全局最小值(Global Minimum)是整个分子势能面能量最小的点,能量最低的极小值对应于分子最稳定的构象,一个分子只有一个全局最小值。

(2)局部最小值。局部最小值(Local Minima)是除全局最小值之外的其他低能量的最小值。局部最小值对应于PES上的一个区域,在该区域任何方向上的几何改变都会产生更高能量的几何构型。

(3)鞍点。鞍点(Saddle Point)是两个低能量极值之间的稳定点,该点的势能面的斜率(一阶导数)为零。在势能面上除了一个方向外,其他各个方向上能量都会增加。注意,在能量最低点,其能量不为零,能量相对于其几何构型的一阶导数(斜率)为零。

(4)使用PES计算的性质。分子势能面上的所有极小值都代表了一些稳定点,全局最小值就是分子最稳定的构象,局部最小值是较稳定的构象,鞍点代表两个最小值间的过渡态构象。利用势能面可计算如下分子的性质:①Steric Energy(势能);②Heat of Formation(生成热);③Dipole Moment(偶极矩);④Charge Density(电荷密度);⑤Polarizability(极化率);⑥Electrostatic Potential(静电势能);⑦Electron Spin Density(电子自旋密度);⑧Hyperfine Coupling Constants(超精细耦合常数);⑨Atomic Charges(原子电荷)。

5.单点能计算

单点能计算(Single Point Energy Calculations),是指对给定几何构型的分子的能量以及性质进行计算,由于分子的几何构型是固定不变的,只是"一个点",所以叫单点能计算。在Gaussian中计算单点能的关键词为"SP",也可以不写出来。单点能计算的这些性质的值依赖于模型所处势能表面的位置:

①在全局最小值的单点能计算,可提供有关模型在最稳定构象上的信息;

②在局部最小值的单点能计算,可提供在许多稳定构象中的一种构象上的信息;

③在鞍点的单点能计算,可提供模型过渡态的有关信息;

④在势能表面上任意其他点的单点能计算,可提供特定的几何构型,既不是稳定构象也不是过渡态构象。

单点能计算可以在几何优化前进行,也可在几何优化后进行。但不要比较来自不同方法的值,因为对于给定的分子,不同的方法服从于不同的假定,且偏移量不同能量也不同。

单点能计算后可以在输出文件中找到如下一些计算结果:

(1)标准几何坐标。在输出文件中找到"Standard Orientation"一行,其下面的坐标值即输入分子的标准几何坐标。

(2)能量。在输出文件中找到"SCF Done:E(RHF) = -113.863 697 598 A. U. after 6 cycles"等。这里的数值就是能量,单位是Hartree。在某些计算中,往往不止一个能量值,如"E2 = -0.302 954 000 1D+00 EUMP 2 = -0.114 166 657 693 15D+03",这里在"EUMP2"后面的数字是采用MP2计算的能量。若采用MP4计算的能量输出就更复杂了。

(3)分子轨道和轨道能级。按照计算设置得到的分子轨道,列出的内容包括:①轨道对称性以及电子占据情况。其中,"O"表示占据,"V"表示空轨道。②分子轨道的本征值,也就是分子轨道的能量。③分子轨道的顺序。按照能量由低到高的顺序排列的,体现每一个原子轨道对分子轨道的贡献。这里要注意轨道系数,这些数字的相对大小(忽略正负号)表示组成分子轨道的原子轨道在所组成的分子轨道中的贡献大小。找到占有轨道和非占有轨道的交界处,就找到了HOMO和LUMO轨道。

(4)电荷分布。Gaussian中采用的默认电荷分布计算方法是Mullikin方法。在输出文件中寻找"Total atomic charges",就可以找到分子中所有原子的电荷分布情况。

(5) 偶极矩和多极矩。Gaussian 中提供偶极矩和多极矩的计算。寻找“Dipole moment”,下面就是偶极矩、四极矩的信息,偶极矩等单位是 Debye (德拜)。

6. 几何优化

为了确定模型分子的稳定构象,在进行其他计算和模型分析之前必须首先进行几何优化(Geometry Optimization)。几何优化中最典型的做法是,通过能量最小化计算寻找全局能量值最小点,该点就是分子最稳定的构象,寻找鞍点则是对过渡态的优化。几何优化的步骤是由初始构型开始,计算能量和梯度,然后决定下一步的方向和步长,其方向总是向能量下降最快的方向进行,通过计算能量的一阶或二阶导数来修正力矩阵。

(1) 几何优化的步骤与方法。几何优化是从某个初始几何构型出发进行迭代计算。迭代计算步骤如下:①对初始几何构型进行单点能计算,根据结果调整原子坐标位置;②原子的坐标位置被改变后,执行下一个单点能计算以确定新构象的能量;③根据能量的一阶导数或二阶导数(取决于方法)确定几何构型下一步应该改变的方向、大小和增幅,并按确定的结果改变几何构型;④按增幅再次计算能量和能量导数,直到满足收敛标准。计算是否在最小值处收敛取决于初始的几何构型和使用的势能函数。

(2) 几何优化的收敛标准。迭代计算过程要求一阶导数为零时才结束优化过程,但实际计算中,当迭代结果变化很小(小于某个值)的时候,就可以认为得到了优化结构。在 Gaussian 的优化计算中,默认的收敛条件是表 4-8 所列四项指标都必须小于收敛标准(阈值),否则不能收敛。

表 4-8　几何优化的收敛标准

收敛项	收敛标准	实例值	是否收敛
Maximum Force(最大力值)	<0.000 450	0.000 305	是
RMS Force(最大力值的均方根)	<0.000 300	0.000 068	是
Maximum Displacement(下次最大位移)	<0.001 800	0.153 924	否
RMS Displacement(下次最大位移的均方根)	<0.001 200	0.051 792	否

虽然这四个条件必须同时满足优化才能完成,但对于非常松弛的体系,势能面很平缓,“最大力值”已经小于收敛标准,但优化过程仍然需要很长时间。在“最大力值”已经低于阈值两个数量级以上时,尽管“下次最大位移”仍然高于收敛标准,系统也可以认为找到了最优点。这条规则用于非常大又非常松弛的体系。

(3) 初始几何构型对收敛结果的影响。模型的初始几何构型决定了迭代将在哪个最小值处收敛。图 4-77 说明了优化过程中能量在二维方向上随单个独立变量的变化情况。比如,由 b 点开始,产生的最小值为 a 点,这是全局能量最小点。若由 d 点开始,则产生的最小值为 f 点,这是局部能量最小点,是接近能量最小点的特定最小点。通过指定一个应达到的最小 Gradient(梯度)来控制收敛的位置,或者说通过降低计算结束时的

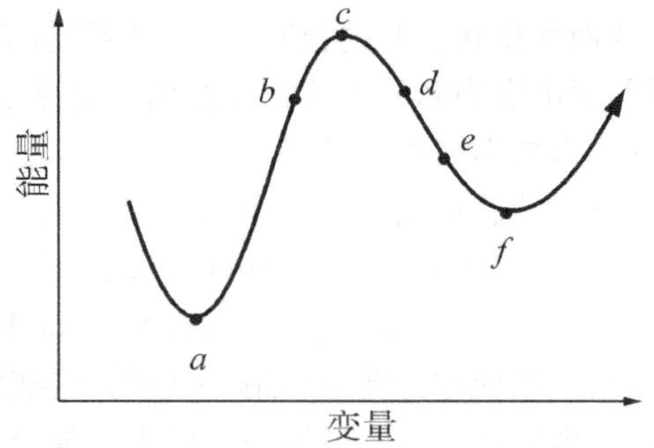

图 4-77　能量随某一独立变量的变化

Gradient(梯度)值,可使得迭代计算在 f 点收敛。

理论上讲,如果收敛标准(能量梯度)太松弛,一阶导数最小化可能产生一个鞍点附近的几何构型。出现这种情况,是因为鞍点附近能量梯度的值非常小,接近最小值。例如,在 c 点,能量的导数是0,就最小化而言,c 点是能量梯度的最小值。通常一阶导数最小化不能跨过鞍点到达另一个最小点。

如果想了解过渡态的情况,则鞍点应是我们感兴趣的极值点,最好是使用程序明确定位一个过渡态,如使用 CS_MOPAC 的"Optimize to Transition State"命令。如果对鞍点不感兴趣,可按下述步骤以确保在最小化的时候不会产生鞍点的构型。

①初始几何构型稍作调整,然后重新进行最小化。新的初始几何构型可能产生 a 或 f 两种构型中的任何一种。

②使用二面角驱动器(Dihedral Driver)寻找模型的空间构象(详见4.3.5节)。

③运行分子动力学模拟(Dynamics Simulation),允许跨越较小的势能垒(Potential Energy Barriers)。分子动力学模拟可对几何构型进行最小化,然后再进行优化。

几何优化所做的工作就是寻找极小值,而这个极小值,就是分子稳定的几何构型。对于所有的极小值和鞍点,其能量的一阶导数(也就是梯度)都是零,这样的点称为稳定点。所有的优化计算都是在寻找稳定点,虽然找到的并不一定就是所预期的点。

4.8.2 分子力学理论

分子力学方法是根据一组经典的势能函数来计算分子的能量。用于进行估算的势能函数及其参数在分子模拟中叫做"力场"。分子力学方法是建立在以下原理基础之上的。

①核和电子统一作为粒子(原子)来处理;

②原子作为球体处理,键作为弹性键处理;

③原子间的非键作用使用经典力学的势能函数描述;

④单个势能函数用于不同的相互作用:键伸缩、键弯曲、键扭转和空间作用(非键);

⑤势能函数依赖于以原子间相互作用的经验参数(力常数、平衡值);

⑥相互作用的总和决定分子的构象;

⑦分子力学中的能量,作为绝对数量时没有意义,它们只适用于比较相同分子中两个或更多构象间的相对势能。

1.分子力场

由于分子力学把键处理为弹性键,弹性变形数学(Hooke's Law)常被用于描述键的伸缩、弯曲和扭转。非键合原子(分开超过两个键以上)间存在VDW(范德华)引力、空间排斥作用、静电引力和斥力的相互作用。当原子被认为是具有一定半径的球体时,这些性质就最容易进行数学描述。

分子的总势能为 E,它等于下述作用结果的总和:

E = 伸缩能(Stretching) + 弯曲能(Bending) + 扭转能(Torsion) +
非键合作用能(Non-bonded Interaction)

前三项统称为键合作用,一般的,这些键合作用可以通过对零张力构象的理想模型强加一个张力进行观察。最后一项代表非键合作用,包括排斥作用和吸引作用。

总势能可以用原子间的相互作用关系来描述(图4-78)。

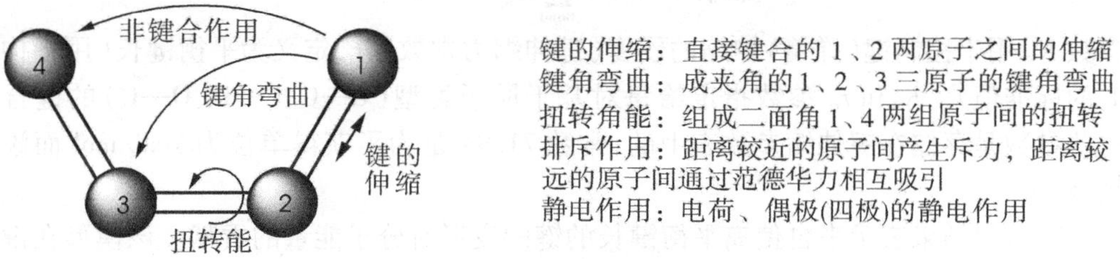

图 4-78　键合作用的类型

为了改进力学模型的准确度,还发展了不同类型的力场,某些力场中还包括额外用于衡量其他变形作用的能量项,比如将相邻的弯曲键和伸缩键的耦合作用也纳入相互作用中。此外,分子力学中力场的可靠性取决于使用的参数和用于描述模型总能量的势能函数。力场的参数是用一组特定的势能函数优化过的,因而不可以用于其他力场中。

2. MM2 力场

ChemBio3D 使用 Allinger 修正的 MM2 力场。Allinger 添加到 MM2 力场中的主要有：

①电荷偶极作用项(A Charge-Dipole Interaction Term)；

②四次拉伸作用项(A Quartic Stretching Term)；

③用于静电作用与 VDW 作用的带有第五阶多项式交换函数的截断式；

④必要时自动计算 π 体系。

ChemBio3D 将用于势能函数的参数保存在参数表中,点击【View】→【Parameter Tables】,可查看这些表(图 4-79)。每个参数都按品质号(Quality)进行了分类,数字表示该数据的可靠性,品质号从 4 到 1。品质号为 4 的,表示该数据完全来自于实验数据或从头算数据;品质号为 1 的,表示数据来自于 ChemBio3D 的猜想。

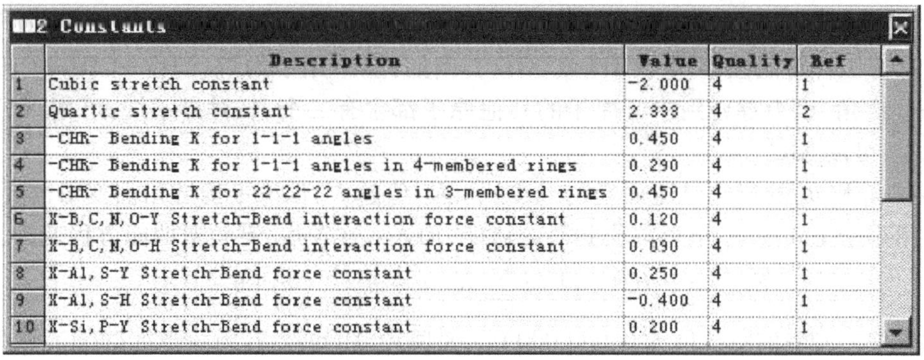
MM2 Constants

	Description	Value	Quality	Ref
1	Cubic stretch constant	-2.000	4	1
2	Quartic stretch constant	2.333	4	2
3	-CHR- Bending K for 1-1-1 angles	0.450	4	1
4	-CHR- Bending K for 1-1-1 angles in 4-membered rings	0.290	4	1
5	-CHR- Bending K for 22-22-22 angles in 3-membered rings	0.450	4	1
6	X-B,C,N,O-Y Stretch-Bend interaction force constant	0.120	4	1
7	X-B,C,N,O-H Stretch-Bend interaction force constant	0.090	4	1
8	X-Al,S-Y Stretch-Bend force constant	0.250	4	1
9	X-Al,S-H Stretch-Bend force constant	-0.400	4	1
10	X-Si,P-Y Stretch-Bend force constant	0.200	4	1

图 4-79　MM2 力场常数表

MM2 参数表中包括可调整的参数,这些参数用于修正势能函数在边界情况下的不足。特别提醒注意的是,MM2 参数只能由专家用户修改。在力场方程内,参数操作是相互依存的,通常改变一个参数将会要求改变其他参数以补偿改变引起的影响。

3. 键伸缩能

键伸缩能(Bond Stretching Energy)方程是基于虎克(Hooke's)定律建立起来的。

$$E_{\text{Stretch}} = 71.94 \sum_{\text{Bond}} K_{\text{S}}(r - r_0)^2$$

参数 K_S 用于控制键（弹簧）伸缩的硬度（键伸缩力常数），r_0 定义为平衡键长（用于构建模型时的标准值）。K_S和 r_0 参数指定给每对基于原子类型（C—C、C—H、O—C）的键合原子。这些参数是存储在键伸缩参数表中的，常数 71.94 是为了获得单位为 kcal/mol 而添加的转换因子。

该方程所得结果表示来自偏离平衡键长的键的变形对分子能量的贡献。该模型在键伸展到离解点时会失效。Morse 函数是解决该问题最好的修正函数，但会大大增加计算时间。选择加入立方伸缩（Cubic Stretch）或四方（Quartic Stretch）伸缩常数后，产生的结果接近 Morse 函数的修正值。

立方伸缩项考虑了潜在的非对称键的情况，以便处理这些长键，但不能有效处理非正常长键；四方伸缩项用于修正由非常长的键引起的问题。加进立方和四方伸缩项后键伸缩方程变为：

$$E_{\text{Stretch}} = 71.94 \sum_{\text{Bond}} K_{\text{S}}[(r - r_0)^2 + C_{\text{S}}(r - r_0)^3 + Q_{\text{S}}(r - r_0)^4]$$

立方伸缩常数（C_S）和四方伸缩常数（Q_S）定义在 MM2 常数表中。要用 Allinger's 力场更准确地得到能量值，可在 MM2 常数表中设置立方和四方伸缩常数为“0”。

4. 键角弯曲能

键角弯曲能（Angle Bending Energy）方程由下式给出：

$$E_{\text{Bend}} = 0.021\,914\,18 \sum K_{\text{b}}(\theta - \theta_0)^2$$

键角弯曲能方程也是基于虎克定律建立起来的。其中，参数 K_b 用于控制键（弹簧）弯曲的硬度（角度力常数），θ_0 定义为平衡角。该方程用偏离平衡键角的程度来估算能量。常数 0.021 914 18 是为了获得单位为 kcal/mol 而添加的转换因子。

键角弯曲特征参数指定给基于其原子类型（C—C—C、C—O—C、C—C—H）的每组原子（三原子组）。对每个三原子组，平衡键角的大小取决于键合到中心原子的其他原子，对每个键角都有三种可能性：XR2、XRH 或 XH2。例如：XH2 用于丙烷（CH3—CH2—CH3）中的 C—C—C 键角，因为键合到中心原子的其他原子都含有二个 H；对异丁烷，可用 XRH；对二乙基丙烷，可用 XR2。

参数 K_b和 θ_0 的影响是宽而陡的抛物线。K_b 值越大，偏离平衡键角而变形需要的能量越大。用小于 1.0 的 K_b 值可以得到低的势能，加入六次项后，键角弯曲能方程变为：

$$E_{\text{Bend}} = 0.021\,914\,18 \sum_{\text{Angles}} K_{\text{b}}(\theta - \theta_0)^2 + \text{SF}(\theta - \theta_0)^6$$

六次项力常数的默认值为 0.000 000 07，要使用 Allinger 力场获得准确的能量值，可以在 MM2 常数表中设置六次弯曲常数为“0”。

对于键角弯曲参数，有三个参数表：

① Angle Bending Parameters（角弯曲参数表）；

② 3-Membered Ring Angles（三元环角弯曲参数表）；

③ 4-Membered Ring Angles（四元环角弯曲参数表）。

在 MM2 常数表中有三个可用的附加键角弯曲力常数。“—CHR-Bending”常数专门用于有一个或二个连接 H 的 C 原子。

5. 键扭转能

键扭转能（Torsion Energy），说明旋转一个二面角（扭角）有一个能量最小值出现在指定间隔为 $360°/n$ 的地方，在 ChemBio3D 中，n 为 1，2，3 等整数。

$$E_{\text{Twist}} = \sum_{\text{dihedral}} \frac{Vn}{2}[1 + \cos(n\theta - \theta)]$$

参数 $Vn/2$ 是扭转力常数，它决定曲线的振幅，n 表示周期，$n\theta$ 绕旋转轴转换整个曲线。参数通过曲线拟合得到，扭转特征参数指定给基于其原子类型的每个四原子键合组（C—C—C—C、C—O—C—N、H—C—C—H）。ChemBio3D 提供三种扭转角参数表：

① Torsional Parameters（扭转角参数）；

② 4-Membered Ring Torsions（四元环扭转角参数）；

③ 3-Membered Ring Torsions（三元环扭转角参数）。

6. 非键合能

非键合能（Non-bonded Energy）表示在一个预定的截止距离内，所有可能相互作用的非键合原子间的能量总和。非键合能包括近距离时的排斥力和远距离的吸引力的总和。原子间距离移动数个埃时，其作用能急速下降。

除以上这些力场外，还有范德华力、静电能、偶极—偶极贡献、偶极—电荷贡献、π键与含有π键原子的作用等力场均对体系能量有重要影响。

4.8.3　分子动力学模拟

分子动力学模拟就是对分子运动的模拟。这种模拟有利于对分子结构及其反应性的认识，因为运动对所有的化学过程都是基本一致的，如分子振动中，键的伸缩和键的弯曲可以激发其红外活性，给出红外光谱。化学反应、激素—受体及其他复杂过程都是与各种分子内和分子间的运动相联系的。

分子动力学模拟的 MM2 方法使用牛顿方程模拟原子的运动。构象的转换与局部振动通常是分子动力学研究的主要内容。在 ChemBio3D 中，可点击【Calculations】→【MM2】→【Molecular Dynamics】（MM2）命令来计算分子或分子碎片的分子动力学轨迹，通过改变分子内的自由度，模拟分子内原子位置随时间和温度的改变，探究分子的构象空间，进一步分析其能量及稳定构象，并给出其各种能量变化。

4.9　MOPAC 计算接口

MOPAC 是一个在世界上广泛使用的半经验分子模拟计算应用程序。MOPAC 程序是由得克萨斯大学的 Dr. James 于 20 世纪 80 年代设计的。该程序实现了用半经验理论去分析分子模型（MOPAC 支持分子轨道包）。由于其命令行用户界面的复杂性，使得它在初期应用受到了限制，直到 1996 年推出的 3. 5 版，提供了 GUI 图形用户界面接口后才引起分子模拟新老用户的关注，目前的最新版本是 MOPAC 2007，但其图形功能还不够强大。

ChemBio3D 目前支持 MOPAC 2002，在 ChemBio3D 的 MOPAC 接口菜单下，可对模型进行能量最小化计算和优化到过渡态的计算，可创建 MOPAC 输入文件、执行 MOPAC 计算作业、解析输出文件的计算结果。但在使用前必须安装有 MOPAC 程序，方法是将执行文件

MopacPro. exe 复制到“…\ChemOffice2008\Common\COEA\”，否则不能使用。MopacPro. exe 下载地址为 http://hyperchen. googlepages. com/MopacPro. exe。

4.9.1 计算实例

1. 实例 1：偶极矩

本例介绍如何使用 MOPAC 接口计算甲醛的偶极矩。

（1）创建甲醛模型。①点击【File】→【New Model】；②选择文本工具，在模型窗口中点击，出现文本框；③在文本框中输入“H2CO”，回车，出现甲醛模型分子。

（2）计算偶极矩。①点击【Calculations】→【Mopac Interface】→【Minimize Energy】；②在【Job & Theory】中选择“AM1”；③在【Properties】中，选择“Dipole”；④点击【Run】。

（3）结果分析。结果显示在信息窗口中，结果表明电子分布主要集中在氧原子上。表 4－9所示为甲醛的偶极矩。

表 4－9 甲醛的偶极矩

项 目	*X*	*Y*	*Z*	Total
Dipole /Debye		0. 000	0. 000	2. 317

旋转模型，会发现偶极矩在 *X*、*Y* 和 *Z* 轴方向的分量会发生变化，但总的偶极矩不变。

2. 实例 2：阳离子稳定性

本例比较分子的同系物阳离子的稳定性。

（1）创建阳离子。①点击【File】→【New Model】。②选择文本工具，在模型窗口中点击，出现文本框。③在文本框中输入“CCl3”，回车，出现三氯甲烷模型分子。④重复前三步，分别输入“CHCl2”、“CH2Cl”、“CH3”。注意，本例中的阳离子都是偶数电子，属于闭壳层体系，并假定有单重基态，不需通过附加关键字修改，直接使用默认 RHF 进行计算。⑤对每个模型，点击中心碳原子，输入“＋”，回车，所有模型都变为阳离子。

（2）执行计算。①点击【Calculations】→【Mopac Interface】→【Minimize Energy】；②在【Job & Theory】选项卡上，选择“AM1”；③在【Properties】选项卡的性质列表中，选择“Charges”；从 Charges（电荷）列表中选择“Wang-Ford”；④点击【Run】。

（3）结果分析。计算完成后，结果显示在信息窗口中。分子现在是平面分子，中心碳原子采取 sp^2 杂化。从这个简单的计算实例可以看出，阳离子的电荷并不是定位在中心碳原子上，而是有相当部分分散在其他相邻原子上，这类阳离子更倾向于分散到与碳相连的氯原子上。阳离子的稳定性顺序是 $CCl_3^+ > CHCl_2^+ > CH_2Cl^+ > CH_3^+$。

3. 实例 3：间硝基甲苯的偶极矩

本例使用间硝基甲苯计算其偶极矩。

（1）创建间硝基甲苯模型。①点击【File】→【New Model】；②选择文本工具，在模型窗口中点击，出现文本框；③在文本框中输入“PhCH3”，回车，出现甲苯模型，使用跟踪工具旋转调整模型的取向；④点击“H(11)”输入“NO2”，回车，出现硝基甲苯模型。

（2）使用 MOPAC 计算偶极矩。①点击【Calculations】→【Mopac Interface】→【Minimize Energy】；②在【Job & Theory】选项卡上选择“AM1”；③在【Property】选项卡上选择

“Polarizabilities”;④点击【Run】。

(3)结果分析。计算完成后,结果数据出现在输出窗口中。表 4 - 10 是计算得到的硝基甲苯在应用到电场后的一阶极化率的结果。

表 4 - 10　间硝基甲苯的偶极矩　Deybe

场强/eV	α (xx)	α (yy)	α (zz)
0.000 000	108.234 00	97.701 27	18.823 80
0.250 000	108.404 80	97.827 26	18.835 61
0.500 000	108.918 47	98.208 91	18.869 43

4. 实例 4:电荷分布

本例中,我们将分析单取代苯氧基离子的电荷分布。

(1)创建苯氧基负离子。①点击【File】→【New Model】;②选择文本工具,在模型窗口中点击,出现文本框;③在文本框中输入“PhO -”,回车,出现苯氧基负离子模型。注意,本例中苯氧基负离子是偶数电子,属于闭壳层体系,并假定有单重基态,不需通过附加关键字修改,直接使用默认“RHF”进行计算。

(2)执行 MOPAC 计算。①点击【Calculations】→【Mopac Interface】→【Minimize Energy】;②在【Job & Theory】选项卡上,选择“PM3”;③在【Properties】选项卡的“Properties”列表中,选择“Charges”,在“Charges”列表中选择“Mulliken”;④点击【Run】。

(3)创建对硝基苯氧基负离子。①点击文本工具;②点击“H10”,输入“NO2”,回车,出现对硝基苯氧基负离子模型;③按第②步同样方式,分别用文本工具点击“H8”和“H9”,输入“NO2”,可得间位和邻位的单取代硝基苯氧基负离子;④执行最小化计算。

(4)结果分析。计算完成后,结果数据出现在输出窗口中。将(3)中最小化计算所得的四组数据合并列于表 4 - 11 中,对数据分析结果如下:在酚基氧上的负电荷,按间位 > 对位 > 邻位取代顺序依次降低(即 meta > para > ortho),邻位结构的酚基氧上的负电荷降低最多(-0.482 65)。由此可以得出结论,邻位结构的硝基苯氧基负离子,由于邻位上的硝基分散了酚基氧上的负电荷,使它变得更稳定。

表 4 - 11　几种硝基苯酚的电荷分布比较

原子	*p* - Nitro	*m* - Nitro	*o* - Nitro	Phenoxide
C1	0.415 46	0.380 77	0.457 89	0.395 72
C2	-0.449 29	-0.365 94	-0.757 64	-0.461 13
C3	-0.005 19	-0.336 58	0.003 16	-0.093 88
C4	-0.712 61	-0.359 50	-0.415 05	-0.445 60
C5	-0.005 21	-0.109 39	-0.095 44	-0.093 85
C6	-0.449 26	-0.414 51	-0.389 67	-0.461 09
O7	-0.492 91	-0.541 86	-0.482 65	-0.577 46
H8	0.187 18	0.210 51	1.388 05	0.169 46
H9	0.175 53	1.312 96	0.169 11	0.120 69
N10	1.380 43	0.199 79	0.172 81	0.157 00

续表 4-11

原子	p-Nitro	m-Nitro	o-Nitro	Phenoxide
H11	0.175 61	0.140 96	0.139 32	0.120 67
H12	0.187 15	0.179 48	0.180 90	0.169 46
O13	-0.703 47	-0.652 65	-0.716 56	
O14	-0.703 45	-0.644 06	-0.654 24	

5. 实例5：甘氨酸两性离子的相稳定性

本例中，我们比较甘氨酸两性离子（Glycine Zwitterion）在水中和气相中的稳定性。

（1）创建甘氨酸模型。①点击【File】→【New Model】；②选择文本工具，在模型窗口中点击，出现文本框；③在文本框中输入“HGlyOH”，回车，出现甘氨酸模型。

（2）使用 MOPAC 计算生成热和 COSMO 溶解度。①点击【Calculations】→【Mopac Interface】→【Minimize Energy】；②在【Job & Theory】选项卡上选择“PM3”；③在【Properties】选项卡中，按下【Ctrl】键，点击选择“Heat of Formation”和“COSMO Solvation”；④点击【Run】。计算完成后，结果数据出现在输出窗口中。

（3）使用 MOPAC 计算生成热。①点击【Calculations】→【Mopac Interface】→【Minimize Energy】；②在【Properties】选项卡中，取消对“COSMO Solvation”的选择；③点击【Run】。计算完成后，结果数据出现在输出窗口中。

（4）创建甘氨酸两性离子模型。①用文本工具点击模型中的氮原子，在文本框中输入“+”后回车；②用文本工具点击模型中的氧原子，在文本框中输入“-”后回车，得到甘氨酸两性离子模型；③按（3）的方法计算不含“COSMO Solvation”的生成热。

将以上四个计算结果归纳于表 4-12。由数据的分析可知，在水中甘氨酸的优势构象是两性离子，而在气相中甘氨酸的优势构象是中性分子。

表 4-12 不同相中甘氨酸分子的生成热

甘氨酸的形式	生成热 ΔH_f/(kcal/mol)	溶剂可及表面/Å^2
中性甘氨酸分子（H_2O）	-108.328 61	52.360 67
两性甘氨酸离子（H_2O）	-126.939 74	52.371 33
中性甘氨酸分子（Gas）	-92.753 86	
两性甘氨酸离子（Gas）	-57.839 40	

6. 实例6：超精细偶极常数

本例以乙基自由基为例计算超精细偶极常数（HFC）。

（1）创建乙基自由基模型。①点击【File】→【New Model】；②选择文本工具，在模型窗口中点击，出现文本框；③在文本框中输入“EtH”，回车，出现乙烷模型；④选择“H(8)”，按下【Delete】键删除该氢原子（若开启了自动校正，则会询问是否关闭自动校正的提示信息），点击【Turn off Automatic Rectification】，出现乙基自由基模型。

（2）使用 MOPAC 计算 HFC。①点击【Calculations】→【Mopac Interface】→【Minimize Energy】；②在【Job & Theory】选项卡中，选择“PM3”、“Potential Function”和“Open Shell (Unrestricted)”；③在【Properties】选项卡上选择“Hyperfine Coupling Constants”；④点击

【Run】。未成对电子在乙烯自由基中是离域电子，否则将不会有偶极常数。计算结果如表 4－13 所示。

表 4－13　乙基自由基的超精细偶极常数(HFC)

原子	C1	C2	H3	H4	H5	H6	H7
HFC	0.023 76	－0.005 04	－0.026 32	－0.026 05	0.003 5	0.056 72	0.054 79

7. 实例 7：UHF 自旋密度

本例使用乙基自由基，计算其 UHF 自旋密度。计算步骤如下：

①按上例方式创建一个乙基自由基；②点击【Calculations】→【Mopac Interface】→【Minimize Energy】；③在【Job & Theory】中选择"PM3"；④在【Properties】中选择"Open Shell (Unrestricted)"和"Spin Density"；⑤点击【Run】。

计算完成后，每个原子的总自旋密度显示在输出窗口中，结果如表 4－14 所示。

表 4－14　乙基自由基的 UHF 自旋密度

AO 轨道	自旋密度	AO 轨道	自旋密度	AO 轨道	自旋密度
C1 s	0.071 27	C2 s	－0.015 11	H3 s	－0.078 96
C1 p_x	0.067 39	C2 p_x	－0.063 45	H4 s	0.078 15
C1 p_y	0.083 75	C2 p_y	－0.018 44	H5 s	0.010 46
C1 p_z	0.947 68	C2 p_z	－0.034 63	H6 s	0.054 88
				H7 s	0.053 29

8. 实例 8：RHF 自旋密度

本例使用乙基自由基，计算其 RHF 自旋密度。计算步骤如下：

①按上例方式创建一个乙基自由基；②点击【Calculations】→【Mopac Interface】→【Minimize Energy】；③在【Job & Theory】选择卡中选择"PM3"；④在【Properties】选项卡中选择"Closed Shell (Restricted)"和"Spin Density"；⑤点击【Run】。

计算完成后，每个原子的总自旋密度出现在输出窗口中(每个原子的自旋密度都是所有轨道的总和)，也可以从输出文件(＊.out)查找详细数据。由计算数据可知，乙基自由基中的未成对电子更多地离域到了 C1 上，这一点能很好地说明 C1 的反应活性。

4.9.2　能量最小化

能量最小化通常是进行分子模拟的第一步计算。点击【Calculations】→【Mopac Interface】→【Minimize Energy】，出现 MOPAC 接口界面(图 4－80)，默认作业类型(Job Type)是"Minimize"，默认方法是 AM1。

(1) Minimum RMS。为势能面梯度指定收敛条件。在准确性与速度两者折衷后的默认设置是"0.100"。减小该值意味着需要增加计算时间。增大该值将缩短计算时间，但会进一步远离最小值。如果想要更好地优化一个不是最小值的构象，可以增大该值。如果要使用小于 0.01 的值，就必须在【General】选项卡的关键字部分指定关键字"LET"。

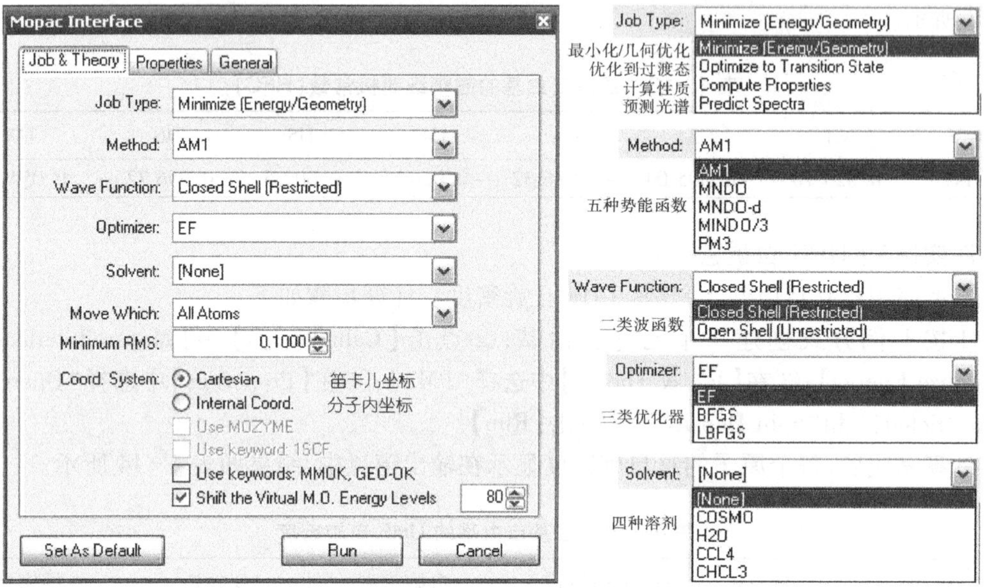

图 4－80　MOPAC 接口的作业选项设置

(2) Wave Function。从下拉列表菜单中选择一个波函数，决定是否使用“RHF”或“UHF”计算。RHF 是用于闭壳层计算的 Hartree-Fock 方法的默认设置。若要使用 RHF，则选择“Close Shell (Restricted)”波函数。UHF 是用于开壳层体系的 HF(自洽场)方法。要使用 UHF 则选择“Open Shell (Unrestricted)”波函数。若想计算超精细耦合常数(Hyperfine Coupling Constants)，则必须选择 UHF 波函数。注意，UHF 的计算时间至少是 RHF 的两倍，在研究大分子体系时这一点可能是主要考虑的问题。

(3) 几何优化器。ChemBio3D 使用本征矢量跟踪(Eigenvector Following，EF)作为最小化几何优化计算的默认设置。一般认为 EF 较别的优化器更出众，因而在 MOPAC 2002 中将其作为默认设置(早期版本中 BFGS 是默认值)。另外几个选项说明如下：

①TS。TS 优化器用于对过渡态优化，在接口中选择后该关键字会自动添加到 MOPAC。

②BFGS。对于较大的模型(500～1000 个原子)建议使用 BFGS 优化器(Broyden-Fletcher Goldfarb-Shanno，BFGS)，而不使用 EF。

③LBFGS。对于非常大的模型，LBFGS 优化器是唯一能用的方法。它是建立在 BFGS 优化器基础上的。由于它使用的内存小，因而可优化非常大的体系，但没有其他的优化器效率高。

4.9.3　优化到过渡态

点击【General】选项卡，指定 MOPAC 的附加关键字。添加附加关键字可更好地适应计算的要求，如添加一个关键字控制收敛条件，要求优化到一个激发态而不是基态。

(1) 优化到过渡态。要优化一个模型到过渡态时，需使用一个尽可能接近过渡态的构象，不要使用局部最小或全局最小构象。因为从初始点出发运算，不可能有效地改变几何构型。

优化到过渡态的方法是：①点击【Calculations】→【Mopac Interface】→【Optimize to Transition State】，出现 MOPAC 接口对话框；②在【Job & Theory】选项卡上，选择“Method”和“Wave Function”（除非你是个有经验的用户，否则请使用默认设置）；③在【Properties】选项卡上，选择需要对优化构象进行计算的性质；④在【General】选项卡上，输入优化的附加关键字，有关模型的信息和关键字将被发送到 MOPAC；⑤点击【Run】。

如果在【General】选项中选择了“Send Back Output”，则在输出窗口会立即显示最小化的状态等过程信息。如果最小化过程由于初始构象不好而非正常终止，也会在输出窗口中显示相应信息。

（2）乙烷重叠型构象实例。寻找乙烷的重叠型构象：①点击【File】→【New】，创建一个乙烷模型；②在模型窗口中双击，出现文本框；③在文本框中输入“CH3CH3”，回车，出现乙烷模型分子；④点击旋转跟踪工具旁的小三角按钮，拉出旋转拨盘，按下【S】键临时激活选择工具，选择 C(1)—C(2)键；⑤选择一个二面角旋转器，在文本框中输入“57”，回车，出现一个接近重叠式构象的乙烷结构。

使用 MOPAC 准确寻找乙烷过渡态构象的步骤如下：

①按下【S】和【Shift】键；②点击任何两个靠近的氢原子，如 H(4)和 H(7)，以便查看二面角的变化轨迹，此时一个接近共面的四个原子被选择，如 H(4)—C(1)—C(2)—H(7)；③点击【Structure】→【Measurements】→【Generate All Dihedral Angles】，出现测量表并在测量表中显示所选择的二面角的 Actual 值；④点击【Calculations】→【Mopac Interface】→【Optimize to Transition State】，出现 MOPAC 接口对话框；⑤在【General】选卡上点击“Copy Measurements to Messages”；⑥点击【Run】。

计算完成后，设置的二面角变为 0°，对应于其重叠构象，是两个能量最小构象间的过渡态。

4.9.4　选择方法

CS_MOPAC 方法包括了开壳层（UHF）和闭壳层（RHF）两种近似方法。也可以通过 SCF（Self-Consistent Field，自洽场）方法或 MECI（Multi-Electron，多电子组态作用）方法加入组态的相互作用（Configuration Interaction）。在 MOPAC 接口界面的【General】选项卡上，可以选用 MOPAC 参数自动插入关键字，编辑关键字或使用“Additional Keywords”（附加关键字），以便执行其他计算，或将信息保存到 *.out 文件中。修改关键字可能会得到不可靠的结果，除非是 MOPAC 高级用户，否则请使用自动关键字。

1. RHF

闭壳层体系（Restricted Closed-Shell Hartree-Fock，RHF），是指体系中所有的电子均按自旋相反的方式配对充满某些壳层（壳层指一个分子能级或能量相同的，即简并的分子能级）。在 ChemBio3D 中，默认的 Hartree-Fock 方法假定分子是闭壳层的并施加以自旋限制（Spin Restrictions）的。自旋限制可以简化 Fock 矩阵，因为 α（自旋向上）和 β（自旋向下）的电子总是成对的，因此 RHF 方法基本上只限于偶数电子的闭壳层体系。

当存在开壳层体系时，也可近似使用 RHF 方法，这种近似 Dewar 称为 1/2 电子近似。在这种方法中，未成对电子被处理成为两个 1/2 电子的等价电荷且自旋相反，这样处理之后，就可以作为闭壳层进行计算了。组态计算自动调用能量的固有值校正对 1/2 电子的偏差。用添加 1/2 电子近似的方法，使得 RHF 方法可用于任何组态。

2. UHF

开壳层体系（Unrestricted Open-Shell Hartree-Fock，UHF），是指体系中有未成对的电子（即有的壳层未充满）。描述这类体系最常用的方法是假设自旋向上的电子（α 自旋）和自旋向下的电子（β 自旋）所处的分子轨道不同，即不限制自旋相反的一对电子填入相同的分子轨道。这样得到的 HFR 方程称为非限制性的 HFR 方程，简称 UHF 方程。UHF 方法是分开处理 α（自旋向上）和 β（自旋向下）电子，允许它们分占不同的分子轨道，因此有不同的轨道能量。对于多数开壳层和闭壳层体系，这种对电子的处理方式能产生很好的体系能量估算结果。

UHF 在开壳层和闭壳层体系中都能运行，主要的问题是时间问题，因为 α 电子和 β 电子是分开处理的，需要做双倍积分处理才能求解。如果模型很大，则要求的计算时间可能会很长。

3. MOPAC 的势能函数

MOPAC 提供了五种势能函数（Potential Energy Functions）：MINDO/3、MNDO、PM3、AM1 和 MNDO-d。所有这些函数都是 SCF（Self Consistent Field，自洽场）方法。在解分子 Schrödinger 方程时，每一个函数代表一种在数学上的近似。这些近似曾经有效用于大型计算机的从头算（*ab initio*）计算中。现在，对小分子的从头算方法更是延伸到桌面电脑，但较大的分子更有效率的模拟仍然是使用半经验方法或分子力学方法。

半经验方法近似计算的发展经历了如下几个阶段：第一个近似是 CNDO（Complete Neglect of Differential Overlap，完全忽略重叠积分）；第二个近似是 INDO（Intermediate Neglect of Differential Overlap，中等程度忽略重叠积分）；第三个近似是 MINDO/3（Modified Intermediate Neglect of Differential Overlap，是对中等程度忽略重叠积分的修正）；第四个近似是 MNDO（Modified Neglect of Differential Overlap，修正忽略重叠积分），它对由周期表的第一、第二周期元素组成的各类有机分子的 MINDO/3 进行了修正，AM1 方法又对 MNDO 做了重要的改进；最后一个近似是最新的 PM3 近似，它对 AM1 做了参数化处理，在 PM3 中的近似与 AM1 完全一样。

4. 组态相互作用

组态相互作用（Configuration Interaction）法比从头算法精确度更高。组态相互作用法有两个显著的优点：一是不依赖于试探波函数的形式，就能提供薛定谔方程的精确解；二是原则上可用于原子或分子体系的任何稳定态。

自洽场的 SCF-RHF 法过低地估算了电子—电子间的排斥效应，以至于估算得到的能量偏高。SCF-RHF 的计算只使用含有描述占有轨道的电子组态这一单个决定因素，来处理大多数分子的基态，进而假定每个电子存在于由体系中其他所有电子建立的平均力场中，但容易过高地估计电子间的排斥作用。若让电子存在于更多的轨道中，可以使排斥作用得到最小化。

在 MOPAC 中，多电子组态作用（Multi-Electron Configuration Interaction，MECI）方法建议采用分子波函数的方法来解决这一问题。分子波函数类似于原子轨道线性组合，代表了不同组态的组合。对于特定分子，组态作用使作为参考电子组态的占据轨道，然后使电子进入非占有轨道(虚拟的)。这些在 MOPAC 中由 Slater 确定的微观状态,再与基态时的组态线性组合,产生一个改良的电子组态,可以更好地代表分子间的相互作用。

5. 指定电子组态

为了确定是开壳层还是闭壳层,MOPAC 必须确定分子的净电荷。如果分子带有净电荷,就要指定荷电的原子类型。在 CS_MOPAC 2002 中,支持 Sparkles 作为反离子的纯离子电荷或模仿溶剂效应的形式偶极。

可使用文本工具指定电荷:使用文本工具,单击一个原子,在出现的文本框中输入电荷符号,如“ + ”产生碳正离子。计算时,该电荷会自动添加到 MOPAC 中。

在 MOPAC 中指定电荷的方法是:①点击【Calculations】→【Mopac Interface】→【Calculation】,出现 MOPAC 接口程序对话框;②在【General】选项卡上的关键字栏中输入关键字“CHARGE = *n*”,这里 *n* 是正整数或负整数(−2, −1, +1, +2)。

自旋向上(α)电子和自旋向下(β)电子的不同组合将产生不同的电子能量,这些组合是通过分子的自旋多重态(Multiplicity)来指定的(表 4 − 15)。

表 4 − 15　指定分子的自旋多重态

自旋	关键字	未成对电子数
0	SINGLET	0
1/2	DOUBLET	1
1	TRIPLET	2
1 1/2	QUARTET	3
2	QUINTET	4
2 1/2	SEXTET	5

确定合适的自旋多重态时必须考虑:①分子中电子数是奇数还是偶数;②分子是处于基态还是激发态;③使用的方法是 RHF 还是 UHF。

用于 PM3 和 AM1 的势能函数是在不断发展的,如果发现 MOPAC 参数集中没有用户所需元素的标准参数,比如 Cu,可以从文献中查找到必需的参数,在运行 MOPAC 作业时将其添加到参数表中,这一灵活处理大大提高了 MOPAC 的使用性。在运行时添加参数需使用关键字“EXTERNAL = Name”,Name 是含有参数的全路径文件名。

4. 9. 5　计算性质

在模型的当前构象上执行单点能计算。①点击【Calculations】→【Mopac Interface】→【Compute Properties】,出现 MOPAC 接口对话框;②在【Job & Theory】选项卡上,选择“Potential Energy Function”;③在【Properties】选项卡上,选择要计算的性质,设置电荷;④在【General】选项卡上,输入必要的关键字;⑤点击【Run】。

以下部分选择一些在 MOPAC 中能够计算的性质予以说明。Compute Properties 命令既可作为单点能计算命令使用,也可作为最小化或优化到过渡态命令使用。

(1)生成热 ΔH_f。生成热表示模型当前构象的生成热,可用于比较同一模型不同构象的稳定性。注意,生成热的值包括零点能,要获得构象零点能可在计算中附加一个关键字“FORCE”,零点能数据可在输出文件(*. out)的最后部分找到。在 MOPAC 中的生成热是指在气相、298K 标准条件下,由最稳定单质生成 1mol 化合物时的能量。生成热由下列几项构成:$\Delta H_f = E_{elec} + E_{nucl} + E_{isol} + E_{atoms}$。其中,$E_{elec}$ 是由 SCF 计算得到的,E_{nucl} 是分子内核—核排斥作用能,E_{isol} 和 E_{atoms} 是由分子内元素的势能函数提供的参数。

(2)偶极矩。偶极矩(Dipole Moment)是相应电场能量的一阶导数,用于衡量分子电荷分布的不对称,是一个三维向量。根据选择的电荷类型(Mulliken 电荷、Wang-Ford 电荷、静电势能)不同,其数值也不同,因为在它们的计算中使用了不同的密度矩阵。

(3)Mulliken 电荷。Mulliken 电荷是由 SCF 密度矩阵计算的原子电荷,由它可快速了解分子中电荷的分布。

(4)静电势能。由静电势能(Electrostatic Potential)计算的电荷可给出有关化学反应性的信息。静电势能是通过创建静电势能面计算得到的,ChemBio3D 报告的点电荷就源自这样的势能面。一般的,与源自 Coulson 密度矩阵(电荷)或 Mulliken 布居分析(Mulliken Charges)比较,这类原子点电荷能更好地表明反应中受攻击的位点,用静电势能导出的电荷与原子电荷是一致的。这里提供了计算原子点电荷的两个可用属性:Wang-Ford 电荷和静电势能。

(5)分子表面。分子表面(Molecular Surfaces)计算提供了绘制总电荷密度表面(Total Charge Density)、分子静电势能表面(Molecular Electrostatic Potential)、自旋密度表面(Spin Density)和分子轨道表面(Molecular Orbitals)所需的数据。

(6)极化率。极化率(Polarizability)属性提供了电子在电场中的分布信息,带有较多离域电子的分子具有更高的极化率。

(7)在水中的 COSMO 溶解性。COSMO 方法用于确定各类物种在溶剂中的稳定性,默认溶剂是水。使用 COSMO 的方法是:在 MOPAC 接口界面上的【Job & Theory】选项卡中的 Solvent 项下选择“COSMO”,在【Properties】选项卡上选勾“COSMO Area”或“COSMO Volume”。

(8)超精细偶极常数。超精细偶极常数(Hyperfine Coupling Constants)用于模拟电子自旋共振(Electron Spin Resonance,ESR)光谱,未成对电子与中心质子及其他等价质子间的超精细作用,引起复杂化合物的 ESR 光谱分裂。ESR 光谱用于测量在强磁场下未成对电子的微波辐射的吸收,而超精细耦合常数(HFCs)又与 ESR 谱中的精细谱图的两峰间距及线宽有关。含有未成对电子的物种主要有以下几类:自由基、奇电子分子、三重态的金属配合物、稀土离子和三重态分子。

(9)自旋密度。自旋密度(Spin Density)升高的地方有未成对的电子,自旋密度数据提供了对特定状态下的 α 自旋电子的相对数量。自旋密度还可用于了解其模型的反应性和模拟 ESR 光谱。计算带有未成对电子的分子自旋密度有两种方法:RHF 自旋密度和 UHF 自旋密度。

①UHF 自旋密度 。在 UHF 自旋密度计算中,删去“Closed Shell Restriction”,分别计算 α 自旋电子和 β 自旋电子的波函数。

②RHF 自旋密度。RHF 自旋密度计算使用 1/2 电子校正,并分离分子中的 α 电子自旋密度进行计算单组态相互作用。该方法尤其适用于对大分子进行 UHF 自旋密度的计算。

4.9.6 文件管理

在 CS_MOPAC 中使用标准的 MOPAC 文本文件作为输入文件,并创建标准的 MOPAC 输出文件。这在重复进行某些计算时是十分需要的。

(1)使用 *.out 文件。除输出窗口外,MOPAC 还创建含有计算信息的两个文本文件。执行每一个 MOPAC 计算后都会创建含有计算信息的文本文件(*.out)和摘要文件

(*. ara$x$),"ara$x$"中的"x"是每次运行的由 a～z 的增量。*. out 文件每次运行后都会被覆盖,而 *. ara$x$ 是不会覆盖的,可能是 *. araa、*. arab 等。OUT 和 AAX 文件默认都是保存在"\MOPAC Interface"文件夹下的,当然也可以在 MOPAC 接口对话窗口的【General】选项卡上指定其他文件夹。在每次的摘要文件中主要包括一些计算过程中的结果信息。

(2)创建输入文件。在 ChemBio3D 中可创建与模型相关的 MOPAC 输入文件(*. mop)。方法是:点击【Calculations】→【Mopac Interface】→【Create Input File】,在弹出的对话框中选择适当选项后,点击【Create】。

(3)运行输入文件。在 ChemBio3D 中可直接运行原来创建的 MOPAC 输入文件。方法是:点击【Calculations】→【Mopac Interface】→【Run Input File】,在对话框中输入 MOPAC 文件的全路径名,或浏览定位 MOPAC 文件,打开文件后再选择适当选项,包括指定合适的电子组态,点击【Run】。此时,将在新的模型窗口中出现一个原文件中的初始模型,MOPAC 将运行该作业,并将结果显示在输出窗口内,同时还会产生一个带有迭代信息的输出文件(*. out)。

4.10 Gaussian 计算接口

Gaussian 是目前使用最为广泛的、强大的命令驱动的量化计算程序,包括从头计算和半经验计算两种方法。关于 Gaussian 的更详细使用将在下一章中专门介绍。同 MOPAC 一样,ChemBio3D 程序本身并不带有 Gaussian 程序(没有安装 Gaussian 时,ChemBio3D 中 Gaussian 菜单选项中为灰色不可用)。由于 Gaussian 本身的图形功能不强,使用者大都将 ChemBio3D 作为其输入/输出的主要工具。因为 ChemBio3D 提供了方便实用的 Gaussian 计算接口,用户很容易由 ChemBio3D 窗口中的模型提供数据,创建 Gaussian 作业,或直接在其中运行 Gaussian 计算,甚至可以查看计算结果,对计算结果进行解析。

当前 ChemBio3D 提供了对所有 Gaussian 计算的支持,包括以下内容:①预测^{13}C-NMR 和^{1}H-NMR 光谱;②预测 IR 和 Raman 光谱;③多步作业;④局部优化;⑤支持密度泛函计算方法(DFT);⑥高级模式。

4.10.1 Gaussian 接口

Gaussian 接口程序为用户提供了运行 Gaussian 强大计算功能的工作平台,包括能量最小化/几何优化,过渡态优化,频率计算,预测 IR/Raman、UV、NMR 等光谱,以及创建、运行 Gaussian 文件,解析输出文件等功能,还可利用 ChemBio3D 强大的图形显示能力,利用众多分子表面显示功能显示 Gaussian 的计算结果。图 4-81 所示为 ChemBio3D 中的 Gaussian 接口菜单。

(1)预测与查看光谱。使用 ChemBio3D 的 Gaussian 接口,可以预测 NMR、IR/Raman 及 UV/VIS 光谱。点击【Calculations】→【Gaussian Interface】,然后选择要预测的光谱即可。计算时间的长短取决于计算机的速度、内存及二级缓存的大小,模型分子的大小等因素,可能会花上几分钟甚至更长时间。在预测光谱前最好运行最小化计算,MM2 的最小化比 Gaussian 自身的最小化速度快些,准确度通常也是足够的。如果模型不做最小化计算,可能其构象不是在最小能量状态,此时 Gaussian 预测光谱可能不成功。点击【View】→【Spectrum Viewer】,可打开一个光谱观察器浏览化合物预测的光谱图。

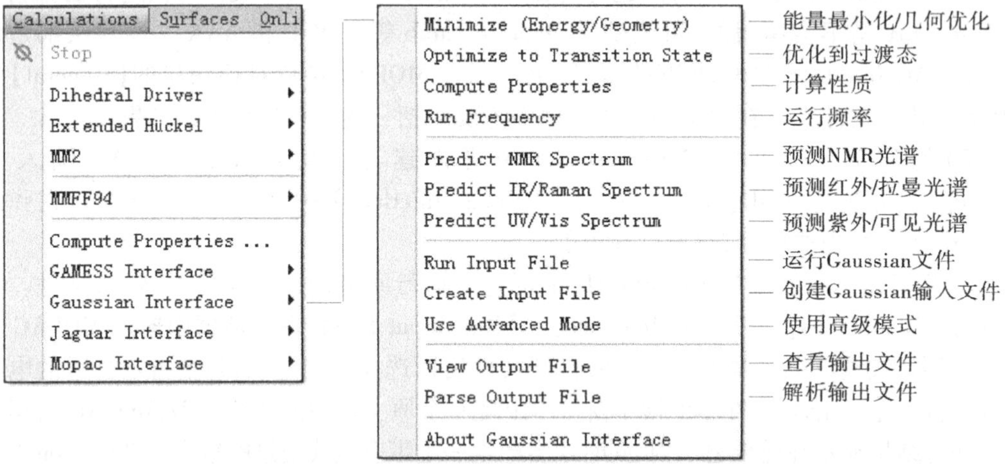

图 4-81 ChemBio3D 中的 Gaussian 接口菜单

(2)多步作业。可以使用一个命令连接多个作业并连续运行,对连接的作业数量没有技术上的限制。比如,选择第一个作业,通常是最小化计算,点击【Calculations】→【Gaussian Interface】,然后选择需要运行的作业,再点击【+】按钮(图 4-82),使用【Job Type】中的下拉菜单,添加另一个新的作业到队列中。如果想从队列中删除一个作业,只需在队列中点击要删除的作业,再点击【-】按钮。点击【Run】后将按顺序运行队列中的各项作业。

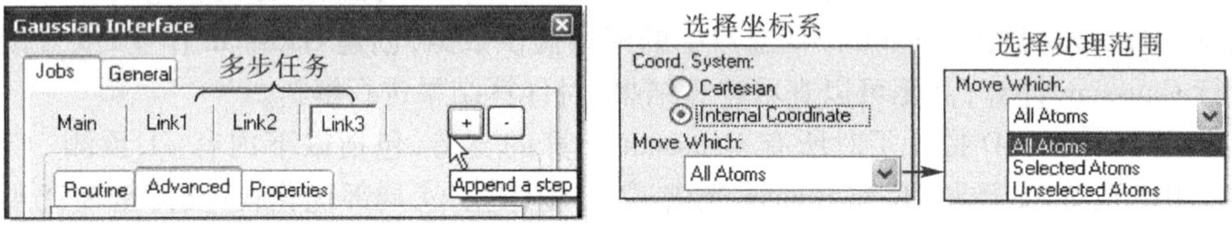

图 4-82 多步作业设置、坐标类型设置及优化范围选择

(3)局部优化。执行局部优化的方法是:选择模型的一部分(既可优化选择的部分,也可优化未选择的部分,主要看哪个更方便),点击【Gaussian Interface】→【Minimize(Energy/Geometry)】,在弹出的 Gaussian 接口对话窗口中,选择"Internal Coordinates",再在 Move Which 下拉列表中选择"Selected Atoms"或"Unselected Atoms"(图 4-82)。

(4)输入模板。在 Gaussian 接口对话窗口的【General】选项卡上,有个"Input Template"(输入模板),用户可在该模板窗口内编辑输入文件需要的关键字等。在该输入模板窗口下方还有几个勾选项,用来设置一些输出参数,包括"Display Every Iteration"(是否显示每一次迭代)等,用户可根据自己的喜好和要求勾选。

(5)高级模式。对于专家级用户,点击【Calculations】→【Gaussian Interface】→【Use Advanced Mode】,可以在类似输入模板的文本窗口中直接编辑输入 Gaussian 输入文件。

(6)对 DFT(密度泛函理论)的支持。选择 DFT 方法后,出现 DFT 选择对话框,选择使用的密度泛函方法。这里提供了 12 种密度泛函方法,当选择了一种 DFT 方法之后,会在方法框中显示所选择的具体的密度泛函方法(图 4-83)。

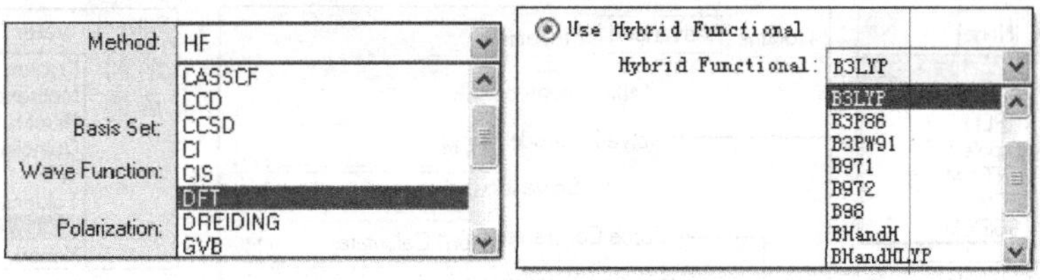

图 4－83 DFT 选择对话框

4.10.2 能量最小化计算

能量最小化一般是对模型分子进行的第一个计算，可以对整个分子或分子的一部分最小化。点击【Calculations】→【Gaussian Interface】→【Minimize（Energy/Geometry）】，出现 Gaussian Interface 对话框。在【Jobs】主选卡上有【Routine】、【Advanced】和【Properties】三个选项卡。

1.【Routine】选项卡设置

图 4－84 所示为【Routine】选项卡几类选项的设置。

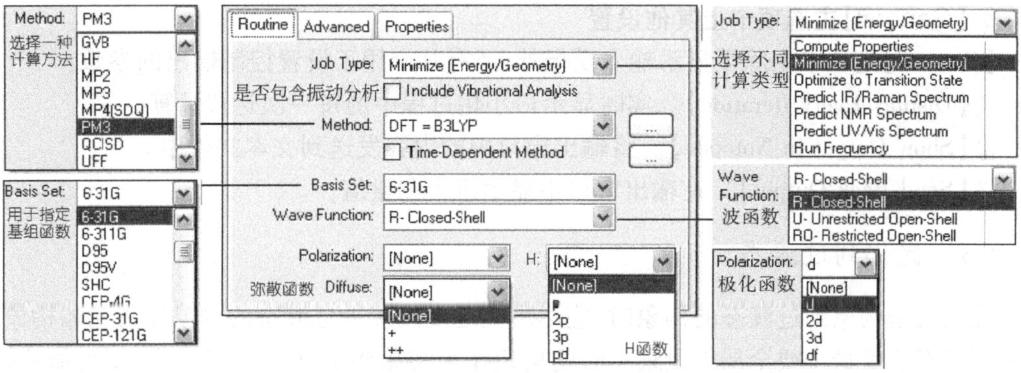

图 4－84 【Routine】选项卡几类选项的设置

2.【Advanced】选项卡设置

如图 4－85 所示，【Advanced】选项卡是一些不经常调整的参数，只是在应用到所选择的作业类型需要时，才对这些参数进行调整。对于最小化计算，涉及的有：

（1）Solvation Model（溶剂模型）。选择一种溶剂模型，如果选择了一种溶剂模型，则可在 Solvent 项下再选择一种溶剂（对所有溶剂模型，默认溶剂都是“水”）。

（2）Force Constants（力常数）。有三个选项：不计算力常数、初始化力常数、每个点都计算力常数。

（3）Population Analysis（布居分析）。有四个选项：①None——不选用；②Full——同 Regular 选项一样，但是输出的是所有轨道；③Minimal——输出原子总电荷和轨道能量；④Regular——输出带有密度矩阵和全部 Mulliken 布居分析的五个最高占有轨道和五个最低空轨道。

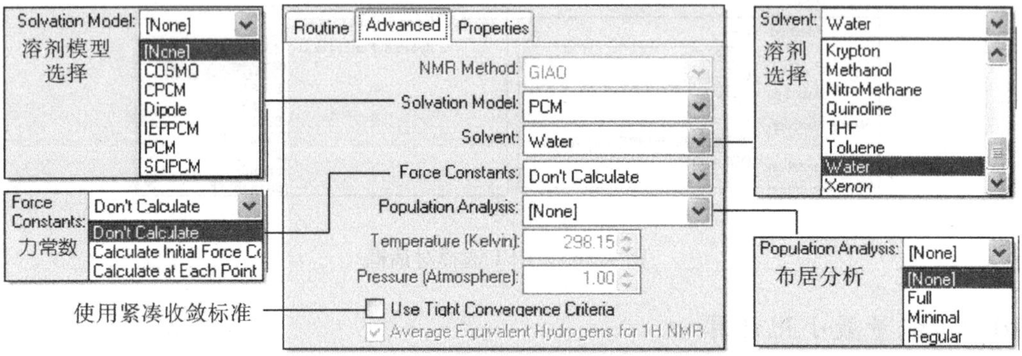

图 4-85 【Advanced】选项卡上的几类设置选项

默认设置中,Gaussian 采用中等收敛标准以提高计算速度。设置时,可以添加关键字“Tight”到输入模板中,使用“Tight Convergence”可指定全收敛“Full Convergence”。通过取消对“Use Formal Charge”的勾选,可以添加电荷(Change),可以改变自旋多重度(Spin Multiplicity)。自旋多重度是正整数,电荷可以是正或负值。对模型中部分选定原子或未选定原子最小化时,应选择“Internal Coordinate”(内坐标)。

3.【General】主选项卡上其他设置

【General】选项卡上除了显示输入模板外,还有几个用于设置控制输出的参数:

①【Display Every Iteration】。实时显示最小化过程中的每一次迭代计算。

②【Show Output in Notepad】。将输出窗口中的内容发送到文本文件中。

③【Send Back Output】。在输出窗口中显示每个测量值。

4.10.3 优化到过渡态

优化模型构象到过渡态的构象时,应尽可能地使用接近过渡态的构象作为初始构象,不要使用局部能量最小或全局能量最小时的构象作为初始构象,因为程序运算不可能从这类初始构象改变到过渡态构象。优化到过渡态的方法是:①点击【Calculations】→【Gaussian Interface】→【Optimize to Transition State】,出现 Gaussian Interface 对话窗口。通常使用默认设置,除非你是高级用户。②在【Properties】选项卡上,选择对最终优化构象需要计算的性质。③在【General】选项卡上,输入修改优化的附加关键字。④点击【Run】。

4.10.4 计算性质

点击【Calculations】→【Gaussian interface】→【Compute Properties】,出现 Gaussian Interface 对话框,在【Properties】选项卡中选择要计算的性质,在【Routine】和【Advanced】中指定相关选项后,点击【Run】。计算完成后,结果将显示在输出窗口(Output)中。

4.10.5 创建输入文件

在 ChemBio3D 中可以创建以后再运行 Gaussian 的输入文件,如果想多次运行某个计算,或要在不同计算机上运行某个计算,创建输入文件就非常有用了。但创建 Gaussian 输入文件时，必须安装有 Gaussian 软件。创建输入文件的方法是：在模型窗口内打开或创建一个模型，点击【Calculations】→【Gaussian Interface】→【Create Input File】，出现设置对话窗口（图 4-86），在设置对话窗口内，按计算作业的要求进行各项设置后，点击【Create】按钮，输入文件将创建并保存到指定的文件夹中。

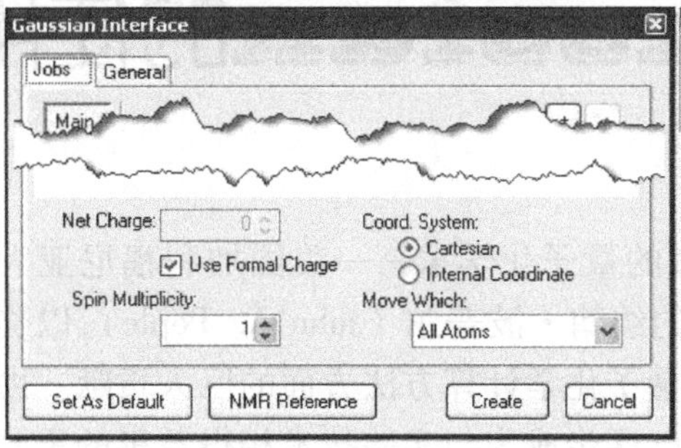

图 4-86　创建 Gaussian 输入文件

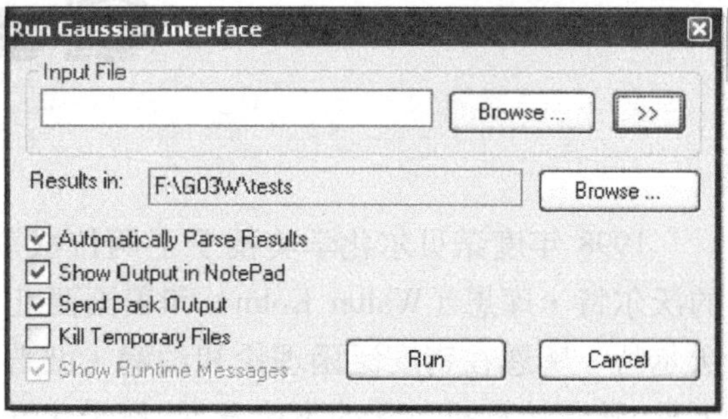

图 4-87　运行输入文件对话窗口

4.10.6　运行输入文件

如果有原来创建的 GJF 格式的 Gaussian 输入文件，可直接在 ChemBio3D 的 Gaussian 接口中打开并运行。点击【Calculations】→【Gaussian Interface】→【Run Input File】，出现 Run Gaussian Interface 对话窗口（图 4-87）。

在该对话窗口中，点击 Input File 后面的【Browse】按钮，浏览查找并打开输入文件；点击 Results in 后面的【Browse】按钮，指定输出文件位置；最后点击【Run】。计算完成后 ChemBio3D 会在一个新的模型窗口中打开刚计算的模型分子，并在输出窗口显示计算结果，同时还会自动用 Windows 的记事本打开产生的 Gaussian 输出文件（*.out）。

4.10.7　查看输出结果

在 ChemBio3D 中查看 Gaussian 计算结果有几种方式：

（1）直接在输出窗口（Output）中查看。这种方式最直接，计算完成后可立即查看。

（2）如果要查看的是以前计算的、保存为输出文件的计算结果，可点击【Calcaualtions】→【Gaussian Interface】→【Parse Output File】，找到原输出文件并打开该文件，ChemBio3D 将从该输出文件中提取数据，并显示到输出窗口中。

（3）直接用文本方式打开 Gaussian 输出文件（*.out）查看。这种方式适用于有经验的 Gaussian 用户。在输出文件中保存了 Gaussian 计算过程中的所有数据，包括迭代过程的过程数据，是了解计算结果最为直接的方式。

第 5 章 Gaussian的使用

1998 年度诺贝尔化学奖授予了两位成就卓著的量子化学家——美国加利福尼亚大学的沃尔特·库恩（Walter Kohn）和美国西北大学的约翰·波普尔（John A. Pople），以奖励沃尔特·库恩在密度泛函理论和约翰·波普尔在量子化学计算方法方面的巨大贡献。由此可见，随着计算机科学的飞速发展，量子化学计算已逐步成为与实验技术相得益彰的重要研究手段。

沃尔特·库恩指出，知道分布在空间任意一点上的平均电子数已经足够了，没有必要考虑每一个单电子的运动行为。这一思想产生了一种十分简便的计算方法——密度泛函理论（Density Functional Methods，DFM）。方法上的简化使得对大分子系统的研究成为可能，酶反应机制的理论计算就是其中典型的实例。如今，密度泛函方法已经成为量子化学中应用最广泛的计算方法之一。

约翰·波普尔在薛定谔的量子力学基本方法之上，进一步发展了多种量子化学计算方法，使得在理论上研究分子的性质及其在化学反应中的行为成为可能。应用波普尔方法，把分子或化学反应的特征输入计算机，得到的输出结果就是该分子的性质或该化学反应可能发生的具体过程。

波普尔通过其设计的 Gaussian 程序，使他的计算方法和技术被越来越多的人所采用。该程序的第一版本 Gaussian70 于 1970 年完成。此后，他和他的合作者相继推出了从 Gaussian70 到 Gaussian98，再到 Gaussian03 等十多个版本，并逐步完善成为程序库系列，当前最新版本为 Gaussian03. E. 01。Gaussian 程序库已成为当今世界在大学、研究所及商业公司中工作的众多化学及相关领域研究人员的重要研究工具。

5.1 Gaussian 概述

Gaussian 作为功能强大的量子化学综合软件包，其执行程序可在不同型号的大中小型计算机和个人计算机上运行，并有应用于不同操作系统和机型（包括多处理器）的多个版本。在执行分子计算作业时，这些不同版本所使用的输入文件核心部分的格式，包括作业控制所用的关键词、可选项代号都是一样的。

PC 机硬件技术的飞速发展和操作系统的不断改进，使得大多数量化计算工作可以方便地在个人计算机上进行，而且其计算速度和计算容量与大型机的差距也在不断缩小。Gaussian03 for Windows（以下简称“G03W”）可方便地与 Windows 平台上具有分子构建和图像显示功能的 GaussView、ChemOffice、HyperChem 等软件结合使用，从而使得输入文件的编辑和计算结果的分析处理变得十分方便。

Gaussian 是计算化学领域进行半经验计算和从头计算中使用最广泛的量子化学软件。Gaussian 可用于研究分子能量和结构、过渡态的能量和结构、化学键和反应能量、分子轨道、偶极矩和多极矩、原子电荷和电势、振动频率、红外和拉曼光谱、NMR、极化率和超极化率、热力学性质和反应路径等，是研究取代效应、反应机理、势能面和激发态能量的有力工具。

G03W 程序设计时考虑到使用者的需要，所有的标准输入采用自由格式和助记代号，程序自动提供输入数据的合理默认选项，计算结果的输出中含有许多批注和说明。程序另外提供许多选项指令，让有经验的使用者更改默认的选项，使用户可以把精力集中于化学问题、方法的应用和开发新方法上，而不是机械地放在执行计算上。

G03W 提供了强大的在线帮助。G03W 的计算功能多，作业控制的关键词多，计算选项多，因此习惯使用“在线帮助”是学会使用 G03W 的先决条件。本章仅对入门者初步了解 G03W 起引导作用，进一步的深入研究还得查阅《用户手册》或在线帮助。

5.1.1　软、硬件要求

硬件环境要求：推荐用 Pentium Ⅳ/1.6 G 或更高档的计算机。为保证高的计算速度和大分子计算的容量，对内存、硬盘的要求较高，尤其是二级缓存越大越好。根据系统不同，Gaussian 目录下可执行文件需要 150 ～ 750 MB 的磁盘空间。专门用于量化计算的计算机，建议内存在 512 MB 以上，硬盘 10 GB 以上。这样可以保证较大的分子或使用高级大基组的计算作业能正常进行。当然，如果一个作业通过使用 Link 0 命令% Mem，或者在 Default. Route 文件使用 – M – 命令占用更多的内存，将会需要更多的交换空间。

在许多场合下加大内存容量比提高机器的主频更为重要。因 PC 机一般只配置 IDE 硬盘，I/O 速度较慢，当计算作业需频繁执行硬盘读写时，CPU 芯片的效率不能正常发挥，为提高计算速度，最好将内存提高到 2 GB 以上。在这样的配置下，一般的 SCF – HF 和反应途径计算均可采用 In Core 模式运行，全部的数据交换都将在内存中进行，不必使用硬盘，计算效率可与工作站相当。

软件方面可选择 Windows 平台或 Linux 平台，最好能同时安装图形处理能力较强的 ChemOffice、GaussView 等软件配合使用。

5.1.2　硬盘分区方案

建议最好不要将 G03W 安装在系统盘，而是与 ChemOffice、HyperChem、GaussView 等辅助软件安装到一个共同的专门硬盘分区。这种分区方案有几个好处：

(1) 在重装系统后，不至于丢失这些软件目录下积累的重要计算输入文件、检查点文件和结果文件。

(2) G03W 并不是真正的图形界面软件，在运行时不需要通过 *. dll 文件与 Windows 系统进行动态链接，其初始化文件(G03W. ini)也不写入 Windows 系统内，在系统重新安装后，仍可通过点击安装目录下的 G03W. exe 正常运行 G03W，而不需重新安装。

5.1.3 安装软件

G03W 的安装过程比较简单:启动安装程序 Setup. exe,按照屏幕提示输入软件的序列号,并设定程序根目录的路径(建议安装在“D:\G03W”或“E:\G03W”下),按提示操作完成安装。G03W(E.01 版)安装后在 G03W 根目录下包含 103 个 EXE 文件和 7 个子目录。其主程序名为 G03W. EXE,可将其发送到 Windows 桌面上创建快捷方式,出现执行程序图标。安装过程中,会提示 Scratch 目录的安装位置,直接选其默认值即可。

5.1.4 指定 Scratch 文件目录

Gaussian 在计算过程中使用数个 Scratch 文件。它们包括:

①检查点文件(Name. chk);

②读写文件(Name. rwf);

③双电子积分文件(Name. int);

④双电子积分的导数文件(Name. d2e)。

默认情况下,这些文件由 Gaussian 处理进程自动命名,并存储于环境变量指定的 Scratch 目录中。如果没有设置环境变量,则路径默认为 Gaussian 计算的当前工作目录,这些文件在计算结束后会自动删除。某些计算中可能希望保存 Checkpoint 文件或其他 Scratch 文件,用于以后的 Gaussian 计算作业,或用于可视化程序显示结果,或从某个计算的中间结果继续执行某些计算。此时,可在 Gaussian 输入文件的开始处,使用“% Chk”命令对 Checkpoint 文件直接命名。例如:

% Chk = Water

该命令应位于执行路径前,表示给检查点的名称为“Water. chk”,该文件名将替代系统产生的文件名称,计算作业结束后,将以该文件名的形式,在当前默认 Scratch 目录中保存检查点文件,也可以指定到其他目录下,如“% Chk = Chem\Scratch2\Water”。

采用这种方法也可保存其他的 Scratch 文件,例如:

% RWF = Water　读写文件

% Int = Water　双电子积分文件

% D2E = Water　双电子积分的导数文件

通常,读写文件是最大的,若需要保存,应注意检查磁盘空间是否足够。在磁盘空间不够大的时候,可跨磁盘分割 Scratch 文件,比如写为:

% RWF = Loc1, Size1, Loc2, Size2, Loc3, Size3, …

其中的每个 Loc 是目录位置或文件路径名,每一个 Size 是该目录中文件片段的最大尺寸,Gaussian 将在指定的目录 Loc 下自动产生唯一的文件名。

默认情况下,未命名的 Scratch 文件在 Gaussian 计算结束后将被删除,命名的则被保存。使用“% NoSave”命令可以改变这一默认约定。当在输入文件中包含这一命令时,表示出现在输入文件% NoSave 以前的已命名 Scratch 文件(包括所有未命名的 Scratch 文件)将在计算后被删除。但是如果命名文件的“%”命令出现在“% NoSave”命令之后,文件将被保存。例如:

% RWF = /Chem/Scratch2/Water

% NoSave　　到这里为止，以前的文件都不保存

% Chk = Water　　NoSave命令以后产生的文件都将保存

上面的命令定义了检查点文件名、读写文件名和目录位置，Gaussian任务结束后只保存检查点文件，不保存读写文件，即使前面已经命名过。

5.1.5　设置内存和硬盘空间

在G03W上运行的每个作业均可在输入文件的路径部分（Route Section，即带#号的行），通过关键词规定作业运行时可占用的最大内存和硬盘空间。但如每次启动作业都这样做则比较麻烦，用户可以在“\G03W\”（程序的安装目录）下创建一个名为Default. rou的文件，对上述两项的默认值进行设定。

在“\G03W\”下有3个名为Default. r1、Default. r2、Default. r3的文件，它们可作为创建Default. rou文件的模板。其内容相同，均为Text格式，可用Windows下的记事本（Notepad）打开、浏览和编辑。

G03W中定制内存和硬盘空间的单位可采用KB、MB、GB、KW、MW或GW（采用任一种单位，程序均能正确识别）。其中，W表示1个“双精度字”，1W = 8B。例如：

-M-　2MW　　表示最大内存占用为16 MB

-#-　MaxDisk = 400MB　　表示最大硬盘占用为400 MB

实际计算中，所需内存的大小与作业类型和使用基组的大小有关，通常有如下关系：所需总内存 = $M + 2N^2$。其中，M是与作业类型（如SCF能量、SCF频率）有关的最小值，N为计算中使用的基组的数量。例如，32位系统中，包括g函数的300个基函数HF几何优化需要内存约42 MB。设定的内存应小于计算机的总内存扣除系统运行必需的内存占用后的可用余额，最大磁盘空间应小于G03W所在驱动器上剩余可用空间。原始的Default. r1上给出的定制适用于内存32 MB、小硬盘的计算机，其计算容量有限，用户应根据计算机的实际配置进行修改。例如，在计算机CPU为四核、内存为1 GB、剩余硬盘空间约为10 GB时，可将该设置修改为：

-M-　64MW

-#-　MaxDisk = 10GB

-P-　4

然后，将文件Default. r1另存为Scratch\Default. rou。设置的大小应考虑经常运行的作业的实际需要，并非越大越好。用户可以将Default. r1、Default. r2、Default. r3三个文件，修改为大小不同的定制文件备用。也可以在输入文件中使用“% Mem”命令控制Gaussian使用的动态内存总量，默认使用6 MW，可以通过n个双精度位改变该默认设置。例如，下面的命令设置使用64 MB内存：

% Mem = 8MW（或% Mem = 64MB）

5.1.6　Gaussian03的链接

Gaussian计算实际上是对一系列模块执行文件（*. exe）的调用。表5-1列出了G03W部分链接程序（Link）及其主要功能。

表 5－1 部分链接程序及其主要功能

链接	功 能	链接	功 能
L0	初始化程序，控制占位	L508	二次收敛 SCF 程序
L1	处理路径，创建执行链接列表	L601	布居数及相关分析(包括多极矩)
L101	读取标题和分子说明部分	L602	单电子特性(势、场和场梯度)
L102	FP 优化	L604	求解 MO，或一个网格点的密度
L103	Berny 优化到最小值和 TS 过渡态	L607	进行 NBO(自然键轨道)分析
L105	MS 优化	L608	非迭代 DFT 能量
L106	力常数或偶极矩的数值微分	L609	分子中的原子特性
L107	线性同步过渡的过渡态寻找	L701	单电子积分一阶或二阶导数
L108	势能曲面扫描	L702	双电子积分一阶或二阶导数(sp)
L109	Newton-Raphson 优化	L703	双电子积分一阶或二阶导数(spdf)
L110	能量的二阶数值微分产生频率	L716	处理优化和频率的信息
L111	能量二阶数值微分，计算极化率	L801	双电子积分变换的初始化
L113	使用解析梯度进行 EF 优化	L802	进行积分变换
L114	EF 数值优化(仅使用能量)	L901	反对称化双电子积分
L115	使用内反应坐标追踪反应路径	L902	确定 HF 波函波的稳定性
L116	数值的自洽反应场(SCRF)	L905	复合的 MP2
L121	ADMP 计算	L908	OVGF (闭壳层)
L202	定位坐标检查变量，计算对称性	L909	OVGF (开壳层)
L301	产生基组信息	L1002	迭代求解 CPHF 方程，计算特性
L302	计算重叠积分，动能和势能积分	L1101	计算单电子积分导数
L401	形成初始 MO 猜测	L1110	双 e 积分导数对 Fock 矩阵的贡献
L402	进行半经验和分子力学计算	L1111	2 PDM 和后 SCF 导数
L502	迭代求解 SCF 方程	L1112	MP2 二阶导数
L503	直接最小化迭代求解 SCF 方程	L9999	完成计算和输出

计算时程序是按路径执行的，并非每次计算都要调用以上所有的程序，而是根据不同的计算路径，调用不同执行文件。例如，计算时由标准计算路径“# RHF/STO－3G”产生以下非标准计算执行路径，也可在 DOS 提示符下使用“testrt. exe # RHF/STO－3G”，产生该非标准计算执行路径。

非标准计算执行路径

```
1/38=1/1;
2/17=6,18=5,40=1/2;
3/6=3,11=1,16=1,25=1,30=1/1,2,3;
4/7=1/1;
5/5=2,32=1,38=5/2;
6/7=2,8=2,9=2,10=2,28=1/1;
99/5=1,9=1/99;
```

程序执行的顺序

L1	读入和分析路径部分
L202	定位坐标，计算对称性
L301,L302,L303	设置基组，计算重叠积分等
L401	产生初始分子轨道
L502	迭代求解SCF方程
L601	执行Mulliken布居分析
L9999	保存数据到文件，终止程序

5.2 启动 Gaussian 程序

5.2.1 启动程序

点击 G03W. exe 图标，屏幕上显示 G03W 的主窗口，如图 5-1 所示。

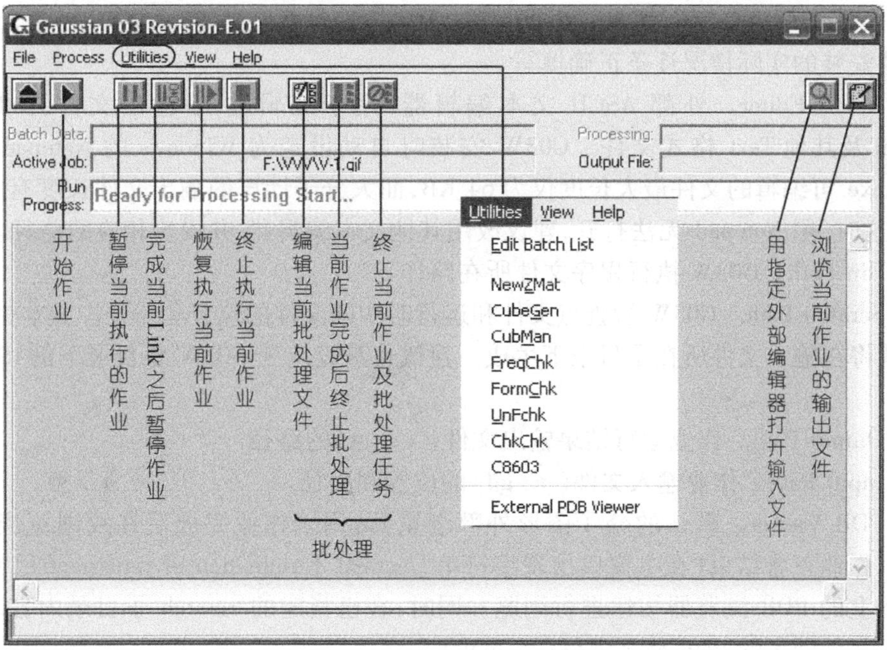

图 5-1 G03W 的主窗口

G03W 工具条上各按钮的功能及控制图标如下：

—开始当前作业　　—暂停当前作业

—完成当前 Link 后暂停　　—继续进行暂停的计算

—停止计算　　—编辑或创建批处理文件

—当前作业完成后结束批处理　　—立即终止当前的作业和批处理

—用编辑器打开输入文件　　—打开外部编辑器

在启动程序打开主窗口后，并非所有按钮都可用。若没载入作业，则是不可用的；只有作业在运行过程中，才是可用的。只有作业执行的当前状态允许启动的那些功能，相应的按钮才可用。此外，G03W 提供了计算作业进行批处理的功能，可以在用户离开计算机后自动执行事先指定的若干个作业。

5.2.2 工作环境初始化设置

G03W 安装后首次启动时需进行工作环境初始化设置，规定主程序、检查点文件、输入/

输出文件等默认子目录和路径，其内容记录在G03W根目录下的初始化文件G03W. ini上。用户可以在启动G03W前用Notepad（记事本）对该文件直接编辑修改，也可点击【File】→【Preference】选项在程序界面上进行设定。点击【Preference】选项后将弹出如图5－2所示的Gaussian Preferences对话框（图中给出了填写的实例），用户应根据计算机及软件安装的实际情况逐条正确填写。

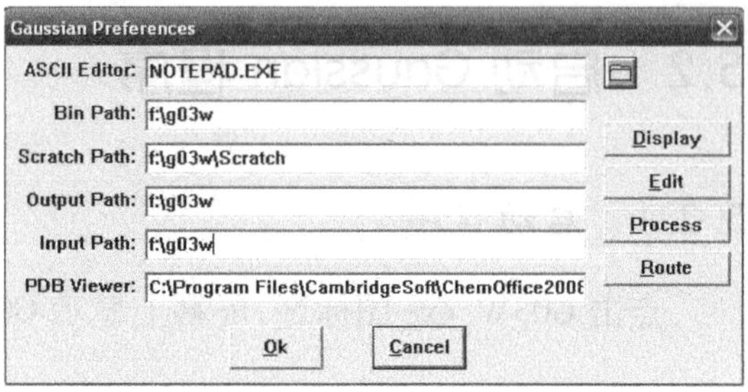

图5－2　Gaussian Preferences对话框

（1）ASCII Editor。外部ASCII文本编辑器，用于编辑输入/输出文件、Default. rou、G03W. ini及其他Text格式文件。G03W安装时自动设定为Windows的Notepad. exe。因Notepad. exe可编辑的文件最大长度仅为64 KB，而大分子计算的输出文件长度有时达到几百KB。这时，用Notepad无法打开，建议改用其他文本编辑器，并设定相应的路径。

（2）Bin Path。G03W执行程序文件所在路径。

（3）Scratch Path。G03W检查点文件和运行时中间文件的位置和路径。如本栏空白，则这些文件将在输入文件所在子目录下生成。建议将其设定于G03W根目录下的\Scratch子目录。

（4）Output Path。作业运行结果输出文件（＊. out）的路径。

（5）Input Path。作业输入文件（＊. gjf）的位置和路径。

（6）PDB Viewer。默认的分子图形外部浏览器，用于作业完成后在线浏览当前分子。当G03W作业正常结束（在主窗口出现字符串“Normal Termination of Gaussian03”）后，可点击工具条上的PDB浏览器按钮进行浏览。同时，在已指定的Scratch子目录内自动生成一个与输入文件同名的PDB格式文件（＊. pdb）。

能识别和打开PDB格式文件的Windows应用软件有Chemoffice中的ChemBio3D、HyperChem和AlChemy 2000等软件。本书推荐使用ChemOffice2008中的ChemBio3D。因为：①ChemBio3D提供的分子几何结构分析综合功能最好；②ChemBio3D的分子图形是矢量格式的，图形粘入Word或PowerPoint后便于再编辑加工，粘入矢量图形后所增加的文件长度比点位图要小得多且打印效果美观，更适于用作正式论文的插图。如果购买了GaussView 4.0，建议使用GaussView 4.0作为G03W的输入/输出分析软件。

5.3　创建Gaussian输入文件

Gaussian作业输入文件名的后缀为“. gjf”，该输入文件可通过以下几种方式创建。

（1）使用G03W编辑创建输入文件。

（2）使用ChemBio3D创建G03W输入文件。

（3）使用GaussView创建输入文件。

（4）使用ASCII文本编辑器创建输入文件。

无论用哪种方式创建的输入文件，通常都由六个部分组成（表5－2）。

表5-2　Gaussian 输入文件的主要组成部分

序号	输入文件部分	用　途	段后是否空行
1	Link 0（命令行% Section）	定位和命名检查点文件(Check Point File)及其他临时文件的名称及位置。可包含多个输入行，每行的行首均用%号开始	否
2	Route Section（计算执行路径行）	制定计算类型(需要以#开头)，指定计算方法、基组以及所需计算项目。可包含多个输入行，每行的行首均用#号开始	是
3	Title Section（标题行）	计算的简要说明，作业内容与目的简要描述，便于输出文件的阅读。可包含多个输入行	是
4	Charge & Multip（电荷与自旋态）	给定电荷与自旋态，定义分子体系所带净电荷数(正负整数)及自旋多重度(正整数)	否
5	Molecule Specification（分子说明部分）	定义分子的坐标等性质，给定分子中各原子的坐标，笛卡儿坐标或分子内坐标均可，程序能自动识别。可包含多个输入行	是
6	（可选的附加部分）	通常用于特殊作业类型的输入	是

下面以 H_2O 分子在"RHF/STO-3G"水平上的单点能计算为例，说明各输入段的内容与格式。输入文件命名为"H2O-3G. gjf"(文本文件格式)，其基本结构由几个不同部分组成(图5-3)。

```
%Chk=H2O-3G                 检查点文件命令为 "H2O-3G.chk"
# RHF/STO-3G                指定理论模型（计算方法/基组）

Water Energy                作业的题目

0  1                        中性分子电荷为0，自旋多重度为1
O  0.      0.      0.  ┐
H  0.784  -0.554   0.  ├ 原子笛卡儿坐标的X、Y、Z分量
H -0.784  -0.554   0.  ┘
```

图5-3　输入文件各组成部分示例

在元素符号后加上原子的序列编号，也可用原子序数代替元素符号(图5-4)。

```
%Chk=H2O-3G
# RHF/STO-3G

Water Energy

0  1
O1  0.      0.      0.
H2  0.784  -0.554   0.
H3 -0.784  -0.554   0.
```

```
%Chk=H2O-3G
# RHF/STO-3G

Water Energy

0  1
16  0.      0.      0.
1   0.784  -0.554   0.
1  -0.784  -0.554   0.
```

图5-4　输入文件中说明部分的两种形式

5.3.1 使用 G03W 创建

在 G03W 下拉菜单中，点击【File】→【New】，弹出如图 5 - 5 所示的输入文件编辑对话框。在该对话框中直接输入相关内容，程序会在每一输入部分的最后按照需要自动添加空行，因此不需要手工输入终端的空行。输入完毕，点击保存按钮，弹出另存为对话框，指定文件存放路径和文件名，将其保存为“H2O - 3G. GJF”文件。点击，返回到主窗口，准备运行计算作业。若直接点击 Run 按钮，则开始执行计算作业。

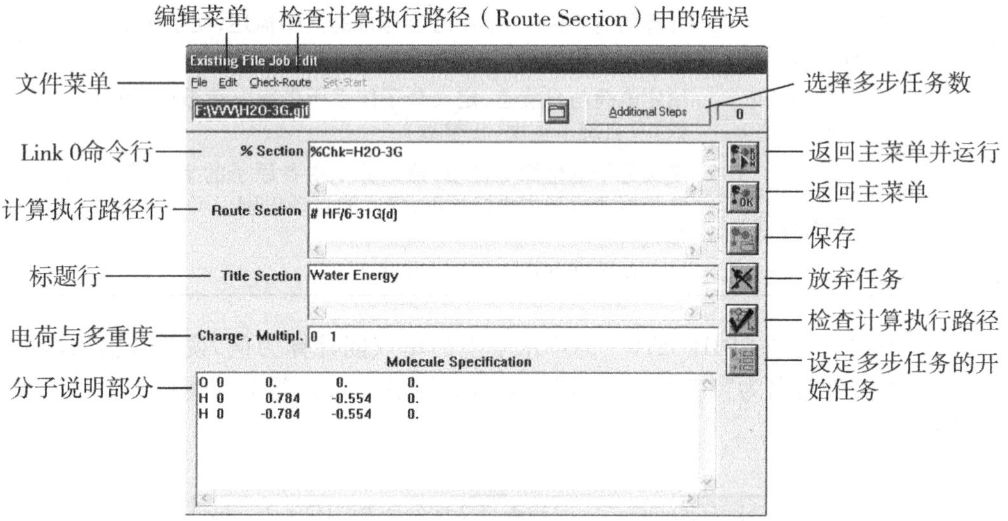

图 5 - 5 G03W 输入文件编辑对话框

1. Link 0 命令行

在 Link 0 命令行部分键入由用户命名的检查点文件（此处为 H2O - 3G. chk，键入时后缀 chk 可省略）。大多数 G03W 作业只需要第 2 ～第 5 部分）。% Section 部分在计算时该部分并非必需的，但却是十分重要的，常用于设置检查点文件。建议每次计算都填上要保存的检查点文件名，这是因为：检查点文件是使用 Gaussian 系列软件的一个重要技巧，它能在程序运行时随时记录作业的当前信息，包括原子坐标等。在作业结束时，程序用计算结果信息对检查点文件进行最后一次更新。建立并命名检查点文件有三个重要理由：

（1）运行大分子几何优化等大作业时，如意外原因（如停电、死机等）导致作业不正常中断，其后可从最接近中断点前最后一次记录处重新启动作业，不致前功尽弃。

（2）对正常结束的作业，主要的计算结果，如优化后的分子几何参数，电子光谱、IR 和 Raman 光谱的频率和强度等，都可随时从保存的检查点文件中精确提取，并利用主窗口【Utilities】中选项的功能转换为其他软件可读的格式，以便进行图形显示和分析；也可被 HyperChem 等软件直接读出并将其图形显示出来。

（3）对同一分子进行新的项目或更高精度的计算时，分子的几何参数可以直接从检查点文件中精确读入。如果在输入文件中将“% Section”段空白，则程序启动后将自动建立一个临时的检查点文件，一旦作业正常结束即自动将其清除，再也找不到运行过程中的相关信息。

计算过程中生成的检查点文件通常保存在“\G03W\Scratch”目录下，但鉴于大分子作业的检查点文件可能很大，为节省硬盘空间，用户应经常整理“\G03W\Scratch”，将需要的检查点文件备份，把不需要的删除。

2. 计算执行路径

计算执行路径部分主要包括计算的任务类型、计算的方法、使用的基组等内容，计算的所有关键字和选项都是在这里指定的。如图 5-5 所示计算执行路径为“HF/6-31G(d)”，则表示计算采用 HF 方法，6-31G 基组加上 d 极化函数。这部分是进行分子模拟量化计算的关键部分，本节稍后将作专门讨论。

3. 标题

标题部分在输入中是必需的，但并不被 G03W 程序解释。它将在输出文件中出现，用于识别和描述计算任务，输入时最好包括化合物名称、对称性、电子态以及其他有关信息。这一部分只要用户本人明白是做什么性质的计算就行了，尽量简洁，清楚明了。图 5-5 所示标题部分为“Water Energy”，只有一行，表示做 H_2O 分子的单点能计算。标题部分不能超过五行，并且必须以一个空行作为结束。在使用一般基组或 ReadWindow 关键字的计算中，由于输出文件不包含这些选项的原始输入数据，因此建议标题部分包含基组等信息。

4. 电荷与自旋多重度

严格意义上讲，这部分属于分子说明部分的第一行，用于指定分子的净电荷（一个有正负符号的整数）和自旋多重度（一个正整数）。对于中性分子的单重态，应当输入“0 1”。对于阴离子自由基，使用“-1 2”。图 5-5 所示例子中，电荷为 0（表明 H_2O 为中性分子），自旋多重度为 1（表明 H_2O 中没有单电子存在）。分子的自旋多重度 $S=2s+1$，s 为自旋量子数，与单电子数有关，每个成单电子 $s=1/2$。

5. 分子说明

分子说明部分主要用于定义分子中各原子的坐标，这里可以使用笛卡儿坐标，也可使用分子内坐标（或称 Z-矩阵），图 5-6 中分别使用了这两种坐标表示乙烷分子。在分子内原子的定位中，更为方便的是使用分子内坐标的形式。

C1	-0.7615	0.0000	0.0000
C2	0.7615	0.0000	0.0000
H3	-1.1422	1.0459	-0.0000
H4	-1.1422	-0.5242	0.9050
H5	-1.1422	-0.5242	-0.9050
H6	1.1422	-1.0459	0.0000
H7	1.1422	0.5242	0.9050
H8	1.1422	0.5242	-0.9050

(a)笛卡儿坐标

C1						
C2	C1	1.5230				
H3	C1	1.1130	C2	110.0		
H4	C1	1.1130	C2	110.0	H3	109.0
H5	C1	1.1130	C2	110.0	H3	109.0
H6	C2	1.1130	C1	110.0	H3	180.0
H7	C2	1.1130	C1	110.0	H6	109.0
H8	C2	1.1130	C1	110.0	H6	109.0

(b)分子内坐标（Z-矩阵）

图 5-6　交错式乙烷分子的两种坐标形式

6. 使用分子内坐标

在分子内坐标的定义中，是使用原子间的相对位置来定义原子坐标的，通常使用[元素符号+原子编号 n]、一个键长、两个键角（或一个键角加一个二面角）等信息来定位原子。

其中,元素符号是原子的化学符号,原子编号 n 是分子中原子的排列序数,如 C1,C2,H3 等。使用分子内坐标表示分子内原子坐标位置的基本格式是:

元素符号[n],原子 1,键长,原子 2,键角,原子 3,键角(或二面角)

原子 1、原子 2 和原子 3 是最先确定的三个原子,通常前三个原子称为“参考原子”。“原子 1”为起始原子。“原子 2”只需要一个与“原子 1”的键长数据就可确定其位置。“原子 3”需一个与“原子 2”的键长和“原子 1 —原子 2 —原子 3”的键角数据确定。当前原子的位置则需要三组数据(键长、键角、键角或二面角)来确定。

图 5 - 7 所示为交叉式乙烷分子的几何构型与 Z - 矩阵。其中,H4 原子的位置是用一个键长和两个键角确定的:

键长(H4—C1 = 1. 113),键角(H4—C1—H3 = 110. 0),键角(H4—C1—C2 = 110. 0)

H6 原子的位置是用一个键长、一个键角和一个二面角确定的(因为定义 H6 时,H7、H8 还没有确定,只有一个 H6 — C2 — C1 键角可用,故需用一个二面角来确定其位置):

键长(H6—C2 = 1. 113),键角(H6—C2—C1 = 110. 0),二面角(H6—C2—C1—C3 = 180. 0)

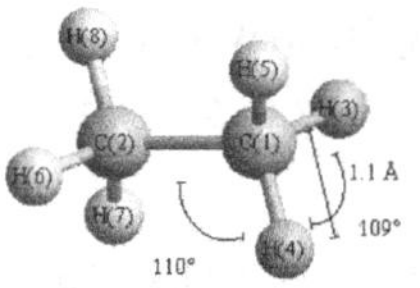

(a)交叉式乙烷分子

```
C1
C2  C1  1.5230
H3  C1  1.1130  C2  110.0
H4  C1  1.1130  C2  110.0  H3  109.0
H5  C1  1.1130  C2  110.0  H3  109.0
H6  C2  1.1130  C1  110.0  H3  180.0
H7  C2  1.1130  C1  110.0  H6  109.0
H8  C2  1.1130  C1  110.0  H6  109.0
```

(b)Z-矩阵

```
C1
C2  C1  R1
H3  C1  R2  C2  A1
H4  C1  R2  C2  A1  H3  A2
H5  C1  R2  C2  A1  H3  A2
H6  C2  R2  C1  A1  H3  180.0
H7  C2  R2  C1  A1  H6  A2
H8  C2  R2  C1  A1  H6  A2
  Variables:
R1 = 1.5230
R2 = 1.1130
A1 = 110.0000
A2 = 109.0000
```

(c)带变量的Z-矩阵

图 5 - 7　交叉式乙烷分子构型与 Z - 矩阵

在 Z - 矩阵中,键长和键角还可由变量代替,变量值在最后一个原子说明之后给出,在变量和原子位置之间换行分开,如图 5 - 7c 所示。读者可对照立体结构图中的原子编号,核对每个原子的内坐标参量是否正确。这对熟悉、理解和进一步运用分子内坐标表示非常有帮助。

对称性对分子结构的限制可以从内坐标表现出来。C—H 的键长都用相同的变量定义,C—C 键长和 C—C—H 键角的设定情况与此类似,在这种情况下,变量指明了需要优化的项。与直角坐标相比,用内坐标来编辑分子的几何特性参数要容易和方便得多。

7. G03W 的输入语法

Gaussian 输入遵循下面的语法规则。

(1)输入采用自由格式,且与大小写无关。

(2)空格、逗号、斜杠(/)都可作为不同项间的分隔符,多个空格作一个分隔符处理。

(3)注释行以感叹号(!)开始,可以出现在一行中的任何位置,整行也可作为注释行。

(4)关键字的选项可以用以下任何一种格式指定:

keyword = 选项,keyword(选项),keyword =(选项 1, 选项 2,…),keyword(选项 1, 选项 2,…)

多个选项放在括号中,并用分隔符分开(习惯用逗号)。括号前的等号可忽略,等号前后也可以随意加空格,在选项名后面还可以接等号,如 CBSExtrap(NMin =6)。

(5) 所有关键字和选项都可使用能相互区分的缩写形式。如 SCF 关键字的 Conventional 选项可以缩写成“Conven”,但不能写成“Conv”(因为还存在 Convergence 选项)。无论 Conventional 和 Convergence 是否同时出现,对任何给定的关键字都要保证是有效选项。

8. G03W 的任务类型

在输入文件计算路径部分,通常要定义“方法”、“基组”和“任务类型”三个关键部分。其中,“任务类型”可用表 5 -3、表 5 -4 所示关键字指定,若没指定,默认计算类型通常是单点能计算(SP)。

表 5 -3　G03W 的任务类型

关键字	任务类型	关键字	任务类型
SP	单点能	ADMP 和 BOMD	直接动力学轨迹计算
Opt	几何优化	Force	计算核力
Freq	频率与热化学分析	Stable	测试波函稳定性
IRC	反应路径跟踪	Volume	计算分子体积
IRCMax	沿反应路径寻找最大能量	Density = Check	只重新计算布居分析
Scan	势能曲面扫描	Guess = Only	只打印初始轨道猜测
Polar	极化率和超极化率	ReArchive	只从检查点文件提取存档项

表 5 -4　某些计算量与关键字

常用计算量	关键字
原子电荷,偶(多)极矩,极化率,超极化率	Pop, Freq Polar
电子亲和能和电离势	OVGF
电子密度,超精细耦合常数	Cube = Density ,Prop
静电势,导出电荷,分子轨道	Cube = Potential, Prop,Pop = Regular
高精度能量	CBS - QB3, G2, G3, W1U
NMR 化学位移,NMR 自旋 - 自旋耦合常数	NMR,NMR = SpinSpin
旋光性	Polar = OptRot CPHF = RdFreq
IR 和 Raman 光谱,振 - 转耦合	Freq ,Freq = VibRot
紫外/可见光谱	CIS, Zindo, TD
电子圆二色性,振动圆二色性	TD,Freq = VCD

9. 计算方法

每一个 Gaussian 任务必须指定计算方法和基组。Gaussian 的计算模型是用方法和基组一起定义的,即定义其计算的理论级别。一般是在输入文件的计算执行路径部分,使用两个独立的关键字来指定方法和基组,其中有些方法的关键字已经暗含了基组的选择。

在多数情况下,只能指定一种方法关键字,一种以上的关键字将产生不可预测的结果。

如果没有指定方法关键字，则默认使用 HF 方法。大多数方法关键字前可加“R”，用于闭壳层限制性波函数的计算，加“U”用于非限制性开壳层波函数的计算，或者加“RO”用于限制性开壳层波函数的计算，例如 ROHF、UMP2 或 RQCISD。

指定方法与基组的形式为“方法 2/基组 2//方法 1/基组 1”，例如计算执行路径：

QCISD/6 - 31G(d)//HF/6 - 31G(d) Test

表示用 HF/6 - 31G(d)进行几何优化，之后用 QCISD/ 6 - 31G(d)进行单点能计算，若没有指定任务类型，则默认作单点能(SP)计算。又如：

RMP3/6 - 31G(d,p) Opt = (CalcFC,TS) Test

表示用闭壳层 MP3 方法，在 6 - 31G(d,d)级别上，计算力常数并优化到过渡态。

表 5 - 5 列出了 Gaussian 使用的部分任务类型与计算方法关键字。

表 5 - 5 部分任务类型与计算方法关键字

计算方法	单点能及势能扫描 SP, Scan	几何优化核力计算 Opt, Force	频率计算 Freq	反应路径跟踪 IRC	波函数稳定性 Stable
MM(分子力学方法)	√	√	√		
AM1, PM3 等	√	√	数值	√	
HF(自洽场方法)	√	√	√	√	√
DFT(密度泛函方法)	√	√	√	√	√
CASSCF(完全活性空间多组态)	√	√	√	√	
MP2(Moller-Plesset 二次项)	√	√	√	√	
MP3, MP4(SDQ)	√	√		√	
MP4(SDTQ), MP5	√				
QCISD, CCD, CCSD	√	√		√	
QCISD(T)或(TQ)	√				
BD(双激发 Brueckner 计算)	√				
OVGF(电子亲和能和电离能)	√				
CBS, Gn, W1 方法	√				
CIS(单激发方法计算激发态)	√	√	√	√	
TD(激发态能量计算)	√				
ZINDO(激发态能量计算)	√				
GVB(完全成对广义价键理论)	√	√		√	

(1)半经验方法。半经验方法采用了来自实验的一些参数，从而简化了对薛定谔方程的处理，可节省大量机时，因而相对便宜些，可应用于非常大的体系。最有名的半经验方法是 AM1、PM3 和 MNDO。Gaussian 包括了这些方法，在 AMPAC、MOPAC、HyperChem 和 Spartan 中也有这些方法。这些方法用于非常大的系统，可以先采用半经验方法，然后再进行 HF 或 DFT 方法的优化。实际上，对于一些简单有机分子，半经验方法也可以得到很好的计算结果。

半经验方法也有很多不足，如不能处理氢键和过渡态等体系。半经验方法计算得到的结果精度依赖于是否有良好的参数体系，特别是键角的误差较大，AM1 方法的键长也有较大误差，HF方法得到的结果与MP2方法很相近。

(2)电子相关和后SCF方法。考虑电子相关的理论有很多种，一般这些方法被称为后SCF方法，因为都是在Hartree-Fock方法上增加了电子相关的因素实现的。在Gaussian中，这些方法有Moller-Plesset微扰方法(从二级到五级的关键词是MP2、MP3、MP4、MP5)，所提供的优化方法有MP2、MP3、MP4(不包括MP4SDQ)等。Hartree-Fock方法对于稳定的分子和一些过渡金属的处理能够得到很好的结果，是一个很好的基本理论方法。

HF方法可以解决很多问题，但是HF方法也有缺陷。HF方法在理论上没有考虑电子相关，因而电子相关对能量的贡献就没有考虑。在一些电子相关很重要的体系中，HF方法的缺点就显现出来了，尤其是在一些特殊体系的应用上就显得不足。

(3)MPn方法。在密度泛函方法得到广泛应用之前，MP2方法是考虑电子相关的最便宜方法，它可以成功应用于很多领域，一般都能得到精确的结果，是理论化学中非常有力的工具。当然，MP2也有不能应用的地方，体系越特殊，所需要的计算理论级别就越高，在MP2不能得到好的结果的时候，就可以使用高等级的MP方法。在实践上，只有MP4得到比较广泛的应用。MP3对于MP2处理不好的体系一般得不到好的结果。基于与MP3同样的原因，MP5也很少被使用。虽然MP4比MP2昂贵很多，但其在MP2所不能解决的问题方面，能得到很精确的结果。

(4)密度泛函方法。最近十几年，密度泛函(Density Functional Theory, DFT)方法得到了广泛的应用。好的DFT方法可以得到比HF方法精确的解，却只使用中等程度的计算量。DFT方法通过泛函来计算电子相关，将电子能量分为几个部分：动能、电子与核相互作用、库仑排斥以及其余部分的交换或相关项。最后一部分又根据密度泛函方法分解为交换和相关项。目前已有大量的泛函，一般根据其处理相关和交换项的方法分为局域交换和相关项。Slater和Xalpha是著名的局域交换泛函方法，VWN方法是广泛应用的局域泛函方法。

梯度修正泛函(Gradient-Corrected Functionals)包含了电子自旋密度及其梯度，其中的一些泛函也称为非局域泛函。最普遍应用的梯度修正交换泛函是1988年Becke提出的泛函，最广泛应用的梯度修正相关泛函是Lee、Yang、Parr提出的LYP泛函，这两个方法的结合，就是Gaussian中的BLYP方法。Perdew也提出了重要的泛函，如Perdew86和Perdew-Wang91混合泛函。混合泛函将交换泛函定义为Hartree-Fock，用局域和梯度修正交换项的线性组合，这样得到的泛函就是局域和非局域泛函的组合。Gaussian提供的最有名方法是B3LYP和B3PW91。

10. 基组的概念

基组是对体系轨道的数学描述，对应于体系的波函。将其代入到薛定谔方程中，就可解出体系的本征值(也就是能量)。根据体系的不同，需要选择不同的基组，构成基组的函数越多，所作的近似和限制就越少，对轨道描述也就越准确，所求的解也就越准确，当然计算量也就越大。基组可分为三类：斯莱特型基组、高斯型基组和压缩高斯型基组。

(1)斯莱特型基组。斯莱特型基组就是原子轨道基组，基组由体系中各个原子中的原子轨道波函数组成。斯莱特型基组是最原始的基组，函数形式有明确的物理意义，但是这一类型的函数，数学性质并不好，在计算多中心双电子积分时，计算量很大，因而随着量子化学理论的发展，斯莱特型基组很快就被淘汰了。

(2)高斯型基组。高斯型基组用高斯型函数替代原来的斯莱特函数。高斯型函数在计算中有良好的性质，可以将三中心和四中心的双电子积分轻易转化为二中心的双电子积分，因而可以在相当程度上简化计算，但是直接使用高斯型函数构成基组会使得计算精度下降。

(3)压缩高斯型基组。压缩高斯型基组是用压缩高斯型函数构成的基组，基组给分子内每一个原子分配一套基函数用于模拟分子的轨道，而这些基函数是由高斯函数线性组合成的，这样的基函数被称为压缩函数，构成这些压缩函数的高斯函数被称为初始函数。由于使用了多个高斯型函数进行线性组合，这样获得的基组一方面可以较好地模拟原子轨道波函数的形态，另一方面可以利用高斯型函数在数学上的良好性质，简化计算。

压缩高斯型基组是目前应用最多的基组，根据所研究体系的不同性质，选择不同形式的压缩高斯型基组进行计算。量化计算中的标准基组都是用高斯函数的线性耦合来构造轨道的。高斯程序提供了许多已定义好的基组(如 3－21G 等)，这些基组可通过它们所包含的基函数目和基函类型来进一步分类。

(1)最小基组。最小基组又叫“STO－3G”基组，STO 是斯莱特(Slater-Type Orbitals)型原子轨道的缩写，3G 表示每个斯莱特型原子轨道是由三个高斯型函数线性组合获得的。STO－3G 基组用三个高斯型函数的线性组合来描述一个原子轨道，对原子轨道列出 HF 方程进行自洽场计算，以获得高斯型函数的指数和组合系数。STO－3G 基组规模小，计算精度相对较差，但是计算量最小，适合较大分子体系的计算。最小基组是指基组中仅包含描述每一个原子必需的、不可再少的基函的基组，如“H ：1s，C：1s，2s，$2p_x$，$2p_y$，$2p_z$”。

(2)劈裂价键基组。基组规模越大，量化计算的精度就越高，当基组规模趋于无限大时，量化计算的结果也就逼近真实值。为了提高量子化学计算精度，需要加大基组规模，即增加基组中基函数的数量。增大基组规模的一个方法是劈裂原子轨道，即使用多于一个基函数来表示一个原子轨道。劈裂价键基组就是应用上述方法构造的较大型基组。所谓劈裂价键，就是将价层电子的原子轨道用两个或两个以上基函数来表示。

常见的劈裂价键基组有 3－21G、4－21G、4－31G、6－31G、6－311G 等。在这些表示中，第一个数字表示构成内层电子原子轨道的高斯型函数数目，“－”以后的数字表示构成价层电子原子轨道的高斯型函数数目。如 6－31G 所代表的基组，每个内层电子轨道是由 6 个高斯型函数线性组合而成，每个价层电子轨道则会被劈裂成两个基函数，分别由 3 个和 1 个高斯型函数线性组合而成。劈裂价键基组能够比 STO－3G 基组更好地描述体系波函数，同时计算量也比最小基组有显著的增加，因而需要根据不同研究体系选择相应基组进行计算。

增大基组的方法就是增加每个原子的基函数目，如“H：1s，1s′”、“C：1s，2s，2s′，$2p_x$，$2p_y$，$2p_z$，$2p_x'$，$2p_y'$，$2p_z'$”。二重劈裂价键基组中，每个原子轨道用两个函数线性耦合成分子轨道。类似的，三重劈裂价键基组就是指用三个函数描述价轨道，如 6－311G，“311”就是指三个函数。

(3)极化基组。劈裂价键基组对于电子云的变形等性质不能较好地描述，为了解决这一问题，方便强共轭体系的计算，在劈裂价键基组的基础上引入新的极化函数，构成极化基组。极化函数可以通过给轨道添加角动量来改变轨道的形状(或者说更准确地描述分子的轨道，因为有些分子有很强的共轭体系，对这样体系的描述加极化函数是非常有必要的)。极化基组添加 d 函数给 C，添加 f 函数给过渡金属，添加 p 函数给 H。

常用的极化基组 6－31G(d)表明在 6－31G 劈裂价键基组的基础上给重原子(如 CNS 等)添加 d 函数。又如极化基组 6－31G(d，p)，表明对重原子(如 C，N，S 等)添加 d 函数，对 H 原子添加 p 函数。C 的价层轨道是 2s、2p，与 d 函数无关，为什么要给 C 原子添加 d 函数？这是因为所有的轨道对某一个轨道都有贡献，在计算过程中为了减少计算量，将贡献小的拿掉，采取近似处理。而在计算资源允许的情况下，我们可以使用能更好描述轨道的基函数，所以可以考虑极化函数，就是极化基组。

(4)弥散函数。弥散基组是对劈裂价键基组的另一种扩大。所谓弥散基组，就是在劈裂价键基组的基础上添加弥散函数的基组，这样的基组可以用于非键相互作用体系的计算。d 函数有卡文迪许型(有 6 种类型)和纯的 d 函数(有 5 种类型)，这就是我们在输出文件中常看到的"5d"和"6d"的由来。同理，f 函数也有"7f"和"10f"两种类型。弥散函数是 s 和 p 型函数的扩大，允许轨道占据更大的空间，对于弱相互作用体系(如吸附，氢键等)、有孤对电子体系、负离子体系、共轭体系和激发态体系，如不用弥散函数分子结构就不能得到很好的描述。6-31G+(d)基组是在 6-31G(d)基础上对重原子添加弥散函数，6-31G++(d)则是在 6-31G+(d)的基础上对 H 也添加弥散函数。不过根据计算的结果，H 上是否添加弥散函数对计算精度的影响不大。Gaussian 自带的实例 e5_01. gjf 中，分别用 6-31G(d)、6-31G+(d)、6-311++G(3df,2pd)、6-31+G(d)等几种基组进行计算，目的是比较弥散函数对计算精度的影响，读者可比较其键长和键角的变化。

(5)高角动量基组。高角动量基组是对极化基组的进一步扩大，它在极化基组的基础上进一步添加高能级原子轨道所对应的基函数，这一基组通常用于在电子相关方法中描述电子间相互作用，即在极化基组的基础上给原子又添加多个极化函数。如 6-31G+(2d)，就是给重原子(非 H 的非金属元素)添加两个 d 函数；6-31G++(2df,3pd)表示在重原子和 H 原子上添加弥散函数，在重原子上添加 2 个 d 函数和 1 个 f 函数，在氢上添加 3 个 p 函数和 1 个 d 函数。这种基组常用在电子相关方法中描述电子间相互作用。元素周期表中默认是从我们常用的第二周期开始的。Gaussian 自带的实例 e5_02. gjf 比较了极化函数对体系键长的影响。常用基组如表 5-6 所示。

表 5-6 常用基组

基组	应用原子	说明
STO-3G	[H～Xe]	最小的基组，适用于较大的体系
3-21G	[H～Xe]	
6-31G(d)(6-31G*)	[H～Cl]	在重原子上增加极化函数，用于大多数情况下计算
6-31G(d,p)(6-31G**)	[H～Cl]	在氢原子上增加极化函数，用于精确能量计算
6-31+G(d)	[H～Cl]	增加弥散函数，适用于孤对电子、阴离子和激发态
6-31+G(d,p)	[H～Cl]	在 H 上增加 p 函数，6-31G(d,p)基础上增加弥散函数
6-311+G(d,p)	[H～Br]	三 ZETA，在6-31+G(d)基础上加额外的价函数，也可通过加上"+"来对氢原子加上弥散函数
6-311+G(2d,p)	[H～Br]	对重原子加上 2df 函数，并加上弥散函数，对氢原子加上 1p 函数
6-311+G(2df,2p)	[H～Br]	对重原子加上 2d 和 1f 函数，并加上弥散函数，对氢原子加上 2p 函数。
6-311++G(3df,2pd)	[H～Br]	对重原子加上 3d 和 1f 函数，对氢原子加上 2p 和 1d 函数，并且二者都加上弥散函数

需要注意的是，有些方法不需要输入基组，像各种半经验方法、G1、G2 等。

(6)关于基组的选择。基组的选择应根据体系中不同原子的性质及实际化学环境而定，一般可按下述规律选择。*

①对计算中所涉及的原子的基函数极化函数或弥散函数，可按该原子在元素周期表中的位置从左向右以及荷负电的程度依次增加。对以非极性或弱极性共价键键合的原子，中小基组即可，一般不用极化函数。对于强极性共价键或离子键键连原子，荷正电的可用一般基组，不用极化函数；荷负电的应用较大基组，并加极化或弥散函数。

②对生物分子或材料中常见的化合物类型，如由醇类、羧酸、水等极性溶剂形成的大团簇以及材料和生命科学中含有杂原子的有机聚集体，其 N、O、P、S 等电负性大的原子一般要用较大的基组，且加极化函数。对一般 C、H 原子中小基组即可，不需加极化函数修正。对所涉及的烷烯烃基团，可统一用中小基组，且不加极化函数。重点官能团可重点加大基组。

③对体系中仍保持金属特性的金属原子或呈现负价和低的正价态，该原子一般需加极化和弥散函数。若呈现高正价态(> +1)，一般不需极化和弥散函数修正。

④对于以分子间氢键或其他分子间弱相互作用相连接的分子，各小分子单元按上述原则外，对形成氢键或弱相互作用的活性原子，一般需要考虑极化和弥散函数修正。

此外，对于 HF，MPn，DFT 等计算，通常采用中等大小基组，可得到相当可靠的计算结果。

5.3.2 使用 ChemBio3D 创建

在编制作业输入文件中最困难和费时的工作是确定分子的几何参数。对于仅含少数几个原子的小分子，根据实验测定的几何构型或理论上的“标准几何参数”(标准键长、键角等)，借助计算器可以计算出每个原子的坐标。但对于含数十个、上百个原子的大分子，手工计算十分困难，计算机分子图形技术的进展使该项工作得以简化。Gaussian 是一个强大的命令驱动的计算化学应用程序，但它本身的图形化功能并不强，尤其是其输入/输出功能使人望而生畏。但有许多图形功能强大的应用软件可以弥补其不足，最常用的有 ChemOffice、HyperChem、Materials 以及 GaussView 等。

在 ChemOffice2008 中的 ChemBio3D 提供了十分方便而强大的 Gaussian 计算接口，从分子模型构建、几何预优化到直接建立，包括多种常用计算项目的 G03W 输入文件可一气呵成。可以很容易由 ChemBio3D 窗口中的模型数据创建 Gaussian 输入文件，甚至可以在 ChemBio3D 中直接运行 Gaussian 计算。该版本提供对 Gaussian 计算的全面支持，前提是必须在运行 ChemBio3D 前安装 Gaussian，否则其主菜单【Calculations】→【Gaussian Interface】菜单选项中为灰色(不可用)或不显示。

下面以交错式乙烷分子在 HF/6 - 31G 水平上进行几何优化计算为例，说明用 ChemBio3D 创建 G03W 输入文件的基本步骤和方法。

1. 构建交错式乙烷分子

利用第 4 章中介绍的方法很容易创建交错式乙烷分子模型。运行 ChemBio3D，在模

---

* 张瑞勤，步宇翔，李述汤，等．一种选择从头算基函数的有效方法．中国科学：B，2000，30(5)：419 - 427.

型窗口的空白区内任意位置点击，出现一文本框，在文本框内键入"C2H6"，屏幕即显示出交错式乙烷分子。有了分子模型也就是建立了分子内坐标数据，完成了输入文件中第5部分的准备。接下来可以利用ChemBio3D菜单【Calculations】中的相应选项对其余部分进行设置。

2. 设置输入文件的各选项

Gaussian输入文件中的路径部分可在Gaussian接口程序的设置对话框中，根据用户对计算任务的具体要求生成。在ChemBio3D的主菜单上，点击【Calculations】→【Gaussian Interface】→【Create Input File】(图5-8)，弹出Gaussian接口对话框(图5-9)。该接口对话框中有许多选项，它们涉及输入文件中的1～4部分的设置，如任务类型、计算方法、基组的选择等，甚至可在它提供的模板中直接编辑修改。

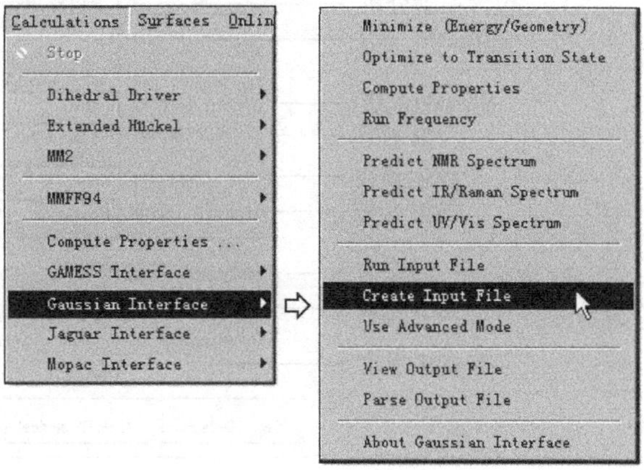

图5-8 Gaussian接口程序

(1)【General】选项卡。列出有输入文件的模板，可以直接在其中按输入文件的格式要求输入相应内容，但大多数初学者并不知道该输入些什么内容，故用得并不多。

(2)【Jobs】选项卡。内容较多，这里可以编写含有多段作业的输入文件，包括Main段、Link1、Link2等。如点击"+"号增加一个Link段，点击"-"号删除一个Link段。

(3)【Route】子选项卡。是进行设置的主要部分，按在"HF/6-31G"水平上进行几何优化计算的要求进行设置，如图5-9所示。

①Job Type。选择"Minimize (Energy/Geometry)"，不做频率分析，可不包含振动分析。

②Method。选用"HF"。

③Basis Set。基组选择"6-31G"。

④Wave Function。波函数选用"R-Closed-Shell"(闭壳层)。

⑤Polanization。不加d、p极化函数。

⑥Diffuse。不加弥散函数。

⑦Net Charge。净电荷为0，自旋多重度为1。去掉"Use Formal Charge"前的勾，可在Net Charge中选择分子的电荷数。

⑧Coord System。坐标可选择用直角坐标(Cartesian)，也可选用原子内坐标(Internal Coodination)。

⑨Move Which。可选择是对所有原子操作(All Atoms)还是针对选定原子操作(Selected Atoms)。

这些选项的设置应根据计算作业类型、分子体系的大小、计算精度的要求等多方面因素来确定。由于本例只进行几何优化而不做其他计算，故【Advanced】和【Properties】子选项卡就按默认设置，不再作其他修改。

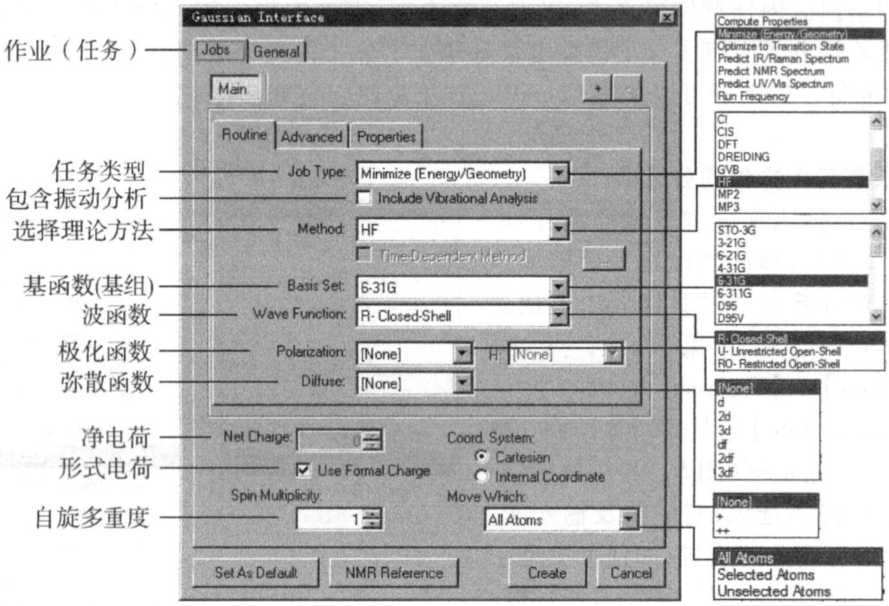

图 5－9　计算路径的设置

3. 创建输入文件

【Route】(路径)部分设置完毕后,点击【General】选项卡,出现 Input Template(输入模板)。在输入模板窗口内,给检查点文件命名为“C2H6_Opt”,并指定作业标题名为“C2H6_Opt RHF/6－31G”。点击【Create】按钮,弹出另存为对话框,选择保存文件的文件夹,并命名文件为“C2H6_Opt. gjf”(扩展名缺省为 gjf),点击【Save】(保存)按钮,完成创建输入文件。

4. 查看并修改输入文件

保存的输入文件“C2H6_Opt. gjf”可用记事本等文本编辑程序打开查看其内容和格式。如图5－10所示,该文件内容基本完整,包含了“Link 0”命令段,检查点文件命名为“C2H6_Opt. chk”,电荷为 0,自旋多重度为 1,原子位置用笛卡儿坐标描述,作业标题为“C2H6_Opt RHF/6－31G”。该输入文件也可用 G03W. exe 打开,再作进一步修改。

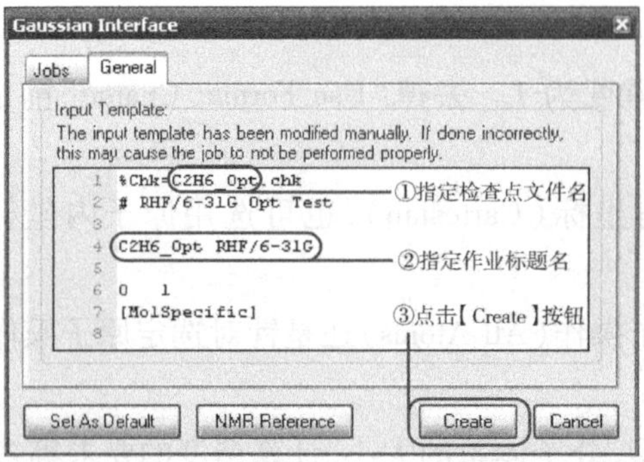


```
%Chk=C2H6_Opt.chk
# RHF/6-31G Opt Test

C2H6_Opt RHF/6-31G

0 1
C 1   -0.7615    0.0000    0.0000
C 2    0.7615    0.0000    0.0000
H 3   -1.1422    1.0459    0.0000
H 4   -1.1422   -0.5242    0.9050
H 5   -1.1422   -0.5242   -0.9050
H 6    1.1422   -1.0459    0.0000
H 7    1.1422    0.5242    0.9050
H 8    1.1422    0.5242   -0.9050
```

图 5－10　用 ChemBio3D 创建的输入文件

用 ChemBio3D 创建的输入文件最大优点是，若对象是中性分子，则文件被 G03W 读入后不经修改也可直接运行。这为不打算精通 G03W 软件而又急于运用程序进行不太复杂计算的用户提供了很大的方便。因为不必查阅手册，只要掌握基本命令和关键词通常也能达到目的。然而，根据计算作业的特殊需要，Gaussian 的许多关键词均设置多种选项（Option），ChemBio3D 尽管支持大多数选项，但并不能提供其全部功能，若有特殊需要，还需手工对输入文件进行修改。

ChemBio3D 中，创建的输入文件可采用笛卡儿坐标和分子内坐标两种形式描述分子。推荐采用 Z－矩阵这种形式，因为 Z－矩阵使输入文件的阅读、审核和修改更加方便。

5.3.3　使用 GaussView 创建

1. GaussView 的主要功能

（1）使用 GaussView 可快速创建分子模型，可对分子进行旋转、平移或缩放操作。

（2）利用 GaussView 可很容易地建立各类高斯计算的输入文件。

（3）GaussView 使用多种图形技术观察 Gaussian 计算结果。

2. 在 GaussView 中创建模型

GaussView 由多个窗体组成，常用窗体如图 5－11 所示。

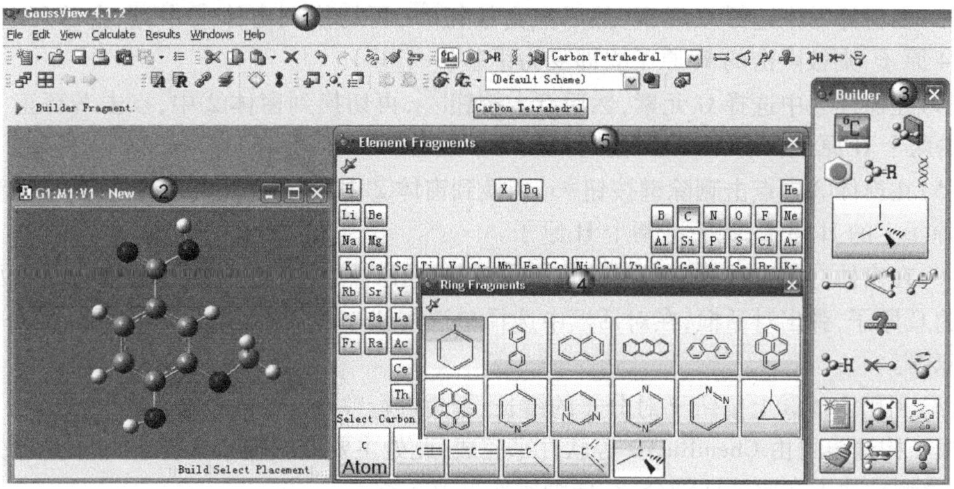

图 5－11　GaussView 的常用窗体

（1）窗体①。主窗体，所有菜单命令的快捷按钮都在该窗体上。

（2）窗体②。构建模型的工作窗体，又称视图。窗体名称由三个部分构成（分子集合/分子/视图，Group/Molecule/View），每个视图上的标题栏显示当前分子集合、分子及视图的信息。

（3）窗体③。是模型 Builder 面板窗体（在窗体①点击【View】→【Builder】时弹出窗体③）。

（4）窗体④。是环碎片工具面板，双击窗体③中的可调出该面板。

（5）窗体⑤。是元素碎片选择面板，双击窗体③中的可调出该面板。

下面以创建香草酸分子模型为例说明在 GaussView 中创建模型的一般方法(图 5-12)。

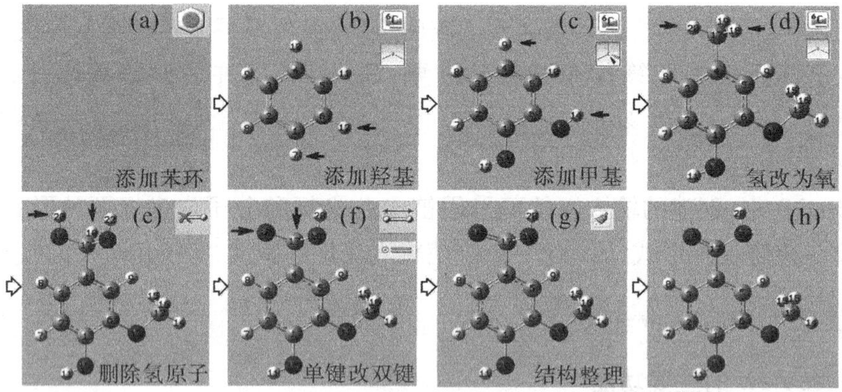

图 5-12　在 GaussView 中创建香草酸分子

(1)在窗体③中双击弹出环工具窗体④,在窗体④选择苯环后,再切换到窗体②中空白处单击,苯环分子出现在窗体②中。

(2)在窗体③中双击弹出元素选择窗体⑤,在窗体⑤中选择 O 元素,然后点击按钮,切换到窗体②,点击苯环上 H7、H12 原子,则被点击的 H 立即变为羟基(—OH)。

(3)在窗体⑤中选择 C 元素,然后点击按钮,再切换到窗体②中,点击苯环上的 H9 和 H14 原子,则被点击的 H 原子立即变为甲基(—CH3)。

(4)在窗体⑤中选择 O 元素,然后点击按钮,再切换到窗体②中,点击苯环正上方甲基上的两个 H 原子(H18、H20),使其变成两个羟基(—OH)。

(5)在窗体③中点击删除键按钮,切换到窗体②中,点击上方甲基上的 H 原子和左上方 O 原子上的 H 原子,删除这两个 H 原子。

(6)在窗体③中点击改变键型按钮,切换到窗体②中,点击左上方的 O 原子及与其相连的 C 原子,弹出对话框,在对话框中选择单选按钮,再点击【OK】按钮,将 O—C 键改为双键。

(7)利用窗体③上按钮对分子的键长、键角进行整理。

模型构建也可由 ChemBio3D 等软件来完成,此处主要介绍输入文件中 Link 0 部分的生成,故模型构建不在此处详细介绍,详细操作见第 6 章。

3. 设置 Gaussian 计算选项

在 GaussView 主窗口上,点击【Calculate】→【Gaussian Calculation Setup】,弹出计算设置对话框(图5-13),默认设置的作业类型为 Energy,各选项卡的设置如下。

(1)【Job Type】(作业类型)选项卡(图 5-14)。下拉列表中有多种作业类型用于选择。这里选择"Opt + Freq"(几何优化加频率计算),选择后弹出其他选项,各项均选择第一项的默认设置。

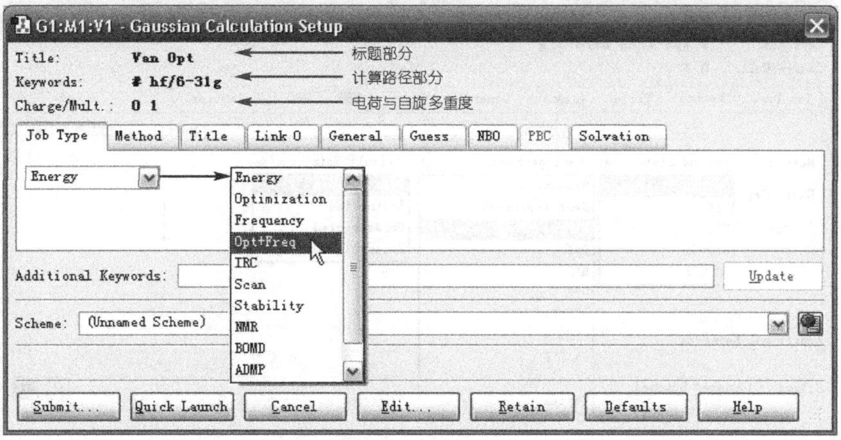

图 5-13　Gaussian Calculation Setup 对话框

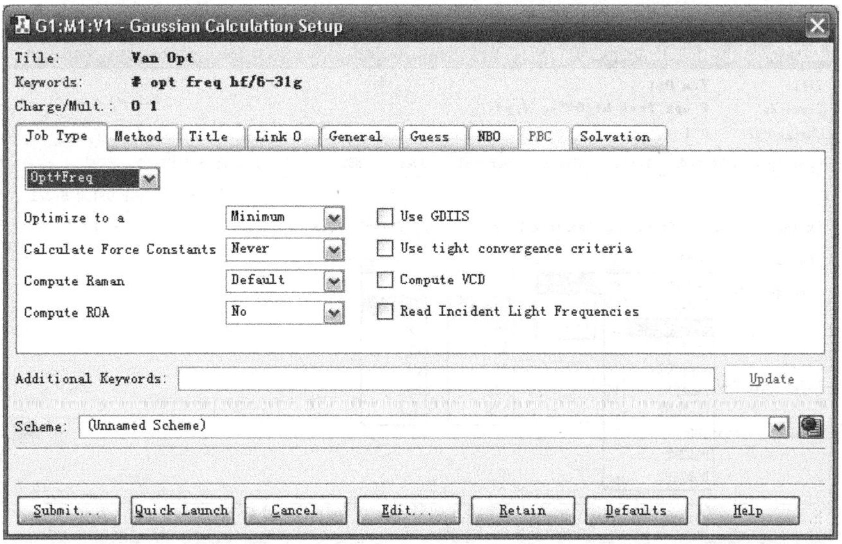

图 5-14　【Job Type】选项卡中的设置选项

(2)【Method】(方法)选项卡 。第一行 Method 中,指定用于计算的量子力学方法,默认方法是“Ground State”(图 5-15)。本例选择图中深色背景的各选项,即选择基态(Ground State)、自洽场(HF)方法、6-31G 基组加上 d、p 轨道极化函数(图5-16)。

(3)【Title】(标题)选项卡。用户在标题选项卡中输入 Gaussian 输入文件的标题说明部分,用以描述作业的主要目的和内容。本例直接在 Title 中输入“Van Opt”,该标题将会显示在设置对话框的上部。

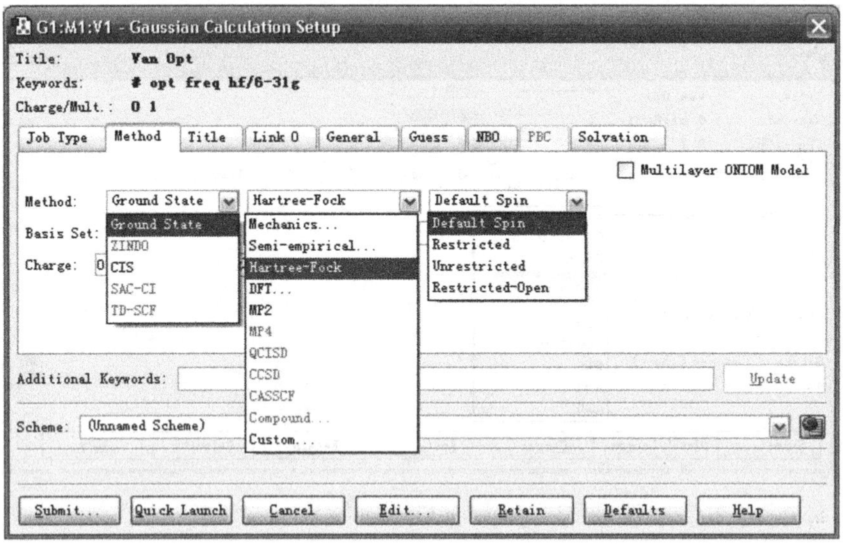

图 5-15 【Methods】选项卡中的 Method 选项

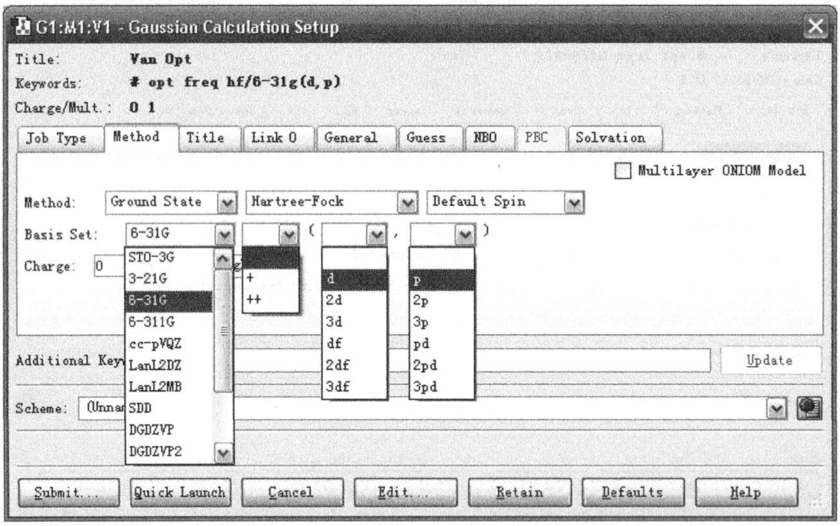

图 5-16 【Method】选项卡中的基函数设置

(4)【Link 0】选项卡 。用于输入 Link 0 命令行。在这里可指定使用的内存大小,检查点文件、读写文件的名称,处理器个数等信息,本例按图 5-17 所示进行指定。

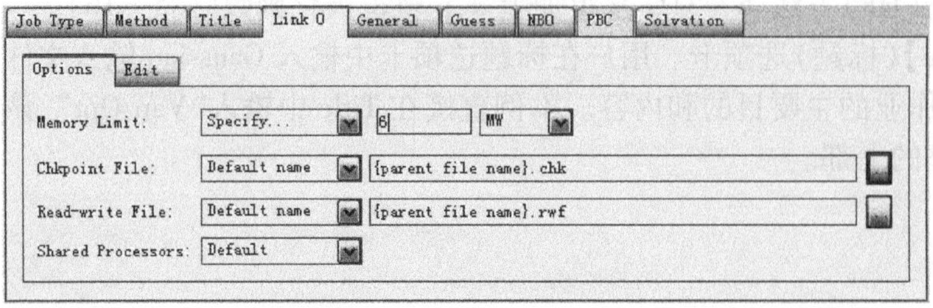

图 5-17 Link 0 各选项

其他选项卡均使用默认设置。

4. 保存并查看 Gaussian 输入文件

设置中选用的 Gaussian 关键字等项目，随时显示在设置对话框上部，所有设置完毕后，点击【Edit】按钮（图 5－16），程序提示是否保存或编辑现有输入文件（图 5－18a），点击【Save】按钮后弹出保存为对话框（图 5－18b）。在该对话框左下角，有一检查框"Write Cartesians"，勾选此选项，模型坐标将保存为笛卡儿坐标，否则将保存为分子内坐标（Z－矩阵）的形式。

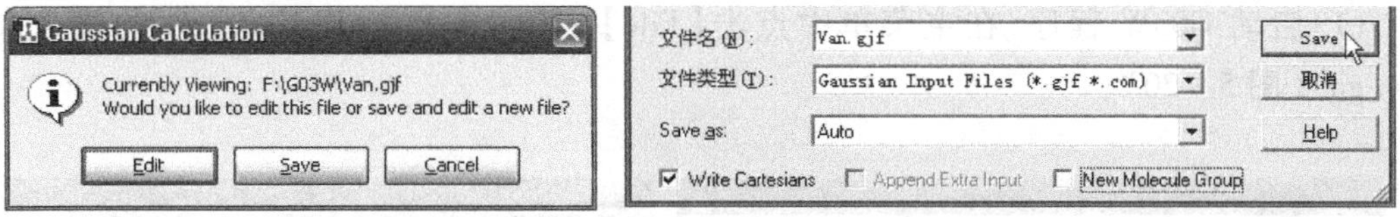

(a)　　(b)

图 5－18　保存输入文件

点击【Edit】（编辑）按钮（图 5－18a），则将使用系统默认的文本编辑器打开文件。输入文件的内容如图 5－19 所示。对初学者而言，使用 GaussView 可以很方便地生成 Gaussian 的输入文件。

笛卡儿坐标

```
%rwf=Van.rwf
%chk=F:\G03W\Van.chk
%mem=6MW
# opt freq rhf/6-31g(d,p)

Van Opt

0 1
 C        0.00000000    0.00000000    0.00000000
 C        0.00000000    0.00000000    1.39386861
 C        1.19256174    0.00000000    2.12301821
 C        2.43191220    0.01156428    1.45775732
 C        2.41854508    0.00169463    0.05585128
 C        1.22328397   -0.01022067   -0.67813662
 O        1.17024395   -0.00363832    3.48312399
 O        3.56399239    0.02617031    2.23456357
 C        1.25999773   -0.02355329   -2.16365369
 O        0.22283636   -0.01998326   -2.81707007
 C        4.82174907    0.03798190    1.60212172
 H       -0.95865612    0.01764281   -0.54209742
 H       -0.96069858   -0.00940476    1.93449871
 H        3.36597899   -0.00614534   -0.50281457
 H        2.08719648   -0.00105896    3.80411631
 H        2.24876694   -0.04668647   -2.69345062
 H        4.93925205    0.96497484    0.99753358
 H        4.95473616   -0.87904159    0.98623437
 H        5.60134944    0.03970803    2.39663480
```

分子内坐标（Z-矩阵）

```
%rwf=Van.rwf
%chk=F:\G03W\Van.chk
%mem=6MW
# opt freq rhf/6-31g(d,p)

Van Opt

0 1
 C
 C   1   1.39386861
 C   2   1.39780637   1  121.44222238
 C   3   1.40666106   2  120.33054649   1     0.54573744   0
 C   4   1.40200451   3  117.67429739   2    -0.97811215   0
 C   1   1.39871277   2  119.00127432   3     0.47870134   0
 O   3   1.36029374   2  120.50202729   1  -179.82213907   0
 O   4   1.37304291   3  117.31988822   2   179.28169344   0
 C   6   1.48603050   1  120.41997244   2   179.41760610   0
 O   9   1.22583417   6  120.79210591   1     0.31693619   0
 C   8   1.40786153   4  118.85119350   3   179.99771792   0
 H   1   1.10145469   2  119.48297870   3  -178.94566502   0
 H   2   1.10241150   1  119.36732314   6  -178.96041947   0
 H   5   1.09990909   4  119.98160500   3  -179.01775725   0
 H   7   0.97151668   3  108.35268844   2  -179.87916643   0
 H   9   1.12200021   6  119.60276109   1  -179.11697555   0
 H  11   1.11294640   8  110.20262397   4    62.61675763   0
 H  11   1.11262522   8  110.39749573   4   -61.51259116   0
 H  11   1.11311758   8  107.76255730   4  -179.50824145   0
```

图 5－19　Gaussian 输入文件的内容

5.3.4　使用文本编辑器

对有特殊计算要求的用户，尤其是高级用户，完全依靠 GaussView 来写输入文件是不够的，更多的时候还得手工编写输入文件，或对上述方法生成的输入文件进行修改，以达到自己的特殊目的。例如，添加必需的 Gaussian 关键字或删除不用的关键字，或指定检查点文件名、添加或修改冗余坐标等。

5.4 执行 Gaussian 计算作业

运行 Gaussian 作业通常有以下几种方法：①在 G03W 程序中运行 Gaussian 作业；②在 ChemBio3D 程序中运行 Gaussian 作业；③在 GaussView 程序中运行 Gaussian 作业。

5.4.1 在 G03W 中运行

（1）启动 G03W 程序，在主菜单中点击【File】→【Open】，打开 Gaussian 的输入文件（＊.gjf）（图 5－20）。

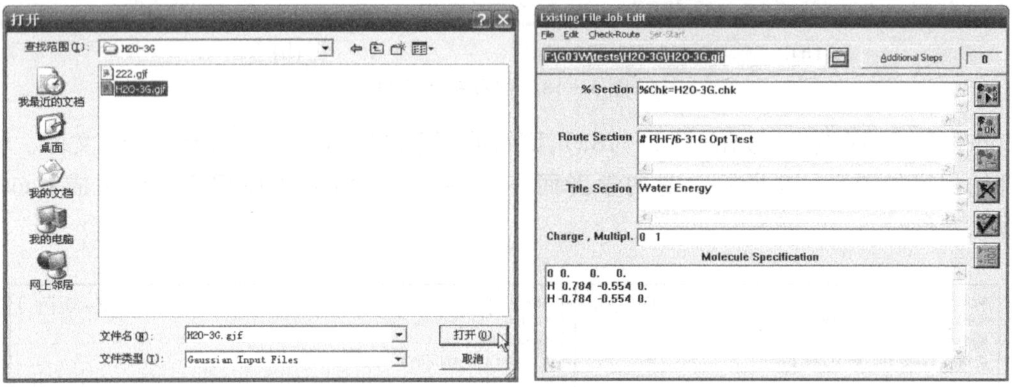

(a) (b)

图 5－20 打开 Gaussian 的输入文件

（2）点击运行按钮（图 5－20b），弹出对话框，指定输出文件（＊.out）保存的位置。

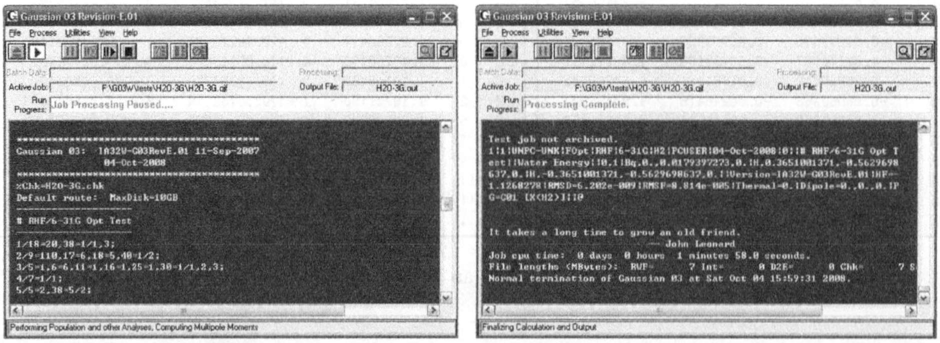

(a) (b)

图 5－21 Gaussian 运行窗口

（3）点击保存按钮，Gaussian 计算即开始运行（图 5－21a）。计算过程所需机时与作业的计算量、计算机的性能有关，用户随时可点击暂停运算作业或点击终止运算。

（4）运行过程中，在窗口状态栏中显示运行过程。计算完成后，计算结果动态显示在

G03W 的输出窗口内(图 5 - 21b)。计算完成的标志是在窗口中显示有“Normal termination of Gaussian 03 at …”,并在 Run Progress 中显示“Processing Complete”。点击右上角的按钮 [按钮图标],可使用文本方式打开计算产生的输出文件(H2O - 3G. out)。

5.4.2　在 ChemBio3D 中运行

(1)启动 ChemBio3D,在主菜单上点击【Calculations】→【Gaussian Interface】→【Run Input File】,弹出打开文件对话框,如图 5 - 22 所示。

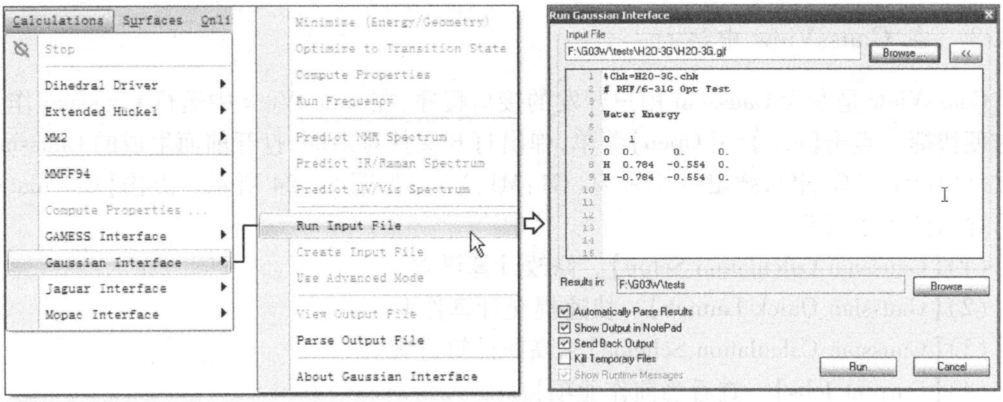

图 5 - 22　打开文件对话框

(2)在打开文件对话框中的 Input File 中选择路径及输入文件名,在 Result in 中确定结果输出位置,并勾选其他选项后,点击【Run】按钮,程序将在后台运行 Gaussian 计算作业。本对话框中其他选项说明如下:

①Automatically Parse Results。是否自动解析输出文件。

②Show Output In NotePad。是否在记事本中显示输出结果。

③Send Back Output。是否在输出窗口中显示输出结果。

④Kill Temporary File。是否删除临时文件。

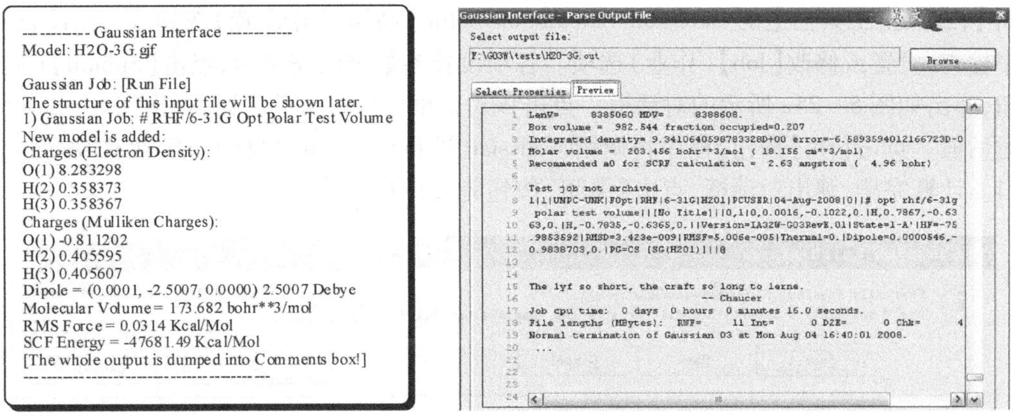

(a)　　(b)

图 5 - 23　ChemBio3D 的输出窗口

(3)计算完成后，在 ChemBio3D 的输出窗口(Output)显示计算结果(图 5－23a)，并将全部输出文件的内容保存到注释窗口中(CommentsBox 中的内容可以和模型分子数据一起保存为 *. c3xml)。

窗口底栏显示程序正在执行的计算项目，作业正常结束后，在 G03W 主窗口 Run Progress 栏将显示“Processing complete”，窗口底部状态栏显示“Finalizing Calculation and Output”，主窗口将显示“Normal termination of Gaussian 03…”(图 5－23b)。由于定义了检查点文件，系统将在“\G03W\Scratch\”下生成一个与输入文件名同名的检查点文件(“H2O－3G. chk”)，利用外部其他量化软件可提取该文件中有关分子结构的数据。

5.4.3 在 GaussView 中运行

GaussView 是专为 Gaussian 用户开发的接口程序，在 GaussView 中运行 Gaussian 作业最为方便快捷。点击【File】→【Open】菜单，弹出打开文件对话框，打开前面生成的 Gaussian 输入文件(H2O－3G. gjf)，弹出一个视窗(G1 : M1 : V1)，如图 5－24 所示。点击【Calculate】菜单可导出四个子菜单。

(1)【Gaussian Calculation Setup】。修改计算设置。

(2)【Gaussian Quick Launch】。快速提交计算作业。

(3)【Gaussian Calculation Scheme】。高斯计算方案。

(4)【Current Jobs】。查看当前作业项目。

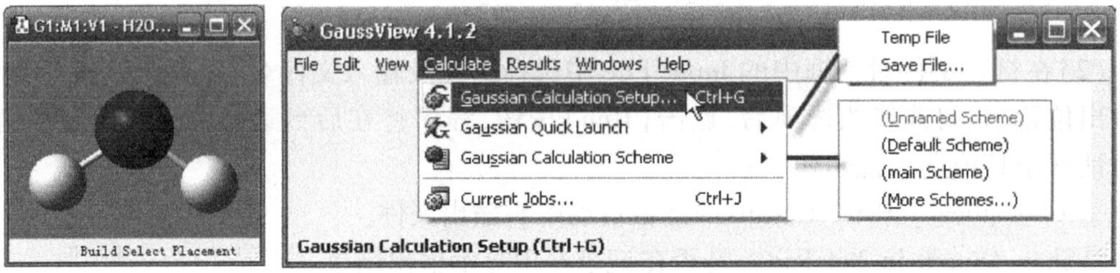

图 5－24 模型视图窗口及【Calculation】子菜单

GaussView 中运行 Gaussian 作业的方法是：点击【Calculate】→【Gaussian Calculation Setup】，或点击工具栏上的 Gaussian Calculation Setup(高斯计算设置)按钮，在设置对话框中检查、设置或修改【Job】(作业)选项。各项设置参数修改完毕后，点击【Submit】(提交)按钮，弹出如图 5－25a 所示的对话框。点击该对话框中【Submit】按钮，弹出图 5－25b 所示的对话框。点击【Ok】按钮，程序将调用 Gaussian 进行计算，窗口自动切换到 Gaussian 计算窗口。计算完毕，弹出对话框，点击“关闭”按钮完成计算。

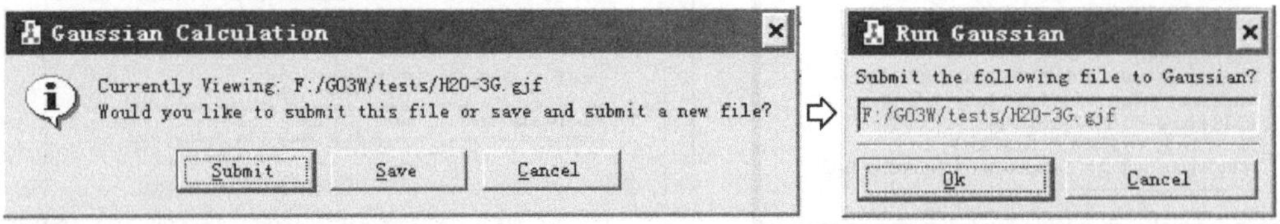

(a) (b)

图 5－25 点击【Submit】按钮提交作业后，弹出确认对话框

5.5　查看 Gaussian 计算结果

在 G03W 中,计算完成后都会生成 G03W 的输出文件(＊.out)或日志文件(＊.log)。这些文件都是文本文件,可使用任何文本编辑软件直接打开,也可使用 GaussView、HyperChem、ChemBio3D 等软件提取其中的相关数据,显示其相应的各类光谱图、电子密度图等。

5.5.1　用文本编辑器查看

在 G03W 中,点击主窗口右上角按钮,用默认的 ASCII 编辑器(本例为 Notepad)将输出文件 H2O-3G.out 载入并显示。Gaussian 输出文件中,开头一般都是些版权信息、广告和作者名,接着是 Gaussian 读入输入文件的说明,并将输入的分子坐标转换为标准内坐标(这些内容暂可不去管它,但验证分子构型是否正确就要看这里),结尾部分还有长度不等的格言或朦胧诗,正常运行结束一般都有一句“Normal termination of Gaussian 03…”。整个输出文件中只有一部分内容是有用的,为以后查阅方便和快捷,往往需对文件适当删节。

下面是经过删节后的输出文件。其中,最为有用的一些数据已加上中文旁注。

```
Entering Link 1 = F:\G03W\l1.exe PID = 1416.
B. Johnson, W. Chen, M. W. Wong, C. Gonzalez, and J. A. Pople, (作者,最后一个是波普尔)
Gaussian, Inc. , Wallingford CT, 2004.
* * * * * * * * * * * * * * * * * * * * * * * * * * * * * * * *
Gaussian 03:IA32W-G03RevE.01 11-Sep-2007      (版本信息)
          02-Aug-2008                          (运行日期)
* * * * * * * * * * * * * * * * * * * * * * * * * * * * * * * *
%Chk = H2O-3G (检查点文件名)
-----------------
# RHF/STO-3G   (计算路径)
-----------------
1/38 = 1/1;  (非标准执行路径)
2/17 = 6,18 = 5,40 = 1/2;
3/11 = 1,25 = 1,30 = 1/1,2,3;
4/7 = 1/1;
5/5 = 2,32 = 1,38 = 4/2;
6/7 = 2,8 = 2,9 = 2,10 = 2,28 = 1/1;
99/5 = 1,9 = 1/99;
-----------------
Water Energy  (计算标题名称)
-----------------
Symbolic Z-matrix:
Charge = 0 Multiplicity = 1
```

O1	0.	0.	0.
H2	0.784	-0.554	0.
H3	-0.784	-0.554	0.

Z-MATRIX (ANGSTROMS AND DEGREES)

CD	Cent	Atom	N1	Length/X	N2	Alpha/Y	N3	Beta/Z	J
1	1	O	0	0.000000		0.000000		0.000000	
2	2	H	0	0.784000		-0.554000		0.000000	
3	3	H	0	-0.784000		-0.554000		0.000000	

Z-Matrix orientation:

Center Number	Atomic Number	Atomic Type	Coordinates (Angstroms) X	Y	Z
1	8	0	0.000000	0.000000	0.000000
2	1	0	0.784000	-0.554000	0.000000
3	1	0	-0.784000	-0.554000	0.000000

Distance matrix (angstroms):

		1	2	3
1	O	0.000000		
2	H	0.959985	0.000000	
3	H	0.959985	1.568000	0.000000

（原子的核间距、键长）

Interatomic angles:

H2-O1-H3=109.5074 （键角）

Stoichiometry H2O

Framework group C2V[C2(O),SGV(H2)] （对称性）

Deg. of freedom 2

Full point group C2V NOp 4 （程序判定分子所属点群为 C2V）

Largest Abelian subgroup C2V NOp 4

Largest concise Abelian subgroup C2 NOp 2

Standard orientation:

Center Number	Atomic Number	Atomic Type	Coordinates (Angstroms) X	Y	Z
1	8	0	0.000000	0.000000	0.110800
2	1	0	0.000000	0.784000	-0.443200
3	1	0	0.000000	-0.784000	-0.443200

Standard basis: STO-3G (5D, 7F)

There are 4 symmetry adapted basis functions of A1 symmetry.

There are 0 symmetry adapted basis functions of A2 symmetry.

There are 1 symmetry adapted basis functions of B1 symmetry.

There are 2 symmetry adapted basis functions of B2 symmetry.

Crude estimate of integral set expansion from redundant integrals =1.296.

Initial guess orbital symmetries:

Occupied (A1) (A1) (B2) (A1) (B1)
Virtual (A1) (B2)
Warning! Cutoffs for single-point calculations used.
Requested convergence on RMS density matrix = 1.00D-04 within 64 cycles.
Requested convergence on MAX density matrix = 1.00D-02.
Requested convergence on energy = 5.00D-05.
Keep R1 integrals in memory in canonical form, NReq = 406345.
Convergence on energy, delta-E = 3.98D-05
SCF Done: E(RHF) = -74.9606932329 A.U. after 4 cycles （分子总能量）
Convg = 0.3693D-03 -V/T = 2.0050 （Virial 常数）
S**2 = 0.0000 （自旋污染）
****
Population analysis using the SCF density.（布居分析）
****
Orbital Symmetries:
Occupied (A1) (A1) (B2) (A1) (B1) （MO 的对称性——所属 C2v 群的不可约表示）
Virtual (A1) (B2)
The electronic state is 1-A1. （分子的基态光谱项为 1A1）
Alpha occ. eigenvalues -- -20.23481 -1.26087 -0.62416 -0.44046 -0.38710（MO 能级）
Alpha virt. eigenvalues -- 0.59289 0.75406
Condensed to atoms (all electrons):

		1	2	3
1	O	7.839428	0.266565	0.266565
2	H	0.266565	0.591542	-0.044385
3	H	0.266565	-0.044385	0.591542

Total atomic charges:

		1
1	O	-0.372558
2	H	0.186279
3	H	0.186279

（Mulliken 布居分析给出的原子净电荷）

Sum of Mulliken charges = 0.00000
Atomic charges with hydrogens summed into heavy atoms:

		1
1	O	0.000000
2	H	0.000000
3	H	0.000000

Sum of Mulliken charges = 0.00000
Electronic spatial extent (au): <R**2】→【 = 17.8523
Charge = 0.0000 electrons
Dipole moment (Debye):
X = 0.0000 Y = 0.0000 Z = -1.6887 Tot = 1.6887（永久偶极矩及其分量）
Quadrupole moment (Debye-Ang):
XX = -6.0922 YY = -4.1956 ZZ = -5.4610（四极矩）

XY = 0.0000 XZ = 0.0000 YZ = 0.0000

Octapole moment (Debye - Ang**2):

XXX = 0.0000 YYY = 0.0000 ZZZ = -0.1750 XYY = 0.0000

XXY = 0.0000 XXZ = -0.0058 XZZ = 0.0000 YZZ = 0.0000 (八极矩)

YYZ = -0.5891 XYZ = 0.0000

Hexadecapole moment (Debye - Ang**3):

XXXX = -3.2295 YYYY = -6.5600 ZZZZ = -4.7118 XXXY = 0.0000

XXXZ = 0.0000 YYYX = 0.0000 YYYZ = 0.0000 ZZZX = 0.0000 (十二极矩)

ZZZY = 0.0000 XXYY = -1.8140 XXZZ = -1.3520 YYZZ = -1.7004

XXYZ = 0.0000 YYXZ = 0.0000 ZZXY = 0.0000

N - N = 9.157240288768D +00 E - N = -1.969268663071D +02 KE = 7.458422698861D +01

Symmetry A1 KE = 6.662704811097D +01

Symmetry A2 KE = 0.000000000000D +00

Symmetry B1 KE = 5.057462452019D +00

Symmetry B2 KE = 2.899716425620D +00

1|1|UNPC - UNK|SP|RHF|STO - 3G|H2O1|PCUSER|11 - May - 2003|0||#RHF/STO - 3G||Water Energy||0,1|O,0,0.,0.,0.|H,0,0.784,-0.554,0.|H,0,-0.784,-0.554,0.||Version = x86 - Win32 - G03WRevA.9|State = 1 - A1(光谱项)|HF = -74.9606932(总能量)|RMSD = 3.693e - 004 |Dipole = 0., -0.664381,0.|PG = C02V [C2(O1),SGV(H2)]||@

(这是整个计算结果的总结,各小节之间用"|"分开,所要的内容大部分在这里)

If you give a boy and a pig everything they want, you will get a bad boy and a good pig.

(这句格言是程序从 l9999.exe 的格言库里随机产生的,用文本方式打开该文件可找到更多)

Job cpu time: 0 days 0 hours 0 minutes 8.0 seconds. (CPU 运行的时间)

File lengths (MBytes): RWF = 10 Int = 0 D2E = 0 Chk = 6 Scr = 1

Normal termination of Gaussian 03…

最后一句"Normal termination of Gaussian 03…"表示本次计算正常终止。如果没有这句话,说明在什么地方出错了,应该有相应的出错提示。根据输入文件的设置,输出文件还可能有更多的内容,上面只是最基本的。输出文件中能量是重要的,能量单位是原子单位(Hartree,1 Hartree = 627.509 5 kcal/mol =2 625.500 kJ/mol =27.211 6 eV)。

5.5.2 用 GaussView 显示分子的振动光谱和 NMR 谱

利用 GaussView 可从 Gaussian 输出文件(*.out 文件 或 *.log 文件)中提取振动频率计算的结果,显示分子的红外光谱、振动频率和 NMR 谱。

(1)运行 GaussView 程序,点击【File】→【Open】,打开输出文件"Vanillin_Freq.out"(本例打开计算香兰素分子振动频率的输出文件),则在一个新窗口中将出现该分子的模型(图 5-26a)。

(2)点击【Results】→【Vibrations】,出现 Display Vibrations 窗口(图 5-26b)。

(3)选择一个频率,点击【Start Animation】按钮,左边窗口中将显示该频率下分子的振动模式。通过调整动画中每帧的振动速率及振动幅度来改变其动画效果。如果点击【Save Movies】按钮,还可将该动画显示保存为扩展名为"gif"的动画文件,该类文件可用 Windows 中的图片浏览器观看。点击【Spectrum】按钮,显示所有 IR、Raman 等光谱图(图 5-27)。

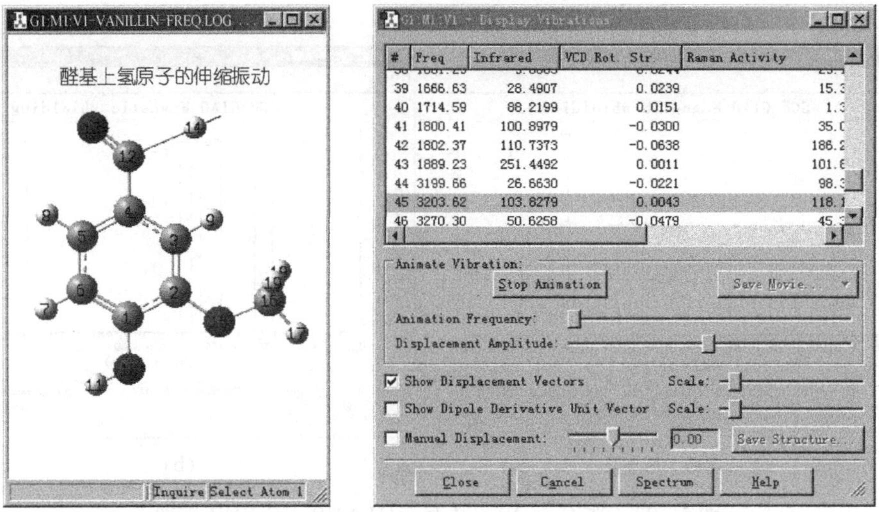

(a) (b)

图5-26 显示分子的红外光谱及振动模式

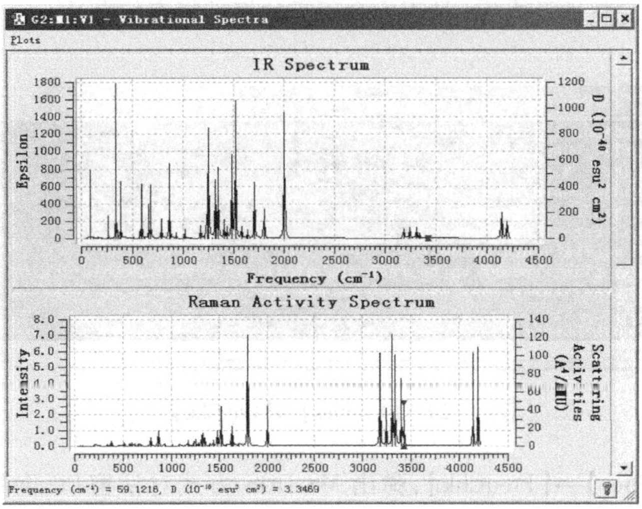

图5-27 在GaussView中显示IR、Raman光谱图

(4)假定采用"# nmr = (giao, spinspin) hf/6-31g scrf = check pop = savemixed"计算了一个香兰素分子的NMR,输出文件为"vanillin_OPT_NMR. out"。点击【Results】→【NMR】,出现标题栏为"NMR Spectra"的窗口。在Elements下拉列表中选择元素H或C,在Reference中选择"TMS HF/6-31G(d) GIAO",可得到^{1}H-NMR(图5-28a)和^{13}C-NMR(图5-28b)核磁共振谱。

5.5.3 用HyperChem进行简振模式分析

除以上可视化方法查看Gaussian计算结果外,使用HyperChem的图像功能也可以查看其计算结果。这里以Vanillin的IR光谱计算结果为例,介绍如何将数据转入HyperChem中进行振动分析。

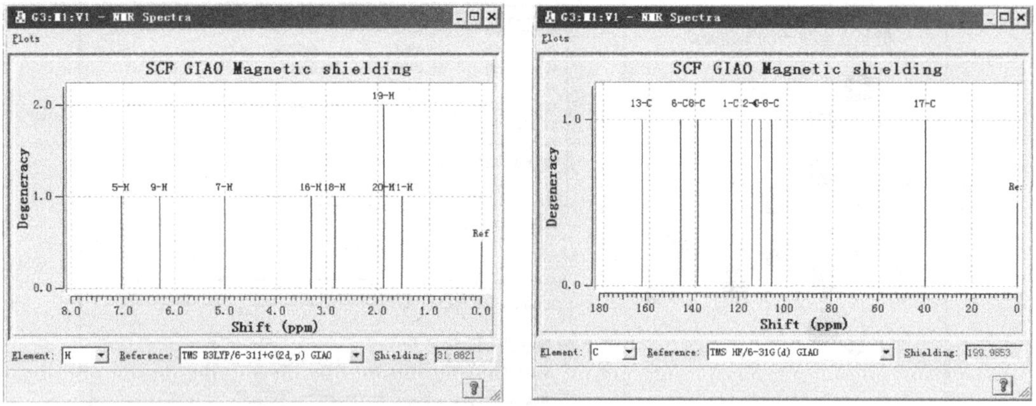

(a) (b)

图 5－28 在 GaussView 中显示[1]H-NMR、^{13}C-NMR 谱图

（1）运行 G03W，点击【Utilities】→【ChkChk】，弹出 MS DOS 方式对话窗口（图5－29），校核检查点文件的完整性及内容（是否内含所需的振动频率信息）。

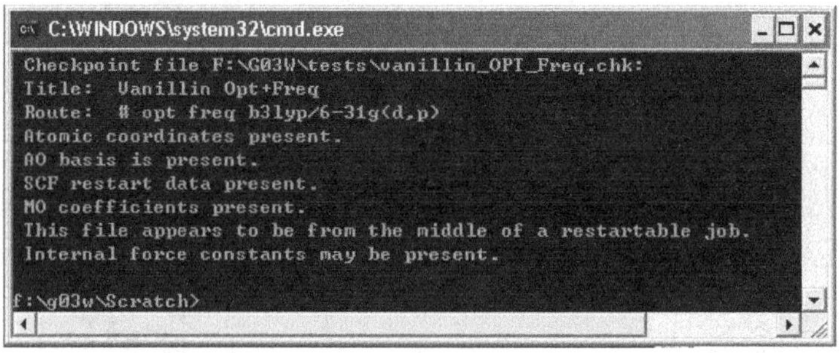

图 5－29 【Utilities】→【ChkChk】命令

（2）点击【Utilities】→【FreqChk】，弹出 MS DOS 方式对话窗口，询问“Write Hyperchem files?”（由检查点文件生成 * . ent 文件），回应“Y”并回车，继续提问“Do you want to use the principal isotope masses?”（主同位素质量?），回应“Y”并回车，如图 5－30 所示。

图 5－30 【Utilities】→【FreqChk】命令

（3）数秒后窗口内的滚动信息显示静止，在最后一行显示的子目录“…\G03W\Scratch\”下，将生成两个文件“Freqchk. ent”和“Freqchk. scr”（屏显文件）。这两个文件可被

HyperChem 直接读入。FreqChk 命令所生成的文件总是这个名称，下次启动 FreqChk 命令时，文件就被覆盖。当需要保留以备再用时，应将其拷贝到指定工作目录下并将其改名。本例中，我们将它们分别改名为"Vanillin. ent"和"Vanillin. scr"。

（4）用文本编辑器打开文件"Vanillin. scr"（文件通常很大，超过 NotePad 的容量时，可用 Windows 的写字板，但文件修改后记得将其保存为纯文本格式），将第二行原来的字符串中的旧文件名"Freqchk. ent"更改为新文件名"Vanillin. ent"，并将文件重新保存。

（5）运行 HyperChem 软件，点击【File】→【Open】，读入文件"Vanillin. ent"。点击【Display】→【Rendering】，弹出 Rendering Options 对话框（图 5－31）。

（6）在图 5－31a 所示的【Rendering Method】选项卡中点选 3D 显示模式为"Ball and Cylinders"（球棍式），再切换到【Vector and Line Options】选项卡，点选"IR Vectors"项（图 5－31b），以便在其后各简振模式的动画中能同时显示各原子往复运动方向。如需要还可切换到【Balls】和【Cylinders】选项卡调整显示时球的大小和键棍棒的粗细。

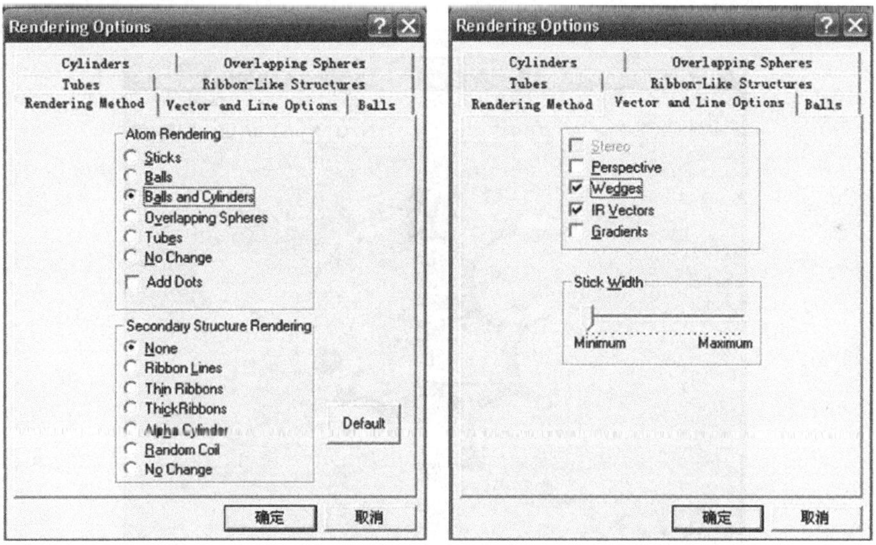

(a) (b)

图 5－31 设置 Rendering Options 选项

（7）点击菜单命令【Script】→【Open Script】，读入文件"Vanillin. scr"。此时，在 HyperChem 用户界面的中心弹出 Vibration Spectrum 子窗口，点击【OK】按钮关闭该窗口。

（8）点击菜单命令【Compute】→【Vibration Spectrum】，弹出 Vibration Spectrum 窗口（图 5－32），此时可对其各选项进行操作。窗口上方倒挂的一排等长度的绿线显示出全部简振模式的频率位置，下方显示出全部 IR 活性的频率及其相对强度。

（9）点选各 IR 活性的谱线使其呈红色，可读出其频率及强度，并对相应的简振模式作动画模拟显示并进行振动分析（图 5－33）。

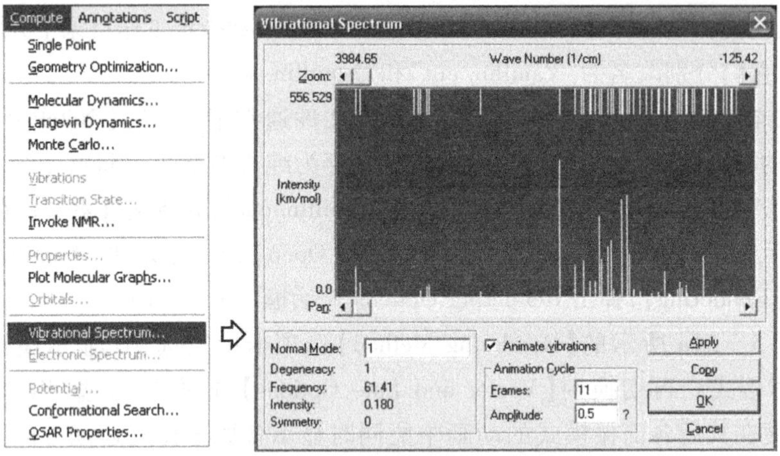

图 5 - 32　振动光谱显示窗口

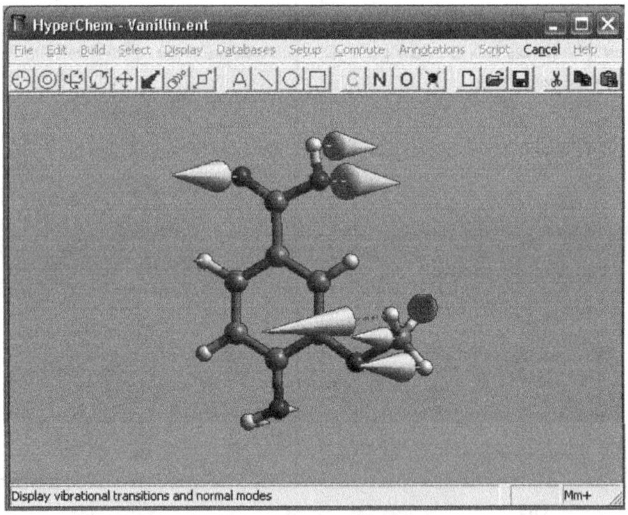

图 5 - 33　Vanillin 分子的简振动

5.5.4　用 ChemBio3D 显示计算结果

利用 ChemBio3D 可从 Gaussian 输出文件(*. out 文件 或 *. log 文件)中提取相关计算结果(如分子性质、各类光谱图、电子密度图、表面图、HOMO 及 LUMO 轨道图)并显示出来,方法如下。

(1)加载输出文件。运行 ChemBio3D,点击主菜单【Calculations】→【Gaussian Interface】→【Parse Output File】,弹出如图 5 - 34 所示窗口,点击【Browse】按钮,加载输出文件 Vanillin-Freq. out。

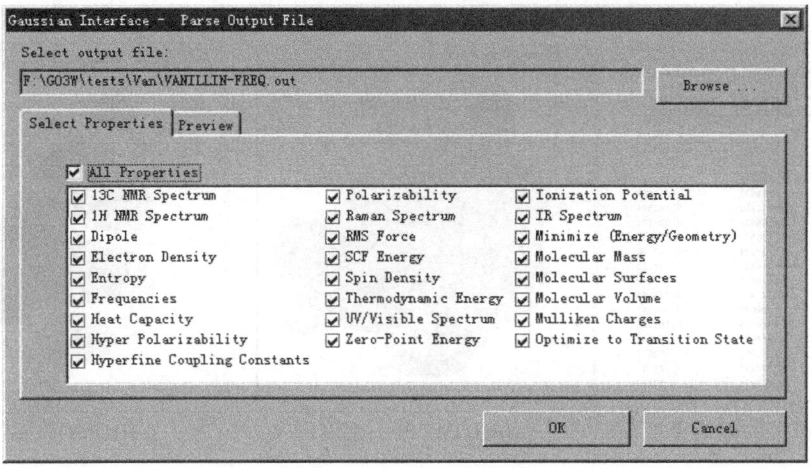

图 5－34　选择显示的性质

(2)显示分子性质及光谱图。在【Select Properties】选项卡中勾选需要显示的性质(图 5－34)。若勾选“All Properties”前的检查框,则凡是输出文件中有的性质都可以显示出来(点击【Preview】选项卡,可在窗口内在线阅读输出文件的文本信息)。勾选完毕后,点击【OK】按钮,弹出所选性质的窗口(图 5－35)。

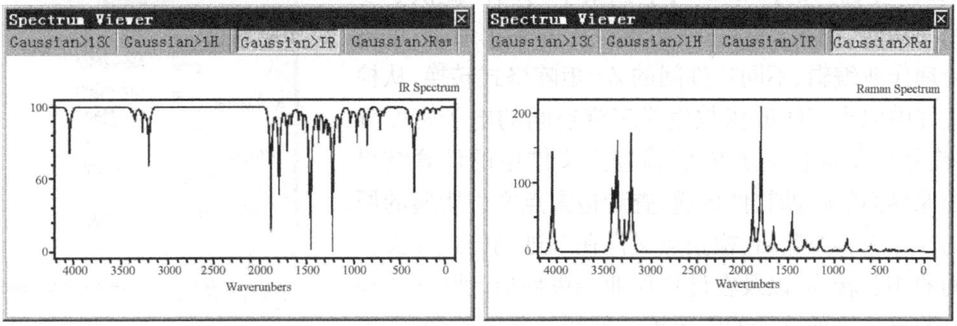

图 5－35　在 ChemBio3D 中显示 IR 和 Raman 光谱图

(3)显示电子密度图及轨道表面图。

①点击【Surfaces】→【Choose Surface】→【Total Charge Density】,选择总的电荷密度。

②点击【Surfaces】→【Display Mode】→【Translucent】,选择显示模式为半透明模式。

③点击【Surfaces】→【Color Mapping】→【Mol. Orbital】,映射分子轨道表面。

④点击【Surfaces】→【Select Molecular Orbital】→【Mol. Orbital】→【HOMO】,窗口内显示电子密度图及最高占有轨道表面图(图 5－36)。

其他各类表面图详见本书第 4 章。

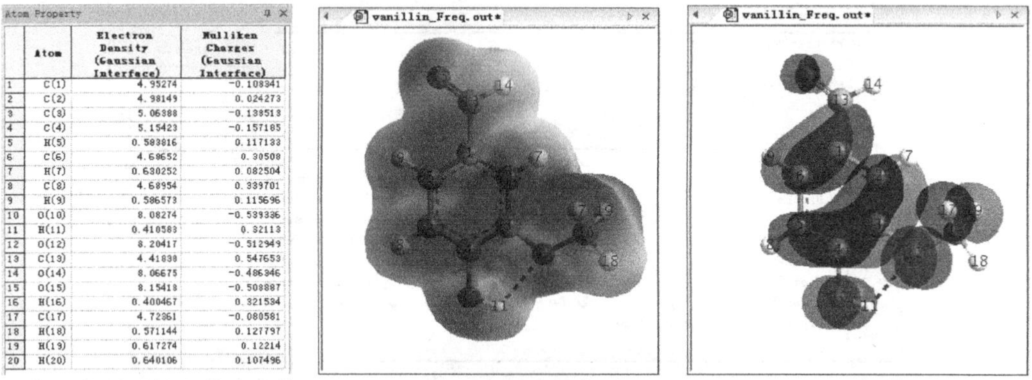

Atom Property

	Atom	Electron Density (Gaussian Interface)	Mulliken Charges (Gaussian Interface)
1	C(1)	4.95274	−0.108341
2	C(2)	4.98149	0.024273
3	C(3)	5.06388	−0.138513
4	C(4)	5.15423	−0.157185
5	H(5)	0.583816	0.117133
6	C(6)	4.68652	0.30508
7	H(7)	0.630252	0.082504
8	C(8)	4.68954	0.339701
9	H(9)	0.586573	0.115696
10	O(10)	8.08274	−0.539336
11	H(11)	0.410583	0.32113
12	O(12)	8.20417	−0.512949
13	C(13)	4.41838	0.547653
14	O(14)	8.06675	−0.486346
15	O(15)	8.15418	−0.508887
16	H(16)	0.400467	0.321534
17	C(17)	4.72361	−0.080581
18	H(18)	0.571144	0.127797
19	H(19)	0.617274	0.12214
20	H(20)	0.640106	0.107496

(a)分子中原子的电荷密度值　(b)HOMO电子密度图　(c)HOMO轨道表面图

图 5-36　电子密度及轨道表面图

5.6　运用 Gaussian 的基本技巧

5.6.1　【Utilities】菜单命令

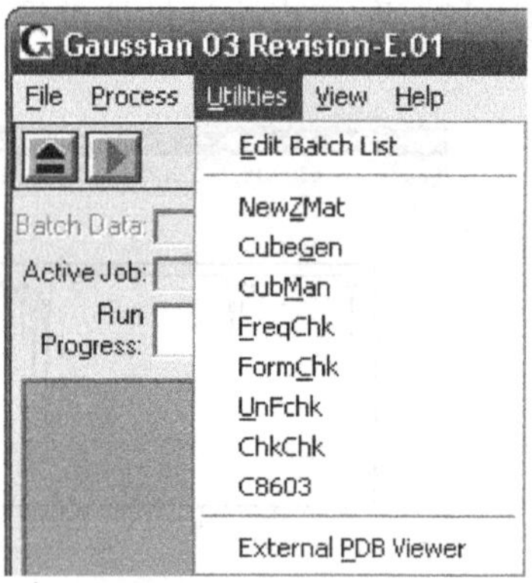

图 5-37　G03W 主窗口的【Utilities】下拉菜单

G03W 主窗口的【Utilities】下拉菜单为用户提供了多种有用的功能(图 5-37)。使用窗口上的菜单命令,可进行批处理作业编辑、不同软件间的 Z-矩阵格式转换,从检查点文件中取出 MO 波函数生成三维空间的电子密度分布,自旋分布和静电势分布,将检查点文件中的计算结果向带图像界面的辅助软件传递,查看检查点文件所属的原作业的计算内容及题目,检查点文件在二进制格式和文本格式间的相互转换,以及在计算作业结束后启动默认的外部浏览器显示当前分子的图形等。使用这些菜单命令,可使工作效率得到极大提高。

【Utilities】下拉菜单各命令选项繁多,本书仅作简单介绍,其使用方法详见 G03W 用户手册。

1. ChkChk

ChkChk 程序用于显示一指定的检查点文件作业控制段(计算方法)和题目段(标题部分),并简要说明文件中出现的其他信息。对于随机给定文件名的检查点文件,用来确定其内容。

【例 5.1】检查一个检查点文件的相关信息。

(1)点击【ChkChk】,弹出打开文件对话框,选择要检查的检查点文件。

(2)弹出 DOS 窗口,显示该检查点文件内的相关信息(图 5-38)。

若在 DOS 环境下,命令名称后加"-p"选项,如"F:\G03W\chkchk -p Van.chk => Van.txt",回车,可以将"Van.chk"文件中的附加信息打印到"Van.txt"文件中,其中包括分

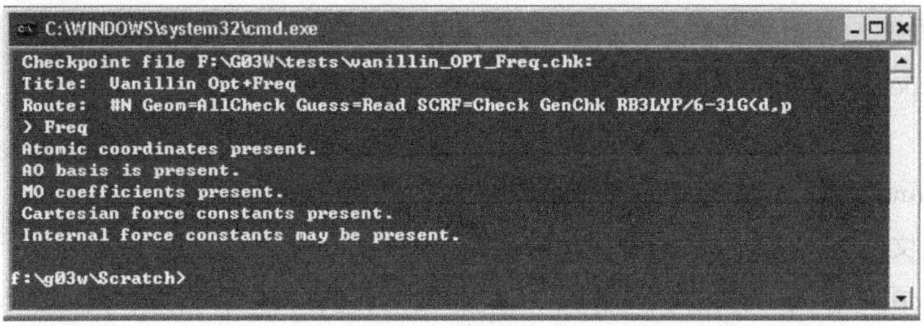

图 5－38　使用 ChkChk 命令显示检查点文件的作业控制段和题目段

子的坐标、Gen 格式的基组、对 Guess = Cards 打印正确格式的分子轨道。生成的 Van. txt 是普通文本文件,可用文本文件编辑器打开并查看其内容。

2. FormChk

FormChk 将把二进制格式的检查点文件(*. chk)转换为其他带图形显示功能软件(如 ChemBio3D)的 ASCII 码(*. fch)输入文件,用作各种可视化软件的输入。

【例 5. 2】由二进制检查点文件 Van. chk 转换为格式化的 Van. fch 文本文件。

(1)点击【Utilities】→【FormChk】,弹出文件对话框。

(2)选择要转换的 Van. chk 文件,弹出 DOS 窗口(图 5－39)。显示说明已从检查点文件(Van. chk)提取数据,并生成了格式化的检查点文件(Van. fch)。

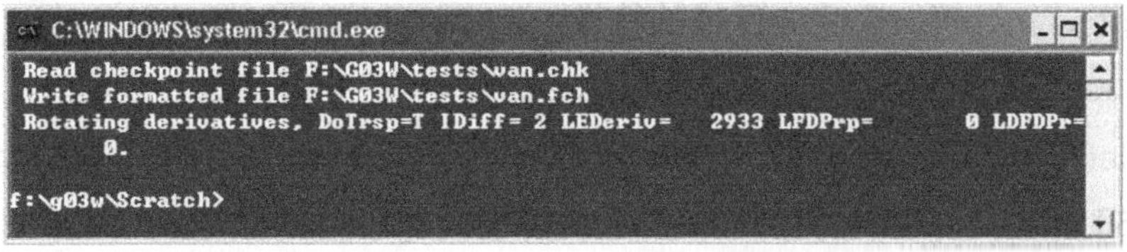

图 5－39　用 FormChk 命令将 chk 文件转换成 fch 文件

3. UnFchk

将一个带格式的检查点文件转换为二进制格式。这个工具的作用与 FormChk 相反。

【例 5. 3】把格式化的检查点文件(Van1. fch)转化为二进制检查点文件(Van1. chk)。

(1)点击【Utilifies】→【UnFchk】,弹出打开文件对话框。

(2)选择要转化的带格式检查点文件 Vanl. fch,点击【打开】按钮弹出 DOS 窗口(图 5－40)。

图 5－40　将 fch 文件转换成 chk 文件

4. CubeGen

标准立方三维空间网格产生工具,用于从格式化的检查点文件产生立方区域数据。

【例 5. 4】由格式化的检查点文件 Van. fch 产生立方型三维网格文件 Van. cub。

（1）点击【Utilities】→【CubeGen】，弹出DOS对话框窗口（图5－41）。

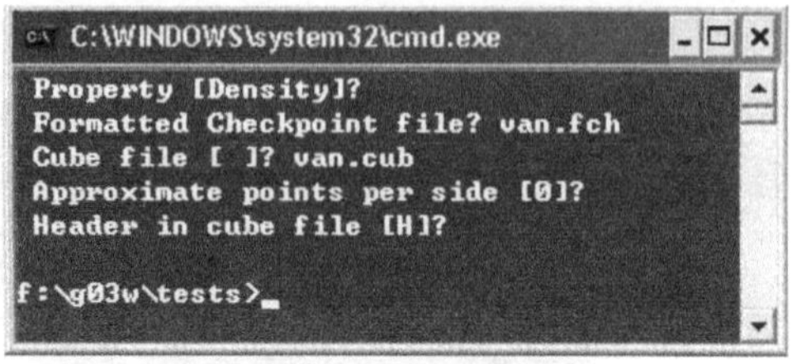

图5－41　产生立方型三维网格文件

（2）Property [Density]（默认值为密度）？直接回车。

（3）Formatted Checkpoint file？输入格式化的检查点文件名“Van. fch”。

（4）Approximate points per side [0]？直接回车。

（5）Header in cube file [H]？直接回车，在当前目录下产生一个立方三维网格文件“Van. cub”。

5. CubMan

CubMan命令用于对立方区域内由Gaussian产生的电子密度和静电势的值进行操作。利用检查点文件提供的MO波函数，以立方网格的模式生成电子密度与静电势的空间分布（可增添或减少网格点）。相应的子命令（括号内为缩写形式）有：

（1）Add（a）。将两立方区域内的数值相加，并产生一个新的立方区域。

（2）Copy（c）。复制一个新的立方区域，以便在格式化和非格式化文件之间相互转换。

（3）Diff（d）。计算两个立方区域的差。

（4）Prop（p）。计算一个立方区域的特性。

（5）Subtract（su）。计算两个立方区域的差，并产生一个新的立方区域。

（6）Scale（sc）。将一立方区域乘以一个常数因子，并产生一个新的立方区域。

【例5.5】由Van. cub中的总SCF密度数据生成电子密度数据到Van－1. cub中，步骤如图5－42所示。

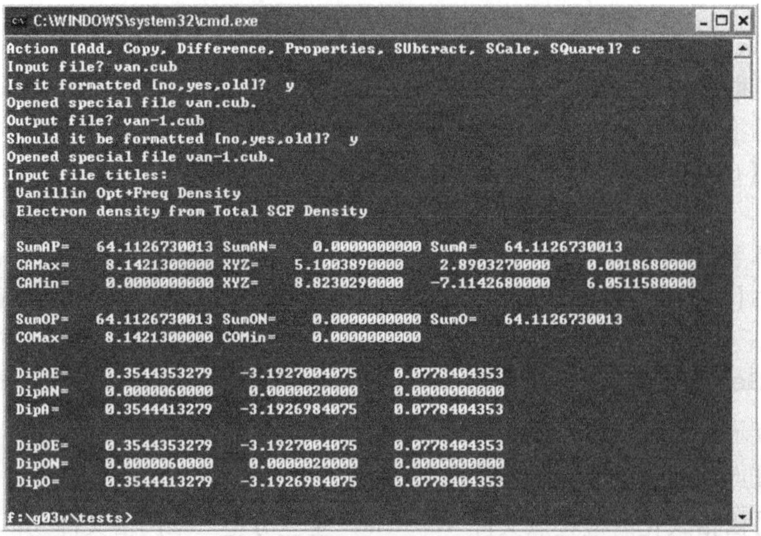

图5－42　使用CubMan命令

6. FreqChk

FreqChk 工具用于从检查点文件中获取频率和热化学数据，以及可选的温度、气压、换算因子及同位素取代等信息，并会对其他需要的信息给出提示。为 HyperChem 显示分子模型及简正振动模式创建屏显文件，或打印出检查点文件中的频率或热化学数据。

在图 5-43 所示的 DOS 对话窗口中，首先回答“N”，不写入 HyperChem 文件；程序提示输入温度(298.15 K)、压力(1atm)及热化学频率的缩放因子等数据；再回答是否使用主同位素质量等问题后将显示相关数据，如图 5-44 所示。

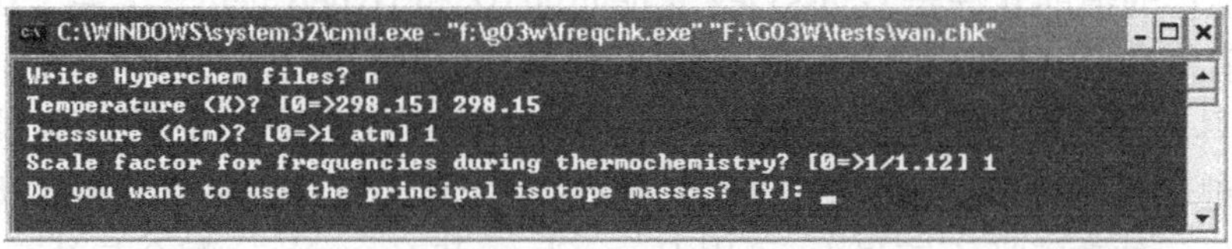

图 5-43 使用 FreqChk 命令

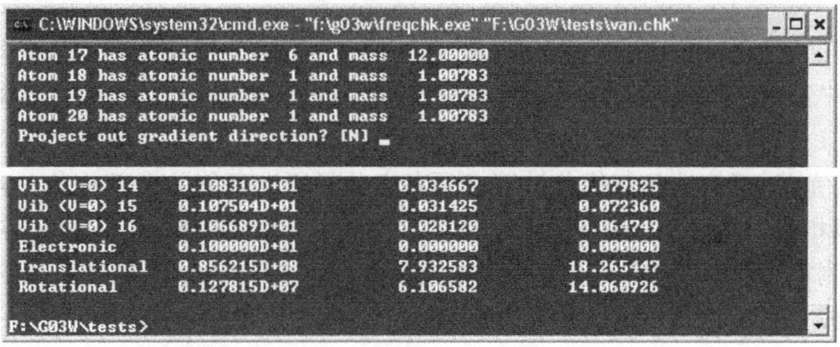

图 5-44 DOS 对话框窗口中显示热化学数据

7. NewZMat

从检查点文件中提取分子的 Z-矩阵用以编辑新 G03W 作业的输入文件，或转换成其他软件相应格式的 Z-矩阵。其主要功能如下：

(1) NewZMat 可以将分子结构说明部分在各种数据文件格式之间进行转换，包括由其他程序产生的文件转换成 Z-矩阵(用于 Gaussian 输入)，以及在这些程序的格式之间进行转换。因此，NewZMat 可用于从几个常见分子绘图和分子力学程序的数据文件产生 Gaussian 输入文件，允许它们作为 Gaussian 的图形输入前端。这样产生的数据文件具有正确的对称性限制，以尽可能提高计算效率。

(2) NewZMat 可以由其他数据文件产生 Gaussian 的检查点文件，并可从检查点文件产生数据文件。这个功能可用来提取数据供可视化程序显示。

(3) NewZMat 可以从来自几何优化(或优化过程中)的检查点文件恢复中间过程的结构，用于重新计算或绘图，还可以进行直角坐标和分数坐标之间的转化。

8. External PDB Viewer

启动默认的外部浏览器显示当前分子的图形。

有关以上各命令的细节请参阅 G03W 用户手册相关内容。点击这些选项都会跳出简洁和含义清晰的对话框。初学者从开始阶段就应注意逐步提高自己运用【Utilities】的技巧。

5.6.2 配合使用的辅助软件

应用G03W时，计算结果的图形显示以及较复杂分子的构建，均需借助于辅助软件的配合使用。G03W本身能识别和读入Brookhaven PDB格式的分子描述文件（文件名为*.pdb或*.ent），作业完成后又能通过External PDB Viewer命令输出描述分子最后几何构型的*.pdb文件。因此，能够读入和输出PDB格式文件且带有分子构建和三维显示功能的计算机化学软件均可用作G03W的辅助软件。

G03W推荐的辅助软件是GaussView、ChemBio3D和HyperChem。学会了这几个软件的使用，在处理大多【Utilities】下拉菜单的计算作业时就不用犯愁了。在同类软件中，ChemBio3D具有最强大的分子3D构建功能，用它不但能构建单个分子，而且能构建由多分子构成的非键相互作用体系或超分子体系，因此，它应作为首选的辅助软件。但其光谱和简正振动模块显示的功能还不够强大，可用HyperChem和GaussView配合与补充。

5.6.3 辅助软件联用

在分子几何优化计算中，正确、合理地确定初始分子构型是关键。因为量子化学计算作业只能在用户给定的构象下求出分子能量最低时的键长、键角与二面角，并不能直接对构象进行优化。

原则上，完善、可信的几何优化计算必须考虑分子所有可能的全部构象。若研究已知化合物时，步骤相对简单一些，因为只要考虑它们的稳定异构体构象即可。若已知化合物已作过单晶结构测定，则还可直接用四源衍射给出的原子坐标作为输入数据。虽然在晶体环境中的构型与孤立分子状态下的有差别，但绝大多数情况下，两者的差异不大。

对未知化合物，若分子规模较大，结构又比较复杂，寻找其最低能量理论构型是十分困难的。平面共轭大分子或其取代衍生物可方便地用ChemDraw软件作2D构建，因为几乎所有的计算机化学软件均能读入ChemDraw的*.cdx或*.cdm格式文件。非平面型的复杂有机物，特别是许多有机金属化合物分子，单靠2D构建不能解决问题，但许多场合下可先建立相应的2D结构，然后转入3D软件进行修改。例如，用ChemBio3D设定或更改键长、键角与二面角，基团绕键轴旋转，分子坐标反演，获得构象正确的初始分子构型。

ChemDraw是分子2D构建的理想软件，对于构建复杂的大平面共轭分子，则是必不可少的。此外，AlChemy 2000也可用作分子构建与显示的辅助软件，它能读入和输出*.ent文件，具有较好的分子2D构建功能和较简单但优于HyperChem的3D构建功能。用户如能熟练掌握以上几个软件，运用G03W就能更加得心应手。

5.7 Gaussian应用实例

前六节主要介绍了Gaussian的一些基本概念和基本操作技巧，但真正入门还需要进行一些实例分析，通过实例掌握计算化学的基本概念是最为有效的研究学习方式。本节将结合实例进一步介绍如何利用Gaussian解决实际问题。本节实例中部分选自James B. Foresman所著《Exploring Chemistry with Electrontics Structure Methods》一书。

5.7.1 单点能计算

单点能计算是指对给定几何构型分子的能量以及性质进行计算，由于分子的几何构型是固定不变的，只是一个"点"，所以叫单点能计算。它包括指定核组态下分子内电子能量和核排斥能的总和，通常是相对于总能量而言，更完整准确的能量预测应包括热力学能(内能)和零点能。单点能计算的目的是：①获取分子的基本信息；②对准备优化的分子进行构型检查；③在由较低等级计算得到的优化结果上进行高精度的计算。单点能计算可以在不同理论等级和不同基组水平上进行。本节示例全部采用HF方法中等级基组进行计算。

1. 甲醛单点能计算设置

本例采用Gaussian程序自带实例文件"e2_01.gjf"(位于\G03W\examples\)。单点能计算需要指定计算采用的理论等级和计算的种类、计算的名称、分子结构和分子的几何构型等信息。

在计算执行路径部分，设置计算要采用的理论方法和基组，以"#"开头。由于Gaussian默认的计算方法为单点能计算(关键字为SP)，故可以不写出该关键字。这一部分可能出现的关键词还有计算采用的理论方法(HF为默认关键词，也可以不写)、计算采用的基组(如6-31G)、布居分析方法(如Pop=Reg)、波函数自洽方法(如SCF=Tight)等。

【例5.6】对甲醛执行单点能计算。

其输入文件如图5-45所示。

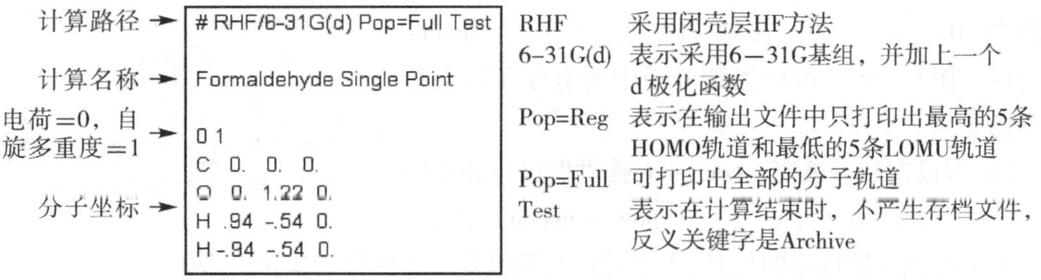

图5-45 甲醛单点能计算设置

点击【File】→【Open】，打开实例文件"e2_01.gjf"，点击按钮运行该计算。计算完成后产生的输出文件名默认为"e2_01.out"，点击按钮可打开该文件寻找相关信息。

(1)标准几何坐标与能量。在输出文件中，找到"Standard orientation"一行，下面坐标值就是输入的分子几何坐标(图5-46)。再查找"SCF Done: E(RHF) = -113.863697598 A. U. after 6 cycles"，这里的数值就是能量，单位是Hartree。在某些计算中，往往有不止一个能量值。MP4计

Standard orientation:

Center Number	Atomic Number	Atomic Type	Coordinates (Angstroms) X	Y	Z
1	6	0	0.000000	0.000000	-0.542500
2	8	0	0.000000	0.000000	0.677500
3	1	0	0.000000	0.940000	-1.082500
4	1	0	0.000000	-0.940000	-1.082500

图5-46 输出文件中的标准几何坐标

算的能量输出就更复杂了。

（2）分子轨道和轨道能级。按照“Pop = Full”设置，打印出全部分子轨道，列出的内容包括轨道对称性以及电子占据情况（O 表示占据，V 表示空轨道）。分子轨道的本征值，也就是分子轨道的能量（分子轨道的顺序就是按照能量由低到高的顺序排列的）。这里要注意轨道系数，这些数字的相对大小（忽略正负号）表示组成分子轨道的原子轨道在分子轨道中的贡献大小，寻找 HOMO 和 LUMO 轨道的方法就是看占有轨道和非占有轨道交界处的本征值（图 5 - 47）。

```
  Molecular Orbital Coefficients
                          1          2          3          4          5
                       (A1)--O    (A1)--O    (A1)--O    (A1)--O    (B2)--O
  EIGENVALUES --     -20.58185  -11.33945   -1.39228   -0.87262   -0.69707
1 1   C   1S           0.00000    0.99566   -0.11065   -0.16259    0.00000
2         2S           0.00047    0.02675    0.21001    0.33997    0.00000
3         2PX          0.00000    0.00000    0.00000    0.00000    0.00000
4         2PY          0.00000    0.00000    0.00000    0.00000    0.42041
5         2PZ         -0.00007    0.00065    0.17266   -0.18490    0.00000
       ......
                          6          7          8          9         10
                       (A1)--O    (B1)--O    (B2)--O    (B1)--V    (A1)--V
  EIGENVALUES --      -0.63908   -0.52292   -0.44034    0.13573    0.24834
       ......
  能量本征值                       负值  <------------o------------>  正值
                                          HOMO        LUMO
```

图 5 - 47　查找 HOMO 与 LUMO 轨道

（3）电荷分布。Gaussian 采用的默认电荷分布计算方法是 Mullikin 方法，在输出文件中寻找“atomic charges”（图 5 - 48），可以找到分子中所有原子的电荷分布情况。

```
Mulliken atomic charges:
              1
     1  C    0.129592
     2  O   -0.440583
     3  H    0.155495
     4  H    0.155495
Sum of Mulliken charges=    0.00000
```

图 5 - 48　甲醛分子的 Mullikin 电荷

（4）偶极矩和多极矩。Gaussian 提供偶极矩和多极矩的计算。在输出文件中寻找“Dipole momemt”（图 5 - 49），其下面就是偶极矩的信息，再下两行是四极矩。偶极矩的单位是 Debye。

```
Dipole moment (field-independent basis, Debye):
    X=     0.0000    Y=      0.0000    Z=      -2.8458  Tot=       2.8458
Quadrupole moment (field-independent basis, Debye-Ang):
   XX=   -11.5370   YY=    -11.3106   ZZ=    -11.9003
   XY=     0.0000   XZ=      0.0000   YZ=      0.0000
```

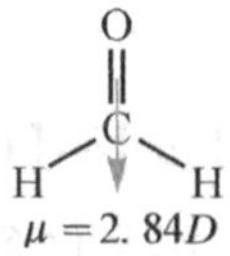

图 5 - 49　甲醛分子的偶极矩

2. 甲烷的核磁计算

【例 5.7】计算甲烷的核磁。

本例采用 G03W 自带实例文件“e2_02. gjf”。核磁是单点能计算中另外一个可以提供的数据，在计算路径部分，加入 NMR 关键字，如“#T RHF/6 - 31G(d) NMR Test”。在输出文件中，

```
Calculating GIAO nuclear magnetic shielding tensors.
SCF GIAO Magnetic shielding tensor (ppm):
 1  C    Isotropic =   199.0521   Anisotropy =     0.0000
   XX=   199.0521   YX=     0.0000   ZX=     0.0000
   XY=     0.0000   YY=   199.0521   ZY=     0.0000
   XZ=     0.0000   YZ=     0.0000   ZZ=   199.0521
   Eigenvalues:   199.0521   199.0521   199.0521
```

图 5 - 50　甲烷的核磁

寻找如图5－50所示的信息就是甲烷的核磁结果，C的屏蔽值为199.0521。所采用甲烷构型需先用B3LYP密度泛函等方法优化。一般的，核磁数据是以四甲基硅烷（TMS）为基准的，用同样的方法计算的TMS（四甲基硅烷）的结果为：1 C Isotropic = 195.1196。这样，计算所得的甲烷C原子的化学位移 $\delta = 195.12 - 199.05 = -3.93$，与实验值－2.68非常接近。

3. 练习提示

（1）练习2－1（文件2_01）。丙烷的单点能。练习要点：寻找分子的标准坐标，寻找单点能，偶极矩的方向和大小，电荷分布。

（2）练习2－2（文件2_02a（RR），2_02b（SS），2_02c（RS））。1,2－二氯－1,2－二氟乙烷的能量。练习要点：比较该化合物三个旋光异构体的能量和偶极矩差异。

（3）练习2－3（文件2_03）。丙酮和甲醛的比较。练习要点：比较甲基取代氢原子后带来的影响，说明能量比较必须在有同样的原子种类和数量的情况下进行。

（4）练习2－4（文件2_04）。乙烯和甲醛的分子轨道。练习要点：寻找HOMO和LUMO能级，并分析能级的组成情况。

（5）练习2－5（文件2_05a，2_05b，2_05c）。烷、烯、炔的核磁共振比较。

（6）练习2－6（文件2_06）。C60的单点能。练习要点：分析C60最高占据轨道。注意在收敛方法选择的时候，要有"SCF = Tight"，否则有收敛问题。

（7）练习2－8（文件2_08a（O2），2_08b（O3））。计算氧分子及臭氧分子的稳定性。

练习2－8中采用SCF方法分析分子的稳定性。对于未知的体系，SCF稳定性是必须做的。当分子本身不稳定的时候，所得到的SCF结果以及波函数等信息就没有化学意义。

SCF稳定性分析是寻找是否存在比当前状态能量更低的分子状态。关键词Stable检验分子的稳定性，放松对分子的限制，比如由闭壳层改为开壳层等。"Stable = Opt"这一选项设定，当发现不稳定的时候，对新的状态进行优化。这种做法一般是不推荐的，因为所得到的新状态的几何构形太接近原来的几何构形。

本练习中，首先计算闭壳层单重态的氧分子。显然，闭壳层单重态的氧分子不应该是稳定的。在输出文件中，可以找到"The wavefuction has an RHF - - > UHF instability"，这表明存在一个UHF状态，其能量要比当前状态低。说明可能能量最低的状态是单重态的，但不是闭壳层的，或者存在更低能量的三重态，或者所计算的状态不是能量最低点，可能是过渡态。

臭氧是单重态的，但有不一般的电子结构。采用"RHF Stable = Opt"可以发现一个"RHF - - > UHF"的不稳定性，在所得到的UHF状态下进行稳定性检验，采用"UHF Stable = Opt"，发现体系仍然不稳定。"The wave function has an inernal instability"，再在此基础上进行优化，体系又回到了RHF的状态。这时，需要在进行SCF前对初始构型电子状态猜测上进行修改，使用"Guess = Mix"，在初始猜测中混合HOMO和LUMO轨道，从而消除空间对称性。"UHF Guess = Mix Stable "表明得到了稳定的结构。

5.7.2　几何优化

前面讨论了在特定几何构型下能量的计算，可以看出，分子几何构型的变化对能量有很大影响。由于分子几何构型变化而产生的能量变化，被称为势能面。势能面是连接几何构型和能量的数学关系。对于双原子分子，能量的变化与两原子间的距离相关，这样可得到势能曲线。对于大的体系，势能面是多维的，其维数取决于分子的自由度。

1. 几何优化的步骤与方法

势能面中，包括一些重要的点，如全局最大值、局域极大值、全局最小值、局域极小值以及鞍点。极大值是一个区域内能量最高点，向任何方向的几何变化都能够引起能量的减小。在所有局域极大值中的最大值，就是全局最大值；极小值也同样，在所有极小值中最小的一个就是具有最稳定几何结构的一点。鞍点则是在一个方向上具有极大值，而在其他方向上具有极小值的点。一般的，鞍点代表连接着两个极小值的过渡态。

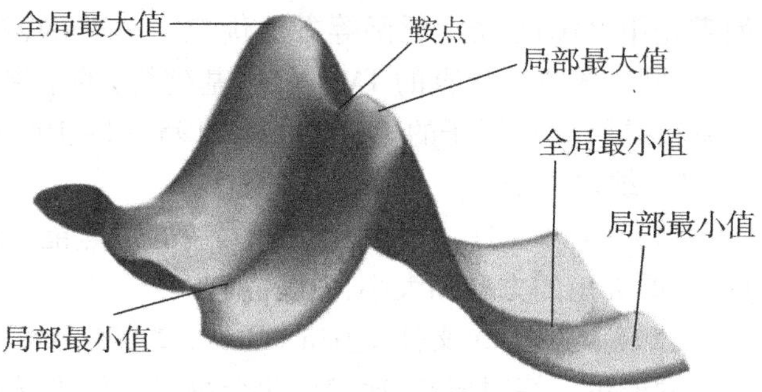

图 5－51　势能面示意图

几何优化要做的工作就是寻找极小值，而这个极小值就是分子稳定的几何形态。对于所有的极小值和鞍点，其能量的一阶导数（梯度）都是零，这样的点又称为稳定点。所有的优化都是在寻找稳定点，虽然找到的并不一定就是所预期的点。几何优化由初始构型开始，计算能量和梯度，然后决定下一步的方向和步长，其方向总是向能量下降最快的方向进行。

当一阶导数为零的时候优化结束，但实际计算上，当变化很小，小于某个值的时候，就可以认为得到优化结构，不一定非要为零。Gaussian 默认的收敛条件如图 5－52 所示，这四个条件必须同时满足。当然，对于非常松弛的体系，当力的值已经低于域值两个数量级，尽管最大位移值仍然高于域值，也可以认为找到了最优点。

	Item	Value		Threshold	Converged?
最大力	Maximum Force	0.000187	<	0.000450	YES
最大力均方根	RMS Force	0.000047	<	0.000300	YES
最大位移	Maximum Displacement	0.001243	<	0.001800	YES
最大位移均方根	RMS Displacement	0.000380	<	0.001200	YES

图 5－52　Gaussian 默认的收敛条件

2. 乙烯分子的几何优化

【例 5.8】使用 Opt 关键字优化乙烯分子。

在 G03W 中打开“\G03W\examples\e3_01.gjf”，输入文件如图 5－53 所示，表明采用 RHF 方法，用 6－31G(d) 基组进行优化。

在 G03W 中，点击按钮运行该计算。计算完成后，产生的输出文件名默认为“e3_

计算路径 →
计算名称 →
电荷=0，自旋多重度=1 →
分子坐标 →

```
#T RHF/6-31G(d) Opt Test

Ethylene Geometry Optimization

0 1
C
C 1 CC
H 1 CH 2 HCC
H 1 CH 2 HCC 3 180.
H 2 CH 1 HCC 3 180.
H 2 CH 1 HCC 4 180.
   Variables:
CC=1.31
CH=1.07
HCC=121.5
```

#T　　精简输出，只打印重要的信息和结果
RHF　　采用闭壳层HF方法表示
6-31G(d)　表示采用6－31G基组，并加上一个d极化函数
Opt　　表示按缺省方法进行几何优化计算
Test　　表示在计算结束时不产生存档文件

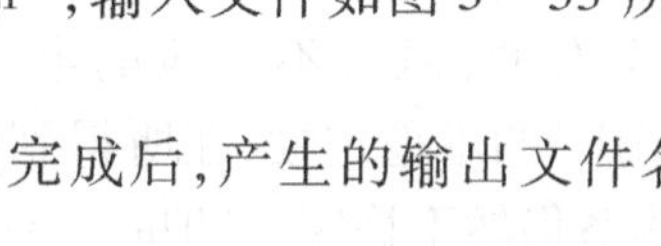

图 5－53　乙烯分子几何优化的输入文件

01. out”,点击可打开该文件寻找相关信息。

优化部分的计算包含在两行分隔字符串“GradGradGradGradGradGradGradGrad…”之间，这里有优化的次数、变量的变化、收敛的结果等信息。在得到每一个新的几何构型之后，都要重新计算单点能，然后再在此基础上继续进行优化，直到四个条件都得到满足，最后一个几何构型被认为是最后的优化构型。本例中，经过二次迭代后，四个指标均未达到收敛标准（图 5 - 54）。输出文件中给出优化后的乙烯分子的能量为：

```
SCF Done: E(RHF)= -78.0317180626    A.U.  after  6cycles
```

分隔行

优化目标寻找最小值或鞍点

键长键角的旧值和新值

迭代收敛结果

预测能量改变值

分隔行

```
GradGradGradGradGradGradGradGradGradGradGradGradGradGradGradGradGradGradGradGrad
Berny optimization.
Internal  Forces:  Max     0.002986854 RMS     0.000814597
Search for a local minimum.
Step number   2 out of a maximum of  25
     ...............................................
Variable         Old X    -DE/DX   Delta X   Delta X   Delta X     New X
                                  (Linear)    (Quad)   (Total)
   R1          2.49270  -0.00299  -0.00241  -0.00148  -0.00389   2.48881
   R2          2.03449  -0.00051  -0.00175   0.00064  -0.00112   2.03337
     ...............................................
         Item               Value     Threshold  Converged?
Maximum Force            0.002987     0.000450     NO
RMS     Force            0.000815     0.000300     NO
Maximum Displacement     0.002388     0.001800     NO
RMS     Displacement     0.001521     0.001200     NO
Predicted change in Energy=-6.888213D-06
GradGradGradGradGradGradGradGradGradGradGradGradGradGradGradGradGradGradGradGrad
```

图 5 - 54　输出文件中的收敛结果

在进行三次迭代后，四个指标均达到收敛标准。最终构型的能量是在最后一次优化计算之前得到的。在输出文件中寻找“ - - Stationary point found”（图 5 - 55），其下面的表格中列出的就是最后的优化结果以及分子坐标（Standard orientation）。随后按照设置行的要

```
Optimization completed.
    -- Stationary point found.
                            ----------------------------
                            !   Optimized Parameters   !
                            ! (Angstroms and Degrees)  !
 --------------------------                            --------------------------
 ! Name  Definition              Value          Derivative Info.                !
 --------------------------------------------------------------------------------
 ! R1    R(1,2)                  1.317          -DE/DX =    -0.0001             !
 ! R2    R(1,3)                  1.076          -DE/DX =     0.0                !
 ! R3    R(1,4)                  1.076          -DE/DX =     0.0                !
 ! R4    R(2,5)                  1.076          -DE/DX =     0.0                !
 ! R5    R(2,6)                  1.076          -DE/DX =     0.0                !
 ! A1    A(2,1,3)              121.7952         -DE/DX =     0.0                !
 ! A2    A(2,1,4)              121.7952         -DE/DX =     0.0                !
 ..............................................................
                          Standard orientation:
 ---------------------------------------------------------------------
 Center     Atomic      Atomic             Coordinates (Angstroms)
 Number     Number       Type             X           Y           Z
 ---------------------------------------------------------------------
    1          6           0        0.000000    0.000000    0.658510
    2          6           0        0.000000    0.000000   -0.658510
    3          1           0        0.000000    0.914545    1.225446
    4          1           0        0.000000   -0.914545    1.225446
    5          1           0        0.000000   -0.914545   -1.225446
    6          1           0        0.000000    0.914545   -1.225446
 ---------------------------------------------------------------------
```

图 5 - 55　优化后的分子坐标

求，列出分子有关性质。

3. 寻找过渡态的例子

寻找过渡态就是在势能面上寻找稳定点（或鞍点），仍用关键字 Opt，但需添加选项，一般有 TS、QST2、QST3 三个选项，如“# RHF/6－31G(d) Opt＝QST2 TEST”。这三个选项用于不同场合。其中，“Opt＝TS”只需要输入一个接近过渡态的分子构型即可，而“Opt＝QST2”要输入反应物和产物的分子构型，“Opt＝QST3”需输入反应物、产物和一个初始构型。

通常判断过渡态的方法：一是过渡态有且仅有一个虚频，其振动模式与反应相关；二是添加关键字 IRC，可从两个方向分别回到反应物和产物。对反应“A→TS→B”，其反应的势垒（活化能）$E_a = E(TS) - E(A)$，最好用相同的方法进行能量计算和校正，可以用 Arrennius 公式 $k = A\exp(-E_a/RT)$ 计算反应速度。

本例采用“Opt＝QST2”，寻找反应物（H3CO）和产物（H2COH）间的过渡态，分析 H3CO→H2COH 的变化。

```
#T UHF/6-31G(d) Opt=QST2  Test     计算执行路径

H3CO --> H2COH  Reactants          第一个标题

0 2
Structure for H3CO（略）           第一个分子结构

H3CO --> H2COH  Products           第二个标题

0 2
Structure for H2COH（略）          第二个分子结构
```

图 5－56　输入文件的格式

在 G03W 中打开“\G03W\examples\e3_03.gjf”，该输入文件格式如图 5－56 所示。该输入文件中的分子说明部分由两段组成，第一段是反应物的，第二段是产物的，反应物和产物的自旋多重度为 2，为表述方便，这里省去了分子结构部分。点击运行该任务。计算完成后，产生的输出文件名默认为“e3_03.out”，点击可打开该文件寻找相关信息（图 5－57）。

```
Optimization completed.
   -- Stationary point found.
                          ----------------------------
                          !   Optimized Parameters   !
                          ! (Angstroms and Degrees)  !
 --------------------------                          --------------------------
 ! Name  Definition            TS      Reactant  Product Derivative Info.          !
 --------------------------------------------------------------------------------
 ! R1    R(1,2)               1.3675    1.48      1.48   -DE/DX =     0.0          !
 ! R2    R(1,3)               1.2776    1.08      1.9    -DE/DX =    -0.0001       !
 ! R3    R(1,4)               1.0781    1.08      1.08   -DE/DX =    -0.0001       !
 ! R4    R(1,5)               1.0781    1.08      1.08   -DE/DX =    -0.0001       !
 ! R5    R(2,3)               1.1862    2.1095    0.9643 -DE/DX =     0.0001       !
 ----------------------------------------------------------
                     Distance matrix (angstroms):
                       1           2           3           4           5
     1  C     0.000000
     2  O     1.367509    0.000000
     3  H     1.277596    1.186183    0.000000
     4  H     1.078141    2.093325    2.014062    0.000000
     5  H     1.078141    2.093325    2.014062    1.852283    0.000000

                        1                        2                        3
                        A'                       A"                       A'
 Frequencies --  -2603.2062  (虚频)          915.5148                 1057.4574
```

图 5－57　寻找到的过渡态分子坐标与频率计算结果

所得过渡态的频率计算中有一个虚频（$-2\,603\text{cm}^{-1}$），说明过渡态是合理的。计算结果表明，过渡态中，H—C 和 H—O 之间是以弱作用力相连的，其键长数据如表 5－7 所示。

表 5－7　甲醛分子由 H3CO 到 H2COH 反应中的过渡态

化学键	键　长/Å		
	反应物	过渡态	产物
C1—O2	1.48	1.37	1.48
C1—H3	1.08	1.28	1.90
O2—H3	2.11	1.19	0.96
分子构型	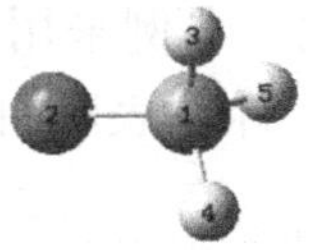	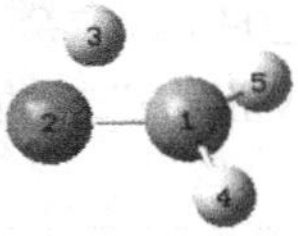	

有些系统的优化很难进行，采用默认的方法得不到结果，其产生的原因往往是所计算出的力矩阵与实际相差太远。当默认方法得不到结果时，就要采用其他方法。Gaussian 提供了一些解决方法，下面列举一些优化时可能用到的关键字选项。

（1）Opt = ReadFC。从频率分析（往往是采用低等级的计算得到的）所得到的 Checkpoint 文件中读取初始力矩阵。这一选项需要在设置行之前加入一句“% Chk = filename”，说明文件的名称。

（2）Opt = CalcFC。采用优化方法同样的基组来计算力矩阵的初始值。

（3）Opt = CalcAll。在优化的每一步都计算力矩阵。这是非常昂贵的，只在极端的条件下使用。

（4）Opt（MaxCycle = n）。有时候，优化往往只需要更多的次数就可以达到好的结果，可通过设置 MaxCycle 来实现。如果在优化中保存了 Checkpoint 文件，那么使用“Opt = Restart”可以继续所进行的优化。当优化没有达到预期效果的时候，不要盲目加大优化次数，应注意观察每一步优化的区别，寻找没有得到优化结果的原因，判断体系是否收敛。如果体系能量有越来越小的趋势，那么增加优化次数是可能得到结果的；如果体系能量变化没有什么规律，或者离最小点越来越远，那就要改变优化的方法。也可以从输出文件的某一个中间构型开始新的优化，关键词“Geom = （Check，Step = n）”表示取得在 Checkpoint 文件中第 n 步优化的几何构型。

4. 练习提示

（1）练习 3.1（示例文件 3_01a（180），3_01b（0））。丙烯的优化。从两种丙烯的几何异构体进行优化，一种是甲基的一个氢原子与 CCH 形成 180°二面角，另一种是 0°。优化结果表明（图 5－58），二者有 0.003Hartree 的差别，二面角为 0°的要低些。

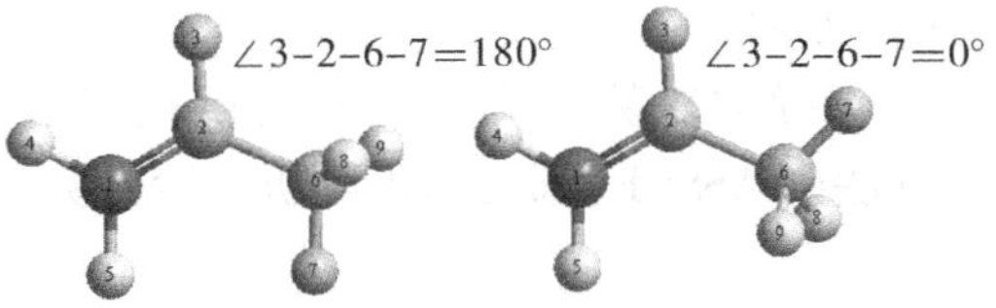

3_01a(180)　　3_01b(0)

图 5－58　丙烯的优化

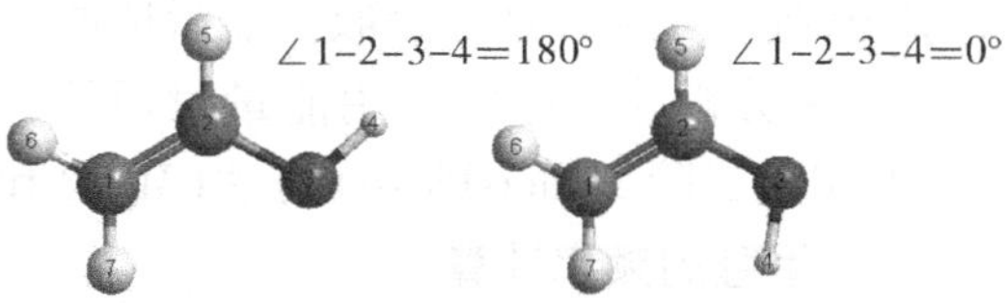

3_02a(180)　　3_02b(0)

图 5－59　乙烯醇的优化

(2)练习3.2(示例文件3_02a (0), 3_02b (180))。乙烯醇的优化。乙烯醇氧端的氢原子与OCC平面的二面角可以为0°和180°。优化得到的结果(图5-59),0°的能量比180°的低0.003Hartree,但同时做的乙醛的优化表明,乙醛的能量还要低,比0°的乙烯醇异构体还低0.027Hartree。

(3)练习3.3(示例文件3_03)。乙烯胺的优化。对所有原子都在同一平面上的乙烯胺的优化(图5-60)。比较本节的例子和练习,可以看到不同取代基对乙烯碳碳双键的影响。

(4)练习3.4(示例文件3_04)。六羰基铬的优化。本例采用STO-3G和3-21G基组,在设置行中加入"SCF=NoVarAcc"对收敛有帮助。计算表明(图5-61),3-21G基组的优化结果要优于STO-3G。

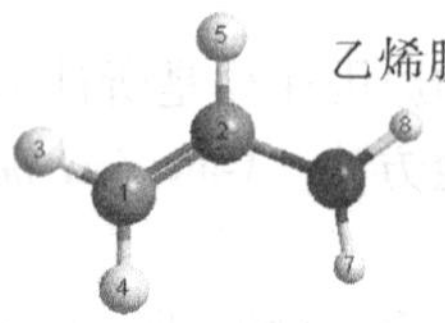

图5-60　乙烯胺的优化

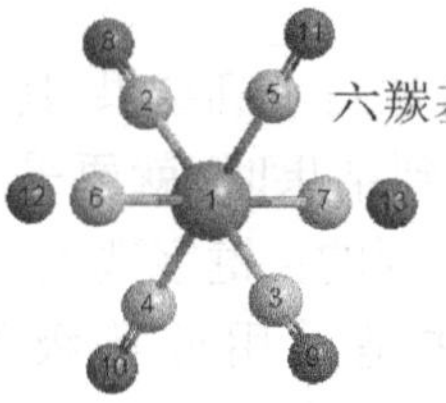

图5-61　六羰基铬的优化

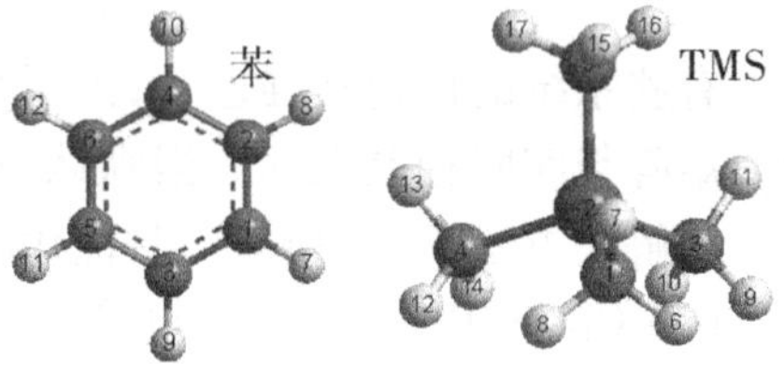

3_05a　3_05b

图5-62　苯的核磁共振

(5)练习3.5(文件3_05a (C6H6),3_05b (TMS))。苯的核磁共振。分别对苯和TMS,先采用6-31G(d)基组、B3LYP方法优化几何构型,再采用HF方法、6-311+G(2d,p)基组在优化的几何构型基础上计算碳的化学位移(图5-62)。这是因为核磁共振的可靠程度很大程度上依赖准确的几何结构和使用大的基组。计算结果:TMS的绝对位移=192.597,苯的绝对位移=57.620,则苯的化学位移=192.597-57.620=135.0,实验值为130.9,计算结果十分接近实验值。

5.7.3　频率计算

频率计算可以用于多种目的,如用于预测分子的红外和拉曼光谱(频率和强度),为几何优化计算力矩阵,判断分子在势能面上的位置,计算零点能和热力学数据,如系统的熵、焓和自由能等。

1. 红外和拉曼光谱

几何优化和单点能计算都将原子理想化,忽视了分子的振动,实际上分子内的原子处于不停的振动中。在平衡态,这些振动是规则的、可预测的,并能被其特征光谱所识别。Gaussian可以计算分子在基态和激发态时的振动光谱、预测振动频率和振动强度。换句话说,程序能够预测当体系吸收光能后核位移的大小和方向。

频率分析计算通常采用能量对原子位置的二阶导数求算。HF方法、密度泛函方法(B3LYP)、二阶Moller-Plesset方法(MP2)和CAS方法(CASSCF)都可提供解析二阶导数。

2. 甲醛的频率计算

频率分析的关键词是Freq。频率分析只能在势能面的稳定点上进行,因此,频率分析就必须在已经优化好的结构上进行。最直接的办法就是在计算路径行中,同时设置几何优化和频率分析。频率分析首先要计算输入结构的能量,然后计算频率,Gaussian提供每个振动模式的频率、强度、拉曼极化率。值得注意的是,频率分析计算所采用的基组和理论方法,必须与得到该几何构型采用的方法完全相同。

【例 5.9】对甲醛分子进行频率分析。

本例采用 G03W 示例文件"\G03W\examples\e4_01.gjf",该文件是已经优化好的几何构型,其输入文件的计算路径部分为"# RHF/6-31G(d) Freq Test"。计算完成后阅读输出文件"e4_01.out",从中我们可以获得全部六个振动模式的振动频率和振动强度等信息(图 5-63)。

```
                      1            2            3            4            5            6
                     B1           B2           A1           A1           A1           B2
Frequencies --  1336.0043    1383.6450    1679.5843    2028.0966    3159.3252    3231.2607
Red. masses --     1.3689       1.3442       1.1039       7.2497       1.0490       1.1206
Frc consts  --     1.4395       1.5162       1.8348      17.5689       6.1692       6.8934
IR Inten    --     0.3694      23.1585       8.6240     150.1839      49.7075     135.8564
Raman Activ --     0.7657       4.5170      12.8594       8.1124     137.7307      58.2883
Depolar (P) --     0.7500       0.7500       0.5908       0.3281       0.1829       0.7500
Depolar (U) --     0.8571       0.8571       0.7428       0.4941       0.3092       0.8571
```

图 5-63 甲醛分子的频率计算结果

由于 HF 方法忽略电子相关,所得到的频率结果有系统误差(10%~12%)。一般的,对于 HF 方法,都采用计算频率乘以矫正因子 0.892 9,从而与实验值吻合。本文的计算由于采用的是中等基组,误差稍大一些(大约 15%),计算得到的相对强度数值基本上是可靠的。采用其他方法得到的频率同样也存在系统误差。

3. 矫正因子和零点能

表 5-8 所示是部分方法和基组适用的矫正因子。更多的矫正因子见 http://www.bsc.ustc.edu.cn/~dxl/gaussian/VFS.mht。

表 5-8 频率和零点能的矫正因子

使用的方法	频率矫正因子	零点能矫正因子
HF/3-21G	0.908 5	0.940 9
HF/6-31G(d)	0.892 9	0.913 5
MP2(Full)/6-31G(d)	0.942 7	0.964 6
MP2(FC)/6-31G(d)	0.943 4	0.967 6
SVWN/6-31G(d)	0.983 3	1.007 9
BLYP/6-31G(d)	0.994 0	1.011 9
B3LYP/6-31G(d)	0.961 3	0.980 4

频率矫正因子和零点能矫正因子之间有些小的差异,但一般处理时,可以采用同样的因子,即频率的矫正因子。例如,在 HF 中频率矫正因子都使用 0.892 9,在 G2 高精度的 HF/6-31 G(d)计算中,其零点能矫正因子也采用 0.892 9。此外,基组也对矫正因子产生影响。

4. 简正模式

在例 5.9 甲醛频率计算的输出文件中,同时还提供简正振动模式(图 5-64)。在其标准坐标中,C 和 O 处于 *Z* 轴方向,分子位于 *YZ* 平面,前三个振动模式分别是 B1、B2 和 A1。

Standard orientation:

Center Number	Atomic Number	Atomic Type	Coordinates (Angstroms) X	Y	Z
1	6	0	0.000000	0.000000	-0.519556
2	8	0	0.000000	0.000000	0.664734
3	1	0	0.000000	0.924424	-1.100269
4	1	0	0.000000	-0.924424	-1.100269

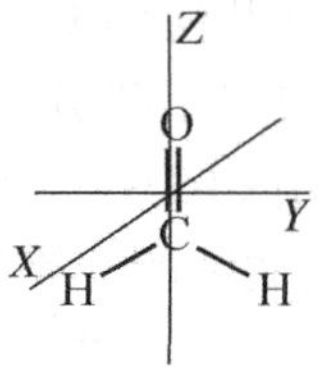

图 5-64 甲醛分子的简正振动标准坐标

		1			2			3		
		B1			B2			A1		
Atom	AN	X	Y	Z	X	Y	Z	X	Y	Z
1	6	0.17	0.00	0.00	0.00	0.15	0.00	0.00	0.00	0.00
2	8	-0.04	0.00	0.00	0.00	-0.08	0.00	0.00	0.00	0.08
3	1	-0.70	0.00	0.00	0.00	-0.25	-0.65	0.00	-0.35	-0.61
4	1	-0.70	0.00	0.00	0.00	-0.25	0.65	0.00	0.35	-0.61

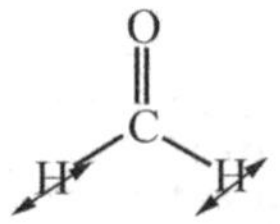

B1简正振动模式

图 5-65 甲醛分子的简正振动模式

在标准坐标中,四个原子的 X 坐标都是零,分子在 YZ 平面上。对于振动模式,其正负比大小要重要得多。在本例中,两个氢原子(编号 3 和编号 4)向 X 轴负方向有显著的振动,表明其偏离了 X 平面。这个振动产生的红外光谱,经矫正应在 $1\,336\ cm^{-1} \times 0.892\,9 = 1\,192.9\ cm^{-1}$ 处。

5. 热力学数据

频率分析也包括对体系的热力学分析。默认情况下,系统计算在 298.15 K 和 1 atm 下的热力学数值。图 5-66 所示是输出文件中的热力学参数。Gaussian 提供在指定温度和压力下的热力学数值计算。

```
 -------------------
 - Thermochemistry -
 -------------------
 Temperature   298.150 Kelvin.  Pressure   1.00000 Atm.
 Atom  1 has atomic number  6 and mass  12.00000
 Atom  2 has atomic number  8 and mass  15.99491
 ......................................
 Molecular mass:    30.01056 amu.
```

		E (Thermal) KCal/Mol	CV Cal/Mol-Kelvin	S Cal/Mol-Kelvin
总计	Total	20.114	6.255	52.100
电子	Electronic	0.000	0.000	0.000
平动	Translational	0.889	2.981	36.130
转动	Rotational	0.889	2.981	15.921
振动	Vibrational	18.337	0.294	0.049

图 5-66 输出文件中热化学数据

计算中可以指定温度和压力来改变热力学参数,也可采用"Freq = ReadIsotopes"关键词,并在分子结构输入完毕后输入这些参数,其中包括温度、压力和同位素等。温度单位是 K,压力为大气压,同位素采用整数。关于热力学计算的方法可以参考有关统计热力学方面的资料。

6. 零点能和内能

热力学计算中也包括了零点能（Zero Point Energy）和内能（Thermal Energy）的输出。零点能计算是对分子电子能量的矫正，计算在 0 K 的分子振动能量。在比较0 K 的能量时，需要在总能量中加上零点能。

理论模型本身也给计算带来了系统误差，和频率一样，零点能也需要通过矫正因子修正。可添加“Freq = ReadIsotopes”关键词来设置矫正因子，经手工对所计算的能量进行修正。为使计算结果能够直接和实验值进行比较，必须添加关键词 ReadIsotopes 来设置矫正因子。输出文件中的值不能简单地乘以矫正因子，因为它是由多项组成的，只有其中的部分能量项需要矫正。在计算较高温度下体系的能量时，内能也要考虑到总能量中，它包括指定温度和压力下的平动能、转动能和振动能。注意，在计算内能的时候，已经考虑了零点能。

图 5 - 67 所示为输出文件中零点能和内能的数据，所有单位都是 Hartrees，各种能量关系如图所示。其中，U 为内能（热力学能），H 为焓，G 为自由能，E_0 为电子总能量与零点能之和。

$E_0 = E_{elec} + \mathrm{ZPE}$

$U = E_0 + E_{vib} + E_{rot} + E_{tran}$

$H = U + \mathrm{RT}$

$G = H - \mathrm{TS}$

```
Temperature   298.150 Kelvin.  Pressure    1.00000 Atm.
Zero-point correction=                     0.029201 (Hartree/Particle)
Thermal correction to Energy=              0.032054
Thermal correction to Enthalpy=            0.032999
Thermal correction to Gibbs Free Energy=   0.008244
Sum of electronic and zero-point Energies=     -113.837130
Sum of electronic and thermal Energies=        -113.834277
Sum of electronic and thermal Enthalpies=      -113.833333
Sum of electronic and thermal Free Energies=   -113.858087
```

图 5 - 67　输出文件中的零点能与内能表示

7. 极化率和超极化率

由频率分析还可以得到极化率和超极化率，一般在输出文件的末尾，例如：

```
 Exact polarizability:   6.478   0.000  12.919   0.000   0.000  17.641
Approx polarizability:   6.257   0.000  10.136   0.000   0.000  16.188
```

8. 表征稳定点

频率分析的另外一个用处是判断稳定点的性质。稳定点指的是在势能面上力为零的点，它既可能是极小值，也可能是鞍点。极小值在势能面的各个方向都是极小的，而鞍点则是在某些方向上是极小的，但在某一个方向上是极大的，因为鞍点是连接两个极小值的点。

在输出文件中可以从两个方面寻找有关鞍点的信息：一是虚频（频率值为负值）的数量，二是相应于虚频的简正振动模式。鞍点上存在虚频，存在 n 个虚频的结构有 n 阶鞍点，因此，普通的过渡态结构常常用一个虚频来表征，因为这里有一阶鞍点存在。但要注意的是，发现了一个鞍点并不意味着就找到了过渡态。因为鞍点是连接两个极小值的点，但这两个极小点不一定就是反应物和产物。当一个结构产生了虚频，只表明在该振动方向上可能存在着能量更低的结构。判断所得鞍点是否为过渡态的方法，除了存在一个虚频外，还要查看它的简正振动模式，分析是否可以导致产物或反应物的形成。

更好的办法就是通过 IRC 计算，判断反应物、产物与得到的鞍点是否有关系。表 5 - 9 所示为寻找过渡态的一段方法。

表 5－9 寻找过渡态的一般方法

目　的	频率分析	显　示	应采取的措施
寻找极小值	0 个虚频	是极小值	比较其他异构体，得到最小值
寻找极小值	1 个虚频	不是极小值	继续寻找，尝试按虚频的振动模式修正分子结构
寻找过渡态	0 个虚频	是极小值	尝试"Opt = QST2"或 QST3 寻找过渡态
寻找过渡态	1 个虚频	是过渡态	判断其是否与反应物、产物相关
寻找过渡态	多个虚频	是高阶鞍点	尝试 QST2 或者检查虚频对应的振动模式，其中之一可能指向反应物或产物，在另一模式上修正分子，重新计算

【例 5.10】表征氟代丙烯（C3H5F）势能面上的稳定点。

氟代丙烯有如图 5－68 所示的三种异构体（反式异构体（HCCH 二面角 0°）、反式异构体（HCCH 二面角 180°）和顺式异构体），见"\G03W\examples\"下的示例文件 e4_02a（0），e4_02b（180），e4_02c（cis）和 e4_02d（TS）。

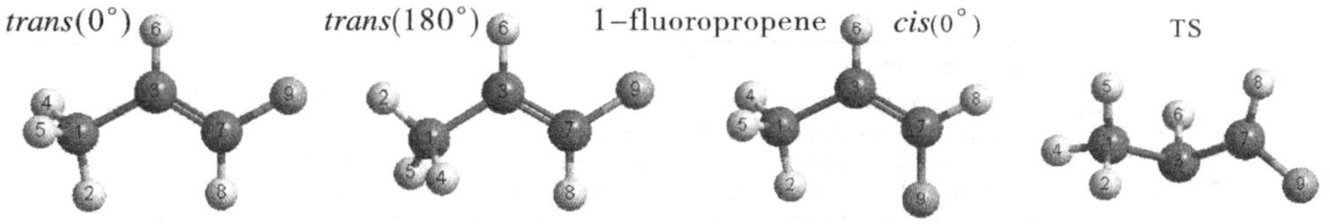

图 5－68 氟代丙烯

在 G03W 中，分别计算"\G03W\examples\"的四个文件：e4_02a. gjf，e4_02b. gjf，e4_02c. gjf和 e4_02d. gjf。计算完成后，查看输出文件，能量比较如表 5－10 所示。

表 5－10 氟代丙烯（C3H5F）的几种异构体的 SCF 能量

异构体	*trans*(0°)	*trans*(180°)	*cis*(0°)	TS
计算执行路径	#T RHF/6－31G(d) Opt Freq Test	#T RHF/6－31G(d) Opt Freq Test	#T RHF/6－31G(d) Opt Freq Test	#T RHF/6－31G(d) Opt (TS, CalcFC, NoEigenTest) Freq Test
SCF 能量 /(kcal/mol)	－215.920 46	－215.916 94	－215.921 47	－215.764 38
虚频/cm^{-1}	—	－226	—	－1 515

180°顺式异构体只比 0°顺式异构体能量高 3.5 cal/mol*，其能量比 C═C 双键的旋转所需要的键能要小很多。180°顺式异构体具有 Cs 对称性，其振动有两种对称性 A′和 A″。对其进行频率分析，可以发现存在对称性为 A″的虚频（图 5－69a），其频率为 －227cm^{-1}，说明其分子的扭曲程度不大，所代表的振动模式应该是甲基三个氢原子的振动。

查看该简正振动模式的另一种方式是查找本征向量（Eigenvector of the Hessian）。图 5－69b 列出了冗余内坐标相应虚频简正模式的位移值。其中，D1 — D6 二面角的值都非常

* 1 cal/mol = 4.186 8 J/mol，下同。

大,对照标准坐标值,可以认为该运动对应于甲基的旋转。再次查找输出文件中的频率,发现该虚频对应的对称性是 A" 对称性。这是一个 Cs 点群分子,在 Cs 点群中,A" 代表反对称,体系有降低其对称性,取得更低能量的趋势。

```
有一个虚频              1
                        A"
Frequencies --   -226.6776
Red. masses --      1.1175
Frc consts  --      0.0338
IR Inten    --      0.1566
Raman Activ --      2.8462
Depolar (P) --      0.7500
Depolar (U) --      0.8571
Atom AN      X      Y      Z
  1   6    0.00   0.00   0.00
  2   1    0.00   0.00   0.54
  3   6    0.00   0.00  -0.06
  4   1   -0.19  -0.42  -0.25
  5   1    0.19   0.42  -0.25
  6   1    0.00   0.00  -0.28
  7   6    0.00   0.00   0.08
  8   1    0.00   0.00   0.28
  9   9    0.00   0.00  -0.01
```

(a)

```
Eigenvalue  1 out of range, new value =     0.002670 Eigenvector:
                            1
         R1             0.00000
         R2             0.00000
         R3             0.00160
         R4            -0.00160
         ...............
         A1             0.00000
         A2            -0.00316
         A3             0.00316
         A4            -0.00305
         A5             0.00305
         ...............
         D1             0.41000  }
         D2             0.39778  }
         D3             0.41598  }  这六个二面角有
         D4             0.40376  }  较大的变化趋势  → 甲基的转动
         D5             0.41598  }
         D6             0.40376  }
         D7             0.02724
```

(b)

图 5－69　虚频及其简正振动模式

从上述分析可以看出,虚频对应的点代表了两个等价结构极小点间的连接,而这两个极小点之间的变化是通过甲基的旋转完成的,并非我们关注的过渡态。

根据上述简正振动模式分析,要确定顺式异构体与反式异构体间转换的过渡态,必须进一步寻找与 C═C 双键有关的振动模式,希望其主要运动是这些碳原子、氟原子和氢原子的二面角的振动。

"e4_02d. gjf" 文件计算给出了另一个过渡态,得到的虚频达到 $-1\ 515\ \mathrm{cm}^{-1}$(图 5－70),其对应的振动模式涉及双键上碳原子的键角和二面角的变化(包括 A8 ～ A10,D7 ～ D10),说明这就是所要寻找的过渡态。由输出文件可知,这一过渡态的能量为 －215. 764 38 kcal/mol,产生了一个高达 86. 61 cal/mol 的势垒,这个数值和预计的相当,但有点偏高。此外,关于双键旋转的计算往往需要高等级的理论模型(如 CASSCF)才能得到精确的值。

	1	2	3
	A	A	A
Frequencies --	-1515.3095	126.1300	203.2291
Red. masses --	1.1373	3.8175	1.1240
Frc consts --	1.5386	0.0358	0.0274
IR Inten --	114.6004	1.6073	2.1173
Raman Activ --	132.6061	1.5025	0.2385
Depolar (P) --	0.7002	0.7499	0.7048
Depolar (U) --	0.8237	0.8571	0.8268

图 5－70　另一个过渡态的虚频

【例 5. 11】进一步分析 1－氟代丙烯势能面。1－氟代丙烯还有可能产生另一种转变,也许涉及 1,3 氢的迁移(图 5－71a),这种迁移可能经由图 5－71b 所示的两种过渡态实现。

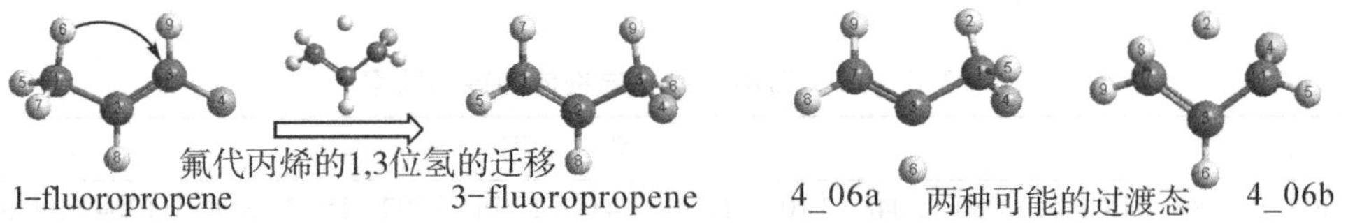

(a)　　　　(b)

图 5－71　氟代丙烯的 1,3 位氢的迁移

运行“\G03W\examples\”目录下的“4_06a. gjf”和“4_06b. gjf”文件，结果发现：

① 4_06a 。E(RHF) = −215. 916 9 kcal/mol，无虚频存在，表明其不是需要的过渡态。

② 4_06b。采用 Opt = ITS，CalcFC 优化，经过 12 步收敛，E(RHF) = −215. 726 7 kcal/mol，优化的结构存在一个虚频，频率为 −2 292. 1cm^{-1}非常高(图 5 − 72)。进一步的 IRC 计算可确认，其对应的振动模式表明是正在迁移氢的振动，势能垒达 120 kcal/mol。

有一个虚频	1	2	3	4	5	6
	A	A	A	A	A	A
Frequencies --	-2292.0774	318.2900	493.7254	644.4693	808.9865	925.5557
Red. masses --	1.1455	3.6370	2.6424	2.2506	1.4265	1.3061
Frc consts --	3.5458	0.2171	0.3795	0.5507	0.5500	0.6592
IR Inten --	47.1376	1.6872	1.8454	27.2662	17.8130	69.3663
Raman Activ --	184.4774	5.0091	4.8176	6.5401	5.8182	3.4252
Depolar (P) --	0.7431	0.6070	0.7344	0.4876	0.3415	0.5801
Depolar (U) --	0.8526	0.7555	0.8469	0.6555	0.5091	0.7342

图 5 − 72　优化结构中存在虚频

9. 练习提示

(1) 练习 4.1(文件 4_01a(180)，4_01b(0))。乙烯醇异构体(图 5 − 73)的频率分析。前面已对 HOCC 二面角分别为 0°和 180°的两个异构体进行了频率分析，两者均没有虚频，说明都是极小点，0°异构体的能量要低。可以猜测，CCOH 二面角为 90°的可能是过渡态。分析这两个构型的频率，可以发现，其大部分峰的位置和强度都差不多，但二者的第一个简正振动模式(图 5 − 74)，有显著的差异。

4_01a(180)

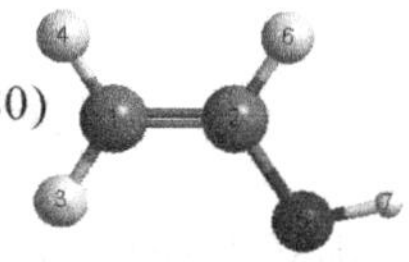

4_01b(0)

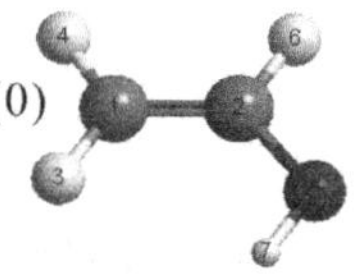

图 5 − 73　乙烯醇两种异构体的几何构型

4_01a (180)		1			4_01b(0)		1	
		A″					A″	
Atom AN	X	Y	Z		Atom AN	X	Y	Z
1 6	0.00	0.00	0.04		1 6	0.00	0.00	0.03
2 6	0.00	0.00	-0.02		2 6	0.00	0.00	-0.04
3 1	0.00	0.00	0.16		3 1	0.00	0.00	0.25
4 1	0.00	0.00	-0.09		4 1	0.00	0.00	-0.14
5 8	0.00	0.00	-0.07		5 8	0.00	0.00	0.08
6 1	0.00	0.00	-0.14		6 1	0.00	0.00	-0.14
7 1	0.00	0.00	0.97		7 1	0.00	0.00	-0.94

图 5 − 74　乙烯醇异构体的第一个简正振动模式

观察这两个振动模式发现，两个振动都是连在氧原子上的氢原子向平面外的振动，由于这两个氢原子的位置有很大差异，所以振动频率也有差异。全部振动频率数据如表 5 − 11 所示。

表 5 − 11　乙烯醇两种异构体的振动频率　　cm^{-1}

二面角/(°)	数据														
180	186	518	785	988	1048	1104	1236	1419	1476	1582	1907	3345	3364	3443	4146
0	459	533	785	965	1048	1128	1234	1447	1468	1595	1878	3334	3404	3433	4096

(2)练习4.2(文件4_02a,4_02b)。平面氨基乙烯的分析。判断在前一节中讨论的共平面结构的氨基乙烯是不是极小点,若不是,试寻找其极小点,并进行频率计算。

首先对平面型的氨基乙烯进行优化,再进行频率分析。结果表明,其有一个虚频,说明平面结构不是极小点,而是过渡态。为了寻找极小点,先观察其虚频的简正振动模式,如图5-75所示。

4_02a 平面结构 (过渡态)

4_02b 非平面结构 (最小结构)

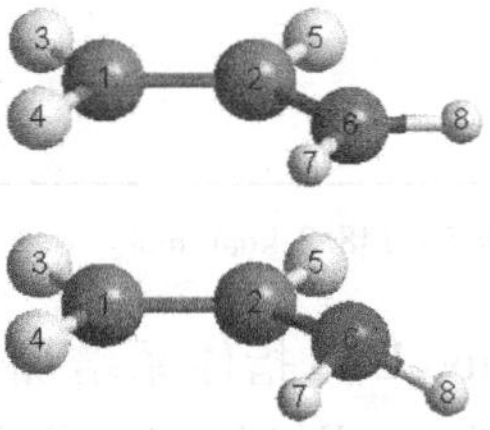

平面结构中虚频的振动模式

Frequencies -- A″ -542.3889

Atom	AN	X	Y	Z
1	6	0.00	0.00	0.02
2	6	0.00	0.00	0.02
3	1	0.00	0.00	-0.03
4	1	0.00	0.00	0.01
5	1	0.00	0.00	-0.01
6	7	0.00	0.00	-0.13
7	1	0.00	0.00	0.57
8	1	0.00	0.00	0.81

图5-75 氨基乙烯的优化

可以看出,在这一振动模式中,氨基的N(6)、H(7)和H(8)原子都在分子平面外,说明如果改变氨基的结构,就可能找到极小值。在此基础上适当调整输入文件中的氨基坐标,优化就可以得到极小值了,通过频率分析可以验证非平面结构就是极小的。

(3)练习4.3(文件4_03a (C2H4),4_03b (C2H3F),4_03c (C3H6))。乙烯系列的频率分析。要求在输出文件中查找频率和相应振动,分析、比较乙烯的振动频率。

(4)练习4.4(文件4_04a (C2H4O),4_04b (C3H5O),4_04c (CNH3O),4_04d (C3H6O),4_04e (C2H3ClO),4_04f (C3H6O2))。羰基的振动。要求分析、比较羰基的振动频率。

(5)练习4.5(文件4_05a, 4_05b)。环状分子红外与拉曼活性分析。要求分析、比较振动的共同点,注意频率的红外和拉曼活性。

5.7.4 高精度计算

5.3.1节介绍了不同理论方法和基组的概念,也讨论了各自的优缺点,本节在此基础上,进一步讨论得到高精度结果的方法。高精度模型的建立,可以使有关能量的计算精度达到2 kcal/mol的误差范围以内。一般的,达到这样的精度需要庞大的QCISD(T)计算,甚至对于小分子的处理其运算量也是惊人的。而G2、CBS-4、CBS-Q等方法采用一系列特别方法处理,进行计算的组合,可以提供更为精确的结果。

1. 预测热化学

这里主要讨论原子化能、电子亲和势、离子化能和质子亲和能的高精度计算。

(1)原子化能。原子化能(Atomization Energy,AE)指分子与组成分子的原子的能量差。例如,对于PH_2,其原子化能为:$AE = E(P) + 2E(H) - E(PH_2)$。

【例5.12】计算PH_2的原子化能。在G03W中,打开"\G03W\examples\e7_01.gjf",其计算执行路径中采用B3LYP/6-31G(d)优化几何构型,计算零点能(矫正因子0.980 4),用B3LYP/6-31+G(d,p)计算能量。如表5-12所示,得到PH_2的原子化能为148.3 kcal/mol,

实验值为 144.7 kcal/mol，误差为 3.6 kcal/mol。注意，输出文件中的能量单位为 a. u. *（Hartree）。

表 5－12　PH_2 的原子化能 AE

分子	E/(a. u.)	零点能 ZPE/(a. u.)	原子化能 AE
H	－0.500 27	—	—
P	－341.259 30	—	—
PH_2	－342.509 42	0.013 22	148.3 kcal/mol
实验值	—	—	144.7 kcal/mol

注：$AE = E(P) + 2E(H) - E(PH_2) = 0.236\ 36(a.u.) \times 627.509\ 5 = 148.3$ kcal/mol。

（2）电子亲和势。电子亲和势（Electron Affinity，EA）指体系增加一个电子后能量的变化，计算方法为中性分子和其阴离子的能量差，即 $EA = E(PH_2^-) - E(PH_2)$。同上例的计算方法一样，计算得到的 PH_2 电子亲和势为 1.24 eV，实验值为 1.26 eV，误差为 0.02 eV（大约 0.5 kcal/mol），见表 5－13。

表 5－13　PH_2 的电子亲和势

分子	E/(a. u.)	零点能(ZPE)/(a. u.)	EA/(a. u.)	EA/eV	EA /(kcal/mol)
PH_2^-	－342.554 19	0.012 45		—	—
PH_2	－342.509 42	0.013 22	0.045 54	1.24	28.58
实验值	—	—		1.26	29.06

注：$EA = (-342.509\ 42 + 0.013\ 22) - (-342.554\ 19 + 0.012\ 45) = 0.045\ 54$。

（3）离子化能。离子化能（Ionization Potential，IP）指体系减少一个电子的能量变化，计算方法为中性分子和其阳离子的能量差，即 $IP = E(PH_2^+) - E(PH_2)$。同理，计算得到的 PH_2 离子化能为9.95 eV，实验值为9.82 eV，误差为 －0.13 eV（约 －2.9 kcal/mol），见表5-14。

表 5－14　PH_2 的离子化能

分子	E/(a. u.)	零点能(ZPE)/(a. u.)	IP/eV	IP/(kcal/mol)
PH_2^-	－342.144 16	0.013 47	—	—
PH_2	－342.509 42	0.013 22	9.95	229.36
实验值	—	—	9.82	226.45

（4）质子亲和能。质子亲和能（Proton Affinity，PA）指体系增加一个质子后的能量变化，计算方法是分子与在其基础上增加一个质子的体系之间的能量差值，即 $PA = E(PH_3) - E(PH_4^+)$。同理，计算得到质子亲和能为 185.9 kcal/mol，实验值为 187.1 kcal/mol，误差为 1.2 kcal/mol，见表 5－15。

* 1a. u. ＝627.509 5 kcal/mol，下同。

表 5－15　PH_3 的质子亲和能

分子	E/(a. u.)	零点能(ZPE)/(a. u.)	PA/eV	PA/(kcal/mol)
PH_4^+	－343. 454 08	0. 034 70	—	—
PH_3	－343. 146 91	0. 023 76	8. 06	185. 9
实验值	—	—	8. 11	187. 1

2. G2 方法及其优缺点

G2 方法是在 55 个原子化能、38 个离子化能、25 个电子亲和能和 7 个质子亲和能的基础上发展起来的，利用它可得到十分准确的热力学结果。该方法用于准确计算热力学性质有许多优点：①与实验结果误差不大；②包含有不同元素的大量化合物；③包含了大量常用的电子态，如离子、开壳层体系和超价体系等。

但在说明和解释来自任何特殊模型化学的结果时，必须了解 G2 方法的不足。其主要不足有：①所处理的分子体系小，不能随意推广到大的体系。②不是所有的键型都支持的，比如不支持环状分子，也没有 C—F 键。③只能研究前两个周期的原子，推广到其他原子，如过渡金属，可能会出现问题。④由于其使用了非常精确的热力学数据，故其本身具有随意性，甚至对一些一、二周期元素的双原子分子也不能全部得到精确结果。这一点很重要，因为从一小部分分子的某些热力学数据得出的理论模型在应用到其他体系时可能会产生一定的误差。

3. 理论模型的选用

通过对半经验(AM1)、HF 方法、MP(MP2)、DFT(B3LYP、SVWN)等理论方法的比较，可以得出如下结论。

(1)最准确的方法是“B3LYP/6－311＋G(3df,2df,2p)//B3LYP/6－31G(d)”，但这并不是最昂贵的方法。这种表述的意思是用后一种方法优化结构，再用前一种方法计算能量及性质。

(2)一般由中等级理论进行优化，再进行高等级计算，这比完全采用高等级方法的结果要好。采用高等级的计算，并不能够为几何优化带来更为准确的结果。

(3)增大基组对于几何优化而言并不是必需的，但对能量的精确计算却显得十分重要。例如，“B3LYP/6－31＋G(d,p)//B3LYP/6－31G(d)”的结果与在 G2 分子基上采用“B3LYP/6－31＋G(d,p)// B3LYP/6－31＋G(d,p)”一样好。

(4)半经验方法与 Hartree-Fock 方法比较，其绝对平均误差较小，说明其经验值中包含了一些电子相关，但最大误差较大，比如对离子化能和质子化能的计算。

(5)B3LYP 函数用于能量计算时，相对于用于几何优化显得慢得多，使用“B3LYP/6－311＋G(2d,p)//HF/3－21G(d)”的结果与使用“B3LYP/6－31G(d)//B3LYP/6－31G(d)”的结果一样好。

在选择方法时推荐作以下考虑：

(1)如果负担得起，建议使用“B3LYP/6－31G(d)”进行几何构型和零点能校正，再使用 B3LYP 的最大基组进行能量计算。

(2)一些研究者推荐使用“HF/6－31G(d)”进行零点能和热力学矫正。对于一些大的体系，先采用 HF 进行几何优化和频率分析，然后再使用“B3LYP/6－31G(d)”进行能量计算，这样比使用“B3LYP/6 - 31G(d)”进行频率计算更有效。

(3)在使用“B3LYP/6 - 31G(d)”进行优化和频率分析太昂贵时，可使用“HF/3 - 21G”进行几何优化和单点能及热力学矫正。

(4)先使用 AM1 优化体系，再进行 B3LYP 的单点能计算也能明显提高最终结果的精度。

4. 组合方法

高水平的计算大多非常昂贵，实际应用起来有一定难度。为了得到高精度的计算结果，提出了多种组合方法，这些方法通过组合不同的计算结果来逼近，可以得到更为精确的结果。这里介绍 Gaussian - *n* 方法和完全基组方法(CBS)两类组合方法。Gaussian - *n* 方法又分为 Gaussian - 1 和 Gaussian - 2，都是在优化好的结构上对能量进行计算，并采用预先定义的方法进行组合修正。

(1)G1 与 G2 方法的处理步骤

①采用 HF/6 - 31G(d)产生初始几何构型和频率分析，得到零点能 ZPE，矫正因子为 0.892 9。

②从第一步的优化结果开始，再采用“MP2(Full)/6 - 31G(d)”进行几何优化。

③在第二步所得结构上，采用“MP4/6 - 311G(d,p)”计算基态能量 E_{base}。

④在第二步所得结构上，添加弥散函数，采用“MP4/6 - 311G + (d,p)”计算基态能量 E_{base}，与第三步得到的 E_{base} 比较，其差值为 ΔE^{+}。

⑤在第二步所得结构上，添加高级极化函数，采用“MP4/6 - 311G(2df,p)”计算基态能量 E_{base}，与第三步得到的 E_{base} 比较，差值为 ΔE_{2df}。如果该数值为正，则设该项为零。

⑥采用“QCISD(T)/6 - 311G(d,p)”计算基态能量 E_{base}，与第三步得到的 E_{base} 比较，差值为 ΔE_{QCI}。

⑦矫正第六步的结果，$\Delta E_{HLC} = -0.000\ 19n_{\alpha} - 0.005\ 95n_{\beta}$，其中 n_{α}，n_{β} 是处于 α 和 β 自旋状态的电子的数目。G1 能量：$E_{G1} = E_{base} + \Delta E^{+} + \Delta E_{2df} + \Delta E_{QCI} + \Delta E_{HLC} + \mathrm{ZPE}$。

所得 E_{G1} 和采用“QCISD(T)/6 - 311 + G(2df,p)”计算得到的结果近似，但速度要快得多。

G2 方法是在 G1 的基础上，增加处理以下两个步骤。

⑧采用“MP2/6 - 311 + G(3df,2p)”进行能量计算。$\Delta E_{G2} = \Delta E_{+2df} - \Delta E^{+} - \Delta E_{2df} + \Delta E_{3d2p}$。将 G1 方法中的 2df 项进行修正，由于所需要的 MP2 计算可以在前面找到，最终(ΔE_{G2})的计算可以表示为：$\Delta E_{G2} = E(8) - \mathrm{E}(5,\mathrm{MP2}) - \mathrm{E}(4,\mathrm{MP2}) + \mathrm{E}(3,\mathrm{MP2})$。其中，数字代表进行的步骤，后面的方法(MP2)为该步骤中使用该理论计算的能量值。

⑨将 G1 中的 ΔE_{HLC} 修正，增加 $0.001\ 14n_{\beta}$，记为“ΔE_{HLC}”。

G2 能量为：$E_{G2} = E_{G1} + \Delta E_{G2} + \Delta E_{HLC}$。

(2)G2 组合方法实例

【例 5.13】采用 G2 组合方法计算 PH_3 质子化能(PA)。在 G03W 中，打开“\G03W\examples\e7_05.gjf”，其输入文件如图 5 - 76 所示。在输出文件中可以找到如图 5 - 77 所示的信息。

```
#T G2 Test                              --Link1--
                                        #T G2 Test
PH4 (+1)                                PH3

  1  1                                    0  1
 P                                       P
 H,1,R2                                  H,1,R2
 H,1,R2,2,109.47122063                   H,1,R2,2,A3
 H,1,R2,2,109.47122063,3,D4,0            H,1,R2,2,A3,3,D4,0
 H,1,R2,2,109.47122063,3,-D4,0              Variables:
    Variables:                           R2=1.42928344
 R2=1.41205824                           A3=91.84753714
 D4=120.                                 D4=-91.90910853
```

图 5-76　输入文件

```
Temperature=        298.150000   Pressure=              1.000000
E(ZPE)=               0.023375   E(Thermal)=            0.026285
E(QCISD(T))=       -342.643079   E(Empiric)=           -0.024560
DE(Plus)=            -0.000801   DE(2DF)=              -0.031453
G1(0 K)=           -342.676518   G1 Energy=          -342.673607
G1 Enthalpy=       -342.672663   G1 Free Energy=     -342.696485
E(Delta-G2)=         -0.007054   E(G2-Empiric)=         0.004560
G2(0 K)=           -342.679012   G2 Energy=          -342.676101
G2 Enthalpy=       -342.675157   G2 Free Energy=     -342.698979
DE(MP2)=             -0.034507
G2MP2(0 K)=        -342.674212   G2MP2 Energy=       -342.671301
G2MP2 Enthalpy=    -342.670357   G2MP2 Free Energy=  -342.694179
```

图 5-77　输出文件

分别采用 G1、G2 和 G2(MP2)方法计算 PH3 的质子化能，计算结果及统计数据见表 5-16。其中，G2(MP2)方法比 G2 方法更为廉价，误差均在 2 kcal/mol 以下。

表 5-16　PH_3 的质子化能　　kcal/mol

方　法	G1	G2	G2(MP2)	实验值
PH_3	-342.673 62	-342.676 11	-342.671 31	
PH_4^+	-342.970 18	-342.972 74	-342.968 99	
PA	186.10	186.14	186.80	187.1
相对 CPU 时间/s	682.4	829.1	607.5	
平均绝对误差	1.53	1.21	1.58	
最大误差	7.4	4.4	6.3	

G2 方法是最精确，也是最昂贵的方法，G2(MP2)在三种方法中较为经济且结果也较好。注意，随体系的增加，G2 方法的特点就更为明显。

(3)完全基组方法(CBS)

完全基组方法(Complete Basis Set Method，CBS)是由 George Peterson 及其合作者开发的。完全基组方法名称本身就反映了一个事实，即对热力学从头算法，其最大误差来源于对基组的截断。该方法同 G2 方法一样，总能量也是对一系列计算结果的修正得到的。完全基组方法基于如下的原理。

①对总能量的连续贡献随着微扰的等级升高而降低，比如对于氧分子体系解离能的计算，可以精确到 0.001 Hartree，用 SCF 方法需要 6 个描述矢量，而 MP2 方法需要 3 个，更高

等级的微扰只需要 2 个。CBS 方法随着计算理论等级的增加采用较小的基组。

②CBS 方法采用成对中性轨道扩张的渐进收敛,从有限元基组外推建立完全基组,一般包括大基组的 HF 计算、中等基组的 MP2 计算,以及中等略低等级基组的高精度计算,见表 5-17。

表 5-17 完全基组方法

项 目	CBS-4	CBS-Q
几何优化	HF/3-21G(d)	MP2/6-31G(d)
ZPE(校正因子)	HF/3-21G(d) (0.916 71)	HF/6-31G(0.918 44)
SCF 能量	HF/6-311+G(3d2f,2df,p)	HF/6-311+G(3d2f,2df,2p)
二级修正	MP2/6-31+G	MP2/6-311+G(3d2f,2df,2p)
CBS 外推	≥5	≥10
高等级校正	MP4(SDQ)/6-31G	MP4(SDQ)/6-31+G(d(f),d,f);QCISD(T)/6-31+G
经验校正	单或双电子高阶,自旋校正	双电子高阶,自旋校正,对钠核校正

CBS-4 比其他两个方法要便宜。另外的 CBS 方法是 CBS-APNO,更加精确也更加昂贵。

(4)CBS 组合方法实例

【例 5.14】采用 CBS 组合方法计算 PH_3 质子化能(PA)。在 G03W 中,打开"\G03W\examples\e7_06.gjf"。其输入文件如下所示:

```
#T CBS-4 Test

PH4 (+1)

 1  1
P
H,1,R2
H,1,R2,2,109.47122063
H,1,R2,2,109.47122063,3,D4,0
H,1,R2,2,109.47122063,3,-D4,0
      Variables:
R2=1.41205824
D4=120.
```

```
--Link1--
#T CBS-4 Test

PH3

 0  1
P
H,1,R2
H,1,R2,2,A3
H,1,R2,2,A3,3,D4,0
      Variables:
R2=1.42928344
A3=91.84753714
D4=-91.90910853
```

```
--Link1--
#T CBS-Q Test

PH4 (+1)

 1  1
P
H,1,R2
H,1,R2,2,109.47122063
H,1,R2,2,109.47122063,3,D4,0
H,1,R2,2,109.47122063,3,-D4,0
      Variables:
R2=1.41205824
D4=120.
```

```
--Link1--
#T CBS-Q Test

PH3

 0  1
P
H,1,R2
H,1,R2,2,A3
H,1,R2,2,A3,3,D4,0
      Variables:
R2=1.42928344
A3=91.84753714
D4=-91.90910853
```

CBS 计算结果如下:PA(CBS-4)=189.25 kcal/mol,PA(CBS-Q)=186.24 kcal/mol,实验值=187.1 kcal/mol。可见,两个方法都得到了很好的结果,得到同样精度的结果,当然越便宜的方法越好。表 5-18 是 CBS 和 G2 方法的计算结果,能够达到误差小于 2 kcal/mol 的精度标准,CBS-4 是最便宜的,CBS-Q 的结果比 G2 好,同时也便宜很多。

表 5-18 几种组合方法计算结果

方 法	误 差/(kcal/mol)		相对 CPU 时间/s		
	绝对平均误差	最大误差	PH_3	F_2CO	SiF_4
CBS-4	1.98	7.0	1.0	1.0	1.0
G2(MP2)	1.58	6.3	2.4	10.3	11.5
CBS-Q	1.01	3.8	2.8	8.4	12.7
G2	1.21	4.4	3.2	25.9	59.1

5.7.5　化学反应研究

应用电子结构理论来研究化学反应，通常是从电子密度开始，通过势能面扫描和反应路径分析方法进行的。本节结合前面章节中有关体系的反应热及反应势能垒的讨论，进一步介绍反应研究中更复杂的应用技术。

1. 预测取代苯的电子密度

将电子密度或静电势转变为可视化的表面图，是研究分子体系反应性重要的第一步。芳环亲电取代反应的定位效应已经被深入研究过，采用电子密度对其进行研究，有助于对取代规律的进一步认识。

【例 5.14】研究取代苯的电子密度。选用 G03W 示例文件 e8_01a. gjf 和 e8_01b. gjf。

已经知道氯苯和硝基苯的硝化是基于同样的反应机理，即苯环首先受 NO_2^+ 的攻击，产生其阳离子异构体。当硝化完成后，产物分布如表 5－19 所示。

表 5－19　两种取代苯的产物分布　%

名　称	邻位(Ortho)	间位(Meta)	对位(Para)
氯硝基苯	29	1	70
二硝基苯	7	88	1

在这里，重点考察间位和对位异构体的中间体。

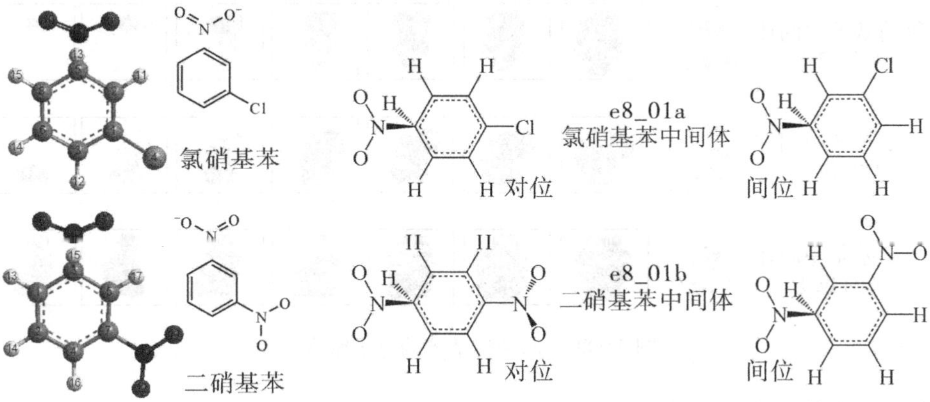

图 5－78　两种苯取代反应的中间体

苯分子采用“B3LYP/6－31G(d)”优化，电子密度在“HF/6－31G(d)”水平上计算。

在如图 5－79 所示输入文件中，Cube 关键字用于在三维网格(立方)点上求解分子轨道、静电势、电子密度、密度梯度和电子密度的拉普拉斯算符。由于 G03W 中有 Cubegen 工具(不提倡使用它)，Cube 默认计算电子密度(对应选项 Density)。其中，“Cube＝(Density, 50)”指定使用 50^3 个点，均匀分布在由程序产生的方形区域内；“cln_meta. cube”表示计算完成后在“\G03W\Scratch”目录下产生该立方网格文件。

e8_01a.gjf

```
#T HF/6-31G(D) Cube=(55,Density) Test NoSymm
Nitrated Chlorobenzene Cation Meta Position
Structure （略）
cln_meta.cube    ! 产生立方网格文件

--Link1--
#T HF/6-31g* Cube=(55,Density) NoSymm Test
Nitrated Chlorobenzene Cation Para Position
Structure （略）
cln_para.cube    ! 产生立方网格文件
```

e8_01b.gjf

```
#T HF/6-31G(d) Test Cube=(Density,50) NoSymm
Nitrated Nitrobenzene Cation Meta Position
Structure （略）
n2_meta.cube    ! 产生立方网格文件

--Link1--
#T HF/6-31G(d) Test Cube=(Density,50) NoSymm
Nitrated Nitrobenzene Cation Para Position
Structure （略）
n2_para.cube    ! 产生立方网格文件
```

图 5－79　产生立方文件的输入文件

将电子密度按照平行苯环平面的方向切片，得到不同厚度位置的电子密度图。间位的氯硝基苯和对位的二硝基苯的电子密度分布，表明它们保留了有较大范围的共振结构。相反，另外两个构型的电子密度分布显示其电子分布相对局域化，并且向苯环外的方向集中。

通过电子密度的表面图形（图 5－80），可以定性地理解电子密度和反应性的关系。

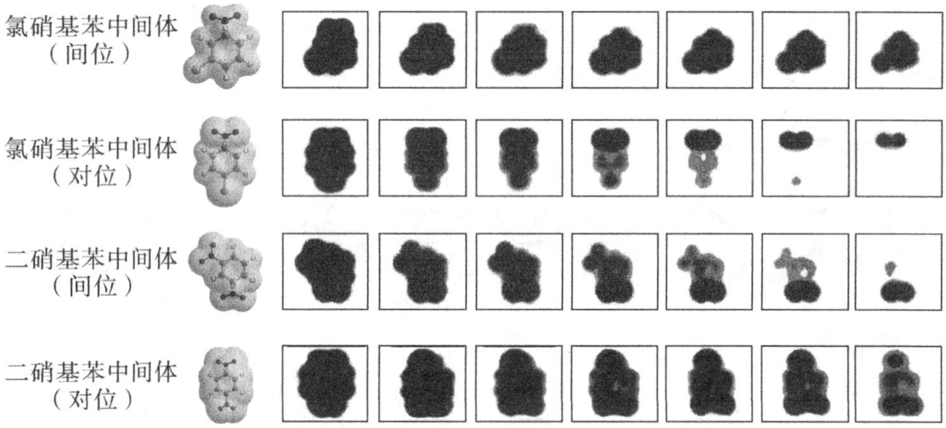

图 5－80　四种硝基苯的电子密度表面

2. 计算水解反应的焓变

计算水解反应 $H^+ + H_2O = H_3O^+$。反应的标准焓变 ΔH^{298} 可表示为：

$$\Delta H^{298} = \Delta E^{298} + \Delta(PV)$$

$$\Delta E^{298} = \Delta E_e^0 + \Delta(\Delta E_e)^{298} + \Delta E_v^0 + \Delta(\Delta E_v)^{298} + \Delta E_r^{298} + \Delta E_t^{298}$$

其中，ΔE_e^0——0 K 时产物与反应物的能量差，$\Delta E_e{}^0$ 由单点能得到；

$\Delta(\Delta E_e)^{298}$——0 K 到 298 K 时电子能量的变化，对于这个反应，这一项可以忽略；

ΔE_v^0——0 K 时反应物和产物的零点能之差；

$\Delta(\Delta E_v)^{298}$——0 K 到 298 K 振动能量的变化；

ΔE_r^{298}——产物和反应物的转动能之差；

ΔE_t^{298}——产物和反应物的平动能之差；

$\Delta(PV)$——由于反应分子数减少了 1 mol，故 $PV = -RT$。

【例 5.15】计算生成热。输入文件 e8_02.gjf,采用"B3LYP/6-311+G(2df,2p)"计算,其他各项可通过频率分析得到,都要考虑内能校正。下面所要做的工作就是优化,然后进行频率分析,从输出文件中查找所需数据。采用"B3LYP/6-31G(d)"能够得到足够准确的结果。计算时要注意的是,不用计算 H^+ 的其他各项能量值,因为 H^+ 没有电子,其电子能量为0,又由于只有一个原子,其振动、转动能也为零,其平动能为 1.5 RT = 0.889 kcal/mol(参见统计热力学)。计算结果见表 5-20。

表 5-20　水解反应焓变的计算结果

分子	E_e^0	ΔH^{298}/Hartrees	ΔH^{298}/(kcal/mol)	实验值/(kcal/mol)
H^+	0.0	—	0.889	
H_2O	-76.462 41	0.024 94	15.39	-165.3 ±1.8
H_3O^+	-76.734 22	0.037 37	23.55	

最终计算得到 ΔH^{298} = -163.7 kcal/mol,实验值为(-165.3 ±1.8) kcal/mol,两者相当接近。

3. 势能面研究

对势能面和反应路径的理论预测,有时可能产生意料之外的结果。下面通过考察丙烯基正离子旋转异构体(图 5-81)的变化来讨论势能面的应用。

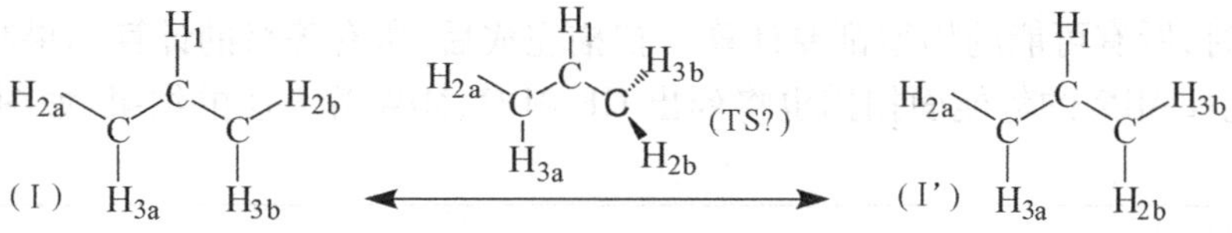

图 5-81　丙烯基正离子的旋转异构体

曾经认为两个异构体之间的变化是通过一个具有 Cs 对称性的过渡态完成的(H_{2b}—C—H_{3b}组成的平面垂直于碳原子平面)。研究该反应这一假想过渡态的办法就是寻找其势能面上的鞍点。采用"HF/6-311++G(d,p)"的确找到了这样的过渡态,但是进一步采用 MP2 和 QCISD 等更高水平的方法和相同的基组计算,却没有得到这个过渡态,而是得到极小值。在优化到 Cs(不是鞍点,因而不是过渡态)的过程中,中心碳原子上的 H_1 已经迁移到了端位的碳原子上,这个新结构的能量比势能面中平衡结构的能量高 10 kcal/mol。这样的结果表明,可能有另外一条反应路线(图 5-82)。

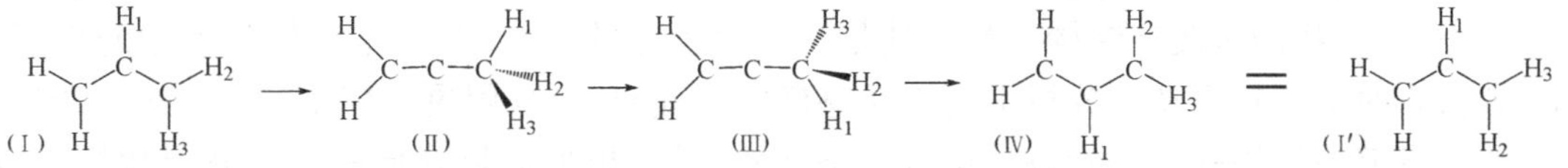

图 5-82　丙烯基正离子旋转异构体的过渡态

(1)中间碳上的氢迁移到端位的碳原子上(Ⅰ→Ⅱ)。

(2)新形成的甲基发生旋转(Ⅱ→Ⅲ)。

(3)旋转后的甲基上的一个氢原子迁移回中间碳原子(Ⅲ→Ⅳ = Ⅰ′)。

应用 IRC 计算(后面将对这一方法进一步讨论)的结果表明,过渡态的确是连接产物与反应物的。采用 HF 方法计算得到假过渡态的原因,可能是由于 HF 方法本身的限制,其计算的亚甲基旋转的势垒要低于氢原子迁移的势垒。

4. 势能面扫描

势能面扫描可以研究一个区域内的势能面,通常就是在不同结构上执行一系列单点能计算。进行势能面扫描时,要设置分子结构的变量,设置结构变化的范围和步长。在 Gaussian 中,势能面扫描是自动进行的,图 5-83 所示是对 CH 进行势能面扫描的实例。

```
#T UMP4/6-311+G(d,p) Scan Test

CH PES Scan (UMP4)

0 2
C
H 1 R

R 0.5 40 0.05
```

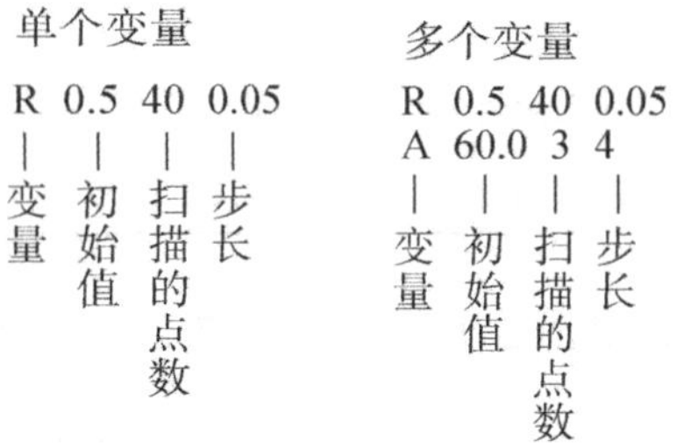

图 5-83 势能面扫描输入文件的变量设置

所用的关键词是 Scan,变量的设置格式是“变量名 初始值 [点数 步长]”。当只有一个参数时,变量在整个扫描中是不变的;当三个参数都设定时,变量将在一定范围内变化。当有多个变量时,所有可能的构型都要计算。扫描完成后,所有等级的计算结果都会在输出文件中列出,比如 MP2 的势能面扫描也将列出 HF、MP3、MP4 等方法的结果,如图 5-84 所示。

```
Scan completed.
Summary of the potential surface scan:
  N       R          SCF          MP2          MP3         MP4DQ        MP4SDQ       MP4SDTQ
 ----  ---------  -----------  -----------  -----------  -----------  -----------  -----------
    1    0.5000    -37.34221    -37.42380    -37.44031    -37.44386    -37.44414    -37.44508
    2    0.5500    -37.60373    -37.68493    -37.70141    -37.70493    -37.70522    -37.70615
    3    0.6000    -37.79579    -37.87682    -37.89331    -37.89682    -37.89710    -37.89804
```

图 5-84 势能面扫描结果

由扫描结果可得到势能面,进而得到极小值的可能位置,但势能面扫描中不会进行几何优化。

5. 反应路径跟踪

当计算得到一个鞍点且存在虚频时,该点可能是过渡态,但还不能就这样肯定它就是连接产物和反应物的过渡态结构。判断其是否为过渡态的一个方法,是分析其虚频的简正振动状态,有时甚至对振动的分析也还不能够确定。此时,可采用更为精确的方法——IRC 方法,检验过渡态结构的变化趋势。从过渡态开始计算,根据能量降低的方向来寻找极小值,寻找过渡态所连接的两个极小值是不是反应物和产物的结构。

反应路径表示了由反应物到产物分子结构的变化过程,但是连接反应物和产物可以有不止一条路径。通过 IRC 计算,我们可以寻找真正的反应路径,也就是能量最低的反应路径。

反应路径计算可以确认得到的过渡态是否为连接反应物和产物的过渡态，由此计算反应的活化能（应进行零点能校正）。运行 IRC 的关键词是 IRC。需要注意的是，IRC 计算是从过渡态开始的，在两个反应方向上各进行固定步骤的计算（默认是 6 步）。IRC 计算步骤如下。

（1）对初始过渡态进行优化。

（2）在优化得到的过渡态上进行频率分析。主要完成以下计算：①验证所得过渡态的结构；②计算过渡的零点能；③生成 IRC 计算所需的力常数。

（3）运行 IRC 计算（要求使用关键字 IRC），在鞍点的能量下降方向，寻找极小值。一般需要增大寻找的次数，从而尽可能地接近极小值。方法是使用 MaxPoints 指定在各个方向上的寻找次数。还可以使用关键字"IRC =（ReStart，MaxPoints = n）"，其中 n 应设置为一个合适的值，当然也可由检查点文件提供。

确定反应势垒，还要进行更多的计算，包括以下一些计算作业：

①对优化的过渡态进行高水平、大基组的能量计算，得到过渡态的总能量；

②对反应物和产物进行优化后，紧接着进行频率计算和高水平能量计算，得到相应的零点能和高品质的总能量；

③比较过渡态与反应物产物的能量，求得反应的势垒。

完整的 IRC 计算，应从不同的鞍点开始，通过不同反应路径，找出从反应物到产物可能存在的其他所有反应路径。

6. 势能面研究实例 1——甲醛的解离

【例 5.16】采用 IRC 研究甲醛的势能面。在这个势能面上有很多极小值，包括甲醛、羟基卡宾以及 H_2 和 CO，每一组之间都可以组合成不同的反应物产物对。这里讨论以下两个反应：

先讨论甲醛的解离。为了确定反应过渡态的结构、预测反应的活化能，需得到以下信息：①甲醛、氢分子、一氧化碳分子校正后的零点能和 SCF 能量；②求得过渡态的几何构型，计算校正后的零点能和 SCF 能量。

（1）反应物和产物的几何优化与频率计算。在"RHF/6 - 31G（d）"水平上分别对甲醛分子、氢分子和一氧化碳分子进行几何优化，再加上关键字 Freq 进行频率计算。分别从输出文件中读取"E（RHF）"（SCF 能量）和"Zero-point correction"（零点能），结果如表 5 - 21 所示。

表 5 - 21　甲醛分子解离体系中的物种能量计算结果　Hartrees

物　种	SCF 能量	零点能	矫正零点能	总能量
反应物（H_2CO）	-113.866 33	0.029 20	0.026 68	-113.839 66
H_2	-1.126 83	0.010 58	0.009 66	-1.117 16
CO	-112.737 88	0.005 56	0.005 08	-112.732 80
产物（H_2 + CO）				-113.839 66

（2）过渡态的几何优化与频率计算。要得到过渡态的能量，还需要进行以下计算：

①过渡态结构的几何优化计算，得到 SCF 能量；

②频率计算，得到零点能并进行校正；

③IRC 计算，确认过渡态，明确通过鞍点连接的两个最小点。

从碳原子上分离出一个氢原子，增大 OCH 夹角，作为过渡态的初始构型。在路径部分指定关键字“Opt =（TS，CalcFC）”优化到过渡态，其中“CalcFC”是计算力常数，指定 Freq 用于优化后自动进行频率计算。在 G03W 中，打开并运行输入文件“e8_03. gjf”（图 5 - 85）。

```
%Chk=formts
#T RHF/6-31G(d) Opt(CalcFC,TS) Freq Test

H2 + CO <-> H2CO Opt Freq

0,1
O
C,1,1.13
H,2,1.1,1,164.0
H,3,1.3,2,90.0,1,0.

--Link1--
%Chk=formts
%NoSave
#T RHF/6-31G(d) IRC=RCFC Guess=Read Geom=AllCheck Test
```

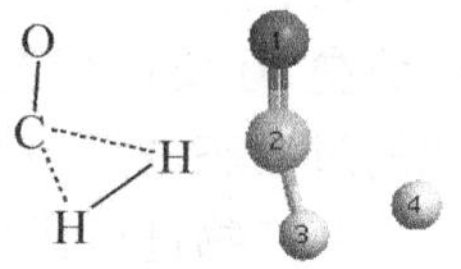

过渡态初始构型

图 5 - 85　由猜想结构优化过渡态

优化结果（图 5 - 86）得到的几何构型与最先给出猜测的结构接近，过渡态 SCF 能量为 −113. 693 52 Hartrees。频率分析表明有一个虚频（ − 218 6. 3 cm^{-1}），过渡态零点能为 0. 019 421 Hartrees，用校正因子 0. 913 5（HF/6 − 31G（d））校正后为 0. 017 74 Hartrees，总能量 = SCF 能量 + 零点能 =（ − 113. 693 52） + 0. 017 74 = − 113. 675 78（Hartrees）。

```
                      1
                      A'
Frequencies --  -2186.3089
Red. masses --      1.1752
Frc consts  --      3.3096
IR Inten    --    645.0614
Raman Activ --     55.9736
Depolar (P) --      0.1763
Depolar (U) --      0.2998
Atom AN      X      Y      Z
  1   8   -0.02   0.00   0.00
  2   6    0.12  -0.03   0.00
  3   1   -0.91  -0.04   0.00
  4   1   -0.08   0.38   0.00
```

```
Temperature   298.150 Kelvin.  Pressure   1.00000 Atm.
  1 imaginary frequencies ignored.
Zero-point correction=                        0.019421 (Hartree/Particle)
Thermal correction to Energy=                 0.022386
Thermal correction to Enthalpy=               0.023330
Thermal correction to Gibbs Free Energy=     -0.002368
Sum of electronic and zero-point Energies=         -113.674103
Sum of electronic and thermal Energies=            -113.671137
Sum of electronic and thermal Enthalpies=          -113.670193
Sum of electronic and thermal Free Energies=       -113.695891
```

图 5 - 86　优化结果的频率与能量值

（3）IRC 计算。在 IRC 计算中使用关键字 IRC，并使用频率计算的结果，以便确认该结构就是连接两个最小点的过渡态。IRC 默认设置是在每个方向进行 6 步计算，收敛后就不再继续寻找。IRC 计算需要优化好的过渡态并使用关键字“IRC = RCFC”以获得计算所需的力常数。

在输出文件末尾对 IRC 计算进行总结（图 5 - 87），沿反应路径的方向顺序排列每个点的能量和变量的优化值。第一行和最后一行对应于整个反应路径的起点和终点。

```
 ------------------------------------------------------------------------
                   Summary of reaction path following:
                  (Int. Coord:  Angstroms, and Degrees)
 ------------------------------------------------------------------------
                   ENERGY      RX.COORD     X1          Y1          Z1
起点 — 1        -113.72238  -0.59920  -0.02058   0.00000   -0.00777
(I)    2  ......-113.71426  -0.49921  -0.01918   0.00000   -0.00758
终点 — 13       -113.72583   0.59933  -0.00678   0.00000   -0.00589
(II)
                   X2          Y2          Z2          X3          Y3
       1          0.03228    0.00000    1.13707    0.03596    0.00000
       2  ......  0.02578    0.00000    1.13547    0.07712    0.00000
       13        -0.03524    0.00000    1.11702    0.56976    0.00000
                   Z3          X4          Y4          Z4
       1          2.19550    1.52195    0.00000    1.73530
       2  ......  2.19365    1.53594    0.00000    1.75320
       13         2.18372    1.57292    0.00000    1.95606
 ------------------------------------------------------------------------
```

图 5-87　IRC 反应路径分析结果

用 GaussView 打开输出文件，将会在多模型视图中显示以上反应路径中的分子模型（图 5 88）。

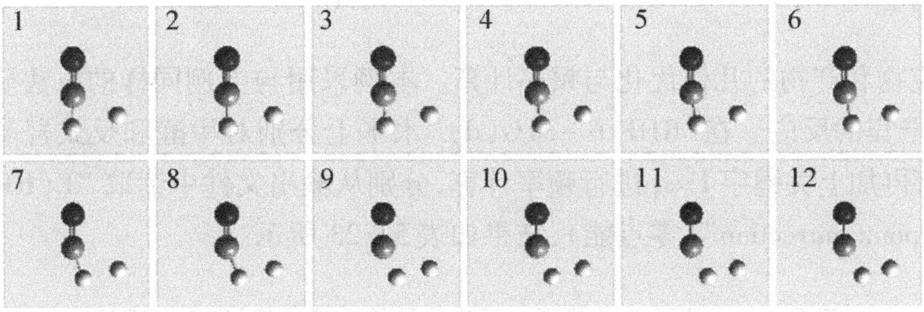

图 5-88　IRC 分析得到的过渡态构型变化

由 IRC 过渡态开始，沿反应路径两端，我们得到图 5-89 所示的两个结构（Ⅰ、Ⅱ）。

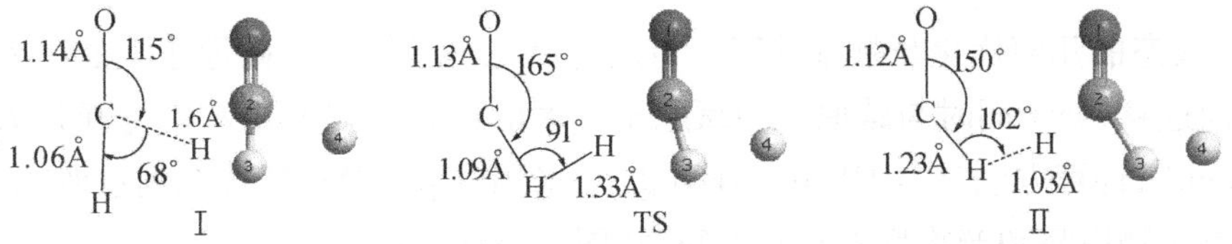

图 5-89　由 IRC 分析得到的产物和反应物结构

①结构Ⅰ。对应于 IRC 输出中的第 1 行（起始点），其 OCH 键角发生扭曲，该结构类似甲醛分子的结构，可以认定该反应路线是形成甲醛分子。

②结构Ⅱ。对应于 IRC 输出中的第 13 行（终止点），得到的结构 C—H 键伸长，C—O 键略微缩短，其变化将导致 CO 和 H_2 分子的形成，表明反应路线是分子解离。

（4）计算活化能。IRC 计算确认了过渡态，下一步就可以计算活化能了，零点能矫正因子取 0.913 50，结果见表 5-22。

表 5－22　由过渡态能量计算反应的活化能　　Hartrees

反应物种	SCF 能量	零点能	矫正零点能	总能量	活化能
过渡态(TS)	－113.693 52	0.019 42	0.017 74	－113.675 78	$E_a^{正}$ =0.163 88 Hartrees
反应物(H_2CO)	－113.866 33	0.029 20	0.026 68	－113.839 66	=102.834 25 kcal/mol
H_2	－1.126 83	0.010 58	0.009 66	－1.117 16	$E_a^{逆}$ =0.174 19 Hartrees
CO	－112.737 88	0.005 56	0.005 08	－112.732 80	=109.304 97 kcal/mol
产物(H_2 + CO)				－113.849 97	

计算表明两个反应方向的势垒相似。注意,IRC 得到的产物能量不一定等于两个单独体系的能量之和,因为对过渡态分子进行 IRC 计算时,一旦出现极小值时就终止了 IRC 计算,其结果略高于两个分离体系的能量之和。

7. 势能面研究实例 2——甲醛 1,2 氢迁移反应

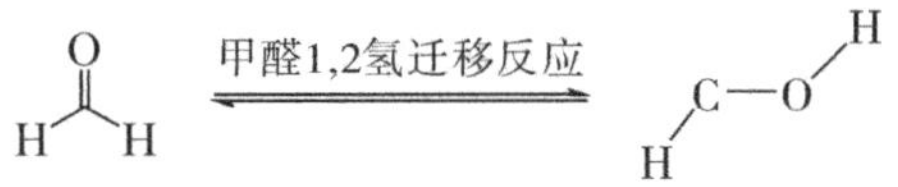

(1)反应物和产物的几何优化与频率计算。本例采用与上例同样的方法研究由甲醛生成反式羟基卡宾的反应。在“RHF/6－31G(d)”水平上分别对甲醛和反式羟基卡宾分子进行几何优化,再加上关键字 Freq 进行频率计算,分别从输出文件中读取“E(RHF)”(SCF 能量)和“Zero-point correction”(零点能),结果如表 5－23 所示。

表 5－23　甲醛 1,2 氢迁移反应物种的能量计算(Opt＝QST2)　　Hartrees

反应物种	SCF 能量	零点能	矫正零点能	总能量
反应物(甲醛)	－113.866 33	0.029 20	0.026 68	－113.839 66
产物(羟基卡宾)	－113.783 52	0.028 95	0.026 43	－113.757 09

(2)过渡态的几何优化与频率计算。猜测过渡态初始结构为碳原子上的一个氢原子向氧原子方向迁移,处于同时与碳原子和氧原子作用的位置。在 G03W 中打开并运行输入文件“e8_03. gjf”,计算方法是“RHF/6－31G(d)”,采用“Opt＝QST2”优化到过渡态,给出的初始结构为反应物甲醛和产物反式羟基卡宾,如图 5－90 所示。

对过渡态进行的频率分析(图 5－91)表明,有且仅有一个虚频(－270 9.1 cm^{-1}),为一阶鞍点,SCF 能量为－113.699 64;零点能为 0.022 135,用校正因子 0.913 5 校正后为 0.020 220;总能量为－113.679 41。

```
%Chk=hydroxy
#T RHF/6-31G(d) Opt=QST2 Freq Test

formaldehyde

0,1
C
O,1,AB
H,1,AH,2,HAB
H,1,AH,2,HAB,3,180.,0

AB=1.18429
AH=1.09169
HAB=122.13658

trans hydroxycarbene

0,1
C
O,1,AB
H,1,AHO,2,BAHO
H,2,BH6,1,ABH6,3,180.,0

AB=1.29994
AHO=1.09897
BH6=0.95075
BAHO=103.00645
ABH6=109.43666

--Link1--
%Chk=hydroxy
%NoSave
#T RHF/6-31G(d) IRC=RCFC Guess=Read Geom=AllCheck Test
```

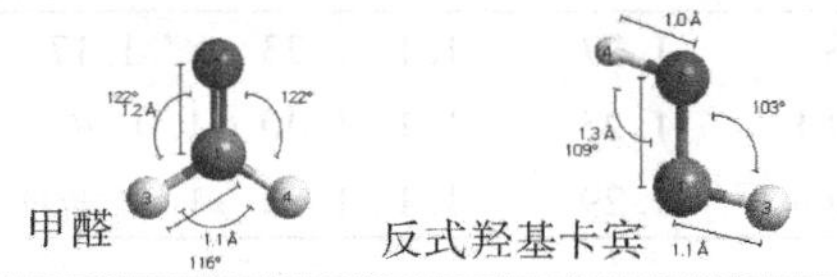

图 5-90　含有“Opt = QST2”优化与 IRC 分析的输入文件

	1	2	3
	A'	A"	A'
Frequencies --	-2709.0986	649.0299	1432.6503
Red. masses --	1.1146	1.1403	1.3448
Frc consts --	4.8195	0.2830	1.6263
IR Inten --	1086.8818	154.0892	85.3172
Raman Activ --	12.7792	1.7741	11.5418
Depolar (P) --	0.7343	0.7500	0.7145
Depolar (U) --	0.8468	0.8571	0.8335

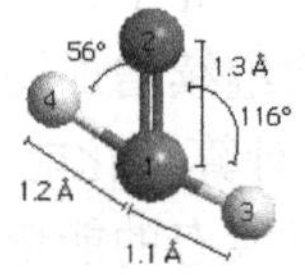

猜测的过渡态

图 5-91　过渡态的频率分析结果

(3)反应路径分析。从输出文件中寻找反应路径分析结果(图 5-92)。

Summary of reaction path following:
(Int. Coord: Angstroms, and Degrees)

		ENERGY	RX.COORD	X1	Y1	Z1
起点 (Ⅰ)	1	-113.74291	-0.59952	0.12309	0.00000	-0.31526
	2	-113.73156	-0.49953	0.12615	0.00000	-0.31849
	……					
终点 (Ⅱ)	13	-113.73380	0.59951	0.15949	0.00000	-0.34857

	X2	Y2	Z2	X3	Y3
1	-0.31254	0.00000	0.85530	1.20781	0.00000
2	-0.31459	0.00000	0.85421	1.21253	0.00000
……					
13	-0.33557	0.00000	0.83782	1.25442	0.00000

	Z3	X4	Y4	Z4
1	-0.45944	-1.00237	0.00000	-0.36914
2	-0.45170	-1.01100	0.00000	-0.32116
……				
13	-0.36915	-1.11693	0.00000	0.21453

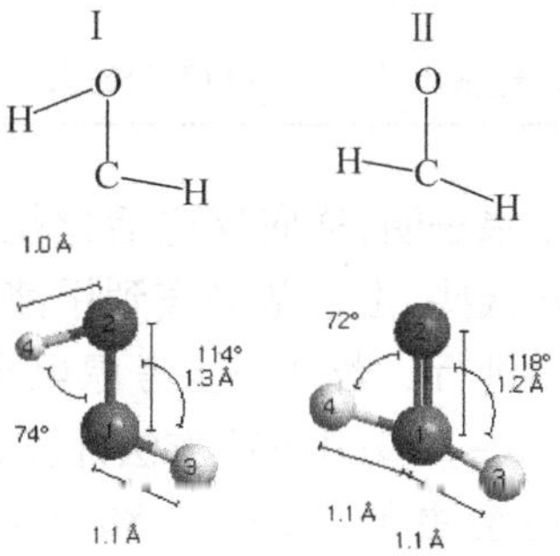

图 5-92　IRC 分析结果

用 GaussView 打开输出文件，将会在多模型视图窗口中显示以上反应路径中的分子模型(图 5-93)。

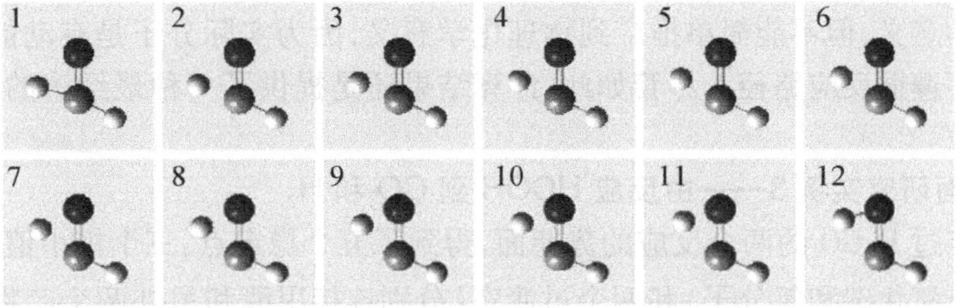

图 5-93　IRC 分析得到的过渡态构型变化

IRC 分析得到的两个结构，一个类似于 HCOH(结构 Ⅰ)，一个类似于 H2CO(结构 Ⅱ)，说明该结构为该反应的过渡态，其结构参数见表 5-24。

表 5-24 反应物、产物及过渡态的结构参数 Å

键参数	C—O 键长	C—H 键长	O—H 键长	O—C—H 键角	H—C—H 键角	C—O—H 键角
TS	1.27	1.1, 1.23	1.17	116.0°,56.3°	172.2°	59.7°
结构 I	1.25	1.1, 1.40	1.0(减小)	113.8°,43.6°	157.4°(减小)	74.0°
结构 II	1.29	1.1, 1.13	1.4(增加)	118.0°,72.3°	169.7°(增加)	49.8°

在结构 I 中,O—C—H 键角减小,氢更接近氧原子,在这个方向上继续减小键角将导致氢完全脱离碳原子变为完全与氧原子键合,成为反式羟基卡宾。

在结构 II 中,另一边的 O—C—H 键角增加,氢原子远离氧原子到碳原子的另一边,在这条路径上继续增加键角将导致甲醛结构的形成。

(4)计算活化能。由于已经证明过渡结构是连接反应物和产物的结构,故可由反应物、产物与过渡态的能量的差值求得正、反两个方向的活化能,如表 5-25 所示。

表 5-25 由过渡态能量计算反应活化能 Hartrees

反应物种	SCF 能量	零点能	矫正零点能	总能量	活化能
过渡态(TS)	-113.699 64	0.022 14	0.020 22	-113.679 41	$E_a^{正}$ =0.160 25 Hartrees =100.6 kcal/mol
反应物(甲醛)	-113.866 33	0.029 20	0.026 68	-113.839 66	$E_a^{逆}$ =0.077 68 Hartrees =48.75 kcal/mol
产物(羟基卡宾)	-113.783 52	0.028 95	0.026 43	-113.757 09	

结果表明,逆向反应活化能比正向反应活化能低些,由羟基卡宾到甲醛的逆向反应更容易进行。若进一步考虑电子相关,采用"MP4/6-31G(d,p)"方法计算,则正向反应活化能会更低些,只有 86.6 kcal/mol。图 5-94从势能面角度进一步说明以上讨论的甲醛两个反应的过程。

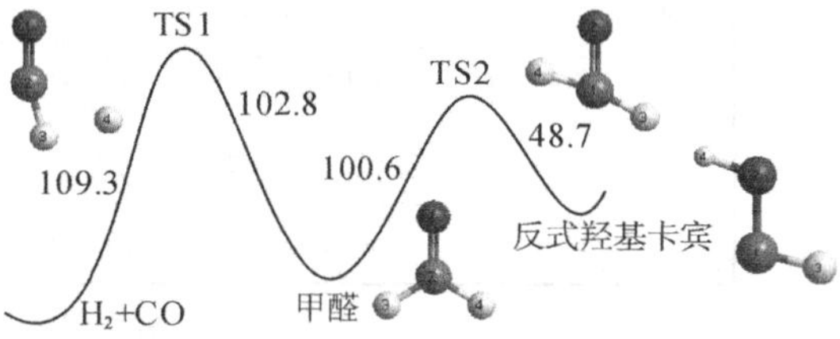

图 5-94 反应过程中各物种的能量关系

关于 IRC 计算必须说明的是,虽然在势能面上的反应结构如极小点、极大点和鞍点等具有几何学意义,但不能简单推广到物理化学意义,因为实际分子是有动能的,实际反应时有可能并不遵循反应路径。尽管如此,计算结果还是提供了一种最经济的研究反应途径的方法和手段。

8. 势能面研究实例 3——由反应 HCOH 到 CO 和 H_2

以前研究过 H_2CO 的两个反应的势能面,得到了五个稳定点:三个极小值(甲醛、反式羟基卡宾以及一氧化碳和氢分子)和两个过渡态(分别连接甲醛和另外两个产物)。现在进一步研究由 *trans*-HCOH 到 *cis*-HCOH 再到 CO + H_2 的变化途径。

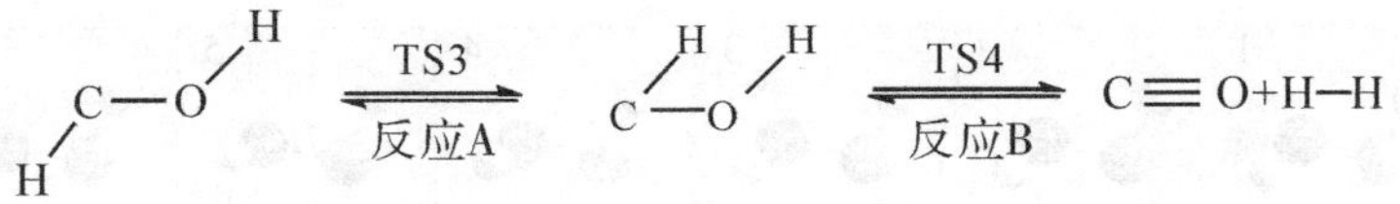

在“RHF/6－31G(d)”水平上分别对 H_2CO、CO、H_2、*trans*－HCOH 和 *cis*－HCOH 等分子进行几何优化，再加上关键字 Freq 进行频率计算，分别从输出文件中读取“E(RHF)”(SCF 能量)和“Zero-point correction”(零点能)，结果如表 5－26 所示。

表 5－26　由反式 HCOH 到 CO 和 H_2 的反应中各物种的能量计算值　　Hartrees

分　　子	SCF 能量	ZPE(零点能，已矫正)
H_2	－1. 126 83	0. 009 68
CO	－112. 737 88	0. 005 08
tran－HCOH	－113. 783 52	0. 026 43
cis－HCOH	－113. 774 49	0. 025 90
H_2CO	－113. 866 33	0. 026 68

先考虑反应 A，假定连接反式 HCOH 和顺式 HCOH 结构的过渡态是 HCO 平面与 COH 平面成 90°二面角的结构。在 G03W 程序中，首先打开“G03\examples\8_03. gjf”，发现该输入文件采用“Opt＝QST3”进行优化，“Opt＝QST3”要求提供三个结构，输入文件里给出了两个异构体和这一猜测的构型，如图 5－95 所示。

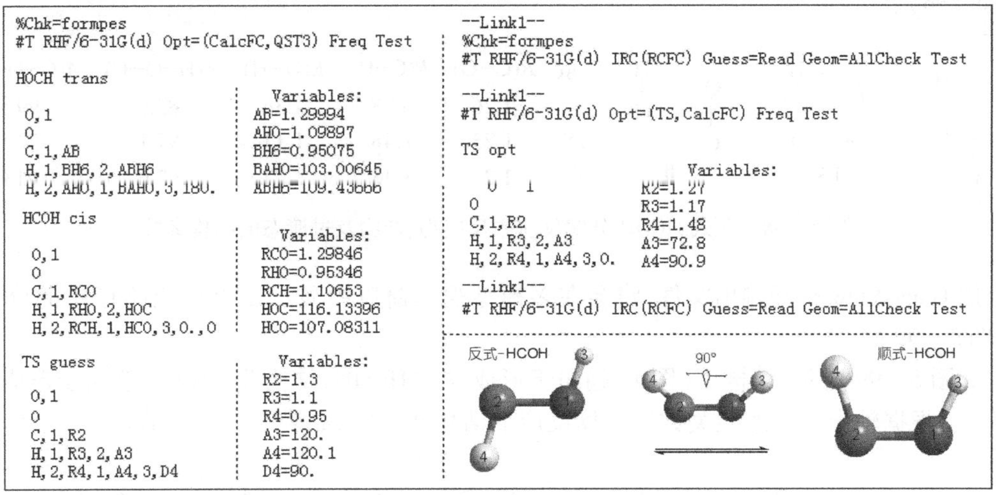

图 5－95　含有“Opt＝QST3”优化与 IRC 分析的输入文件

用 GaussView 打开输出文件，将会在多模型视图窗口中显示以上反应路径中的分子模型。然后进行 IRC 计算，在输出文件中查找“Summary of reaction path following”(IRC 总结)，在 13 个点中，第 1 个点对应于接近反式异构体的结构 A，接近顺式异构体的结构 B，如图 5－96 所示，说明这个过渡态结构就是所要找的过渡态。

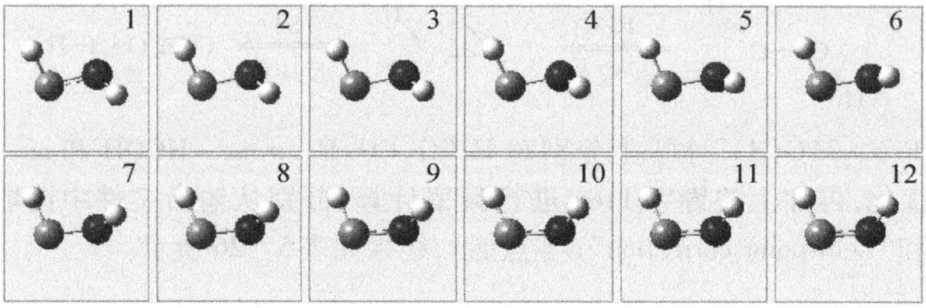

图 5－96　反式 HCOH 分解反应中过渡态的构型变化

通过二面角也可以很容易地区分这两种结构。如图 5－97 所示，结构 A 中二面角增大到 118.3°，表明这条路径是通向反式结构的；结构 B 中二面角减小到 61.2°，表明这条路径是通向顺式结构的。如果查看反应路径上的所有其他点，会发现在 A 结构这个方向上二面角不断增加，而在 B 结构方向二面角则不断减小。由此我们可以得出结论，结构 A 趋向于形成反式结构，结构 B 趋向于形成顺式结构。因此，我们可以确认，该过渡态正是连接顺式结构和反式结构的过渡态。

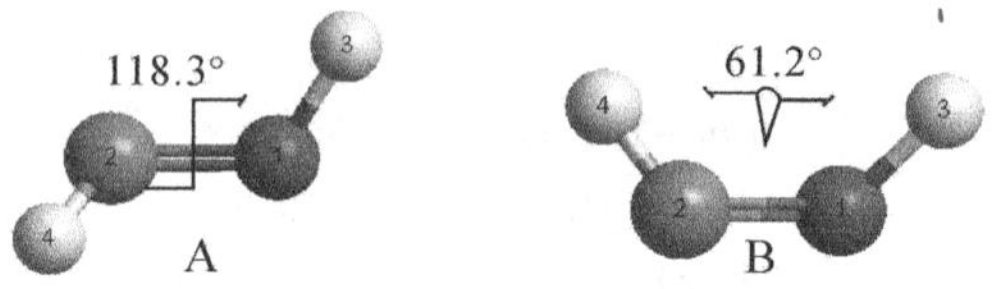

图 5－97　IRC 计算得到的反应物和产物

用同样的方法，我们还可以得到顺式 HCOH 到一氧化碳和氢（$CO + H_2$）反应的过渡态（图 5－98）。

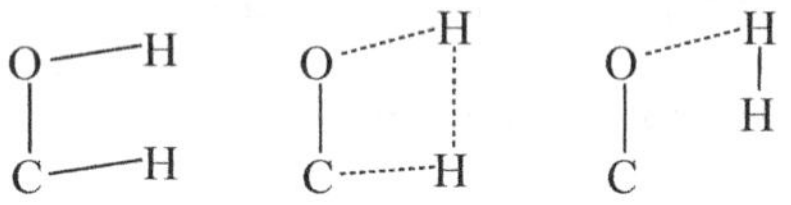

Ⅰ　　TS　　Ⅱ

变量	*R*(C—O)	*R*(C—H)	*R*(O—H)	*A*(H—O—C)	*A*(C—O—H)
Ⅰ	1.26	0.98	1.36	82.6	99.5
TS	1.23	1.48	1.11	97.1	72.1
Ⅱ	1.2	1.43	1.57	67.6	94.6

图 5－98　顺式 HCOH 分解反应中反应物、产物及过渡态的结构参数

用 GaussView 打开输出文件，将会在多模型视图窗口中显示以上反应路径中的分子模型（图 5－99）。

如图 5－99 所示，结构Ⅰ（图 1）趋向于形成顺式 HCOH，结构Ⅱ（图 12）趋向于形成（$CO + H_2$）。根据输出文件的相关数据计算反应的活化能，结果如表 5－27 所示。

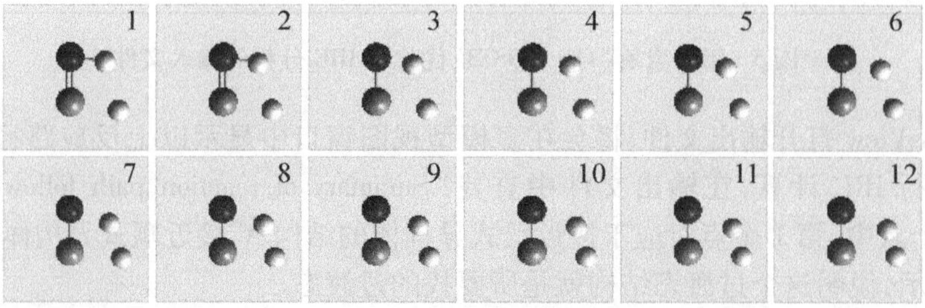

图 5－99　顺式 HCOH 分解反应中过渡态的构型变化

表 5－27　反应的活化能计算

分　子	SCF 能量/Hartree	ZPE(零点能)/Hartree	活化能 E_a/(kcal/mol)		
H_2	－1.126 83	0.009 68	反应	正向	逆向
CO	－112.737 88	0.005 08	反式⟺正式	25.8	20.5
trans－HCOH	－113.783 52	0.026 43	顺式⟺H_2＋CO	68.0	131.6
cis－HCOH	－113.774 49	0.025 90			
trans/cis－TS	－113.738 30	0.002 24			
cis/diss－TS	－113.655 88	0.015 59			

将本例所得过渡态与前面得到的过渡态、各反应物种及活化能数据(图 5－94)合并到一起，得到 H_2CO 体系新的势能图(图 5－100)。

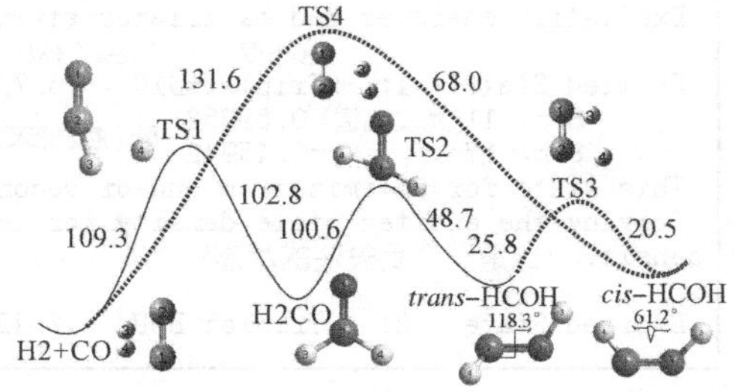

图 5－100　H_2CO 分解体系中各物种的能量关系

5.7.6　激发态计算

激发态是指分子体系中稳定的高能量电子结构状态，比如在高能紫外可见光谱中的激发态分子。激发态在化学的很多领域都有应用，包括光化学、电子光谱。但对于激发态分子的模拟是困难的，因为很难避免体系向基态变化。模拟激发态的理论很少，在 Gaussian 中提供的是组态相互作用的近似方法(Configuration Interaction Approach)，采用 Hartree-Fock 单取代，所以也被称为 CI-Singles。这一方法被认为是大量分子激发态零级处理的有效方法，对体系基态而言，CI-Singles 和 Hartree-Fock 方法比较，在定性上有比较好的结果，但在定量方面就差些了。

CI-Singles 方法和 Hartree-Fock 方法一样，计算量也不大，可用于较大的体系。

1. 运行激发态计算

激发态计算的常用关键字见表 5－28。

表 5－28　激发态计算的常用关键字

关　键　字	说　　明
CIS	进行 CI-Singles 激发态计算。这是方法关键词，在其前面可以加上 R 和 U 作为闭壳层分子和开壳层分子的标识
CIS＝(Root＝*n*)	确定研究哪一个激发态，*n* 默认为 1
CIS＝(NStates＝*n*)	确定研究的激发态的数量，*n* 默认为 3
CIS＝50－50	同时计算单重态和三重态。Triplets 选项为计算单重态，默认为单重态。当选择 Triplets 时，一定要设置 NStates 数量
CIS＝Read	从临时文件中读入初始猜测。用于利用前一个工作中的结果进行计算，与 Guess＝Read 和 Geom＝Check 一起使用
Density＝Current	要求计算激发态的布居分析
Pop＝Reg	要求较详细的布居分析结果，包括分子轨道系数

【例 5.17】计算乙烯的激发态(文件 e9_01.gjf)。路径为"# RCIS = (NStates = 2,50 - 50)/6 - 31 + G(d) Test"。由于既需要单重态,也需要三重态,所以设置"50 - 50,NStates = 2"表示计算两个激发态,使用了弥散基组。输出文件的以下内容是激发态计算输出的标志:

```
******************************************************************************
Excited states from <AA,BB:AA,BB> singles matrix:
******************************************************************************
```

在输出文件的稍后部分给出了每个激发态的能量(图 5 - 101)。

```
 Excitation energies and oscillator strengths:
                        (多重度)  (对称性)  (激发态能量)                (Oscillator强度)
 Excited State   1:     Triplet-B1U     3.7768 eV  328.27 nm  f=0.0000
       8 -> 11(激发轨道) 0.52952
       8 -> 17          -0.45942    每个激发态波函数的系数
 This state for optimization and/or second-order correction.
 Copying the excited state density for this state as the 1-particle RhoCI
density. (这是一个受关注的状态)

 Excited State   2:     Triplet-B3U     7.4297 eV  166.88 nm  f=0.0000
 ...
```

图 5 - 101　输出文件中激发态的轨道及能量

计算乙烯最低的四个激发态,结果如图 5 - 102 所示,与实验值基本一致。

状态	多重度	Modern标记	Mulliken标记	跃迁
1	3	B1u	T	π -> π*
2	3	B3u	TR	π ->3s
3	1	B3u	R	π ->3s
4	1	B1u	V	π -> π*

状态	对称性	能量	实验值
1	3B1u	3.78	4.36
2	3B3u	7.43	7.66
3	1B3u	7.83	6.98
4	1B1u	7.98	7.15

图 5 - 102　激发态的跃迁及能量

2. 激发态优化和频率分析

在 Gaussian 中可以进行激发态的优化和频率分析。步骤是:首先进行能量计算得到激发态,然后在此基础上进行优化和频率分析。

【例 5.18】甲醛的激发态优化。输入文件 e9_02.gjf 的内容如图 5 - 103 所示。

```
%Chk=c2ho_es
#T RCIS/6-31+G(D) Test

Formaldehyde (C2V) Vertical Excited States

0,1                          |  AB=1.18429
C                            |  AH=1.09169
O,1,AB                       |  HAB=122.13658
H,1,AH,2,HAB                 |
H,1,AH,2,HAB,3,180.          |

--Link1--
%Chk=c2ho_es
%NoSave
# RCIS(Root=1,Read)/6-31+G(D) Guess=Read Opt Freq Test Geom=AllCheck
```

图 5 - 103　甲醛激发态优化的输入文件

第一步是用 RCIS 计算最低的三个激发态;第二步是利用"Cis = Read"、"Geom =

Check"、"Guess = Read"等关键字，从结果中读取构型，进行结构优化，利用 Freq 关键字进行频率分析。在本例的计算中，得到的激发态出现了虚频（ $-371.3727\ cm^{-1}$ ）。其结构显示碳原子要离开原子平面成为三角锥形，由于原来的分子结构中所有原子都在同一平面上，所以应得到一个共平面的激发态结构。这样，就要设法产生一个正确的几何结构。激发态的结构优化，没有包含冗余内坐标，所以在初始结构中定义一个平面结构，就可得到共平面的激发态结构。

3. 练习提示

（1）练习 9.1（文件 9_01）。亚甲基环丙烯的激发态。亚甲基环丙烯是 20 世纪 80 年代中期由 Staley 和 Norden 发现的，观察到其紫外光谱有三个峰，分析可能有如图 5－104 所示的结构。半经验方法的计算结果表明，在 $^1A_1$ 下面还有另一个 $^1B_1$ 的激发态人们没有观察到，有人认为可能是溶剂对最低能级的影响，使得这个峰被 206 峰掩盖了。现采用"CI-Singles"研究这一体系，计算基态和第一激发态的偶极矩，并与实验结果比较。

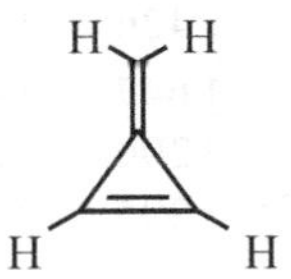

位置/nm	对称性	能量/ev	相对峰面积/%
309	$^1B_2$	4.01	0.2
242	$^1B_1$	5.12	0.01
206	$^1A_1$	6.02	1.5

图 5－104　亚甲基环丙烯

在 MP2/6－31G(d)水平进行结构优化，然后进行激发态计算，计算执行路径为"# RCIS (NStates = 5)/6－31＋G(d) Density = All Test"。其中，"NStates = 5"表示计算五个激发态；"Density = All"表示使用所有的密度进行布局分析，包括 SCF 密度(基态)、克隆粒子密度及 CI 密度(CI 1-Singles)。执行第一激发态的布局分析，结果得到五个激发态(表 5－29)。

表 5－29　计算得到的五个激发态

状态	对称性	能量/eV	能量(实验)/eV	振荡强度
1	$^1B_2$	5.48	4.01	0.05
2	$^1B_1$	5.91	5.12	0.02
3	$^1A_2$	6.30		0.00
4	$^1B_1$	6.38		0.03
5	$^1A_1$	6.41	6.02	0.37

得到的第 1、第 2、第 5 激发态都与实验符合；第 3 激发态的强度为零，因而观测不到；第 4 激发态的强度很弱，且与第 5 激发态位置相近，被其掩盖了。

得到的偶极矩和原子电荷如表 5－30 所示。

表 5－30　偶极矩和原子电荷

方　法	偶极矩(μ)/Debye	C1	C2	C3	C4
SCF	－2.39	－0.5	－0.2	－0.1	－0.1
CI 1-Particle	4.75	－0.004	－0.06	－0.4	－0.4
CI	2.56	－0.2	－0.2	－0.3	－0.3

结果表明，后两种方法计算的激发态的偶极矩符号发生了改变，其中 CI 1-Particle 方法的变化太大，表明在激发态时电子密度在碳原子上发生了过量迁移。这是计算偶极矩的传统方法，但由于只是根据波函数的平方来计算，因而会出现这类误差。据此，强烈推荐采用波函数解析导数真正的 CI 密度方法来计算偶极矩，在 CI-Silgles 计算的路径设置中，使用“Density = CI”或“Density = Current”。

(2)练习 9.2(文件 9_02)。练习甲醛的激发态优化，确定甲醛第一激发态的结构，比较红外光谱。

分子的 Z - 矩阵如图 5 - 105 所示。这里使用了虚原子，使得对于分子的描述更加简单，这个分子也不再是共平面的结构。计算采用校正因子 0.892 9，结果基本与实验值相符。

```
#T RCIS(Root=1)/6-31+G(D) Opt Freq Density=Current Test

Formaldehyde n-->pi* Cs Optimization

0,1                          | R2=1.25546079
C                            | R4=1.08213788
0,1,R2                       | A3=145.
X,1,1.,2,A3                  | A4=60.
H,1,R4,3,A4,2,90.            |
H,1,R4,3,A4,2,-90.           |
```

	计算值	校正值	实验值
平面外弯曲	495	442	683
CH_2摇摆	978	873	898
CH_2剪式	1 426	1 273	1 290
CO伸缩	1 647	1 471	1 173
对称CH伸缩	3 200	2 857	2 847
反对称CH伸缩	3 295	2 942	2 968

图 5 - 105 甲醛的第一激发态优化

(3)练习 9.3(文件 9_03)。丙烯醛的激发态优化。计算结果表明，频率计算找到了能量最小值，没有发现虚频，丙烯醛的第一激发态结构仍然是平面结构(图 5 - 106)。

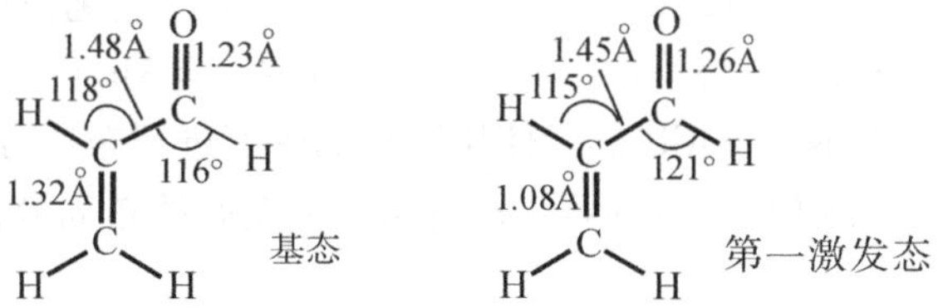

图 5 - 106 丙烯醛基态与第一激发态的结构

计算得到的频率比表 5 - 31 列出的多，这里只列出与实验值相匹配的频率数据。

表 5 - 31 丙烯醛第一激发态的频率数据 cm^{-1}

对称性	A″	A″	A′ (C—C—O 弯曲)	A″	A″	A″	A′	A′ (C—O 伸缩)	A′ (C—C 伸缩)
实验值	250	333	488	582	644	909	1 133	1 266	1 410
计算值(校正)	142	373	466	604	886	981	1 058	1 479	1 538

(4)练习 9.5(文件 9_05a ~ b)。使用 CASSCF 方法研究激发态。本练习使用 CASSCF (Complete Active Space Multicon Figuration SCF，完全活性空间多组态自洽场)方法，研究体系为上一练习中的丙烯醛。在上一练习的 CIS 计算中得到的激发态能量是 4.437 eV，而实验值是 3.72 eV，两者相差太大，本练习试图寻找减小误差的办法。

CASSCF 计算是在 SCF 计算基础上，增加了亚层轨道的完全电子相关计算。由于 SCF 计算有向基态收敛的趋势，而 CASSCF 有向激发态收敛的趋势，故 CASSCF 是对 SCF 激发态计算的改进。

活性空间是指 CI 计算中的轨道，活性空间由 HOMO 轨道和 LUMO 轨道组成，活性空间的电子从 HOMO 轨道中取得。关键词是"CASSCF(*N*,*M*)"，需要指定活性空间(Active Space)的电子数量(*N*)和轨道数量(*M*)两个参数。例如，对单重态体系，一个 4 电子 6 轨道的关键词"CASSCF(4,6)"，表示活性空间由 2 个 HOMO 轨道(4 个电子)和 4 个 LUMO 轨道组成；同样的，对三重态体系，6 电子 5 轨道的关键词"CASSCF(6,5)"，表示活性空间由 4 个 HOMO 轨道(其中 2 个轨道是双电子占据，另 2 个轨道是单电子占据)和 1 个 LUMO 轨道组成。

"Guess = Alter"用于保证所关注的轨道包括在活性空间中，也用于在初始猜想中交换轨道。"Guess = Only"和"Pop = Full"用于快速确定轨道的对称性，并决定参与活性空间的轨道。

采用 CASSCF 方法确定丙烯醛的第一激发态能量，需要如下步骤。

①运行"UHF/STO－3G Pop = NaturalOrbitals"，计算三重态丙烯醛的初始轨道和对称性，从中选择组成活性空间的轨道。由于第一激发态电子是由氧原子的孤对电子跃迁到 CO 键的 π 轨道，所需要的组成活性空间的轨道就要包括氧的孤对电子以及羰基的 π 轨道。在"9_05. pdb"中是采用"CASSCF(6,5)/6－31G(d)"来优化几何构型的。

②用"6－31G(d)"基组确定基态和激发态的能量。由于 CASSCF 波函数很难收敛，故还需要做如下工作：A. 运行"CASSCF(6,5,UNO)/STO－3G Guess = (Read, Alter)"，计算三重态丙烯醛，从检查点文件中修改轨道，以便将关注的轨道包括到活性空间中。之所以采用三重态，是因为它是纯的双自由基，具有更多的离子特性，比 $\pi—\pi*$ 有更多的限制，比较容易收敛。B. 从"STO－3G"收敛的波函数开始，采用"6－31G(d)"基组进行第二个计算。C. 采用"6－31G(d)"基组计算能量，在前一个计算得到的波函数基础上，设置多重度为 1，"Geom = Check"，再进行计算，这里需要给出"NRoot = 2"来确定激发态。

③运行另一个"CASSCF(6,5)/6－31G(d)"计算，得到基态能量，方法与激发态的方法相同。CASSCF 方法不再是个黑箱子，它需要使用者的参与，而且必须很小心，很有耐心。此外，从默认猜测进行的 CASSCF 计算几乎肯定是要失败的，选择合适的活性空间轨道需要对所研究的体系有深刻的认识。

下面是计算的具体方法。

首先是第一组计算，检验轨道，确定活性空间组成(图 5－107)。

```
%chk=acro_cas
# UHF/STO-3G Pop=NaturalOrbitals test

UHF on triplet acrolein at CAS(6,5) 6-31G(d) geometry

0 3
molecular specification

--Link1--
%chk=acro_cas
#T CAS(6,5,UNO) Guess=(Read,only) Test  Geom=Check
......
```

图 5－107 确定活性空间的输入文件

然后是采用“Guess = Only”从第二次收敛波函数得到对称性(图 5 - 108)。

Orbital Symmetries:										
Occupied	$(A')_1$	$(A')_2$	$(A')_3$	$(A')_4$	$(A')_5$	$(A'')_6$	$(A')_7$	$(A')_8$	$(A')_9$	$(A')_{10}$ ←编者给轨道的编号
	$(A')_{11}$	$(A')_{12}$	$(A')_{13}$	$(A'')_{14}$	$(A')_{15}$	$(A'')_{16}$ ←组成活性空间需要的轨道				
Virtual	(A'')	(A')	(A')	(A')	(A')	(A')	(A')	(A')		

图 5 - 108　活性空间的轨道组成

活性空间将由 4 个最高占据轨道和 1 个最低空轨道组成,需要 4 个 A″和 1 个 A′ 轨道。这样,就必须将第 6 号轨道与 13 或 15 号轨道交换,才够 4 个 A" 轨道。这样又必须检验这些轨道究竟代表什么,在分子的什么地方。考虑到 15 号轨道在氧原子的 $2p_x$、$2p_y$ 轨道上有很大的系数,而其他几乎为零,所以需要保留这条轨道。将 6 号轨道和 13 号轨道交换,输入文件如图 5 - 109 所示。

```
%chk=acro_cas
#T CAS(6,5,UNO)/STO-3G Test Geom=Check Guess=(Read,Alter)

CAS 6,5 using triplet UNO orbitals

0 3
! Bring A" into the active space （将A"放入活性空间）
6 13
```

图 5 - 109　交换轨道组成活性空间的输入文件

这个计算的输出文件就是新的三重态的 CASSCF 表述。我们要用这个结果做进一步的计算,首先是更大基组的 CASSCF 计算,然后是单重态的 CASSCF 计算,新的输入文件如图 5 - 110所示。

```
%Chk=acro_cas
#T CAS(6,5)/6-31G(d) Test Geom=Check Guess=Read

CAS 6,5 in extended basis set

0 3

--Link1--
%Chk=acro_cas
#T CAS(6,5,NRoot=2)/6-31G(d) Test Geom=Check Guess=Read

Singlet n-pi state (should have similar orbitals)

0 1
```

图 5 - 110　6 电子 5 轨道的 CASSCF(6,5)计算

最后是基态的能量计算(图 5 - 111)。

```
--Link1--
%Chk=acro_cas
%NoSave
#T CAS(6,5)/6-31G(d) Test Geom=Check Guess=Read

Ground state starting from excited state orbitals

0 1
```

图 5－111　计算基态能量

运行完毕，最终 CAS 迭代得到的基态能量为：

```
ITN=  32   MaxIt=   64    E=      -190.8250224914  DE=-8.55D-06 Acc=  1.00D-05
```

其能量差是(190.676 73)－(－190. 825 02)＝381.501 75Hartrees＝4.035eV，已经很接近实验值 3.71eV 了。

(5)练习 9.6(文件 9_06a～d)。CASSCF 方法研究丁二烯光化学。当光照射丁二烯分子时，分子由基态升至激发态，然后激发态又要通过一个非辐射(不发射光子)衰减回到基态势能面。这个非辐射衰减有两个方法解释。传统观点认为分子从激发态的势能面通过和基态势能面最接近的点转到基态的势能面，这一点上，激发态的势能面仅比基态势能面高一点。另外的观点认为，存在一个区域，两个势能面相交，跃迁在相交的区域完成。

丁二烯(包括顺式和反式，这里只讨论顺式)首先受激跃迁至第一激发态，这一激发态是单重态的^1B_u 状态，是 π 体系的 HOMO 到 LUMO 的跃迁。第二激发态是^1A_g 状态，是 HOMO 到 LUMO 的双重跃迁。这两个激发态的顺序并不清楚，但是^1B_u 在 1 fs 的时间内很快转换到^1A_g，然后反应从^1A_g 状态的势能面变化到接近或穿过基态的势能面，在接近或穿过基态势能面的时候，分子能量降到基态。

本练习只研究这个体系的一小部分，在基态结构下，研究三个状态的相对能量，并确定两个势能面相交的点。对于基态，完成如下步骤：

①在“RHF/3－21G”水平上检验轨道，确定活性空间。这里将采用 4 电子 6 轨道的活性空间，轨道要包括 π 轨道，并且具有 A_2、B_1 对称性(对应两个激发态的对称性)。

②使用选取的活性空间，在基态上进行一系列状态平均(State Average)的(4,4)CAS 计算。一般的，CAS 计算给出优化轨道和所研究状态的波函数，而状态平均计算则给出符合需要的所有轨道。在这个计算中，需要定义 Nroot 选项，在它所指定的状态和基态之间的所有状态都将要被平均化，同时也需要提供各个状态的权重。

这里我们关心最低的三个状态，所以，NRoot＝3，设权重＝0.333 333。在“3－21G”、“4－31G”、“6－31G(d)”、“6－31＋G(d)”四个基组水平上运行平均化。在最后一个计算的设置行中，设定#P 选项来输出各个状态，结果如下：

```
VERTOR EIGENVALUES                CORRESPONDING EIGENVECTOR
     1   -154.87477374            0.95038483           -0.32993992E-01
```

状态序号　　能量　　　　　　各个电子组态的系数

系数表明电子状态的组成是按输出文件中定义的各种电子组态的线性组合组成。(4,4)CAS 计算中的前两个激发态见图 5-112。组态 2 是单重激发态,一个电子从活性空间的第二轨道跃迁到第三轨道;组态 3 是双重激发态,活性空间第二轨道中的两个电子都跃迁到第三轨道。

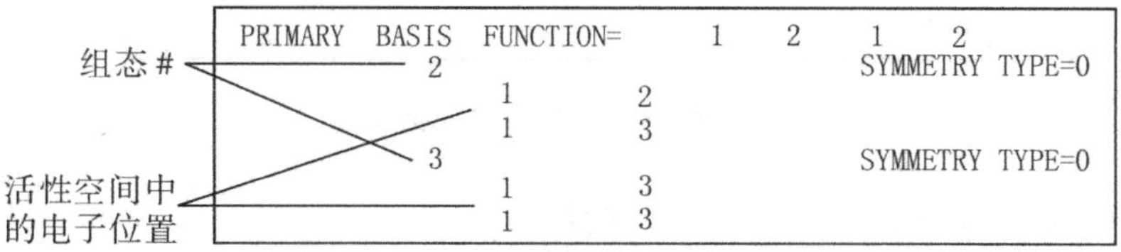

图 5-112　活性空间中的电子跃迁

③计算完成后,表征两个激发态并比较能量。

④在最低的三个状态上,从 4×4 系列计算的最后结果出发,分别采用"3-21G"、"4-31G"、"6-31G(d)"和"6-31+G(d,p)"基组,连续进行第二系列状态平均的(4,6)CAS 计算,对体系的 CAS 结果进行改进。观察采用更大的活性空间计算后结果的变化情况。

关于势能面相交的研究,步骤如下:

①从得到的组态开始,计算路径设置为"UHF/STO-3G Guess=Mix Pop=Natural Orbitals NoSymm",使用默认的活性空间检验轨道。

②建立好的 CAS 体系。运行两次(4,4)CAS 状态平均计算,在第一次运算中采用"STO-3G"基组,设置 UNO、NoFullDiog 和 CASSCF 关键词;第二次计算中采用"4-31G"基组。两个计算都使用 NoSymm 关键词。

③运行"CAS Opt=Conical Nosymm iop(1/8=5)",确定相交点。

④在优化的相交点的组态上采用"4-31G"基组运行状态平均计算,部分结果如表 5-32所示。

表 5-32　两种活性空间计算结果比较

方　法	激发态 1	激发态 2	能量差/Hartree
CAS(4,4)/6-31+G(d,p)	2^1A_g	1^1B_u	0.037 02
CAS(4,6)/6-31+G(d,p)	2^1A_g	1^1B_u	0.005 40

两个结果中,^1A_g 的能量都比 ^1B_u 低,随着方法的改善,能量差减小。若采用 MP2 计算可以进一步缩小这个差距。这个寻找相交点的计算是成功的,这一组态上得到的基态和激发态的能量差仅为 0.000 14 Hartree。

5.7.7　溶液中的反应

到目前为止,所研究的体系都是气相的。气相体系可以是很多体系的近似,但是对于溶液中的反应就不合适了。实际上,气相和溶液中分子的性质、过渡态等都有很大区别。比如,溶液中产生的静电场的作用就会给分子性质带来很大影响。

1. 反应场模型

非水溶液体系的一个理论模型是自洽反应场模型(Self-Consistent Reaction Field,

SCRF)。该模型将溶剂描述为连续的、介电常数 ε 均一的反应场,溶质处于溶剂内的空穴中。按照对空穴和反应场的定义不同,有不同的理论模型。目前主要有以下四类(图 5-113):

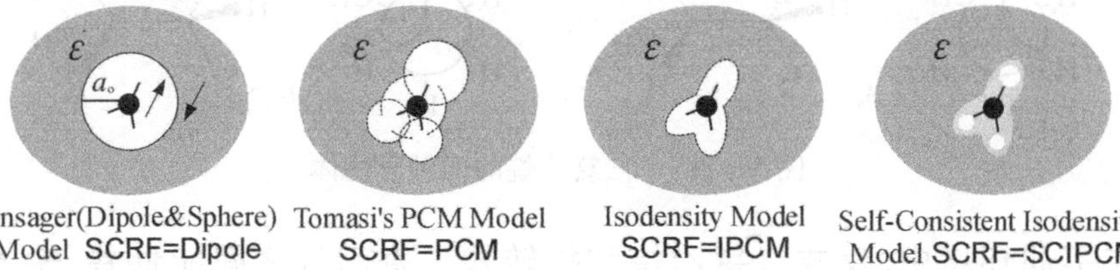

图 5-113 四种常用的理论模型

(1) Onsager 模型。最简单的模型是 Onsager 反应场模型,在这一模型中,溶质占据了溶剂场内的一个固定的半径为 a_0 的球形空穴。在溶剂中,由于溶剂偶极产生的电场与分子偶极相互作用,使分子诱导出一个偶极。Onsager 模型的主要局限在于,对偶极矩为 0 的体系,溶剂对这一模型没有任何贡献,其计算的结果与气相的结果一样。该模型的关键字为"SCRF = Dipole"。

(2) PCM 模型。Tomasi 的极化统一模型(Polarized Continuum Model, PCM)定义的空穴,由一系列互相连接的原子球组成,溶液的极化作用采用数字积分,而不是 Onsager 方法中的解析积分。另外两个等密度方法采用的也是数字积分。这一方法关键字为"SCRF = PCM"。

(3) IPCM 模型。等密度 PCM 模型(Isodensity PCM)将空穴定义为分子的等密度面,这个等密度面通过迭代产生,直到其形状不再发生变化为止。等密度面是由分子的形状产生的,是空穴自然的、直接的表述。但作为等密度面的空穴必然会与电子密度耦合,其关键字为"SCRF = IPCM"。

(4) SCI-PCM 模型。自洽等密度极化统一场模型(Self-Consistent Isodensity Polarized Continuum Model)考虑了耦合的问题,它在等密度面的迭代过程中考虑了溶剂的影响,包含了溶剂能,而溶剂能本身又与等密度面相关。此模型的关键词是"SCRF = SCIPCM"。

2. 运行 SCRF 计算

Gaussian 中的 SCRF 关键词表示 SCRF 计算。进行 SCRF 计算需要输入溶剂的参数。各种方法所需要的参数要求见表 5-33。ε 是溶剂的介电常数,本例中采用的是环己烷的数值 2.0。

表 5-33 模型参数要求

模 型	所需参数	举 例
SCRF = Dipole	a_0(Å), ε	2.92, 2.0
SCRF = PCM	ε, pts/sphere	2.0,100
SCRF = IPCM	ε	2.0
SCRF = SCIPCM	ε	2.0

在 Gaussian 中可使用"SCRF = Dipole"方便地估算分子体积。在运行单点能计算时使用 Volume 关键字,可计算 a_0。甲醛采用"RHF/6-31+G*"计算得到的结果为:

```
Recommended a0 of SCRF calculation = 2.92 angstrom (5.51 bohr)
```

考虑到周围溶剂分子的范德华半径,这一结果比实际计算的值大 0.5 Å。

【例 5.19】研究溶剂中二氯乙烷异构体(图 5-114)的能量差(文件 e10_01a-b.gjf)。

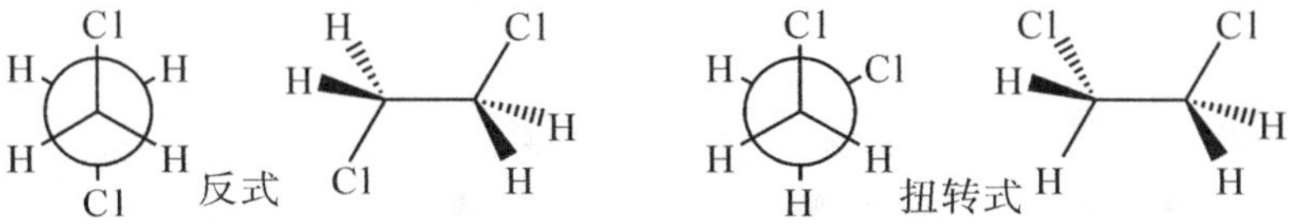

图 5-114 二氯乙烷的两种异构体

考虑在不同环境中,反式二氯乙烷和扭转式二氯乙烷之间能量差,输入文件见图 5-115。

e10_01a.gjf (IPCM)

```
%Chk=gauche

#T B3LYP/6-31+G(d) SCRF(IPCM) SCF=Tight 6D

TRANS-1,2-DICHLOROETHANE

0,1
molecule specification

2.0
```

```
--Link1--
%Chk=gauche
#T B3LYP/6-31+G(D) SCRF(IPCM) SCF=Tight 6D

GAUCHE-1,2-DICHLOROETHANE IN CYCLOHEXANE

0,1
molecule specification

2.0
```

e10_01b.gjf (Dipole)

```
#T MP2/6-31+G(d) SCF=Tight Test

TRANS-1,2-DICHLOROETHANE

0,1
molecule specification

--Link1--
%Chk=dichlor
#T HF/6-31+G(D) SCRF(Dipole) SCF=Tight Test

GAUCHE-1,2-DICHLOROETHANE IN CYCLOHEXANE

0,1
molecule specification
3.65 2.0
```

```
--Link1--
%Chk=dichlor
#T MP2/6-31+G(D) SCRF(Dipole) SCF=Tight Test
   Guess=Read Geom=AllCheck

3.65 2.0

--Link1--
%Chk=dichlor
%NoSave
#T MP2/6-31+G(D) SCF=Tight Test
   Guess=Read Geom=AllCheck
```

图 5-115 采用两种不同模型计算的输入文件

输入文件采用关键字 SCRF,计算在环已烷($\varepsilon=2.0$)中扭转式的单点能,在 HF 和 MP2 理论水平上采用 Onsager 模型($a_0=3.65$);在 B3LYP 水平上采用 IPCM 模型;所有计算均采用"6-31+G(d)"基组;所有的计算均指定紧凑的收敛标准"SCF=Tight"。在相同的理论水平上,对两种构象也进行气相计算和反式构象的 IPCM 计算(因反式构象偶极矩为 0,不必做 Onsager 计算)。

在输出文件查找计算结果如下:

①在 SCRF 计算的输出文件中也给出气相的结果,气相结果是在第一个 IPCM 迭代计算后给出的,因而不必将气相作业计算分离出来单独进行。

②在溶液的 IPCM 计算中,能量是在 SCF 部分给出,可在输出文件中寻找含有"Converfence Achieved"的信息。

③在 Onsager 模型计算的输出文件中,溶液中的能量标识为"Total energy (include solvent energy)";在 Hartree-Fock 计算的输出文件中,溶液中的能量是按正常的 SCF 输出方式给出的,即在 SCF 迭代中产生的(SCF Done 部分);但对于 MP2 计算,只在 SCF 总结摘要

部分包含了所有溶剂效应的信息,特别是能量值紧跟在这部分后面将不会错误地标识溶液中的能量。

计算结果比较见表 5－34。

表 5－34 两种二氯乙烷异构体在环己烷溶剂中的能量 Hartree

方法	*E*(气相)			*E*(环己烷溶剂中)		
	HF	MP2	B3LYP	HF(Onsager)	MP2(Onsager)	B3LYP(IPCM)
反式	－997.032 86	－997.557 40	－999.023 24	—	—	－999.024 86
扭转式	－997.029 74	－997.554 99	－999.020 43	－997.030 75	－997.555 83	－999.022 54

能量差计算结果如表 5－35 所示,由 IPCM 方法得到最佳结果。这一体系的气相研究显示,电子相关有很大作用,因此包含电子相关的方法得到好的结果也就可以理解了。

表 5－35 能量差计算结果

类别	HF(Onsager)	MP2(Onsager)	B3LYP(IPCM)	实验值
气相/(kcal/mol)	1.96	1.51	1.76	1.20
环己烷/(kcal/mol)(ε = 2.0)	1.32	0.99	1.46	0.91
溶剂效应/(kcal/mol)	－0.64	－0.52	－0.30	－0.29

【例 5.20】计算甲醛在乙腈中的振动频率(文件 e10－02a ～ c)。乙腈具有很高的介电常数(达到35.9),对溶质往往产生很大影响。研究方法如下:①在 HF/6－31＋G(d)水平的基态优化;②分子体积计算;③SCRF 结构优化;④SCRF 频率分析。

采用的方法分别是 Onsager 和 SCIPCM,得到的空穴半径 3.65Å。乙腈对分子结构没有太大的影响,O—C—H 键角有 0.3°～ 0.4°的变化,计算的结果与实验值基本吻合,溶剂对溶质的主要振动产生了明显的作用。表 5－36 所示为甲醛在乙腈中的振动频率。

表 5－36 甲醛在乙腈中的振动频率 cm^{-1}

类别		V_1(B1)	V_2(B2)	V_3(A1)	V_4(A1)	V_5(A1)	V_6(B2)
气相	计算	1 190	1 227	1 489	1 792	2 829	2 896
	实验值	1 167	1 249	1 500	1 746	2 782	2 843
乙腈溶液	Onsager	1 202	1 222	1 488	1 766	2 848	2 924
	SCIPCM	1 205	1 223	1 485	1 757	2 860	2 934
	实验值		1 247	1 503	1 723	2 797	2 876

3. 练习提示

(1)练习 10.1(文件 10_01a ～ c)。二氯乙烷旋转异构体的能量差异。在液态二氯乙烷(ε = 10.1)和乙腈(ε = 35.9)中研究旋转异构体的能量差。实验值分别为 0.31 和 0.15 kcal/mol。分别采用 Onsager(HF, MP2)和 IPCM(B3LYP)模型,"6－31＋G(d)"基组进行计算。

(2)练习 10.2(文件 10_02)。甲醛的振动频率。研究环己烷溶液中甲醛的振动频率。

(3)练习 10.3(文件 10_03a ～ f)。溶液中的羰基振动。研究甲醛、乙醛、丙烯醛、乙酰胺、丙酮、乙酰氯、乙酸甲酯中羰基振动频率在乙腈溶液中的变化。

(4)练习 10.4(文件 10_04a ~ c)。N-甲基-2-硝基-乙烯基胺在溶液中的旋转势垒。计算 C═C 键在邻二氯苯($\varepsilon = 9.9$)中的旋转势垒。步骤如下:①采用 Onsager 方法,"RHF/6-31G(d)"基组优化溶液中的结构;②确定连接两个极小值的过渡态,注意在溶液中进行优化;③进行频率分析计算。在"B3LYP/6-31+G(d)"水平下,采用同样 SCRF 方法计算能量。计算旋转势垒,实验值 21.10 kcal/mol,计算得到的 Z 型到 E 型的势垒为 29.54 kcal/mol,在气相中势垒为 41.8 kcal/mol。

第 6 章

GaussView的使用

GaussView 是专为 Gaussian 用户开发，帮助建立输入文件和查看输出结果而设计的图形用户界面程序。GaussView 并没有与 Gaussian 的计算模块整合，而是作为 Gaussian 使用的前端和后台使用的辅助工具，是需单独购买的独立模块。GaussView 为 Gaussian 用户在以下三个方面提供帮助。

(1) 通过 GaussView 的可视化工具，快速绘制大分子模型图，然后对这些分子进行简单的旋转、平移或缩放操作，输出像 PDB 这类标准格式的文件。

(2) 通过 GaussView 可以方便地建立各类高斯计算的输入文件。为一些常规计算任务，以及像 ONIOM 这类高级方法的使用、QST2/QST3 过渡态结构优化、CASSCF 计算、周期边界条件（PBC）的计算以及更多复杂计算的输入文件的编写提供了十分简便的方法。使用 GaussView 能在装有 Gaussian 的同一台计算机上运行 Gaussian 任务，同时还可定义默认设置，命名计算模板以加速计算处理速度。

(3) 通过 GaussView 的图形显示技术，按以下图形方式查看 Gaussian 的计算结果：①优化后的分子结构和分子轨道；②来自密度计算的电子密度表面；③静电势能表面（EPS）；④磁性质表面；⑤性质等高线；⑥原子电荷与偶极矩；⑦相应振动频率的简正振动动画；⑧红外、拉曼、核磁共振及其他光谱（IR、Raman、NMR、VCD）；⑨分子的立体化学信息；⑩几何优化的动画、IRC 反应路径、势能面扫描、ADMP 和 BOMD 轨迹、两变量势能扫描三维图；⑪总能量图（Plots of the Total Energy）。

本章内容作为 GaussView 的入门指导，首先介绍如何在 GaussView 创建分子模型（分子与分子集合），然后介绍如何采用 GaussView 编制 Gaussian 输入文件，最后介绍如何从 Gaussian 计算的输出文件查看输出结果，包括各类图形与光谱图的输出。

6.1 GaussView 基础

GaussView 程序的主要窗口及工具面板如图 6－1 所示。这里的几个 GaussView 窗口，从左上方开始依次是：①GaussView 的主控窗口，包括菜单条，各类工具栏和当前碎片窗口；②激活了的含有构建分子的视窗（可以打开多个视窗）；③用于创建模型分子的构建工具面板，由该面板可以进一步打开后面几个工具面板；④用于添加各类环的环工具面板。⑤用于添加基团的 R－基团面板；⑥用于添加原子到模型分子中的元素原子面板；⑦用于添加氨基酸和核酸的生物碎片面板；⑧用于添加用户自定义的定制碎片面板。

GaussView 程序主要由以下几个部分组成：

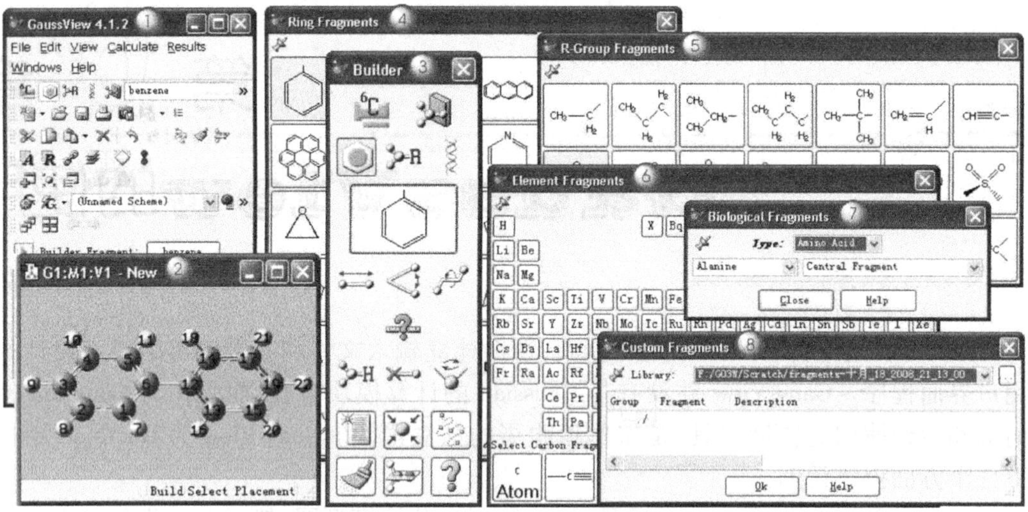

图 6-1 GaussView 的主要窗口和工具面板

(1)主控窗口。含有菜单条和当前选择的分子碎片。

(2)各类工具。默认时,位于主控窗口的菜单条下面。这些工具可以被分开,也可按要求重新排列在主控窗口内(图 6-2)。

(3)各类对话窗口。对应于 GaussView 的不同用途。

(4)一个或多个分子模型视窗。

(5)控制程序功能的各类预置参数(点击【File】→【Preferences】)。

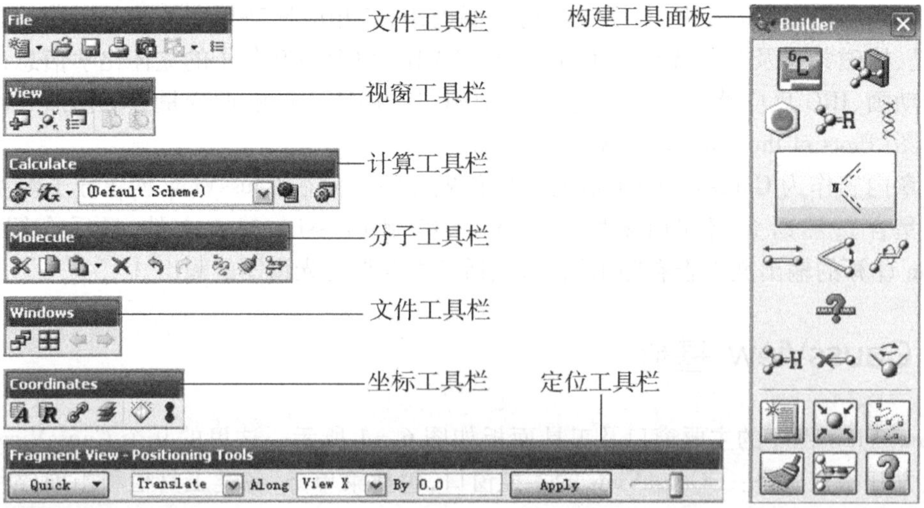

图 6-2 GaussView 的工具栏

点击【View】→【Builder】,Builder(建造)工具面板出现在窗口右边。点击其标题栏可将其拖动到任何位置成为分离的工具栏,点击拖动或双击标题栏又可使其回到主控窗口中。

6.1.1　分子集、模型和视图

在 GaussView 中,必须了解三个不同层次的视图,即分子集合—分子模型—模型视图。

一个分子集合(Molecule Group)中可以包括一个或多个分子,分子集合中含有多于一个以上的分子时,将在窗口中以下列方式显示每一个分子。

(1)一个分子在大多数情况下是与其他分子分离的。通常情况下,一个分子对应存储于磁盘上的单个文件。在 GaussView 中,有时分子也作为模型对待,故分子集合也被认为是模型组。

(2)如果有多个窗口打开同一分子,可能涉及不同的观察视图。因此,可以按不同视图观察、显示同一分子的不同取向和不同性质。

(3)对于包括一个以上分子的分子集合,有两种显示模式:单分子视图模式和多分子视图模式(图 6-3)。单分子视图模式每次只显示单个分子,当前显示的分子编号显示在工具栏上。点击,将切换到多分子视图模式,分子以幻灯片的形式并行排列,分子编号列于分子片的下面。当前活动的分子显示为亮色背景以区别于其他分子,有关原子的选择及对话框中只涉及当前活动分子。按钮和只有在分子集合中的分子数大于 1 时才显示,且为开关按钮,可在单分子视图模式和多分子视图模式间切换。

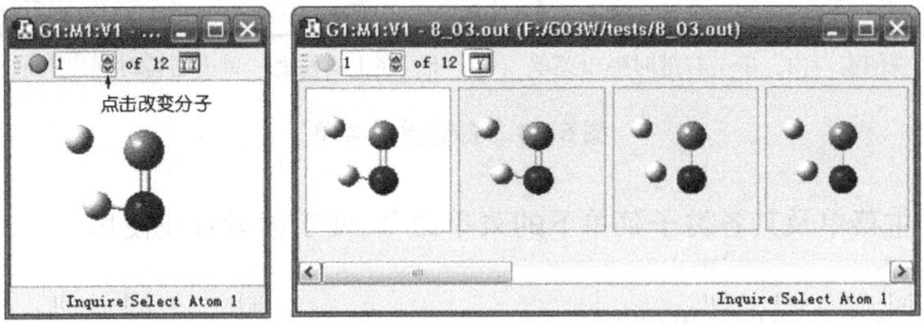

图 6-3　含有 12 个分子的分子集合

(4)每个视图上的标题栏也显示当前分子集合、分子模型及模型视图的信息。每一个分子集合用不同颜色加以区别,与某分子集合相关的其他视图都将采用与分子集合相同的图标颜色,即用颜色识别分子集合。有如下三种不同的视图:

① 

。窗口标题栏红色图标表示是第 1 个分子集合。标题名称"G1:M1:V1"表示是第 1 个分子集合(G1)中的第 1 个分子(M1)的第 1 个视图(V1)。

② 

。窗口标题栏绿色图标表示是第 2 个分子集合。标题名称"G2:M2:V1"表示是第 2 个分子集合(G2)中的第 2 个分子(M2)的第 1 个视图(V1)。

③ 

。窗口标题栏蓝色图标表示是第 3 个分子集合。标题名称"G3:M8:V1"表示是第 3 个分子集合(G3)中的第 8 个分子(M8)的第 1 个视图(V1)。

除了颜色标识外,每个视图都通过"Group/Molecule/View"标识符进行唯一识别。该标识符由分子集合(G)、分子编号(M)和视图编号(V)组成。分子集合中的每个分子从 1 开始连续编号,如果某个分子被从分子集合中删除,分子将重新编号以保持其连续性。

在采用 IRC 进行反应路径分析的结果视图中,通常包括一个以上分子的分子集合视图,栏头下面将出现按钮 of 12 。点击其中的绿色运行按钮将在视窗中连续显示分子集合中的每个分子,可用于动态显示反应路径上的几何构型。绿色运行按钮按下后将变为红色的停止按钮,按下红色按钮将停止动态显示。动态显示速度可点击【File】→【Preferences】→【Display Format】→【Molecule】修改。

6.1.2 菜单命令与工具栏

在分子视图窗口中任何空白位置单击右键,将弹出主程序的上下文菜单(图6-4)。该上下文菜单的内容包括构建器(Builder)、菜单栏(Menu Bars)和工具栏(Toolbars)等主程序的全部菜单及其子菜单命令。这一设计为用户使用各类命令提供了极大的方便,可使用户不用回到主菜单或主窗口,只在视图窗口内就能使用各类菜单及其子菜单命令。

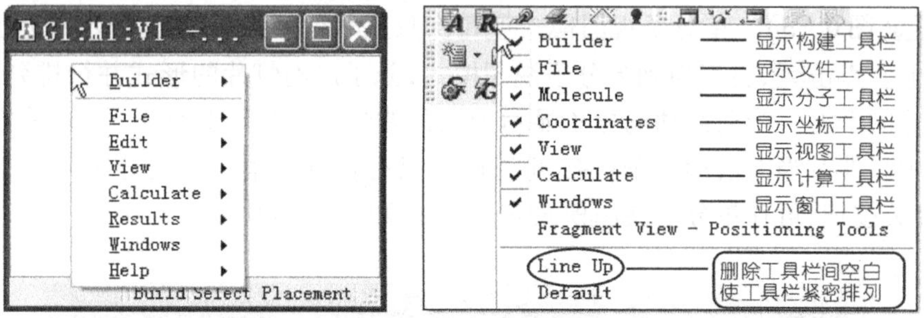

(a)视图窗口内,单击右键时弹出菜单　(b)在工具栏上,单击右键时弹出菜单

图6-4　右键弹出菜单

以下列出主菜单及其各类子菜单下的菜单命令,便于读者查找使用。

1. 菜单命令

(1)【File】菜单与弹出菜单(图6-5)

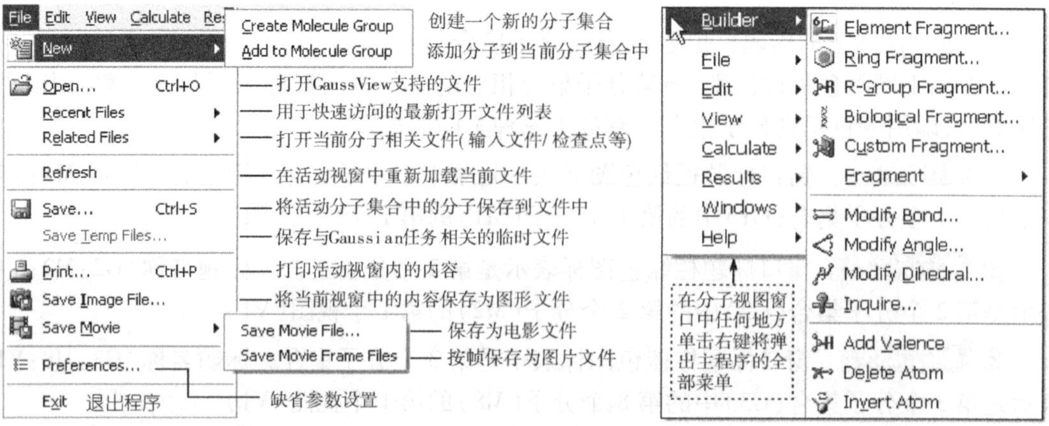

图6-5　【File】菜单与弹出菜单

(2)【Edit】菜单与【View】菜单(图 6 - 6)

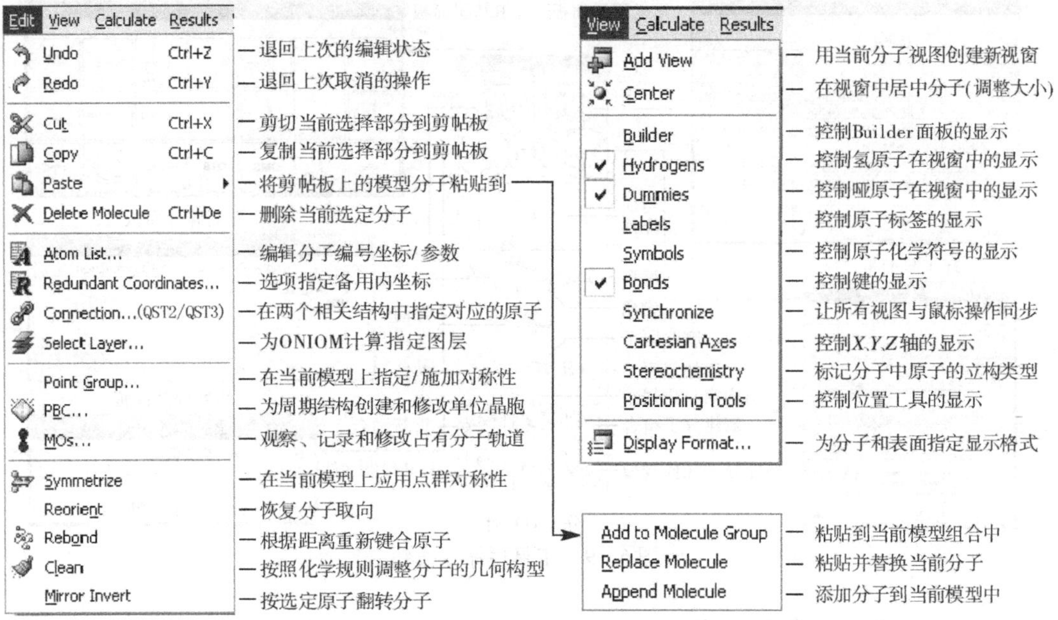

图 6 - 6　【Edit】菜单与【View】菜单

(3)【Calculate】菜单(图 6 - 7)

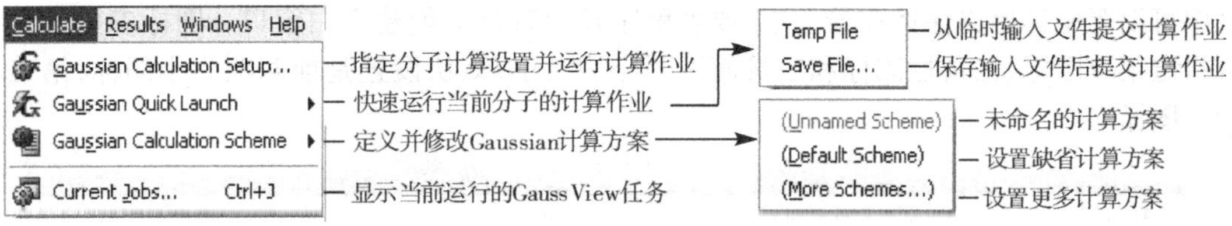

图 6 - 7　【Calculate】菜单

(4)【Results】菜单与【Windows】菜单(图 6 - 8)

图 6 - 8　【Results】菜单与【Windows】菜单

2. 工具栏命令按钮(图 6-9)

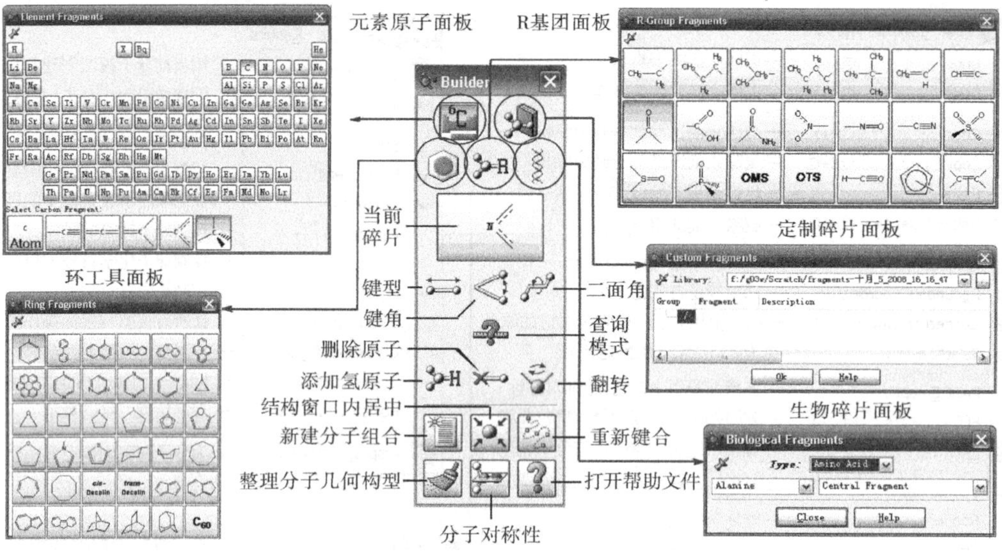

图 6-9　工具栏命令按钮

6.1.3　GaussView 参数选择

GaussView 许多功能都有其默认设置,这些默认设置都可以通过点击【File】→【Preferences】,弹出 Preferences(参数选择)对话框进行修改。如图 6-10 所示,窗口行为参数中可设置窗口始终保持在最上层,或当程序开始时自动创建空白窗口。图标参数设置中可指定菜单图标、工具栏图标和工具面板图标的大小,默认设置是前两项为小图标,第三项为大图标。

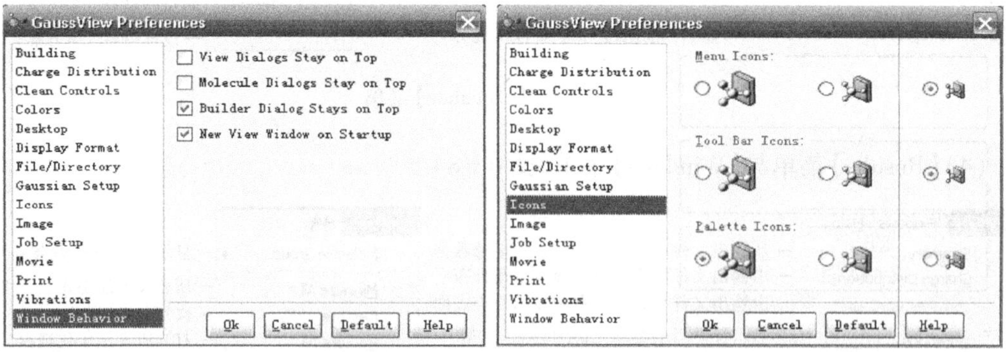

图 6-10　窗口行为参数和定制图标大小

所有的选项设置都包括以下几类按钮:①【Ok】。保存当前设置并退出。②【Cancel】。不保存改变退出。③【Default】。恢复 GaussView 的安装设置。点击【Default】按钮时,会给出只属于当前对话框或恢复所有默认参数设置这两种选择,如图 6-11 所示。

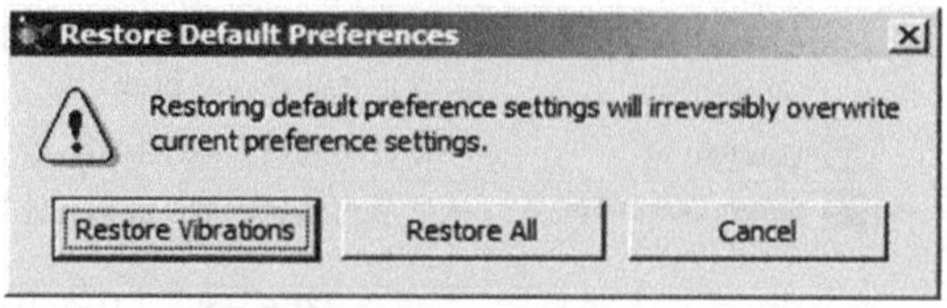

图 6-11　恢复默认参数设置

6.2　构建分子

本节重点介绍如何在 GaussView 中构建分子。在分子视图窗口中不仅可以由单个原子或分子片,而且还可以利用原来计算过的分子(包括打开、显示、保存和查看过的分子)构建新的分子。

在打开的视图空白区域内点击,将添加当前分子碎片到窗口内作为独立的分子片。若在指定的分子结构某个原子上点击,则将当前碎片连接到该原子上。

6.2.1　使用工具面板

构建分子前,先点击【View】→【Builder】,保证构建工具面板总处于其他打开窗口的上层(勾选【File】→【Preferences】→【Window Behavior】中"Builder Dialog Stays on Top")。

在 GaussView 中所有构建的基本单元是分子碎片,可通过 Builder(构建)面板调出元素面板、基团面板、环工具面板或生物面板来选择分子碎片。如要添加环结构,可在构建工具面板上点击调出环工具面板;要添加基团结构,可点击调出基团面板;要添加元素的原子,可点击调出元素原子面板;要添加氨基酸或核酸,可点击调出生物工具面板。经常使用的分子碎片还可通过点击进行定制。从这些工具面板上选择的分子碎片都显示在 Builder(构建)面板的第三排小窗口内,同时也显示在 GaussView 的主控窗口内。

1. 环工具面板与基团面板

点击弹出环工具面板,点击弹出基团面板,如图 6-12 所示。

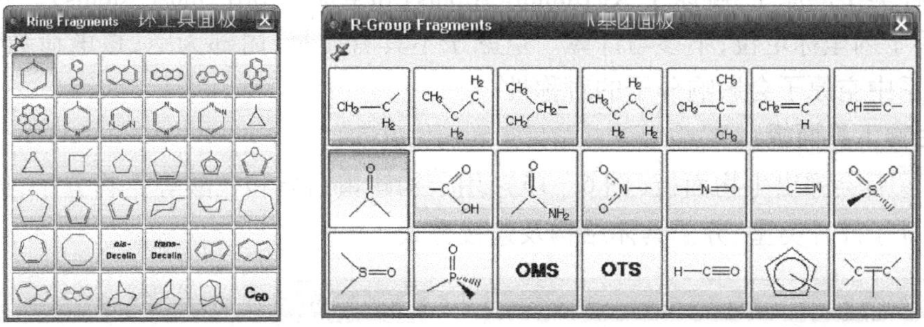

图 6-12　环工具面板和基团面板

例如,在环工具面板上选择萘分子碎片后,该碎片将作为当前分子碎片显示在主控窗口的 Builder Fragment 中(图 6-13a)。若在视图窗口内任意位置点击,则在点击处出现萘分子(图 6-13b)。工具面板左上角的图钉图标表示当选择一个分子碎片后关闭该面板,点击则图标变为,表示当选择一个分子碎片后不关闭该面板。基团面板的使用与环工具面板类似。

(a)当前分子片 (b)创建的分子视图

图 6－13 当前分子片和当前视窗

2. 元素原子面板

点击 弹出元素原子面板(图 6－14),除要求选择元素外还应选定原子键合类型。

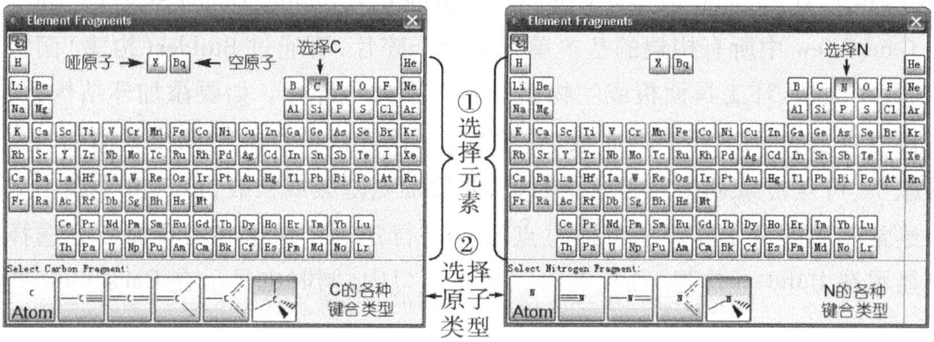

图 6－14 元素原子面板

元素原子面板中,除了列出周期表中可供选用的元素和每种元素可能的成键类型外,还给出了两种类型的原子:哑原子 X(Dummy Atoms)和空原子 Bq(Ghost Atoms)。哑原子具有质量,常用于内坐标定位,不参与计算。空原子不具有质量,内部为空,核电荷数为零,但在原子坐标系中空原子会影响分子的对称性。

3. 生物工具面板

点击 后会弹出生物面板(图 6－15),用于构建蛋白质和核酸等生物分子,进一步需要用户指定分子碎片类型、分子具体结构及连接方式。

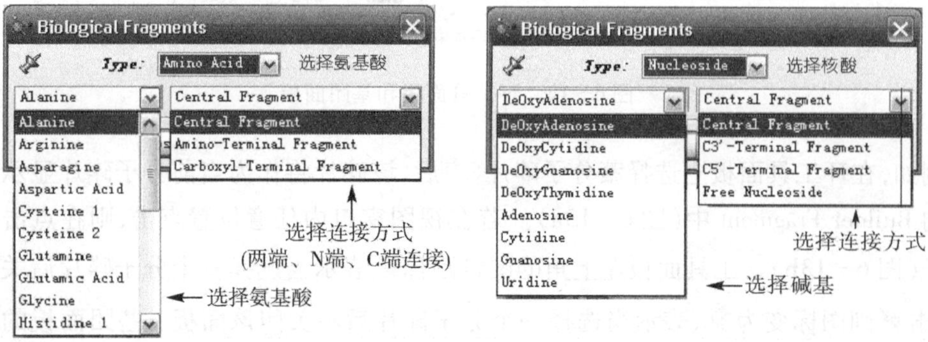

图 6－15 生物工具面板

6.2.2　构建分子实例

下面以几个实例说明在 GaussView 中如何创建分子，完成后保存每个文件。

【例 6.1】使用不定类型原子创建吡啶分子。

(1)点击【File】→【New】→【Create Molecule Group】，创建新的分子集合，出现一个命名为“G1:M1:V1”的视窗。在 Builder 面板上，点击，出现环工具面板(图 6－16)。

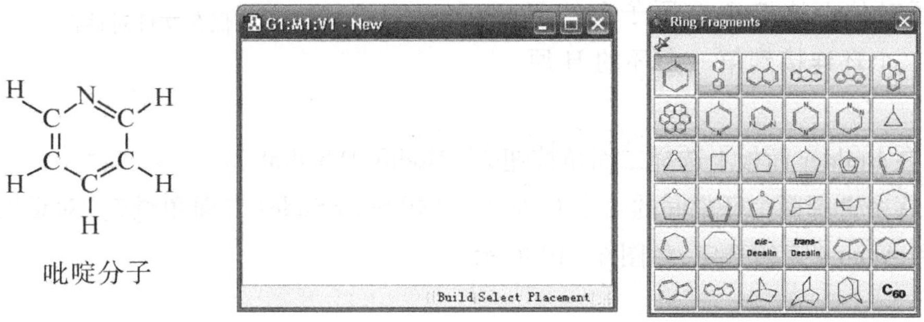

图 6－16　空白视窗与环工具面板

(2)在环工具面板中选择苯环(Benzene)(也可点击主窗口中 Builder Fragment 后面的按钮，在弹出的环工具面板中选择苯环)，苯分子成为当前分子片。

(3)返回“G1:M1:V1”视窗，在该视窗中单击，出现苯环。

(4)在 Builder 面板上单击，出现元素工具面板(Elements Fragments)，点击选择 N 元素，并在下面选择不定类型原子。

(5)返回“G1:M1:V1”视窗，点击苯环的一个 C 原子，使其变为 N 原子(图6－17)。

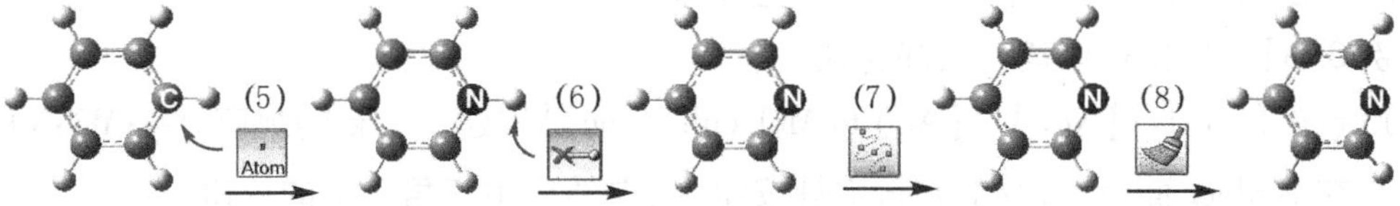

图 6－17　创建吡啶分子的步骤

(6)在 Builder 面板上，选择删除原子按钮(Delete Atom)。

(7)返回“G1:M1:V1”视窗，点击连接到 N 原子上的氢原子，删除氢原子。

(8)在 Builder 面板上，点击重新键合按钮(Rebond)，点击整理按钮。

(9)点击【File】→【Save】，弹出保存文件对话框(图 6－18)，保存为“Test_01.gjf”文件(默认保存为“gjf”文件)。注意，若勾选了“Write Cartesians”，则保存为笛卡儿坐标，否则保存为 Z－矩阵格式。若勾选了“New Molecule Group”，则保存为新的分子集合文件。

【例6.2】通过设置环间夹角创建苯基吡啶。

（1）按前述方法创建吡啶分子的视图（G2:M1:V1）。

（2）在 Builder 面板上，双击按钮，弹出环工具面板，点击选定苯基。

（3）在“G2:M1:V1”视窗中，单击吡啶 N 原子对位上连接到 C 原子上的 H 原子，第二个环连接到第一个环的 H 原子处。

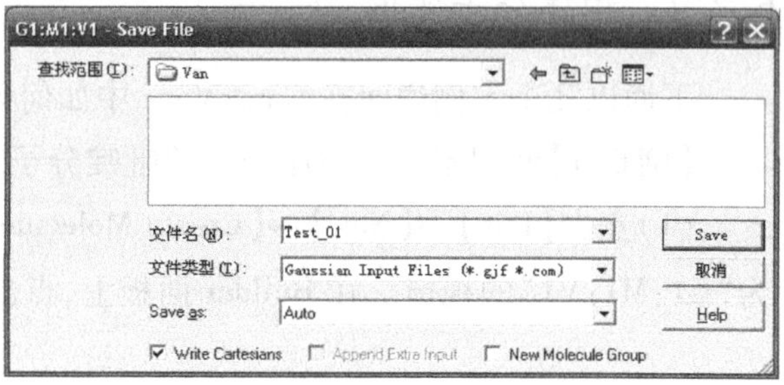

图6-18 保存文件对话框

（4）在 Builder 面板上选择二面角按钮（Modify Dihedral）。

（5）逐个选择两个环中间的4个C原子，打开 SmartSlide（二面角调整）对话窗口，保证 Atom 1 和 Atom 4 都被选定，如图6-19所示 。

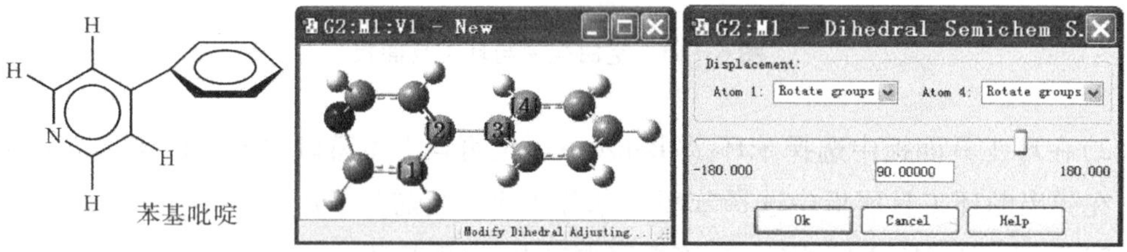

图6-19 修改二面角

（6）移动滑块修改二面角（或在文本框中输入“90.0”），直到两个环相互垂直。

（7）点击【Ok】按钮，完成苯基吡啶的修改。

（8）点击【File】→【Save】，保存为“Test_02.gjf”文件。

【例6.3】应用模板创建五羰基合铁。

（1）点击【File】→【New】→【Add to Molecule Group】创建一个新的视窗（G1:M3:V1）。

（2）在 Builder 面板上，双击元素工具按钮，选然后中三角双锥的按钮。

（3）返回“G1:M3:V1”视窗，点击后出现三角双锥的 FeH_5（图6-20a）。

（4）在 Builder 面板上，双击基团工具按钮（R-Group），弹出 R-Group 面板（R-Group Fragment）。选择线性 C—N 模板（—C≡N），点击替换 Fe 原子上的每个 H 原子（图6-20a）。注意，这里要选择 —C≡N 模板而不是选择 C—O 模板 H—C≡O，因为前者为线形分子。

（5）在 Builder 面板上，单击元素工具按钮，打开元素工具面板，单击选择 O 元素，然后选择自由 O 原子模板，点击每个 N 原子使其变为 O 原子（图6-20b）。

（6）点击【File】→【Save】，保存为“Test_03.gjf”文件。

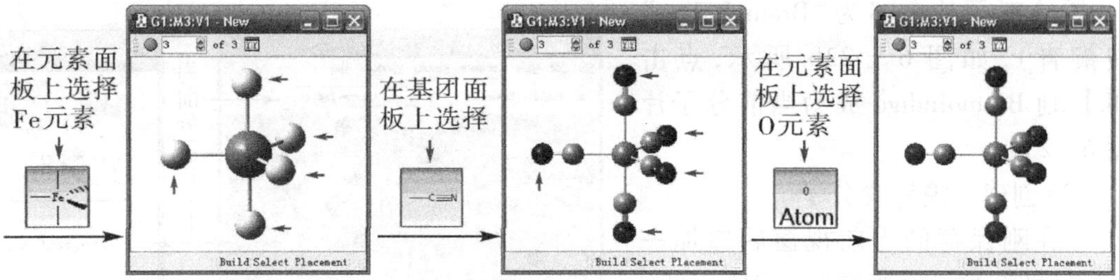

(a)　(b)　(c)

图 6-20　应用模板创建五羰基合铁

【例 6.4】追加结构创建 6,6′-二溴靛青分子。

(1)创建溴靛青分子(图 6-21)。

①点击【File】→【New】→【Add to Molecule Group】,创建一个新视图(G1:M4:V1),在 Builder 面板上双击,打开环工具面板(Ring Fragment)。

②在环工具面板选择 ,再在视图"G1:M4:V1"中点击,出现 。

③在 Builder 面板上,双击,选择 O 原子,在视图"G1:M4:V1"中,点击图 6-21a 中箭头所指的 H 原子,使其变为 O 原子。

④双击,选择 N 原子,在视图中点击图 6-21c 中箭头所指 C 原子,使其变为 N 原子。

⑤双击,选择 Br 原子,在视图中,点击六元环中左下面的 H 原子,使其变为 Br 原子。

⑥点击(不要点击),保存为"Test_04. gjf"文件。

(a)　(b)　(c)　(d)

图 6-21　创建溴靛青分子

(2)定制溴靛青分子为当前分子碎片。

①点击,弹出定制分子片对话框,选择库目录 Library(图 6-22a)。

②在对话框下面单击右键选择【New Group】,再单击右键选择【Group A】,选择【New Fragment From Action Molecule】,将当前视图中的分子作为新的分子碎片添加到库中。

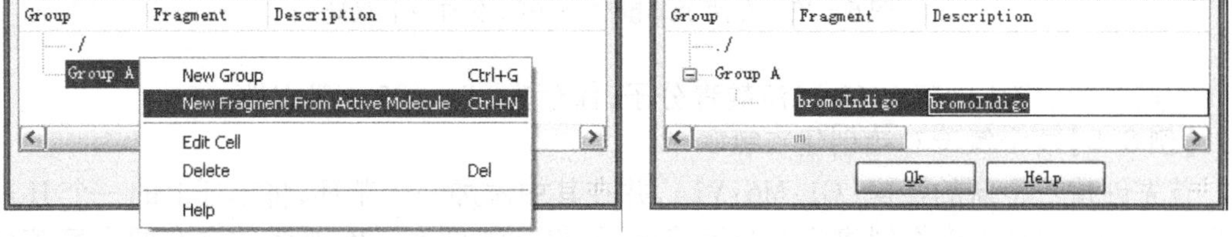

(a)　(b)

图 6-22　创建溴靛青分子碎片并加入到分子碎片库中

③给新子片命名为“BromoIndigo”（溴靛青），如图 6－22b 所示，点击【Ok】，则 BromoIndigo 成为当前分子片（图 6－23）。

（3）创建二溴靛青分子。

①在刚保存的当前视窗后追加一个视图，即新建一个视图“G1：M5：V1”。

②在视图“G1：M5：V1”中点击两次，得到两个溴靛青分子（图 6－24）。

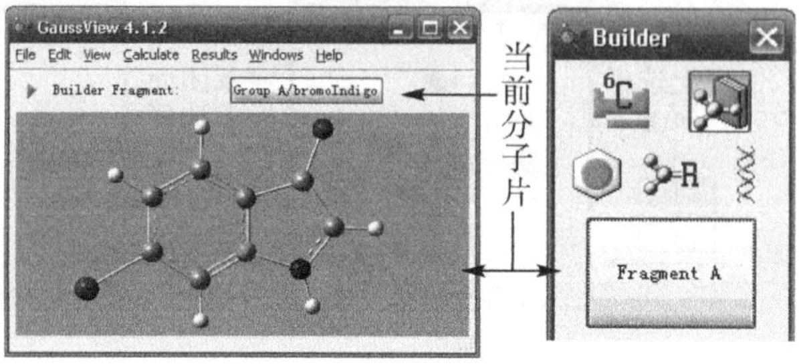

图 6－23　BromoIndigo 成为当前分子碎片

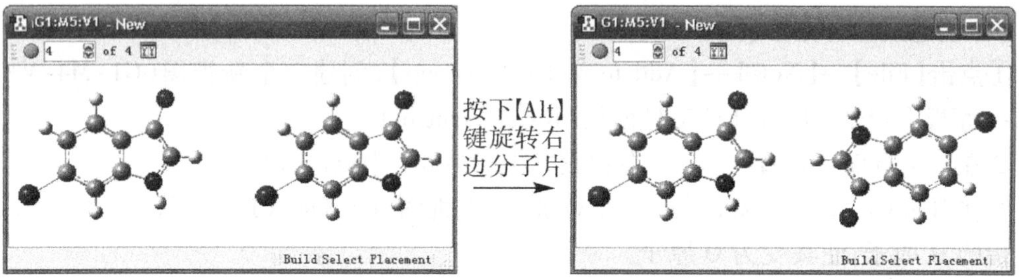

图 6－24　使用当前碎片点击两次得到两个溴靛青分子

③按下【Alt】键，旋转第二个分子片，使两个分子片中 C 原子具有合适的键合取向。

④在 Builder 面板上，选择 ，点击删除连接到两个 C 原子上的 H 原子。

⑤点击键型工具按钮 ，返回“G1：M5：V1”视图，逐个选择要键合的两个 C 原子，弹出 Bond Semichem SmartSlide 对话窗口。选择双键后点击【Ok】，在两个 C 原子间创建双键（图 6－25）。

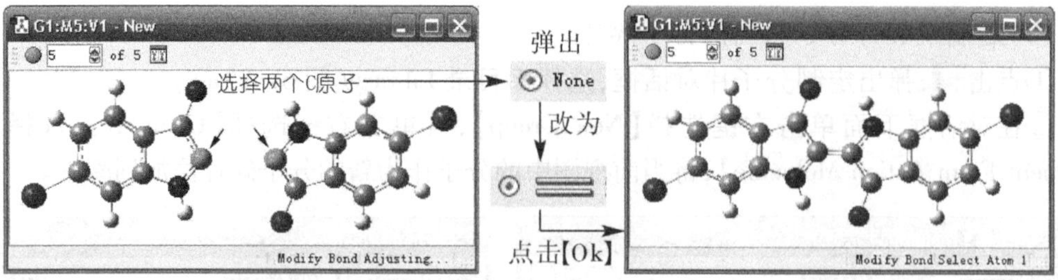

图 6－25　在两个非键合原子间添加一个双键

⑥点击 ，完成创建 6，6′－二溴靛青分子，保存为“Test_05. gjf”文件。

【例 6.5】两个氯苯对接创建二氯联苯。

首先创建一个新的视窗（G1：M6：V1），并在其中添加一个苯环，将苯环上的一个 H 原子改为 Cl 原子，重复该操作创建第二个氯苯分子，得到如图 6－26 所示的含有两个氯苯分子片的结构。

(1)在按下左键拖动的同时按下【Alt】键,旋转其中一个环,使两个 Cl 原子处于对位。

(2)点击,指向图中箭头所指 H 原子,点击删除 H 原子。

(3)点击,点击两个环之间要键合的两个 C 原子。

(4)在弹出的键型选择对话窗口中选择。

(5)单击(Clean),完成两个氯苯分子的对接。

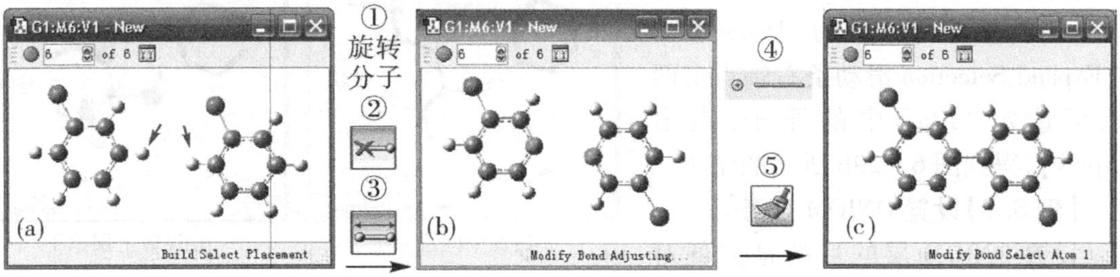

图 6-26　两个氯苯对接创建二氯联苯

【例 6.6】将肽链上原子指派到 ONIOM 层。

(1)双击生物工具面板,选择“Phenylalanine”(N 端)、“Alanine”(两端)和“Glycine”(C 端),创建含 Phe-Ala-Gly 氨基酸的肽链。按前述方法,将其连接起来。

(2)指派所有原子到底层。点击坐标工具面栏上的层工具按钮(或点击【Edit】→【Select Layer】),弹出层选择工具对话框(图 6-27)。

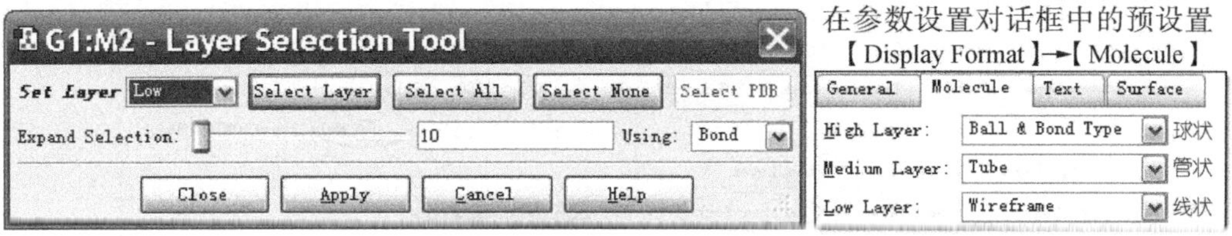

图 6-27　指定选定原子到不同的层中

在该对话框中点击【Select All】选择所有原子,在 Set Layer 中选择“Low”(指定当前所选择的全部原子处于底层(注意,在【File】→【Preferences】→【Display Format】中的【Molecule】选项卡中已默认指定底层显示为线状,中层显示为管状,上层显示为球棍状),点击【Apply】,显示如图 6-28,表示所有原子处于最下层。

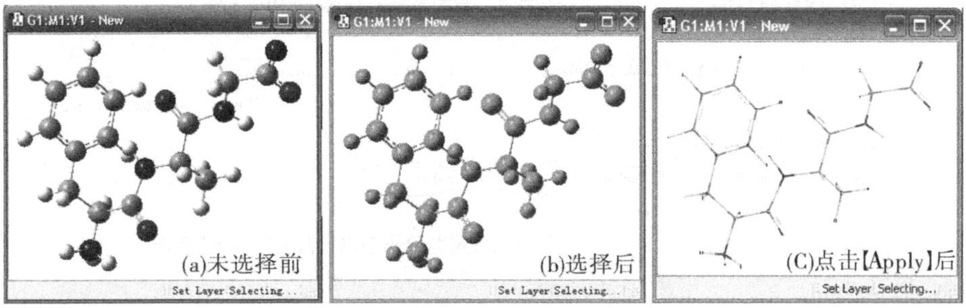

图 6-28　选择所有原子为底层

(3)指派“Ala”中的所有原子、“Phe”中环上的C原子、“Gly”中双键上的原子为中间层。使用任何方法均可,指派全部原子常常需要更多次操作。例如,可以选择“Ala”上的中心C原子并拖动Expand Selection上的滑块扩展到更多的原子,也可反复使用【Shift】+点击选择,然后再点击【Apply】,直到如图6-29a所示的正确选择。

(4)指派Ala中的全部原子为上层。点击“Ala”的中心C原子,改变Using下拉框中的字段为“Distance”,在Expand Selection滑动条右端点击两次,可选定“Ala”中的原子,点击【Apply】,得到图6-29b所示的结果。

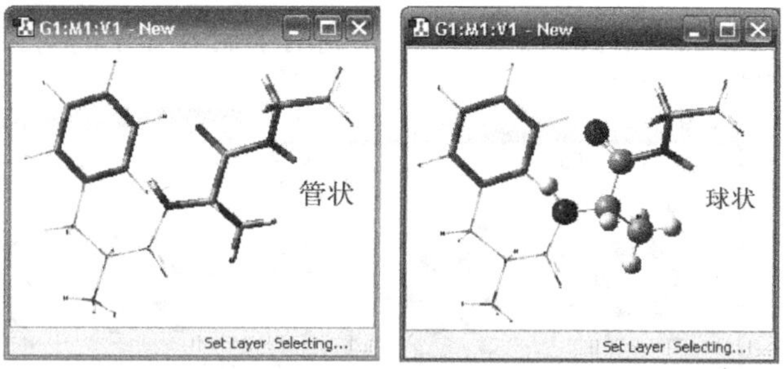

(a)设置中间层原子　(b)设置上层原子

图6-29　完成ONIOM——指派分子

【例6.7】设置ONIOM任务。

设置ONIOM层的目的是方便对分子不同部分采用不同的计算方法进行计算。本例使用上面已创建并分层的分子继续其他步骤。

(1)点击【Calculate】→【Gaussian Calculation Setup】。

(2)在【Method】选项卡上,在右上角的检查框勾选“Multilayer ONIOM Model”。

(3)分别点击【Method】上【High Layer】、【Medium Layer】和【Low Layer】选项卡,设置各层的计算方法(图6-30)。设置完后,在任务路径部分将显示为“# ONIOM=(RHF/6-31G:AM1:Amber)”。

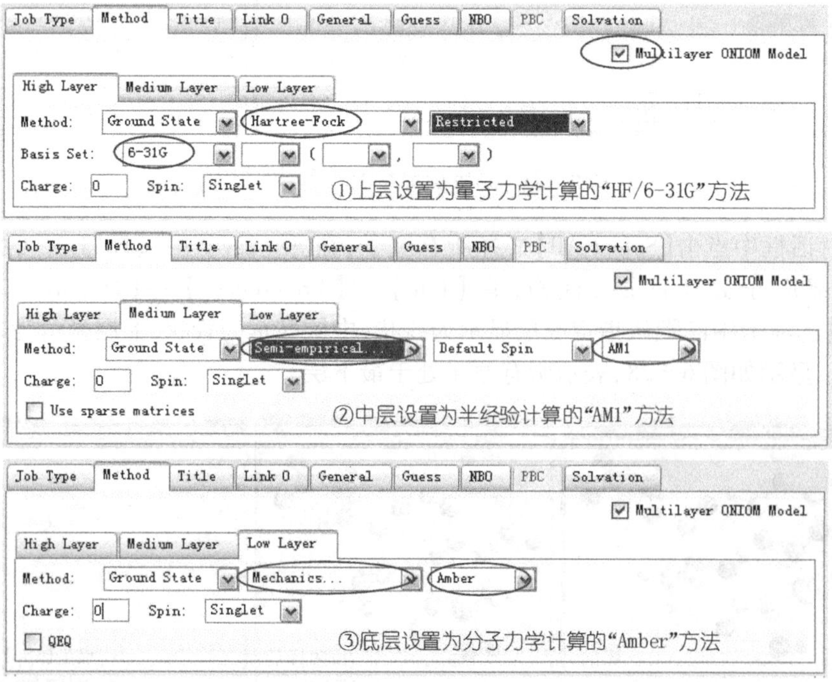

图6-30　设置各层的计算方法

(4)继续填写对话框的其余部分,完成后保存任务并准备运行。

6.2.3　查看与调整结构参数

Builder 面板上包括用于浏览与修改分子结构的下列按钮:

(键型)　(键角)　(二面角)　(加氢原子)　(重新键合)

(查询)　(翻转)　(整理)　(删除原子)　(施加对称性)

1. 查询模式

按钮(Inquire,查询)用于查询分子的几何信息。选择的原子不必是键合原子。查询的结构信息出现在视窗左下角的状态栏上(图 6-31),所选原子数的多少会影响显示效果。

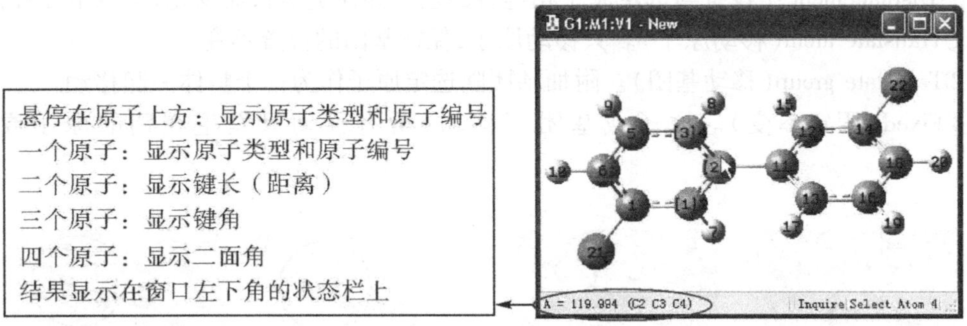

图 6-31　查询模式的显示

2. 调整键长、键角及二面角参数

按钮(Bond,键型)、(Angle,键角)、(Dihedral,二面角)用于修改分子的几何形状。点击这些按钮后,可通过鼠标左键选择相应的原子,选择的原子数达到 2 个、3 个或 4 个时,会弹出其相应的对话框。在对话框中修改键参数,点击【Ok】按钮,结果将应用于所选分子,点击关闭窗口则放弃任何改变(同【Cancel】一样)。以下介绍不同情况下的操作过程。

(1)调整键型、键长参数。按钮用于调整键型、键长等键参数。点击后,可通过鼠标左键选择原子,当选定第二个原子后,会弹出如图 6-32 所示的调整键型、键长参数对话框。

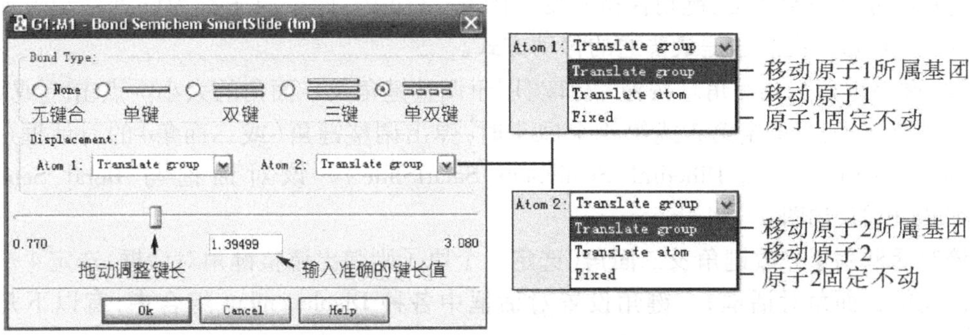

图 6-32　调整键型、键长参数对话框

初始键长值显示为选定的两个原子间的距离，Bond Type（键型）显示为现有的键型。移动滑块可动态调整原子间的距离，也可在文本框中直接输入。点击 Bond Type（键型）单选按钮可改变键型，删除某个键不会影响到原子的化合价，这是一种完全可视化的操作。通常在 Gaussian 中作为量子力学方法计算时并不考虑其连接性，而是通过波函数确定其键合作用。

该对话框还用于添加、删除和改变键长。Bond Semichem SmartSlide 可用于在非键合原子间添加键。点击两个没有键合的原子，打开对话框，点击要求的键型即可创建键。同样的，要删去一个键时，点击要删除的键上两个原子，再选择对话框中的单选按钮【None】即可删除某个键。

在 Displacement 中设置与选定原子相键合的基团如何随键长而变化，有以下三种情况：

①Translate atom（移动原子）。只移动原子，保持基团的位置不变。

②Translate group（移动基团）。附加基团随选定原子作为一个整体一起移动。

③Fixed（固定不变）。原子或基团不移动（所有移动只发生在别的原子或基团上）。

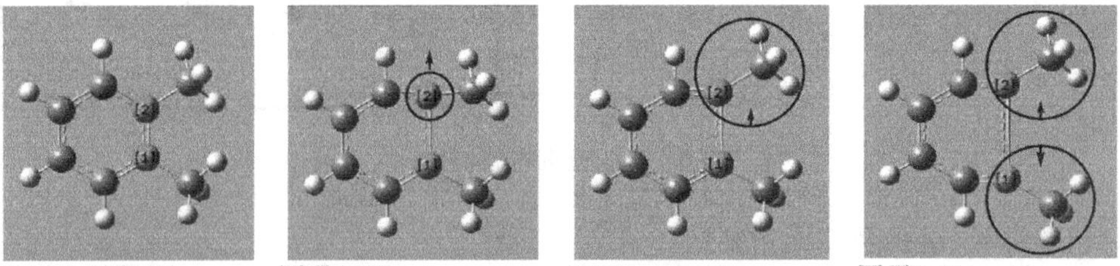

鼠标左键选择 原子1和原子2 (a)　　原子1=Fixed 原子2=Translate atom (b)　　原子1=Fixed 原子2=Translate group (c)　　原子1=Translate group 原子2=Translate group (d)

图 6－33　改变键长 Displacement 的几种设置

选择的两个 C 原子间的键距增加，将产生如图 6－33b～d 所示的三个结构。图 6－33a 为选择了两个碳原子的初始状态；图 6－33b 中，原子 1 固定不变（Fixed），只移动原子 2（Translate atom）；图 6－33c 中，原子 1 固定不变，原子 2 及其附属基团作为一个整体移动（Translate group）。注意，在图 6－33b 中，上面的甲基固定不动；而在图 6－33c 中，上面的甲基随选定碳原子一起移动，键角保持不变。图 6－33d 中，两个原子都为设置移动附加基团（Translate group），也许这是最普通的移动方式。

（2）调整键角与二面角。按钮和用于调整键角及二面角的大小。点击或后，再点击选择原子，当选定第 3 或第 4 个原子时，弹出调整键角（或二面角）的对话框（Angle Semichem SmartSlide 或 Dihedral Semichem SmartSlide）。该对话框与 Bond Semichem SmartSlide 相似，如图 6－34 所示。

该对话框用于修改键角及二面角（选定 3 个原子则弹出调整键角对话框，选定 4 个原子则弹出调整二面角对话框）。键角设置对话框中各种 Displacement 组合中，有以下几项选择：

①Rotate atom。只旋转原子，基团位置保持不变。

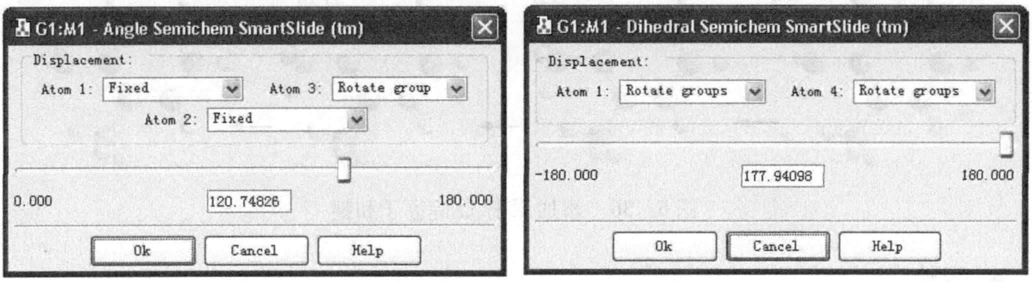

图 6－34　调整键角对话框和调整二面角对话框

②Translate group。原子及其附属基团作为一个整体一起移动。

③Rotate group。基团的位置随原子一起旋转。

④Fixed。原子和基团固定不动(所有的操作只发生在其他原子或基团上)。

图 6－35 第一排为原子 1、2 均固定不动,原子 3 其键角以不同方式旋转至 180°后的情况。图 6－35 第二排为原子 2 均固定不动的情况下,原子 1、3 其二面角以不同方式旋转至旋转 180°后的情况。特别注意比较旋转前后,环上原子和甲基的正常位置与甲基的取向。

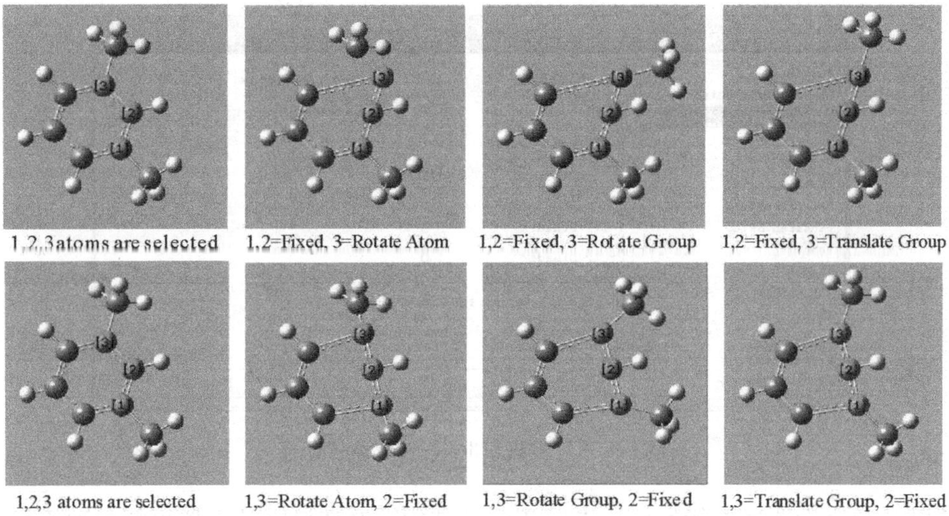

图 6－35　键角修改的几种方式

3. 添加与删除原子

添加氢原子按钮(Add Valence)用于添加氢原子到点击的中心原子上,以补足其化合价(显示为 H 原子)。新的化学键将尽可能地远离其他原子而连接到中心原子上。同样的,删除原子按钮(Delete Atom)用于删除选定的原子以及所有连接到该原子的单键(H 原子),断开化学键,也可用于删除点击过的未定键,如图 6－36 所示。

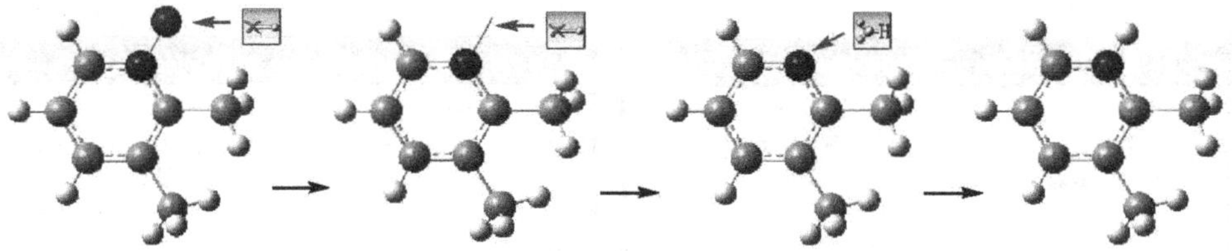

图 6－36　添加原子、删除原子和键

4. 翻转

选用翻转按钮(Invert About Atom)，点击箭头所指的 N 原子，将使结构翻转(图 6－37)。

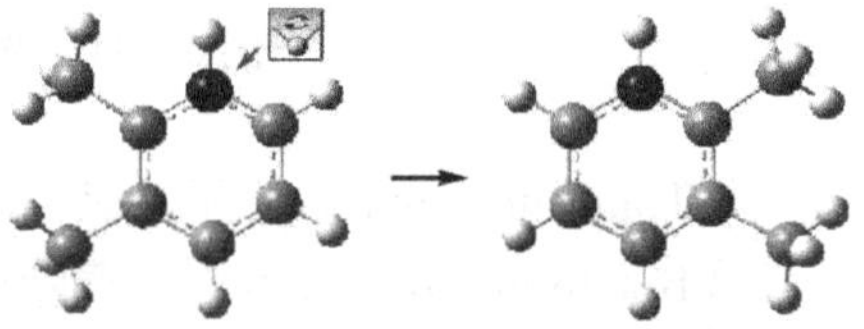

图 6－37　相对于选定原子翻转分子

5. 整理结构

整理结构按钮(Clean)(同菜单命令【Edit】→【Clean】)用于采用通行的化学规则重新对几何构型进行整理。其结果只能是近似而并不要求严格意义上的完美。对于像过渡态这类非经典结构，其几何形状还需要作进一步调整。其整理规则可在参数设置里调整(点击【File】→【Preferences】→【Clean Controls】)。图 6－38 所示为整理参数设置面板。

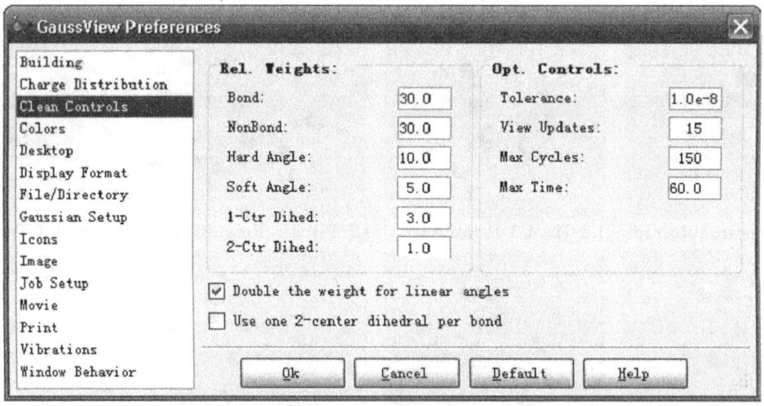

图 6－38　整理(Clean)参数设置面板

该默认整理设置通常能生成标准或正常的结构。改变该默认设置可能导致不可预测的后果，故在改变设置之前，需仔细阅读以下内容。

(1)在 Rel. Weights 中的字段。

① Bond。键长是基于两个成键原子间的范德华半径，不同键型稍微有所调整。在化学上并非十分准确，但却是合理的、符合 Gaussian 输入要求的几何形状。

② NonBond。原子间相互排斥不直接成键，其目的是保持原子中心的互相隔离，避免一个原子掩盖另一个原子。

③ Hard Angle。对含有 2～4 个键的原子中心，将计算其硬角。因为目标键角是已知的，故其计算量会十分繁重。该项对维持原子中心的整体性是十分重要的。

④ Soft Angle。对含有 5 个以上键的原子中心,将计算其软角。

⑤ 1 - Ctr Dihed。计算来自于纽曼投影下的每个键,并限于 5 个键以下的原子中心。该项设置可帮助在两个二面角发生扭曲时,保持原子中心的完整性。

⑥ 2 - Ctr Dihed。在键型的基础上,目标二面角将重叠或交叉。如果每个原子中心含有多重键,目标二面角将会重叠。

(2)在 Opt. Controls 中的可选字段。

①Tolerance。该值越小给出的结构结果越准确,但需花费更长时间。

②View Updates。控制刷新被整理的分子。1 表示整理计算每个循环都刷新一次;10 表示 10 个循环刷新一次;0 表示整理计算过程中不刷新视图,直到整理结束才刷新。整理时间取决于计算机系统性能。

③Max Cycles。整理优化期间的最大步骤,通常采用 150,结构越大要求该值越大。

④Max Time。完成整理操作所允许的最大时间(s)。

6. 重新键合结构

重新键合按钮(同菜单命令【Edit】→【Rebond】)用于按距离运算规则,重新键合原子。注意,计算时不会使用屏幕显示的键信息,该信息只为方便观察分子而设计的。

7. 施加对称性

点击【Edit】→【Point Group】,弹出 Point Group Symmetry(点群)对话框(图 6 - 39),用于指定分子结构的对称性。

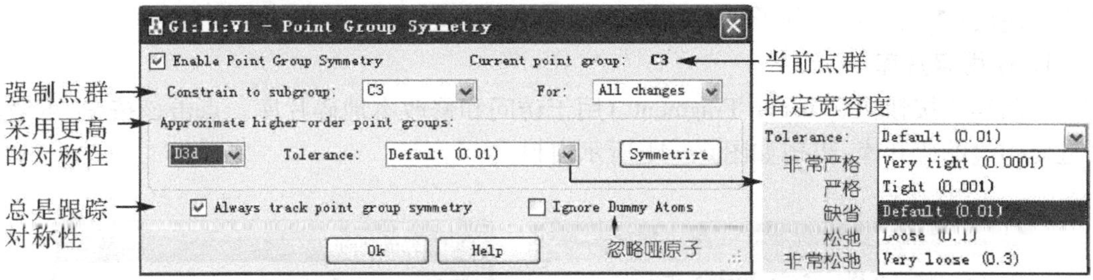

图 6 - 39 使用点群对话框指定分子对称性

(1)Enable Point Group Symmetry。使 GaussView 的对称性功能可用。

(2)Constrain to subgroup。强制某结构,采取指定的点群对称性。

(3)For。"All changes"对某结构的所有改变施加对称性,"None"不施加对称性。

(4)Approximate higher-order point groups。对某结构应用更高对称性 。

(5)Symmetrize。立即对分子结构施加选定的高级点群对称性。

(6)Always track point group symmetry(总是根据其几何变化确定点群对称性)。在调整结构参数(如使用键长滑块)时,在无对称性限制设置的情况下(如 For 设置为"None"时),使用该选项可连续观察点群的变化。正常情况下,点群只在改变完成后再进行识别。在较慢的系统上,对于非常大的分子,使用该选项可能引起响应时间的延迟。

图 6 - 39 中,GaussView 识别扭曲的苯分子的当前点群为 C1。它也可能近似识别为 C2v 点群。点击【Symmetrize】将应用指定的点群到结构上。

Tolerance 选项可使用紧凑(Tighten)或松弛(Relax)的对称性识别过程。在这种情况下,Tolerance 中选择非常松弛(Very loose)的容许度可使 GaussView 识别为最高对称性的 D6h 点群。

点击 Builder 面板上的对称性按钮(Symmetrize)(同【Edit】→【Symmetrize】),可使用 Point Group Symmetry 对话框中 Tolerance 的设置,对当前分子结构立即施加可识别的最高对称性点群。窗口状态栏将显示施加的分子对称性。如图 6-40 所示,三聚氰胺分子在未施加对称性时和施加不同对称性时状态栏的显示结果是不同的。

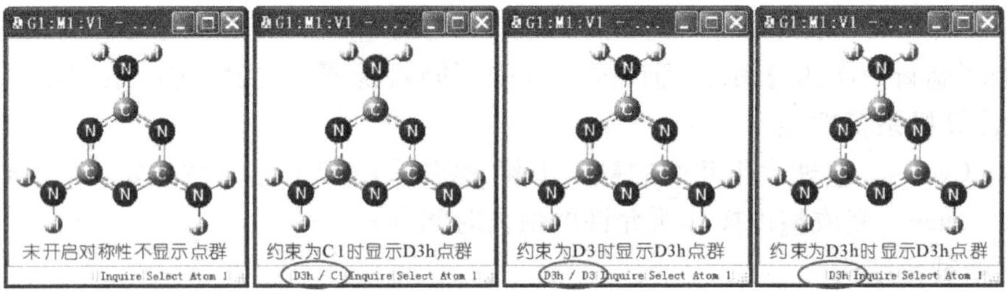

(a) (b) (c) (d)

图 6-40　三聚氰胺分子施加不同对称性时状态栏的显示

6.2.4　高级构建功能

在某些特殊环境下为完成某些特定任务时,其分子的构建可能更为复杂些,需要用到更高级的使用技巧,如定制分子碎片、编辑坐标、指定分层和边界条件等。

1. 使用碎片库

定制碎片按钮(Custom Fragment)用于访问和修改本地碎片库。点击该按钮,可激活最近使用过的碎片库,出现如图 6-41 所示窗口。

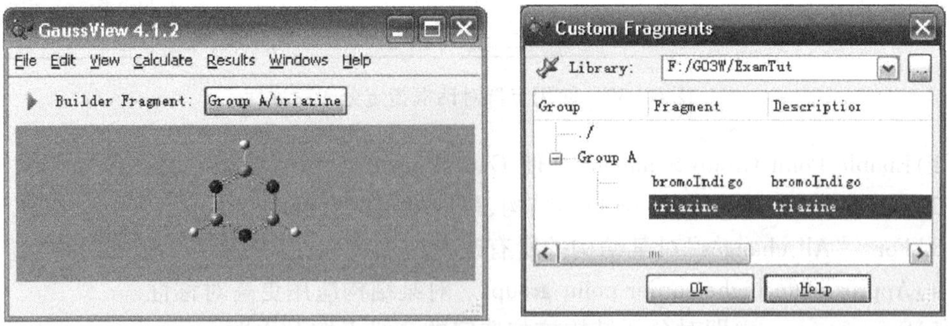

图 6-41　定制碎片库及显示

通常第一个碎片成为当前分子片,并显示在工具栏的下方。可从打开的库中选择可用的碎片,选择的碎片在退出对话框时马上成为当前碎片。对话框顶部的 Library 表示正在使用的碎片库,上次打开的库也显示在列表中。

点击按钮可打开其他本地碎片库。碎片库是磁盘上的文件夹,库中的单个碎片是以文件的形式存储在文件夹中的,因此创建的新碎片库是由本地文件夹及其中的模板文件组成的。显然,初始时该库是空的,最好限制使用单独的碎片文件。

在定制碎片面板中的碎片列表内单击右键,弹出上下文菜单(图 6-42),用于管理和修改碎片库。

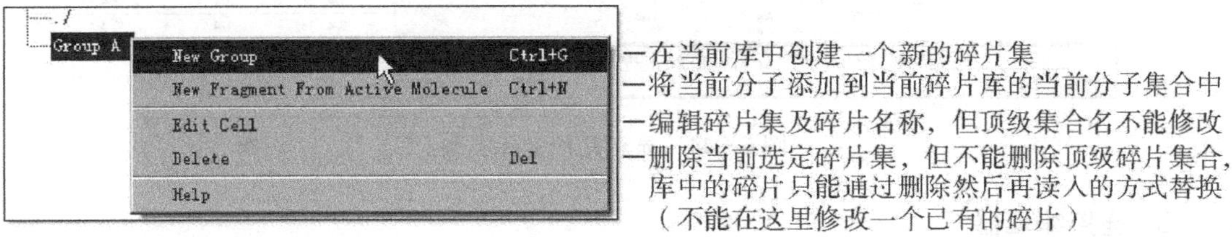

图 6-42 碎片库的管理

2. 原子列表编辑器

点击原子列表编辑器按钮(Atom List Editor)或点击【Edit】→【Atom List】,出现原子列表编辑器窗口(图 6-43)。在该窗口可编辑活动视窗中分子的坐标及其他参数。

表中所显示的栏目由工具栏上的按钮控制。高光按钮对应的栏目才是可见的,这些按钮均是开关按钮,通过点击这些按钮可以显示或隐藏相关栏目。只有与当前分子结构相关的按钮才是可用的,如图 6-43 中和不可用,表明当前分子视图不存在 PBC 任务的分数坐标数据和氨基酸残基链接数据。

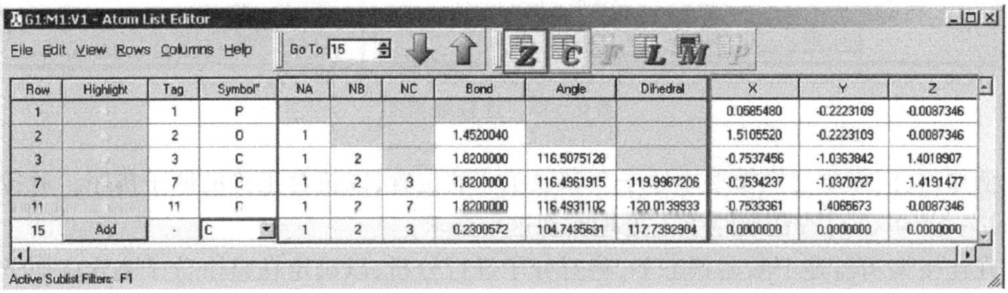

图 6-43 原子列表编辑器

该窗口的默认配置显示分子的 Z-矩阵和笛卡儿坐标,使用工具栏上的按钮可以选择不同的显示数据。从左边开始,它们分别管理 Z-矩阵( )、笛卡儿坐标( )、PBC 任务中的分数坐标( )、ONIOM 层指派及相关设置( )、分子力学的原子类型和数据( )、PBC 文件残基和链数据( )的显示。

在坐标编辑窗口中添加栏的方法如下:如图 6-44 所示,从左上角开始顺时针移动,这些栏目是由分子力学参数控制按钮、PDB 信息按钮、分数坐标按钮和 ONIOM 层按钮管理的。在该表单中可以编辑任何分子参数。在栏目最左边的单元格中点击选择原子(再次点击将取消选择),亮显表明分子视窗中选择了相应的原子。滚动窗口到表格底部,在 Symbol(符号)栏中选择元素,然后点击【Add】(添加)按钮可添加其他原子。这样将插入一个新的行到列表中(用默认值填充)。注意,阴影栏目是只读的。

UFF Type	Dreiding Type	AMBER Type	AMBER Charge	AMBER Fragment
O_R	O_R	O	-0.5679000	Cyx
C_3	C_3	CT	-0.0790000	Cyx
S_3+2	S_3	S	-0.1081000	Cyx
N_R	N_R	N	-0.3479000	Arg

PDB Residue Name	PDB Residue #	PDB Chain ID
THR	12	A
THR	12	A
THR	12	A
THR	12	A

a*	b	c
1/2	1/2	0
1/4	1/4	1/4
1/4	3/4	3/4
3/4	1/4	3/4

Layer	Freeze	Model Symbol	Model UFF Type	Model Dreiding Type	Model AMBER Type	Model AMBER Charge	Link #	Model Distance
High	0	H	H_	H_	HC	0.100000	21	0.98

图 6－44 显示几种坐标类型

3. 连接编辑器

在有多个分子的分子集合视图中，连接编辑器(Connection Editor)用于在两个分子结构中指定等价原子，确定在分子集合中原子的排列顺序是否合理，为 QST2 和 QST3 过渡态优化结构。使用它可以很容易地比较和编辑分子，自动重排原子，使两个相关结构间的原子标签对齐。点击【Edit】→【Connection】，出现 Connection Editor 对话框(图 6－45)。

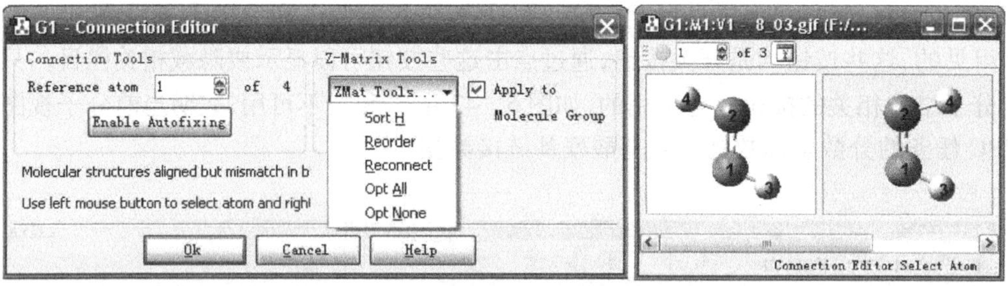

图 6－45 连接编辑器

例如，我们需要交换模型中原子 3 和原子 4 的位置，以符合正确的原子排序。通过点击【Enable Autofixing】按钮或经手工处理实现这一要求。

在连接编辑器处于激活状态下，将对分子进行分析，以确定在整个分子集合中原子标签是否正确，并在状态栏报告结果。如果发现存在错误，对话框将报告该错误，并建议用户点击【Enable Autofixing】按钮加以修复，不管修复是否成功都会在状态栏上给出结果。当【Enable Autofixing】处于激活状态时，任何手工对原子标签的重排都会调用【Enable Autofixing】，并纠正因手工重排引起的任何错误。点击【Disable Autofixing】按钮可取消自动修复功能，【Enable Autofixing】不可用时按钮显示为【No Autofixing】。

使用鼠标也可对原子进行重排，其操作以参考原子为基础进行：

①左键点击。指定点击原子为参考原子。

②右键点击。点击原子与参考原子交换原子标签，该原子成为新的参考原子。

(1) Apply to Molecule Group。该检查框用于确定连接编辑器的操作是应用到当前分子上，还是应用到当前分子集合中的所有分子。

(2) Z-Matrix Tools。用于在分子或分子集合上，执行某些有关 Z－矩阵的操作，包括：

①Sort H。将 H 原子调整到最后。

②Reorder。重新应用标准 Z－矩阵排序。

③Reconnect。重新产生连接数据。

4. 冗余坐标编辑器

冗余坐标(Redundant Coordinate)编辑器用于创建和编辑冗余坐标。冗余坐标常用于Gaussian 优化或势能面扫描中。点击【Edit】→【Redundant Coordinates】或点击冗余坐标编辑器按钮，可弹出冗余坐标编辑器(图 6-46)。

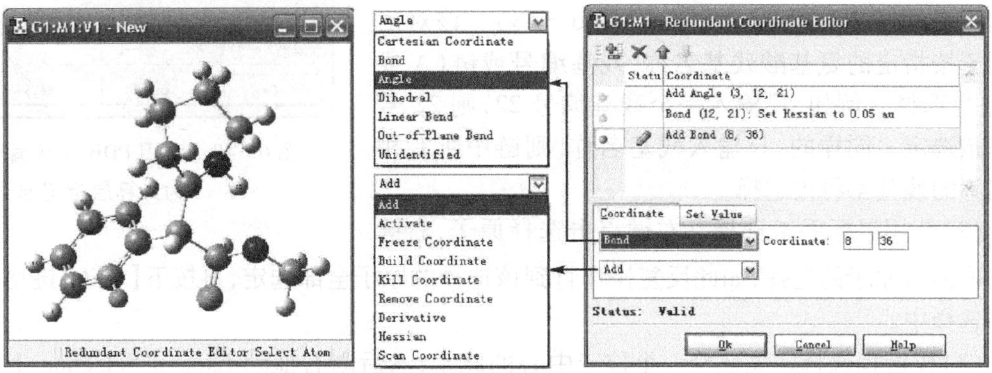

图 6-46　冗余坐标编辑器

我们可以为两个选定原子添加键坐标，以便其间距能出现在优化的输出中(尽管实际上原子并没有键合)，在窗口列表中将显示添加的坐标，铅笔图标表示正在编辑的坐标。对话框下面的信息表示当前激活的坐标是无效的还是未完成的，坐标栏则含有坐标及其主要坐标参数。

顶部按钮用于添加新的冗余坐标，✕用于删除已有冗余，⬆和⬇用于调整冗余坐标前后位置。添加的新坐标将列于当前坐标后，并成为活动坐标。所有可用的冗余内坐标类型都列于【Coordinate】选项中的两个下拉列表框中。【Set Value】选项则用于指定坐标的值或当前值的增加值。如果坐标无效或未编辑完，在退出时会提示是放弃还是继续编辑，退出时将删除任何无效坐标。

5. 指定 ONIOM 层

点击【Edit】→【Select Layer】或点击层工具按钮，打开层选择对话框(图 6-47)。

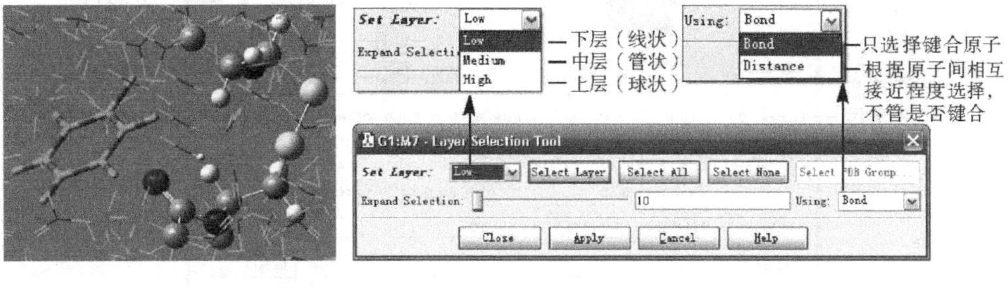

图 6-47　指定 ONIOM 层

该对话框用于为 ONIOM 计算指定原子的计算层，不同层有不同的显示方式，如图6－47中左边环上被选择的原子指定为中间层。选择原子并指定计算层的方法如下：

（1）使用对话框上部的按钮进行选择。【Selects Layer】选择指定的层上的原子，【Selects All】选择所有原子，【Selects None】取消对所有原子的选择，【Select PDB Group】打开另一个选择对话框，通过 PDB 文件中相应模型分子的氨基酸残基选择原子（图 6－48）。该对话框用于按指定的氨基酸残基名称、残基编号或链（A 或 B）进行选择。例如，只输入一个残基编号 22，则 22 号残基被选定。同样的，只输入残基名称，则链中所有相同名称的残基都将被选择。

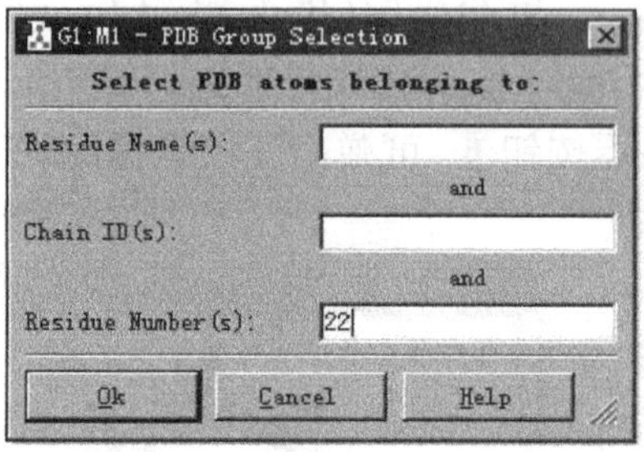

图 6－48　利用 PDB 残基编号为计算层指定原子

（2）使用鼠标手工选择。左键点击选择原子，右键点击取消对原子的选择，如此反复操作直到该选择的原子全部选定，再按下【Shift】键增加到当前选择中。

（3）按近程选择。先选择一个位于中心的原子，然后向右拖动 Expand Selection 上的滑块进一步扩大选择区域直到选定需要的原子，选择的方式取决于 Using 中的设置。

6. 分子轨道编辑器

执行菜单命令【Edit】→【MOs】或点击分子轨道编辑器按钮，都可以打开分子轨道编辑器（图 6－49），查看 Gaussian 计算的分子轨道（MOs）——MO 能量及占据状态图、分子轨道等值面，并快速产生新的分子轨道，或可视化地选择活动区域用于 CASSCF（完全活性空间多组态自洽场）计算。

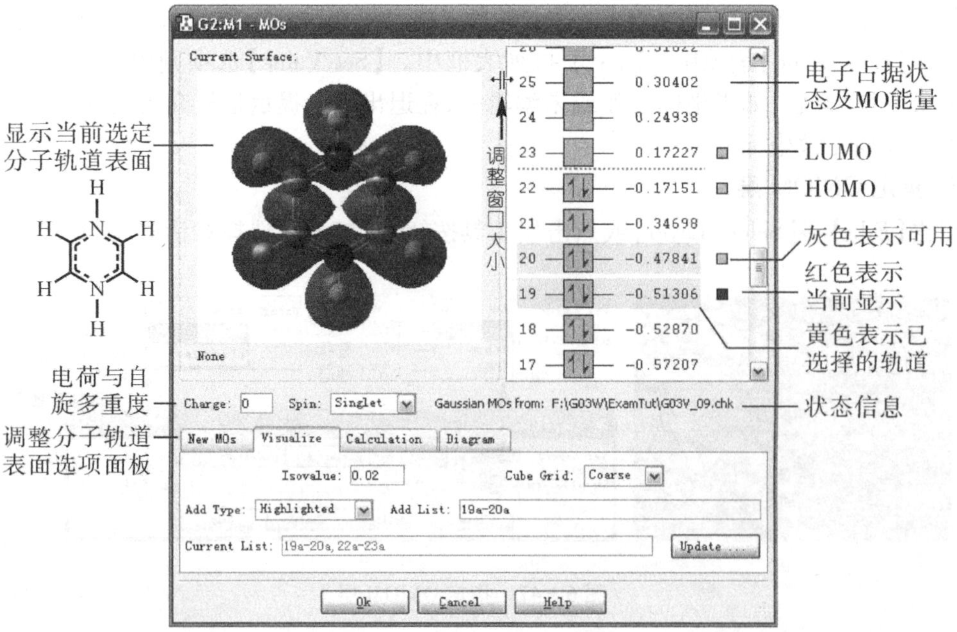

图 6－49　分子轨道编辑器

该窗口用于查看分子轨道表面,以后的高斯计算可能重新安排其占有轨道,这里共有 4 个分子轨道可以查看其表面。分子轨道对话框封装有属于自己的、用于显示当前选定轨道表面的视图窗口(左上部区域)。该封装视图是只读的,不能用于编辑分子的几何构型。在该窗口内可以单击右键弹出菜单,进行拖动、旋转、缩放等操作。对话框下部包括 4 个选项面板。

(1)【New MOs】面板(图 6－50)。用于读入或产生新的分子轨道。

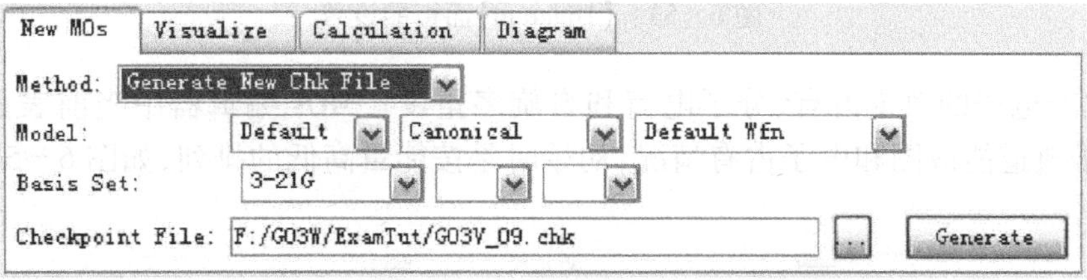

图 6－50　从检查点文件中读入分子轨道

(2)【Visualize】面板(图 6－51)。用于产生要求的分子轨道表面。其中,包括产生表面的两个参数 Isovalue(等值)和 Cube Grid(立方网格),用于指定轨道的显示方式。Add Type 指定要显示的分子轨道类型。注意,GaussView 会尽可能地保持 Add List 与 Add Type 同步。点击【Update】按钮将产生所能找到的轨道表面。

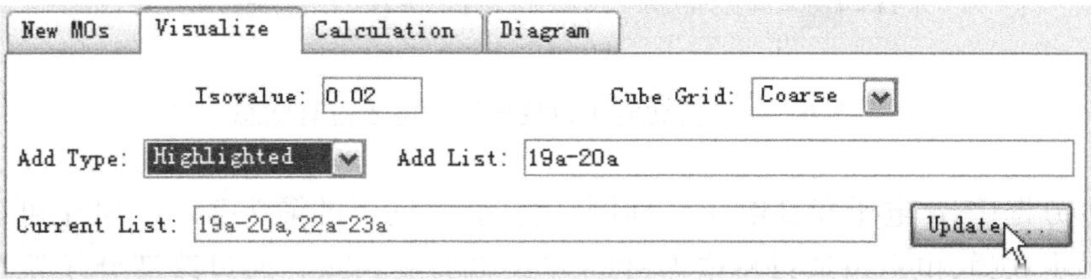

图 6－51　【Visualize】面板指定要求的分子轨道表面

(3)【Calculation】面板(图 6－52)。用于对下一步的 Gaussian 作业修改 Gaussian 命令。

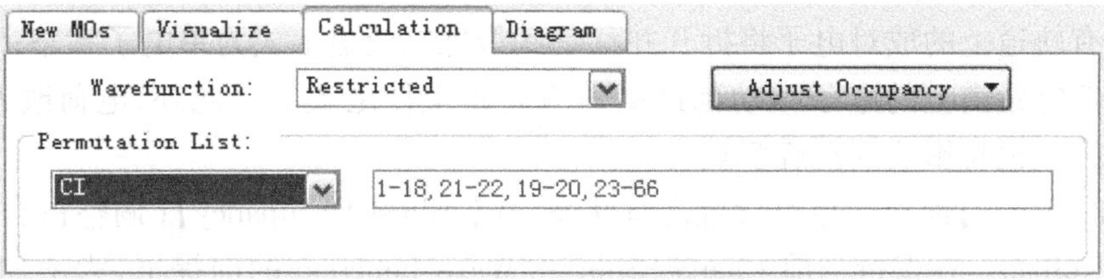

图 6－52　【Calculation】面板的设置

(4)【Diagram】面板(图 6－53)。用于控制右边区域中显示轨道能级和轨道占有情况。

分子轨道编辑器主要有以下功能。

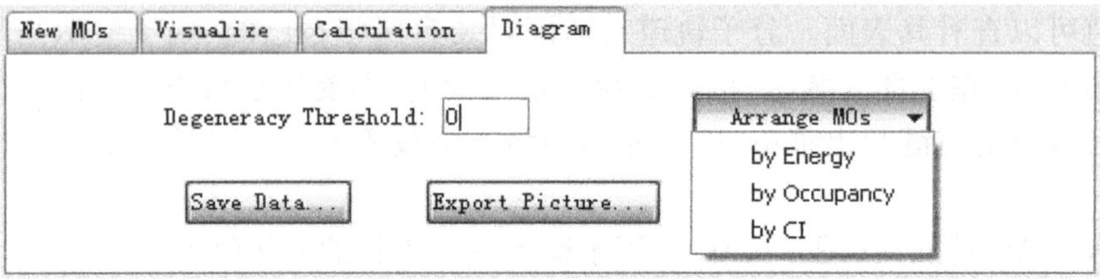

图 6－53 【Diagram】面板的设置

(1)改变电子的轨道占有、分子电荷和自旋多重度。MOs 编辑器中当前表面的右边表示的是分子轨道能级图和电子占有情况，初始时是按能量高低的排列，如图 6－54 所示。

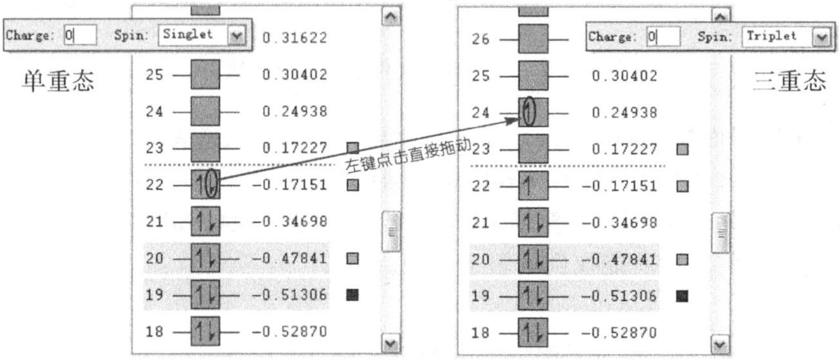

图 6－54 拖动电子改变轨道的电子占有状态

在蓝色方框中，α 电子和 β 电子分别用红色向上、向下的箭头表示。电子可以由一个轨道拖到另一个轨道，也可以通过单击右键的方式添加或删除。通过改变分子轨道中电子的占有情况，进而改变分子的净电荷与自旋态，改变的结果立即反映到 Charge 和 Spin 字段的显示中。这些字段也可能直接编辑，其结果同样可立即反映到 MO 的电子占有图中。增加电荷将从分子轨道中移走电子，降低电荷时将在分子轨道中添加电子。添加的电子总是从 LUMO 轨道开始填充(如果 HOMO 是单电子时则从 HOMO 开始)。同理，增大自旋多重度时，最高占有轨道上的成对电子将拆开并移动到最低空轨道上成为单电子状态；降低自旋多重度时，最低空轨道上的电子移动到最高占有轨道上使之成对。此外，电荷改变数为奇数时，电荷的改变也将影响到自旋多重度。

在【Calculation】面板中也可设置占有状态，在【Adjust Occupancy】(调整占有)中包括两个选择：①Aufbau。在保持当前 Charge、Spin 及 Wave Function 的前提下，为增加轨道能量，用电子填充分子轨道。②Original。适当修改 Charge、Spin 及 Wave Function，恢复到最初读入的(或计算得到的)轨道占有状态。

(2)控制轨道的显示。【Diagram】面板用于控制轨道的图形显示(图 6－55 显示简并轨道)。其中，【Arrange MOs】用于按能量升高的顺序，或按电子占有顺序，或按 CI(组态作用)顺序排列轨道。后者适用于创建 CAS 活动空间。Degeneracy Threshold(简并阈值)下面设定的值等于轨道的能量。

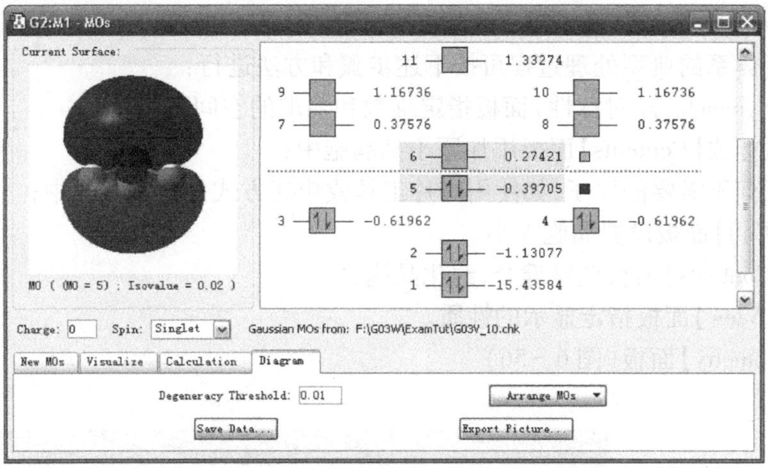

图 6－55　MOs 编辑器中显示的简并轨道

以上显示的是 NH_3 分子的简并轨道。注意，如果修改 Degeneracy Threshold（简并阈值），由原来的 0 提高到 0.01，则轨道能量差小于 0.01 的都被认为是能量简并的。

（3）生成和重建分子轨道（MOs）。【New Mos】用于读入或产生分子轨道数据，这取决于【Method】中的设置。如果【Method】中设置为 Load Existing Chk File，则从指定的检查点文件中读入轨道数据，然后再点击【Load】。如图 6－50 所示，如果【Method】中设置为 Generate New Chk File，则用指定的 Model 和 Basis Set 产生轨道。在该面板第二行的字段中指定 Gaussian 计算使用的基组，Model 字段指定初始猜想类型、寻找方法和波函数类型，点击【Generate】按钮提交 Gaussian 作业，产生轨道数据（计算类型是 Guess = Only）。

（4）轨道重新排序。在【Calculation】面板的 Permutation List 提供轨道重排的三种选择：①Occupancy（α）。按当前 α 占有轨道重排轨道，即按照填充轨道低于未填充轨道、全满轨道低于部分填充轨道的顺序重排。在每一级别中，轨道按能量高低排列。②Occupancy（β）。同上，按 β 占有轨道重排轨道，但仅限于非限制性波函数。③CI。重排轨道以便使 所有占有轨道和所有空轨道都是连续的，每组内按能量高低排列，该选项适用于 CAS 计算。

（5）其他选项。【Diagram】面板包括以下两个附加按钮（图 6－55）：①【Save Data】。从 MO 图表中保存分子轨道信息到文本文件中，包括轨道编号、占有轨道、每个轨道能量和固定轨道数。对非限制性波函数、α 和 β 电子信息将以空行分隔开。②【Export Picture】。保存分子轨道的图像文件，需要指定文件名和文件类型。

7. 用晶体编辑器构建周期边界

点击【Edit】→【PBC】或点击晶体编辑器按钮，将弹出 PBC 窗口，用于指定周期体系中的晶胞单元（Unit Cells）。在 Gaussian 中使用该功能执行周期边界条件计算。在这里，读者需要了解周期系、空间群（Space Groups）及其相关术语。PBC 窗口包括 5 个面板，其相关按钮说明如下：

①【Symmetry】（对称性）。指定晶胞的维数、晶系和空间群约束。

②【Cell】（晶胞）。指定晶胞的大小，也包括对重新定位的控制及约化晶胞内容的管理。

③【View】(观察)。指定在视图各方向上显示的晶胞数及控制是否显示各选项。

④【Contents】(内容)。晶胞内所含原子封装在微型原子列表编辑器中,也用于修改键合。

⑤【Reduce】(约化)。用于约化晶胞维数,如从3D转为表面。

构建周期体系的典型处理过程可按下述步骤和方法进行:

①使用【Symmetry】(对称性)面板指定维数和要求的空间群;

②使用鼠标或【Contents】面板添加原子到晶胞中;

③删除任何不需要的原子,如使用碎片工具或快捷方式创建的分子中;

④使用【Cell】面板设置晶胞大小。

⑤使用【Contents】面板调整键合,约化晶胞;

⑥ 使用【View】面板指定显示的性质。

(1)【Symmetry】面板(图6-56)

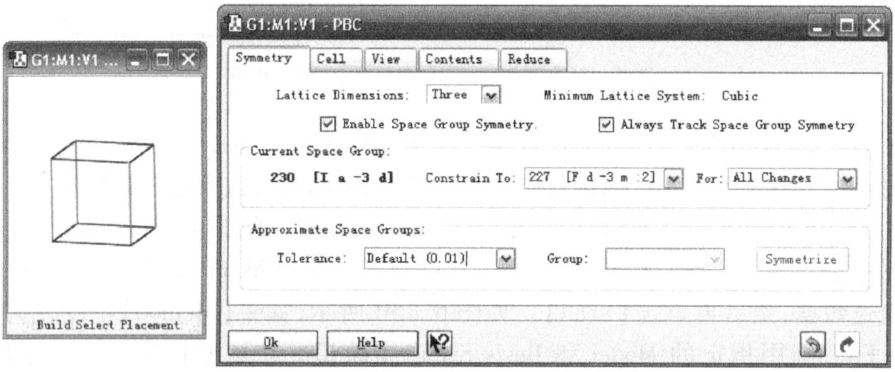

图6-56 PBC的【Symmetry】设置面板

【Symmetry】面板包括如下控制选项:

①Lattice Dimensions。设置晶格体系的维数:One用于聚合物;Two用于片状分子;Three用于晶体,其中***a***、***b***、***c***分别是平移向量。注意,晶格的维数不一定必须和相应的晶胞维数一致,如聚合物单体(一维晶格)通常不是线状的。

②Minimum Lattice System。3D晶胞的变化受指定晶系的保护。

③Enable Space Group Symmetry。监控空间对称群,强制限制空间群的对称性。

④Always Track Space Group Symmetry。在交互式改变晶胞内容的时候,监控空间群的对称性(比如连续使用键长滑动块时),不仅仅是在改变完成之后才计算。

⑤Current Space Group中的各选项。A. Constrain To。强迫改变为指定的空间群,这里提供了用于约束的所有准确的空间群。B. For。强迫空间群限制在指定的变化类型内。a. Cell Changes。涉及晶胞长度和角度的变化。b. Contents Changes。涉及原子和键在位置和数量上的变化。c. All Changes。默认设置,涉及全部变化。

⑥Approximate Space Groups中的各选项。A. Tolerance。在分数坐标中,设置近似属于一个空间群的容许量。B. Group。在按下对称性按钮后,设置空间群准确同步。

(2)【Contents】面板(图6-57)

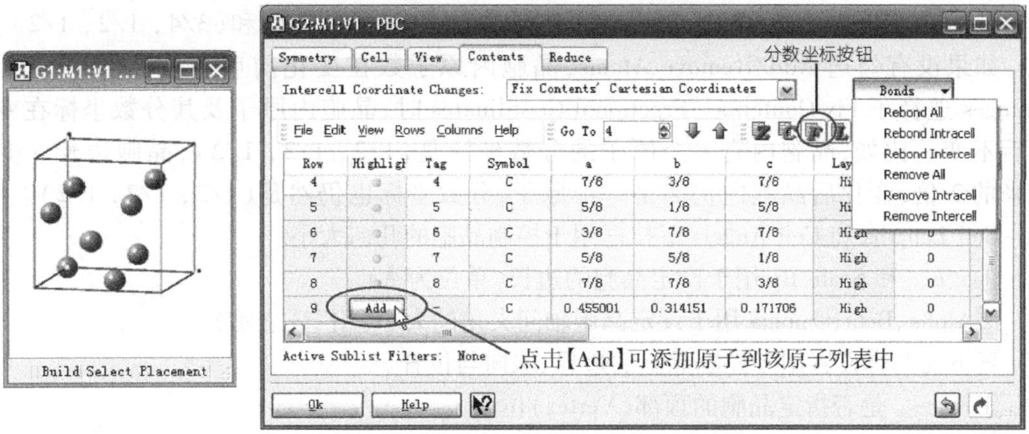

图 6-57　PBC 的【Contents】设置面板

【Contents】面板包括封装的原子列表编辑器，其功能与前面介绍的功能一样。这里点击分数坐标按钮后显示的是分数坐标。

①Intercell Coordinate Changes。指定怎样处理晶胞内部坐标的变化，有 Fix Contents' Cartesian Coordinates、Fix Contents' Fractional Coordinates 和 Fix Cell Parameters 三个选择。

②【Bonds】。重新计算或删除晶胞内或晶胞间的键，在一定距离的基础上重新键合原子或删除原子。

(3)【Cell】面板(图 6-58)

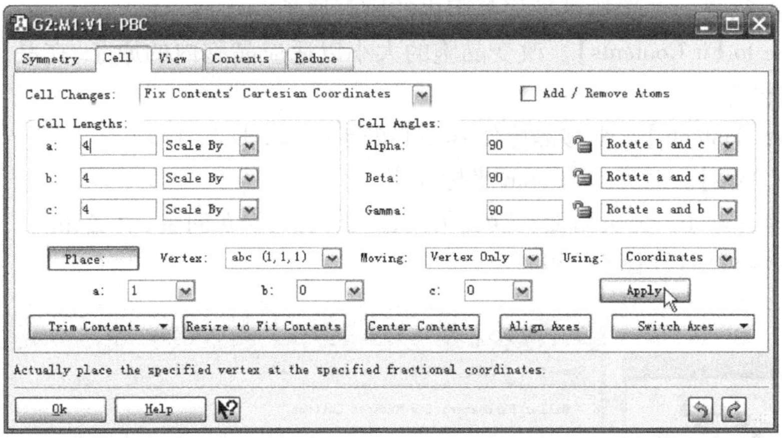

图 6-58　PBC 的【Cell】设置面板

【Cell】面板用于调整晶胞的各类参数。Cell Changes 中指定在晶胞参数改变时，晶胞内原子按何种坐标变化，一种是笛卡儿坐标，一种是分数坐标。如果选择了 Fix Contents' Cartesian Coordinates，则会显示 Add/Remove Atoms 检查框，否则不会显示该检查框。

如果勾选了 Add/Remove Atoms，晶胞内原子数将随晶胞大小的改变而增减。例如，晶胞内有一个原子的分数坐标是(1/2，1/2，1/2)，晶胞边长 *a* 变为原来的 2 倍，变化后晶胞内将有二个原子，其分数坐标分别是(1/4，1/2，1/2)和(3/4，1/2，1/2)。

如果没有勾选 Add/Remove Atoms，晶胞内原子数在变化前后不变。例如，当 Cell Changes 选择了 Fix Contents' Fractional Coordinates 时，晶胞内原子及其分数坐标在变化前后不变。比如，晶胞内有一个原子的分数坐标是(1/2，1/2，1/2)，晶胞边长 *a* 变为原来的 2 倍，变化后晶胞内仍然是一个原子，分数坐标也仍然是(1/2，1/2，1/2)。

Cell Lengths 和 Cell Angels 下拉框用于控制晶胞的几何大小。

①*a*、*b*、*c* 和 Scale By 用于设定晶胞的边长(单位为 Å)。

②Alpha、Beta、Gamma 用于设定晶胞轴间夹角的大小(用"°"表示)。

再下面两行设置用于控制晶胞的边界、取向与位置。

①Place。是否指定晶胞的顶部(Vertex)位置。

②Vertex。指定替换晶胞的顶部。

③Moving。指定是只移动晶胞的顶部还是移动整个晶胞。

④Using。指定在视图或分数坐标中，是否使用鼠标确定晶胞的顶部。若在 Using 中选择使用 Mouse，则弹出 Location 选项，指定定位类型，包括 Atom、Between Two Atoms 和 Any Point 三种定位方式。Atom 表示用点击的原子定位，Between Two Atoms 表示在两个原子间点击定位，Any Point 表示在任意点击的地方定位。若 Using 选择为使用 Coordinates，则弹出要求指定的分数坐标选项，包括指定 *a*、*b* 和 *c* 的值。点击【Apply】按钮后才在指定坐标上旋转顶部。

在本面板的底部还有 5 个按钮。

①【Trim Contents】。使用指定的方法改变晶胞内原子，有两个操作：一个选择是删除晶胞外的所有原子；另一个选择是平移晶胞内的所有原子。

②【Resize to Fit Contents】。改变晶胞的大小以适应晶胞内的原子，在晶胞内的每个边加上 0.5Å 的衬垫。

③【Center Contents】。平移晶胞使其中心处于(1/2，1/2，1/2)。

④【Align Axes】。对齐 Cartesian 坐标原点。

⑤【Switch Axes】。交换晶轴。"***a***↔***b***"，则 ***a*** 向量变为 ***b*** 向量，反之亦然。

(4)【Reduce】面板(图 6-59)

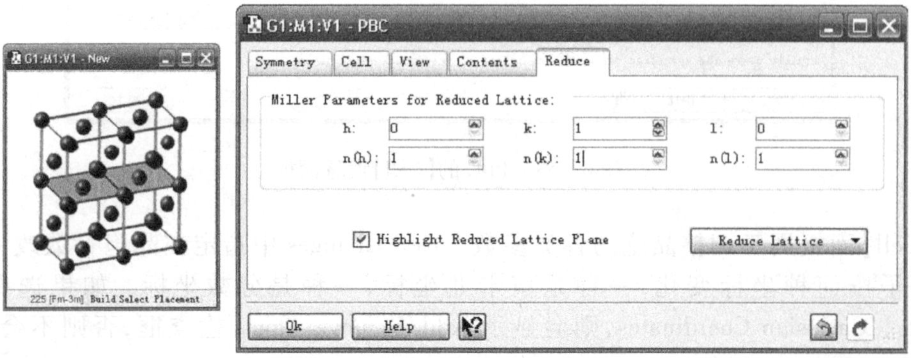

图 6-59 PBC 的【Reduce】设置面板

【Reduce】面板主要包括以下控制选项：

①h, k , l。设置 Miller 指数,沿 a, b ,c 晶轴截取约化晶格。

②$n(h)$, $n(k)$, $n(l)$。设置约化倍数,沿 a, b ,c 晶轴截取约化晶格。

③Highlight Reduced Lattice Plane。在视图中显示未约化的晶格。

④【Reduce Lattice】。按指定的 Miller 指数按一维约化晶格。

(5)【View】面板(图 6－60)

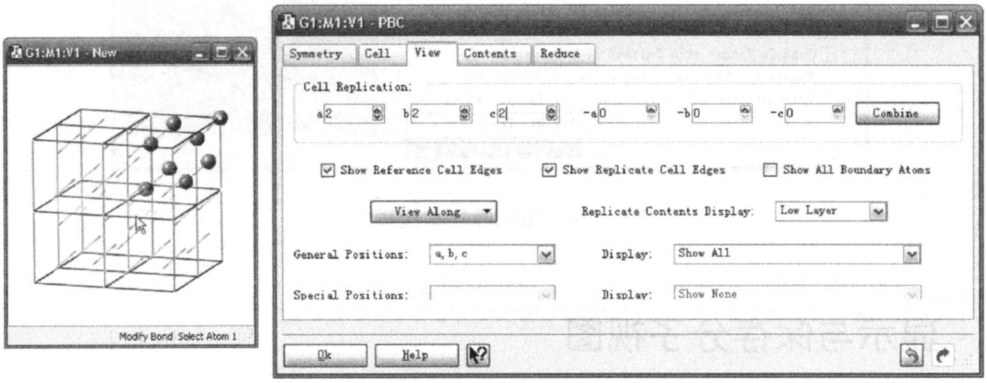

图 6－60　PBC 的【View】设置面板

【View】面板包括以下控制选项：

①a, b, c, $-a$, $-b$, $-c$。用于设置沿指定轴显示的晶胞数。该设置只为显示之用,不会改变晶胞单元内的原子,除非按下【Combine】按钮。

②【Combine】。组合所有显示的晶胞成为一个“超级晶胞”。

③Show Reference Cell Edges。显示晶胞边缘和参考晶胞的顶。

④Show Replicate Cell Edges。显示晶胞边缘和所有复制晶胞的顶。

⑤Show All Boundary Atoms。显示晶胞边界上的所有原子。

⑥【View Along】。对齐指定的 Cartesian 坐标或体系中垂直于平面的轴。

⑦Replicate Contents Display。指定原子和键在复制晶胞中如何显示。

⑧General Positions。在分数坐标中为当前空间群列出等效位置。

⑨Special Positions。在分数坐标中为当前空间群列出特定位置。

该面板指定了在视图中显示多少个晶胞,图 6－60 中每个方向显示 2 个晶胞,复制的晶胞显示在下层,这是默认显示模式。

8. 指定碎片的连接方式

在 GaussView 的控制窗口中,点击 Current Fragment 旁的小三角按钮将显示一些高级选项,用于指定碎片连接到已有结构的连接方式。

如图 6－61 所示,Mode 用于选择设置(在 Old 和默认模式下所有选项都不可用),选择 Custom 时才能修改各项选择。该项下有两个选择面板【Before】和【After】。前者用于设置可以连接到结构上的碎片,后者用于指定碎片到结构后结构如何处理。【Before】和【After】面板上的相关选项表述十分清楚,此处不再详解。

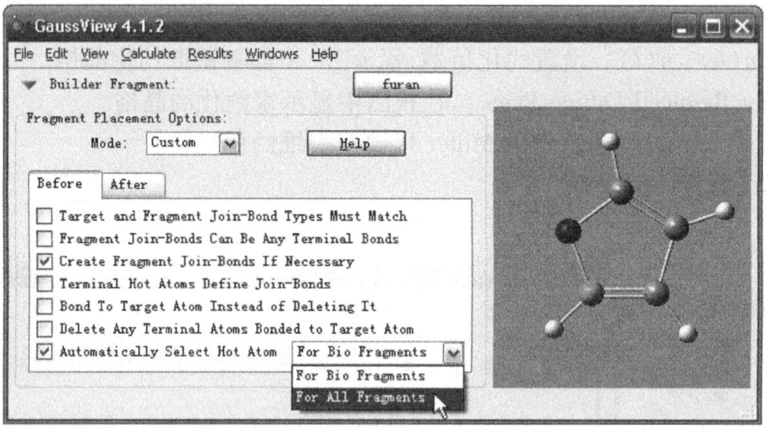

图 6－61　指定碎片的连接方式

6.3　显示与保存分子视图

6.3.1　管理分子视图

1. 分子定位工具

点击【View】→【Positioning Tools】，会在视图窗口的标题栏下显示如下定位工具：

点击居中按钮（或点击【View】→【Center】），可使活动视图中的分子处于视图中心。

2. 设置显示选项

点击【View】→【Display Format】，或点击【File】→【Preferences】→【Display Format】，或点击按钮，均可弹出 Display Format 对话框。该对话框中有 4 个设置面板。

（1）【Text】面板（图 6－62）。在【Text】面板 Exclude View Labels 和 Exclude View Symbols 中，可以分别指定是否显示原子标签和元素符号等，Size 项用于设置显示文本的大小。

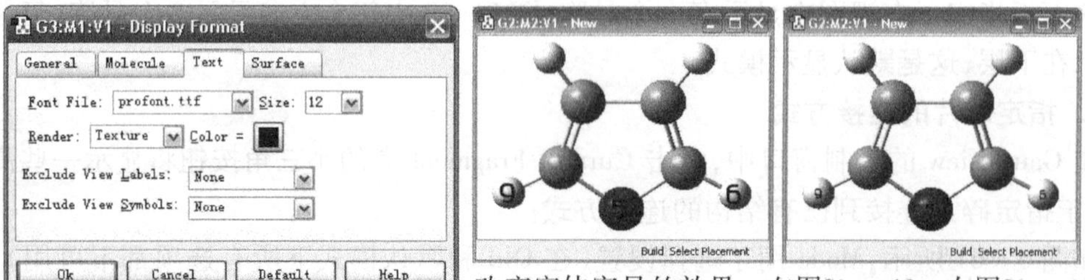

改变字体字号的效果：左图Size=48，右图Size=12

图 6－62　【Text】设置面板

（2）【General】面板（图 6－63）。勾选 Use Fog to Improve Depth Perception（使用景深雾化效果），可在视图窗口中按景深距离的不同显示分子。其中，Fog Has Zero Visibility 指定雾化景深距离，如图 6－64 所示，左图为该值“500”时，全部分子均清楚可见，右图为该值“50”时，部分原子雾化为不可见了。

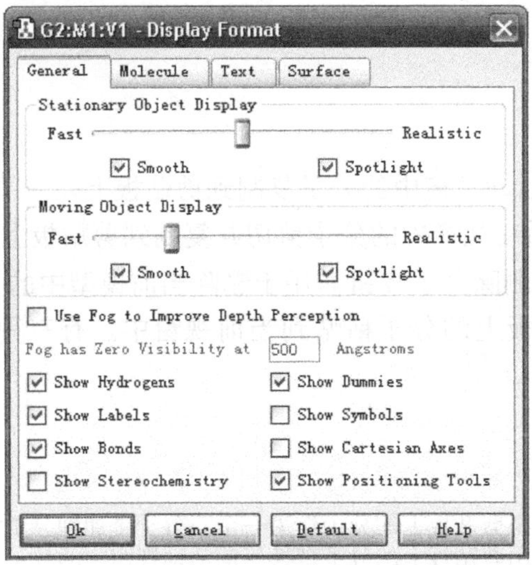

点击菜单命令也可调整显示项目

【View】→【Hydrogens】
显示氢原子（缺省开启）
【View】→【Dummies】
显示哑原子（缺省开启）
【View】→【Labels】
显示原子标签（缺省关闭）
【View】→【Symbols】
显示原子的元素符号（缺省关闭）
【View】→【Bonds】
显示氢原子（缺省开启）
【View】→【Cartesian Axes】
显示 X,Y,Z 轴（缺省关闭）
【View】→【Stereochemistry】
显示手性中心（缺省关闭）
【View】→【Positioning Tools】
显示定位工具栏（缺省关闭）

图 6－63　【General】面板

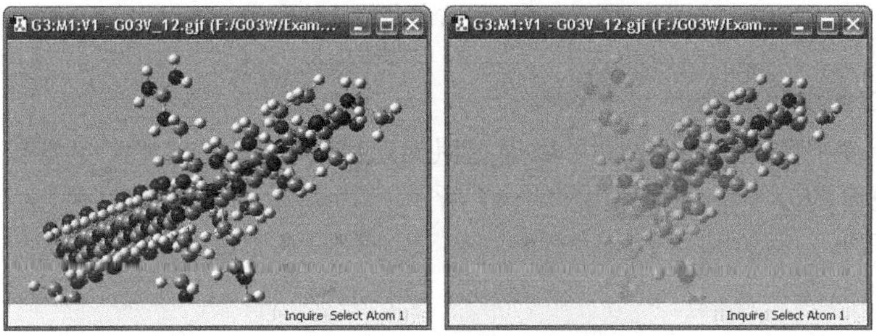

图 6－64　使用景深雾化效果

（3）【Molecule】与【Surface】面板（图 6－65）。

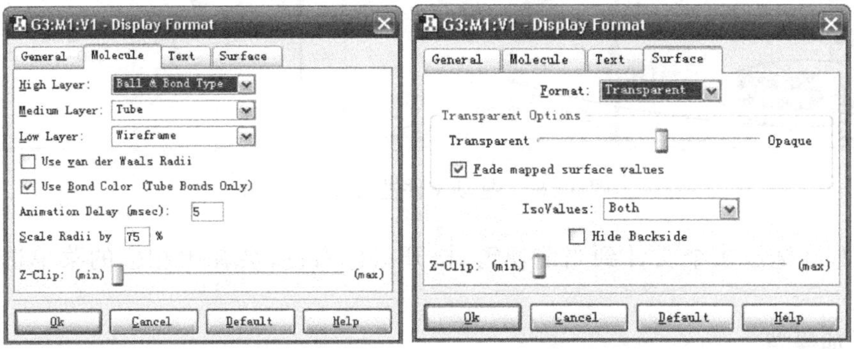

图 6－65　【Molecule】与【Surface】设置面板

【Molecule】面板用于指定在视图中原子和键如何显示。在 ONIOM 层的上、中、下三层中原子显示的形式可以不同。默认设置中，上层（High Layer）使用球棍模型，中层（Medium Layer）使用管状模型，下层（Low Layer）使用线状模型。

【Surface】面板用于指定显示表面的形式，包括实心表面和半透明表面形式，也指定等值面值的大小等。

6.3.2 文件操作

1. 模型的复制与粘贴

菜单命令【Edit】→【Copy】用于将当前活动视窗中的分子复制到剪贴板上。

菜单命令【Edit】→【Cut】用于将当前活动视窗中的分子剪切并复制到剪贴板上。

菜单命令【Edit】→【Delete Molecule】和删除分子按钮用于删除当前模型中的分子。

菜单命令【Edit】→【Paste】用于将剪贴板上的分子粘贴到当前视窗中。有三种粘贴方式，如图 6－66 所示。

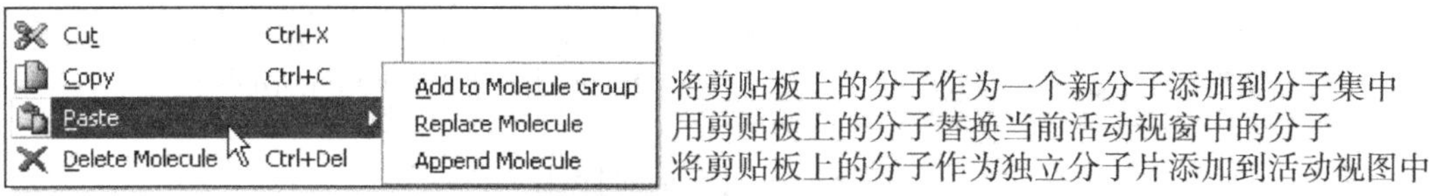

图 6－66 粘贴命令的几种形式

2. 在窗口内拖放文件

在 Windows 平台上，一个文件可以通过鼠标左键拖放的方式从浏览器窗口或其他来源添加到当前视窗的分子集合中，如图 6－67 所示。默认时，拖入的文件是作为当前分子集合中的一个分子。

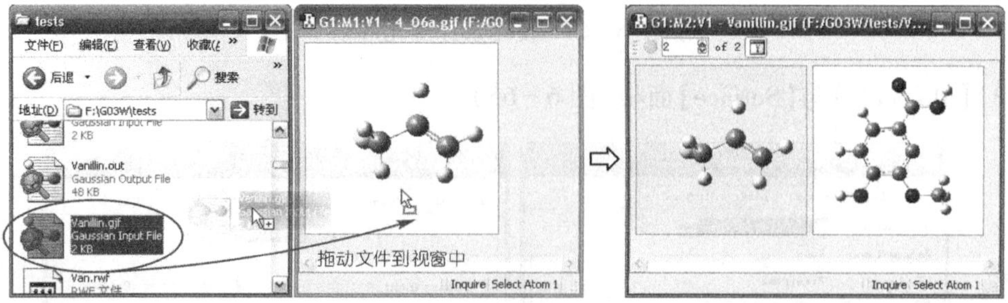

图 6－67 拖动文件进入视图窗口中

使用右键拖放多个文件到当前视窗，松开鼠标右键，会弹出相应的菜单选项（图 6－68）。

3. 添加模型

菜单命令【File】→【New】用于新建分子模型，有如图 6－69 所示的两种创建形式。

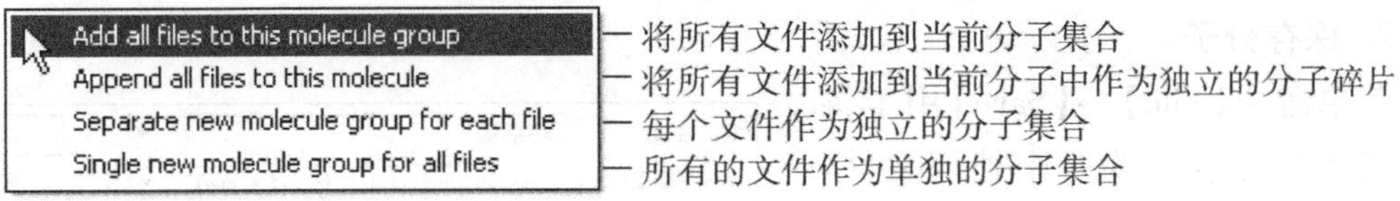

图 6－68　拖动文件进入视图窗口的几种方式

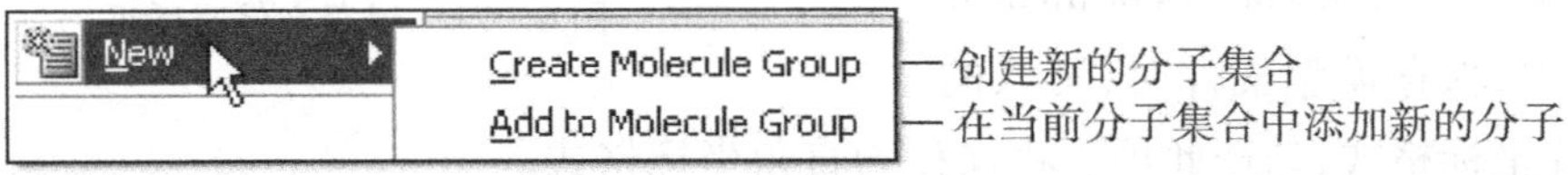

图 6－69　创建模型的两种方式

4. 打开已有模型和其他输出文件

菜单命令【File】→【Open】用于打开已有的模型分子，点击后会弹出打开文件对话框（图 6－70）。其中，文件类型里列出了 GaussView 能够打开的所有类型，包括 Gaussian 输入文件（. com、. gjf）、Gaussian 输出文件及日志文件（. log、. out）、立方网格文件（. cub）、Gaussian 检查点文件（. chk）、格式化过的 Gaussian 检查点文件（. fch）、PDB 文件（. pdb）、HyperChem 文件（. ent）、MDL Mol 文件（. mol）、Mol2 文件（. mol2）、CIF 文件（. cif）等。

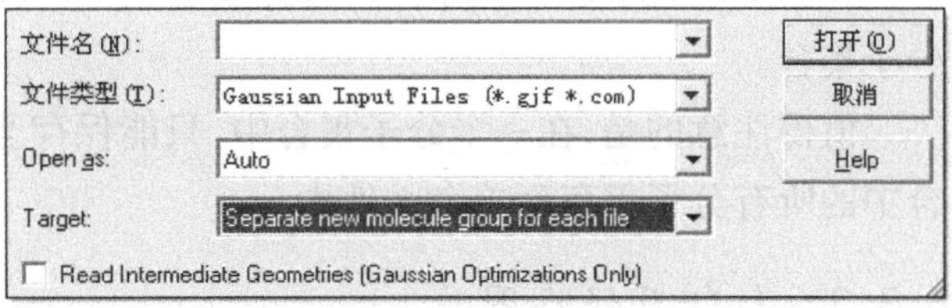

图 6－70　打开文件对话框

（1）Open as。用于强制按指定的文件类型打开某文件，不考虑文件的扩展名。除了 Gaussian 的立方网格文件（. cube 或 . cub）外，GaussView 支持所有其他文件类型。默认设置为 Auto，即按扩展名类型自动打开指定文件。

（2）Target。用于指定按什么方式读入分子结构到视图中，其意义同图 6－68 说明。

（3）Read Intermediate Geometries（Gaussian Optimization Only）。用于指定打开文件时，是否读入中间过渡态的所有几何构型。该检查框只适用于进行优化计算过的输出文件（包括 IRC 作业、ADMP 及 BOMD 轨迹计算及势能面扫描等）。勾选此项后，打开的视图中将包含文件中所有的几何构型。

5. 打开最近使用的文件和相关的文件

菜单命令【File】→【Recent Files】用于快速打开最近打开过的文件，在【File】→【Preferences】→【File/Directory】的 Maximum Recent Files 中，可指定此处列出的最大文件数。

菜单命令【File】→【Related Files】用于快速打开与当前活动分子相关的文件，如输出文件、日志文件、检查点文件等。

菜单命令【File】→【Refresh】用于从原始文件重新加载当前分子，前提是分子没被修改过。

6. 打开计算结果文件

菜单命令【Results】→【View File】用于打开当前模型分子的结果文件，如由 Gaussian 采用【FormChk】等命令产生的检查点文件等二进制文件。

7. 保存分子

菜单命令【File】→【Save】用于将当前模型分子保存为一个外部文件。保存文件对话框如图6－71所示，其中需要说明的有以下几项：

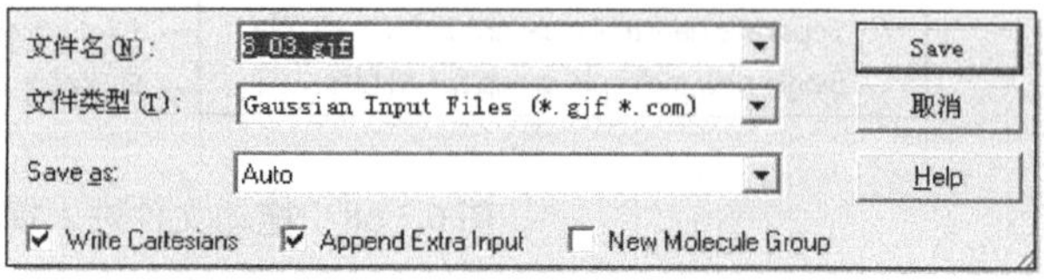

图6－71 保存文件对话框

(1) Write Cartesian Coordinates。默认设置中，保存模型文件时，写入的是Z－矩阵坐标格式，勾选此项后将保存为直角坐标格式。

(2) Append Extra Input Data。该检查框只有在要保存的文件是从原有Gaussian输入文件读入时才可用。勾选此项后，如果在原输入文件中存在附加的输入说明，如QST2/QST3过渡态Link1计算等，则该附加说明也将一并保存。

(3) New Molecule Group。勾选此项后，GaussView将创建一个包括保存分子在内的新的分子集合。

值得注意的是，在一个分子集合中，只能保存当前分子模型为单个文件，不能将分子集合中的所有分子保存到单个文件中。

6.3.3 打印及保存图片

利用【File】和【View】菜单命令，可打印视图里显示的图像或将其保存到图像文件中。

1. 打印

活动窗口里的图像可选用【File】→【Print】命令或点击打印按钮进行打印。打印输出方式可由参数设置对话框设定，其设置与Windows应用程序的设置基本相同。

2. 保存影像

菜单命令【File】→【Save Image File】用于将当前视图窗口中的影像保存到一个外部影像文件中，点击后将弹出保存文件对话框(图6－72)。

默认保存的文件类型为TIFF文件(*.tif)，也可保存为其他文件格式，如JPEG、JPEG2、EPS、Windows Bitmap和PNG等。建议保存为TIFF以便于进行高精度打印。若选择JPEG、PNG格式，则可用于网页显示或演示文稿中。影像捕获与保存的其他设置还可在参数设置对话窗口中完成。

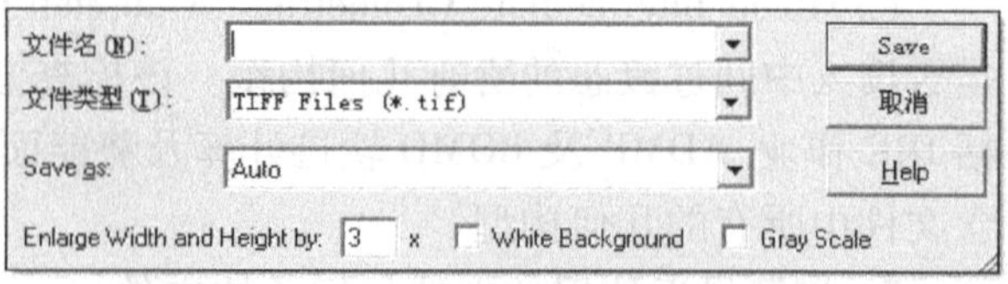

图6－72 保存为影像文件对话框

(1) Enlarge Width and Height by。按统一的倍率加大影像的物理尺寸，提高其分辨率(默认为3)。如果准备以300 dpi的分辨率进行打印，可将该放大因子提高到4，甚至8以上。

(2) White Background。使用白色背景打印。

(3) Gray Scale。保存之前将里影像转换为灰度级(灰白色)。默认保存为彩色影像。

3. 保存影片

菜单命令【File】→【Save Movie】(或按钮),用于保存当前分子集合中的不同帧作为一个电影文件。

6.3.4　指定默认文件位置

可在【File】→【Preferences】→【File/Directory】参数设置中指定与文件有关的默认设置。Starting Directory 用于选择开始的工作目录:Use previous work directory 保持跟踪使用上一次使用过的文件夹;Use launch directory 总是使用输入文件所在文件头作为默认文件夹;Specify 总是使用指定的文件夹。Scratch Directory 用于指定临时 Scratch 文件夹。

图 6-73　文件位置参数设置对话框

6.4　创建 Gaussian 作业

创建好模型分子后,并没有完成其输入文件的编写,还必须为其指定计算方法、作业类型和使用的基函数等信息。本节讨论如何在 GaussView 中设置和运行 Gaussian 计算作业。

点击【Calculate】→【Gaussian Calculation Setup】,弹出 Gaussian Calculation Setup (Gaussian 计算设置)对话框(图 6-74)。该对话窗口用于在 GaussView 中设置和运行所有类型的 Gaussian 计算,其计算路径部分可由该对话框生成。其中前三行是 Title(作业标题)、Keywords(关键字)和 Charge/Mult(电荷/自旋多重度),这三项是只读性的,用户可在其他选项卡中设置后,在这里观察到其变化。其中包括若干按钮,说明如下:

(1)【Submit】。使用当前输入文件运行 Gaussian 计算。

(2)【Quick Launch】。不做进一步的说明,直接运行 Gaussian 作业。

(3)【Cancel】。关闭对话框返回所有选项为默认值。

(4)【Edit】。使用外部文本编辑器直接编辑输入文件,未保存之前,是不可直接编辑的。

(5)【Retain】。关闭对话框,但输入文件不会被创建或更新,也不会提交 Gaussian 作业。

(6)【Defaults】。恢复所有的选项为默认值。

(7)【Help】。提供对话框的在线帮助。

Additional Keywords(用于添加附加关键字)和 Scheme(用于选择计算方案)两项在所有面板中都可使用。任何时候都可在下部 Additional Keywords(附加关键字)中输入适合的 Gaussian 关键字或关键字选项,GaussView 会将其添加到计算路径中,即使它已经出现在路径部分中也没关系，因为 GaussView 会在处理路径部分时，合并所有相同的关键字。Scheme 用于快速得到储存的一组关键字和选项。

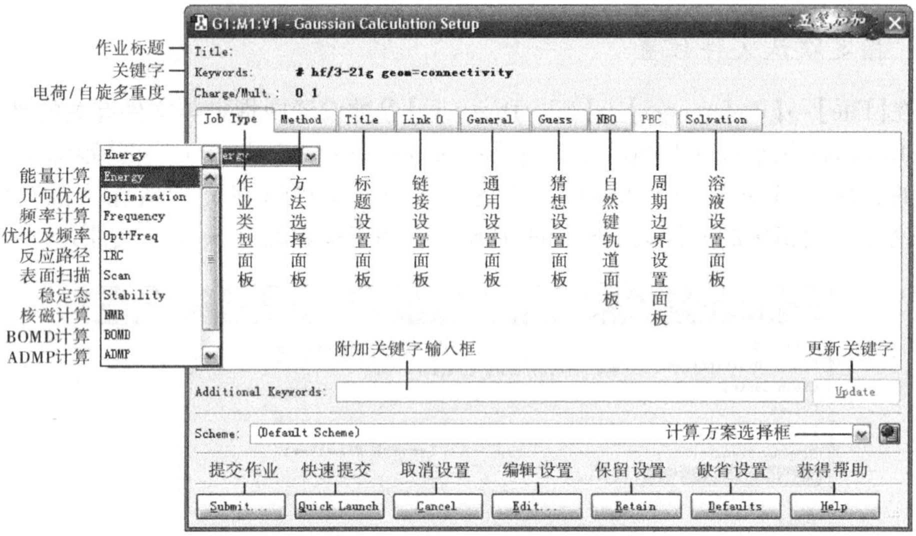

图 6－74　计算设置对话框

6.4.1　计算设置面板

1.【Job Type】面板

任务类型设置面板如图 6－75 所示。在【Job Type】下方，有一下拉菜单，用于选择作业的任务类型。默认作业任务类型是 Energy，不同的任务类型有不同的设置选项。例如，点击【Job Type】下拉列表，选择“Opt + Freq”（几何优化加频率计算），弹出如图 6－75 所示的设置选项。在其中可进一步选择优化到能量最小（Minimum）还是优化到过渡态（TS），优化过程中是否计算力常数，以及其他诸多选项，这得根据用户的计算目的和任务进行选择。

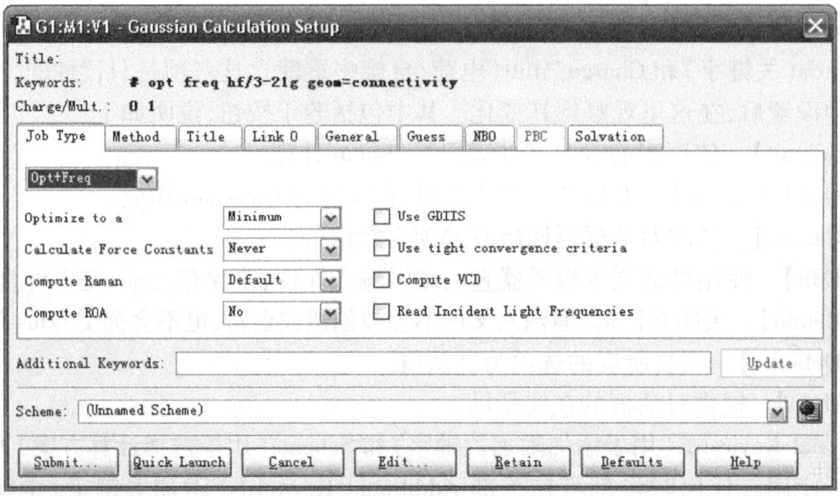

图 6－75　【Job Type】设置面板

2.【Method】面板

在方法(Method)设置面板(图 6－76)中指定用于计算的量子力学方法,默认方法是“Ground State,RHF/3－21G”。用户可根据需要进行修改。

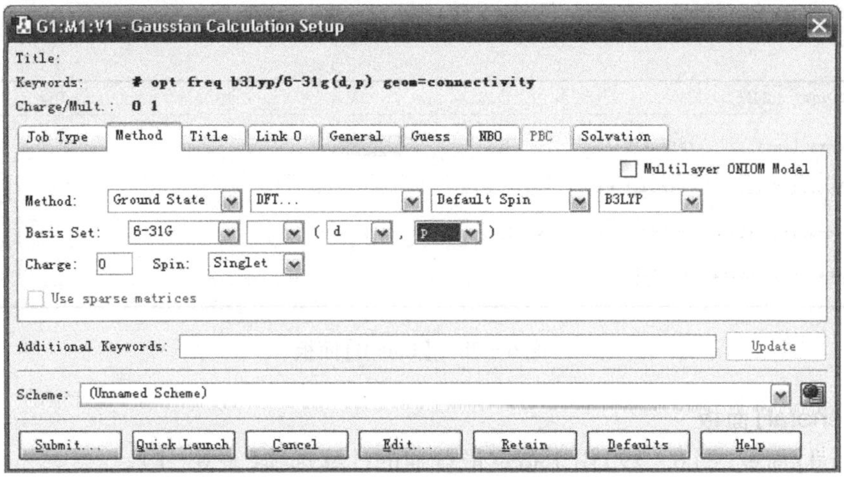

图 6－76　【Method】设置面板

在 Method 一行有如下指定选项:

(1)选择计算基态(Ground)还是计算激发态(Excited)。第 1 个字段选择 Ground State。

(2)选择理论方法。有多种理论方法,第 2 个字段选择 DFT(密度泛函方法)。

(3)选择波函数类型。有多个选择,第 3 个字段选择 Default Spin。其中 Wave Function Type 包括 Closed Shell(R,闭壳层)与 Open Shell(U,开壳层)两类,进一步分为 Restricted(限制性)和 Unrestricted(非限制性)。

(4)选择具体方法。第 4 个字段选择 B3LYP。

在 Basis Set 一行有如下指定选项:

(1)第 1 个字段,选择计算基组,给出了最小基组(STO－3G)到最大基组供选择。

(2)第 2 个字段,选择是否添加弥散函数,有“ + ”、“ + + ”两种选择。

(3)第 3 个字段,选择是否添加极化函数,有“d/2d/3d/df/2df/3df”几种选择。

(4)第 4 个字段,选择是否给氢原子添加极化函数,有“p/2p/3p/pd/2pd/3pd”几种选择。

也可在 Additional Keywords 中输入任何方法和基组的其他附加关键字。

在 Charge 与 Spin 一行指定分子的电荷与自旋多重度,GaussView 将从分子结构中决定其取值,必要时可自行修改。以上设置后计算路径中的关键字立即显示在计算设置对话窗口上部,如图 6－77 所示。

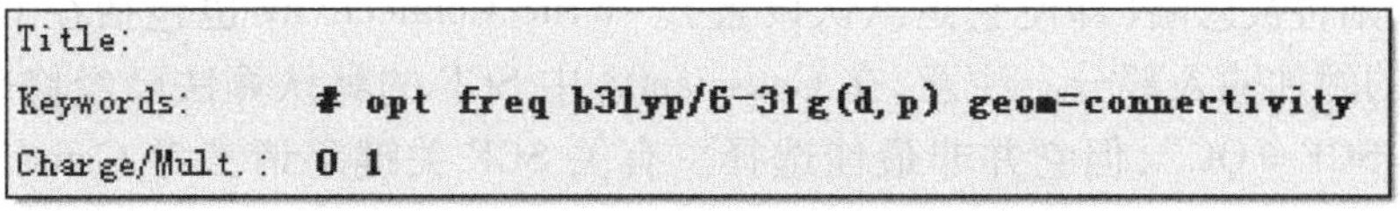

图 6－77　对话框上部三排显示的内容

3.【Title】面板

【Title】面板用于给计算指定一个名称。

4.【Link 0】面板

【Link 0】面板(图 6－78)用于为计算作业指定 Link 0 命令,包括指定内存最大使用量、检查点文件路径和文件名、读写文件路径和文件名、并行处理器的个数等信息。

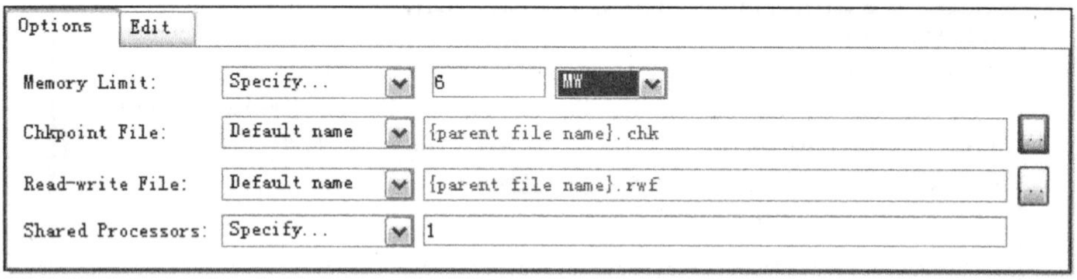

图 6－78 【Link 0】面板

5.【General】面板

【General】面板(图 6－79)用于指定最普通的计算选项(表 6－1)。

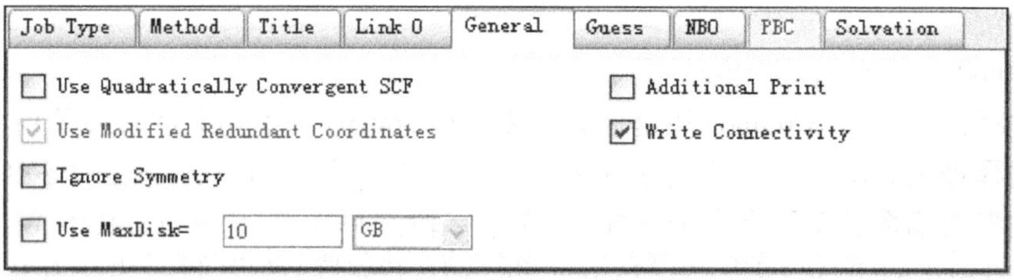

图 6－79 【General】面板

表 6－1 【General】面板各选项说明

选　　项	默认值	关键字
Use Quadratically Convergent SCF(使用自洽场二次收敛)	Off	SCF = QC
Use Modified Redundant Coordinates(使用修正冗余坐标)	On	Geom = ModRedundant
Ignore Symmetry (忽略对称性)	Off	NoSymm
Use MaxDisk = (使用最大磁盘空间)	Off	MaxDisk
Additional Print (附加打印选项)	Off	#P
Write Connectivity (写入连接)	On	Geom = Connectivity

其中,Use Modified Redundant Coordinates 项只有在冗余坐标编辑器中设置了冗余坐标后才可用,否则将被忽略(即使它是默认设置)。Write Connectivity 也包括在 Gaussian 输入文件中适当的附加输入部分。注意,在 Gaussian03 中 SCF 的默认算法已经修改,在少数情况下还使用“SCF = QC”,但它并非最佳选择。有关 SCF 关键字请参考 Gaussian03 用户手册。

6.【Guess】猜测面板

【Guess】面板(图 6－80)用于设置与初始猜想有关的值,在 Guess Method 中指定使用的初始猜想方法。

(1)Default。使用 Gaussian03 的默认初始猜想。

(2)Core Hamiltonian。使用 Gaussian98 的默认初始猜想。只在 G98 中使用。

(3)Extended Huckel。使用 Hückel 猜想(Guess = Huckel)。

(4)Read checkpoint file。从检查点文件读入初始猜想(Guess = Read)。

(5)Read checkpoint; otherwise generate。从检查点文件读入初始猜想,没有就产生(Guess = TCheck)。

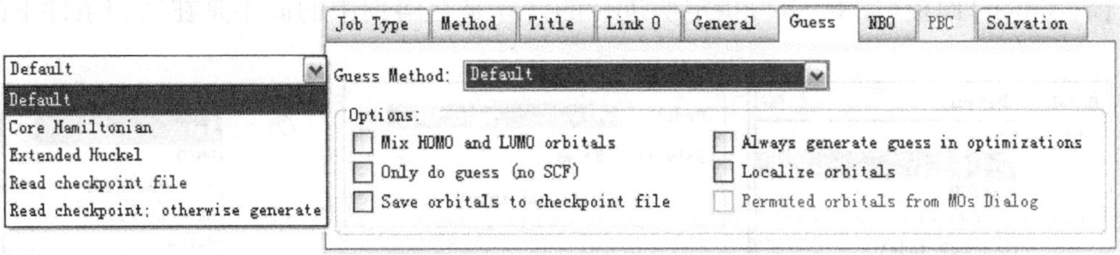

图 6－80　【Guess】猜测面板

该面板中其余各选项的说明如表 6－2 所示。

表 6－2　【Guess】面板各选项说明

选　　项	默认值	关键字
Mix HOMO and LUMO orbitals (在初始猜想中混合 HOMO 与 LUMO)	Off	Guess = Mix
Only do guess (no SCF)(只做猜想,不进行 SCF 计算)	Off	Guess = Only
Save orbitals to checkpoint file(轨道保存到检查点文件)	Off	Guess = Save
Always generate guess in optimizations(优化中总产生猜想)	Off	Guess = Always
Localize orbitals(定位轨道)	Off	Guess = Local
Permute orbitals from MOs Dialog(由 MO 对话框改变轨道顺序)	On	Guess = Permute

Permute orbitals for MOs Dialog 通常是不可用的,除非在分子轨道编辑器指定了交换轨道顺序。如果可用时,它就是默认设置。

7.【NBO】面板

【NBO】面板(图 6－81)用于在 Gaussian 计算作业中选择自然键轨道(NBO)分析。其中,Type 指定自然键轨道(NBO)分析的类型,Checkpoint Save 用于在检查点文件中保存 NBO 分析结果,用于以后的可视化观察(默认设置为不保存)。

本面板指定为全自然键轨道分析,并将其保存到检查点文件中,这种选择常用于为 CASSCF(完全活性空间多组态自洽场计算)计算产生活动空间。

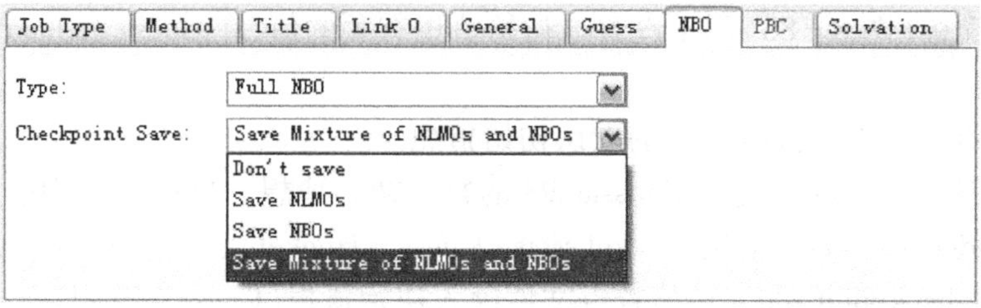

图 6－81 【NBO】面板

8.【Solvation】面板

【Solvation】面板(图 6－82)指定所进行的计算是在溶剂中的而不是在气相条件下的。

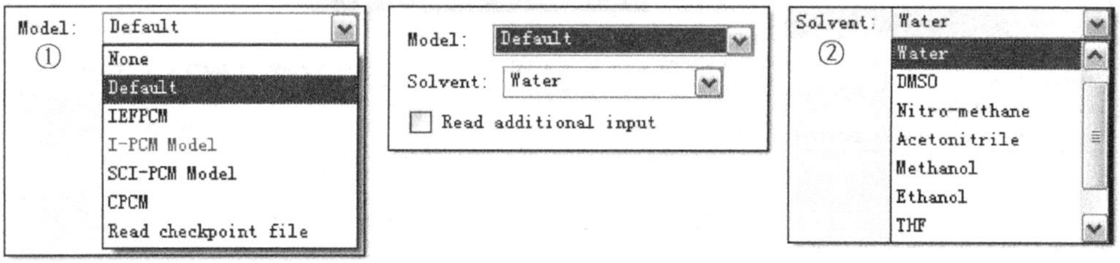

图 6－82 【Solvation】面板

该面板指定 SCRF 模型用于溶剂效应,选择 Default 就是选择 Gaussian 的默认设置“SCRF = PCM”。Model 用于指定溶剂模型(默认溶剂模型是 PCM 中的 IEFPCM)。如果要指定自己的溶剂,可在 Solvent 字段中选择 Other,但还必须在 Additional Keywords 中添加关键字,如 SCRF(EPS = Value),为计算路径部分手工指定溶剂。

注意,某些溶剂模型可能需要附加其他参数。勾选 Read additional input 检查框将生成 SCRF = Read 选项,其附加输入必须通过手工编辑 Gaussian 输入文件添加。

9.【PBC】面板

【PBC】面板(图 6－83)用于指定 Gaussian 的 PBC 关键字。勾选 Use PBC 检查框将会使平移向量添加到分子说明中,在用晶体编辑器(Crystal Editor)定义了晶胞后,这就是其默认设置。该面板对非周期体系是不可用的。

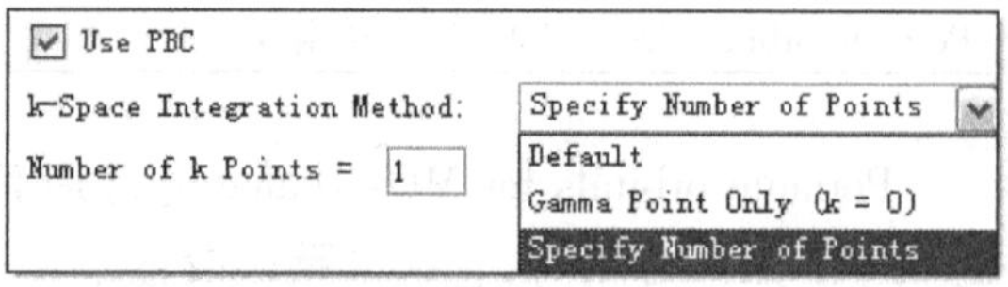

图 6－83 【PBC】面板

6.4.2 设置特殊任务

在各类 Gaussian 任务类型中,有些任务本身特殊,比如过渡态的优化、周期体系的计算、OMIOM 层的计算等,在为其设置计算选项时,会有些特殊的考虑。

1. 过渡结构的优化

使用 STQN 关键字(Opt = QST2 与 Opt = QST3)对过渡态结构进行优化时,通常要求输入二个(Opt = QST2)或三个(Opt = QST3)结构。要为这类计算作业设置计算任务,必须创建包括多个分子结构的分子集合。如要使用“Opt = QST3”对过渡态进行优化，过渡态结构的初始猜想应该是第三个分子。只有有了第三个分子之后，在 Gaussian Calculation Setup 对话窗口【Job Type】面板里的 Optimization 下拉列表中，TS(QST2)和 TS(QST3)项才是可用的，否则是不可用的。

通常 GaussView 会自动识别过渡态优化过程中多分子结构中的相应原子。同时，也可以点击连接编辑器按钮（或【Edit】→【Connection Editor】）来识别、校验和指定等价原子。

2. 聚合物表面和晶体的计算

点击晶体编辑器按钮或使用菜单命令【Edit】→【PBC】，使用 Crystal Editor 可以方便地为 Gaussian 的周期边界条件设置计算任务。定义了晶胞后，GaussView 会自动为结构设置 PBC 任务，包括平移分子坐标，在 Gaussian Calculation Setup 对话窗口 PBC 面板能用，就表明了这一点。因为没有定义晶胞并进行向量平移，PBC 面板是不可用的。一般情况下不需要使用该面板，可直接按正常方式手工编写 Gaussian 输入文件。

3. 多层 ONIOM 计算

GaussView 还包括下面几个用于设置 ONIOM 计算的功能。

(1)为原子指定层。菜单命令【Edit】→【Select Layer】或层编辑器按钮(Layer Editor)用于将原子指定到不同的 ONIOM 层上。

(2)指定分子力学计算中的原子类型。在 UFF、Dreiding 和 Amber(包括 Amber Charges)等分子力学计算中，GaussView 将自动为分子中的所有原子指定原子类型。点击菜单命令【Edit】→【Atom List】或原子列表编辑器按钮，可使用原子列表编辑器查看或修改原子类型。

(3)定义连接原子。在 ONIOM 计算中，GaussView 将为原子自动指定最小连接原子信息(Gaussian 03 不会自动定义连接原子或提供默认设置)。所有的连接原子都可按相同的方式处理，并按用户要求进行修改。由 GaussView 产生的连接原子总是氢原子(使用 H_ UFF、Dreiding 原子类型和 HR Amber 原子类型，这里 R 是连接到原子的元素)。

(4)为不同层指定不同计算方法。在准备好层结构并指定了必要的参数后，用户可以在 Gaussian Calculation Setup(计算设置)对话窗口的【Method】面板中设置 ONIOM 计算。在该面板的右上角有一检查框 Multilayer ONIOM Model，选择该检查框表示将进行 ONIOM 计算。如图 6－84 所示，为三层 ONIOM 计算准备输入文件，选择 Multilayer ONIOM Model 后，分别指定上层采用量子力学“RHF/6－31G”方法，中层采用半经验计算的 AM1 方法，下层采用分子力学计算的 Amber 方法。

4. 指定 CASSCF 活动空间(使用 Guess = Permute)

点击【Edit】→【MOs】，或点击工具栏上的分子轨道编辑器(MOs Editor)按钮，可弹出分子轨道编辑器。使用分子轨道编辑器可以产生分子轨道，观察、选择、重排初始轨道，方便地指定 CASSCF(完全活性空间多组态自洽场计算)的活动空间。

5. 修改冗余内坐标(使用 Geom = ModRedundant)

点击【Edit】→【Redundant Coordinates】或点击工具栏上的按钮，可弹出冗余内坐标编辑器。使用冗余内坐标编辑器可为几何优化及其他任务指定、添加、修改冗余内坐标。

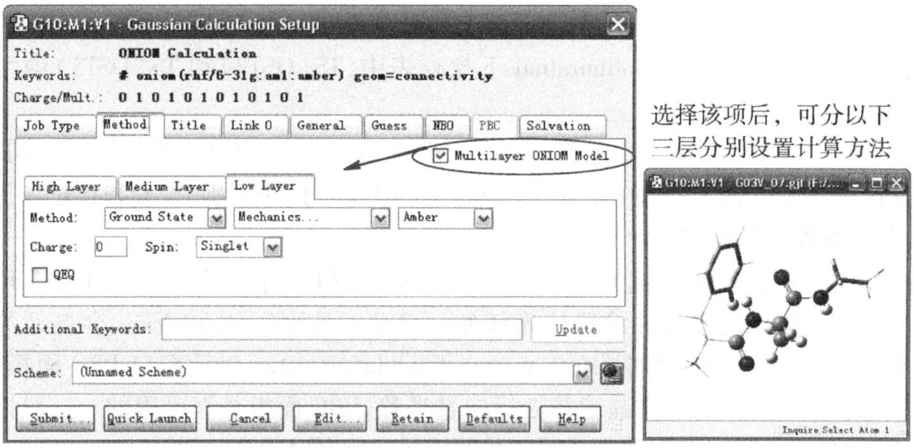

图 6－84 ONIOM 多层计算的设置

6.4.3 为作业设置默认值

点击【File】→【Preferences】→【Gaussian Setup】，弹出参数设置对话窗口，再点击【Calculation】按钮，可按用户要求指定 Gaussian 计算设置对话框中的默认设置(图 6－85)。这些默认设置将应用到以后计算作业的设置中。对 Gaussian 计算设置参数的修改，会影响到对 Default 计算方案的修改。Default 计算方案中预先设置了一组计算关键字及其选项。

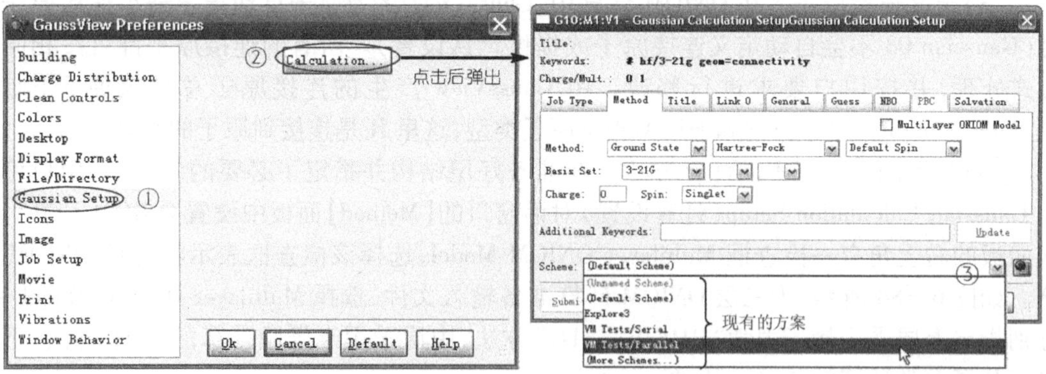

图 6－85 Gaussian Setup 参数选择

在 Gaussian Calculation Setup 对话框的底部可以看到已有的计算方案。点击【Calculate】→【Gaussian Calculation Scheme】或点击按钮，可弹出 Gaussianin Calculation Schemes 窗口，从中选择要使用的计算方案，并应用到当前分子中。

对于新分子，初始将采用 Default 方案。从文件打开一个分子时，将采用与之匹配的方案或设置为 Unnamed Scheme 方案。在 Scheme 列表中选择 More Schemes，或点击按钮，将弹出如图 6－86 所示对话框，在其中可以查看或修改各种已有方案的属性。

该对话框表明，现有方案分为两组。在这里可通过单击右键，利用弹出菜单命令增加、

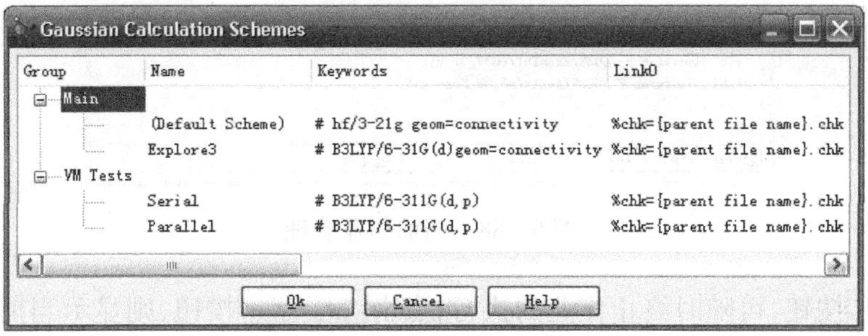

图 6－86　查看已有计算方案

删除方案，或对其中的方案进行编辑、修改，但不可删除 Main 组的 Default Scheme 方案。

目前计算方案有两个方面的局限，一是只能接受【Link 0】面板上的命令，二是不能将方法设置包括在其中。

6.4.4　快速运行作业

运行 Gaussian 作业的传统方法是点击【Calculate】→【Gaussian Calculation Setup】，然后在其中修改其作业选项，完成后点击【Submit】按钮，并为要保存的输入文件指定文件名和文件位置。快速运行作业对此进行了简化。点击【Calculate】→【Gaussian Quick Launch】，或在工具栏的图标 (Quick Launch) 上点击右边的小箭头，引出含有【Temp File】和【Save File】两项的子菜单，如图 6－87 所示。

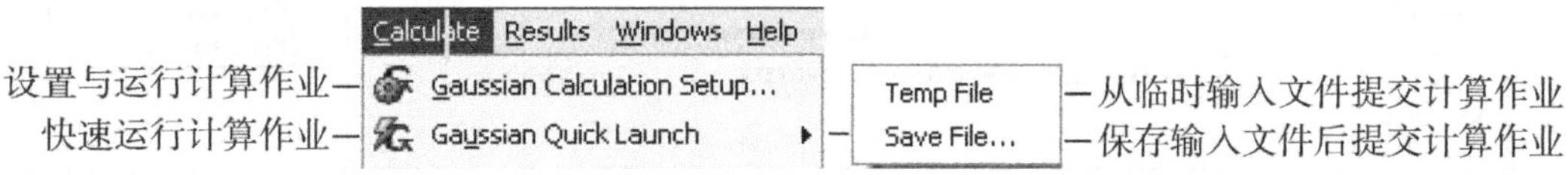

图 6－87　快速运行作业

点击【Temp File】，将从一个临时文件中运行当前的 Gaussian 作业。作业完成后，点击【File】→【Save Temp Files】，可保存由临时输入文件产生的输出文件。

点击【Save File】，将提示保存当前输入文件，并将该文件提交运行。使用这种方式运行新的 Gaussian 计算作业时，程序会打开一个新的视窗。作业完成后，会产生两个文件（Log 文件和 Chk 文件），程序自动在新的视窗中打开 Chk 文件。

6.4.5　观察和控制计算

点击【Calculate】→【Current Jobs】，或点击工具栏上的作业管理按钮 (Job Manager)，可打开作业管理（Job Manager）对话框。如图 6－88 所示，该窗口显示了当前正在运行的由 GaussView 启动的所有计算作业（只有本次 GaussView 启动以后的作业才会显示）。这里显示的作业包括由 Gaussian 对话框提交的 Gaussian 作业、GaussView 提交的输入文件编辑的 Gaussian 作业以及为创建和显示表面而运行的 Cubegen 这类 Gaussian Utilities 作业。

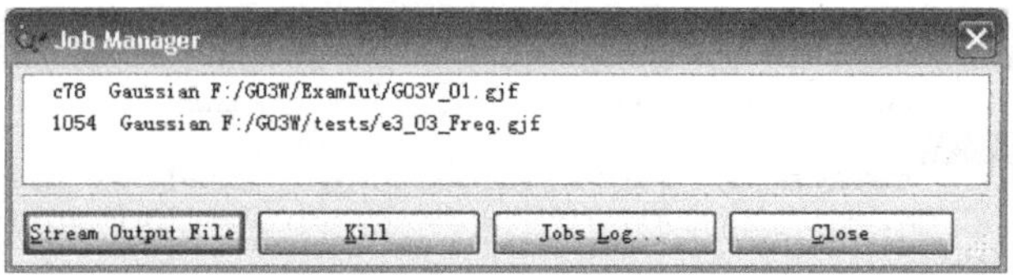

图 6－88 当前作业管理

点击【Kill】按钮，可随时终止作业的执行；点击【Jobs Log...】按钮，则显示当前 GaussView 作业的日志文件（这里不会显示用 Gaussian 运行的日志文件）；点击【Stream Output File】按钮，可显示 Gaussian 计算的日志文件。

6.4.6 指定如何运行 G03W

在 GaussView 参数选择对话框（【File】→【Preferences】→【Job Setup】）中，可查看并设置 Gaussian 及其应用程序在 GaussView 中如何运行。如图 6－89 所示，在 Application 下拉列表中选择外部任务的类型应用。

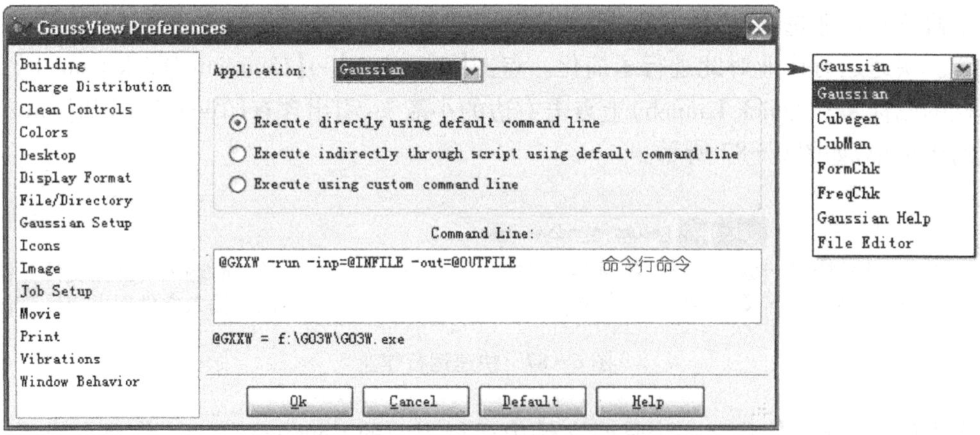

图 6－89 Job Setup 设置面板

该设置用于指定初始化的各类外部任务。对每类任务都有三种快捷运行选择：

（1）Execute directly using default command line（直接使用默认命令行运行）。该命令将使用下部区域中的命令行命令运行任务。

（2）Execute indirectly through script using default command line（通过 Script 间接使用默认命令行运行）。任务将通过使用 GaussView 的 Script 运行，这些 Scripts 位于"\G03W\bin"子目录中，其名称列表于下，相关命令行出现在对话框的下部区域。

（3）Execute using custom command line（使用定制命令行运行）。使用在文本框中输入任何适当的命令行以指定开始任务，如果需要，GaussView 提供可调用的 Scripts 脚本命令。

使用 Job Setup 参数设置对话框中的第 3 个选择 Execute using custom command line（使用定制命令行运行），可以为外部作业指定命令行。但能否正确使用这一特性，还取决于用户对所调用 Gaussian 命令行及 Gaussian Utilities 程序的理解。

GaussView 在其 Bin 子目录中提供了如表 6－3 所示的 Scripts 脚本命令。在每个 Script 文件开始的注释部分，其格式都是固定的。注意，对 Script 的任何修改都要进行备份。

表 6－3　GaussView 中的 Scripts 脚本文件

Gaussian 菜单命令	相应的 Scripts 文件	Gaussian 菜单命令	相应的 Scripts 文件
Gaussian	gv_gxx. bat	FreqChk	gv_freqchk. bat
Cubegen	gv_cubegen. bat	Gaussian Help	gv_gaussianhelp. bat
Cubman	gv_cubman. bat	File Editor	gv_fileeditor. bat
FormChk	gv_formchk. bat		

6.5　查看 Gaussian 结果

本节介绍【Results】菜单及其相关选项。由菜单命令弹出的对话框可以从 Gaussian 计算的输出文件中提取计算结果。如果选定的计算结果在输出文件中没有相关数据，则子菜单项为不可用的灰色。由 GaussView 产生的各类光谱和图表都可使用最普通的方法查看。

6.5.1　显示结果数据摘要

当打开 Gaussian 日志文件（ *. lag）或检查点文件（ *. chk）时，点击【Results】→【Summary】菜单命令将显示 Gaussian 计算结果的数据摘要。如图 6－90 所示，左图是一个日志文件摘要，该摘要表明采用“RHF/6－31G(d)”方法进行频率计算的计算结果，SCF 能量为 －215. 764 378 22 a. u. ，存在一个虚频；右图是一个检查点文件摘要。

点击【Results】→【View File】，或在上述对话框中点击【View File】按钮，可打开该计算作业的日志文件（ *. log）。

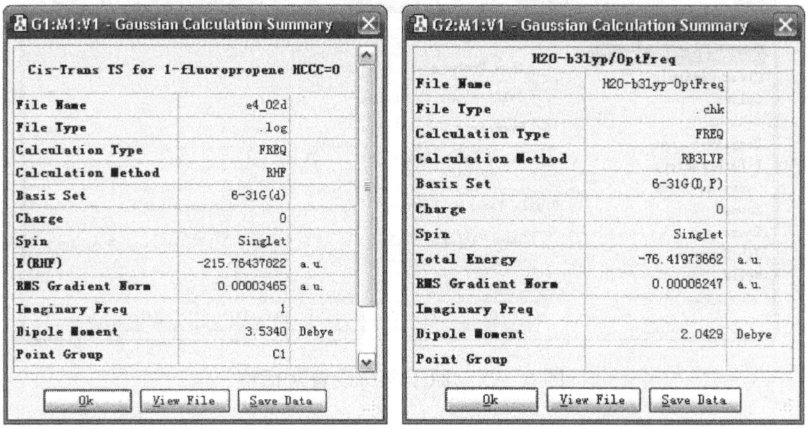

图 6－90　输出文件摘要示例

6.5.2 显示原子电荷

点击【Results】→【Charge Distribution】,弹出 Display Charge Distribution(显示原子电荷分布)对话框(图 6-91)。该对话框用于设置 Gaussian 计算的局部电荷密度的显示方式。默认显示 Mulliken 电荷,也可以显示该计算作业得到的其他电荷形式。Type 列表中有可供选择的电荷类型,其他电荷类型必须指定相关关键字进行计算后才是可用的。

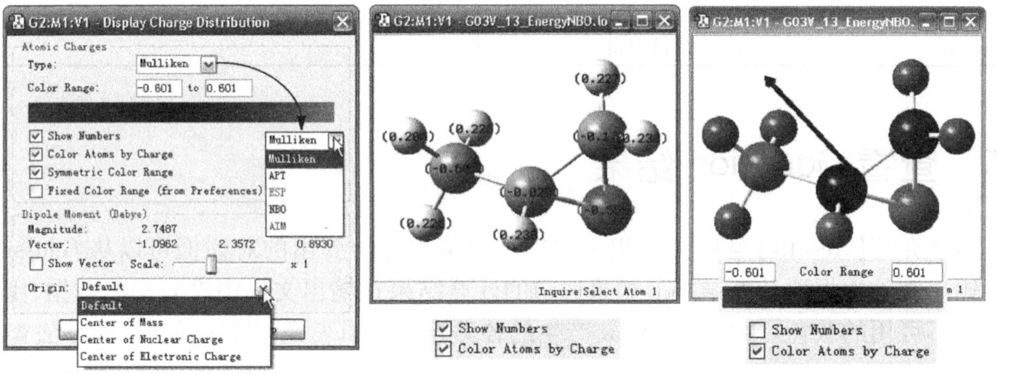

图 6-91 显示原子电荷

如图 6-91 所示,左边的对话框用于控制显示的电荷类型及显示方式,中间的窗口显示电荷的数值,右边的窗口则是用颜色的深浅来显示电荷的大小(颜色的深浅和电荷的大小之间的关系与左图中的色带中的设置对应),同时还显示偶极矩的方向。

点击【File】→【Preferences】→【Charge Distribution】,弹出原子电荷设置对话框(图 6-92),可对原子电荷如何显示进行预设置。

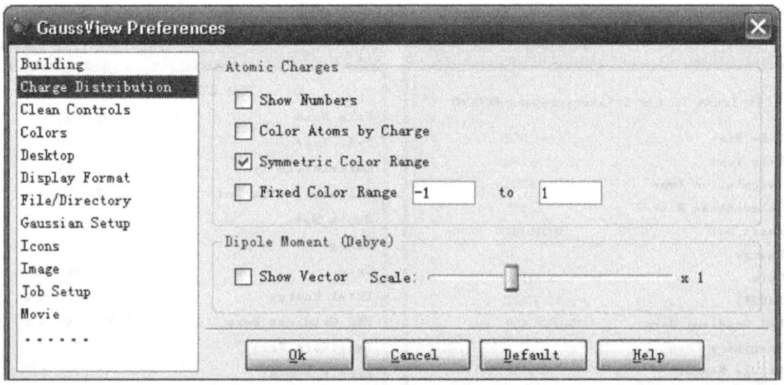

图 6-92 原子电荷设置对话框

6.5.3 显示表面和等高线

点击【Results】→【Surfaces/Contours】,弹出表面与等高线(Surfaces and Contours)对话框(图 6-93)。该对话框可用于显示各类表面数据的三维图形,表面数据可由 Gaussian 输出文件(或检查点文件)产生或由立方文件(Cube 文件)读入。注意,如果没有可用的检查点文件时,【Results】→【Surfaces/Contours】菜单命令是不可用的灰色,所以,在设置计算选项时,一定要记住,在【Link 0】面板中要保存检查点文件。实际显示表面时要经过以下两步:①获得立方数据或读入立方数据;②产生用于显示的实际表面数据。本例以 Gaussian 示例文件“e2_01. gjf”(甲醛单点能计算)计算产生的检查点文件作为产生立方数据的数据源。

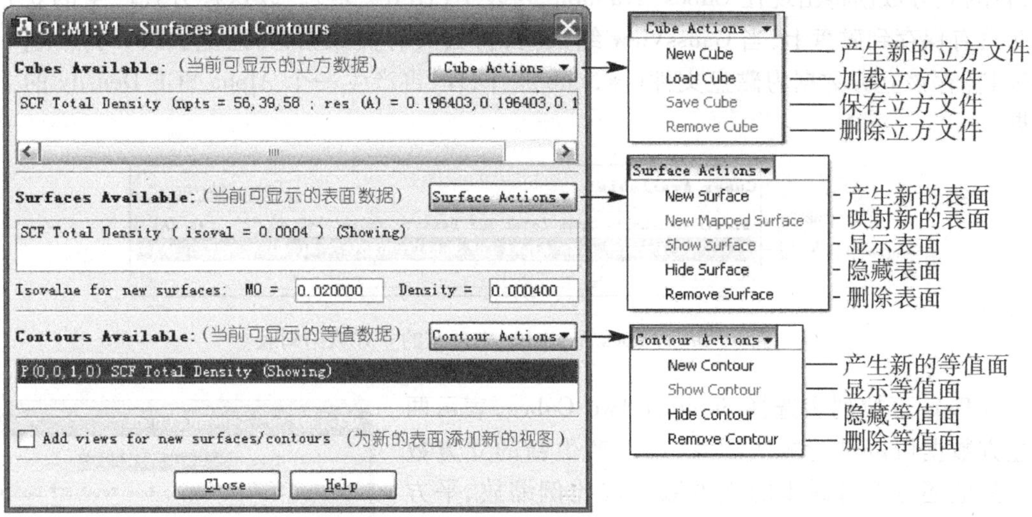

图 6－93　产生与显示各类表面对话框

1. 产生立方(Cube)数据

在 Surfaces and Contours 对话框中有关立方(Cube)数据的设置项如下。

(1)Cubes Available。当前可用于 GaussView 显示的立方数据。这些选择项只有在使用【New Cube】生成新的立方文件,再加载立方文件之后才会显示。

(2)Cube Actions。要产生新的立方数据,可选择点击【New Cube】,弹出如图 6－94 所示对话框。该对话框用于从检查点文件的电子密度数据或其他数据中产生新的立方数据,GaussView 会自动调用可用的立方数据。

①Type。用于选择产生立方数据的分子性质,多数情况下会出现附加字段,进一步要求指定数据来源。如图 6－94 所示,当选择产生 Molecular Orbital(分子轨道)数据时,是经由附加字段 Orbitals 产生指定的分子轨道。这里我们选择 Total Density(总电子密度)后,再指定由 SCF 产生密度矩阵。

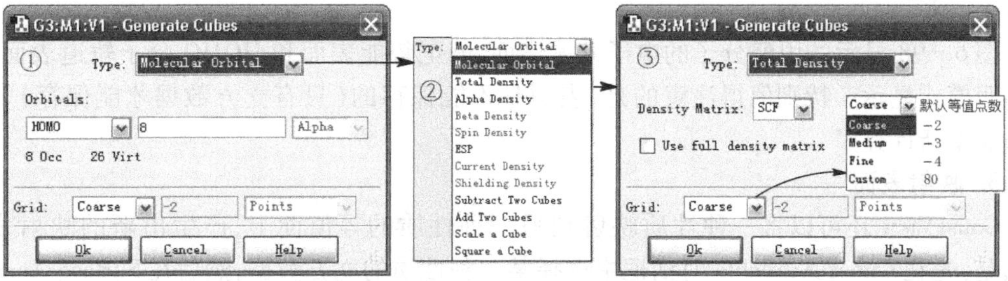

图 6－94　产生立方数据

②Grid。用于指定立方数据的密集程度，增大该值将提高其计算量。通常默认设置为Coarse（粗糙），适用于大多数使用目的；Medium（中等）适用于打印和演示目的；Fine（精细）适用于高精度打印目的。在这行的第 2 个字段中，指定等值点数，使用 Custom 指定不同的值。注意，等值点越密集，计算量越大。

点击【Ok】按钮将产生一个立方数据（作为一个后台计算）并退出对话框。计算完成后，新的立方数据将出现在 Cubes Available 列表中（图 6－95）。以这种方式产生的立方数据并没有保存到磁盘上，当 GaussView 结束时，将丢失有关数据，为避免丢失，可点击【Save Cube】保存该立方数据为磁盘文件（＊.cub）。同理，再产生一个 Alpha SCF Density 的立方数据。

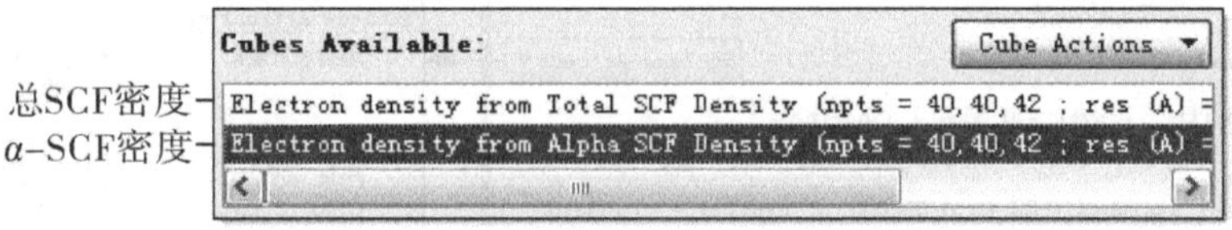

图 6－95 Cubes Available 中现有的立方数据列表

③Type 下拉列表选择 Subtract Two Cubes，表示两个立方数据可以进行减法运算，进而产生新的立方数据。其他还可以对原来的立方数据按比例缩放、平方或进行其他运算。比如，要显示其密度差，可以加载两个立方文件（如气相中和溶液中计算的密度），利用其创建新的立方数据。通过点击【Cube Actions】→【New Cube】，再从 Type 下拉列表中选择 Subtract Two Cubes，弹出如图 6－96 所示对话框，点击【Ok】，得到两者的电子密度差立方数据。

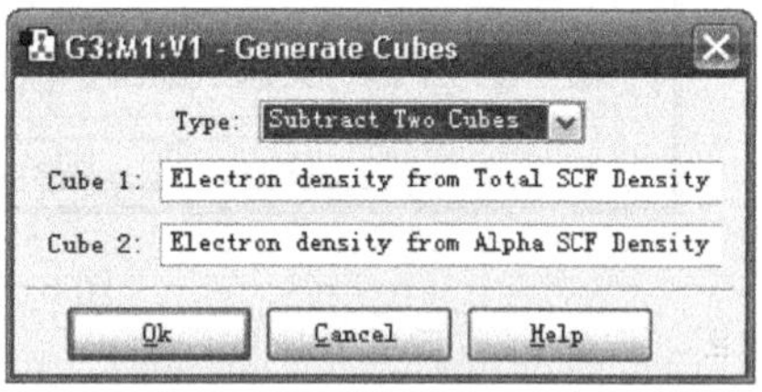

图 6－96 由已有的两组立方数据产生新的立方数据的方式

2. 产生并显示表面

准备了立方数据后就可以产生表面了，目前在 Surfaces Available（可用的表面）中还没有表面数据。在 Surfaces Available 中有如下设置项：①Isovalue for new surfaces。为产生的新表面指定等密度值，需指定 MO 和 Density 值。②勾选 Add views for new surfaces 后，将用一个新的视窗来显示新表面，否则该表面将显示在当前视窗中。

本例选择 Alpha SCF Density，点击【Surface Actions】→【New Surface】，则新的表面数据（α 电子密度表面）立即出现在空白处，并在分子视图中立即显示其表面图形，如图 6－97 所示。

图 6－98 显示的甲醛分子的电子密度表面、静电势能表面和 HOMO 分子轨道表面均为半透明模式显示。特别值得注意的是，表面是不能保存的（只有立方数据才能保存），需要时只能重新计算。

3. 映射表面

GaussView 还可以将一种性质映射到另一种性质的等值面上，产生出新的映射表面。方法是：先在 Cubes Available 对话框中选择某一种性质的立方数据，然后在 Surface Available 对话框中点击【Surface Actions】，弹出 Surface Mapping（表面映射）对话框（图 6－99）。

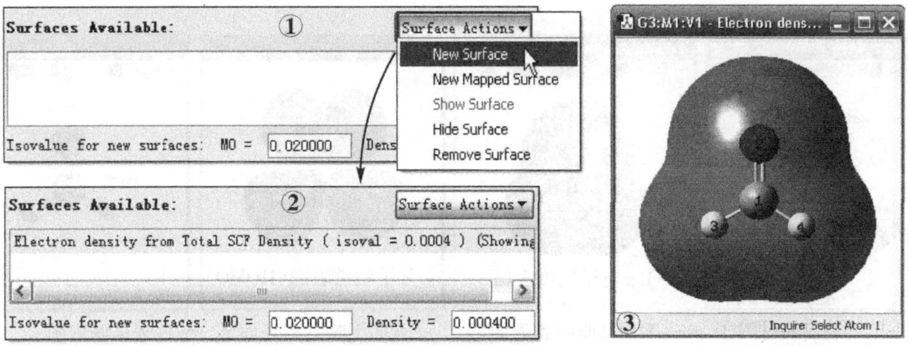

图6-97　产生并显示新的表面

图6-98　甲醛分子的分子轨道表面图和电子密度表面图

该对话框有两种产生映射表面的方式:①从列表中选择已有的立方数据作为颜色数据产生映射表面;②从 Type 下拉列表中选择指定的表面快速产生表面颜色数据生成映射表面,这种方法产生速度较快,但需使用 Gaussian 的 Cubegen 程序。

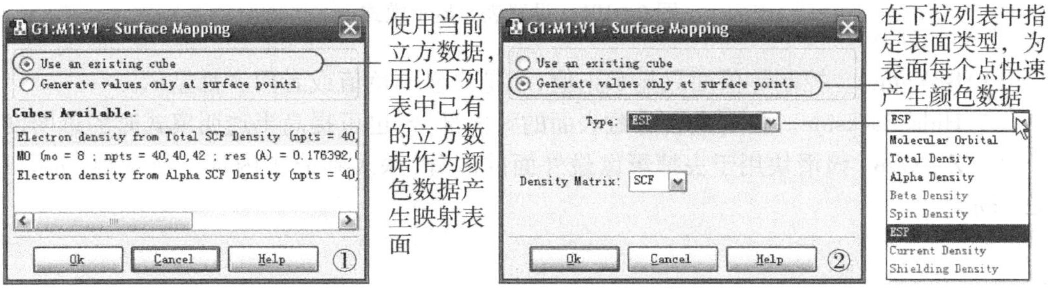

图6-99　产生映射表面的对话框

这里选择第一种方式来产生映射表面。先在 Cubes Available 选择 Alpha SCF Density 的立方数据(对应图6-100①表面),点击【Surface Actions】→【New Mapped Surface】,在弹出的如图6-99所示的对话框①中,选择 MO 的立方数据(对应图6-100②表面),点击【Ok】,可将分子轨道表面映射到电子密度表面上,得到表面映射图6-100③。反之,可将电子密度表面映射到分子轨道表面上得到表面映射图6-100④。

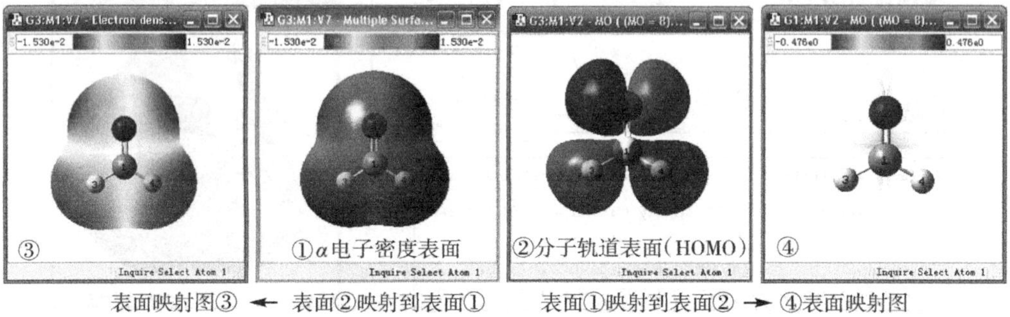

图 6 - 100　分子轨道表面映射到 α 电子密度表面上产生的表面映射图

4. 设置表面显示方式

任何表面都有三种显示模式:实心模式、半透明模式和丝网模式。在工具栏上点击显示格式按钮(或点击【View】→【Display Format】),弹出 Display Format 对话框,如图 6 - 101 所示,选择【Surface】面板。

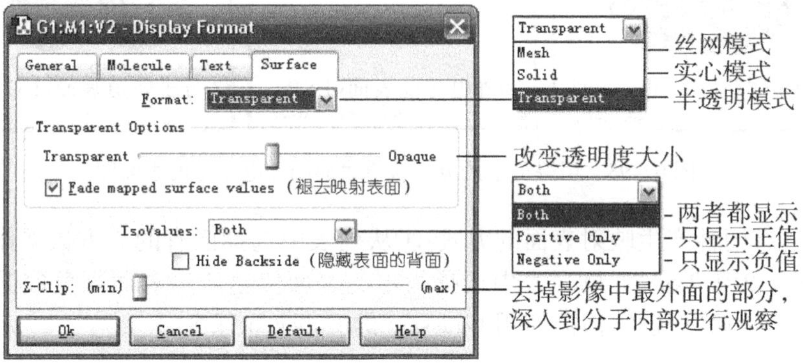

图 6 - 101　设置表面显示模式

(1) IsoValues。控制等值面只显示正值,还是只显示负值或者两者都显示。

(2) Hide Backside。指定是否隐藏表面的背面部分,也可提高半透明模式时的透明度。

(3) Z - Clip。该滑块用于去掉影像最外面的部分,深入到分子内部进行观察,如图 6 - 102 所示。

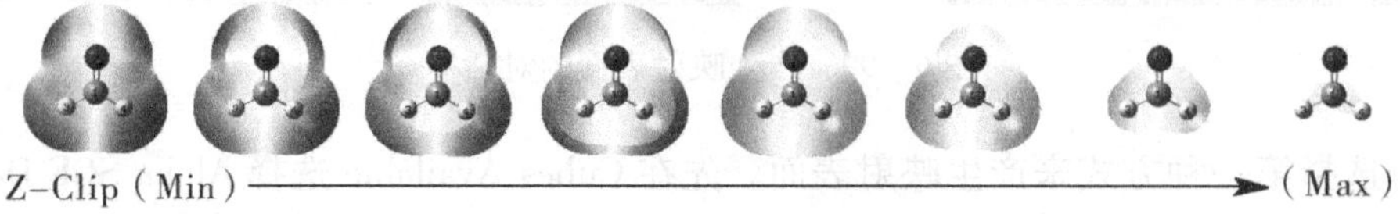

图 6 - 102　Z - Clip 调整

5. 显示等高线

等高线是将分子立方数据中的某些性质投影到指定平面产生的二维图像(图 6－103)。

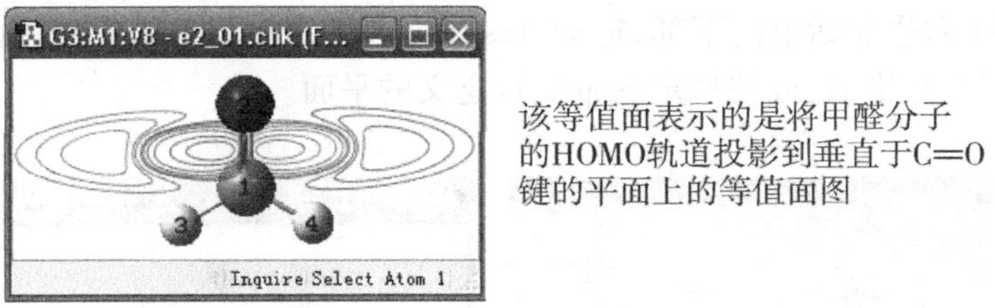

图 6－103　显示甲醛分子 HOMO 轨道等高线

该图可在 Surfaces and Contours 对话框中使用立方数据产生。同产生表面类似,【Contour Actions】下拉菜单按钮也包括 New/Show/Hide/Remove Contour 等命令。点击【Contour Actions】→【New Contour】,可弹出有 4 组设置的对话框(图 6－104)。

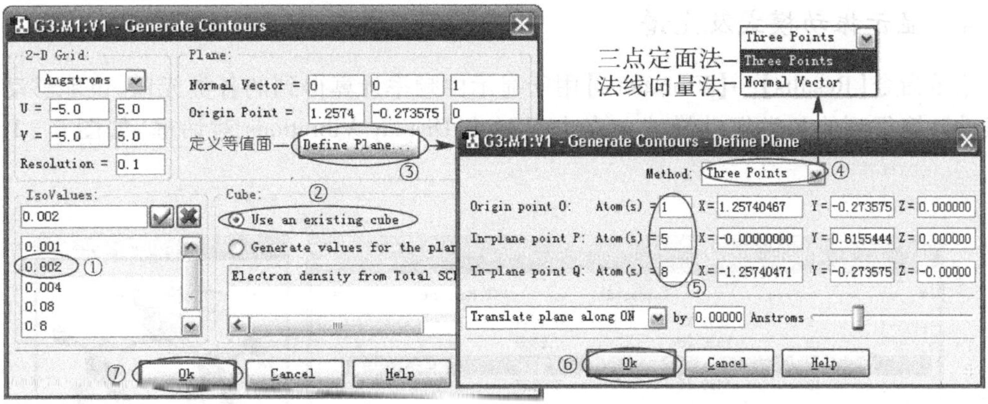

图 6－104　定义等高线的投影平面

(1)2－D Grid。指定用于二维网格的长度单位,可以选择 Å,也可以选择 Pix。U 和 V 指定等高线两个方向上的最大值和最小值,Resolution 指定两点间的距离。

(2)Cube。用于选择等高线产生的数据源。可以从已有的立方数据产生,也可以从表面网格中产生,其意义与产生映射表面时类似。

(3)IsoValues。用于指定按什么值来计算等高线,直接从列表中选择需要的值,也可以添加或删除列表值。

(4)Plane。用于指定 IsoValues 要投影的平面。

产生等高线最重要的是指定要投影的平面,默认等高线是 *XY* 平面。也可以在 Plane 中重新定义,通过指定法线和原点来指定垂直于指定向量的平面,默认原点为(0,0,0),法向量的默认值为(0,0,1)。更好的定义方法是点击【Define Plane】按钮,在弹出的定义平面对话框中,通过输入三个原子的原子编号或指定法线向量来定义平面(图 6－104)。

这里有两种方法定义平面:Normal Vector(法线向量法)和 Three Points(三点定面法)。在后一种方法中,要定义一个原点和另外两个点(常称为 *O*、*P* 和 *Q*),最简单的方法是为其指定原子编号。本例以丙烷分子为例,采用三个碳原子确定的平面,直接在上述对话框中输入三个碳原子的编号“1”、“5”和“8”,输入完毕,马上在后面显示出笛卡儿坐标值,视图中则显示出绿线的法线向量 *N* 和定义的平面(图 6 - 105 左图)。

在图 6 - 104 右边对话框的下部,拖动 Anstroms 滑动块,可按其 by 前面指定的方式,在定义的平面上下平移平面,或按选定的轴旋转定义的平面。

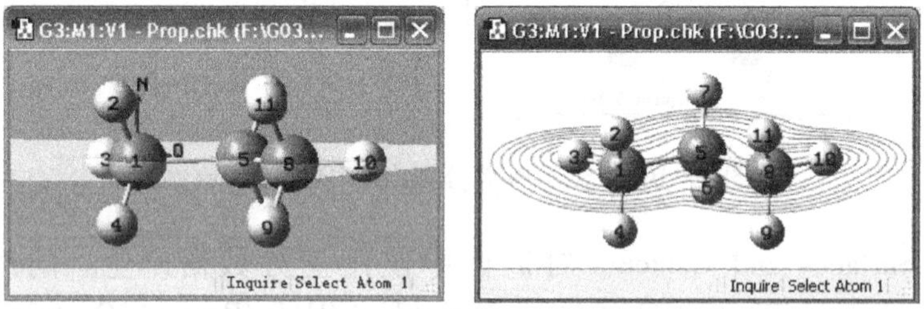

图 6 - 105 定义丙烷平面并产生等高线

6.5.4 显示振动模式及光谱

菜单命令【Results】→【Vibrations】用于显示由频率计算得到的各类光谱,也能够动态显示振动计算得到的各类振动模式。点击后弹出 Display Vibrations 对话框,如图 6 - 106 所示。

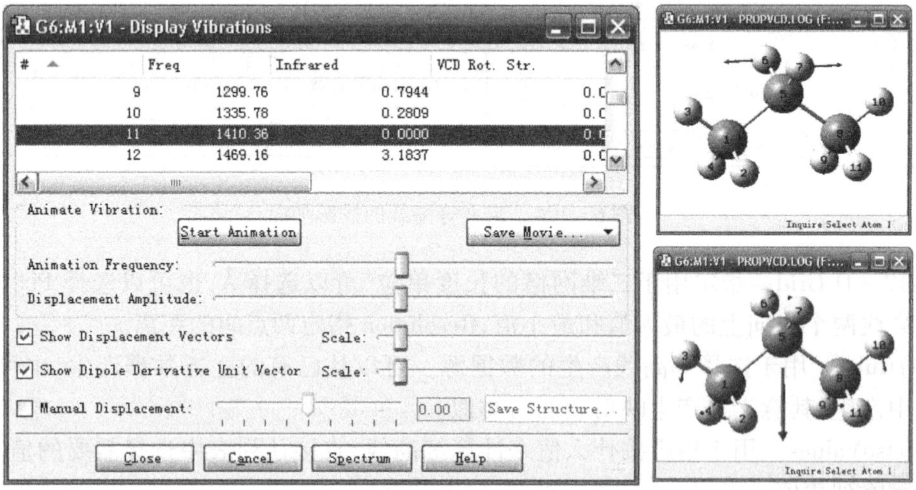

图 6 - 106 振动光谱及其振动模式的动态显示

该对话窗口用于动态显示当前选定频率的振动模式。窗口上部列表显示由频率计算得到的所有光谱数据,可拖动选择查看振动频率、红外、拉曼及 VCD 强度(振动圆二色谱)。

点击【Start Animation】按钮开始动态显示,点击【Stop Animation】按钮停止动态显示。动态显示振动模式时可随时改变选择的振动频率,也可以利用鼠标移动或旋转分子。【Start/Stop Animation】按钮下面的两个滑块用于调整振动速度和振幅。

点击【Save Movie】按钮,动态显示的图片保存为电影文件。

点击【Spectrum】按钮用于查看预测得到的光谱图,光谱图以线状形式表示。图 6－107 是 IR 和 VCD 等光谱图,能否显示这些光谱图则取决于是否运行了相关 Gaussian 计算。注意,其振动强度值是相对于当前振动强度的最高值,与实验谱带的振动强度没有严格准确的关系。选择当前振动的另一种方法是在光谱内点击不同的峰。

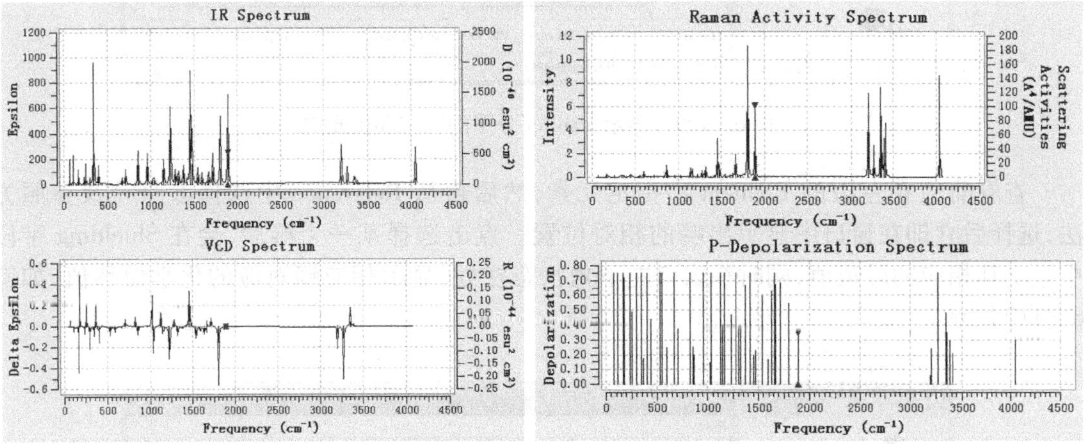

图 6－107　几种振动光谱图

6.5.5　显示 NMR 光谱

点击【Results】→【NMR】,显示来自于 NMR 计算的 NMR 光谱。

如图 6－108 所示,NMR 默认显示其计算的所有峰。点击一个峰后将在窗口的左下角处显示该峰的屏蔽值(如图中红三角指示的 16－C 原子的 Shielding = 157.978)。NMR Spectra 窗口底部还有两个选择用字段 Element 和 Reference。Element 用于指定元素的 NMR 谱,Reference 用于指定选用的标准品,通常 C 谱选择 TMS,以便查看 NMR 与标准品的相对值,如图 6－109 所示。

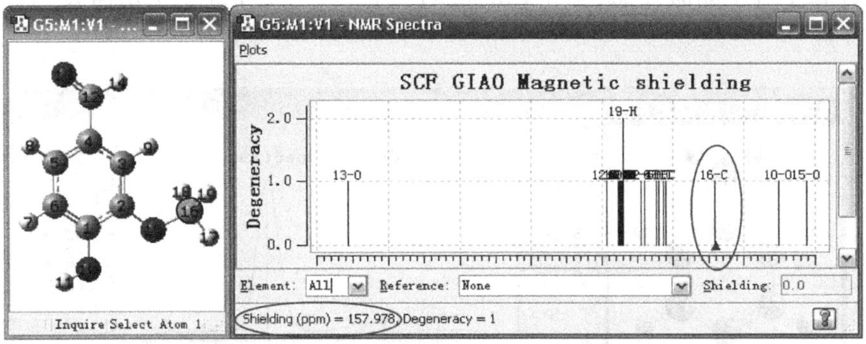

图 6－108　显示所有元素的 NMR 光谱

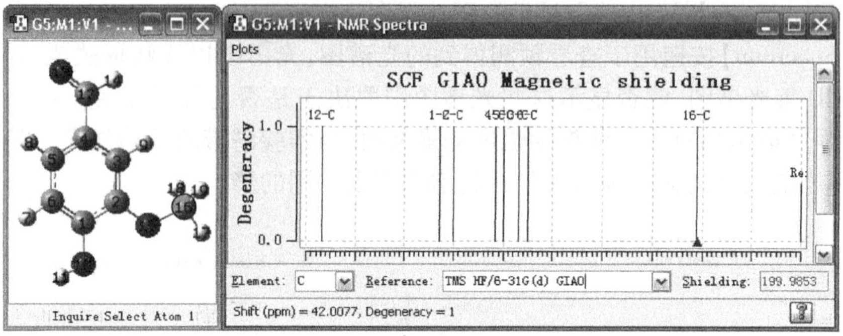

图 6-109　显示 Vanllin 分子的^{13}C-NMR 光谱

查看前应在左边的 Element 中指定元素，然后再从 Reference 中选择参照物及参照方法，选择后立即在窗口中显示出峰的相对位置。点击选择某一个峰后，会在 Shielding 字段中显示其相应的屏蔽值，同时在窗口左下角状态栏处，显示相应峰对应的化学位移值，如图 6-110 所示。

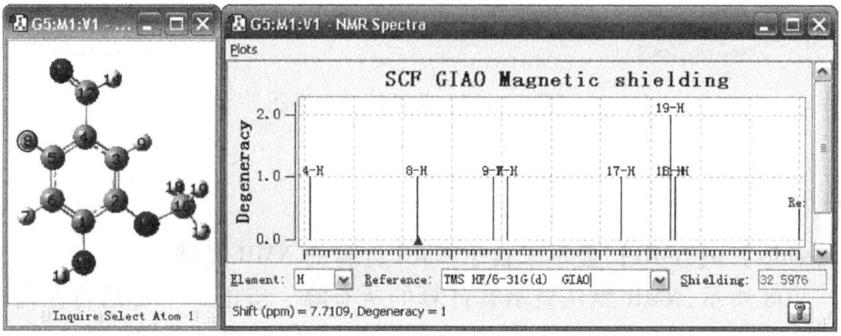

图 6-110　Vanllin 分子的^{1}H-NMR 谱

6.5.6　显示紫外可见光谱

如果计算了分子的激发态，点击【Results】→【UV-VIS】将显示由激发态计算的光谱（图 6-111）。

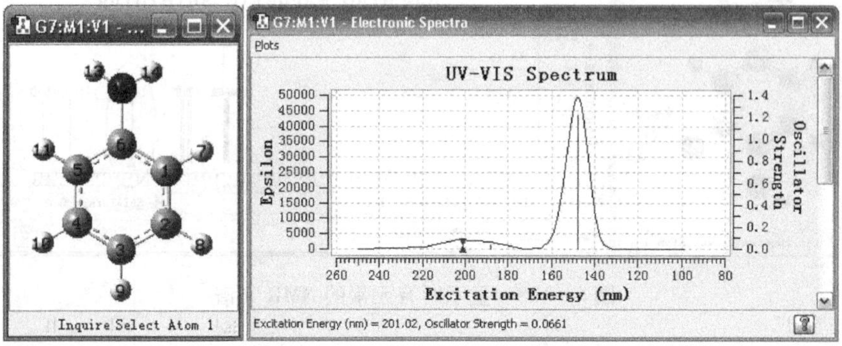

图 6-111　紫外与可见光谱图

6.5.7　查看其他图形

在打开含有几何优化、势能面扫描、反应路径分析或 ADMP/BOMD 轨迹等计算结果的输出文件(*.out、*.log 和 *.chk)时,需勾选 ☑ Read Intermediate Geometries (Gaussian Optimizations Only) 检查框(在打开文件对话框的下部)。这样,在优化过程中得到的每个结构,都会成为新的分子集合中独立的模型分子,在视图窗口中,可以动态地显示分子集合中每个分子的结构。否则,将只能显示优化后的最后一个结构。

点击【Results】菜单下的【Scan】、【IRC】、【Trajectory】、【Optimization】等菜单命令时,可以显示这类计算结果的能量变化图及其他计算结果图形,如本章前面曾计算过的反应路径(IRC)。图 6-112 表示的是运行"\G03W\example\e8_04. gjf"后得到的输出文件中,始态、终态及过渡态的能量变化图。

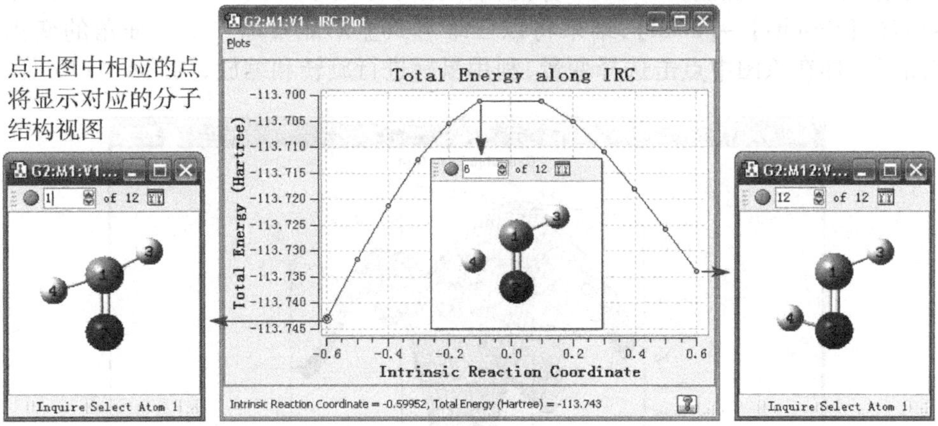

图 6-112　反应路径分析中的能量变化图

1. 其他性质图表

在图形窗口内点击【Plots】→【Plot Molecular Property】,可创建更多的性质图形(图 6-113和图 6-114)。

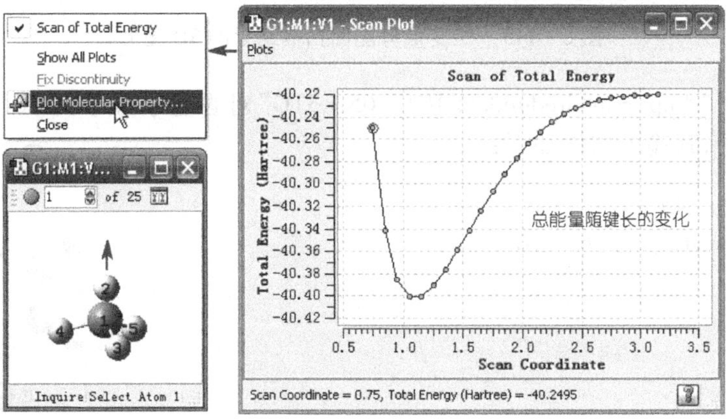

图 6-113　总能量随键长变化的关系图

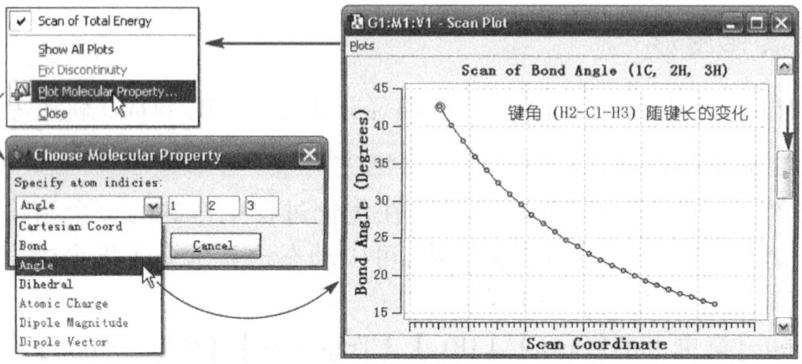

图 6 - 114　键角随键长变化的关系图

2. 观察二变量扫描计算的三维图

二变量(如两个二面角)Gaussian 势能面扫描计算结果,可以用 GaussView 打开其输出文件,再点击【Results】→【Scan】,结果将以三维形式显示能量随二个二面角的变化。可以像二维图形一样在该图中点击选择变量,利用鼠标进行旋转和缩放,如图 6 - 115 所示。

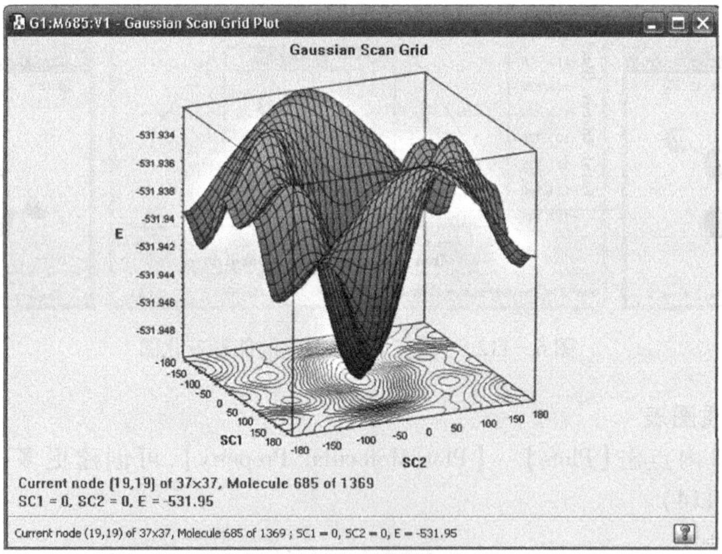

图 6 - 115　二变量势能面扫描结果的 3D 图形

该图是采用"# opt = modredundant RHF/65 - 31G"对香兰素分子(图 6 - 116)进行势能面扫描后得到的,其输入文件如下:

```
% chk = Vanillin. chk
# opt = modredundant RHF/6 - 31G

Vanillin PET

0 1
分子结构(略)
D 2 3 12 16  - 180.0 S 36 10.0  - 180.0 180.0
D 3 4 10 11  - 180.0 S 36 10.0  - 180.0 180.0
```

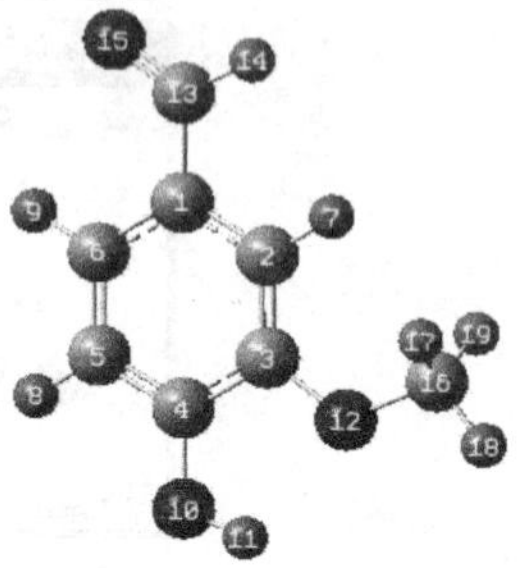

图 6 - 116　香兰素结构

输入文件表明,该计算作业是在 RHF/6 - 31G 水平上,使用冗余坐标进行优化扫描,最后两行是冗余坐标,表示二个二面角(2 - 3 - 12 - 16 和 3 - 4 - 10 - 11)的初始值均为 - 180°,扫描 36 步,每步 10°,最小值 - 180°,最大值 - 180°。

3. 图表的控制和显示

所有的图表和光谱都能以多种方式控制和显示。

(1)窗口的滚动与缩放。在同一个对话框中并不是所有的图表都能同时进行观察,通过改变窗口大小或使用滚动条查看图形。

(2)隐藏单个图表/光谱。【Plots】菜单包括当前可用的图形列表(图 6 - 117),点击名称前的检查框可显示或隐藏相应图表。【Show All Plots】显示所有图表,【Hide Other Plots】隐藏除当前显示以外的其他图表。

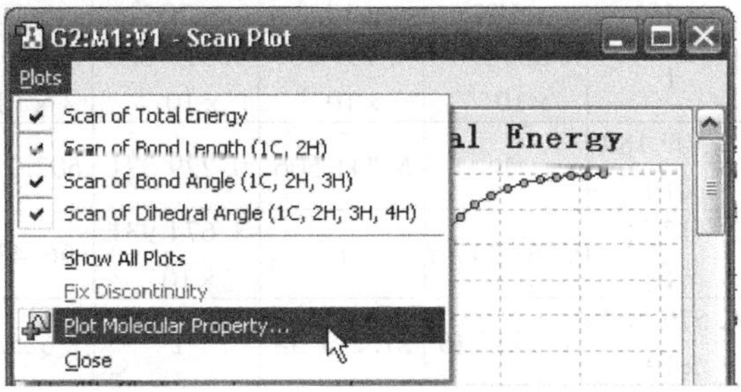

图 6 - 117　【Plot】菜单项

(3)光谱图的缩放。所有的光谱图都可以缩放,用于显示图谱的精细部分。如图 6 - 118左图选择的矩形区域(绿线框)将被放大为右图,单击右键选择【Zoom Out】取消放大。

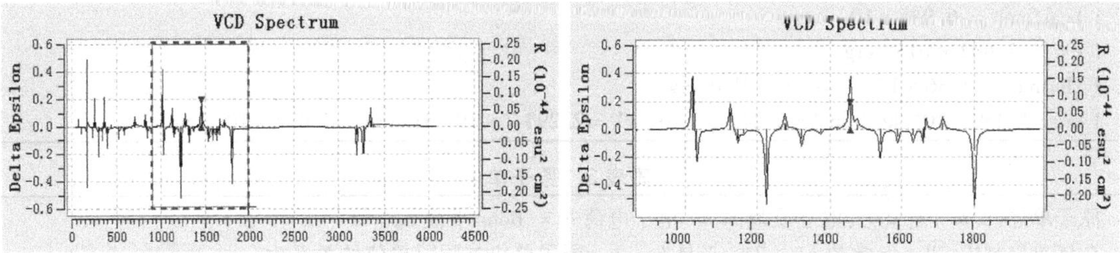

图 6 - 118　光谱图的放大显示

附 录

能量单位

附表 1 能量单位换算因子 *

	波数	频率	能量 E			分子能量 E_m		温度 T
	cm^{-1}	MHz	$\times 10^{-18}$ J	eV	Hartree	kJ/mol	kcal/mol	K
1 cm^{-1}	1	2.997 925 $\times 10^{4}$	1.986 4470 $\times 10^{-5}$	1.239 842 $\times 10^{-4}$	4.556 335 $\times 10^{-6}$	1.196 266 $\times 10^{-2}$	2.859 140 $\times 10^{-3}$	1.438 769
1 MHz	3.335 640 $\times 10^{-5}$	1	6.6260760 $\times 10^{-10}$	4.135 669 $\times 10^{-9}$	1.519 830 $\times 10^{-10}$	3.990 313 $\times 10^{-7}$	9.537 080 $\times 10^{-8}$	4.799 220 $\times 10^{-5}$
1 J	503 41.1	1.509 189 $\times 10^{9}$	1	6.241 506	0.229 371	602.213 7	143.932 5	7.242 920 $\times 10^{4}$
1 eV	806 5.541	2.417 988 $\times 10^{8}$	0.160 217 7	1	3.674 931 $\times 10^{-2}$	96.485 3	23.060 5	1.160 450 $\times 10^{4}$
1 Hartree	219474.63137	6.579 684 $\times 10^{9}$	4.359 748	27.211 38	1	2 625.500	627.510	3.157 730 $\times 10^{5}$
1 kJ/mol	83.593 5	2.506 069 $\times 10^{6}$	1.660 540 0 $\times 10^{-3}$	1.036 427 $\times 10^{-2}$	3.808 798 $\times 10^{-4}$	1	0.239 006	120.272
1 kcal/mol	349.755	1.048 539 $\times 10^{7}$	6.947 700 0 $\times 10^{-3}$	4.336 411 $\times 10^{-2}$	1.593 601 $\times 10^{-3}$	4.18 400	1	503.217
1 K	0.695 039	2.083 670 $\times 10^{4}$	1.380 658 0 $\times 10^{-5}$	8.617 380 $\times 10^{-5}$	3.166 830 $\times 10^{-6}$	8.314 510 $\times 10^{-3}$	1.987 220 $\times 10^{-3}$	1

附表 2 其他能量换算因子

1 kcal/mol = 6.948×10^{-14} erg

1 eV = 1.602×10^{-12} erg

1 Hartree = 4.36×10^{-11} erg = 2 Rydberg

1 erg = 1.439×10^{13} kcal/mol = $6.241\,5 \times 10^{11}$ eV = $2.293\,7 \times 10^{10}$ Hartree = 5.034×10^{15} cm^{-1}

附表 3 原子单位

原子单位(a. u.)定义为:电子质量 m_e = 电子电荷 e = Bohr 半径 a_0 = 1。

在该单位制中,Planck 常数 $h = 2\pi$,于是 $\hbar = 1$。原子单位与国际单位的关系为:

1 a. u.(长度) = $a_0 = 4\pi\varepsilon_0\hbar^2/(m_e e^2)$ = $0.529\,177\,208\,3 \times 10^{-10}$ m = 0.529 177 208 3 Å

1 a. u.(质量) = m_e = $9.109\,534 \times 10^{-31}$ kg,(1 a. m. u.(质量) = 1 822 a. u.)

1 a. u.(电荷) = e = $1.602\,189\,2 \times 10^{-19}$ C

1 a. u.(能量) = 1 Hartree = $m_e e^4/((4\pi\varepsilon_0)^2\hbar^2)$ = 27.211 4 eV

1 a. u.(角动量) = $\hbar$ = $1.054\,588\,7 \times 10^{-34}$ J · s

1 a. u.(力常数) = $1.556\,9 \times 10^{6}$ dyn/cm

1 a. u.(时间) = $2.418\,9 \times 10^{-17}$ s

1 a. u.(偶极矩) = 2.542 Debye = 8.478×10^{-30} C · m

---

* 本页资料来源于 http://new.quantumchemistry.net/externaluser/zork/data/units.html。